普通高等教育“十一五”国家级规划教材
普通高等教育农业部“十三五”规划教材
全国高等农林院校“十三五”规划教材

药用植物栽培学

第三版

田义新　主编

中国农业出版社

内 容 提 要

本教材分上下两篇，共14章。上篇8章为总论部分，着重阐述药用植物栽培的基本理论，包括生长发育规律、引种驯化方法、栽培制度、繁殖技术、田间管理、采收与产地加工技术以及现代药用植物栽培的方向性技术。在借鉴农学、蔬菜和果树栽培学的先进栽培理论与技术的基础上，融入了中药现代化GAP理念。下篇各论含6章，按照根及根茎类、花类、果实种子类、皮类、全草类及菌类药材类别，较详细地介绍了48种地道、大宗、有代表性药用植物的栽培技术，包括其植物学、生物学、品种类型、栽培、采收与加工技术，其中一些药用植物属于近年新引种成功并有良好开发前景的品种。

本教材不仅是高等院校植物生产类专业的教材和教学参考书，而且还可以作为药用植物种植者和研究人员的培训教材和参考书。

第三版编审人员

主　编　田义新（吉林农业大学）

副主编　（按姓名笔画排序）

王康才（南京农业大学）　朴钟云（沈阳农业大学）
孙志蓉（北京中医药大学）　李　明（广东药学院）
肖深根（湖南农业大学）　陈兴福（四川农业大学）
盛晋华（内蒙古农业大学）　蔺海明（甘肃农业大学）
裴　瑾（成都中医药大学）

编　者　（按姓名笔画排序）

马　琳（天津中医药大学）　王　晶（沈阳药科大学）
王华磊（贵州大学）　王康才（南京农业大学）
尹春梅（吉林农业大学）　田义新（吉林农业大学）
白　岩（浙江农林大学）　朴钟云（沈阳农业大学）
刘志洋（吉林农业大学发展学院）　刘学周（吉林农业大学）
刘晓青（河北农业大学）　孙志蓉（北京中医药大学）
杜　弢（甘肃中医学院）　李　明（广东药学院）
杨太新（河北农业大学）　杨世海（吉林农业大学）
肖深根（湖南农业大学）　张恩和（甘肃农业大学）
陈兴福（四川农业大学）　范巧佳（四川农业大学）
胡　珂（安徽中医学院）　贾景明（沈阳药科大学）
郭玉海（中国农业大学）　盛晋华（内蒙古农业大学）
巢建国（南京中医药大学）　董学会（中国农业大学）
童巧珍（湖南中医药大学）　蔺海明（甘肃农业大学）
裴　瑾（成都中医药大学）

审稿人　杨继祥（吉林农业大学）
王良信（佳木斯大学）

第二版编写人员

主　编　杨继祥（吉林农业大学）
　　　　　田义新（吉林农业大学）

副主编　王康才（南京农业大学）

参　编　袁继超（四川农业大学）
　　　　　张恩和（甘肃农业大学）
　　　　　尹春梅（吉林农业大学）
　　　　　杨世海（吉林农业大学）
　　　　　王秀全（吉林农业大学）
　　　　　李寿乔（中国农业大学）
　　　　　齐桂元（吉林农业大学）

审稿人　刘铁城（中国医学科学院药用植物研究所）

第一版编写人员

主　编　杨继祥（吉林农业大学）
副主编　李寿乔（北京农业大学）
编　者　杨继祥（吉林农业大学）
　　　　　李寿乔（北京农业大学）
　　　　　齐桂元（吉林农业大学）
　　　　　杨世海（吉林农业大学）
　　　　　田义新（吉林农业大学）
　　　　　尹春梅（吉林农业大学）
审稿人　张亨元（吉林农业大学）
　　　　　刘铁城（中国医学科学院药用植物资源开发研究所）

第三版前言

本教材是在吉林农业大学杨继祥教授主编的第一版和第二版基础上修改、增补完成的，原作的主要思想脉络为本书的写作提供了极大的方便，在此，对杨继祥教授表示由衷的感谢！

本教材共联合了全国20所开设有药用植物栽培学有关课程的农业、林业、中医药院校，遴选了一大批有丰富药用植物栽培学教学经验、具有副高级以上职称或中级职称具博士学位的人员参加编写。

与以前版次相比，第三版对有关内容按教学规律进行了相应的精简，在精炼的基础上增补了一些相关内容和近年的新成果。

本次修订，上篇增加了近年药用植物土壤营养、微生物（外生菌、内生菌）、化感作用等方面研究新成果。考虑到栽培理论的系统性，增加了药用植物引种驯化和药用植物物候期观测技术。为适应近年蓬勃发展的GAP药材基地建设需要，补充了药用植物种植基地规划内容，介绍了近年药材GAP基地建设中一些成功的企业运营模式。下篇各论的中药用植物也从原来的35种扩大到48种，包括一些新引种成功、极具开发前景的药用植物，如石斛、肉苁蓉等，并在最后增加了1节菌类药材的栽培示范内容。

通过这些修改，使本教材在继承以前版次的权威性强、覆盖面广、适应面宽、内容安排合理、图文并茂优点的基础上，在知识的系统性、表达的精炼性、内容的新颖性等方面得到了更大的提高。

本书定稿后，邀请了吉林农业大学杨继祥教授、佳木斯大学王良信教授对本书进行了细致的审阅，在此表示衷心感谢。

完美永远是难以达到的目标，因此恳请使用本教材的同行们多提宝贵意见，使本教材不断完善。

编　者

2011年4月

第二版前言

药用植物栽培学是研究植物类中药材生产的科学，为中医中药提供必要的物质基础。随着世界各国对中医药认识水平的提高及研究的深入，中药材的需求量日益增加。虽然我国的药用植物无论是品种、数量或是种植规模均处于世界领先地位，但由于不合理地开发利用，野生资源消耗过快，如常用中药材野山参、肉苁蓉、锁阳、远志、冬虫夏草等均濒临绝种的危险，亟须引为家种，药用植物栽培因此成为保护、扩大、再生产中药材资源的有效手段。药用植物栽培学的研究内容还包括研究和推广规范化的栽培技术，这有助于保证中药材入药的安全性和有效性，也为世界人民采用天然植物防病治病提供了物质保障。

目前，我国可供药用的植物已鉴定的有上万种，其中常用的 400 多种，主要依靠栽培的 200 多种，年产量约 2.5 亿 kg，占中药材收购量的 30%左右。栽培、生产优质中药材是保证中药质量的第一关，是实现中药现代化的第一步，在中药材生产中应当严格按照《中药材生产质量管理规范》（GAP）的要求进行。

我国为继承和发扬中药事业，科学开发资源宝库，于新中国成立初期在高等农业、医药院校创立了药用植物专业，近年许多学校相继设置了此类专业。为适应我国高等农业院校对药用植物栽培学教学的需要，我们组织了 5 所农业大学编写了《药用植物栽培学》。本书是在 1993 年出版的“全国高等农业院校教材”《药用植物栽培学》的基础上编写的，增加了有关中药现代化生产的内容，各论中的品种也从原来的 26 种扩大到 35 种，使本书的适应性得到了更大的提高。

全书共分 12 章，前 7 章为总论部分，着重阐述了药用植物栽培的基本理论，包括生长发育规律、播种育苗、田间管理、采收技术和产品初级加工等技术的原理，在第七章介绍了现代中药材栽培的发展方向，如药用植物细胞的工厂化生产及药用植物的快繁、脱毒等新技术。由于我国中药材种类多，本教材字数有限，第八至十二章所介绍的 35 种药材均属于地道的、珍贵的、栽培较为广泛的、栽培技术有代表性的或有特殊特点的药用植物（包括根及根茎类、花类、果实种子类、皮类、全草类）。我国各地自然条件复杂，主栽种类不同，在采用本教材时，可根据各地区的条件和生产特点有所侧重。

本书一至七章总论由杨继祥、田义新编写，八至十二章各论由杨继祥、田义新、王康才、袁继超、张恩和、杨世海、尹春梅、王秀全、李寿乔、齐桂元分别执笔，最后由杨继祥、田义新、王康才统稿定稿。在编写过程中，四川农业大学范巧佳老师也参与了部分内容的写作，在此表示感谢。定稿后，中国医学科学院药用植物研究所的刘铁城教授进行了细致的审阅，在此表示衷心感谢。

由于编者水平和时间关系，本教材尚存在缺点和错误，敬请各方面人士不吝赐教，以便及时修订补充。

编　者

2004年5月

第一版前言

中药是人类防病治病的物质基础之一，在“生物保健”方面发挥着多方面的作用。为继承和发扬我国中药事业，科学开发资源宝库，于建国初期在高等农业、医药院校创立了药用植物专业，近年许多学校相继成立了此专业。为适应我国高等农业院校对药用植物栽培学教学的需要，在农业部组织下，根据高等农业院校教材编写工作的有关规定及药用植物专业教学计划，由吉林农业大学、北京农业大学编写了《药用植物栽培学》。本书吸取了70年代以来出版的全国高等农业院校统编教材的经验，搜集整理了新中国成立以来国内外科研生产成就，力求达到应有的水平。

全书共分6章，前5章着重阐述了药用植物栽培的基本理论，它包括生长发育规律，播种育苗、田间管理、产品初级加工等技术的原理。由于药材种类多，本教材字数有限，“各论”只介绍了26种地道的、珍贵的、栽培较为广泛的、栽培技术有代表性或有特殊特点的药用植物（包括根及根茎类、全草类、花类、果实种子类等）的栽培技术。

我国各地自然条件复杂，主栽种类不同，在采用本教材时，可根据各地区的条件和生产特点，有所侧重。

本书第一章至第五章由吉林农业大学杨继祥编写，第六章各论由杨继祥、李寿乔、齐桂元、杨世海、田义新、尹春梅分别执笔，最后由杨继祥、李寿乔统稿定稿。

由于编者水平和时间关系，本教材尚存在缺点和错误，敬请各方面人士在使用过程中，不吝赐教，以便及时修订补充。

编　者

1991年6月

目　录

上篇　总　论

下篇　各　论

上篇 总论

第一章 绪 论

一、药用植物栽培学的内涵

（一）中药及其相关概念

中药（traditional Chinese medicine，TCM）是我国劳动人民自古以来向疾病作斗争的有力武器，是保证人民健康的物质基础。我国人民习惯把以传统中医药理论和实践为指导的，用于防病治病的药物统称为中药；而把民间流传的用于防病治病的药物统称为草药（herbal medicine）。由于中药以植物药居多（约占全部中药的90%），有“诸药以草为本”的说法，故把中药又称为本草。许多草药在长期实践中证明疗效显著，被中医应用，并收载在“本草”之中，所以，就有了中草药之称。在商品经营和流通中，把化学合成药物及其制品称为西药，把来自天然的植物药、动物药、矿物药及其制品统称中药或中药材，简称药材，这与近代西方的生药（pharmacognosy）的含义相同。可见，中药、草药、中草药、本草或中药材、药材及生药没有质的区别，在实际应用上，一般都统称为中药。还有一类药物是民族药（ethnic medicine），是指我国少数民族使用的、以本民族传统医药理论和实践为指导的，用于防治疾病的药物，具有很强的民族医药学特色和较强地域性特征，如藏药、蒙药和傣药等。广而言之，民族药也是中药的一个重要组成部分。

虽然如此，一些从事中药工作人士还是强调了中药的特殊性，并与生药进行了比较。他们认为，传统中药是有历史记载、有自然属性（性味、归经、升降浮沉和形质等）的植物、动物、矿物药，包括中药材、中药饮片和中成药。而生药是一切来源于天然的、未经加工或只经简单加工的植物、动物和矿物等。并重点指出，生药学起源于西方，用西方医学的理论来研究生药，主要研究药物的化学成分和生物合成。

（二）药用植物栽培学及其内涵

由于中药材大部分是植物药，为保证中药原料的供应、自然资源的可持续利用，药用植物栽培就显得尤为重要。药用植物栽培学（medicinal herb cultivation）是研究药用植物生长发育、产量和品质形成规律及其与环境条件的关系，并在此基础上采取栽培技术措施以达到药用植物高产、稳产、优质、高效目的的一门应用科学。简单地说，药用植物栽培学是研究药用植物、环境和措施三者关系的一门科学。其内容包括从种植环境选择开始，到播种（育苗、移栽）、田间管理、采收和产地加工等整个生产过程。其任务是，研究药用植物生长发育、药用部位的品质、产量形成的规律及其与环境条件之间的关系，探讨中药材实现优质、高产、稳产、高效规范化的栽培技术理论依据和措施，以促进我国药材产业的发展，满足人民医疗保健对药材的需求，为实现我国中药材生产的规范化、现代化、国际化做出贡献。

二、药用植物栽培的意义

1. 扩大药材来源，保护人民身体健康 中药绝大部分是野生和栽培植物，来源丰富，价格便宜，使用简单，不仅对预防和治疗疾病有特殊的疗效，而且还有补益身体的功能。随着世界人民对中药的认知，对用中药预防和治疗疾病的要求更加迫切，药材的需要量大大增加。因此，许多药材品种单靠野生资源已无法满足用药之需。而药用植物栽培则是通过野生变人工栽培，建立和扩大药用植物栽培生产基地，采取优质高产栽培技术措施，在不破坏自然资源的前提下，不断扩大药材的来源，改变供不应求的局面。特别是对保证珍贵的、常用的、需要量较大的以及濒临灭绝的药材供应，具有重要的意义。另外，扩大药材来源，保证用药的需求，这不仅有利于医疗事业的发展，而且对预防和减少疾病的发生，对提高世界人民的身体健康水平具有重要作用。

2. 合理利用土地，增加农业收入 药材生产是整个农业生产的组成部分，《全国农业发展纲要》中就明确规定“在优先发展粮食生产的条件下，各地应当发展多种经济，保证完成国家所规定的……药材等项农作物的计划指标。”药材生产属多种经营范畴，由于品种繁多，生物学特性各异，容易搭配进行间种、混种、套种，合理利用土地。同时，许多药材产值高，可增加农业收入，提高农民的生活和生产水平。从多年的统计数据来看，人参、西洋参、三七、黄连、天麻、枸杞和砂仁等药材的产值都很高，可达到一般农作物的 2～3 倍以上。因此，发展药材生产对解决“三农”（农业、农村和农民）问题也有重大意义。

3. 满足国外用药需求，增加外汇收入 中药是我国传统的出口商品。中药不仅是我国人民医疗保健事业不可缺少的，也是世界人民，特别是旅居海外的侨胞，防病治病所必需的。

现代疾病对人类的威胁正在改变着疾病谱，医疗模式已由单纯的疾病治疗转变为预防、保健、治疗、康复相结合的模式，现代医学和传统医学正发挥着越来越大的作用。由于从化学合成物中发现新药的难度大、成本高、周期长，且毒副作用明显，使得国际市场对天然药物的需求日益扩大。

目前，世界各国政府越来越重视植物药，如欧洲联盟、加拿大和澳大利亚等正在考虑将草药地位合法化，美国政府也已起草了植物药管理办法，开始接受天然药物的复方混合制剂作为治疗药。随着社会的发展，中药的出口量将会日益增多，因此，大力发展我国中药材生产，供应出口，不仅能为世界人民的健康生活做出贡献，而且还可换取外汇收入。

三、我国药用植物栽培概况

1. 悠久的历史 我国古代人民，在与自然作斗争中，在发现和应用药用植物治疗疾病的过程中，对药用植物的栽培也积累了极其丰富的经验。我国古籍中有关药用植物栽培的记载，可追溯到 2 600 多年以前，如《诗经》（公元前 11 至公元前 6 世纪中叶）中不仅记述蒿、芩、葛、芍药等药用植物，也记述了枣、桃、梅等当时已有栽培，既供果用，又资入药。汉代张骞（公元前 126 年前后）出使西域，引种栽培了红花、安石榴、胡桃、胡麻和大蒜等许多药用植物。唐孙思邈（581—682）所著《千金翼方》中记述的百合栽培法已很详细，"上好肥地加粪熟讫，春中取根大者，擘取瓣于畦中种，如蒜法，五寸一瓣种之，直作行；又加粪灌水，苗出，即锄四边，绝令无草；春后看稀稠所得，稠处更别移亦得；畦中干，即灌水，三年后其大小如芋……又取子种亦得，一年以后二年以来始生，甚小，不如种瓣。"北魏贾思勰著《齐民要术》（533—544）中，记述了地黄、红花、吴茱萸、竹、姜、栀、桑、胡麻和蒜等20余种药用植物栽培法。隋代（6世纪末至7世纪初）朝廷在太医署下专设了"主药"、"药园师"等职，掌管药用植物栽培，并设立了药用植物引种园，"以时种莳，采收诸药"。《隋书》中也有种药方法的记述。唐、宋时代（7—13世纪）医学、本草学均有长足的进步，如苏敬等编著的唐《新修本草》（657—659）全书载药850种，为我国历史上第一部药典，也是世界上最早的一部药典。唐《新修本草》比世界上有名的欧洲《纽伦堡药典》要早800余年，对我国药学的发展起到了巨大的推动作用，流传达300年之久，直到宋代刘翰和马志等编著的《开宝本草》（973—974）问世以后才代替它在医药界的位置。南宋时代韩彦直《橘录》（1178）等书中记述了橘类、枇杷、通脱木和黄精等10种药用植物栽培方法。明、清时代（14—19世纪）有关本草学和农学名著更多，如明代王象晋的《群芳谱》（1621）和徐光启的《农政全书》（1639），清代吴其濬《植物名实图考》（1848）等都对多种药用植物栽培法做了详细论述。特别是明代李时珍（1518—1593）在《本草纲目》（1596）这部医药巨著中，就记述了麦冬和荆芥等62种药用植物的人工栽培。

在我国中药的长期生产实践中，对药用植物的分类、品种鉴定、选育繁殖、栽培管理和采收加工等都积累了丰富的经验。其品种数量之多，记述之早和技术的完整性等都是世所罕见的。这些宝贵的经验不仅推动了药用植物栽培的历史发展，而且对今天发展药材生产也具有现实意义。所以，我们应当努力继承，并使之不断完善提高，更好地为我国和世界人民的医疗保健事业服务。

2. 新中国成立后的发展　新中国成立后，随着医药卫生事业的发展，药材生产也得到了迅速的恢复和发展，其中药用植物栽培业的发展十分突出。

为了保证药材生产的计划发展，国家制定了一系列的方针政策，并建立了相应的组织机构，统管药材生产事宜。全国药材生产部门在各级政府的带领下，认真贯彻执行国家各项方针政策，使药材生产的面积、单产、总产都得到了提高。近年，药材生产的总面积又进一步扩大，尤其是规范化中药材生产面积方面。据不完全统计，截至2008年我国建成中药材规范化（GAP）基地430个，种植面积超过3.6×10^6 hm^2。到2010年12月，已经有10批共52个中药材品种、74个基地通过了国家食品药品监督管理局的GAP认证。说明我国的药材生产又上了一个新的台阶。

野生变人工栽培的药材种类也逐年增加，除一些已大规模生产的诸如细辛、天麻、甘草、茯苓、五味子和龙胆外，近年人工栽培成功并得到大力发展的有石斛、肉苁蓉和灵芝等。从国外引种成功并规模生产的有西洋参和番红花等，我国生产的西洋参不仅用于满足国内需求，而且也销售到国际市场。药材生产的发展还表现在地产药材生产区域的扩大，如地黄过去只主产于河南，现在湖南、湖北、江苏、福建、广东、四川、河北、安徽和辽宁等地都有大量栽培；川芎从四川扩展到陕西、青海、河南、山西和湖北等地。

中药材经营环境也得到极大改善，已建立起了17个专业的中药材市场，包括：广西玉林、河北安国、安徽亳州、湖北蕲州、江西樟树、湖南邵东廉桥、广州清平、成都荷花池、河南禹州、重庆解放路、哈尔滨三棵树、西安万寿路、广东普宁、湖南岳阳花板桥、昆明菊花园、山东鄄城舜王城和兰州黄河中药材专业市场。此外，回归后的香港，其国际化的中药材市场为中国的中药材进入世界市场提供了更多的方便。

在中药信息化服务方面，近年来也取得了长足的进步。一些较好的中药信息网站为中药生产和研究工作提供了极大的方便。

总之，药材生产与其他事业一样，在新的时代和新的历史条件下，被赋予了新的意义，提出了更高的目标，并获得了空前的发展。

四、药用植物栽培的特点

1. 栽培种类多，学科范围宽 《中药大辞典》收载的中药 5 767 味，其中植物药达 4 773味，约占 83%。如果拓宽到天然药物，现有的有药用价值的资源种类已达 12 807 种，其中药用植物 11 146 种，占 87%。在众多药用植物中，约有 2 000 种进行过野生驯化，人工栽培成功的约 1 000 种，大面积栽培生产的有 200 余种。

在栽培的药材中，一些栽培技术与粮食、油料、蔬菜、果树、花卉和林木等学科相近，涉及学科范围宽，如薏苡、黑豆、补骨脂、望江南和红花等与粮食、油料作物相近，当归、白芷、桔梗、地黄、丝瓜、栝楼、芡实和泽泻等与蔬菜作物相近，枸杞、五味子、诃子、栀子和忍冬等与果树相近，芍药、牡丹、菊花和曼陀罗等与花卉相近，黄柏、杜仲、厚朴、喜树和安息香等与林木相似。除了上述情况外，还有诸多种类的栽培技术是超出上述学科涉及的范畴，如天麻和麦角是菌类与植物共生或寄生关系，虫草和白僵蚕是菌类寄生于昆虫幼虫的产物，猪苓是菌类之间的共生生长，槲寄生、菟丝子和列当等植物要寄生栽培，人参、西洋参、三七和黄连等均需遮阴栽培……在栽培过程中要涉及植物学、植物生理学、遗传学、土壤肥料学、植物病理学、农业气象学和生态学等多学科的知识。

2. 多数药材的生产、研究仍处于开发利用的初级阶段 我国药用植物栽培历史悠久，开发利用之早，品种之多，是世人所公认的。但是由于药用植物主要用于防病治病，受疾病发生及自然灾害影响导致的价格波动极大，因此种植地及种植面积稳定性较差，多数药材生产、研究技术水平无法与粮食、蔬菜相比。有些具有特殊生物学性状或适应范围较窄的品种，其生产水平提高的步伐更慢。药材生产、研究的落后主要表现在育种工作的严重滞后，规范化生产技术推广不够，田间管理的机械化程度低，开展药材栽培及研究的人才较少、素质较低。这些问题都应在今后工作中加以解决。

3. 药材生产对产品质量性状要求严格 药材生产对产品质量性状的要求较为严格，它不仅要求产品的外观性状好，更要求产品的内在质量稳定，因此，对栽培技术、采收期和加工工艺等方面要求很严。如照山白，其叶除了含总黄酮治病外，还含有毒性成分——梫木毒素Ⅰ，虽然 6～8 月产量最高，但因总黄酮含量低，且含较高的梫木毒素Ⅰ，所以这几个月不能采收。又如生附子，因其有毒不能直接入药，必须经胆巴（主含氯化镁）浸泡、漂洗后，使其毒性成分转化或被漂洗掉，才能入药。近年来，国内外对药材内在质量提出了更加严格的要求，尤其是对重金属、农药残留量及生物污染等也提出了严格的限量标准。

4. 药材生产的地道性强 药材的地道性也有称为道地性的。在众多的药材品种中，有部分药材地道性很强。所谓地道药材就是传统药材中具有特定种质、特定产区或特定生产技术和加工方法所生产的中药材，如东北人参和北五味子、甘肃当归、四川黄连、云南三七和宁夏枸杞等。药材的地道性受气候、土质等自然因素影响最大，这种气候、土质的影响不单单是限定于生长发育，更重要的是限定了次生代谢产物的种类和存在状态，这是一些地道性强的药材引种后不能入药或药效不佳的主要原因。但药材的地道性并非所有品种都很强，有的品种是由于过去受技术、交通等原因限制形成的，这类地道药材引种后生长发育、内外在质量与原产地一致，均可以入药，如山药、地黄、芍药和忍冬等。

5. 药材生产计划的特殊性　药材生产计划强调品种全，品种、面积比例适当。药材是防病治病的物质，中药制剂又是多味配伍入药，各品种功效不同，品种间不能相互替代。而常用中药又不下400种，这些常用药材都必须有一定规模的生产面积，保证供应。但是生产面积又不能一次性安排过多，面积过大，这不仅影响其他作物的生产，而且还易造成损失和浪费。例如，许多药材不能久储，久储后易降低药效甚至失效，特别是像当归、白芷、肉桂、细辛、荆芥、罗勒、杏仁、桃仁、洋地黄和麦角等主要含挥发性、脂肪性、易变质性成分的药材，久储后就会失去药用价值。

一般适用于人类多发病、用量大的品种，种植面积应适当增加，这样就可以保证常年供应，如板蓝根和金银花（药名，非植物名，以下不再注明）。但是这种平衡常被突发性的流行性疾病所破坏，所以药材生产计划还要随时调整品种和面积的比例，以求建立新的平衡关系。

6. 药材生产的高收益与高风险性　一般情况下，作为一种经济作物，药材生产由于技术的复杂性、信息的多变性、经营的壁垒性，一些长期从事药材生产的个人或企业均能获得较高的收益；而没有提前在技术上、信息上、经营上做好充分调查研究的，盲目开展药材生产的个人或企业，盈利的可能性较小，表现出了药材生产的高收益与高风险性。从20世纪90年代前的人参种植热到90年代后的人参价格的下滑，2004年的贝母价格波动到2008年的五味子价格跳水……均反映了药材生产的这种特点。因此，在指导药材生产中，除了要抓好药材种植技术的培训工作外，更要时刻把握好药材市场信息，了解药材质量的特殊要求，并建立起良好的销售渠道，只有这样才能保证药材生产的良性发展。

五、药用植物生产的发展方向

中医、中药学是中华民族的瑰宝，理论和实践均居世界传统医药领先地位，但如何保持这一优势，并在今后能够进一步发扬光大，并与世界接轨仍是一个严峻的现实问题。在21世纪生命科学的发展和回归自然的世界潮流中，中国传统医药学的突破，有可能成为中华民族对整个人类的新的重大贡献之一。尤其是我国加入世界贸易组织（WTO）后，中医、中药学是极有希望走向世界，占领国际市场，成为中华民族的值得骄傲和自豪的产业。因此，大力弘扬中医、中药学是相关工作者的神圣使命，势在必行。

多年来，党和政府为了保证人民的健康，发扬祖国医药遗产，制定了发展药材生产的一系列方针政策，使药材生产健康蓬勃发展有了可靠保证。

近年来我国根据国际形势提出了中药现代化与产业化项目，要求在继承和发扬中医药优势和特色的基础上，充分利用现代科学技术的方法和手段，按照国际认可的医药标准规范，研究开发能够正式进入国际医药市场的中药产品，建立我国中药研究开发和生产的标准规范体系，使其成为我国新的经济增长点，进而推动中国医药产业向支柱性产业方向发展。为此，国家有关部门出台了一系列的中药质量管理规范，其中与药用植物栽培直接相关的《中药材生产质量管理规范（试行）》（GAP，Good Agricultural Practice for Chinese Crude Drugs）已经以国家药品监督管理局令（第32号）的方式发布，从2002年6月1日起施行。这一法令为我国今后中药生产的发展指出了明确的方向，并为我国中药实现现代化提供了可靠的保障。中药材生产要达到GAP的要求，就要根据中药材的种类、生产环境、技术水平、经济实力和科研条件等，对生产的全过程进行规范管理，各个环节都要制定出切实可行的方法和措施，即标准操作规程（Standard Operating Procedure，SOP）。2003年，国家药品监督管理局改为国家食品药品监督管理局（SFDA）后，已下发了《中药材生产质量管理规范认证管理办法（试行）》和《中药材GAP生产认证检查评定标准（试行）》的通知，编号为国食药监安［2003］251号，并从2003年11月1日开始受理认证申请，限于篇幅，详细内容请参见网站 http：//www.sda.gov.cn/。

六、药用植物的分布

根据中药材自然分布情况，选择适宜的药材进行种植，是保证药材的地道性的关键。为此，将我国中药材分布区的常用区划分法介绍如下，供栽培参考。其分区包括：东北区、华北区、华东区、西南区、华南区、内蒙古区、西北区、青藏区和海洋区。

1. 东北区 东北区包括东北三省大部及内蒙古自治区的东部地区。本区有植物药1 600多种，主产人参、西洋参、桔梗、牛蒡子、泽兰、刺五加、黄芪、百合、关苍术、关龙胆、辽细辛、关防风、关木通、北五味子、北柴胡、平贝母、关黄柏、淫羊藿和满山红等。其他如高山红景天、东北刺人参、长白楤木和东北雷公藤等也具有很高的开发价值。

2. 华北区 华北区包括辽宁南部、北京、天津、山西及河北省的中部和南部、山东省全部，以及陕西、河南、宁夏、甘肃、青海、安徽、江苏省、自治区部分地区。华北区有植物药1 500多种，大宗人工栽培药材的产量占全国50%以上的有地黄、板蓝根、紫菀、白附子、酸枣仁、白芍、牛膝、党参、北沙参、枸杞子、栝楼、金银花和丹参等。本区人工栽培药材历史悠久，生产水平较高，在长期的生产实践中，形成了诸如"四大怀药"（怀地黄、怀山药、怀牛膝和怀菊花）、"山西潞党"、"西宁大黄"、"山东金银花"、"安徽亳菊"等道地药材。野生药材亦较丰富，蕴藏量占全国50%以上的品种有酸枣仁、款冬花、柏子仁、远志、苍术和银柴胡等。

3. 华东区 华东区包括浙江、江西、上海、江苏和安徽中部和南部、湖北、湖南中部和南部、福建中部和北部、河南南部、广东北部。华东区有植物药2 500种，有野生药材，也有栽培药材，门类齐全。本区生态环境适宜，生产水平较高，形成了很多著名的道地药材。如"浙八味"（浙贝母、麦冬、玄参、白术、白芍、菊花、延胡索和温郁金），"四大皖药"（亳菊、亳白芍、皖西茯苓和滁菊）以及霍山石斛、宣木瓜、苏薄荷、建泽泻和茅苍术。其他还有太子参、牡丹皮、夏天无、山茱萸、穿心莲、枳壳、玉竹、珍珠、西红花、厚朴、辛夷、莲子和猫爪草等。

4. 西南区 西南区包括贵州、四川、云南大部、湖北、湖南西部、甘肃东南部、陕西南部、广西北部和西藏东部。西南区有植物药4 500多种。该区中药资源应用历史悠久，药材质量好，有"川、广、云、贵"地道药材的称誉。主产的药材有川牛膝、何首乌、续断、当归、附子、川芎、川贝母、川麦冬、川黄柏、川泽泻、川白芍、黄连、红花、石斛、郁金、白姜、三七、云木香、茯苓、天麻、杜仲、吴茱萸、半夏、党参（西党、纹党）、独活、厚朴、款冬花、木蝴蝶、白芷、枳壳、龙胆、大黄、羌活、重楼和冬虫夏草等。此外，西南区民族医药丰富，如藏药、彝药、傣药、苗药、土家族药等别具特色的民族医药，其开发利用前景广阔。

5. 华南区　华南区包括福建东南部、广东、广西东南沿海、云南西南部、海南、台湾岛及其周围全部岛屿。本区中药资源以南亚热带、热带药材为主，其品种众多，独具特色。有植物药 4 000 多种，主产广藿香、广豆根、广地龙、檀香、益智、佛手、香橼、茯苓、天花粉、泽泻、阳春砂仁、橘红、陈皮、巴戟天、安息香、槟榔、高良姜、白豆蔻、樟脑、苏木、儿茶、千年健、龙血树、诃子、荜茇、石斛、芦荟、萝芙木、竹节参、珠子参和血竭等。其中一些药材是从国外引种成功的，包括豆蔻、丁香和檀香等 30 多种中药材。

6. 内蒙古区　内蒙古区包括黑龙江中南部、内蒙古东部与中部及吉林西部、辽宁西北部、河北北部、山西北部。内蒙古区有植物药近 1 000 种，以野生为主，主产药材有甘草、黄芪、赤芍、升麻、苦参、扁蓄、苍耳子、透骨草、艾叶、草乌、地榆、地肤子、防风、狼毒、白头翁、桔梗、麻黄、龙胆、远志、苍术、知母、郁李仁和柴胡等。其中极具北药特色的药材有山西忻州"北黄芪"、内蒙古"多伦赤芍"、河北坝上高原"热河黄芩"、内蒙古"敖汉甘草"等，其品种虽不多，但却具有蕴藏量大的特点。此外，民族医药蒙药也富有特色。

7. 西北区　西北区包括新疆、青海北部、宁夏北部、内蒙古西部、甘肃西部和北部。此区有植物药近 2 000 种，著名的地道特有药材（如甘草、麻黄和伊贝母等）较多，甘草蕴藏量达 1.4×10^{9} kg 以上，占全国的 94%，年收购量达 3.0×10^{7} kg，占全国的 90%；麻黄蕴藏量为 7.8×10^{8} kg，可利用量 2×10^{8} kg，年收购量 $1.5\times10^{7}\sim2.5\times10^{7}$ kg，居全国第二位。主产的药材有新疆藁本、新疆党参、新疆阿魏、红花、枸杞子、秦艽、肉苁蓉、锁阳、紫草、赤芍、雪莲花、甘草、罗布麻、黄精、羌活、甘松、龙胆、独活和冬虫夏草等。本区是多民族聚居区，民族民间医药极为丰富，如维药等。

8. 青藏区　青藏区包括西藏大部、青海南部、四川西北部及甘肃西南部。青藏区有植物药 1 200 多种，以野生为主，蕴藏量大，如甘松约 8.0×10^{6} kg，占全国的 98%；冬虫夏草约 3.5×10^{5} kg，占全国的 85%。主产药材有川贝母、大黄、天麻、胡黄连、秦艽、羌活、山莨菪、珠子参、雪莲花、川木通、西藏鬼臼、红景天、藏紫菀、茯苓、灵芝、狭叶柴胡、乌奴龙胆、天南星、山岭麻黄和锁阳等。另外，此区的藏医药历史悠久，值得深入开发。

9. 海洋区　海洋区包括整个海域，包括渤海、黄海、东海和南海，主要是海洋药用生物产区。

复习思考题

1. 药用植物栽培学、中药材地道性、GAP 各是什么？
2. 药用植物栽培有何意义？
3. 从哪些记载药用植物栽培的书籍中，可以看出我国药用植物栽培学的悠久历史？
4. 如何理解药用植物栽培的特点？
5. 阅读有关 GAP 条款，根据自己家乡地道药材的种类，提出如何开展 GAP 生产。

第二章　药用植物的生长发育

第一节　药用植物的生长与发育

植物总是由生到死的不断演化，从生命中的某一个阶段（孢子、合子、种子）开始，经过一些发展阶段，再出现当初这个阶段的整个过程，其中包括生长和发育上的各个方面的发展和变化，叫做个体发育。药用植物种类很多，概括起来有孢子植物和种子植物两大类。由于种类不同，其生长发育模式与过程也是不同的，各种植物的生长发育是按照自身固有的遗传特性和顺序进行的。就药用种子植物来说，它的个体发育是从种子萌发开始，经过幼苗、成长植株，一直到开花结果的整个过程。所以，种子是种子植物个体发育的开始，也是个体发育的终结。了解药用植物生长发育的机理和特点，有助于采取科学的栽培技术和措施，定向地改造其特性，以达到优质高产的目的。

一、生长和发育的概念

（一）生长和发育

1. 生长　生长（growth）是植物体积和重量的量变过程。它是通过细胞分裂、细胞伸长以及原生质体、细胞壁的增长而引起的，这种体积和重量的增长是不可逆的。植物的生长可分为营养体生长和生殖体生长两个过程，体现在整个生命活动的过程中。种子植物在整个生命活动过程中都在持续不断地产生新的细胞、组织和器官，这是由于茎和根的分生组织始终保持分生状态，可不断地增生。可见，植物的生长是一个量变的过程。

2. 发育　发育（development）是植物一生中形态、结构和机能的质变过程。从种子萌发开始，按照物种特有的规律，有顺序地由营养体向生殖体的转变，直到死亡的全部过程，是通过细胞、组织、器官的分化来体现的。

（二）生长发育的3个阶段

纵观药用植物的个体发育，从形态和生理上可分为3个阶段：胚胎发生、营养器官发生和生殖器官发生。胚胎的发生是随着种子形成过程在母体上发育的。营养器官发生阶段主要是种子萌发后根、茎、叶等营养器官的生长，其分化比较简单，分化后生长占优势。生殖器官发生阶段主要是以生殖器官的分化占优势，此阶段的分化较前阶段分化复杂。但生殖器官发生阶段，也伴有营养器官的生长，只是不占优势。由营养器官发生阶段转到生殖器官发生阶段，各种药用植物都要满足其特定的光照和温度等环境条件。以花、果实或种子为主要产品的药用植物，这一转变能否顺利进行，直接关系到产品的数量和质量。

（三）生长与发育的关系

生长是量的增加，发育是质的变化。生长是发育的基础，没有相伴的生长，发育就不能正常进行。许多事例表明，花芽多少与营养器官生长量紧密相关，所以，植物的生长与发育是相互依存不可分割的，总是密切联系在一起的。

药用植物的生长与发育之间，并非始终是相互协调的。在生长发育过程中，千变万化的环境条件，难免不出现只利于某一方面而不利于另一方面的情况，一旦此种情况出现，势必导致生长与发育的不协调，最终造成减产或品质低劣。药用植物栽培管理，就是通过人为措施调节相互关系，使之符合人们栽培的要求。

二、药用植物各器官的生长发育

（一）根的生长

1. 根的主要生理功能 根（root）是植物体生长在土壤中的营养器官，具有向地性、向湿性和背光性。根主要有吸收、输导、固着、支持、储藏及繁殖等功能。根系吸收植物生长发育需要的水分、无机养分和少量的有机营养，合成生长调节物质。根系能储藏一部分养分，并将无机养分合成为有机物质。根系还能把土壤中的CO_2和碳酸盐与叶片光合作用的产物结合形成各种有机酸，再返回地上部参与光合作用过程。根系在代谢中产生的酸性物质，能够溶解土壤中的养分使其转变为易于溶解的化合物被植物吸收利用。有的植物（如兰花和柑橘等）的根系和微生物菌丝共生形成菌根，菌根可增强根系的吸水、吸肥能力。许多药用植物的根或根皮是重要的中药材，如人参、西洋参、三七、党参、黄芪、龙胆、玄参、何首乌和牡丹等。

2. 根系的垂直分布 根系在土壤中的分布因植物种类不同而不同，一般分为深根系和浅根系两类。甘草和黄芪等为深根系植物；而太子参、贝母、半夏、天南星、延胡索、川芎、白术、番红花、砂仁、山药和百合等为浅根系植物。浅根系药用植物的根系绝大部分都分布在耕层中；而深根系植物，在田间生长条件下，其根系的80%左右也集中在耕层之内。

3. 根系的趋性

（1）**趋肥性** 植物根系生长有趋肥性，即根系生长多偏向肥料集中的地方，耕层根系分布较多与趋肥特性有关。施磷肥有促进根系生长的作用，适当增施钾肥利于根中干物质积累。

（2）**向水性** 植物根系生长有向水性，一般旱地植物根系入土较深，湿地或水中生长植物的根系入土较浅。如水蓼在湿地或浅水中生长时，根系多分布在20 cm表层内；在旱地生长时，根系多分布在10～35 cm层内。又如黄芪生长在砂土、砂质壤土中，主根粗长，侧根少，入土深度超过200 cm，粗大根体长达70～90 cm（俗称鞭杆芪）；如果生长在黏壤或土层较浅的地方，主根入土深70～110 cm，主体短粗（30 cm左右），侧根多而粗大（商品称鸡爪芪）。土壤肥水状况对苗期根系生长影响极大，人工控制苗期肥水供应，对定植成活和后期健壮生长发育具有重要作用。

（3）**向氧性和趋温性** 植物根系生长有向氧性和趋温性。土壤通气良好，是根系生长的必要条件。例如，人参须根的向氧性和趋温性较为明显，生长在林下的人参须根，多生长在温暖通气良好的表层（俗称返须），人工栽培条件下，参须也伸展在表层土壤中。薏苡能够生长在低湿的地块，是因为它的根系中有比较发达的通气组织。土壤中CO_2浓度低时，对根系生长有利；CO_2浓度高时，有害于根系生长。疏松土壤通气良好，CO_2浓度低，地温适宜，所以根系生长良好。

（二）茎的生长

1. 茎的主要生理功能 茎（stem）是绝大多数植物体地上部分的躯干。其上有芽、节和节间，并着生叶、花、果实和种子；具有输导、支持、储藏和繁殖的功能。许多药用植物的茎或茎皮都是常用的药材，如麻黄、石斛、荆芥、杜仲、肉桂和黄柏等。

茎是由芽（bud）发育而来的，一个植物体最初的茎是由种子胚芽发育而成的。主茎是地上部分的躯干，茎上的分枝是由腋芽发育而成。

2. 地上茎和地下茎 植物茎有地上地下之分。

（1）**地下茎** 地下茎是茎的变态，在长期历史发展过程中，由于适应环境的变化，形态构造和生理功能上产生了许多变化。药用植物地下茎常见的变态有根茎、块茎、球茎和鳞茎等。

地下茎主要具有储藏、繁殖的功能。了解地下茎生长发育特点，便于改进栽培措施，促进生长发育，这对扩大繁殖、提高产量，具有重要意义。有些根茎虽然不入药，但对产品器官的形成和产量有影响，如款冬是未开放的花蕾入药，其花着生在根茎上，根茎生长的好坏，对花蕾的形成和产量影响很大。又如番红花是柱头入药，不开花就没有产量，试验表明，球茎达到一定重量后才开花，在此重量以上，球茎越大开花越多，若使球茎长得大，就要加强肥水，还必须适当疏去腋芽。

（2）**地上茎** 地上茎的变态也很多，如叶状茎或叶状枝（如仙人掌和天门冬等）、刺状茎（如山楂、酸橙和皂荚等）、茎卷须（如栝楼、丝瓜、罗汉果和木鳖等）、珠芽（半夏、大蒜、卷丹和山药等）等。地上茎变态部分入药不多，但对栽培管理、产量有一定影响。

药用植物茎的生长，从其生长习性看，有直立生长（乔木类有厚朴、肉桂、女贞、杜仲、川楝和黄柏等，灌木类有栀子、酸橙和枸杞等，草本有人参、桔梗、白术、甘草、黄芪、当归、玄参和芍药等）、缠绕生长（如忍冬、五味子、马兜铃和何首乌）、攀缘生长（如栝楼、络石、白蔹和菝葜）、匍匐生长（如过路黄、垂盆草和地锦）。植物生长习性是确定某些栽培管理措施的依据。

3. 茎的分枝 茎的分枝是由腋芽发育而成的，由于顶芽和腋芽存在着一定的生长相关性，这种相关性受遗传特性和外界条件的影响。因此，每种植物都有一定的分枝方式。植物的分枝方式有单轴分枝和合轴分枝两种。单轴分枝又称为总状分枝，即主茎的顶芽活动从出苗起不断生长，始终占据优势，最终形成一个直立的主轴（其侧枝的生长始终处于弱势状态）。以茎皮、树干为收获目的的药用植物，在栽培时，注意保持顶端生长优势，是培植优质产品的重要措施之一。合轴分枝的特点是顶芽活动到一定时间后死亡，或是分化为花芽，由靠近顶芽的腋芽迅速发育成新枝，代替主茎的位置，生长不久后，新枝的顶芽又同样停止生长，再由侧边腋芽代替生长。有的药用植物兼具两种分枝方式，如枸杞和山茱萸等结果类药用植物的结果枝为合轴分枝，徒长枝为单轴分枝。

禾本科地下茎节（分蘖节）可以产生分蘖。天南星科、鸢尾科和兰科中的部分药用植物的块茎、球茎上可以产生新的小块茎、小球茎，是良好的繁殖材料。

植物分枝（分蘖）的发生是有一定顺序的，从主茎上发生的分枝（分蘖）为一级分枝

（分蘖），从一级分枝（分蘖）上产生的分枝（分蘖）为二级分枝（分蘖），以此类推。由于田间栽培时，有些二级分枝或分蘖对产量无价值，反而消耗植物体的营养，因此，从事生产时，必须掌握好播种密度，或通过植株调整技术（如摘心、打杈和修剪等）控制无效分枝（分蘖），使田间有合理的密度和良好的株型。

茎秆的健壮生长是确保正常生长发育，获得高产的基础。栽培药用植物生长的好坏，不能只看高度一项指标，一般土壤肥力过高，或肥料比例失调（特别是氮肥过多），种植密度过大，光照不足，培土过浅，多雨或刮风等都会引起植物倒伏。植物倒伏后，地上部株体不能正常伸展生长，枝、叶间相互遮挡，光合积累受到严重影响，轻者减收，重者植物体死亡，甚至绝收。

（三）叶的生长

1. 叶的主要生理功能及其形态变化 叶（leaf）是植物的重要的营养器官，一般为绿色的扁平体，具有向光性。植物的叶有规律地生于茎（枝）上，进行光合作用、气体交换和蒸腾作用。

（1）**光合作用** 光合作用是极其复杂的生理生化过程，概括地说，是植物体中的叶绿体利用太阳光能，把吸收来的二氧化碳和水合成为碳水化合物，并释放出氧气的过程。光合作用所产生的葡萄糖是植物生长发育所必需的有机物质，也是植物进一步合成淀粉、蛋白质、纤维素和其他有机物的重要原料。植物的机体及其内含物，无一不是光合作用的直接或间接的产物。因此，叶的生长发育程度和叶的总面积大小，对植物生长发育和产量影响极大。

（2）**气体交换和蒸腾作用** 植物叶表面上有很多气孔，是植物光合作用和呼吸作用中气体交换的主要通道。叶是植物蒸腾作用的重要器官，根部吸收的水分，绝大部分以水汽形式从叶面扩散到体外，从而调节植物体内温度变化，促进水和无机盐的吸收。

（3）**储藏功能和繁殖作用** 有些植物的叶除上述主要功能外，还有储藏作用，如贝母、百合和洋葱的肉质鳞片叶。有少数植物的叶有繁殖作用，如落地生根和秋海棠等。

叶与人类生活关系密切，有些可以作为食物，有些可供药用，如大青叶、枇杷叶、桑叶、艾叶、细辛叶和紫苏叶等。

2. 叶的分化与生长 叶的形成是从生长锥细胞的分化开始的，先分化形成叶原基，叶原基进一步分化形成雏叶，条件适宜时，雏叶便长成幼叶。雏叶叶片各部位通常是平均生长的，植物叶片生长的大小取决于植物种类和品种，同时也受温、光、水、肥等外界条件的影响。通常情况下，气温偏高时，叶片长度生长快，气温偏低时叶片宽度、厚度生长快；适当增施氮肥能促进叶面积增大；生育前期适当增施磷肥，也有促进叶面积增大的作用，生育后期施磷肥，会加速叶片的老化；钾肥有延缓叶片衰老的作用。

多数药用植物的叶片是随着植株的生长而陆续生长增多。但是，人参和西洋参等少数药用植物，全株叶片总数少，这些叶片为一次性长出，一旦受损伤后，当年不再长茎叶。至于叶片功能期的长短，因植物而异。人参和西洋参叶片一次长出，枯萎时死亡，功能期最长（110～150 d）。红花同一植株上中部叶片功能期最长。

3. 与叶片有关的几个生理指标

（1）**叶面积指数** 叶面积指数（leaf area index，*LAI*）是指群体的总绿色叶面积与该群体所占的土地面积的比值，即

$$叶面积指数=\frac{总叶面积}{土地面积}$$

叶面积指数是用来表示绿叶面积大小。在田间直接测定叶面积指数是比较困难的，通常采用取样的方法间接测定。其做法：在药用植物群体中间，取一定土地面积为样方，先计算样方内所有植株的总叶重，然后用总叶重除以单位叶面积的叶重，求得总叶面积，最后用总叶面积除以样方面积，就得叶面积指数。高棵药用植物，也可取有代表性的植株数株，求其叶面积，而后按种植密度换算出叶面积指数。

药用植物群体的叶面积指数随生长时间而变化，一般出苗时叶面积指数最小，随着植株生长发育，叶面积指数增大，植物群体最繁茂的时候（禾谷类齐穗期，其他单子叶植物和双子叶植物盛花至结果期）叶面积指数值最大，此期过后，部分叶片老化变黄脱落，叶面积指数变小。当多数叶片处于光饱和点的光强之下，最底层叶片又能获得大约二倍于光补偿点的光强时，植物群体的物质生产可达到最大值，此时的叶面积指数称为最适叶面积指数。最适叶面积指数的大小因生产水平、药用植物种类和品种而异。经验认为，叶片上冲（斜向向上伸展），株型紧凑的药用植物或品种，最适叶面积指数较大；凡叶片平展披伏、株型松散的药用植物或品种，最适叶面积指数较小。应当指出，有些药用植物（忍冬、党参、五味子等）叶面积指数过大，会导致相互遮蔽，减低透光强度，易引起倒伏或落花（蕾）、落果（荚）。

（2）**净同化率** 所谓净同化率（net assimilation rate，*NAR*）是指单位叶面积在单位时间内所积累的干物质的数量，是测定群体条件下药用植物叶片光合生产率的指标。假设某植物在 t_2-t_1 时间内，平均有 $\frac{1}{2}$（I_1+I_2）的叶面积进行光合生产，净积累干物质的量为 m_2-m_1，其净同化率应为：

$$NAR=\frac{m_2-m_1}{\frac{1}{2}(I_1+I_2)\times(t_2-t_1)}$$

净同化率是以 g/（m^2 · d）来表示的，净同化率因药用植物种类和栽培条件的不同而有差异，通常为 2～12 g/（m^2 · d）。

药用植物与农作物一样，净同化率与产量不存在恒定的相关性净同化率高，产量不一定高。

（四）生殖器官的分化发育

1. 花的功能 花（flower）是种子植物所特有的繁殖器官，通过传粉和受精作用，产生果实和种子，使物种或品种得以延续。开花是种子植物特有的特征，所以又被称为显花植物。显花植物中，被子植物的花器比裸子植物复杂得多，这里主要介绍前者。

花的形态构造随植物种类而异，就同一物种来说，花的形态构造特征，较其他器官稳定，变异较小，植物在进化中会发生变化，这种变化也往往反映到花的构造方面。因此，掌握花的特征，对研究植物分类、药材原植物的鉴别及花类药材的鉴定等均具有重要意义。

许多植物的花可供药用，如金银花（又称为双花）、红花、菊花、款冬花、洋金花、旋覆花、番红花、槐花、除虫菊和辛夷等。

2. 花的分化发育 典型被子植物的花一般由花梗（pedicel）、花托（receptacle）、花萼（calyx）、花冠（corolla）、雄蕊群（androecium）和雌蕊群（stamen）等部分组成，其中雄蕊和雌蕊是花中最重要的生殖部分，花萼和花冠（合称花被）有保护花和引诱昆虫传粉的作用。花是由花芽发育而成的。花是一种适应于繁殖的、节间极度缩短的、没有顶芽和腋芽的变态枝条。双子叶植物花芽分化发育过程大致分为花萼形成，花冠、雄蕊和雌蕊形成，花粉母细胞和胚囊母细胞形成，胚囊母细胞和花粉母细胞减数分裂形成四分体，胚囊和花粉成熟等阶段，各期的先后因植物而异。

3. 开花和传粉 植物种类不同，开花的龄期、开花的季节、花期的长短都不完全相同。一年生和二年生草本植物一生中只开一次花；多年生植物（不论是草本还是木本）生长到一定时期才能开花，少数植物开花后死亡，多数植物一旦开花，以后可以年年开花，直到枯萎死亡为止。进入开花年龄的多年生植物，由于条件不适宜，也有时不开花。多年生植物中，竹类一生只开一次花。具有分枝（蘖）习性的药用植物通常主茎先开花，然后一级分枝和二级分枝（蘖）渐次开放。同一花序上的小花开放的顺序也因植物而异，有些植物小花由下向上逐渐开放，如芥菜、荠菜、远志、地黄、牛膝、车前和知母；有的由外向内开放，如当归和白芷等；有的上部小花先开，然后渐次向下开放，如鸢尾、姜、紫草和石竹等。

植物的花开放后，花粉粒成熟，通过自花传粉和异花传粉方式，将花粉传到雌蕊柱头上。自花授粉的药用植物有甘草、黄芪、望江南和黑豆等，异花传粉植物有薏苡、芥菜、益母草、丝瓜和罗汉果等，自然界异花授粉植物极普遍，这是进化过程中自然选择的结果。

4. 果实和种子的生长发育 果实（fruit）是由受精后的子房或连同花的其他部分发育而成，内含种子（seed）。种子是由胚珠受精后发育而成的。许多植物的果实和种子都是药材，如枸杞子、五味子、栀子、木瓜、葶苈子、莱菔子、薏苡仁、芦巴子和杏仁等。

多数药用植物的果实和种子的生长时间较短，速度较快，此时营养不足或环境条件不适宜，都会影响其正常生长和发育。靠种子繁殖的植物必须保证采种田果实和种子的正常发育。

应当指出，许多药用植物的种子，其生长和发育要求的条件复杂，在年生育期间内自然气候条件很难满足其各方面的要求，或因种子含有发芽抑制物质，所以，种子自然成熟时，其胚尚未生长发育成熟，即种子有后熟特性，生产中应给予重视，如人参、西洋参、吴茱萸、细辛、贝母、黄连、芍药和牡丹等。

三、药用植物生育进程和生长相关

（一）S形生长进程

药用植物的生长并非均一的。纵观药用植物（包括细胞、组织、器官、全株和群体各个水平）一生的生长过程，其生长速度是不均衡的。一般初期较慢，以后逐渐加快，高峰期后又日渐减慢，直至停止生长，简述为慢→快→慢的过程。如在药用植物一生中，每隔一段时间测量一次株高、茎粗、叶面积、干物质量或鲜物质量，最后将其生长量随时间的变化绘成一条坐标线，则近似于S形（图2-1），所以，又

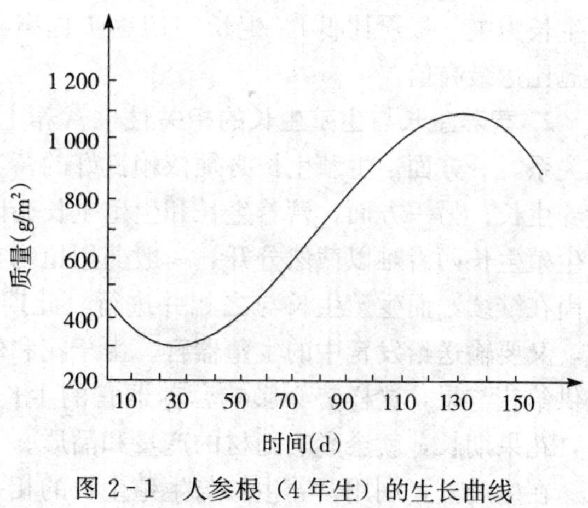

图2-1 人参根（4年生）的生长曲线

叫S曲线。S形生长曲线表明，药用植物生长过程一般可分为前期、中期和后期3个时期。

1. 前期 前期生长率不断提高，又称为指数（对数）增长期，生长过程可用下式表示。

$$W = W_0 e^{K_m(t-t_0)}$$

或

$$\ln \frac{W}{W_0} = K_m(t-t_0)$$

式中，W 和 W_0 分别为 t 和 t_0 时测定项目（长度或干物质量等）；K_m 为 t_0 至 t 期间的增长系数；e为自然对数的底。

2. 中期 中期增长最显著，生长率保持稳定势态，生长曲线接近直线，称为直线增长期，可用下式表示。

$$W_2 = W_1 + P(t_2 - t_1)$$

式中，W_1 和 W_2 分别为该期内 t_1 和 t_2 时测定之量；P 为增长速度。

3. 后期 后期，由于逐渐衰老，生长率日益下降，最后降到零，称为生长减缓停滞期。其生长过程可用下式表示。

$$W_2 = W_1 e - K_m(t_2 - t_1)$$

式中，W_1 为该期内 t_1 时测定的量；W_2 为 t_2 时测定的量；K_m 为此期间的增长系数。

（二）植物生长的相关性

植物的细胞、组织、器官之间，有密切的协调，又有明确的分工；有相互促进的方面，又有彼此抑制的一面，这种现象被称为生长相关性。生产上常采取施肥、灌排、密度和修剪等技术措施，正确处理与调整各部分间生长的相关性，以获得优质高产。

1. 地上部分与地下部分生长的相关性 药用植物地上部分与地下部分存在密切的关系。正常生长发育需要的根系与树冠，经常保持一定的比例（即根冠比），这个比值可以反映出植物生长状况。温度、光照和水分等生态条件常可影响根冠比值。通常情况下，光照度增加，促进叶片光合作用，增加光合积累，有利于根与冠的均衡生长；但光照过强，对地上部分会有抑制作用，从而增大根冠比；土温适宜，昼夜气温温差大时，有利于根及根茎类药材的生长；氮肥过多能降低根冠比，适当增施磷肥，利于根系发育。在生产上，控制与调整根和地下茎类药用植物的根冠比，是提高产量和品质的重要措施之一。一般在生长前期，以茎叶生长为主（根冠比低），生长中期逐步提高根冠比，在生长后期，应以地下部增大为主，根冠比达最高值。

2. 营养生长与生殖生长的相关性 营养生长和生殖生长同样存在相互依赖和相互制约的关系。一方面，生殖生长必须依赖良好的营养生长，但生殖生长也可以在一定程度上促进营养生长；另一方面，营养生长和生殖生长会因为对营养物质的争夺而相互抑制。营养生长与生殖生长两者难以截然分开，一般药用植物在生育中期，有一个相当长的时期里，营养生长尚在继续，而生殖生长与之相并进行。此期间植物的光合产物既要供给生长中的营养器官，又要输送给发育中的生殖器官。由于花和幼果此时常成为植物体营养分配中心，营养优先供给花与果，这样势必影响营养器官的生长。特别是以根、根茎入药的药用植物，花果多，花果期长，就会影响药材的产量和品质。

在生产上，利用营养生长与生殖生长的相关性并根据所收获的部位是营养器官还是生殖器官，可制定出相应的生产措施。若以收获营养器官为主，则应增施氮肥促进营养器官的生长，抑制生殖器官的生长；若以收获生殖器官为主，则在前期应促进营养器官的生长，为生殖器官的生长打下良好的基础，后期则应注意增施磷、钾肥，以促进生殖器官的生长。

3. 顶端优势（主茎与侧枝及主根与侧根的相关性） 正在生长的顶芽对位于其下的腋芽常有抑制作用，只有靠近顶芽下方的少数腋芽可以抽生侧枝，其余腋芽则处于休眠状态。但在顶芽受损伤或人工摘除后，腋芽可以萌发成枝，快速生长。顶枝对侧枝的生长也具有同样的现象。这种现象称为顶端优势。由于顶端优势的存在，使三尖杉等针叶类植物的树冠常呈现塔形。顶端优势的现象还表现在：生长中的花序、幼叶抑制其下侧芽生长，主根抑制侧根生长，冠果抑制边果生长。关于顶端优势的原因，目前主要存在两种假说。一种假说是 K. Goebel 提出的营养学说认为顶芽构成营养库，垄断了大部分的营养物质，而侧芽因缺乏营养物质而生长受到抑制。另一种假说是 K. V. Thimann 和 F. Skoog 提出的生长素学说，认为顶芽合成生长素并极性运输到侧芽，抑制侧芽的生长。

生产上育苗移栽或对枝条及根进行修剪，目的在于调整根或茎生长的相关性，以达到特定的生产目的。生产上有时需要增加一些药用植物的分枝，促进多开花多结果，可采用去除顶芽（打顶）的方法。果树的修剪整形、棉花的摘心整枝和番茄的打顶等也是这种目的。

四、药用植物的生长发育过程

（一）植物发育的理论

药用植物从种子到种子不管是要通过一年还是多年，都有其前后的连续与相关性。任何一个生长发育时期，都和前一个时期有密切的关联。没有良好的营养生长就没有良好的生殖生长。在栽培上，不论是叶入药类、根入药类还是果实入药类、种子入药类，要获得优质高产，总是从种子发芽或育苗开始，要有一个良好的基础。

关于植物发育的理论，有各种不同的学说。

早期的植物生理学者如 Sach 就提出过植物的开花受“开花素”的控制，目前虽然有许多间接的试验，证明植物的开花发育，受一种激素物质（称为“开花素”）的控制，但具体的“开花素”还未分析出来。

许多越冬药用植物（也包括作物等），通过低温处理，可以促进抽穗（薹）开花，这点早被人们认识，《齐民要术》中已有记载，其他各国也有类似的认识。

碳氮比（C/N）学说认为，植物由营养生长过渡到生殖生长，是受植物体中碳水化合物与氮化合物的比例（C/N）的控制。当 C/N 小时，趋向于营养生长，C/N 大时，趋向于生殖生长。

1920 年，Garner 和 Allard 光周期的发现，使人们认识到，植物的开花不仅受温度影响，同时也受日照长短的影响。

阶段发育学说指出，植物的生长与发育不是一回事。一年生和二年生植物的整个发育过程具有不同的阶段，每一阶段对环境有不同的要求，而且阶段总是一个接着一个地进行。目前明确了两个阶段，即春化阶段和光照阶段。

药用植物种类繁多，它们对发育条件的要求也不相同，甚至同一种类的不同品种，对发育的要求也可以不同。阶段发育的理论可以说明许多二年生药用植物的发育现象，但不能用来说明一年生和木本药用植物的发育现象。

各种药用植物通过生长发育的途径与其物种的地理起源有关。起源于热带的种类，大多是在温度高而日照短的环境下生长发育，所以它们的发育也都是在此种环境下通过的，在这些地区原产的瓜类、茄果类及豆类等，都不要求经过低温，而是在较短的日照下，通过光照阶段。起源于亚热带及温带的种类，是在一年中的温度及日照长度有明显差别的条件下通过发育的，一般都要求在低温条件下通过春化阶段，而后在长日照条件下抽薹开花。

植物的发育阶段是有其顺序性和局限性的。所谓“顺序性”是指前一阶段完成以后，后一阶段才能出现，后阶段不能超越，即没有通过春化阶段的，就不能通过光照阶段，也不能先通过光照阶段而后通过春化阶段。所谓“局限性”是指春化阶段的通过，局限在植株的生长点上，是由细胞分裂的方式来传递的，而且不同的生长部位，可以有不同的阶段性。任何植物体顶端的芽，在生长年龄上是较幼的，但在阶段性上又是较老的。菠菜、芹菜都要求低温通过春化，但都局限在生长点上，只要其胚（种子春化）或顶芽（绿体春化）经过一段时间的低温处理（不需整株冷冻），就会抽薹开花。必须指出，春化阶段的通过，虽然只限于在生长点上，但与茎叶生长状态有密切的关系或者说受营养条件的影响。

（二）药用植物的生长发育过程

由于药用植物的种类繁多，由种子到种子的生长发育过程所经过的时间长短不一，按周期长短分有一年生、二年生和多年生。其中大多数是用种子繁殖，但也有相当多的药用植物用营养繁殖或两者兼而有之。

1. 一年生药用植物 一年生药用植物（annual herb）在播种当年能开花结实，果实或种子成熟后即枯萎死亡（图 2-2），如部分禾谷类、茄果类、瓜类及喜温的豆类，包括薏苡、曼陀罗、丝瓜、赤小豆、绿豆、王不留行、颠茄、红花、苋菜、续随子、补骨脂和扁豆等。

2. 二年生药用植物 二年生药用植物（biennial herb）在播种的当年为营养生长，经过一个冬季，到第二年才抽薹开花、结实，也是在果实或种子成熟后枯萎死亡，如当归、白芷、独活、牛蒡、水飞蓟和菘蓝等（图 2-3）。

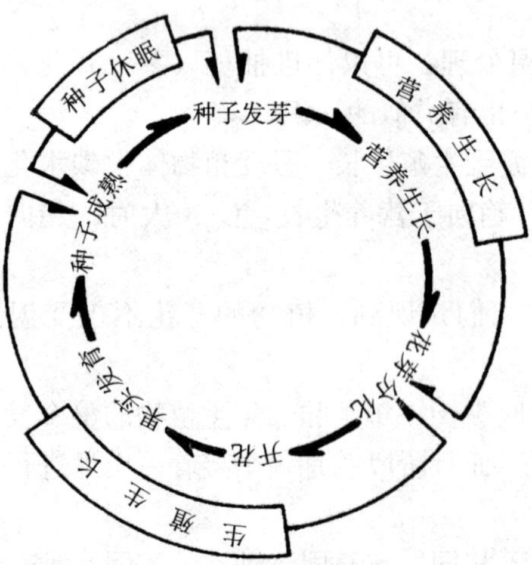

图 2-2 一年生药用植物的生长周期图解

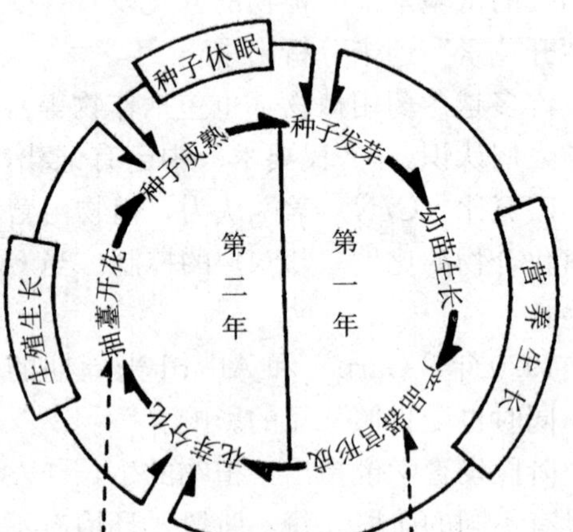

图 2-3 二年生药用植物的生长周期图解

3. 多年生药用植物 多年生药用植物（perennial herb）在一次播种或栽植以后，可以连续生长发育二年以上，到一定的年龄后就可连年开花结实，结实后的植株一般不会死亡。每年植株都是以宿根越冬（草本）或全株越冬（木本），次年可重新萌芽生长。这类植物在药用植物中所占的比例较大，其中草本有人参、细辛、党参、大黄、百合、贝母、芍药和沿阶草等；木本则分为乔木、灌木和藤本，乔木有杜仲、桉树、厚朴、胡桃、水曲柳、黄柏和松等；灌木有夹竹桃、刺五加、紫薇、连翘、六月雪和小檗等，藤本有鸡血藤、木通、五味子和葡萄等。

木本植物中，对乔木、灌木和藤本，若其叶在冬季或旱季脱落，则分别称为落叶乔木、落叶灌木和落叶藤本，反之冬季或旱季不落叶的分别称为常绿乔木、常绿灌木、常绿藤本。

采用无性繁殖的药用植物，它们的生长过程是从营养器官（块茎、球茎、根茎、鳞茎、块根、茎和叶等）到产品器官（块茎、球茎、根茎、鳞茎、根、茎、叶、花、果实和种子）形成并收获。全生育过程所经过的时间也有长有短，也可分为一年生、二年生及多年生。以营养器官做播种材料，生长发育起来的植物体仍能开花结实。这类药用植物在生产中多不用种子繁殖，只是在品种复壮或用作育种亲本时，采用种子繁殖。由于有些药用植物的营养器官具有休眠特性，利用此类营养器官进行繁殖时，必须注意调整播期，或采用相应的技术措施，使之顺利地通过休眠阶段，这样才能保证播种后该植物的正常生长发育。

应当说明，一年生和二年生之间，或二年生与多年生之间，有时是不容易截然分开的。如红花和月见草，秋播当年形成叶丛，而后越冬，第二年春天抽薹开花，表现为典型的二年生药用植物。但是若将这些二年生药用植物于春季气温尚冷时播种，则当年也可抽薹开花。

（三）药用植物的生育期和生育时期

药用植物的生育期和生育时期是两个概念，要注意区分。生育期是指从出苗到成熟之间的总天数，即药用植物的一生，亦称全生育期；而某一生育时期则是指药用植物一生中，其外部形态上呈现显著变化的某一时期，又被称为物候（期）。

1. 药用植物的生育期 以子实为播种材料又以子实为收获产品的药用植物，其全生育期是指从子实出苗到新子实成熟所持续的总天数。以营养体或花、花蕾为收获对象的药用植物，其全生育期是指从播种材料出苗到主产品适期收获的总天数。实行育苗移栽制的药用植物的全生育期分苗（秧）田生育期和本田（田间）生育期。植物全生育期的长短主要受遗传性和所处的环境条件决定。同一植物的生育期也有长短之分，一般按成熟先后分早熟、中熟和晚熟3种。一个作物的早熟、中熟和晚熟的品种是通过选择培育而成的，在农作物、蔬菜种类中选育出的较多，在药用植物方面此项工作刚刚开始，仅红花、地黄和罗汉果等少数种类中有品种之别。

药用植物生育期的长短受环境条件（特别是光照和温度）的影响很大。同一种药用植物在不同地区栽培，由于温度和光照的差异，生育期也发生变化。例如紫苏，其是喜温的短日照药用植物，对温度和日照敏感，当从南方向北方引种（从低纬度向高纬度引种）时，由于纬度增高，生长季节的白天长，温度低，生育期延长；反之，由北方向南方引种，其生育期缩短。同一品种从低海拔向高海拔引种或者反之，也有类似现象。此外，土壤肥沃或施氮肥较多时，由于土壤中碳氮比低，常常因茎叶生长过旺而延迟成熟期。

2. 药用植物的物候

（1）*药用植物的物候的内涵* 物候是指自然界中的生物受气候及其他环境因素周期性变化的影响而出现的现象。例如，植物的萌芽、长叶、开花、结实和落叶等都可视为物候。物候学则是研究自然界植物、动物与环境条件（气候、水文、土壤和地形等）的周期变化之间相互关系的科学。它的目的是认识自然季节气候变化的规律，以服务于生产和科学研究。

药用植物和其他农作物一样，其生长发育的不同时期会反映出季节气候周期变化。只有掌握药用植物生长发育过程对气候变化的要求才能使引种、试种获得成功。同时，认真做好药用植物的物候观测，还有助于对农事操作和技术措施（如整地、播种、施肥、整枝修剪、防治病虫害和采收等）的适宜时期做出合理安排，以获得优质高产。

（2）*药用植物物候的观测技术*

①物候观测和气候观测可同时进行。对于观测点的选定应具有一定的代表性，选定之后应将地点、生态环境、海拔、地形（平地、山地、凹地和坡地等）、位置和土壤等详做记载。

②供物候观测的木本药用植物可采用定株办法，选定后可挂上小牌，写明名称作为标志。药用植物的选定以露地栽培或野生、发育正常、已达开花结实的中龄树，每种选3～5株作为观测目标。供物候观测的草本药用植物应在比较空旷的地段于群体中选定若干株作为观测目标。

③物候观测的时间应常年进行，并要每天观测。在选定的观测项目中如无每天观测的必要时，亦可酌减观测次数，但须保证不失观测时期为原则。观测物候现象的时间最好在下午，但有些药用植物在早晨或夜间开花，则需相应改变观测时间。

④物候观测的记录方式有两种，其一，记录符合该物候期的植株达到规定比例的日期。其二，记录从某一物候的始期到终止的总天数。实际多用的是前者，即记录进入该物候期的日期，通常以达到25％为始期，50％为盛期，75％为末期。

（3）*药用植物的物候观测的一般内容* 这里仅列出一些常用的观测内容，实际工作中应酌情调整。

①草本药用植物物候观测：观测时应记录编号、中文名、学名、种植时间、观测地点、经纬度、海拔、生态环境、地形、土壤和伴生植物。观测的项目主要包括以下几个。

A. 萌动期：a. 地下芽出土期；b. 地上芽变绿期。

B. 展叶期：a. 展叶始期；b. 展叶盛期。

C. 开花期：a. 花序或花蕾出现期；b. 开花始期；c. 开花盛期；d. 开花末期；e. 第二次开花期。

D. 果熟期：a. 果实始熟期；b. 果实全熟期；c. 果实脱落期；d. 种子散布期。

E. 黄枯期：a. 开始黄枯期；b. 普遍黄枯期；c. 全部黄枯期。

②乔木和灌木类药用植物的物候观测：观测时应记录编号、中文名、学名、植物年龄或种植时间、观测地点、经纬度、海拔、生态环境、地形、土壤和伴生植物。观测项目主要包括以下几个。

A. 萌动期：a. 芽开始膨大期；b. 芽开放期。

B. 展叶期：a. 开始展叶期；b. 展叶盛期。

C. 开花期：a. 花蕾或花序出现期；b. 开花始期；c. 开花盛期；d. 开花末期；e. 第二

次开花期；f. 二次梢开花期；g. 三次梢开花期。

D. 果熟期：a. 果实成熟期；b. 果实脱落开始期；c. 果实脱落末期。

E. 新梢生长期：a. 一次梢开始生长期；b. 一次梢停止生长期；c. 二次梢开始生长期；d. 二次梢停止生长期；e. 三次梢开始生长期；f. 三次梢停止生长期。

F. 叶秋季变色期：a. 叶开始变色期；b. 叶全部变色期。

G. 落叶期：a. 开始落叶期；b. 落叶末期。

第二节 药用植物生长发育与环境条件的关系

一、环境条件及其相互作用

药用植物生活在田间，周围环境中的各种因子都与其发生直接或间接的关系，其作用可能是有利的，也可能是不利的，环境中的各种因子就是药用植物的生态因子。

（一）生态因子的类型

生态因子可划分为气候因子、土壤因子、地形因子和生物因子。

1. 气候因子 气候因子包括光照强弱、日照长短、光谱成分、温度高低、温度变化、水的形态和数量、水分存续时间、蒸发量、空气、风速和雷电等。

2. 土壤因子 土壤因子包括土壤结构、有机质、地温、土壤水分、养分、土壤空气和酸碱度等。

3. 地形因子 地形因子包括海拔高度、地形起伏、坡向和坡度等。

4. 生物因子 生物因子通常指动物因子、植物因子和微生物因子，如药用植物的间种、混种、套种中搭配的作物，田间杂草，有益或有害的昆虫、哺乳动物、病原菌、土壤微生物及其他生物等。

（二）生态因子对药用植物的作用

1. 生活因子和非生活因子 上述诸多生态因子对药用植物生长发育的作用程度并不是等同的。其中日光、热量、水分、养分、空气等是药用植物生命活动不可缺少的，缺少其中任何一个，药用植物就无法生存，这些不可缺少的因子又称为药用植物的生活因子或基本因子。生活因子以外的其他因子对药用植物也有一定的影响作用，这些作用有的直接影响植物本身（如杂草和病虫害等），有的通过生活因子而影响药用植物生长发育（如有机质、地形和土壤质地等）。

2. 生态因子的综合作用 药用植物的诸多生态因子，都不是孤立存在，而是相互联系，相互影响，彼此制约的，一个因子的变化，也会影响其他因子的变化。对药用植物生长发育的影响，往往是综合作用的结果。如阳光充足，温度就随着上升，温度升高，土壤水分蒸发和植物的蒸腾就会增加，土壤微生物活动旺盛等，从而加快药用植物的生长。植物生长繁茂后，又会遮盖土壤表面，减少土壤水分的蒸发。与之同时，提高地表层空气温度，土壤湿度也相应提高，这不仅影响地温变化，也影响土壤微生物的活动和根对土壤水分、养分的吸收与运输。

（三）人为因子

各种栽培措施、田间管理等也是一种因子，它属于人为因子。人为因子的影响，远远超过其他所有自然因子。因为人为的活动，往往是有目的，有意识的。像整枝、打杈、摘心和摘蕾等措施直接作用于药用植物，而适时播种、施肥灌水、合理密植、中耕除草和防病等措施，则是改善生活因子或生态因子，促进正常生长发育。栽培药用植物，进行药材生产，面对的是各种各样的药用植物种类，具有不同习性的各个品种，遇到的是千变万化的错综复杂的环境条件，只有采取科学的"应变"措施，处理好药用植物与环境的相互关系，既要让植物适应当地的环境条件，又要使环境条件满足作物的要求，才能取得优质高产。

二、药用植物生长发育与温度的关系

每一种药用植物的生长发育都只能在一定的温度区间进行，都有温度三基点——最低温度、最适温度和最高温度。超过这个温度区间范围（即超出最低温度或最高温度），生理活动就会停止，甚至全株死亡。在此温度区间内，植物处在最适温度条件下的时间越长，对其生长发育和代谢越有益。了解每种药用植物对温度适应范围，及其与生长发育的关系，是确定生产分布范围和安排生产季节，夺取优质高产的重要依据。

（一）药用植物对温度的要求

1. 药用植物对温度要求的类型 药用植物种类很多，对温度的要求也各不一样，通常人们都以其对寒温热反应划分类别。

（1）*耐寒的药用植物* 不论是一年生药用植物、二年生药用植物还是多年生的药用植物，只要能耐－1～－2 ℃的低温，短期内可以忍耐－5～－10 ℃低温，同化作用最旺盛的温度为15～20 ℃，或到了冬季地上部分枯死，地下部分越冬能耐0 ℃以下，甚至到－10 ℃低温的药用植物均属此类，如人参、细辛、百合、平贝母、五味子、薤白、石刁柏和刺五加等。

（2）*半耐寒的药用植物* 能耐短时间－1～－2 ℃的低温，在长江以南可以露地越冬，在华南各地冬季可以露地生长的，最适同化作用温度为17～23 ℃的药用植物称为半耐寒药用植物，如萝卜和菘蓝等。

（3）*喜温的药用植物* 喜温的药用植物，其种子萌发、幼苗生长，开花结果都要求较高的温度，同化作用最适温度为20～30 ℃，花期气温低于10～15 ℃则授粉不良或落花落果，如曼陀罗和颠茄等。

（4）*耐热的药用植物* 生长发育要求温度较高，它们的同化作用温度多在30 ℃左右，个别药用植物可在40 ℃下正常生长，如丝瓜、罗汉果、刀豆、冬瓜、南瓜等。

2. 生育时期与温度的关系 药用植物生长发育对温度的要求不仅因品种而异，就同一品种来讲，生育时期不同，对温度的要求也有区别。一般种子萌发时期、幼苗时期要求温度略低；营养生长期温度渐渐增高；生殖生长期要求温度较高；产品器官形成期，花果类要高，根及根茎类要求昼夜温差大些。应当指出，植物生长发育的各个时期都有温度三基点，各时期的三基点也不相同，植物发育过程中，花期对温度变化最敏感。了解掌握药用植物各生育时期对温度要求的特性，是合理安排播期和科学管理的依据。

3. 药用植物不同部位生长与温度的关系 温度对植物的影响主要是气温和地温两方面。通常情况下，地温变化较小，距地面愈深温度变化愈小，根在土壤中与地温差异不大。一般气温变化较大，特别是近地面处的气温变幅大，每日 13:00 左右温度最高，而夜间（1:00～3:00）温度最低。植物出现日灼多与气温短时间急剧增高有关。

药用植物根及地下茎类的生长，受温度影响很大，一般植物的根系在 20 ℃左右条件下，生长较快，地温低于 15 ℃虽然根仍能生长，但生长速度减慢。有些药用植物的根，在昼夜温差大的时候，生长速度快。一般低温下生长的根多呈白色，粗大多汁，支根少。植物根对温度的适应能力比地上部分差。了解掌握根及地下茎类药材伸长加粗的最适温度环境，是调节播期，改进栽培措施的基础工作。在最适温度范围内，根及地下茎类生长量的大小、生长率的高低与温度高低呈正相关。

4. 药用植物代谢与温度的关系 温度不仅影响生长，也影响物质积累和转化。药用植物干物质的积累与光合作用和呼吸作用有很大关系。耐寒植物光合作用冷限与细胞组织结冰的温度相近。而起源于热带的药用植物，温度降至 5～10 ℃时，光合功能即受到破坏。一般植物在自然条件下（光饱和点以上的光强，CO_2浓度 0.03%），在最适光合作用温度下，光合积累较多。在栽培上，要注重提高光合作用的总积累。总积累的增加，有利于产量的提高。从物质代谢的生化反应看，在一定温度范围内，温度每增高 10℃，生化反应的速率按一定的比率增长。

5. 热量资源 积温是表示某地区热量资源的方法，或是表示某一种药用植物对热量需求的指标。例如，哈尔滨≥10 ℃的积温是 3 000 ℃，北京是 4 200 ℃，济南为 5 000 ℃，武汉为 5 300 ℃，广州为 8 100 ℃。了解各地热量资源，便于进行药用植物的合理布局。例如，哈尔滨地处北纬 45°45′，年平均温度为 3.5 ℃，伦敦地处北纬 51°11′，年平均温度比哈尔滨高 6 ℃以上，但哈尔滨≥10℃的积温比伦敦多 500 ℃，因此，哈尔滨地区可以种水稻，而伦敦附近只能种马铃薯和甜菜等。用积温表示药用植物对热量要求指标时，该指标可以是某一生育时期，也可是全生育期要求的温度总和。有了这些参数，可以根据当地气温情况，确定安全播种期；也可根据植株的长势和气温预报资料，估计药用植物生育进度和各生育时期到来的时间；还可以根据某一植物所需的积温和当地的长期（年的）气温预报资料，对当年该种植物的产量进行预测（属于丰年、平年还是歉年）。

（二）高温和低温的障碍

自然气候的变化总体上有一定的规律，但是非常规律的变化，如温度过高或过低，也时有发生。温度过高或过低，都会给植物生长发育造成障碍，使生产受到损失。

在温度过低的环境中，植物的生理活动停止，甚至死亡。低温对药用植物的伤害主要是冷害和霜冻。冷害主要是指生长季节内 0 ℃以上的低温对药用植物的伤害。低温则可使叶绿体超微结构受到损伤，或引起气孔关闭失调，或使酶钝化，最终破坏光合作用。低温还影响根系对矿质养分的吸收，影响植物体内物质运转，影响授粉受精。霜冻则是在春秋季节里，由于气温急剧下降到 0 ℃以下（或降至临界温度以下），使茎叶等器官受到的伤害。

高温的障碍是与强烈的阳光及急剧的蒸腾作用相结合而引起的。高温使植物体非正常失水，进而产生原生质的脱水和原生质中蛋白质的凝固。高温不仅降低生长速度，妨碍花粉的正常发育，还会损伤茎叶功能，引起落花落果等。我国南方的夏天，北方的温室或大棚内容易发生高温障碍。

（三）温周期和春化作用

1. 温周期 温度的周期性变化是指温度的季节变化和昼夜变化。在一天中白天温度较高，晚上温度较低。植物的生活也适应了这种昼热夜凉的环境，尤其是大陆性气候区（如西北各地及内蒙古），昼夜温差更大，药用植物白天接受阳光，进行旺盛的光合作用，夜间光合作用停止，低温可以减弱呼吸作用降低能量的消耗。因此，有周期性的昼夜温度变化，对药用植物生长发育是有利的，许多药用植物都要求有这样的温度变化环境，才能正常生长。例如，豌豆生长在日温 20 ℃、夜温 14 ℃的植株，比生长在 20 ℃恒温下的高，而且健壮得多。又如，小麦子粒中蛋白质含量与昼夜温差呈正相关，相关系数达 0.85。药用植物生长发育与温度变化的这种同步现象称为温周期。

一般来讲，适宜于光合作用的温度比适宜于生长的温度要高些，在自然条件下，植物夜间及早晨往往生长得较快。适于热带植物的昼夜温差应在 3～6 ℃，温带植物为 5～7 ℃，沙漠植物相差 10 ℃或还多。昼夜温差必须是在适宜的温度范围之内，如果日温过高，而夜温过低，植物也生长不好。

温度季节变化也是一个规律性变化，我国大部分地区有明显的一年四季之分。春季温暖，植物萌芽生长，随着温度渐渐升高，植物繁茂起来，夏季后生长旺盛，鲜花盛开，秋季果实累累，进入冬季便枯萎死亡或休眠越冬，许多植物就是这样年复一年的生活着。有些植物则适应于旱季与雨季交替的周期性变化。植物生长发育与气候季节变化相适应，也是一种温周期，这种周期变化规律是安排每年农事，不违农时的重要依据之一。我们的祖先，依据气候的年变化，总结出了二十四节气七十二候，并在《吕氏春秋·审时篇》中有“凡农之道，候之为宝”的记载，这又是我们的祖先运用自然规律指导农事生产的一个例证。

2. 春化作用 春化作用是指由低温诱导性的影响而促进植物发育的现象。需要春化的植物有冬性的一年生植物（冬性谷类作物）、大多数二年生植物（如当归、白芷、牛蒡和芹菜）和有些多年生植物（如菊花）。这些植物通过低温春化之后，要在较高的温度下，并且多数还要求在长日照条件下才能开花。所以，春化过程只是对开花起诱导作用。

春化作用是温带地区植物发育过程表现出来的特征。在温带地区，一年之中由于太阳到达地面的入射角变化很大，引起四季温度的变化十分明显，温带植物在长期适应温度的季节性变化过程中，其发育过程中表现出要求低温的特性。但不同植物种类或品种对低温的要求有差别，如芥菜为 0～8 ℃、萝卜为 5 ℃。对大多数要求低温的植物来说，1～2 ℃是最有效的春化温度，要是有足够的时间，－1～9 ℃范围内都同样有效。植物对低温的要求大致表现为两种类型，一类是相对低温型，即植物开花对低温的要求是相对的，低温处理可促进这类植物开花，一般冬性一年生植物属于此种类型，这类植物在种子吸涨以后，就可感受低温，如芥菜、大叶藜和萝卜等；另一类是绝对低温型，即植物开花对低温的要求是绝对的，若不经低温处理，这类植物绝对不能开花，一般二年生和多年生植物属于此类，这类植物通常要在营养体达到一定大小时才能感受低温，如当归、白芷、牛蒡、洋葱、大蒜、芹菜和菊花等。萌动种子春化处理掌握好萌动期是关键，控制水分是控制萌动状态的一个有效方法。春化处理的时间因植物种类（或品种）而异，芥菜需 20d，萝卜需 3d，通常是 10～30d。营养体春化处理必须是在植株或处理器官长到一定大小时进行。没有一定的生长量，即使遇到低温，也没有春化反应。例如，当归幼苗根重小于0.2g对春化无反应，大于2g的根春化后全部能抽薹开花，根重在0.2～2g间，抽薹开花率与根重、春化温度和时间有关。这个所谓一定大小的植物标志，可以用日龄、生理年龄、茎的直径、叶片数目或面积来表示。营养体春化部位主要是生长点，有些药用植物（芥菜和萝卜等）是在种子萌动时期通过春化阶段，大多数药用植物是在幼苗期或植株更大时，通过发育的低温阶段。

蔬菜学中介绍，许多二年生蔬菜通过春化阶段后，即生物化学上经过春化以后，生长点的染色特性发生变化，用5%氯化铁及5%亚铁氰化钾处理，完成春化的生长点为深蓝色，未完成春化的生长点不染色，或呈黄色或呈绿色。

许多要求低温春化的植物是属于长日照植物（菊花例外，是春化短日植物），这些植物感受低温之后，必须在长日照下才能开花。而这些植物的春化与光周期的效应有时可以互相代替或互相影响。例如，甜菜是长日植物，如果春化期限延长，就能在短日照下开花。大蒜鳞茎形成也有光周期现象，即鳞茎形成要求长日照条件，但用低温处理后，在短日照下也可形成鳞茎。低温长日照植物用一定浓度赤霉素处理后，不经过春化及长日照条件也能开花。

三、药用植物生长发育与光照的关系

阳光是植物进行光合作用的能量来源，光照度、日照长短及光的组成（光谱成分）都与药用植物的生长发育有密切的关系，并对药材的产量和品质产生影响。

（一）光照度对药用植物生长发育的影响

栽培的药用植物，不论是阴生植物（如人参和细辛）还是阳生植物，充足的阳光是正常生长发育的必要条件之一。假如植株种植过密，株间光照就不足，由于顶端的趋光性，植株会过度伸长，最终只有株顶少数叶片进行光合作用，光合积累不能满足生长发育要求，分枝少，叶片少，花芽少，已分化的器官也不能正常生长，甚至早期死亡。药用植物对光照度的要求可用光补偿点和光饱和点表示，植物的光合积累与呼吸消耗相等时（即表观光合强度等于零时）的受光强度叫做光补偿点；植物的表观光合强度处于最大值时的植物受光强度叫做光饱和点。药用植物生长发育中，在自然条件下，接受光饱和点（或略高于光饱和点）左右的光照愈多，时间愈长，光合积累也愈多，生长发育也最好。光强略高于补偿点时，植物虽能生长发育，但产量低下，品质不佳。我国各地自然光照度因地理位置、地势高低、云量和雨量等而有所差异。一年中以夏季的光照较强，冬季较弱。长江中下游及东南沿海一带，由于云量、雨量多，太阳光照度都不及东北、华北、西北等省区。我国东北、西北各省区的日照最充足，可达100～200 klx，甚至更高。

一株良好的药用植物都有一定的枝叶，并占据一定的空间。在环境中其各部位受光强度是不一致的，通常植物体外围茎叶受光强度大（特别是上部和向光方面），植体内部茎叶受光强度小。田间栽培的药用植物，是群体结构状态，群体上层接受的光照度与自然光基本一致（遮阳栽培或保护地栽培时，群体上层接受的光照度也最高），而群体的株高2/3到距地面1/3处，这一层次接受的光强度逐渐减弱，一般群体下1/3以下的部位，受光强度均低于光补偿点。群体条件下受光强度问题比较复杂，在同一田块内，植物群体光照度的变化与种植密度、行的方向、植株调整以及套种、间种等而不同。光照度的不同，可直接影响光合作用的强度，也影响叶片的大小、多少、厚薄，茎的节间长短、粗细等，这些因素都关系到植株的生长及产量的形成。因此，群体条件下，种植密度必须适宜。但某些茎皮类入药的药材（含作物中的麻类植物），种植时可稍密些，使株间枝叶相互遮蔽，就可减少分枝，使茎秆挺直粗大，从而获得产量高，质量好的茎皮。了解掌握药用植物需光强度等特性和群体条件下光强分布特点，是确定种植密度和搭配间混套种植物的科学依据。

药用植物种类不同，对光照强度的要求也不同，通常分为阳生植物、阴生植物和中间型植物。

1. 阳生植物 阳生植物又称为喜阳植物，其要求有充足的直射阳光，光饱和点在全光照的40%～50%以上（40～50 klx或更高），光补偿点为全光照的3%～5%，阳光不足则生育不良或死亡，如丝瓜和栝楼等瓜类，颠茄、曼陀罗、龙葵、酸浆和枸杞等茄果类，穿龙薯蓣、山药和芋等薯芋类，以及红花、薏苡、地黄、薄荷、蛔蒿和知母等。

2. 阴生植物 阴生植物又称为喜阴植物，其适宜生长在荫蔽的环境中，光饱和点在全光照的50%以下，一般为全光照的10%～30%间，光补偿点为全光照的1%左右（多数不足1%），这类植物在全光照下会被晒伤或晒死（日灼），如人参、西洋参、三七、黄连、细辛、天南星、淫羊藿、白芨、石斛和刺五加等。

许多阳生植物的苗期也需要一定的荫蔽环境，在全光照下生育不良，如五味子和龙胆等。

3. 中间型植物 中间型植物又称为耐阴植物，其在全光照或稍荫蔽的环境下均能正常生长发育，一般以阳光充足条件下生长健壮，产量高，如麦冬（沿阶草）、连钱草、款冬、紫花地丁、柴胡、莴苣、豆蔻和芹菜等。

不论是阳生植物，还是阴生植物和中间型植物，给予光饱和点或高于光饱和点的光照度，植物光合积累多，生长发育健壮。光照强度低于光饱和点，光照越弱，光合作用越弱，光合积累愈少，这是一般的规律，因此，栽培管理中，保证各类植物都有适宜的光照条件，是基本的要求。

光照的强弱必须与温度的高低相互配合，这样才能有利于植物的生长及器官的形成，有利于植物代谢的平衡和光合积累。例如，进行保护地栽培时，阴天或下雪时，室内温度必须适当降低，否则，呼吸作用强，能量消耗多，不利于开花结实。人参在透光棚下栽培时，给予25 klx光照，在20～25 ℃时光合效率最高。

（二）光质对药用植物生长发育的影响

光质（或称光的组成）对药用植物的生长发育有一定的作用。据测定，太阳光中可见光部分约占全部辐射光的52%，不可见的红外线（含远红外）约占43%，不可见的紫外线约占5%。太阳光中被叶绿素吸收最多的是红光，红光对植物的作用也最大，黄光次之，蓝紫光的同化作用效率仅为红光的14%。在太阳的散射光中，红光和黄光占50%～60%；在太阳的直射光中，红光和黄光最多只占37%。一年四季中，太阳光的组成成分比例是有明显变化的，通常春季阳光中的紫外线成分比秋季少，夏季中午阳光中的紫外线的成分增加，与冬季各月相比，多达20倍之多，夏季蓝紫光比冬季各月多4倍。

红光能加速长日照植物的生长发育，而延长短日照植物的生长发育时期；蓝紫光能加速短日照植物的生长发育，而延迟长日照植物的生长发育。现已证明，红光利于碳水化合物的合成，蓝光对蛋白质合成有利，紫外线照射对果实成熟起良好作用，并能增加果实的含糖量。许多水溶性的色素（如花青素）要求有强的红光，维生素C要求紫外线等。通常在长波长光照下生长的药用植物，节间较长，而茎较细；在短波长光照下栽培的植物，节间短而粗，有利于培育壮苗。

光的组成也受海拔高低的影响。高海拔的地方（高原、高山）青、蓝、紫等短波光和紫外线较多，所以植株矮小，茎叶中富含花青素，色泽较深。

目前农业生产中，对于一些阴生植物要使用农用塑料薄膜，农用塑料薄膜的成分和色泽与透过光的种类和多少有关，使用时要慎重选择。在人参和西洋参栽培上，认为各种色膜均是色淡者为好，色深者光强不足，生育不良，以淡黄膜、淡绿膜为最佳。

药用植物总是以群体栽培，阳光照射在群体上，经过上层叶片的选择吸收，透射到下部的辐射光，是以远红外线和绿光偏多。因此，在高矮秆药用植物间作的复合群体中，矮秆作物所接受的光线的光谱与高秆作物接受光线的光谱是不完全相同的。如果作物密度适中，各层叶片间接受的光质就比较相近。

（三）光周期的作用

1. 光周期现象 植物的光周期现象是指植物的花芽分化、开花、结实、分枝习性、某些地下器官（块茎、块根、球茎和鳞茎等）的形成受光周期（即每天日照长短）的影响的现象。

所谓光周期是指一天中，日出至日落的理论日照时数，而不是实际有阳光的时数。理论日照时数与该地的纬度有关，实际日照时数还受降雨频率及云雾多少的影响。在北半球，纬度越高，夏季日照越长，而冬季日照越短。因此，北方各地一年中的日照时数在季节间相差较大，在南方相差较小。例如，哈尔滨冬季每天日照只有8～9h，夏季可达15.6h，相差6.6～7.6h；而广州冬季的日照时数为10～11h，夏季为13.3h，相差仅2.3～3.3h。各地生长季节特别是由营养生长向生殖生长转移之前，日照时数对各类药用植物的发育是重要的因素。

2. 植物的光周期反应类型 植物对光周期的反应通常分为长日照植物、短日照植物和中间型日照植物3类。

（1）**长日照植物** 长日照植物日照长度必须大于某一临界日长（一般为12～14h）才能形成花芽，否则，植株就停留在营养生长阶段。属于这类的药用植物有红花、当归、莨菪、葱、蒜、芥菜和萝卜等。

（2）**短日照植物** 短日照植物日照长度只有短于其所要求的临界日长(一般在12～14h)才能开花。如果处于长日照条件下，则只能进行营养生长而不能开花。属于这类的药用植物有紫苏、菊花、苍耳、大麻、龙胆、扁豆和牵牛花等。

（3）**中间型植物** 中间型植物的花芽分化受日照长度的影响较小，只要其他条件适宜，一年四季都能开花。属于这类的药用植物有荞麦、丝瓜、曼陀罗和颠茄等。

（4）**限光性植物** 所谓限光性植物，是这种植物要在一定的光照长度范围内才能开花结实，而日照长些或短些都不能开花。如野生菜豆只能在每天12～16h的光照条件下才能开花。又如甘蔗的某些品种，它们只能在日照12h 45 min条件下才能开花。

3. 光周期与花芽分化 应当指出，植物对日照长度的反应是由营养生长向生殖生长转化的必要条件，是要在其自身发育到一定的生理年龄时才能开始，并非植物的一生都要求这样的日照长度，而绝大多数药用植物也绝不是只有一两次的光周期处理就能引起花芽原基的分化，一般要有十几次或更多的光周期处理才能引起开花的。

临界日长是区别长日照或短日照的日照长度的标准，是指每天 24 h 内光照时间的多少而言，一般为 12～14 h。短日照植物要求的日照时数必须短于临界日长，长日照植物要求的日照时数必须大于临界日长，否则就不能形成花芽或开花。

4. 温度对植物光周期反应的作用 植物的光周期反应要在有一定的温度，植株的生长状态和营养条件下才能起作用。在影响光周期效应中，温度是个重要因素。例如，萝卜和芥菜等长日照植物，将其播种在高温长日照环境中，它们仍不能开花，这是因为高温足以抑制长日照对发育的影响。因此，生产上，必须把光周期与温度结合起来。同理，还要与植株生长状态、营养条件等因素结合起来。

5. 纬度与光周期反应 我国南北各地由于纬度相差很大，同一生育季节里的温度、湿度、日照时数等也不尽相同，因此同一药用植物的生长发育进程也不一致，也就是说，同一药用植物在各地进入光周期的早晚或通过光周期时间长短也不相同。一般短日照植物在低纬度时进入光周期早，通过的时间也稍短；而长日照植物在高纬度下，进入光周期早，通过时间也快。另外，短日照植物，从北向南引种时，营养生长期缩短，开花结实提前。

我们的祖先在栽培中，很早就懂得通过改变播期，调整植物生长发育时期的日照条件和温度条件，达到抑制或促进生长发育的目的。如春播萝卜可收中药莱菔子，秋播萝卜则只能收肉质根。

6. 光周期与营养器官的形成 光周期不仅影响药用植物花芽的分化与开花，同时也影响药用植物营养器官的形成。如慈姑、荸荠球茎的形成，都要求较短的日照条件；而洋葱、大蒜鳞茎的形成要求有较长的光照条件。另外，像豇豆、赤小豆的分枝、结果习性也受光周期的影响等。

四、药用植物生长发育与水的关系

水是农业的命脉，有收无收在于水。水是药用植物的主要组成成分，其含量占鲜组织量的 70%～90%。正在生长的幼叶，其水分含量高达 90%左右。植物体内含水量多少与其生命活动强弱有直接关系，在一定范围内，组织的代谢强度与其含水量呈正相关。

植物必须不断地从土壤中吸收水分，用于补充植物蒸腾作用散失的水分，植物体内水分总是处于动态的平衡状态，植物的正常生理活动就是在不断吸水、传导、利用与散失中进行的。

水又是连接土壤-药用植物-大气这一系统的介质，植物通过对水的吸收、输导和蒸腾的过程，把土壤、药用植物和大气联系在一起。栽培中的许多措施，都是为了良好地保持药用植物对水的收支平衡，这是创造优质高产的前提条件之一。

（一）药用植物对水的适应性

1. 药用植物对水的适应能力和适应方式 根据药用植物对水的适应性，可将其分为旱生植物、湿生植物、中生植物和水生植物。

(1) **旱生植物** 此类药用植物具有高度的抗旱能力，能生存在水分比较缺乏的地方，能适应气候和土壤干燥的环境。旱生植物中又分成多浆液植物（如仙人掌、芦荟、某些大戟科植物和景天科植物等）、少浆液植物（如麻黄和骆驼刺等）和深根性（如红花等）植物。

(2) **湿生植物** 湿生植物生长在沼泽、河滩和山谷等潮湿地区的植物。此类药用植物蒸腾强度大，抗旱能力差，水分不足就会影响生长发育，以致萎蔫，如水菖蒲、水蜈蚣、毛茛、半边莲、秋海棠科和蕨类的一些植物。

(3) **中生植物** 此类植物对水的适应性介于旱生植物与湿生植物之间，绝大多数陆生的药用植物均属此类。中生植物的根系、输导系统、机械组织和节制蒸腾作用等各种结构都比湿生植物发达，但不如旱生植物。

(4) **水生植物** 此类药用植物根系不发达，根的吸收能力很弱，输导组织简单，但通气组织发达。水生植物又分为挺水植物、浮水植物和沉水植物等。挺水植物的根生长在水下土壤中，茎、叶露出水面（如泽泻、莲和芡实等）。浮水植物的根生长在水中或土中，叶漂浮于水面（如浮萍、眼子菜和满江红等）。沉水植物的根、茎、叶都在水下或水中（如金鱼藻）。

上述各类中，目前栽培最多的都是中生性药用植物。

2. 药用植物对水的反应 栽培的药用植物绝大多数都是靠根从土壤中吸收水分。在土壤处在正常含水量的条件下，根系入土较深；在潮湿的土壤中，药用植物根系不发达，多分布于浅层土壤中，而且生长缓慢。在干旱条件下，药用植物根系下扎，入土较深。

不同的药用植物对土壤含水量要求可能不同。豆类最适土壤含水量一般相当于田间持水量的70%～80%，禾谷类为60%～70%。土壤含水量低于最适值时，光合作用降低。空气湿度的高低，不仅直接影响蒸腾速率和受光强度，而且也影响物质积累的数量和质量。

应当指出，有关药用植物需水特性的研究目前很少，需要尽快填补这一空白领域。

(二) 药用植物的需水量和需水临界期

1. 需水量 药用植物的需水量以蒸腾系数来表示。蒸腾系数是指每形成1g干物质所消耗的水分的克数。药用植物种类不同，需水量也不一样，如人参的蒸腾系数为150～200g，牛皮菜为400～600g，蚕豆为400～800g，荞麦和蚕豆为500～600g，亚麻为800～900g。

药用植物需水量的多少受很多因素影响，其中影响最大的是气候条件和土壤条件。高温、干燥、风速大，作物蒸腾作用强，需水量就多，反之需水量就少。土壤肥力状况和温度状况都影响根系对水分的吸收，在作物的研究报道中指出，土壤中缺乏任何一种元素都会使需水量增加，尤以缺磷和缺氮时，需水最多，缺钾、硫和镁次之，缺钙影响最小。

2. 需水临界期 药用植物在一生中（一年生植物和二年生植物）或年生育期内（多年生植物），对水分最敏感的时期，称为需水临界期。

一般药用植物在生育前期和后期需水较少，生育中期因生长旺盛，需水较多，其需水临界期多在开花前后阶段，例如瓜类在开花至成熟期，荞麦和芥菜在开花期，薏苡在拔节至抽穗期，烟草、黄芪在龙胆在幼苗期。

（三）旱涝对药用植物的危害

1. 干旱 缺水是常见的自然现象，对药用植物来讲，严重缺水叫做干旱。干旱分大气干旱和土壤干旱两种，通常土壤干旱是伴随大气干旱而来。干旱易引起植物萎蔫，落花落果，停止生长，甚至死亡。

植物对干旱有一定的适应能力，人们把这种适应能力叫做抗旱性。药用植物中比较抗旱的有知母、甘草、红花、黄芪、绿豆和骆驼刺等。这些抗旱植物在一定的干旱条件下，仍有一定产量，如果在雨量充沛年份或灌溉条件下，其产量可以大幅度地增长。

2. 涝害 涝害是指长期持续阴雨，致使地表水泛滥淹没农田，或田间积水，或土壤水分过多而缺乏氧气，根系呼吸减弱，最终窒息死亡。根及根茎类药用植物最怕田间积水或土壤水分过多。红花和芝麻等也不耐涝，地面过湿便易死亡。

五、药用植物生长发育与土壤的关系

土壤是药用植物栽培的基础，是药用植物生长发育所必需的水、肥、气、热的供给者。除了少数寄生和漂浮的水生药用植物外，绝大多数药用植物都生长在土壤里。因此，创造良好的土壤结构，改良土壤性状，不断提高土壤肥力，提供适合药用植物生长发育的土壤条件，是搞好药用植物栽培的基础。

（一）土壤的组成、结构与质地

1. 土壤的组成 土壤是由固体、液体和气体3部分物质组成的复杂整体。固体部分包括土壤矿物质、有机质和微生物等。其中，土壤矿物质是土壤的骨架，是组成土壤固体部分的最主要、最基本物质，占土壤总质量的90%。土壤有机质是植物残体、枯枝、落叶等和动物尸体、人畜粪便等在微生物作用下，分解产生的一种黑色或暗褐色胶体物质，常称腐殖质。腐殖质能调节土壤的水、肥、气、热，满足植物生长发育需要。土壤微生物包括细菌、放线菌、真菌和藻类等，其中有些细菌能够对有机质和矿质营养元素进行分解（如硝化细菌、氨化细菌和硫细菌等），为植物生长发育提供营养。液体物质主要指土壤水分。气体是存在于土壤孔隙中的空气。土壤中这3类物质构成了一个统一体，它们互相联系，互相制约，为药用植物生长提供必需的生活条件。

2. 土壤结构 土壤结构是指土壤颗粒（包括团聚体）的排列与组合形式，是成土过程中在内外因素的综合影响下形成的结构体。土壤结构影响土壤中水、气、热以及养分的保持和移动，也直接影响植物根系的生长发育。土壤结构以团粒结构最好，团粒结构是由腐殖质与钙质将分散的土粒胶结在一起所形成的大小不同的结构，它可以调节土壤水分和空气的矛盾，能够保墒蓄水，疏松通气，并可不断向植物提供养分。非团粒结构的土壤，其土壤颗粒或单粒分散存在，或紧密排列，土壤中的水和空气存在着尖锐的矛盾，下雨后土表泥泞，干后板结难耕，对植物生长发育不利。改善土壤结构须根据不同土壤存在的结构问题，相应采取增施有机肥料、合理耕作、轮作、灌溉排水等措施。

3. 土壤质地 土壤按质地可分为砂土、黏土和壤土3大类。土壤颗粒中直径为0.01～

0.03 mm之间的颗粒占50%～90%的土壤称为砂土。砂土通气透水性良好，耕作阻力小，土温变化快，保水保肥能力差，易发生干旱。适于在砂土种植的药用植物有珊瑚菜、北沙参、甘草和麻黄等。

含直径小于0.01 mm的颗粒在80%以上的土壤称为黏土，黏土通气透水能力差，土壤结构致密，耕作阻力大，但保水保肥能力强，供肥慢，肥效持久、稳定。所以，适宜在黏土中栽种的药用植物不多，如泽泻等。

壤土的性质介于砂土与黏土之间，是最优良的土质，壤土土质疏松，容易耕作，透水良好，又有相当强的保水保肥能力，适宜种植多种药用植物，特别是根及根茎类的中药材更宜在壤土中栽培，如人参、黄连、地黄、山药、当归和丹参等。

（二）土壤肥力

从栽培角度讲，土壤最基本的特性是具有肥力。所谓肥力，是指土壤供给植物正常生长发育所需水、肥、气、热的能力，水、肥、气、热相互联系，互相制约。衡量土壤肥力高低，不仅要看每个肥力因素的绝对储备量，还要看各个肥力因素间搭配的是否适当。

土壤肥力因素按其来源不同分为自然肥力与人为肥力两种。自然土壤原有的肥力称为自然肥力，它是在生物、气候、母质和地形等外界因素综合作用下，发生发展起来的，这种肥力只有在未开垦的处女地上才能找到。人为肥力是农业土壤所具有的一种肥力，它是在自然土壤的基础上，通过耕作、施肥、种植植物、兴修水利和改良土壤等措施，用劳动创造出来的肥力。自然肥力和人为肥力在栽培植物当季产量上的综合表现，叫做土壤有效肥力。药用植物产量的高低，是土壤有效肥力高低的标志。

我国各地土壤由于质地、结构、组成、反应、所处气候条件等因素不同，加上种植植物种类、密度、管理措施的差异，其土壤肥力差异很大。自然条件下，土壤肥力完全符合药用植物生长发育要求的极少。自然土壤或农业土壤种植药用植物后，土壤肥力会逐年下降，不保持或提高土壤肥力，就没有稳定的农业生产。根据药用植物的特点和土壤肥力状况，科学地搭配好药用植物与地块的关系，并通过相应耕作改土、施肥灌水、种植方式等措施来达到既获得优质高产，又能对土壤肥力做到用养结合，这是科学栽培的重要任务之一。

（三）土壤酸碱度

各种药用植物对土壤酸碱度（pH）都有一定的要求（表2-1）。多数药用植物适于在微酸性或中性土壤上生长。但有些药用植物（如荞麦、肉桂、白木香和萝芙木等）比较耐酸，有些药用植物（如枸杞、土荆芥、藜、红花和甘草等）比较耐盐碱。

各地各类的土壤都有一定的pH，一般土壤pH变化在5.5～7.5之间，土壤pH小于5或大于9的是极少数。土壤pH可以决定土壤养分状态，并影响植物对养分的吸收。土壤pH为5.5～7.0时，植物吸收氮、磷和钾最容易；土壤pH偏高时，会减弱植物对铁、钾和钙的吸收量，也会减少土壤中可给态铁的数量；在强酸（pH<5）或强碱（pH≥9时）条件下，土壤中铝的溶解度增大，易引起植物中毒，也不利于土壤中有益微生物的活动。此外，土壤pH与病害发生也有关，一般酸性土壤中立枯病较重。总之，选择或创造适宜于药用植物生长发育的土壤pH，也是创优质高产不可缺少的条件。

表 2-1 几种药用植物适宜生长的土壤 pH 范围

药用植物	土壤 pH 范围	药用植物	土壤 pH 范围
黄连	5.5～6.0	天麻	5.0～6.0
人参	5.5～7.0	八角茴香	4.5～5.0
三七	6.0～7.0	五味子	5.5～7.0
川芎	6.5～7.5	罗汉果	5.0～6.0
云木香	6.5～7.0	艾纳香	5.0～6.5
当归	5.5～6.5	肉桂	4.5～5.5
贝母	5.5～6.5	白木香	4.5～6.5
萝芙木	4.5～6.0		

土壤 pH 也受种植植物（特别是多年生的药用植物）、灌溉、施肥等栽培措施的影响。如人参种在 pH 为 6 的腐殖土上，种植 3 年收获后，土壤 pH 降为 5.5 左右。种植落叶松的土壤，几年后，pH 就可降至 4～5。某种药用植物在一地连续种植多年引起土壤 pH 变酸，这也是许多多年生药用植物不能连作的原因之一。

(四) 土壤营养元素

与各种高等植物一样，药用植物生长发育的必需的营养元素有 17 种，包括大量营养元素（碳、氢、氧、氮、磷和钾）、中量营养元素（钙、镁和硫）和微量营养元素（铁、锰、硼、锌、铜、钼、氯和镍）。上述必需元素中，除来自 CO_2 和水中的碳、氢和氧外，其余 14 种均需要土壤提供。不同药用植物，在其不同的生长发育阶段，虽然对各种必需营养元素的需求量不同，但都遵循着营养元素的同等重要律和不可替代律。任何营养元素的缺乏都会导致植株生长障碍，表现出的症状见下述检索表。

植物缺乏必需营养元素的病症检索表

A 较老的器官或组织先出现病症
- B 病症常遍布全株，长期缺乏则茎短而细
  - C 基部叶片先缺绿，发黄，变干时呈浅褐色 …… 氮
  - C 叶常呈红色或紫色，基部叶发黄，变干时呈暗绿色 …… 磷
- B 病症常限于局部，基部叶不干焦但杂色或缺绿
  - C 叶脉间或叶缘有坏死斑点，或叶呈卷皱状 …… 钾
  - C 叶脉间坏死斑点大并蔓延至叶脉，叶厚，茎短 …… 锌
  - C 叶脉间缺绿（叶脉仍绿）
    - D 有坏死斑点 …… 镁
    - D 有坏死斑点并向幼叶发展，或叶扭曲 …… 钼
    - D 有坏死斑点，最终呈青铜色 …… 氯

A 较幼嫩的器官或组织先出现病症
- B 顶芽死亡，嫩叶变形和坏死，不呈叶脉间缺绿
  - C 嫩叶初期呈典型钩状，后从叶尖和叶缘向内死亡 …… 钙
  - C 嫩叶基部浅绿，从叶基部枯死，叶捻曲，根尖生长受抑 …… 硼

B 顶芽仍活

C 嫩叶易萎蔫，叶暗绿色或有坏死斑点……………………………………………………铜

C 嫩叶不萎蔫，叶缺绿

D 叶脉也缺绿…………………………………………………………………………………………硫

D 叶脉间缺绿但叶脉仍绿

E 叶淡黄色或白色，无坏死斑点……………………………………………………………………铁

E 叶片有小的坏死斑点……………………………………………………………………………………锰

植物对氮、磷和钾的需要量大，土壤中又不足，必须通过施肥补足，因此人们称它们为肥料三要素或植物营养三要素或氮磷钾三要素。药用植物种类不同，吸收营养的种类、数量、相互间比例等也不同。从其吸肥量的多少看，药用植物有吸肥量大的，如地黄、薏苡、大黄、玄参和枸杞等；有吸肥量中等的，如酸浆、曼陀罗、补骨脂、贝母和当归等；有吸肥量小的，如莴苣、小茴香、芹菜、柴胡和王不留行等；有吸肥量很小的，如马齿苋、地丁、高山红景天、石斛和夏枯草等。从其需要氮、磷、钾的多少上看，有喜氮的药用植物，如芝麻、薄荷、紫苏、云木香、地黄和薏苡等；有喜磷的药用植物，如荞麦、蚕豆、补骨脂和望江南等；有喜钾的药用植物，如人参、麦冬、山药和芝麻等；其他像莴苣、芹菜需钙较多。同样，药用植物所需微量元素的多少也不一样。此外，各种药用植物吸收氮、磷、钾的比例也不同，人参所需比例为N：P：K＝2：0.5：3，芝麻为N：P：K＝2：0.5：2。

药用植物各生育时期所需营养元素的种类、数量和比例也不一样。一般根茎类入药药材的幼苗期需氮多，到了根茎器官形成期则需钾和磷多。以花果入药的药用植物，幼苗期需氮较多，进入生殖生长期后，吸收磷的量剧增，如果后期仍供给过量氮，则茎叶徒长，影响开花结果时期和数量。

不同的药用植物所需微量元素的种类和数量也不一样，其中药用功能相似的药用植物，所含微量元素（包括非必需营养元素）的量有一定的共性。例如，黄芪、当归、党参和山药等补益中药的铁、铜和锌含量较高。麻黄、防风和荆芥等辛温解表药的锰、钴、硒、钡和铅等5种元素含量较高。每一种道地药材都有几种特征性微量元素图谱，不同产地同一种药材之间的差异与其生境土壤中化学元素的含量有关。例如，湛江产半边莲和广州产半边莲中钙和镁含量都是最高，铅含量很低。施用微量元素往往能够有效地提高药材的质量和产量，例如，施用 $ZnSO_4$ 可提高丹参产量；施用钼、锌、锰和铁等微肥可使党参获得增产。毛地黄药材中含有铬、锰和钼等微量元素，而且含量越高药效越高，在栽培过程中施以铬、锰和钼等无机盐肥料，植株长势良好，强心苷含量明显提高，疗效增强。人参单施锰肥比单施铜肥和单施锌肥的增产幅度大，而施用铜、锌、钼和钴等微量元素可增加皂苷的含量。白豆蔻和阳春砂仁施用 $ZnSO_4$-$MnSO_4$ 混合微肥后能提高挥发油的含量，改善外观品质，提高的产量和质量。通常情况下，土壤中的微量元素不会出现缺乏现象，一般常规施肥就可同时满足需要。当土壤中不缺乏微量元素时，过量施用微量元素会产生毒害作用。

六、药用植物生长发育与微生物的关系

植物与周围环境生物的互作是一种普遍现象，其中植物与微生物的相互作用是重要形式

之一。在叶周围和根周围区域，植物体时刻与众多的有害、有益和中性微生物同生存，并产生直接或间接的接触。在长期的协同进化过程中，植物对微生物的侵染已经形成一种适应性的机制，既能够识别来自微生物的信号分子并做出相应的生理反应，包括亲和性的互作和非亲和性的互作。植物为了适应复杂的生态环境，进化出很多形式的植物-微生物共生体系统。

（一）菌根

1. 菌根的概念 在植物的共生关系中，菌根（mycorrhiza）是自然界中一种普遍的植物共生现象。德国植物病理学家 Frank 于 1885 年首次发现了菌根现象。菌根是指某些真菌侵染植物根系形成的共生体，是在植物生长期间发生的植物与真菌在根部皮层细胞间联合或共生的现象。菌根真菌菌丝从根部伸向土壤中，扩大了根对土壤养分的吸收，菌根真菌分泌维生素、酶类和抗生素物质，可促进植物根系的生长。同时，真菌需要从植物根部获得自身生长所需要的碳水化合物和一些生长物质，真菌的菌丝可以从土壤中吸收矿质营养元素和水分等，并通过菌丝内部的原生质环流快速地将它们转运到根内部供植物生长需要。

2. 菌根的类型 根据菌根菌、寄主植物的种类、入侵方式（界面形态）及菌根的形态特征，菌根主要分为外生菌根、内生菌根和内外生菌根 3 种主要类型。

（1）**外生菌根** 外生菌根（ectomycorrhiza，EM 或 ECM）是菌根真菌菌丝体侵染宿主植物尚未木栓化的根部形成的，其主要特征是菌根真菌在植物幼根表面发育，真菌菌丝体紧密地包围植物幼嫩的根，形成很厚的、紧密的菌套，有的向周围土壤伸出菌丝，代替根毛的作用。部分菌丝只侵入根的外皮层细胞间隙，在皮层内 2～3 层内细胞间隙中形成稠密的网状哈氏网（Hartig net）。哈氏网的有无是区别是否外生菌根的重要标志，它是两个共生体之间相互交换营养的地方。

约有 3%的植物具有外生菌根，一般是由担子菌纲的一些真菌侵染树木根系形成的，一种植物的根上可以由一种或同时由几种不同的真菌形成外生菌根，它们之间的专一性一般较弱。

（2）**内生菌根** 内生菌根（endomycorrhiza）在根表面不形成菌丝鞘，真菌菌丝发育在根的皮层细胞间隙或深入细胞内，只有少数菌丝伸出根外，为分布最为广泛的菌根类型。根据内生菌根结构又可分为泡囊丛枝菌根（vesicular-arbuscular mycorrhiza）（简称 VA 菌根）、兰科菌根和杜鹃菌根。泡囊丛枝菌根（VA 菌根）是典型的内生菌根，它得名于其菌丝在根细胞内的特殊变态结构泡囊和丛枝，因此又称为泡囊丛枝状菌根。泡囊丛枝菌根是由接合菌纲的内生真菌和植物根共生发育而成的。自然界中约有 90%的维管植物都能形成泡囊丛枝菌根。兰科菌根和杜鹃菌根分别由微生物仅与兰科、杜鹃科植物共生形成。

（3）**内外生菌根** 内外生菌根（ectendomycorrhiza）兼具外生菌根及内生菌根的某些形态学特征或生理学特性，包括 3 组 7 种类型。菌根菌在植物根系细胞间、细胞内均有分布。

（4）**其他** 另外，还有混合菌根（mixed mycorrhiza）、外围菌根（peritrophic mycorrhiza）和假菌根（pseudo mycorrhiza）等。

3. 菌根的应用 近年来，菌根对植物的多种效益已引起人们的高度重视，菌根菌技术不断地应用在农林业生产和环境保护中。在林业生产上主要用于引种、育苗、造林和防治苗木根部病害等方面，已取得良好的效果。

丛枝菌根通过大量伸展到土壤中的菌丝体吸收土壤中的矿质营养和水分，并将它们输送到植物根内供植物吸收利用，通过根内菌丝从植物体内获得碳水化合物。根外菌丝体可与不同的植物或同种植物的不同植株共生，形成的菌丝桥或菌丝网，能够在不同植株间传递水分和养分。菌丝还能够增加根的吸收面积，帮助植物根系吸收矿质营养和水分，抗水分和养分胁迫。丛枝菌根能通过菌根增强寄主对土壤中磷、氮、钾及一些微量元素的吸收和运输，特别是对磷的吸收和运输。泡囊丛枝菌根可增强土壤磷酸酶的活性，将有机磷矿化为无机磷而被植物吸收。对于重金属有很强的生物吸附潜力，可降低植物对重金属的吸收。泡囊丛枝菌根能起到机械屏障作用，防御病菌侵袭。

泡囊丛枝菌根影响植物的次生代谢过程，导致植物的次生代谢产物发生变化。王曙光等（2002）发现，丛枝菌根能提高茶叶水浸出物氨基酸、咖啡碱和茶多酚的量，改善茶叶的品质。赵昕等（2006）发现，丛枝菌根有助于提高喜树幼苗中喜树碱的含量。Abu - Zeyad 等（1999）发现接种了丛枝菌根菌的澳大利亚元宝树（*Castanospermum australe*）可提高栗精胺（castanospermine）含量。Rojas-Andrade 等（2003）用一种丛枝菌根菌接种牧豆树（*Prosopis laevigata*）时发现，根中胡卢巴碱含量比对照增加了 1.8 倍。

（二）内生菌

内生菌（endophyte）一词由 De Bary（1866）首先提出，是指生活在植物组织内的微生物，用于区分那些生活在植物表面的表生菌（epiphyte）。内生菌是指一类在其部分或全部生活史中存活于健康植物组织内部、不引发宿主植物表现出明显感染症状的微生物。

1898 年，Guerin 等人从毒麦（*Lolium temulentum*）中分离得到内生真菌；1992 年，Kloepper 又提出植物内生细菌（endophytic bacteria）的概念，使内生菌不再局限于真菌范围内，对内生菌的认识更加趋于客观和全面。植物内生菌包括内生真菌和内生细菌（内生细菌包括内生放线菌），可从经过严格表面消毒的植物组织或植物细胞内部分离得到。内生菌在植物体内广泛存在，从藻类、苔藓、蕨类、裸子植物和被子植物中均已分离得到了内生菌。其分布于植物的根、茎、叶、花、果实和种子等器官组织的细胞或细胞间隙。

部分内生菌能够促使植物次生代谢产物的合成，产生与宿主相同或相似的活性成分或借助信号作用对植物产生影响等。目前已知的内生菌代谢物质主要有几类：①活性成分与中药相同，如抗肿瘤活性物质紫杉醇、生物碱、香豆素类化合物、鬼臼毒素等；②内生菌自身所具有的代谢产物，如由小孢拟盘多毛孢（*Pestalotiopsis microspora*）产生的粗榧酸（torreyanic acid）等；③内生菌发酵中药后产生的代谢产物，如沉香、剑叶龙血竭等。

1993 年，美国蒙大拿州立大学的 Strobel 小组首次从短叶红豆杉（*Taxus brevifolia* Nutt.）中分离得到一株能合成抗癌物质紫杉醇的内生真菌，证明内生菌具有合成与宿主植物相同或相似的活性成分的功能。这一发现掀起了一场从药用植物中分离内生菌的热潮，并利用植物内生菌进行发酵得到了某些重要的天然药物，为解决某些药用植物生长缓慢、资源紧缺等引起的药源匮乏和生态破坏问题提供了新思路。近年来，科学工作者先后从数十种药用植物中分离得到了多种内生菌，并从这些内生菌的培养物中得到了与宿主植物相同或相似的活性成分。

植物内生菌能产生多种抗生素，如肽、有机酸和萘等。Strobel G. 等从雷公藤（*Tripterygium wilfordii*）的茎中分离到一株内生真菌 *Cryptosporiopsis quercina*，能产生一种肽类抗生素 cryptocandin，与棘白霉素和肺炎球菌素的化学性质相似，它不但能抑制灰葡萄孢（*Botrytis cinerea*）等一些植物病原真菌，对白色念珠菌及发癣菌也具有强烈抑制和杀灭作用，还能抑制白假丝酵母菌（*Candida albicans*）等人类病原真菌。从一些兰科植物分离到的内生真菌可产生杀菌活性的物质，分别对奥里斯葡萄球菌、长球菌、大肠杆菌、隐球酵母和假丝酵母具有广谱或专一抗性。能产生抗生素的内生菌为抗生素的生产提供了新的丰富资源。

江东福（2003）等在内生菌与龙血树（*Dracaena angustifolia* Roxb.）血竭形成关系的研究中发现，内生真菌对龙血树血竭形成具有很强的促进作用，可使血竭的形成量提高66%～120%，接种于死态龙血树同样可促进血竭树脂的形成和积累。陈晓梅等（2005）将4种纯培养的内生真菌分别与金线兰无菌苗进行共培养，发现内生真菌对金线兰的生长及体内多糖合成均具有明显的促进作用，并使金线莲的干物质量最高增加49.5%，多糖量增加1倍左右。

七、药用植物的相互影响——化感作用

（一）化感作用的内涵

早在公元前的希腊，人类就了解并记载了植物对周围其他植物的生长产生抑制作用的现象；1937年，奥地利科学家Molish首先提出化感作用（allelopathy）这一概念，指出化感作用是指植物之间（包括微生物）作用的相互生物化学关系，这种生物化学关系包括有益和有害的两个方面。1984年，Rice在《化感作用》第二版中将其较完善地定义为：植物或微生物的代谢分泌物对环境中其他植物或微生物的有利或不利的作用。自毒作用是化感作用的一种特殊作用方式，是同种植物的植株通过淋溶、残体分解、根系分泌等向环境中释放化学物质，而对自身产生的直接或间接的毒害作用。

（二）化感物质

化感作用是通过向环境释放化学物质而实现的，这种起作用的化学物质称为化感物质。已发现的化感物质几乎都是植物次生物质，一般分子质量较小，结构较简单。Rice根据化感物质的结构把它们分为14类：①水溶性有机酸、直链醇、脂肪族醛和酮；②简单不饱和内酯；③长链脂肪族和多炔；④萘醌、蒽醌和复合醌；⑤简单酚、苯甲酸及其衍生物；⑥肉桂酸及其衍生物；⑦香豆素类；⑧类黄酮；⑨单宁；⑩类萜和甾类化合物；⑪氨基酸和多肽；⑫生物碱和氰醇；⑬硫化物和芥子油苷；⑭嘌呤和核苷。高等植物的化感物质主要是酚类、类萜和含氮化合物以及聚乙炔和香豆素等次生物质，其中酚类和萜类是两大主要化感物质。酚类化感物质的水溶性和成盐性，使得它们很容易在自然条件下被雨雾淋溶和土壤吸收。单萜和倍半萜多具挥发性，它们不仅具有昆虫的引诱、忌避和传递信息等效应，而且也能杀菌和抑制邻近植物。

（三）药用植物的化感自毒及其连作障碍

大多数化感物质对种子萌发均有一定影响。与农作物比较，药用植物更容易产生化感作用。目前，在栽培的中药材中70%以上是根与根茎类药材，许多药用植物的根、根茎、块根、鳞茎等地下部分既是植物营养吸收和积累的部位又是药用部位，而且大多数中药材是多

年生，生长周期多为几年甚至几十年。这与生长周期短的作物不同，不仅由于重茬导致连作障碍，而且随着栽培年限的增加，植物不断地向环境释放化感（自毒）物质，当土壤中有毒物质积累超出一定浓度时，就会严重影响药材的产量和质量，导致减产，甚至绝收。自毒作用是导致多种药用植物连作障碍的主要因子，人参、地黄、三七、黄连和当归等都会产生连作障碍，导致其品质和产量大幅度下降。

了解药用植物间、药用植物与其他农作物等植物间的这种化学关系，对于科学选择和搭配间作、混作、套作植物或安排衔接复种、轮作的前后茬植物提供科学的依据。例如，当归对小麦和燕麦的化感作用较弱，可以用于当归轮作体系，缓解因自毒作用而引起的连作障碍。

第三节　药材的产量与品质

一、药材产量的含义

药用植物栽培的目的是获得较多的有经济价值的药材。人们常说的产量是指有经济价值的药材的总量。实际栽培药用植物的产量包含两部分：生物产量和经济产量。

生物产量是指药用植物通过光合作用形成的净的干物质量，即药用植物根、茎、叶、花和果实等的干物质量。药用植物生物产量中，90%～95%为有机物，其余为矿物质。就此意义上讲，光合作用形成的有机物质的净积累过程就是产量形成的过程，光合作用制造的有机物是产量形成的物质基础。

经济产量是指栽培目的所要求的有经济价值的主产品的量，由于栽培目的所要求的主产品不同，各种药用植物提供的产品器官也不相同。例如，根及根茎类药材提供产品器官是根、根茎、块茎、球茎和鳞茎等；种子果实类药材提供的产品是果实和种子；花类药材提供产品的器官是花蕾、花冠和柱头；皮类药材提供的产品是茎皮和根皮；木类药材提供产品器官是木质部；叶类药材用叶；全草类药材提供产品是全株。药用植物种类不同，入药部位也不相同，例如黄柏、肉桂只用茎皮；党参、桔梗、当归、白芷和玄参只用根；而菘蓝用叶（大青叶）和根（板蓝根）入药；人参叶和根都可入药；枸杞果实（枸杞子）、嫩叶（天精草）、根皮（地骨皮）都可入药，幼嫩茎叶还可食用。随着产品综合利用和新药源的开发，原来没有入药的器官，也可能被开发利用，成为主要产品器官，如用黄连茎叶提取黄连素。

应当指出，生物产量与经济产量之间有一定的比例关系，人们把经济产量与生物产量的比例叫经济系数（K），又有叫相对生产率或收获指数。如果以Y_b代表生物产量，Y_x代表经济产量，则有

$$Y_x = Y_b \cdot K$$

经济系数高低仅表明生物产量转移到经济产品器官中的比例，并不表明经济产量的高低。不同药用植物的经济系数有所不同，这与遗传基础、收获器官及其化学成分、栽培技术和环境对植物生长发育的影响等因素有关。一般来说，收获营养器官的经济系数较高，如全草入药者经济系数最高而接近100%，根或根茎入药者可达50%～70%；而收获繁殖器官的经济系数则较低，为30%～50%。番红花的目的产品为花的柱头，其经济系数就更低。虽然不同药用植物的经济系数有其相对稳定的数值变化范围，但是通过优良品系的选择、农家

品种的改良、优化栽培技术及改善环境条件等，可以使经济系数达到高值范围，在较高的生物学产量基础上获得较高的经济产量。

二、药材产量的构成因素

药材生产和农业生产一样，产量的计量是按单位土地面积上有经济价值的产品数量来计量的。药用植物产量构成因种类不同而异，如表 2-2 所示。

表 2-2 各类药用植物的中药材产量构成因素

药用植物类别	产量构成因素
根及根茎类	单位面积株数、单株有效根（块茎、球茎、鳞茎等）数、单根鲜重、干鲜比
全草类	单位面积株数、单株鲜重、干鲜比
果实类	单位面积株数、单株果实数、单果鲜重、干鲜比
种子类	单位面积株数、单株果实数、单果种子数、单种鲜重、干鲜比
叶类	单位面积株数、单株叶片数、单叶鲜重、干鲜比
花类	单位面积株数、单株花（花序）数、单花（花序）鲜重、干鲜比
皮类	单位面积株数、单株皮鲜重、干鲜比

各类药材，只要构成产量的各个因素的数值愈大，产量愈高。实际上，各个产量构成因素很难同步增长，因为它们之间有一定的相互制约的关系。例如，红花是花冠入药，花头多、花冠大而长时，产量高，而花头多少除与品种遗传性状有关外，还与密度有关，分枝多少与密度成负相关，花头多少即分枝多少与花头大小成负相关，花头大小一定时，花冠大小与小花数目多少成负相关。要想获得高产就必须适当密植，即增加播种量。而播种量的增加，在一定范围内，单位面积上株数随之增加，超过规定范围后，单位面积株数也不再增加。这是因为药用植物群体发展过程中，超过一定密度后，就有自然稀疏现象。尽管各产量构成因素间呈现不同程度的负相关关系，但在一般栽培条件下，单位面积株数与单株产品器官数量间的负相关较明显。这说明，药用植物的产量构成因素间存在实现高产的最佳组合，即个体与群体协调发展时产量可以提高。

三、提高药材产量的途径

（一）药用植物生育模式和生长分析

1. 生育模式 药用植物的产量形成过程，是其植物体在生长期中，利用光合器官将太阳能转化为化学能，将无机物转化为有机物，最后转化为有经济价值的产品数量的过程。药用植物要想完成此过程，必须先形成光合器官和吸收器官，继之形成产量的容器，最后是产量内容的形成、运输和积累。这是药用植物生育模式的骨架。

药用植物的个体和群体的生长和繁殖过程均按逻辑斯蒂曲线的生长模式进行。一般干物质积累过程经历缓慢增长期、指数增长期、直线增长期和减缓停滞期几个阶段。一般生长初期株体幼小，叶片和分枝（蘖）不断发生，并进行再生产，干物质积累与叶面积成正比。株体干物量的增长决定于初始干物质量、相对生长率（干物质增长系数）和生长时间的长短，表现为S形生长进程，具体过程请参阅本章第一节“药用植物生育进程和生长相关”中的有关内容。

生长率（R）是随株体大小、环境条件的变化而变化。随着株体的生长，叶面积增加，叶片相互遮蔽，单位叶面积的净光合率则随叶面积的增加而下降，但是，由于此期单位土地面积上叶面积总量大，因此群体干物质的积累几乎近于直线增长。此后，随着叶片衰老，功能减退，同化物分配中心调整（转向生殖生长），群体干物积累速度减慢。当植株进入成熟期时，干物质积累因生长停止而停止。植株进入衰老期时，干物质有减少的趋势（图2-4）。

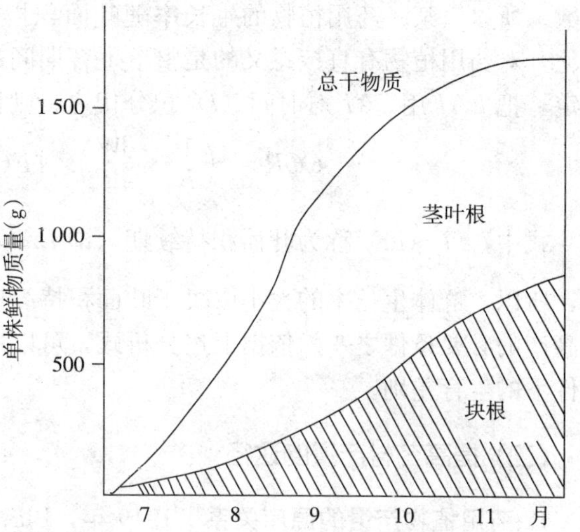

图2-4 甘薯的生育和干物质变化

应当指出，药用植物种类或品种不同，环境或栽培条件不同，它们的干物积累速度、各阶段经历的时间和干物积累总量也不同。因此，选择适合当地环境条件的优良品种、创造最佳的栽培条件（提高干物积累速度，延长直线增长时间）是高产生育模式不可忽视的因素。

2. 生长分析 栽培状态下的生产，从来都是群体结构状态，所以栽培条件下的产量是单位面积上群体的有经济价值的产品器官的总量。由于群体是许多个体组成的，因此了解、研究单位面积上个体和整个群体的生物产量的增长、增长速度、单位光合器官生产干物质的能力，以及它们之间的相互关系，是研究提高药用植物产量的基础工作。

药用植物的相对生长率（relative growth rate，RGR）是以完整个体为对象来阐述其生长的增长率。产量是表示干物质积累的一种方式。干物质积累是以光合作用为基础，其整株干物质积累与净同化率，与整株叶片状况有关。净同化率（NAR）是表示单位叶面积在单位时间内的干物质增长量。这里说的叶片状况是指叶面积比率（LAR）和比叶面积（SLA），叶面积比率为叶面积对植株干物质之比（L/W），即单位干物质的叶面积，比叶面积为叶面积与叶质量之比，用于表示叶厚。相对生长率与净同化率和叶片状况的关系可用下式表达。

$$RGR=NAR\times SLA\times\frac{LW}{W}$$

关系式表明，相对生长率受净同化率、比叶面积、叶质量（LW）与株质量（W）之比的影响。依据此式可以探讨支配相对生长率的主要因素，也可以比较各环境因子对生长率的影响状况。

药用植物生长率（CGR）又叫群体生长率，是表示单位时间、单位土地面积上药用植物群体增加的干物质量，以下式表示。

$$CGR=\left(\frac{1}{F}\times\frac{\mathrm{d}W}{\mathrm{d}t}\right)\times F=NAR\times LAI$$

式中，F 为叶面积指数，即 $F=LAI$。上式表明，产量增长速度与净同化率和叶面积指数有关。净同化率对于某一药用植物（特别是它的某个时期）来讲，变化幅度很小，可视为常数。所以，某一药用植物的生长率随叶面积指数变化而变化，又因 LAI 随生长进程不断变化，对药用植物有直接意义的是整个生育期间的平均值或积分值。在上式中，如令 NAR 一定，把 LAI 用 LAI 对时间（t）积分代之，则得下式。

$$CGR=\left(\frac{1}{F}\times\frac{\mathrm{d}W}{\mathrm{d}t}\right)\times\int F(\mathrm{d}t)=NAR\times LAD$$

式中，$\int F(\mathrm{d}t)$ 称为叶面积持续期（即 LAD）。式中 NAR 对某一药用植物大致为一常数，所以，群体生长率的大小取决于叶面积持续期长短。即较长时间保持较大的叶面积是获得高产的必要条件之一。依据上述分析式，可以用来比较不同药用植物或同种植物不同栽培条件下的生育差别。

（二）提高药材产量的途径

1. 药用植物产量的源库关系 1919 年，Blackman 提出作物产量的限制因子后，许多学者从事有关研究，到 1928 年 Mason 等提出了源库学说。按着 A. R. Rees 等（1972）的说法，源是通过光合作用或储藏物质再利用产生的同化物；而库则是通过呼吸作用或生长消耗利用同化物。

从同化物形成和储存的角度看，植物同化物的源应当包括制造光合产物的器官叶片和吸收水与矿物质的根，根还能吸 NH_4^+ 合成氨基酸、吸收 CO_2 形成苹果酸等。植物同化物的库，广义地说，既包括最终储存同化物的种子、果实、块根和块茎等，又包括正在生长的需要同化物的幼嫩器官，如根、茎、叶、花、果实和种子等。狭义的库，专指的是收获对象。所谓流是指源与库之间同化物的运输能力。源、库、流三类器官的功能并不是截然分开的，有时也可以互相代替。从生产上考虑，首先必须有大的源以供应大的库；其次，库之间的物质分配问题也很重要，这种分配既有竞争关系，也受外界环境及物种的遗传性所限制。

2. 提高药材产量的途径

（1）**提高源的供给能力** 增加药材产量最根本的因素是提高源的供给能力，即多提供光合产物。多提供光合产物的途径有：增加光合作用的器官、提高光合效率和增加净同化率，具体包括。

①增加光合作用的器官：目前丰产田的光能利用率不超过光合有效辐射能的 2%～3%，一般只有 1%。叶片是利用光能进行光合作用的主要器官，一个植株或一个群体的叶面积大，接受光能就多，物质生产的容量大，反之，物质生产的容量小。所以增加叶面积是提高源的供给能力的最基本的保证。增加叶面积即提高叶面积指数，对一个群体来说，就要增加种植密度。种植密度加大，叶面积增加快，达到叶面积指数最大值的时间较早。种植密度不是越密越好，因为在一定的范围内，叶面积与产量呈正相关关系，超出此范围后，植株过密，叶层（或称冠层）互相遮蔽，底层叶片光照度低，光合生产率下降，有时会饥饿死亡，反而降低叶面积指数。一般茄科和豆科植物叶面积指数大都以 3～4 为最佳；蔓性瓜类爬地栽培叶面积指数只有 1.5，很少超过 2；而搭架栽培可达 4～5 或以上。

②延长叶片寿命：一个植株叶片寿命的长短与光、温、水、肥等因素有关，一般光照

强、肥水充足，叶色浓绿，叶片寿命就长，光合强度也高，特别是延长最佳叶龄期的时间，光合积累率高。

③增加群体的光照强度：光是植物光合作用的能源，在饱和光照度内，光照越强，光合积累愈多。对于阴性植物即遮阴栽培植物，或保护地栽培时，都要保证供给的光照度不低于光饱和点或接近于光饱和点的光照强度。对于露地栽培的药用植物，要保证群体中各叶层接受光照度总和为最高值。光强在一个群体的不同叶层的垂直分布，与叶面积指数的关系，服从比尔-兰伯特定律，即

$$I_F = I_0 e^{-KF}$$

即

$$\ln \frac{I_F}{I_0} = -KF$$

式中，F 为叶面积指数；K 为消光系数；I_0为群体的入射光强；I_F为任一叶层的光强。

群体中各叶层接受光照度的大小，除与种植密度有关外，还与种植方式和管理措施（如行距、行向、间作、混作、修剪、搭架等）有关。

药用植物种类很多，需光特点各异，它们的光合强度、光饱和点和补偿点不同，如款冬和人参就差别很大（表 2-3）。光饱和点低的药用植物，是一种能充分利用弱光的特性，可与需光较强的植物搭配种植，这样不仅提高了叶面积指数，而且也提高了喜光植物群体中各叶层的接光强度，而光饱和点低的植物受光又适宜。

表 2-3 几种药用植物光合作用的补偿点、饱和点与光合强度

植物名称	光补偿点（klx）	光饱和点（klx）	光合强度 [mg/（100 cm²·h），CO_2]
款冬	2.0	20	2.2
人参	0.25～0.4	25	4.8～14

④创造适宜药用植物生长发育的温、水、肥条件：有了充足适宜的光照条件，如果没有水、肥基础，光合强度也不会提高。因此，适时适量的灌水、追肥也是不可少的措施。

⑤提高净同化率：净同化率也称为净同化生产率，是指单位叶面积，在一定时期内，由光合作用所形成的干物质量。这个干物质量是除去呼吸作用所消耗的量之后的净值。

在一定时期内的干物产量（dW/dt）是叶面积（L）与净同化率（NAR）的乘积。净同化率提高，干物质增多，产量也随之增加。提高净同化率不外乎提高光合强度、延长光合作用时间和降低呼吸消耗。降低呼吸消耗的有效措施是增加昼夜温差，温差大时，白天光合积累多，而夜间呼吸消耗少。增加昼夜温差对于保护地栽培较为容易，对于露地栽培，应从选地、播期、增设保温棚等措施入手。

净同化率的增加幅度，不及增加叶面积效率大，但是，到了生长发育后期，尤其是产品器官的形成期，叶面积的增加已达到一定限度。这个时候，维持一定强度的同化率使净同化率不下降，就成为影响产量的主要因素。

（2）提高库的储积能力

①满足库生长发育的条件：药用植物储积能力决定于单位面积上产量容器的大小。药用植物不同，储积的容器也不同。例如，根及根茎类药材产量的容积取决于单位土地面积上根

及根茎类的数量和大小的上限值；花类药材产量容器的容积决定于单位土地面积上分枝数目、分枝上花（花头、花序）的数目和小花大小的上限值；种子果实入药药材产量容器的容积决定于单位土地面积上的穗数、每穗颖花数和子粒大小的上限值。这些容器的数目决定于分化期，而容器容积的大小决定于生长、膨大、灌浆期持续的长短和生长、膨大、灌浆的速度。

在自然情况下，植物的源与库的大小和强度是协调的，源大的时候，必然建立相应的库。人为的能动作用在于促进其生长，保证满足植物分化期、生长期、膨大期、灌浆期的温、光、水、肥、气的条件。

②调节同化物的分配去向：植物体内同化物分配总的规律是由源到库。但是，由于植物体存在着许多的源库单位，各个源库对同化物的运输分配都有分工，各个源的光合产物主要供应各自的库。对于生产来讲，有些库没有经济价值，对于这些没有经济价值的库，就应通过栽培措施除掉，使其光合产物集中供应给有经济价值的库。例如，根及根茎类药材，种子库没有用（繁殖用除外）应当摘蕾，以减少营养损耗。例如，人参摘蕾后，参根产量可增加14%～44%。有些植物有无效分枝（蘖），也应及时摘除。调节同化物分配去向，除摘蕾、打顶、修剪外，还可采用代谢调节（提高或降低叶内 K/Na 比例）、激素调节和环境调节（防止缺水、光暗处理、增加昼夜温差、氮肥调节）等。

(3) **缩短流的途径** 植物同化物由源到库是由流完成的。植物光合产物很多，如果运输分配不利，经济产量也不会高。同化物运输的途径是韧皮部。据报道，小麦穗部同化物的输入量与韧皮部横切面积成正比，可见韧皮部输导组织的发达程度是制约同化物运输的一个重要因素。适宜的温度、光照，充足的肥料（尤其是磷的供应）都可促进光合产物的合成和运输，从而提高储积能力。库与源相对位置的远近也影响运输效率和同化物的分配。通常情况下，库与源相对位置较近，能分配到的同化物就多。因此，很多育种工作者都致力于矮化株型的研究。现代矮化的新良种收获指数已由原来的30%左右提高到50%～55%。这与矮化品种同化物分配输送途径短，穗轴横切面韧皮所占面积扩大有关。

四、药材的品质

（一）药材品质的内涵

药材的品质包括内在质量和外观性状两部分。内在质量主要指药用成分或有效成分的多少、有无农药残留等；外观性状是指药材的色泽（整体外观与断面）、质地、大小和形状等。其中以内在质量最为重要，是中药材质量的基本要求。因此，生产出的药材在进入市场流通领域之前应当进行检验，检验内容至少包括药材性状与鉴别、杂质、水分、灰分与酸不溶灰分、浸出物、指标性成分或有效成分含量。农药残留量、重金属及微生物限度均应符合国家标准和有关规定。但应该注意的是，对药材的有效成分不清楚的可选择其他成分作为指标性成分进行定量分析。

1. 药用成分 药材的功效是由所含的有效成分或叫活性成分所起的作用，没有药用成分就不能称为药材。目前已明确的药用成分种类有：糖类、苷类、木脂素类、萜类、挥发油、鞣质类、生物碱类、氨基酸、多肽、蛋白质和酶、脂类、有机酸类、树脂类、植物色素类和无机成分等。

（1）**糖类** 糖类包括单糖、低聚糖和多糖。其中特殊的单糖、低聚糖和许多多糖具有药理活性。如具免疫促进作用和抗癌作用，有些已做成成药。

（2）**苷类** 苷类是由糖或糖的衍生物与非糖化合物以苷键方式结合而成的一类化合物，在植物体内广泛分布。含此类成分的药材，很多都是具有一定活性的常用药物，如苦杏仁、大黄、黄芩、甘草和洋地黄等。

（3）**木脂素** 木脂素又称为木脂体，是一类天然的二聚化合物，具有抑制肿瘤作用，也有杀虫增效作用，如五味子素、鬼臼毒素和厚朴酚等。

（4）**萜类** 萜类化合物数量很多，已知单萜约450种，倍半萜约1 200种，二萜约1 000种，具有降压、镇静、抗炎、祛痰、抗菌和抗肿瘤等多种活性。

（5）**挥发油** 挥发油又称为精油，主要分布在松科、柏科、木兰科、伞形科、唇形科、菊科和姜科等十几个科的植物中，具有发汗解表、理气镇痛、芳香开窍、抑菌、镇咳祛痰和矫味等活性。

（6）**鞣质** 鞣质又称为鞣酸或单宁，是一类结构复杂的酚类化合物，在植物中广泛分布，尤以树皮为多，具有收敛、止血和抗菌作用。

（7）**生物碱** 生物碱是一类含氮的碱性化合物，大多数有复杂的环状结构，氮原子多含在环内。生物碱有显著的生物活性，是药材中的重要有效成分之一。如抗菌消炎的小檗碱、平喘的麻黄碱、降压的利血平、抗肿瘤的喜树碱、抗白血病的长春新碱等，已分离出3 000多种，分布在100多科植物中。生物碱的含量一般都较低，大多低于1%（长春花新碱只有1mg/kg），金鸡纳生物碱含量高达10%～15%。生物碱在植物体内常与有机酸（草酸、枸橼酸和鞣酸）结合成盐类状态存在，有的与糖结合成苷。

（8）**多肽和蛋白质** 多肽和蛋白质等类成分中近年发现了有不少具有生物活性的，如人参十四肽、引产蛋白。酶是具有催化作用的蛋白质，已发现的约有300种，有助消化、化痰、杀虫和抗炎等功效。

（9）**脂类** 脂类在机体代谢中有重要意义，医药上多作为赋形剂，有些油脂还具特殊生物活性。

（10）**有机酸** 有机酸广泛分布在植物体中，含有机酸类生药（药材）多具有抗菌、利胆和提高白细胞含量等作用。

（11）**树脂类** 供药用的树脂类不多，如乳香、没药、血竭和安息香等，是活血、散瘀、止痛、芳香和开窍的药物。

药材中所含的药效成分因种类而异，有的含2～3种，有的含多种。有些成分含量虽微，但生物活性很强。含有多种药效成分的药材，其中必有一种起主导作用，其他是辅助作用。

每种药材所含成分的种类及其比例是该种药材特有药理作用的基础，不能单看药效成分种类不看各成分的比例。因为许多同科同属不同种的药材，它们所含的成分种类相同或相近，只是各类成分比例不同而已。

药材的药效成分种类、比例、含量等都受环境条件的影响，也可说是在特定的气候、土质、生态等环境条件下的代谢（含次生代谢）产物。有些药材的生境独特，我国虽然幅员广大，但完全相同的生境不多，这可能就是药材地道性的成因之一。

在栽培药用植物时，特别是引种栽培时，必须分析成品药材与常用药材或地道药材在成分种类上及各类成分含量比例上有无差异。完全吻合才算栽培或引种成功。尚有部分不吻合时，还要进一步改进栽培管理措施，直至吻合为止。

2. 重金属和农药残留 栽培药材有时使用农药，一些农药虽然对病虫害等有很好的防治效果，但可能有残留，可对人体产生直接的或潜在的危害。因此农药残留超过规定者禁止用做药材。药材中重金属含量也要符合国家有关标准。

3. 色泽 色泽是药材的外观性状之一，每种药材都有自己的色泽特征。许多药材本身含有天然色素成分（如五味子、枸杞子、黄柏、紫草、红花和藏红花等），有些药效成分本身带有一定的色泽特征（如小檗碱、蒽苷、黄酮苷、花色苷和某些挥发油等）。从此种意义上说，色泽是某些药效成分的外在表现形式或特征。

药材是将栽培或野生药用植物的入药部位加工（干燥）后的产品。不同质量的药材采用同种工艺加工或相同质量的药材，采用不同工艺加工，加工后的色泽，不论是整体药材外观色泽，还是断面色泽，都有一定的区别。所以，色泽又是区别药材质量好坏，加工工艺优劣的性状之一。

4. 质地、大小与形状 药材的质地既包括质地构成（如肉质、木质、纤维质、革质和油质等），又包括药材的硬韧度（如体轻、质实、质坚、质硬、质韧、质柔韧润、质脆等）。其中坚韧程度、粉质状况如何，是区别等级的高低的特征性状。

药材的大小，通常用直径、长度等表示，绝大多数药材都是个大者为最佳，小者等级低下。个别药材的则不同，如平贝母超过规定的被列为二等，分析测定结果表明，超过规定大小的平贝母，其生物碱含量偏低。

药材的形状是传统用药习惯遗留下来的商品性状，如整体的外观形状（块状、球形、纺锤形、心形、肾形、椭圆形、圆柱形、圆锥状等）、纹理、有无抽沟、有无弯曲或卷曲、有无突起或凹陷等。

用药材大小和形状进行分等，是传统方法。随着药材活性成分的被揭示，测试手段的改进，将药效成分与外观性状结合起来分等分级才更为科学。

（二）影响药材品质的因素

影响药材品质的因素很多，情况也是错综复杂的，这里只谈几个主要的影响因素。

1. 遗传因素 万德光（2008）提出了中药品质的遗传主导论，认为遗传因素是中药材的形态特质与代谢特质形成的主导因素，遗传主导了药用植物的形态结构特征，也主导了植物生理功能特征，决定了药用植物次生代谢的类型及次生代谢的关键酶。

遗传因素影响的表现则体现在药材的种与品种上。现阶段我国栽培的药材品种近千种，大面积生产的有200余种，其中半数左右是近几十年由野生种驯化而成的药用植物。传统栽培的药用植物选育出一些优良品种、品系或类型，如红花、枸杞、地黄和薄荷等。但由于各地选育工作进度不一，尚有一些地方和单位未采用选育出的优质品种而沿用传统品种栽培。享有盛名的宁夏枸杞，以从“大麻叶”品种选育出的“宁杞1号”和“宁杞2号”等品质最佳，果大、肉厚、汁多、味甜，而其他品种远不及这些优良品种。目前宁夏栽培的枸杞中，仍有许多地区不是用的这类优良品种。类似情况在红花、当归、地黄、菊花和人参等药材中都存在，导致这些地区或单位的这类药材品质仍停留在原有的水平上而未得到应有的提高。

有些药材（如黄芪、白头翁、王不留行和独活等）由于产区广泛，地区用语及使用习惯的不同，把同科属不同种植物的入药部位当做一种药材使用，临床应用久远，功效相似，药典已收载准用，但近年分析比较，它们的质地、含量、产量等性状也有优劣之分。所以，药材的商品质量差异较大。这些性状的差异，许多都是遗传基因所致。例如，蒙古黄芪的茎直立性差，根部粉性大，质量优；而膜荚黄芪茎挺直，根部粉性小，质量稍差。值得注意的是，白头翁、独活、王不留行、贯众和石斛等药材，查其全国各地的植物来源，都在10种以上，贯众多达30余种，有的甚至是不同科的植物，严重到以假乱真的地步。

这里说明一点，从植物化学分类角度看，同科不同属植物，特别是同科属不同种植物，虽然形态上有差异，但化学成分及其含量相同或相近的植物是有的，这些植物只要临床应用功效一样或相似，即不影响药材品质，应作特例处理。

再者，药材的经济性状在遗传上都是数量性状，容易受环境条件的影响。当环境条件发生改变时，就有可能引起一定性状的分离，甚至引起基因突变，不同程度地出现品质变劣的情况也是常有的。

2. 环境因素 药材生产应按产地适宜性优化原则，因地制宜，合理布局。如是在当地有一定种植历史的药材，可通过对限制因子的定性和定量分析，确定最适宜的种植区域；而对于引种外地种类，应考察原产地的环境条件，遵循自然规律，应用气候相似论原理选择种植区域，尽量满足物种固有习性的要求。中药材产地的环境应符合国家相应标准，因为药用植物药效成分的积累、产品的整体形状、色泽等受地理、季节、温光等因素的影响，出现的差异很大。生产环境质量的好坏，与药材农药残留、重金属含量等有直接关系。

山莨菪中的莨菪碱的含量，在一定海拔高度内，有随生长地海拔高度升高而增加的趋势。据报道，在海拔2 400m时含量为0.109%，海拔2 800m时为0.196%。从纬度看，我国药用植物中挥发油含量越向南越高，而生物碱、蛋白质含量越向北越高。由于我国各地的经纬度不同，海拔高度不同，地形等的差异，即使同一个省的地区间气候差异也较大，所以，不同地区间药材有效成分含量会有差异。例如，同一时期采收的兴安杜鹃，黑龙江五常县的挥发油含量为2.1%，穆棱市的为0.3%；就所含的杜鹃素而言，产于乌敏河的为6.0%，产于牡丹江的为2.88%。

光照充足可使某些药材药效成分含量增加。例如薄荷中挥发油含量及薄荷脑含量均随光照增强而提高，晴天比阴天含量高；人参中皂苷含量也随光照度提高而增加；芸香愈伤组织中，甲基正庚基甲酮类成分和甲基正壬基甲酮类成分含量，有光培养物高于无光培养物。

至于生长季节不同，引起含量差异的事例更多。例如，灰色糖芥的强心苷含量，莲座叶丛期为1.17%，孕蕾期为1.82%，初花期为2.15%，盛花期为2.31%，种子形成期为1.99%；细辛活性成分含量以花期最高；金银活性成分含量以花蕾期最高；人参近枯萎期皂苷含量最高；蛔蒿中山道年含量，以花蕾变黄时最高等。

根及根茎类药材的形状，受土壤深层地温的影响，砂性土壤深层地温高，表层干燥，所以黄芪根入土深，表层支根少而细，其产品多为鞭杆芪；而黏壤通透性差，深层地温低，黄芪根入土浅，支根多而粗，产品多为鸡爪芪。人参根也有类似情况，砂性床土或深翻地高做床的条件下，床土底层温度高，长出的参根主体长而粗，支根少而细，适合加工优质参。

3. 栽培与加工技术 栽培与加工技术对药材质量影响很大。

（1）栽培技术的影响 选地整地是否符合药用植物生长发育或代谢要求，直接关系到生长与代谢，不仅影响产量，也影响有效成分含量与产品形状。立地环境条件是否符合规范化种植标准，则对生产出的药材有无农药残留有很大影响。具体有关大气、水质、土壤条件要求可参考国家绿色食品产地环境条件要求。播期的早晚也关系到各生育时期出现的早晚和时间的长短，特别是产品形成期的气候因子适宜与否对产品的产量、形状、质地、有效成分含量的影响很大。当然，施肥、灌水、生长调节等措施影响的大小也是因品种而异的。但在施肥时一定要注意，应当尽量使用农家肥料，并要充分腐熟；避免使用城市生活垃圾；禁止使用医院垃圾；限量使用化肥。在病虫草害等的防治时，要特别注意使用的农药种类，这对药材品质的影响很大。目前尚没有专门的生产中药材禁止使用农药的标准，一般都是参考生产绿色食品禁止使用农药的标准执行，参见本书第六章。

(2) *采收时期的影响* 中药材的适时、合理采收，指的是药用植物生长发育到一定阶段，其入药部位已符合药用要求，其有效成分的积累已达到最佳程度，这时采集的药材不仅可以保证品质，而且也有利于保护药材资源。适时采收，是保证药材品质的一个重要环节。中药材的采收期，由于各地季节、气候、环境、日照和栽培技术的差异，药材品种的差异，以及北方与南方、高海拔与低海拔的差异，采收期是不一致的。例如，采收年限不同，人参根中的总皂苷总量会不同；白术的挥发油含量，二年生的比一年生的高出 1 倍以上。每年的采收时间不同，也会影响药材质量。例如，番泻叶在叶片生长 90 d 左右时，蒽醌类成分含量最高，花苞期次之，盛开期最低；知母根茎中的芒果苷，以 4 月最高（1.26%），10 月次之（0.89%）；青蒿的青蒿素在 7～8 月花前期的含量最高（0.6%），开花后含量下降；未开花的槐米中的芦丁含量达到 23.5%，而开放的槐花中则只有 13%；薄荷叶片中的挥发油含量，以连晴一周露水干后至 14:00 采收含量最高，阴雨后 2～3 d 采收降 75%；一日之中以 10:00～16:00 最高，夜间最低。

(3) *加工技术的影响* 加工技术的优劣直接关系到产品的内在质量与外在质量。例如，含挥发性成分药材，采收后不能在强光下晒干，必须阴干。当归晒干、阴干的产品色泽、气味、油性等性状均不如熏干的好。玄参烘干过程中必须保持一定的湿度，并要取下堆放发汗，使根内部变黑，待内部水分渗透出来后，才能再烘干，否则商品断面不是黑色。烘烤温度对产品药效的影响很大，烘烤红参以 55～75 ℃为好；温度过高，虽然干燥速度快，但挥发油含量降低，产品油性小，折干率也低。蒸参、烘参温度超过 110 ℃，皂苷含量也低，而且干燥的人参易出空心或被烤焦。贝母、元胡、枸杞子烘干温度高易出现柔粒；贝母烘干温度过高会使色泽发黄。总之，加工工艺的优劣，直接关系到药材商品的质量好坏，不可掉以轻心。另外，加工场所及有关人员也要严格按照国家有关要求操作，才能保证药材入药的安全性。

（三）提高药材品质的途径

1. 重视药材品种的选育工作 提高药材品质的根本办法是进行品种选育，特别是品质育种。在农作物、蔬菜、果树等方面的品质育种工作已取得了很大的成效，这些经验很值得借鉴。

药材品种的选育工作，要因品种而异。对栽培历史较久，用量较大，品种资源丰富的那些药材，应把品种选育和良种推广工作结合起来，品种选育应侧重品质育种。据报告，许多药用植物个体间成分含量差异较大，如一年生毛花洋地黄中，毛花洋地黄苷丙的含量高低相差 10 倍（由 0.03%到 0.3%）。又如蛔蒿中的山道年含量，株间个体变幅在 2.7%到 4.7%间，其品质选育的潜力很大。品质选育工作，除了采用常规手段外，还应借助组织培养等新技术新方法，培育有效成分高含量的药材品种。目前报道组织培养物药效成分含量高的药用植物有人参、三七、长春花和海巴戟等，人参、天然参根含皂苷为3%～6%，培养物含皂苷高达21.1%；天然三七根中人参皂苷含量为6%左右，其培养物含量可达10%以上；天然长春花含阿吗碱为0.3%，培养物达1.0%；天然海巴戟中的蒽酮含量为2.2%，培养物中的含量达18.0%；紫草培养物中的紫草宁含量比天然紫草高7倍。

有些药用植物，特别是许多多年生药用植物，应把良种提纯复壮与新品种选育结合起来，当前应适当侧重良种的提纯复壮。

许多由野生驯化的药用植物，应广泛收集品种资源，从中选优繁育推广，或为进一步纯化引变育种创造条件。

2. 完善栽培技术措施

(1) *采用合理的种植方式*　建立合理的轮作、套种、间种等种植方式，可以消除土壤中有毒物质和病虫杂草的危害，改善土壤结构，提高土地肥力和光能利用率，达到优质高产的目的。

药用植物种类很多，不同植物因产品器官及其内含物的化学成分组成的不同，从土壤中吸收的营养元素也有很大差异。有些植物则因根系入土深度不同，它们从土壤不同层次吸取营养。例如，豆科植物对钙和磷需要量大，而根及根茎类药材吸收钾较多。叶类药材、全草入药的药材需氮素较多。贝母只能吸收土壤表层营养，而红花和黄芪等则可吸收深层营养元素。把它们搭配起来，合理地轮作、套种或间作，既可合理利用土地，又能达到优质高产的目的。

药用植物中有许多是早春植物，生育期很短，还有些是喜阴植物或耐阴植物，在荫蔽环境中生长良好，这些药用植物还可以与农作物、果树等间种，套种，可收到良好的效果。

(2) *采用合理的栽培技术*　在植物生长发育过程中，采用合理的栽培措施都能提高药用植物的产量和品质，要求从选地整地开始，对播期、种植密度、施肥、灌水、病虫害防治及采收加工等各个环节严格控制。

例如，红花对播期敏感，春播时应尽力早播，早播可使生长发育健壮，病害少，花和种子产量均高，质量较好；秋播时则应适时晚播，否则提早出苗不利于安全越冬。薏苡播种过早容易出现粉种现象，同时也易发生黑粉病。当归播种过早则抽薹率高。天麻、贝母和细辛种子寿命短，若不及时播种，种子就失去生命力。平贝母适当密植产量高。当归育苗以均匀的撒播最好。多数药材密植后，因通风透光不良易感染病害；人参、黄芪密度过大易徒长，参根生长慢。增施氮肥能提高生物碱类药材的活性成分含量。根及根茎类药材适当增施磷肥和钾肥，不仅产量高，而且内含物中的淀粉和糖类的含量增加。采收期必须适时，要因地区、品种、气候而异。采收后应及时加工，否则会造成内容物的分解，降低品质和商品价值。

对于由野生驯化而来的药材，要逐步完善栽培技术。

总之，药材的优质高产，不是单一措施所能奏效的，是综合运筹各项农业技术措施的结果。尤其是要参考国家《中药材生产质量管理规范（试行）》有关规定进行生产。

3. 改进与完善加工工艺和技术　目前多数药材的加工尚停留在传统加工工艺和手段上，虽然传统加工工艺绝大多数具有科学性，但是随着科学的发展，技术的进步，需要加以完善，在保证加工质量的基础上，不断提高药材加工的规范化、机械化、自动化的能力，以加工出质量更好的药材。例如，常见的传统硫黄熏蒸工艺，国家目前已不再建议在中药材及饮片的加工储藏中使用。近年研究发现，长期应用含有残留 SO_2 的药材，可致黏膜细胞变异，对人体呼吸道、消化道黏膜严重损害，对肝肾功能也有直接影响。因此，国家食品药品监督管理局在2004年曾发文指出，硫黄熏蒸的中药材为劣质药材。2005年版《中华人民共和国药典》就取消了山药和葛根等中药材的硫熏工艺，并在2008年版《中华人民共和国药典》增补本中增加了二氧化硫残留量的检测。当然，要在全国范围内最终取消硫黄熏蒸方法在中药材加工中的应用，必须进一步寻找到其他可替代硫熏法的更加安全和简便的加工方法。所以，改进与完善中药加工工艺和技术之路还很长。

复习思考题

1. 名词解释

叶面积指数　生育期　生育时期　物候　冷害　温度三基点　积温　霜冻　温周期　春化作用　需水量　需水临界期　自然肥力　人为肥力　有效肥力　菌根　内生菌　化感作用　生物产量　经济产量　经济系数　药材品质

2. 如何利用植物生长发育的相关性调控药用植物的生产？
3. 药用植物的生育期与生育时期（物候）有何区别？
4. 简述物候观测的意义和一般技术。
5. 生态因子包括哪些？生态因子与生活（基本）因子的关系如何？
6. 如何理解人为因子？
7. 光周期反应、光补偿点和光饱和点各是什么？
8. 根据植物对光照强度需要不同，可将植物分为哪几种类型？
9. 根据植物对水的适应性，可将植物分为哪几种类型？
10. 低温、高温对药材有什么主要伤害？
11. 植物的必需营养元素有哪些？
12. 什么是土壤质地？可分成哪几种类型？适合种植的药用植物的土壤是什么类型？
13. 化感作用对药用植物的生产有何影响？
14. 试述中药材品质的内涵。影响中药材品质的因素有哪些？
15. 试述提高中药材产量、品质的途径。
16. 如何处理中药材产量与品质之间的矛盾？

主要参考文献

陈美兰，黄璐琦，欧阳少华，等.2006. 植物内生菌对道地药材形成的影响 [J]. 中国中医药信息杂志，13 (9)：40-42.

贺润平，翟明普，王文全，等.2007. 水分胁迫对甘草光合作用及生物量的影响 [J]. 中药材，30 (3)：262-263.

胡小加.1999. 根际微生物与植物营养 [J]. 中国油料作物学报，21 (3)：77.

李小玲，华智锐.2009. 药用植物化感作用研究进展 [J]. 安徽农业科学，37 (5)：20-22.

李雪利，李正，李彦涛，等 . 2009. 植物化感作用研究进展［J］. 中国农学通报，25（23）：142.
刘子丹，黄洁 . 2007. 作物栽培学总论［M］. 北京：中国农业科技出版社 .
罗光明，刘合刚 . 2008. 药用植物栽培学［M］. 上海：上海科学技术出版社 .
沈其荣 . 2001. 土壤肥料学通论［M］. 北京：高等教育出版社 .
万德光 . 2008. 中药品质研究——理论、方法与实践［M］. 上海：上海科学技术出版社 .
万德光 . 2008. 中药品种品质与药效［M］. 上海：上海科学技术出版社 .
王华田，谢宝东，姜岳忠，等 . 2002. 光照强度对银杏叶片发育及黄酮和内酯含量的影响［J］. 江西农业大学学报（自然科学版），24（5）：617-622.
谢宝东，王华田 . 2006. 光质和光照时间对银杏叶片黄酮、内酯含量的影响［J］. 南京林业大学学报（自然科学版），30（2）：51.
张继澍 . 2006. 植物生理学 .［M］北京：高等教育出版社 .
张重义，林文雄 . 2009. 药用植物的化感自毒作用与连作障碍［J］. 中国生态农业学报，1（17）：189-196.
赵昕，阎秀峰 . 2006. 丛枝菌根对喜树幼苗生长和氮、磷吸收的影响［J］. 植物生态学报，30（6）：947.

第三章　药用植物的引种驯化

第一节　药用植物引种驯化的含义和作用

一、药用植物引种驯化的含义

药用植物引种（medicinal plant introduction）是指将有利用价值的药用植物从外地或外国引入本地区，成为本地的一种药用植物，应用于本地生产或应用于种质保存、利用。广义上，药用植物引种包括野生药用植物驯化栽培、药用植物园从各地广泛收集各类药用植物种质资源、药用植物育种单位引种药用植物园育种材料。

药用植物引入本地后，可能出现的情况有两种，一种是药用植物本身的适应范围较广泛，不需要特殊处理及选育过程，只要通过一定的栽培措施就能正常生长发育、开花结实、繁衍后代，即不改变植物原来的遗传性，就能适应新环境，或原分布地与引种地自然环境差异较小，被引种到本地后，就能适应新环境；另一种是分布区与引种地区之间自然环境差异较大，或植物适应范围较窄，需要经过多种技术处理，使之适应新环境，或药用植物自身发生改变适应本地新环境，才能够生长发育、开花结实、繁衍后代。这种在新环境下的适应称为药用植物驯化（acclimatization）。驯化强调以气候、土壤、生物等生态因子及人为措施对药用植物本性的改造，使药用植物获得对新环境的适应能力。因此，药用植物引种是初级阶段，药用植物驯化是在引种基础上的深化和改造阶段，将药用植物从外地引种到本地种植，药用植物能适应本地环境，并能生长发育、开花结实、繁衍后代的过程叫做药用植物引种驯化（medicinal plant introduction and acclimatization）。

本书第一章已述，我国药用植物引种驯化的历史悠久。近几十来，药用植物的引种驯化得到了长足的发展。全国许多中药材试验场、植物园和广大农村引种栽培了许多名贵药材，达 3 000 余种。具有特殊疗效的抗癌药、心血管药、强壮药、避孕药、神经系统药以及常见病的药物资源，如冰凌草［*Isodon rubescens*（Hemsl.）Hara］、铃兰（*Convallaria majalis* L.）、金莲花（*Trollius chinensis* Bunge）、罗布麻（*Apocynum venetum* L.）、夏天无（*Corydalis decumbens* Thunb.）、穿心莲［*Andrographis paniculata*（Burm. f.）Nees］、月见草（*Oenothera biennis* L.）和白花蛇舌草（*Hedyotis diffusa* Willd.）等均成功引种驯化。

植物引种驯化有 3 个层次：①利用药用植物对环境具有的适应能力，人为地将植物从一地迁移到另一地；②通过对引种药用植物的生物学习性、生态学特性和系统发育因素的综合分析，权衡环境变迁幅度与植物的适应能力，分析引种的主要制约因子，进而对引种植物进行筛选和对引种环境进行改良，指导引种实践；③运用植物的遗传变异规律，通过人为措施，利用和创造变异性状及变异个体，使引种药用植物不断适应新的栽培环境。药用植物引种驯化的各层次，所采取的措施和方法各不相同，但究其实质，都是致力于谋求引种植物与栽培环境的统一。陆地上药用植物资源的地理分布，有特定规律。任何药用植物对原产地和栽培地的适应性或它的分布区，是由植物自身在历史上形成的本性和外界环境决定的。但是，这两种因素本身及其所形成的相互关系不是固定不变的，而是动态变化的。因此，人们就可以通过引种驯化途径对植物施行合理的干预，使之朝着所需要的方向进行调节和改造，发挥其作用，服务于人类。

当然，引种也不是一项简单的工作，一定要注意是否存在外来物种入侵的可能性。外来入侵物种（alien invasive species，AIS）是指从自然分布区通过有意或无意的人类活动而被引入，在当地的自然或半自然生态系统中形成了自我再生能力，并给当地的生态系统或景观造成明显损害或影响的物种，是已经或可能危害经济、环境或人类健康的非本土物种。外来物种入侵也称为生物入侵（biological invasion），此概念最早由美国 Elton 于 1958 年提出。生物入侵已成为全球性环境问题，这一问题在我国也日益突出。外来入侵物种通过压制或排挤本地物种，危及本地物种的生存，加快物种多样性和遗传多样性的丧失，破坏生态系统的结构和功能，进而造成巨大的生态系统破坏和经济损失。

二、药用植物引种驯化的作用

（一）丰富本地药用植物资源

我国从国外引种西洋参（*Panax quinquefolium* L.）、穿心莲、番红花（*Crocus sativus* L.）、颠茄（*Atropa belladonna* L.）、儿茶［*Acacia catechu*（L.）Willd.］、蛔蒿（*Artemisia cina* Berg.）、毛花洋地黄（*Digitalis lanata* Ehrh.）、澳洲茄（*Solanum aviculare* Forst.）、古柯（*Erythroxylum coca* Lam. var. *novogranatense* Berck）、狭叶番泻叶（*Cassia angustifolia* Vahl.）、印度萝芙木［*Rauvolfia serpentina*（L.）Benth. Kurz］、催吐萝芙木（*Rauvolfia vomitoria* Afzel.）、水飞蓟（*Silybum marianum* Gaertn.）、甜叶菊（*Stevia rebaudiana* Bertoni）、小蔓长春花（*Vinca minor* L.）、金鸡纳（*Cinchona ledgeriana* Moens）、肉豆蔻（*Myristica fragrans* Houtt.）、白豆蔻（*Amomum kravanh Pierre* ex Gagnep.）、乳香（*Boswellia carterii* Birdw.）、丁香（*Eugenia caryophyllata*）、胖大海（*Sterculia lychnophora* Hance）、马钱（*Strychnos nux-vomica* L.）、檀香（*Santalum album* L.）、安息香［*Styrax tonkinensis*（Pierre）Craib ex Hart.］等，并成功驯化。实现了这些药物国内大面积生产和药物自给，乃至出口创汇。解决了过去依靠进口，耗费大量外汇，不能满足人民用药需要的难题。

（二）由野生驯化而人工栽培，稳定市场供应

据统计，由野生驯化成功的药用植物有 400 余种，主要有白芷、荆芥、紫菀、防风［*Saposhnikovia divaricata*（Turcz.）Schischk］、杜仲（*Eucommia ulmoides* Oliv.）、巴戟天（*Morinda officinalis* How）、川贝母（*Fritillaria cirrhosa* D. Don）、柴胡（*Bupleurum chinense* DC.）、细辛［*Asarum heterotropoides* Fr. Schmidt var. *mandshuricum*（Maxim.）Kitang.］、北五味子［*Schisandra chinensis*（Turcz.）Baill］、龙胆（*Gentiana scabra* Bge.）、半夏［*Pinellia ternata*（Thunb.）Breit.］、阳春砂仁（*Amomum villosum* Lour.）、桔梗［*Platycodon grandiflorus*（Jacq.）A. DC.］、茜草（*Rubia cordifolia* L.）、金钗石斛（*Dendrobium nobile* Lindl.）、七叶一枝花（*Paris polyphylla* Smith）、夏天无（*Cory-*

dalis decumbens Thunb.)、草果（*Amomum tsaoko* Crevost et Lemarie）、齿瓣延胡索（*Corydalis remota* Fisch. et Maxim.）、天麻（*Gastrodia elata* Bl.）、甘草（*Glycyrrhiza uralensis* Fish.）、丹参（*Salvia miltiorrhiza* Bge.）、罗汉果［*Siraitia grosvenorii*（Swingle）C. Jeffrey ex Lu et Z. Y. Z hang］、何首乌（*Polygonum multiflorum* Thumb.）、知母（*Anemarrhena asphodeloides* Bge.）、盾叶薯蓣（*Dioscorea zingiberensis* C. H. Wright）、鸡骨草（*Abrus cantonensis* Hance）、猫爪草（*Ranunculus ternatus* Thunb.）、单叶蔓荆（*Vitex rotundifolia* L.）、绞股蓝（*Gynostemma pentaphyllum* Thunb.）等。人工栽培对稳定市场等起了很大作用，也有利于药材的质量控制。

（三）保护药用植物资源

野生药用植物的过度采挖，已导致许多野生药用植物处于濒危状态，乃至资源枯竭，是中药材的重大资源危机。通过对濒危药材引种驯化和栽培，起到了保护药材资源的作用。作为典型案例，肉苁蓉（*Cistanche deserticola* Y. C. Ma）和管花肉苁蓉［*Cistanche tubulosa*（Schenk）Wight］是濒危药材，为国家三级保护植物。经过 20 多年引种驯化，肉苁蓉种植地从内蒙古兰太等向内蒙古其他地区、宁夏、甘肃和新疆扩展；管花肉苁蓉从新疆南疆向北疆、华北平原扩展。种植面积扩大，大幅度增加了药材供应量。经过引种驯化到变为人工栽培，肉苁蓉已经逐步走出濒危状态。

此外，通过引进抗逆、优质、高产的优良药用植物种质，在保护资源的同时还可大幅度提高药用植物的产量和质量。

三、药用植物引种驯化的目标、内容和任务

（一）药用植物引种驯化的目标

药用植物引种驯化的目标，是将有利用价值而本地没有的药用植物从外地或外国引入本地区，经过人工驯化而成功栽培，即完成从种子，经生长发育，获得种子的过程，完成生活周期。当然被引种的药用植物，要有经济效益，或抗逆、优质或高产等特异性状，用于育种方面的基因价值等。

（二）药用植物引种驯化的内容

①通过药用植物资源调查，引种药用植物分布地和引种地生态因子的比较分析，研究其适应性（包括潜在适应性），预测引种结果，制定引种措施，并广泛收集野生药用植物资源和稀有濒危植物。

②研究药用植物活体材料的收集方法，资源植物的种子生物学和繁殖生物学及其理论基础。研究引种植物繁殖、保存和评价、利用的途径和方法等。

③研究引种植物在新生存条件下的生长发育，适应性及其变异规律，以及促进它们经过适应过程的理论和方法。

④研究改变其遗传性状，提高引种植物的产量、品质及其抗性的理论和方法。并选育新品种，以丰富药用植物的种类和品种。

⑤应用新技术、新方法，研究加速引种驯化过程和引种成果迅速转变为生产力的途径。

⑥总结药用植物引种驯化的理论和方法，积累有关栽培药用植物起源和物种形成的科学。

（三）药用植物引种驯化的主要任务

①将野生药用植物，引种驯化而栽培。目前，中药材70%的种类来源于野生中药材，30%来自栽培的药用植物。当社会对野生药材需求量大时，就会过度采挖来保障供应，导致野生药材濒危，乃至资源枯竭。因此，药用植物引种驯化的首要任务，是将野生药用植物，引种驯化而栽培。

②对常用的、特别是对常见病及多发病有疗效的药用植物大面积驯化种植，如甜叶菊、番红花、西洋参、罗汉果、伊贝母、川贝母、胖大海、血竭和白豆蔻等。

③积极引种需求量大的野生药用植物，如肉苁蓉、金莲花和美登木（*Maytenus hookeri* Loes.）等。尤其对珍稀濒危药用植物，如金钗石斛、冬虫夏草等，更应积极采取有效的保护措施。

④引种需进口的紧缺药用植物，如乳香、没药、肉豆蔻和胖大海等。

⑤引种对临床确有疗效的新药资源，如金荞麦、水飞蓟、绞股蓝和三尖杉（*Cephalotaxus fortunei* Hook. f.）等。

第二节　药用植物引种驯化的基本原理

一、引种驯化的基本理论

（一）气候相似论

气候相似论是德国著名林学家、慕尼黑大学教授迈尔（Mayr H.）在1906年和1909年发表的《欧洲外地园林树木》和《自然历史基础上的林木培育》两部著作的基础上提出的。这两部著作的主要理论认为，树木引进时，引进地和原产地的气候必须相似，引进的树木才能正常生长、发育。他把北半球划分为6个引种带，在这些带之间的引种应该是没有什么困难的。这一理论明确了气候对树木引种驯化的制约作用，对树木引种驯化的实践有一定的指导意义，不失为现代树木引种驯化理论的一个重要组成部分。气候相似论对植物引种驯化工作产生了巨大的影响，是引种工作中被广泛接受的基本理论之一。但它也有缺点，对从根本上改进木本植物的种性持怀疑态度，坚持木本植物本性和要求不变，低估了植物的塑性和育种的可能性。

根据气候相似论的观点，可以推出纬度相近的东西地区之间引种比纬度不同的南北地区之间引种容易成功，因为不同纬度的温度、光照长短和降水量不同。纬度相同而海拔不同的地区之间相互引种，应考虑温度和光照度的变化。在高纬度地区形成的植物，是长日照植物；在低纬度地区形成的植物一般是短日照植物。高海拔地区的太阳辐射量大，光照强；低海拔地区的太阳辐射量小，光照较弱。一般而言，光照充足，有利于作物的生长，但在发育上，不同作物、不同品种对光照的反应是不同的。有的对光照长短和强弱比较敏感，有的比较迟钝。北方地区的小麦品种对缩短日照反应灵敏，南方地区的品种则较迟钝；水稻中的早稻和中稻对日长反应迟钝，而晚稻对短日反应敏感。高海拔地区温度较低，其栽培的品种引种到低海拔地区栽培，生育期有所缩短；低海拔地区温度较高，其栽培的品种引到高海拔地区栽培，生育期有所延长。一般而言，纬度越高，气温越低，各月平均气温差异越大；高海拔地区的温度低于平原地区。温度升高能促进生长发育，提早成熟；温度降低，生育期延长。温度高低因纬度、海拔、地形和地理位置等条件而不同。

（二）引种的生态条件和生态型相似性原理

药用植物优良种质的形态特征和生物学特性是自然选择和人工选择的产物，因而都适应于一定的自然环境和栽培条件，这些与药用植物品种形成及生长发育有密切关系的环境条件称为生态条件，任何药用植物的正常生长都需要与之相适应的生态条件，因此掌握所引品种必需的生态条件对引种非常重要，是引种获得成功的必要条件。一般来说，生态条件相似的地区引入品种易于成功，生态条件又分为若干相关因子，如气候因子和土壤因子等，其中气候因子是主要的。

生态型是指同一物种变种范围内，在生物学特性、植物学特征等方面均与当地主要生态环境相适应的植物类型。植物生态型按生态条件可分为气候生态型、土壤生态型和共栖生态型。其中气候生态型是最主要的生态型，它是在光照、温度、湿度和降水量等生态因子的影响下形成的，同一物种往往会有各种不同的生态型，相同生态型之间引种较易成功。

（三）米丘林的风土驯化理论和方法

前苏联植物育种专家米丘林的引种驯化理论是建立在达尔文学说基础上，得到了创造性的发展，并把植物引种驯化事业推向一个新的发展阶段。他从有机体与环境条件统一的观点出发，通过反复实践、探索，提出了风土驯化的两条原则：①利用遗传不稳定、易动摇的幼龄植物实生苗作为风土驯化材料，使其在新的环境影响下，逐渐改变原来本性，适应新的条件，达到驯化效果。尤其在个体发育中的最幼龄阶段，变异性最大，也具有最大的可能性产生新的变异以适应于改变了的新环境。②采用逐步迁移播种的方法。实生苗对新环境有较大的适应性，但有一定限度，当原产地与引种地条件相差太远而超越了幼苗的适应范围时，驯化难以成功。这就需要采用逐步迁移的方法，使它逐渐地移向与引种地相接近的地区，并接近于适应预定的栽培条件。

米丘林的两条风土驯化原则综合利用了实生苗法、远缘杂交、逐级驯化、实生苗的斯巴达式锻炼、培育杂种苗的蒙导法和定向培育等，创造出世界果树史上的奇迹，使一些原分布于南方的果树向北推进 1 000 km 以上，培育出 300 多个新品种新类型。虽然米丘林的实际工作主要是在果树园艺方面，但是他所创造的一套研究方法和他所揭示的一系列规律，对于包括药用植物在内的其他各类植物的引种驯化工作，都具有普遍的理论指导意义。

（四）生态历史分析法

生态历史分析法由苏联的库里基阿索夫于 1953 年提出。这一方法是专为自然区系植物引种选择原始材料的目的而提出的。其理论基础是某一植物区系成分起源的分析和揭示这些成分的生态历史（包括生态和演化历史）。在引种工作中，可以选择那些外来区系，把它们迁回原来生存过的生态条件下，这些植物不但极容易引种成功而且生产率可以得到大大提高。

（五）协调统一原则在植物引种驯化中的应用

1. 环境节律变化与植物生长节律需求的协调统一 在植物引种过程中，将植物从一地引种到另一地，往往造成植物生育节律与环境节律变化的不协调，由此影响了引种植物的生长发育。在药用植物引种过程中，主要有下述两种变化。

（1）**植物年生育周期的物候变化** 例如，龙眼、萝芙木和安息香等许多热带、南亚热带药用植物向北引种后，植物的开花、结实、抽梢等主要生长物候，与原产地相比，在时间上均有不同程度的推迟，有的推迟 15～20d，有的甚至推迟 2～3 个月。

（2）**植物生育大周期中的始花始果龄提早** 如鸦胆子从福建引种到浙江南部进行栽培后，不但物候期推迟 2～3 个月，而且引起了始花始果龄提早，有的植株当年就开始结实。白木香和余甘子等植物从广东、福建引种到浙江南部后，它们的始花始果龄也提早。由于物候推迟及始花始果龄提早，往往会引起植物生长量下降，生物碱含量降低。

这些变化表明，植物个体发育的各阶段，都需要有相应的生活因子，它们不仅有质的要求，而且有量的要求。在引种驯化过程中，必须注意环境节律变化与植物生长节律的协调统一。

2. 环境变幅与植物生态幅度必须协调统一 植物引种时，引种地与原产地的环境各因子，存在不同程度的差异，如果这种差异超过了引种植物的生态幅度，植物将不能忍耐新环境而使引种失败。例如，腰果和胖大海等热带植物的向北引种，如果温度变幅大于植物生态幅度，冬季低温成为这些植物生长发育的限制因子，导致引种失败。南种北移的限制因子往往是冬季的低温和春季的倒春寒，因此，冬春季节的防寒保暖措施尤为重要。

3. 顺应环境与植物驯化的协调统一 顺应环境是通过人为选择和创造适宜于引种植物生育的环境，使引种植物得以顺利生长发育，而植物驯化则是通过植物习性的改变，使植物不断适应于新的栽培环境。海南肉桂、八角和降香黄檀等植物，引种到浙江南部后，幼龄期有不同程度的冻害，但随着植株的生长发育，耐寒力逐渐增强，成年树基本不受冻害；二年生和三年生的黄皮幼龄树时有中等冻害，五年以后却不受冻。所以，植物引种驯化，必须是先顺应后改造，循序渐进，两者不可偏废，必须协调统一。

4. 植物遗传变异与植物适应的协调统一 南种北移后，植物产生了多种变态，如从广东引种到浙江南部的龙眼由常绿乔木变为落叶乔木，是南种北移后植物对冬季低温的适应性表现。这种由环境变迁引起的植物变态虽然不能遗传，但可以从中找出符合人们需要的变异个体，自然选择为人们培育耐寒品种提供了不可多得的材料。在开展植物引种的同时，不断开展选种、育种工作，把人工选育与自然选择有机地结合起来，使引种植物不断适应新的栽培环境，使植物的遗传变异与植物对环境的适应性得以协调统一。

5. 引种目的与药用植物经济性状的协调统一 植物引种的成败，不仅取决于植物的适应性，而且还取决于引种植物的目的（如经济性状等）要求是否达到。在植物引种过程中，只有做到引种目标与经济性状的统一，才能使引种植物得到推广发展，才能获得引种成功。

二、影响引种成功的因素

1. 温度 各种植物对温度要求不同，同一植物种不同生态型在各个生育时期的最适温度也不同。一般来说，温度升高促进生长发育，提早成熟；温度降低生育期延长。但植物生长和发育是不同的概念，生长和发育所需的温度也不同。温度对引种的影响表现在有些植物一定要经过低温才能满足其发育条件，否则会影响其正常的发育进程。

2. 光照 一般来讲，光照充足有利于作物生长，但在发育上，不同作物、不同品种对光照反应不一。有的对光照长短和光照强弱反应敏感，有的种类反应迟钝。光照对引种的影响表现在有些药用植物一定要经过短日照才能满足发育的要求，否则其生长发育受阻。

3. 纬度 在纬度相同或纬度相近的地区引种，由于地区间日照长度和气候条件相近，相互引种在生育期和经济性状上不会发生较大变化。但同纬度不同海拔的地区引种应该注意气温和降水量的差异，如果差异较大也难成功。

4. 海拔 由于海拔每升高 100 m 日平均气温降低 0.6 ℃，降水量和空气湿度也存在差异，因此不同海拔间引种药用植物应该注意综合的气候因素，如黄连、高山红景天、藁本的引种都存在此问题。

5. 栽培条件 一般来讲，引入新的药用植物的栽培条件、生产条件与原产地相近，容易引种成功，同时应考虑耕作制度和土壤条件等是否相近，否则容易引种失败。

三、引种的一般规律

1. 高纬度向低纬度引种 原产高纬度地区的品种引到低纬度地区种植，会因低纬度地区冬季的温暖，春季的短日而不能满足感温阶段对低温的要求和感光阶段对长日照的要求，因而经常表现为生育期延长，有的甚至不能抽穗、开花，但营养器官加大。由于成熟期延迟，容易遭受后期自然灾害的威胁，或影响后作的播种、栽培。

2. 低纬度向高纬度引种 原产低纬度地区的植物引到高纬度地区种植，由于温度、日照条件都能很快得到满足，表现生长期缩短。但由于高纬度地区冬季寒冷，春季霜冻严重，易遭受冻害。由于生长期缩短，营养生长不够，植株可能变小，不易获得较高的产量。

3. 冬播区栽培植物引种到春播区 低温长日性作物冬播区的春性植物引到春播区做春播用，有时因为春播区的日照长或强而表现早熟，粒重提高，甚至长势比原产地好。

4. 海拔差异地区引种 高海拔地区的越冬药材多偏冬性，引到平原地区往往不能适应。低海拔地区的高温短日性植物引到高海拔地区，由于温度较低而延迟成熟或不能成熟；而低海拔地区的冬药材品种引到高海拔地区春播，有可能适应。

一般认为海拔每升高 100 m，温度平均降低 0.6℃，相当于向北纬推进 1°。所以低纬度高海拔与高纬度低海拔地区相互引种易成功，同纬度不同海拔地区间引种不易成功。另外，由于同纬度地区气候相似，接受太阳辐射能、日照长度、温度、雨量等也相似，纬度相近的东西地区间引种比经度相近而纬度不同的南北地区间引种有更大的成功可能性。

第三节 药用植物驯化方法

一、根据系统发育特性进行引种驯化

药用植物本身的生长、发育必须满足一定的环境条件，只有这样才能正常进行生长繁

殖。影响药用植物生长发育的环境因素有土壤、温度、水分和光照等。不同药用植物属于不同生态类型，只有环境因素达到要求，才能驯化成功。

二、根据个体发育特性进行引种驯化

药用植物在个体发育的早期比晚期阶段具有更大的可塑性，所以对于多年生植物，幼苗比成树更容易驯化；对于一年生和二年生植物种子比成株容易驯化；对于宿根植物，球根类药用植物用分根法无性繁殖比有性繁殖成功率更高。

三、根据遗传适应性的反应范围进行引种驯化

药用植物各品种所能适应的范围是由其遗传适应性所决定的。对于适应范围较大的药用植物品种，引种驯化时对环境要求较低，容易引种驯化成功；而对于适应性较差的药用植物，需要逐渐改变它的遗传适应性（即生长习性），否则会导致引种失败。

四、驯化过程中必须结合适当的培育和选择

（一）种子育苗，幼苗锻炼

一般来说，同一药用植物种类的实生苗比营养繁殖体对环境的适应能力要强。这是因为实生苗在幼年阶段可塑性较大，比较容易接受环境的影响和改造。例如，芒果、番荔枝和澳洲坚果，实生苗比嫁接苗抗寒性强。在南种北移过程中，应该尽量利用实生苗的这种可塑性大的特点，进行种子育苗，经过幼苗锻炼，以提高引种植物对新环境的适应能力。

播种育苗是引种驯化的重要手段，也是增强植物适应性的措施之一。播种期可在秋季，也可在春季。为管理方便，播种地的选择应考虑各类种子的出苗习性，如夏季需要遮阴或冬季需要保暖的植物，都应相对集中播种，以便统一搭置棚架。珍贵稀有的药用植物种子宜用盆播容器育苗，以便精细管理。为保持苗床水分，播种后应加一层覆盖物，如稻草、麦秆等，但不宜过厚，否则会降低地温，延缓发芽。出苗期及出苗后的管理是育苗的关键时刻，阳性植物一般只要保持床土湿润就能正常出苗生长；阴性植物及向高海拔地区引种的植物，往往经不起日晒（如竹柏和南方红豆杉等），必须从出苗之日起遮阴，一直至9～10月份。育苗难度较大的植物，苗期管理就要特别小心，从光照和湿度等方面进行调节，基本满足幼苗生长所需要的生态要求，育苗才能成功。待苗木长到一定高度时，应加强管理，做好除草、松土、施肥及病虫害的防治工作。有的植物根系不发达，移植前可切断主根，促进侧根的生长，以提高移植成活率。移植时间宜选择阴雨天进行，移植后浇足定根水，成活后及时施肥管理。

（二）适时播种，合理施肥，调节植物生长

一些对低温特别敏感的植物，如番石榴、黄花夹竹桃等，在北移过程中不宜秋播而宜春播，使苗木通过一年的生长，积累一定的抗寒物质，以利越冬。植物引种的春播育苗，可结合进行室内或温床催芽，适当提早播种期，延长植物的年生育期。合理的肥水管理，可以使

苗木茁壮生长，提高抗寒能力。一般在幼苗生长前期施足氮肥，9月份后控制氮肥的施用，要增施磷肥和钾肥，辅以喷施硼酸溶液，以抑制苗木生长，提高苗木木质化程度，增强抗寒性。

（三）采用常规防冻措施保护植物越冬

冬季来临前，在圃地搭多种类型的暖棚、防霜棚，加强肥水管理，如施冬肥和冬前灌溉等，能有效减轻苗木冻害程度。此外，套种冬季作物，对保护植物越冬也有一定的效果。例如，塘川橄榄引种，榄农就是借此措施使橄榄得以在平阳生根开花，繁衍后代大量播种，选择耐寒个体。

（四）大量播种，选择耐寒个体

大播种量，结合寒潮过后的苗木冻害普查，从大量的苗木中选取耐寒个体，然后加速繁殖，如此反复进行，多代筛选。用这种简单易行、行之有效的办法，我们选出了能耐－5～－6℃的安息香，耐－5℃的木麻黄、华盛顿棕榈和台湾相思等。

（五）品种改良

选择可以分为不同地理种源的选择和变异类型的选择两个方面。在引种试验时就应注意不同种源的适应性观察，通过培育、观察，找出各个种源的差异及优良性状的植物，从而进行综合或单项选择。通过地理种源的比较试验，评比选优可以得到良好的效果。另外，引入的植物经驯化后所产生的性状变化是多方面的，需要经过人为的单项或综合选择，把那些符合生产、生活需要的变化保留下来。性状变化的选择项目应包括生长发育的节律与抗性以及经济性状等。对少数表现优良的单株，可采用单株选择法，以培育新的类型。

在植物引种过程中，有些植物由于分布地与引种地之间生态条件差异过大，使植物在引种地往往较难生长，或者虽可生长但失去经济价值，若把它作为杂交材料，与本地植物杂交，则可以从中选择培育出既具有经济价值又能很好适应本地生态条件的类型。品种的改良与创造，除了有性杂交育种外，普遍应用的还有辐射育种、化学诱变育种和花粉单倍体育种等。

第四节　药用植物引种驯化程序

一、引种的前期准备工作

（一）引种目标的确定

引种与其他育种工作一样，首先要根据两地的条件变化和原有品种存在的问题，确定引种的目标、要引进的品种以及引进后的用途，将原产地或分布地与引种地的农业气候指标进行比较，以估计引种适应性，同时还要分析与引种对象相近的植物引种表现情况，并总结别人引种的经验教训。根据当地生产发展的需要，结合当地自然条件、经济条件和现有种或品种存在的问题（例如产品质量低劣、病虫害、生育期不适应等）确定引种目标。如果为了直接利用，应该特别注意与当地的生产条件和耕作栽培制度相适应。

（二）开展调查研究

根据引种目标，开展调查研究。调查研究项目包括：①原分布区或原产地的地理位置、地形地势、气候、土壤、耕作制度、植被类型和植物区系等；②被引种植物的分布情况、栽培历史、主要习性与栽培特点、经济性状与利用价值等；③引种地区的自然条件、各种生态因子、栽培植物资源状况与分布。

在调查研究的基础上，对资料进行比较分析，确定适宜的引种地区和植物种类及品种。

（三）制定引种规划

要达到引种目标，就要制定完备的引种规划。规划应根据引种目标提出引种实验、引种规范与范围、设备条件、人员组成、完成年限、社会效益预测与经济效益预测等。

（四）制定实施方案

在上述调查分析的基础之上，依照引种规划制定具体实施方案。应按规划要求分年度实施，每年定出实施方案，包括引种植物的种类、数量、时间及引种地点，繁殖材料的收集、繁殖技术与试验内容、观察记载项目等，并做出详细计划，对土地、劳力、技术措施和设备等应在方案中做好安排。

二、引种材料的收集

1. 植物引种计划的制订和审批 专门外出引种者，应先做出引种计划；填写出差计划表，并履行相关审批手续。

2. 植物引种材料的准备 收集准备种子袋、干苔藓、标本纸、枝剪、两用铲、种子采集器、引种苗木袋等材料；地图、介绍信等相关手续。以购买方式进行引种的，应先做出购买计划，并经过审批。

3. 植物引种资料的收集 要根据引种理论及对本地生态条件的分析，掌握国内外有关品种资源信息，如品种的历史、生态类型、品种的温光反应特性以及原产地的自然条件和耕作制度等，然后通过比较分析，首先从生育期上，估计哪些品种类型有适应本地区的生态环境和生产要求的可能性，从而确定收集的品种类型及范围。根据需要，可到产地现场进行考察收集，也可向产地收集或向有关单位转引，但都必须附带有关的资料。

三、检疫工作

引种是传播病虫害和杂草的一个重要途径，国内外在这方面都有许多深刻的教训。为了避免随引种材料传入病虫害和杂草，从外地区，特别是从国外引进的材料应该进行严格的检疫，对有检疫对象的材料应及时加以妥善处理。到原产地直接搜集引种材料时，要注意就地取舍和检疫处理，使引进材料中不夹带原产地的病虫和杂草。为了确保安全，对于新引种的材料除进行严格检疫外，还需要通过特设的检疫圃隔离种植，在鉴定中如发现有新的危险性病虫和杂草，要采取根除的措施。

在引种和调运种子时，还必须做好种子的发芽势、发芽率、含水量、纯度及净度等方面的种子检疫工作，以确保引入健康纯净的种子供生产试种。

（一）主要检疫方法

1. 产地检疫 产地检疫是实施植物检疫的基础，其主要任务是根据输入检疫要求、检疫实际需要以及检疫物供需单位、个人要求，到入境和出境检疫物的产地进行检疫。产地检疫时依据进出境检疫物种类，对应检病、虫、杂草的生物学特性，选择一种或几种适当的方法进行，检疫不合格者，暂停进口或出口。

2. 现场检疫 现场检疫包括依法登船、登车、登机实施检疫，依法进入港口、车间、机场、邮局实施检疫，依法进入种植、加工、存放场所实施检疫。同时按《中华人民共和国进出境动植物检疫法》规定采样，现场检疫的主要任务如下。

①查检检疫审批单、报检单、输出国家或地区检疫证书等单证，核对证物是否相符。

②查验与检疫物有关的运行日志、货运单、贸易合同等，查询检疫物的起运时间、港口、途经国家和地区。

③检查外部包装、运输工具、堆放场所以及铺垫材料等是否附有检疫性病、虫、杂草。

④在全批检疫物中，用科学方法抽样检查是否带有危险性病、虫、杂草。

⑤根据检疫需要，在全批检疫物中抽取代表样品，携回室内检查。

3. 室内检疫 根据进出口国的双边协定和检疫条款，对代表样品和发现的病、虫、杂草，按其生物学特性分别在室内采用一种或几种检疫方法进行检查和鉴定。

①通过过筛检查筛上物和筛下物是否带有害虫、病粒、菌核、杂草。

②隐蔽性害虫，可根据危害症状以及可选的子粒、果实、枝条等，采用剖开、灯光透视、染色、比重等方法检查。

③附着性病原菌，用直接镜检、洗涤法等方法检查。

④潜伏性病原菌，用分离培养、切片等方法检查。

⑤病原线虫，用漏斗分离法检查。

4. 隔离检疫 《中华人民共和国进出境动植物检疫法》规定，输入的植物种子、苗木和其他繁殖材料，在以下3种情况下进行隔离检查：①某些植物危险性病、虫、杂草，特别是许多病毒，在输入的种苗上往往表现隐症，抽样检查时很难检出，而在生长发育期容易鉴别；②国家公布的病、虫、杂草名录有一定的局限性，《检疫名录》中的某些病、虫、杂草虽然在国外发生不太严重，传入国内后，可能由于生态环境的改变有利于其发生危害，并造成重大经济损失；③当引进的植物带有微量病原物时，口岸抽样检查很难发现疫情，传入后，可能大量繁殖而引起严重的流行危害。

（二）检疫结果的处理

1. 检疫放行 经检疫合格的植物、植物产品或其他检疫物，检疫机关签发《检疫证书》或在报关单上加盖检疫放行章，入境的还可开具《检疫放行通知单》，海关依据这些单证验放。

2. 除害处理 检疫不合格的检疫物可在隔离检疫基地进行除害处理，重新检疫合格的出证放行。除害又称为无害化，是通过化学、物理和其他方法杀灭有害生物的处理方式。在检疫中应用最广的是熏蒸。

3. 销毁或退回　对于除害处理后仍不合格的检疫物应销毁，不准出入境。不愿销毁的还给物主。如必须引进的，则要转港卸货，并限制使用的范围、时间和地点。

4. 检疫特许审批　《中华人民共和国进出境动植物检疫法》规定，如果禁止进境物属于科学研究、教学等特殊需要，而引进单位具有符合检疫要求的防疫、监督管理措施时，检疫机关可以签发《进境植物检疫特许审批单》，同时要求上级主管部门出具证明材料，说明"特批物"的品种、产地、引种的特殊需要和使用方式。

四、引种试验

引进材料经过检疫合格后，必须在本地试种。这是根据在本地区种植条件下对各个品种材料的实际利用价值进行具体表现的评定。以当地代表性的良种为对照，进行包括生育期、产量性状、产品品质及抗性等系统的比较观察鉴定。引种试验工作一般分下述4步进行。

1. 试种观察　对初引进的品种材料，先进行小面积试种观察，初步鉴定其对本地区生态条件的适应性和在生产上的利用价值。对于表现符合要求的品种材料，选留足够的种子，参加品种比较试验。

2. 品种比较试验　经过1～2年试种观察，将表现优良的引进品种参加试验面积较大的、有重复的品种比较试验，做更精确的比较鉴定。为加速育种进程，在试验过程中可进行多点试验。了解品种材料对不同自然条件、耕作条件和土壤类型的反应；了解品种在当地条件下的性状表现。确定有推广价值的品种，送交区域试验并开展栽培试验和加速品种的繁殖，直接用于生产。

3. 栽培试验　对于通过初步试验得到肯定的引进品种，还需要根据其遗传特性进行栽培试验。因为有的外来品种在本地区一般品种所适应的栽培措施下不足以充分发挥其增产潜力，甚至因此否定其推广价值。所以，对掌握的品种特性联系生态环境进行分析，通过栽培试验，探索关键性的措施，借以限制其在本地区一般栽培条件下所能表现的不利性状，使其得到合理地利用，做到良种结合良法，进行推广。

4. 引种与选择相结合，不断防杂保纯和选育新品种　引入的品种在栽培过程中，由于生态环境的改变，必然会产生变异，这种变异的大小，决定于原产地与引入地区自然条件差异的程度和品种本身遗传性稳定的程度。各种作物引入新地区以后，可以在其中选育出各种新品种。品种引进后，在推广之前，一般采用混合选择或片选法，或种植单株留种田，不断进行选择，以保持品种的典型性和纯一性。为了进一步繁殖和推广这一良种，就必须根据原有品种特征，加强去杂去劣的选择工作。在引入品种的群体中，也可通过系统育种法选择优良变异单株，育成新品种。

五、引种驯化成功的标准

关于引种驯化标准，有的从生物学观点认为从种子开始到获得种子，能传宗接代，无性繁殖的植物以营养器官繁殖获得后代，即是引种驯化成功。有的从经济学观点认为，以获得一定的经济产量为标准。鉴于药用植物对于品质的要求，我们认为，药用植物引种驯化成功的标准应当是引种植物能正常生长发育，药用部位质量符合国家有关标准。

复习思考题

1. 什么是引种驯化?
2. 植物引种驯化有何作用?
3. 药用植物引种驯化基本原理有哪些?
4. 生态环境和生态类型与引种驯化的关系如何?
5. 简述引种的一般规律。

主要参考文献

陈士林 . 2002. 高原中藏药材野生抚育基地建设 [J] . GAP 研究与实践，2 (4)：6.
李振蒙，李俊清 . 2007. 植物引种驯化研究概述 [J] . 内蒙古林业调查设计，30 (4)：47 - 50.
廖馥荪. 1966. 植物引种驯化理论研究概况 [J]. 植物引种驯化集刊，2：154 - 160.
潘道瑞，温霜君 . 1993. “协调统一”原则在植物引种驯化中的应用 [J]. 浙江林业科技，12 (4)：72 - 76.
吴正强，赵小文 . 2003. 初论中草药异地引种与野生驯化 [J] . 中国农业科技导报，5 (3)：57 - 59.
杨太新，王华磊，郭玉海 . 2005. 华北平原管花肉苁蓉引种试验研究 [J] . 中国农业大学学报，10 (1)：27 -29，43.
么厉，程惠珍，杨智 . 2006. 中药材规范化种植（养殖）技术指南 [M] . 北京：中国农业出版社 .
俞红，王红玲，王兆锋 . 2010. 外来物种入侵与社会经济发展相关性研究综述 [J] . 湖北农业科学，49 (8)：1999 - 2001.
张日清，何方 . 2001. 植物引种驯化理论与实践述评 [J] . 广西林业科学，30 (1)：1 - 6.
张天真 . 2003. 作物育种学总论 [M] . 北京：中国农业出版社 .
中国医学科学院药用植物资源开发研究所 . 1991. 中国药用植物栽培学 [M] . 北京：农业出版社 .
朱慧芬，张长芹，龚洵 . 2003. 植物引种驯化研究概述 [J] . 广西植物，23 (1)：52 - 60.

第四章　药用植物栽培制度、规划及土壤耕作

第一节　栽培制度

一、栽培制度的内涵

栽培制度是各种栽培植物在农田上的部署和相互结合方式的总称。它是某单位或某地区的所有栽培植物在该地空间上和时间上的配置（布局），以及配置这些植物所采用的单作或间作、套作、轮作、再生作和复种等种植方式所组成的一套种植体系。

由于我国幅员辽阔，气候、土壤、生态条件等都很复杂，加上栽培植物种类、品种繁多，各地的栽培制度差异很大。

栽培制度是发展农业生产带有全局性的措施，它受当地自然条件的限制，又受社会经济条件和科学技术水平的制约，并随其发展而发生相应的变化。合理的栽培制度既能充分利用自然资源和社会资源，又能保护资源，保持农业生态系统平衡，达到全面持续增产，提高劳动生产率和经济效益，并促进农、林、牧、副、渔各业全面发展。

二、栽培植物的布局

栽培植物布局指的是一个单位或地区种植植物的种类、面积及其配置。合理的布局必须遵循以下原则。

1. 正确贯彻“决不放松粮食生产，积极发展多种经营”的方针　任何单位或地区都必须根据国家计划，结合当地的具体条件，确定种植植物的面积比例。处理好粮食生产与多种经营的关系，既要使粮食生产得到切实保证，又要发展经济植物，发展林、牧、副、渔业，做到统筹兼顾，密切配合，全面发展。

2. 根据栽培植物的特性，因地因时种植，发挥自然优势　各种植物在系统发育过程中，都形成了对一定的自然生态条件的适应性。在其适应的生态条件范围内，才能生存或良好发育。由于我国各地热量条件和生育期等的差异，自然植物（包括栽培植物）的分布，从纬度、经度、海拔高度上都有一定的规律。因此，一个单位栽培的植物种类，都必须具有适应该区自然生态条件的特性，在此基础上，再根据植物对温、光、水、肥等的要求和不同地段特点，把各种植物种在最适宜的自然环境中，发挥自然优势，获得优质高产的效果。

3. 种植的种类、品种、熟制和面积等都必须适应当地生产条件　一个单位或地区的财力、劳力、畜力、动力、水力和肥力等因素都是有限度的。在此限度范围内，通过合理安排和品种的巧搭配，可以错开季节，调节忙闲，合理利用人力、财力和物力，不违农时，保证

达到优质高产。

4. 坚持开发与保护相结合，保持农业生态平衡 农田的使用必须考虑土壤养分的收入和支出，建立相应措施力求达到平衡，水源的积蓄与利用要统一，农田的开发与生态保护要并重。只有建立并保持良好的农业生态条件，才能保证全面持续的增产，达到农、林、牧、副、渔各业全面发展。

三、复　　种

（一）复种的概念和意义

复种是指在一年内，在同一土地上种收两季或多季植物的种植方式。

复种的类型因分法不同而异。按年和收获次数分有一年一熟、一年二熟、一年三熟、一年四熟、二年三熟、二年五熟或七熟；按植物类别和水旱方式分有水田复种、旱地复种、粮食复种、粮肥复种和粮药复种等；按复种方式分有接作复种、间作复种和套作复种等。

复种是我国精耕细作集约栽培的传统方式。我国是个人多地少的国家，人们生活和社会发展需要数量大和种类多的种植业产品，复种能在有限的土地上，充分利用自然资源，生产品种多、数量大的农产品，是解决粮食作物和其他作物争地矛盾的有效措施。复种延长了地面覆盖的时间，从而降低了地面的径流量，有利于水土保持。此外，复种还能恢复和提高地力，提高单位面积的产量。所以，新中国成立以来全国开展了以扩大复种面积为中心的种植制度的改革。各地都总结出多种植物搭配形式，多次复种，多种类型复种的经验。

衡量大面积复种程度高低，通常采用复种指数表示。复种指数是以全年播种总面积占耕地总面积的百分数来表示。

$$复种指数=\frac{全年播种面积}{耕地总面积}\times 100\%$$

全国复种指数由20世纪80年代的139%上升到90年代的142%。其中长江以南多数省份复种指数为230%左右，西南地区及长江以北、淮河秦岭白龙江以南均为150%～170%，长城以南淮河秦岭白龙江以北的华北各省（除山西省外）多数也在140%以上。

（二）复种的条件

一个地区能否复种和复种程度的大小，是有条件限制的。超越条件的复种不但不能增产，反而会减产。影响复种的自然条件主要是热量和降水量，生产条件主要是水利、肥料和人畜动力等。

1. 热量条件 热量资源是确定能否复种和复种程度大小的基本条件之一。热量资源一般以积温表示，积温有≥0℃积温，有≥10℃积温，夏收作物采用≥0℃积温，秋收作物采用≥10℃积温。安排复种时，既要掌握当地气温变化和全年≥0℃积温、≥10℃积温状况，又要了解各种植物对平均温度和积温的要求。各种植物所要求的积温有很大差别，按≥10℃积温分，可分为3类：喜凉植物（要求1 000～2 000℃，如胡麻、荞麦、蚕豆、燕麦和油菜等）、中温作物（要求2 000～3 000℃，如早芝麻、黑豆、甜菜和高粱等）喜温作物（要求3 000℃以上，如芝麻、丝瓜、南瓜和郁金等）。一般情况下，各地的积温变化较小，≥10℃积温小于3 500℃的地方，基本上为一年一熟；3 500～5 000℃的地方，一年可两熟；

5 000～6 000℃的地方，一年可三熟；>6 500℃的地方，一年可三至四熟。

有人以≥10℃的生长期天数长短分，100～160 d 生长期的地方，是典型的一年一熟地区；生长期 160～220 d，是二年三熟及一年两熟地区；生长期 220～240 d，普遍为一年二熟区；生长期 240～300 d，是一年二熟到三熟区；生长期 300～360 d，为一年三熟区；生长期为 350～365 d，为一年三至四熟区。

2. 水分条件 在热量允许的前提下，水分资源状况是影响复种的关键因素之一。水分条件包括降水、灌溉和地下水。年降水量在我国是划分农牧区的标准，年降水量小于 400 mm 的地方为牧区，大于 400 mm 的地区为主农区。降水量不仅要看年降水总量，而且还要看月分布量是否合理，如过分集中，必然出现季节性干旱，复种就会受到限制，特别是复种水生植物。例如，双季稻需水 11 250～13 500 m^3/hm^2，在秋旱较为严重的地方，不能种植双季稻，只能改为稻麦两熟，或旱作植物套种三熟。此类地区如地下水丰富，搞好水利灌溉，还可种双季稻。

3. 肥料 肥料是限制复种指数和复种方式的条件之一。在田间栽培植物时，绝大多数植物都消耗地力。为保证复种有良好收成，或保持地力平衡，除安排必要的养地作物外，还必须扩大肥源，增施肥料，否则会造成土壤肥力降低，多种不多收。

4. 劳力、畜力和机械 发展多熟复种，还必须与当地生产条件、社会经济条件相适应。复种是人们充分利用自然资源，提高单位面积上的产量，增加收入的种植方式，特别是在一年一熟至两熟或两熟至三熟交错地带，时间衔接较紧。每次工作必须及时完成，特别是抢收抢种，有无充足劳力、畜力和机械化条件，也是事关成败的重要因素。所以，自然条件相同时，当地的生产条件，社会经济条件的承受力则是决定复种的重要依据。

5. 技术条件 除了上述自然条件和经济条件外，还必须有一套相适应的耕作栽培技术，以克服季节与劳力的矛盾，平衡各作物间热能、水分和肥料等的关系，如植物品种的组合、前后茬的搭配、种植方式的运用（套种、育苗移栽）、促进早熟措施（免耕播栽、地膜覆盖、密植打顶、使用催熟剂）等。

（三）复种的主要方式

单独药用植物复种的方式少见，一般都结合粮食作物、蔬菜等复种进行，把待种药用植物作为一种作物搭配在复种组合之内。现将作物的复种方式简单列出供参考，各地可酌情研究采用。

1. 一年两熟制 其主要复种方式为：①冬小麦—早熟玉米—冬小麦，如果种中熟玉米，可在前作小麦收获前 1 个月套种；②冬小麦—中稻—冬小麦等。

2. 两年三熟制 其主要复种方式为：①冬小麦—夏玉米→冬小麦—夏闲→冬小麦；②春玉米→冬小麦—大豆—冬闲→春作物。注："—" 表示年内复种，"→" 表示年间轮作。

四、单作、间作、混作和套作

（一）概念

1. 单作 在一块田地上，一个完整的生育期间只种一种植物，称为单作，也称为净种或清种。人参、西洋参、牛膝、当归、郁金、云木香、水稻、小麦和油菜等单作居多。

2. 间作 间作是指在同一块土地上，同时或同季节成行或成带状（若干行）间隔地种植两种或两种以上的生育季节相近的植物。通常把多行成带状间隔种植的称为带状间作。带状间作有利于田间作业，提高劳动生产率，同时也便于发挥不同植物各自的增产效能和分带轮作。

3. 混作 混作是指在同一块田地上，同时或同季节将两种或两种以上生育季节相近的植物，按一定比例混合撒播或同行混播种植的方式。混作与间作都是由两种或两种以上生育季节相近的植物在田间构成复合群体，提高田间密度，充分利用空间，提高光能和土地利用率。两者只是配置形式不同，间作利用行间，混作利用株间。在生产上有时把间作和混作结合起来。如玉米间大豆、玉米混小豆、玉米混大豆、玉米或大豆与贝母间种、果树间小葱、果树混福寿草（或耧斗菜）、山茱萸间豌豆（蚕豆）、山茱萸混黄芩等。

4. 套作 套作是指在同一块田地上，不同季节播种或移栽两种或两种以上生育季节不同的植物。也可说，是在前茬植物生育后期，在其行间播种或移栽后作植物的种植方式。它是把两种生育季节不同的植物一前一后结合起来，充分利用时间和空间，使田间在全部生长季节内，始终保持一定的叶面积指数，充分利用植物生育前期和后期的光能，提高土地利用率的一种有效的种植方式，它是一种充分利用季节进行复种的形式。

（二）间作、混作和套作的技术原理

间作、混作和套作是在人为调节下，充分利用不同植物间某些互利关系，减少竞争，组成合理的复合群体结构，使复合群体既有较大的叶面积，延长光能利用时间或提高群体的光合效率，又有良好的通风透光条件和多种抗逆性，以便更好地适应不良的环境条件，充分利用光能和地力，保证稳产增收。如果选择植物种类不当，套作时间过长，几种植物搭配比例和行株距不适宜，即不合理的间作、混作、套作，都会增加植物间的竞争而导致减产。间作、混作、套作的技术原理归纳如下。

1. 选择适宜的植物种类和品种搭配 药用植物、蔬菜、农作物等都具有不同形态特征和生态生理特性，将它们间作、混作或套作在一起构成复合群体时，使它们各自互利，减少竞争，就必须选择适宜的植物种类和品种搭配。考虑品种搭配时，在株型方面要选择高秆与矮秆，垂直叶与水平叶，圆叶与尖叶，深根与浅根植物搭配。在适应性方面，要选择喜光与耐阴，喜温与喜凉，耗氮与固氮等植物搭配。根系分泌物要互利无害。注意相关效应或异株克生现象。在品种熟期上，间作和套作中的主作物生育期可长些，副作物生育期要短些；在混作中生育期要求要一致。总之，注意选择具有互相促进而较少抑制的植物或品种搭配，这是间作、混作和套作成败的关键之一。

2. 建立合理的密度和田间结构 密度和田间结构是解决间作、混作和套作中植物间一系列矛盾，使复合群体发挥增产潜力的关键措施。间作、混作和套作时，其植物要有主副之分，既要处理好同一植物个体间的矛盾，又要处理好各间作、混作和套作植物间的矛盾，以减少植物间、个体间的竞争。就其密度而言，通常情况下主要植物应占较大的比例，其密度可接近单作时密度；副作物占较小比例，密度小于单作；总的密度要适当，既要通风透光良好，又要尽可能提高叶面积指数。副作植物为套作前作时，一般要为后播主作植物留好空行，共生期愈长，空行愈多，土地利用率控制在单作的70%以下；后播主作植物单独生长盛期的土地利用率应与单作相近。在间作中，主作植物应占有较大的播种面积和更大的利用

空间，在早熟的副作植物收获后，也可占有全田空间。高矮秆植物间作时，注意调整好两种植物的高度差与行比。调整的原则是高要窄，矮要宽，即高秆植物行数少，矮秆植物行数要多一些，要使矮植物行的总宽度大致等于高秆植物的株高。间作和套作的行向，对矮秆植物来说，东西行向比南北行向接受日光的时间要多得多。

3. 采用相应的栽培管理措施 在间作、混作和套作情况下，虽然合理安排了田间结构，但仍有争光、争肥、争水的矛盾。为确保丰收，必须提供充足的水分和养分，使间作、混作和套作植物平衡生长。通常情况下，必须实行精耕细作，因植物、地块增施肥料和合理灌水；因作物品种特性和种植方式调整好播期，搞好间苗定苗、中耕除草等共生期的管理。更要区别植物的不同要求，分别进行追肥与田间管理，这样才能保证间作、混作和套作植物都丰收。

（三）间作、混作和套作类型

1. 间作和混作类型 间作和混作是我国精耕细作的组成部分，早在2 000多年前就有瓜与韭或小豆间作、桑与黍混作的记载。如今全国各地都有其间作、混作和套作经验。间作和混作类型很多，除常规的农作物、蔬菜间作和混作类型外，还有粮药、菜药、果药、林药间作和混作类型。

（1）**粮药、菜药间作和混作** 粮药、菜药间作和混作中，一类是在农作物、蔬菜间作和混作中引入药用植物，如玉米＋麦冬（或芝麻、桔梗、山药、细辛、贝母、川乌和川芎）；一类是在药用植物的间作和混作中引入农作物和蔬菜，如芍药（或牡丹、山茱萸和枸杞）＋豌豆（或大豆、小豆、大蒜、菠菜、莴苣和芝麻），川乌＋菠菜，杜仲（或黄柏、厚朴、诃子、喜树、檀香、儿茶和安息香）＋大豆（或马铃薯、甘薯），巴戟天＋山芋（或山姜、花生和木薯）等。

（2）**果药间作** 幼龄果树行间可间种红花、王不留行、菘蓝、地黄、防风、苍术、穿心莲、知母、百合和长春花等；成龄果树内可间作喜阴矮秆药用植物，如细辛、福寿草和耧斗菜等。

（3）**林药间作** 人工营造林幼树阶段可间作或混作龙胆、桔梗、柴胡、防风、穿心莲、苍术、补骨脂、地黄、当归、北沙参和藿香等；人工营造林成树阶段（天然次生林），可间作或混作人参、西洋参、黄连、三七、细辛、天南星、淫羊藿、刺五加、石斛、砂仁、草果、豆蔻和天麻等。

2. 套作类型 以棉为主的套作区，可用红花、芥子、王不留行和莨菪等代替小麦进行套作。以玉米为主的套作，有玉米套郁金，川乌套种玉米。

五、轮作与连作

（一）概念

1. 轮作 轮作是指在同一块田地上，按照一定的植物或不同复种方式的顺序，轮换种植植物的栽培方式。前者称为植物轮作，后者又叫复种轮作。

我国实行计划经济时期，各地区种植种类和面积相对稳定。要确保植物种类和面积的稳定，就必须有计划地进行轮作，即在时间上（年份上）和空间上（田地上）安排好各种植物的轮换。单一植物轮作容易安排；复种轮作时，要按复种中的植物种类和轮作周期的年数划分好地块。通常轮作区数（各区面积大小相近）与轮作周期年数相等，这样才能逐年换地，循环更替，周而复始的正常轮作。

2. 连作 连作是指在同一块田地上重复种植同种植物或同一复种方式连年种植的栽培方式。前者又叫植物连作或单一连作，后者又叫复种连作。复种连作与单一连作也有不同。复种连作在一年之内的不同季节仍有不同植物进行轮换，只是不同年份同一季节栽培植物年年相同，而且它的前后作植物及栽培耕作等也相同。

（二）轮作增产与连作减产的原因

1. 连作减产的原因 许多药用植物，特别是多年生药用植物连作时，生长发育不良，产量大幅度下降，品质也低下，如红花、薏苡、玄参、北沙参、川乌、白术、天麻、当归、大黄、黄连、三七和人参等。连作生长发育不良，产量下降的主要原因有下述几个。

①植物生长发育全程或某个生育时期所需的养分不足或肥料元素的比例不适宜。由于每个田块都有一定的肥力基础，栽培某种植物后，原有的肥力数量减少，各营养元素之间的比例也发生改变，特别是该植物所需的营养元素的数量大幅度减少。在此种情况下，连续种植该植物时，地块中的营养供不应求，其结果势必限制生长发育，引起产量大幅度下降。

②病菌害虫侵染源增多，发病率、受害率加重。一地种植某种植物，被病菌害虫侵染后，植物残体和土壤中存留了许多病菌害虫侵染源，连作时，这些病菌害虫又遇到适宜寄主，容易连续侵染危害，故发病率高。又因连作时植物抗病力差，所以受害率高。

③土壤中该种植物自身代谢产物增多，土壤 pH 等理化性状变差，施肥效果降低。

④伴生杂草增多。

总之，连作弊病较多，所以，生产上都应采用轮作制。

2. 轮作增产的原因 轮作增产是世界各国的共同经验。其增产原因主要有下述几方面。

①能充分利用土壤营养元素，提高肥效。一个田块栽培某种植物后，其营养元素总量及其比例必然发生改变，依据改变后地块肥力状况，搭配相适应植物，就可少施肥、少投入，使其良好生育。如豆类对钙、磷和氮吸收较多，且能增加土壤中氮素含量。而根及根茎类入药的药用植物，需钾较多。叶及全草入药的药用植物，需氮、磷较多。豆类、十字花科植物及荞麦等利用土壤中难溶性磷的能力较强。黄芪、甘草、红花、薏苡、山茱萸和枸杞等药用植物根系入土较深；而贝母、半夏、延胡索、孩儿参和耧斗菜等入土较浅，将这些不同植物搭配轮作，容易维持土壤肥力均衡，做到用养结合，充分发挥土壤潜力。

②减少病虫害，克服自身排泄物的不利影响。例如，人参黑斑病和菌核病、薏苡黑粉病、红花炭疽病、黄芪食心虫、大黄根腐病和罗汉果根节线虫等，对寄主都有一定的选择性，它们在土壤中存活都有一定年限。有些专食性或寡食性害虫，在轮作年限长的情况下，很难大量滋生危害。因此，用抗病植物和非寄主植物与容易感染这些病虫害的植物实行定期轮作，就可收到消灭或减少这些病虫害发生危害的效果。药用植物中，大蒜、洋葱和黄连等根系分泌物有一定抑菌作用；细辛、续随子和桉树等有驱虫作用，将它们作为易感病、易遭虫害的药用植物的前作，就可收到避免病虫发生危害的效果。

③改变田间生态条件，减少杂草危害。

这里需要说明一点，有少数作物和药用植物是耐连作的，如莲、洋葱、大麻和平贝母等。

（三）药用植物轮作应注意的问题

农作物和蔬菜轮作在全国各地都有成功的经验，这里不一一介绍。这里提几点安排药用植物轮作应注意的问题。

1. 叶类、全草类药用植物轮作注意事项　菘蓝、毛花洋地黄、穿心莲、薄荷、细辛、长春花、颠茄、荆芥、紫苏和泽兰等叶类、全草类药用植物，要求土壤肥沃，需氮肥较多，应选豆科或蔬菜做前作。

2. 小粒种子进行繁殖的药用植物轮作注意事项　桔梗、柴胡、党参、香薷、藿香、穿心莲、芝麻、紫苏、牛膝和白术等以小粒种子进行繁殖的药用植物，播种覆土浅，易受草荒危害，应选豆茬或收获期较早的中耕作物做前茬。

3. 注意病虫害的危害对象　有些药用植物与农作物、蔬菜等都属于某些病害的寄主范围或是某些害虫的同类取食植物，安排轮作时，必须错开此类茬口。例如，地黄与大豆、花生有相同的胞囊线虫，枸杞与马铃薯有相同的疫病，红花、菊花、水飞蓟、牛蒡和金银花等易受蚜虫危害，安排茬口时要特别注意。

4. 注意轮作的年限　有些药用植物生长年限长，轮作周期长，可单独安排它的轮作顺序，如人参需轮作 10 年左右、黄连需轮作 7 年、大黄需轮作 5 年。

第二节　药用植物栽培基地的规划

一、药用植物栽培规划的内涵

药用植物栽培与各种农作物、蔬菜不同，其表现为：①因为药用植物栽培属于多种经营范畴，栽培品种、栽培量主要受市场调节，风险性高；②因为经济价值高的药用植物多为多年生植物，生产周期长，保持稳定产量常需要按其采收周期安排，年年征用相配套的育苗地和生产田；③药用植物的生活习性各异，栽培技术复杂，种植前的准备和种植中的管理都需要提早做好计划。因此，药用植物栽培基地规划可以定义为，以栽培制度为指导，引入规避风险机制，按照规范化生产原则，在药用植物栽培之前做好各项准备工作。

二、药用植物栽培规划的目的和意义

1. 保证中药材质量　中药的基础物质是中药材，中药材的道地性和质量直接关系到中药质量与临床疗效。目前有些地区在生产上不考虑到中药材的地道性，盲目引种，导致中药材的质量和产量下降。因此，根据中药材地道性和中药材产地适宜性，在中药材道地产区建立中药材规范化生产基地，加强对中药材生产全过程的管理，可以有效地保证中药材的质量。

2. 提高中药材生产技术水平　中药材生产属农业生产范畴，但目前中药材生产水平还远远低于大农业其他作物的生产水平。大多数中药材生产中存在栽培技术落后、经营管理粗放、农药和重金属含量超标、有效成分含量低等问题，中药材规范种植和质量控制较困难，

极大地阻碍了中药产业的发展。另外，部分中药材的生产面积小，分散、零星种植，产量低，技术水平低，其产品没有完善的质量标准，难以保证中药材质量的稳定性。通过建立规范化的药用植物种植基地，才能统一管理，提高栽培和加工技术，促进中药材生产产业化发展，确保中药材质量。

3. 规避或降低风险 通过规划一些适宜的管理和运营模式，建立起种植技术、市场销售、产品开发为一体的利益共同体，可有效地规避或分摊市场波动带来的风险。

4. 农村经济可持续发展 中药材是我国的资源优势，其生产历来是农业的组成部分，并成为许多地区特别是某些欠发达地区农民收入的主要来源。如果在这些地区因地制宜，规划相应品种的药用植物种植基地，必将带动农民脱贫致富，实现中药材的规模化生产和集约化经营，提高经济效益和社会效益。

三、药用植物栽培基地规划的指导思想

中药现代化是将传统中药的优势与现代科学技术相结合，按照国际认可的标准规范进行研究、开发、生产、管理和应用，以适应当代社会发展需求的过程。基地规划要结合当地的农业规划，根据农村产业结构调整的要求，充分发挥药用植物集生态效益、经济效益和社会效益于一体的资源优势，大力发展名、优、特中药材生产，以市场为导向，以企业为主体，以科技为依托，以开发加工为途径，以经济效益为中心，以经济实力的综合配套服务为动力，实行规模化商品生产，新建与改进并举，产量与质量并重，使经济、社会、生态效益得以综合发挥。

四、药用植物栽培基地规划的基本原则

1. 因地制宜 实行适度规模经营，从各地实际出发，合理布局，按照市场需求预测确定中药材的生产规模，不搞统一模式。采用集约化栽培、半野生化栽培及与农林间作、混作、套作等多种形式，统筹安排。

2. 选择适销对路的品种 坚持以市场为导向，选择适销对路的品种，不能一哄而上，首先要考虑中药材市场需求量的问题。各地对现有的药材品种逐个进行分析，进行准确市场定位，根据市场情况的变化及时调节品种的生产，以销定产，以减少生产的盲目性。

3. 社会效益、经济效益和生态效益相结合 坚持以经济效益为中心，依靠先进的科学技术，强化科学技术意识，实行集约化、规模化、商品化经营的原则。同时兼顾生态效益，以发挥更大的社会效益。

五、药用植物栽培规划前的准备工作

（一）运营模式的选择

拟建栽培基地的运营模式关系到栽培基地能否顺利运营的重要问题，是从事药用植物生产的企业和农户在栽培前都要做好的重要准备工作。目前已有一些较为成功的运营模式，通过这些的运营模式，一些基地运营良好，而且目前大多数通过国家GAP认证的基地都是采

用其中某种模式运营的。

1. “公司＋农户”订单模式 它是现行采用较多的一种模式，如天士力商洛丹参基地、雅安三九鱼腥草基地。公司向农户提供种源、繁殖材料、专用肥料、技术指导及管理方面的服务，最终产品按照事先约定的保护价由公司收购。这种模式免除了药用植物种植户的销售顾虑，有利于调动农户的积极性，且公司管理投入少，生产成本较低。

2. “社会中介组织＋农户”模式 社会中介组织主要为当地药材协会、合作社、药材公司或科研单位等技术服务组织。采用这种模式的有：广东阳春市农户联合组成承包组建立的砂仁 GAP 基地；中国医学科学院药用植物研究所与内蒙古、宁夏、山东和安徽等省、自治区合作建立的黄芪、黄芩、甘草和胡卢巴等药材基地；河南中药研究所建立的“四大怀药”种植基地。该类模式管理成本低，能充分发挥药用植物种植户的积极性，中介组织主要起召集、宣传作用，并提供一定的管理和技术服务。

3. “公司＋农场”模式 这是发达国家药源生产基地普遍采用的一种模式。其优点是公司通过租赁或认股等方式，取得土地的使用权，对土地实行封闭式管理，对生产中的规范和标准实行全过程监控，有利于确保药材质量。我国四川江油的银杏基地、银川广夏的麻黄基地以及四川石柱的黄连农场就属于这种模式。

4. 股份合作制模式 股份合作制是现代企业组织形式的一种。农户以土地入股，与公司形成捆绑式的结合，组成股份合作式的独立实体，或作为公司的下设机构，自主经营。双方以合同的形式确定权利和义务、利润分配方式及基地管理机构设置等内容，组成基地管理委员会，对基地实行统一管理。农户既是股东，又是劳动者。公司以资金、技术入股，作为管理委员会的主要成员，负责基地药材生产标准操作规程（SOP）的制定、技术服务、建设资金保障、生产组织实施、质量监督和产品销售等管理工作，享有基地产品统购权、年终分红权和从基地经营利润中摊销基建投资的权利。

在种植基地建设时，经营者可以根据现实条件，借鉴其他种植基地成功的管理模式，选择适合自己的组织形式。

（二）中药植物栽培基地的选址原则

中药材的质量和产量与中药植物生长的生态环境密切相关，同一种中草药植物栽培在生态环境不同的地区，其药材质量及医疗效果差异很大。因此，在建立药用植物栽培基地时，必须十分重视种植地点的选择。在选择药用植物栽培基地时，需重点考虑药用植物栽培的适宜性、区域性与地道性、生产的安全性与可操作性。

1. 适宜性 我国地域辽阔，地形复杂，气候多样，药用植物的种类繁多。在各种特定的生态环境中，药用植物形成了各自特有的遗传特性和对当地环境条件的适应性，应根据选定的栽培品种的生物学特性和生态学特性，选择适宜的栽培区域。例如，乌秆天麻要求凉爽、湿润的环境，其地道产区为四川平武县，在海拔 1 500 m 以上地段种植的乌秆天麻产量高、品质好，但如果在低海拔地段种植，由于温度高，昼夜温差小，天麻生长加快，最终麻体变得细长，产量低，品质不佳。又如甘草原产于内蒙古、新疆和宁夏等干旱、半干旱地区，适宜在土层深厚、排水良好的偏碱性钙质砂土上种植，根条长而粗，而如果在多雨地区、黏重的土壤种植，则生长不良，根系分布浅，分叉较多而形同鸡爪，还容易引起烂根，产量低，品质不佳。可见每一种药用植物都有其适宜的栽培环境和区域，因此，中药材产地适宜性优化原则，是药用植物基地规划建设，合理布局必须遵循的基本原则之一。

2. 区域性与地道性 梁代陶弘景的《本草经集注》中载“诸药所生，皆有境界”。药用植物在生态因子的作用下，经过长期的演化和适应，在地理的水平方向和垂直方向形成了有规律的区域化分布。我国气候的大陆性程度，自东南向西北递增，故主要植被类型也沿东南向西北依次为热带雨林、常绿阔叶林、落叶阔叶林、草原和荒漠等。特定的植被分布着特定的药用植物，如在我国东北地区，主要植被类型是针叶林和针阔混交林，该区域主要分布有人参、刺五加、龙胆、细辛和红景天等药用植物。而在西北干旱地区，包括甘肃、宁夏和新疆等地，则分布有甘草、麻黄、枸杞、贝母等植物。由于我国各地气候差异较大，各地适宜种植的中药材种类不同，中药材生产的区域性较强，这就决定了我国各地生产、收购和经营的中药材种类和数量不同。

地道药材是指经过长期医疗实践证明质量好，疗效高，产量大，传统公认，来源于特定地域的优质中药材。因此，在规划和建设中药材生产基地时，应尽量选择地道药材产区建立生产基地。

3. 安全性 中药材的安全性是指药材中不含有对人体有毒、有害的物质，或将其控制在安全标准以下，对人体健康不产生危害。中药材生产安全性是指中草药植物栽培、收获、产地加工、产品包装、储存和运输等各个环节可能对中药材和环境及人体健康造成污染及危害的安全性评价、防范和管理。

中药材不同于农作物产品，它具有防病治病的特殊功效，既可以直接进入市场流通，又是生产中成药和保健品的原料，如果中药材在生产中受到有毒、有害物质的污染，会影响中成药的质量，直接危害人体健康。据统计，目前我国人参生产总量占世界生产量的55%，出口额仅约为1 000万美元；而韩国人参总产量只占世界总产量的44%，每年的出口额却在1亿美元以上。我国人参出口受限制的主要原因是有机氯农药残留量较高，不符合出口检测标准。近年来，世界上许多国家和地区不断加强对进口中药商品中重金属、农药残留及黄曲霉素等有毒、有害物质的限量检查。美国食品药品管理局（FDA）明确要求，申请注册的中药品种，原料产地要固定，生产种植要规范化，这些都构成了中药进入国际市场的技术壁垒。中药材质量安全问题是当前中药生产中急需解决的瓶颈问题。因此，只有生产安全、有效、稳定、可控的绿色中药材，才能保障药品的质量安全，为实现中药现代化和国际化奠定基础。

为了保证中药材的质量安全，必须严格执行《中药材生产质量管理规范》，加强中药材生产各个环节的安全管理。要对选择作为中药植物栽培基地区域的环境包括大气、土壤、水等的质量现状进行调查、检测，并做出评价，选择环境质量符合国家规定质量标准，且无污染源的地区，建立药用植物种栽培地，从源头上把好中药材质量安全关。

4. 可操作性 药用植物栽培基地既要求优越的生态环境，也要有良好的社会经济条件，包括人口、经济结构、生产水平、交通、能源、土地和水利设施等条件。社会经济条件，不仅要看现有水平，更要看潜力，要科学地估测挖掘潜力的必要条件及其可能性。同时，还应考虑以下两个问题。

①注意选择区域内生产资源的有效配置问题，要使得在该区域内种植中药材比从事其他产业的经济效益要高，这样才能调动当地群众种植中药植物的积极性。

②注意拟建种植基地范围内可供种植的土地面积，地块是否集中连片，能否规模化、集

约化经营。

（三）中药植物栽培生产基地选址的具体要求

选择最佳生产地区建立基地，是生产高产优质中药材的首要条件。药用植物栽培基地要能进行某一品种或某几个品种的产品批量生产，形成面向市场的商品，因而要具有一定的规模，经营面积要相对集中。在建立中药植物栽培基地之前，要对拟建立中药植物栽培基地区域的自然条件和社会经济条件进行调查研究及现场考察，并对其环境质量现状做出合理判断，这是建立中药植物栽培基地必须进行的前期准备工作，它关系到整个中药材生产-加工-销售系统，关系到基地建设的成功与否。调查研究及现场考察的主要内容包括自然条件和社会经济条件两个方面。

1. 自然条件　要考察选择区域的地理位置、自然环境条件、土壤条件和资源的可利用性等，还要注意环境污染状况。这些条件直接关系着中药材品种的安排布局。

（1）**地理位置**　地理位置直接关系到产品的市场和生产效益，包括种植地块的分布位置、村镇、居民点、乡镇企业、道路、河流和灌溉水位置等。

（2）**自然环境条件**　自然环境条件主要包括气象、地形地貌、地质、植被、生物资源、水文和水土流失等。对气候条件，要着重研究非地带因素引起的微域气候差异，这是安排品种的气候因素依据。

（3）**土壤条件**　土壤条件要着重对土壤种类、分布、适宜性和可利用性做出评价。对土壤结构、土层厚度、地下水位高低、营养状况、盐分含量和水质情况等做出评价，为基地选择提供依据。

（4）**资源的可利用性**　资源的可利用性就是要考虑选择区域的资源量、面积、产量及资源分布等是否有利于基地建设。

（5）**环境污染状况**　应注意污染源状况及污染控制措施，一般应注意主风向和次主风向，以及水源上游约 10 km 范围内。并查清污染源的污染物种类、性质及数量等，包括工业、医院和居民点等的工业污染源、生活污染源和交通污染源，还包括生产性农业污染源，如农药、化肥的施用以及农业废弃物的排放（畜禽粪便、秸秆、废水及其他初加工废物）对基地本身及其周围环境产生直接或间接影响。

总之，药用植物栽培基地最好选在道地产区或与道地产区生态特征相似的区域，应选择大气、水质、土壤无污染的地区，周围不得有污染源，应远离交通干道，或在周围设防护林带等。

2. 社会经济条件　社会经济条件主要是指在中药植物栽培基地建设过程中可能提供的条件，主要包括人口、经济结构、生产体制、土地面积、发展规划、管理水平和技术水平以及地方病等。

（四）中药植物栽培基地的评价

药用植物栽培基地的建设应遵循生态经济相结合的原则，着眼于维护和改善生态环境，促进区域性经济发展。基地的建设关系着产-供-销一条龙的中药产业系统的建设，涉及面广，可变因素多，因而要进行广泛深入的调查研究。环境质量评价，是进行药用植物栽培基地评价的一项重要内容。通过对选择区域环境的调查与检测，按照国家颁布的有关环境质量标准，对环境质量做出定性和定量的描述，为生产绿色中药材选择优良的生态环境提供依据。中药植物栽培基地环境质量评价需调查的主要内容包括：大气环境（包括二氧化硫、氮氧化物、总悬浮物、一氧化碳、氟化物和苯并芘等)、灌溉水（包括 pH、总汞、总镉、总砷、总铅、氟化物、六价铬、生化需氧量、化学需氧量、全盐、蛔虫卵数、大肠杆菌群和营养盐类等）和土壤环境（包括 pH、汞、镉、砷、铅、铬、铜、六六六和滴滴涕残留等)。

通过对选择区域的自然生态环境、社会经济现状评价和环境质量评价，估测各个因素之间的因果关系；运用现代决策方法，正确选定目标；运用系统分析法，全面研究分析系统的要素、结构和功能之间的相互影响及环境条件的制约关系的变化规律，做出定量分析，寻求最优解，找到满意的目标。并在分析的基础上，做出选择区域是否适宜建立药用植物栽培基地的可行性评价。

六、药用植物栽培基地规划的基本内容

（一）药用植物栽培基地的土地规划

1. 药用植物栽培基地调查 在进行药用植物栽培基地规划时，应按照各地发展中药生产的方针和当地发展多种经营的任务，结合当地的自然环境条件及栽培品种的生物学特性和生态学特性进行。在进行药用植物栽培基地规划之前必须首先进行适宜种植地调查，测量绘制地形图，进行立地类型划分，否则药用植物栽培基地的规划就没有依据。

调查工作应有药用植物栽培、测量和土壤三方面的技术人员参加。收集当地历年水文、气象、土壤和民情资料，访问群众，还要进行实地勘测。调查的主要内容包括地形、气候、土壤、水利条件、植被情况及居民分布、药用植物栽培的技术力量、农副产品生产的种类及其收益与粮食生产所占的比例。此外，还要调查附近的加工厂及产品供应市场的数量、时间和价格。调查结束之后要写出书面报告，并绘制不小于 1∶1 000 的土地利用现状图、地形图、土壤分布图、土层深度图及水利图，供建立基地的规划与设计参考。在地形图上平均 0.5m 的高差绘一等高线。山地丘陵每 1m 高差绘一等高线。

2. 药用植物栽培基地的规划 适宜种植地调查是为药用植物栽培基地规划服务的，也是药用植物栽培基地小区划分的依据。药用植物栽培基地小区的划分，对药用植物栽培管理措施及产品批号的确定很重要，对平地基地的建立具有重要的意义，对山地丘陵基地的建设更加重要。药用植物栽培所采用的各项技术所产生的效果和生产成本的高低，都与小区的大小和形状有密切关系，小区划分不当会影响药用植物的生长和产品质量，给以后的管理带来许多困难，也不利于基地的水土保持和机械化操作。

（1）**小区的划分** 合理划分小区，必须做到：在立地分类的基础上进行，使小区内土壤、气候条件大体一致，即同一立地类型；小区内的中药材质量相近；便于防止水土流失和风害；便于运输和机械作业。一般来说，在自然条件最适合药用植物生长的地区，平地的小区面积可以适当大一些，在地形破碎，地势起伏不平的山地丘陵地区，小区面积可适当缩小。整个基地规划种植区应占总面积的 85%左右。

（2）**道路系统规划** 药用植物栽培基地道路系统包括中心主干路、干路和支路。中心主干路要基本处于基地中间并贯穿全园，并可通过运货汽车，便于产品和肥料运输。山地主干路可以环山而上或呈之字形。干路顺坡修筑，又不能沿等高线修筑时，须有 3/1 000 的比降。支

路随需要顺坡修建，可以选在分水线修筑，但不可将顺坡支路设在集水线上，以免塌方。

（3）*辅助建筑物的规划*　药用植物栽培基地辅助建筑物包括办公室、库房、留样室、基地实验室、暂存室（产品临时存放）、初加工场、晒场、农具库、工具棚、药物配制场、绿肥基地、化粪池和田间小气候观测站等。

（二）栽培品种的选择和配置

1. 品种区域化、良种化和商品化的意义　药用植物栽培基地必须采用良种，才有可能为市场提供优质产品，中药产业才能迅速发展。为了提高产品质量，良种化势必又会促进品种的标准化和商品化。目前，我国许多地方中药材生产单产很低，主要原因是品种混杂、良莠不齐。因此，区域化、良种化和商品化是中药材生产集约化和现代化的必然趋势。

2. 种类和品种选择的依据　在具体制定一个县、乡中药品种的发展规划或是一个新建药用植物栽培基地的品种规划时，当地的气候、土壤环境条件与当地药用植物栽培的历史和现状、有无野生资源和近缘植物生长都可作为品种规划的参考。但是药用植物的生物学特性和药用植物栽培基地的立地条件、经营方针和任务是选择的主要依据。

（1）*药用植物的生物学特性*　药用植物的生物学特性与种植地区的立地条件之间矛盾愈大，该品种在当地栽培成功的可能性就愈小。选择本地区传统地道中药材或已经试种成功并有较长的栽培历史，经济性状较好的种类和品种，就地繁殖和推广是最稳妥的办法。这些种类和品种的生物学特性与当地环境条件没有大的矛盾，植株生长发育正常，能够忍受当地环境条件诸因子的变化。一个地区的中药材生产品种不能太单一，或需要对老品种进行改造，必须从外地引进优良的种类和品种进行栽培。在引种时，首先要了解这些种类和品种的生物学特性及对立地条件的要求，避免盲目而造成经济上的损失。

（2）*药用植物栽培基地的经营方针和任务*　根据药用植物种类和品种对环境条件的要求来看，一个地区可能适合多种药用植物的栽培。但是由于基地的规模有大小，距城市有远近，地区对中药材发展的种类和品种有要求，则药用植物栽培基地经营的方针和任务也应作为选择中药材种类和品种的依据，对产品品种的要求也往往由于经营目的和用途而不同。中药材品种的选择，应注意以本地区传统名优地道中药材或大宗药材为骨干品种。另外，近年来兴起的经济效益好、开发前景广阔的品种，也应注意重点发展。在一个药用植物栽培基地内，以一两个骨干品种为主，其余为辅。如果品种过于单一，忙闲不均，生产忙时劳力紧缺，各项管理技术也不易全面贯彻，尤其是采收和运销工作不及时，会造成巨大的经济损失。还要考虑某些多源或广布的中药材集中在一个区域生产的合理性。

（三）药用植物栽培基地防护林的规划

防护林不仅具有防风作用，还能在冬季、秋季提高林网内的温度，夏季降低温度，提高林网内的湿度，减少土壤水分蒸发，防止土壤次生盐渍化等。防护林的结构依据其外貌和通风状况分为紧密结构、透风结构和稀疏结构 3 种。通风结构防护范围最大，但风速降低不多；紧密结构降低风速最大，但防护范围最小，弱风区离林带太近；稀疏结构防护范围大，防风效果好，弱风区离林带较远。所以，稀疏结构的防护效果最佳，林带较窄，林带占地面积小。防护林树种应具备的条件是：生长迅速，树体高大，枝叶繁茂，寿命长，防风效果好，灌木要求枝多叶密；适应性广泛，抗逆性强；与药用植物无共同病虫害；根蘖少，不串根。应尽量选用乡土树种，且选择具有一定的经济价值的树种。

(四) 药用植物栽培基地水利化的规划设计

药用植物栽培基地水利化系统的规划和设计，包括灌和排两个方面。

1. 灌溉系统 灌溉系统包括蓄水、输水和灌溉网。可在药用植物栽培基地附近的水源地修建水库，以蓄水灌溉。药用植物栽培基地建在河沿时，可行自流式取水。药用植物栽培基地高于河面时，可扬水灌溉。药用植物栽培基地离河远，而附近地下水较深，水质不含盐碱时，可设管井（水位低）或筑坑井（地下水位高），引地下水灌溉。灌水渠系要尽量短，渗漏要小（用石砌或混凝土筑成，土渠要用塑料薄膜防渗）。流速不能太大或太小。灌溉渠道有明暗之分，明渠有临时、固定之分，暗渠是将有孔管道埋于土中，浸润灌慨。由于机械化水平的不断提高，除了地下管道浸润灌溉之外，还有喷灌和滴灌。但在盐碱地区喷灌、滴灌和地下浸灌容易造成返盐，要特别注意。

2. 排水系统 排水系统的主要任务是排除土壤中多余的水分，增加土地中的空气，解决土壤中水与空气的矛盾。有下列情况之一者都要设置排水渠道：地势低，降水量大，地表径流过多而不能及时泄出，形成土壤过湿或变为涝地；地下水位太高，使土壤含水过多，或有不透水层，水无法下渗；丘陵、山地，由于雨水易造成地表径流引起水土流失。排水分为明排和暗排两种。此外，排水的方法还有竖井排水和机器抽水等。总之要根据各地具体情况，因地制宜进行设计。

(五) 水土保持设计

修筑梯田是地形改造的一种措施。在山地修筑梯田可以变坡地为台地，消灭种植面上的坡度，缩小集流面，削弱了一定范围内的地表径流的流速和流量，从而控制和减少水土流失。植物覆盖防止水土流失的作用也十分明显。采用间作或免耕少耕法可以防止水土流失。另外，结合深翻，多施有机肥，改善土壤结构，提高土壤持水力，增加土壤固结能力，减少径流对土壤的冲刷力，从而减少水土流失。

(六) 药用植物栽培典型设计

按照立地类型，进行不同立地类型栽培典型设计，编制栽培典型设计表。

(七) 小区作业设计

根据小区所归属的立地类型，选用该类型内的典型栽培设计方案，进行小区作业设计。

(八) 投入劳力、资金预算及经济效益预估

根据基地规划设计内容投入的劳力、资源进行总体效益预估。

第三节 土壤耕作

一、药用植物对土壤的要求

药用植物所需的水分、养料、空气和温度等，有的直接靠土壤供给，有的受土壤所制

约。药用植物与土壤的关系十分复杂而密切。药用植物对土壤总的要求是：要具有适宜的土壤肥力，不断地提供足够的水分、养料、空气和适宜的温度，并能满足药用植物在不同生长发育阶段对土壤的要求。药用植物栽培理想的土壤应当是：①有一个深厚的土层和耕层，整个土层最好深达 1 m 以上，耕层至少在 25 cm 以上，使肥、水、气、热等因素有一个保蓄的地下空间，使药用植物根系有适当伸展和活动的场所。②耕层土壤松紧适宜，并相对稳定，保证水、肥、气、热等肥力因素能协调存在，并满足植物的需要。③土壤质地砂黏适中，含有较多的有机质，具有良好的团粒结构或团聚体。④土壤的 pH 适度，地下水位适宜，土壤中不含有过量的重金属和其他有毒物质。

土壤是药用植物生长发育的场所，根据土壤在生产中的变化，采用耕作措施使其符合植物生长发育的要求，是种植业的重要生产环节之一。

已经耕作的土壤，既是历史自然体，又是人类劳动的产物。在栽培生产过程中，太阳辐射、自然降水、风、温等气候条件，经常对土壤发生影响，人类的农业生产活动对土壤的影响更起到决定性作用。

通常情况下，栽培植物和杂草总是要从土壤中吸收大量水分和养料，根系深入土层会对土壤发生理化、生物等作用，病虫杂草不断感染耕层，人类的施肥、耕作、灌溉、排水等作业本身，既有调节、补充土壤中水、肥、气、热因素的一面，又有破坏表土结构，压实耕层的一面。所有这些影响都在年复一年地演变着，演变的总体结果是：经过一季或一年生产活动之后，耕层土壤总是由松变紧，有机质减少，孔隙度越来越小。基于上述原因，在药用植物生产过程中，根据不同植物特点，当地气候、土壤的实际情况，进行正确的土壤耕作，就成为必不可少的生产环节。

二、土壤耕作的基本任务

土壤耕作是在种植业的生产过程中，通过农具的物理机械作用，改善土壤耕层构造和地面状况，协调土壤中水、肥、气、热等因素，为栽培植物播种出苗、根系生长、丰产丰收所采取的多种改善土壤环境的技术措施。它包括耕翻、耙地、耢地、镇压、起垄、做畦和中耕等。

土壤耕作的任务可归纳为以下几点。

1. 适当加深耕层，改变耕层土壤的固相、液相、气相比例，调节土壤中水、肥、气、热等因素存在状况 上已述，耕地经过一季或一年生产活动后，耕层土壤总是由松变紧，有机质减少，孔隙度变小，若不加以改变，必然会影响后作植物的生长与产量。耕作的任务之一就是使这些业已紧实的耕层疏松，增加土壤总孔隙和毛管孔隙，从而增加土壤的透水性、通气性和容水量，提高土壤温度，促进微生物活动，加速有机质分解，增加土壤中有效养分含量，为药用植物种子萌发、秧苗移植和植株生育创造适宜的耕层状态。

2. 保持耕层的团粒结构 在药用植物栽培过程中，由于自然降水、灌水、有机质的分解以及人、畜、机械力等因素的影响，耕层上层 0～10 cm 的土壤结构受到破坏，逐渐变为紧实无结构状态。但是由于根系活动和微生物作用，结构性能逐渐恢复。土壤下层受破坏轻，结构性能恢复好。通过耕翻等措施，调换上下层位置，可使受到破坏的土壤结构得以恢复。

3. 创造肥土相融的耕层 土壤栽培药用植物之后，地力会逐渐下降。为防止地力下降，人们常常往田内补充各种肥料。而增施的肥料靠正确的耕作措施翻压、混拌于耕层之中，减少损失，使土肥相融，增进肥效。

4. 粉碎、清除或混拌根茬和杂草残体 土壤耕作可掩埋带菌体及害虫，减轻病虫危害。

5. 创立适合药用植物生长发育的地表状态 平作、起垄和畦作等土壤耕作，可为药用植物生长发育创造良好的地表状态。

土壤耕作任务的完成，必须有相应的农具作保证，通过农具对耕层和地面的翻、松、碎、混、压、平等措施的实施来完成。

三、土壤耕作的时间与方法

药材用地耕作的时间与方法要依据各地的气候和栽培植物特性来确定。

（一）翻地

1. 深耕 药用植物栽培用地总的说来都要求深耕，许多丰产经验表明，深耕与丰产有密切关系。我国农民对加深耕层一向极为重视，并积累了丰富的经验，如“深耕细耙，旱涝不怕”、“耕地深一寸，强如施遍粪”等农谚，都反映了农民群众对深耕增产作用的深刻认识。

深耕并不是越深越好。实践证明，在 0～50 cm 范围内，作物产量随深度的增加而有不同程度的提高。超过这一范围，增产、平产、减产均有，而动力或劳力消耗则成几倍地增加。就一般药用植物根系的分布来说，50%的根量集中在 0～20 cm 范围内，80%的根量都集中在 0～50 cm 范围内。这种现象可能与土壤空气中氧的含量由上而下逐渐减少，生长发育季节深层地温偏低有关。达到一定土壤深度后，氧的含量少，温度低，有效养分缺乏，不利于根系的生长。深耕的深度因植物而异，如黄芪、甘草、牛膝和山药应超过一般耕翻深度，而平贝母、川贝母、半夏、耧斗菜和黄连等应低于一般深度。其他药用植物与一般作物耕地相近。

采用一般农具耕翻地，深度多在 16～22 cm；用机引有壁犁翻地，深度可达 20～25 cm；用松土铲进行深松土，深度可达 30～35 cm。

深耕时应注意以下几点。

（1）**不要一次把大量生土翻上来** 因为底层生土有机质缺乏，养分少，物理性状差，有的还含有亚氧化物，翻上来对植物生长不利。一般要求熟土在上，不乱土层。机耕应逐年加深耕层，每年加深 2～3 cm 为宜。有的地方是头年先深松，次年再深翻。

（2）**深耕应与施肥和土壤改良结合起来** 为了药用植物的优质高产和稳产，人们常常向田地补充各种肥料，为提高肥效，使肥土相融，最好把施肥与深翻结合起来。另外，翻沙压淤或翻淤压沙及黏土掺沙等改良土壤措施和深翻结合进行，省工省力，效果较好。

（3）**要注意耕性，不能湿耕，也不能干耕** 要适合墒情耕作，尽量减少机车作业次数。

（4）**有利于水土保持工作** 药用植物用地多为坡地、荒地，坡地应横坡耕作，这样可以减缓径流速度，防止水土流失。

应当指出，深耕的良好作用不仅是当年有效，通常还可延续 1 年；深度达 20～30 cm，并结合施入基肥的地块，后效有 2～3 年。因此，深耕并不需要逐地逐年进行。深耕应视茬口情况而定，一般高粱、薏苡、麦田、黍、稷等茬口应深耕。

2. 翻地时期 全田翻耕要在前作收获后才能进行，其时间因地而异。我国东北、华北和西北等地，冬季寒冷，翻耕土地多在春、秋两季进行，即春耕或秋耕；长江以南各地，冬季温暖，许多药用植物长年均可栽培，一般是随收随耕，多数进行冬耕。

秋耕可使土壤经过冬季冰冻，质地疏松，既能增加土壤的吸水力，又能消灭土壤中的病源和虫源，还能提高春季土壤温度。北方秋耕多在植物收获后，土壤结冻前进行。各地经验认为，植物收获后尽快翻地有利于积蓄秋墒，防止春旱。华北有个谚语“白露耕地一碗油，秋分耕地半碗油，寒露耕地白打牛。”这说明秋耕时间早晚的效果差别很大。

北方的春耕是对已秋耕的地块耙地、镇压保墒，而对未秋耕的地块补耕，为春播和秧苗定植做好准备。三北（东北、华北、西北）地区十年九春旱，为防止跑墒，上年秋翻的地块，多在土壤解冻 5 cm 左右时，开始耙地。对于那些因前作收获太晚或因其他原因（畜力、动力不足、土地低洼积水、不宜秋耕等）未能秋耕的地块，第二年必须抓住时机适时早翻耕，早耕温度低，湿度大，易于保墒。适当浅耕（16～20 cm），力争随耕随耙，必要时再进行耙耢和镇压作业，以减少对春播植物的影响。

南方冬耕也要求前作收获后及时翻耕，翻埋稻茬（桩），浸泡半个月至 1 个月，临冬前再犁耙一次，耙后直接越冬或蓄水越冬。

（二）表土耕作

表土耕作包括耙地、耢地、镇压、起垄、开沟和做畦等作业。通常人们把翻地称为基本耕作，表土耕作看做配合基本耕作的辅助性措施。表土耕作主要是改善耕翻后土壤 0～10 cm 耕层范围内的地面状况，使之符合播种或移栽的要求。

1. 耙地 通常采用圆盘耙、钉齿耙和弹簧耙等破碎土垡，平整地面，混拌肥料，耙碎根茬杂草，达到减少蒸发，抗旱保墒的目的。有些只需灭茬，不必耕翻的地块，采用耙地就可收到较好效果。

2. 耢地 耢地又称为耱地，其工具是由荆条等编制而成。耙后耢地可把耙沟耢平，兼有平土、碎土和轻压的作用，在地表构成厚 2 cm 左右的疏松层，下面形成较紧实的耕层，这是北方干旱地区或轻质土壤常用的保墒措施。耢地常和耙地采用联合作业方式进行。

3. 镇压 镇压是常用的表土耕作措施，它可使过松的耕层适当紧实，减少水分损失；还可使播后的种子与土壤密接，有利于种子吸收水分，促进发芽和扎根；可以消除耕层的大土块（特别是表层土块）和土壤悬浮，保证播种质量，使出苗整齐健壮。另外，镇压对防止作物徒长和弥合田间裂隙，也有一定的作用。

4. 做畦 做畦栽培是农业生产常见的形式，其目的主要是控制土壤中的含水量，便于灌溉和排水，改善土壤温度和通气条件。常见的有平畦、低畦和高畦 3 种。

（1）**平畦** 平畦畦面与地表相平，地面整平后不再筑成畦沟畦面，这样可节省畦沟用地，提高土地利用率，增加单位面积的产量。平畦一般在雨量均匀，不需经常灌溉的地区，或雨量均匀，排渗水良好的地块上采用，而在多雨的地区或地下水位较高，排水不良的地方不宜采用。

（2）**低畦** 低畦是畦间走道比畦面高，畦面低于地面，便于蓄水灌溉。在雨量较少或种植需要经常灌溉植物时，多采用低畦。

（3）**高畦** 高畦是在降雨多，地下水位高或排水不良的地方，普遍采用的畦作方式。高畦畦面凸起，暴露在空气中的土壤面积大，水分蒸发量大，使耕层土壤中含水量适宜，地温较高，适合种植喜温的瓜类、茄果类和豆类（黄芪和甘草除外）药材。在土层较浅的地方种植人参、西洋参、三七和细辛等也采用高畦，增加耕层厚度。在冷凉地方栽培根及根茎类药材时，最好采用高畦，这样既可提高了床温，又可增加主根长度。

（4）**畦的规格** 通常畦宽北方为100～150 cm、南方为130～200 cm，畦高多为15～22 cm。

（5）**畦向** 有关畦向问题，各地也不尽一致，多数人认为畦的方向不同，可使药用植物受到不同强度的日光、风和热量，同时也影响水分条件。坡地上畦向有减缓径流水速，防止冲刷的作用。在多风地区，畦向与风向平行，有利于行间通风并可减轻风害。我国地处北半球，冬季日光入射角较大（杭州冬至日阳光入射角为53.5°），当畦栽植物行向与床向平行时，畦向以东西为好。夏季则以南北畦向为佳，因为入射角变小（如杭州夏至日阳光入射角为6.5°）。

5. 垄作 垄作栽培是我国劳动人民创造的，它是在耕层筑起垄台和垄沟，垄高20～30 cm，垄距30～70 cm，植物种在垄台上。垄作栽培在全国各地均有应用，在东北和内蒙古较为普遍。垄作栽培的地面呈波浪形起伏状，地表面积比平作增加25%～30%，增大了接纳太阳辐射量。白天垄温可比平作高2～3℃，夜间温度比平作低，所以，垄作土温的日较差大，有利于药用植物生长发育。垄作便于排水防涝，有利于给植物基部培土，促进根系生长，提高抗倒伏能力，还可改善低洼地农田生态条件。

复习思考题

1. 复种、复种指数、无霜期、单作、间作、混作、轮作、连作各是什么？
2. 简述药用植物栽培制度的概念及其意义。
3. 制定药用植物生产布局的原则是什么？
4. 生产上是否采用复种及间作、套作等方法的依据是什么？
5. 简述轮作的好处及连作障碍的原因。
6. 药用植物栽培规划的内涵是什么？
7. 药用植物栽培规划的目的和意义各是什么？
8. 如何理解药用植物栽培基地规划的指导思想？
9. 药用植物栽培基地规划的基本原则是什么？
10. 药用植物栽培基地有哪些运营模式？
11. 药用植物种植地的选择原则是什么？
12. 药用植物栽培基地规划设计的基本内容？
13. 土壤耕作的内容包括什么？土壤耕作有何作用？
14. 深耕的注意事项是什么？
15. 耙、耢、镇压的目的各是什么？

主要参考文献

宾郁泉．1996. 作物栽培学［M］．北京：中国农业出版社．

曹敏建．2002. 耕作学［M］．北京：中国农业出版社．

迟仁立．2003. 传统耕作与土壤耕作现代化［J］．农业考古（1）：38－40，89.

胡立峰，胡春胜，安忠民．2005. 不同土壤耕作法对作物产量及土壤硝态氮淋失的影响［J］．水土保持学报，19（6）：186－189.

刘德生．2001. 环境监测［M］．北京：化学工业出版社．

刘巽浩．1993. 中国耕作制度［M］．北京：农业出版社．

骆世明．2001. 农业生态学［M］．北京：中国农业出版社．

孙渠．1981. 耕作学原理：关于地力的使用和培养问题［M］．北京：农业出版社．

孙启时．2004. 药用植物学［M］．北京：中国医药科技出版社．

王书林．2006. 药用植物栽培技术［M］．北京：中国中医药出版社．

信乃诠．2001. 农业气象学［M］．重庆：重庆出版社．

闫慧敏，刘纪远，曹明奎．2005. 近 20 年中国耕地复种指数的时空变化［J］．地理学报，60（4）：559－566.

么厉，程惠珍，杨智．2006. 中药材规范化种植（养殖）技术指南［M］．北京：中国农业出版社．

周广武，魏庆仁．2004. 建立新土壤耕作制度，实现农业可持续发展［J］．农机化研究（1）：57－59.

第五章　药用植物繁殖与播种技术

第一节　药用植物播种材料和繁殖

种植业生产都离不开种子。药材生产中所说的种子是指能供繁殖后代和扩大再生产的播种材料。从上述定义看出，种植业（即栽培上）所说的种子含义比较广。

一、药用植物播种材料

自然界中的每种生物都有自己繁衍后代的方式，生物繁衍后代的方式是其在长期历史进化中对自然的一种适应。药用植物种类很多，目前全国可供防治疾病的中草药已达5 000种以上。

（一）药用植物繁殖的类型

综合归纳药用植物的繁殖有如下几种类型。

1. 靠真正种子（即仅由胚珠形成的播种材料）**繁殖**　真正的种子有瓜类种子（如丝瓜和栝楼等）、豆类种子（如黄芪、补骨脂、望江南和胡卢巴等）、茄果类种子、十字花科种子和苋科种子。

2. 靠果实（即由胚珠和子房形成的播种材料）**繁殖**　菊科、伞形科和藜科等药用植物均用果实繁殖。果实类型很多，有瘦果、聚合瘦果（如红花、牛蒡、水飞蓟、何首乌、虎杖、毛茛、白头翁和委陵菜等的果实）、坚果和聚合坚果（如益母草、紫苏、板栗和莲等的果实）、颖果（薏苡等禾本科药材种子）、胞果（如藜和青葙的果实）、双悬果（如当归、白芷、小茴香、柴胡、防风、野胡萝卜和前胡等的果实）、聚合果（如八角茴香、芍药、厚朴和绣线菊等的果实）。

3. 靠营养器官进行繁殖　这类药用植物数量很多，有靠叶繁殖的，如落地生根和吐根等；有靠茎繁殖的，如忍冬、连翘、杠柳、肉桂、萝芙木、栀子、肾茶、菊花、薄荷和巴戟天等；有靠根繁殖的，如山药、玄参、川乌、芍药、牡丹、菊花、丁香、大枣和大戟等；有靠地下茎繁殖的，又分为根茎繁殖（如知母、细辛、龙胆、款冬、薄荷、姜、玉竹、藕、枸杞和北五味子等）、鳞茎繁殖（如贝母、百合、洋葱、大蒜和山丹等）、块茎繁殖（如地黄、延胡索、半夏、天麻、独角莲和土贝母等）、球茎繁殖（如番红花、唐菖蒲、荸荠和慈姑等）。

4. 靠孢子繁殖　石松、卷柏、木贼和问荆等靠孢子繁殖。孢子繁殖是藻类植物、菌类植物、地衣、苔藓植物和蕨类植物等的主要繁殖方式。目前开展引种栽培的有木贼、紫萁、海金沙、金毛狗、贯众等，正研究人工扩繁技术。菌类植物人工栽培较多，如木耳、银耳、茯苓、猪苓、冬虫夏草和灵芝等。菌类除采用孢子繁殖外，还可用菌丝体繁殖，如菌木生产、培养料堆积生产、发酵罐培养等生产形式。

（二）有性繁殖和无性繁殖

种子繁殖和果实繁殖都是通过性发育阶段，胚珠受精后形成种子，子房形成果实。所以人们把种子、果实繁殖称为有性繁殖，靠营养器官繁殖的统称为营养繁殖（又称为无性繁殖）。

药用植物在自然条件下，有的只能进行有性繁殖，如人参、西洋参、当归、桔梗、芥子、小茴香、党参、决明子、曼陀罗、牛蒡、黄柏、巴豆和印度马钱等；有的只能进行营养繁殖，如番红花、川芎和姜等；有许多植物既能进行有性繁殖，又能进行营养繁殖，如地黄、天麻、玄参、山药、芍药、牡丹、连翘、枸杞、砂仁、诃子、五味子、细辛、龙胆、知母、百合和贝母等。

随着科学的发展、技术的进步，采用组织培养方法，在人为努力下，每种药用植物的两种繁殖形式都将成为可能。例如，人参、西洋参离体营养繁殖业已成功。

二、药用植物播种材料的特点与繁殖方式

药用植物生产中经常采用的繁殖方式是营养繁殖和有性繁殖两种，现分述如下。

（一）营养繁殖

营养繁殖（vegetative propagation）是由营养器官直接产生新个体（或子代）的一种生殖方式。其子代的变异较小，能保持亲本的优良性状和特性，并能提早开花结实。自然条件下的营养繁殖系数小，利用组织培养技术进行营养繁殖，其繁殖系数可超过或远远超过有性繁殖。

营养繁殖的生物学基础是：①利用植物器官的再生能力，使营养体发根或生芽变成独立个体。生产上的扦插、压条、分割繁殖均属此类，其技术关键在于促其迅速再生与分化。②是利用植物器官受损伤后，损伤部位可以愈合的性能，把一个个体上的枝或芽移到其他个体上，形成新的个体。此即嫁接。生产上嫁接技术的关键在于保证尽快愈合。③利用生物体细胞在生理上具有潜在全能性的特性，使其药用植物的器官、组织或细胞变成新的独立个体。其技术关键是使潜在全能性再现。

常用的营养繁殖方法简介如下。

1. 分割繁殖　分割繁殖又称为分离繁殖或分株繁殖（separate propagation），是用人工方法从母体上把具有根、芽的部分分割下来，变成新的独立的个体。

大蒜、平贝母、浙贝母和百合等鳞茎类药材，可将子鳞茎分离或原鳞茎分瓣繁殖。番红花、唐菖蒲和慈姑等球茎类药材，可分离子球茎繁殖。地黄、土贝母和延胡索等块茎类药材，可将块茎分离或分割繁殖。知母、射干、款冬、薄荷、细辛、龙胆、五味子和枸杞等的根茎可分段繁殖。玄参、川乌、山药、芍药、牡丹、孩儿参和栝楼可分根繁殖。百合和山药的珠芽也可采用分割繁殖方法，取其珠芽或腋芽进行繁殖。

分割繁殖多在每年春季萌动前进行，将具有根芽或能很快长出根芽的部分从母体上分离下来。有的分离后还可分段，分段时，每段上要有2～3个节，节上有能萌动的芽。山药之

类分根最好纵向分割。玄参之类分离繁殖，采用块根上端子芽作为繁殖材料，萌芽、生根快，成株率高。

2. 压条繁殖 压条繁殖（layering propagation）是把植物的枝条压入或包埋于土中，使其生根，然后与母体分离形成独立新个体。枝条柔软扦插困难，或扦插生根困难时，可采取压条繁殖方式。压条的时期应视药用植物种类和当地气候条件而定。通常多在生长旺盛季节压条，此时生根快、成活率高。药用植物多选取一至三年生枝条进行压条，这样的枝条营养物质丰富，生根快，生根后移植成活率高，并能早开花结实。生根困难的材料，可用刀将压入土中的茎皮划破，促其愈伤分化生根。

植物株体低矮，枝条柔软的可将枝条弯曲（也可连续弯曲），并部分埋入土中，促其生根，生根后从母体上分离栽植。枝条较硬，埋入土中不牢的，可用叉棍插土固定，埋土茎段的皮层可用刀割伤，以促进生根。露出地面的枝条可竖起固定在支棍上，如南蛇藤、连翘、使君子、忍冬等可采取这种方式。

有些药用植物基部生有许多分枝，枝条较硬脆，不易弯曲，扦插生根困难时，可采取堆土压条方法。即在植物进入旺盛生长期之前，将枝条基部皮层环割，然后取土把环割部分埋入土中，促其生根。生根后与母体分离栽植。如丁香、郁李和辛夷等可采取这种方式。

对于树身高大，枝条短而硬或弯曲不能触地，扦插生根困难的药用植物，如枳壳、肉桂和含笑等可采用空中压条，即在母株适当位置选取适宜枝条（直径1～2cm），用刀将皮层环割，并用对开竹筒或花盆盛土套缚在环割之处，浇好水分促其生根，亦可用塑料布包裹苔藓与土包缚环割之处，塑料布下端扎紧，上端松扎，扎后调好湿度促进生根，生根后分离。生根期间注意保持竹筒、花盆、塑料袋内的土壤湿度，严防过干或过湿。

3. 扦插繁殖 扦插繁殖（cutting propagation）是指利用植物的根、茎（枝条）、叶和芽等器官或其一部分做插穗，插在一定的基质（土、沙、草炭和蛭石等）中，使其生根、生芽形成独立个体的繁殖方法。扦插繁殖是生产中常用的繁殖方法，依据扦插材料的不同分为：根插（如使君子、山楂、大枣、吐根和吴茱萸等可采用这种方式）、叶插（如落地生根、吐根和秋海棠可采用这种方式）、芽插（如芦荟可采用这种方式）、枝插（如菊花、肾茶、丹参、薄荷、茉莉、忍冬、枸杞、肉桂、萝芙木和大风子等可采用这种方式）。其中，根插和枝插应用较多。枝插中，依据枝条的成熟度分为硬枝扦插和软枝（又叫做绿枝）扦插两种。通常用木本植物枝条（未木质化的除外）扦插叫做硬枝扦插，用未木质化的木本植物枝条和草本植物茎做插材的扦插叫做绿枝扦插。

扦插时，先将采集的插条剪成10～20cm的小段，每段有3～5个芽，插条上端剪口截面与枝条垂直，与芽的间距为1～2cm；插条下端从芽下3～5cm处斜向剪截，剪口为斜面，形似马耳朵。绿枝扦插插条可短些。除条顶留1～2个叶片（大叶只留半个叶片）外，其余叶片从叶柄基部剪掉。剪后的插条插在插床或田间，行距15～20cm，先开浅沟，把插条摆插于沟内，插条上端露出地面（床面）2～4cm。插后浇水，保温保湿，并搞好苗床管理。

插条生根成活率的高低因植物种类和枝龄而异。例如，菊花、连翘、忍冬和杠柳等易于生根，成活率高；而杜仲、黄柏和水曲柳很难生根，五味子生根较慢，成活率也低。就枝龄来说，多数植物以一至三年生枝条为好，过嫩或过老成活率低。枝龄大小也因植物而异，枸杞、使君子和云南萝芙木等，一至二年生枝条为好，巴戟天和栀子等二至三年生枝条为好。山楂、大枣、吐根和吴茱萸等根插比枝插成活率高。

枝条营养状况也影响扦插成活率。如用印度萝芙木二年生枝条试验，枝条上段插条成活率为 8.9%，中段为 42.2%，基段为 20.0%；海南萝芙木半老枝条和老枝条成活率为 80.8%，嫩枝条为 14%。

另外，插床的温度、水分状况也影响扦插成活率。插床湿度必须适宜，偏湿偏干均会降低成活率。自然插床温度一般以 15～20℃为宜，人工插床多控制在 20℃左右。插床温度也要因植物而异，如山葡萄扦插以 25～30℃为宜，五味子则以 28～32℃为好。

用激素浸处插条，浓度适宜可提高扦插成活率。使用激素种类与浓度要因植物而异，枳壳用 1 000mg/L 2，4-D 浸蘸插条切口，成活率可达 100%，中华猕猴桃以 300 mg/L 萘乙酸（NAA）为好。

4. 嫁接繁殖 嫁接繁殖（grafting propagation）是指把一种植物的枝条或芽接到其他带根系的植物体上，使其愈合生长成新的独立个体的繁殖方法。人们把嫁接用的枝条或芽叫做接穗（scion）；承接的带根系的植物叫砧木（stock）。

药用植物中采用嫁接繁殖的有诃子、金鸡纳、长子马钱、木瓜、芍药、牡丹和山楂等。

嫁接苗既可利用砧木的矮化、乔化、抗寒、抗旱、耐涝、耐盐碱、抗病虫等性状来增强栽培品种的抗性或适应性，便于扩大栽培范围，又能保持接穗的优良种性。既生长快，又结果早，在花果类入药的木本药用植物上应用较多。

（1）**芽接** 芽接是应用最广泛的嫁接方法，利用接穗最经济，愈合容易，接合牢固，成活率高，操作简便易掌握，工作效率高，可接的时期长。芽接方法无论南方北方，无论春夏秋，凡皮层容易剥离，砧木已达到要求粗度，接芽已发育充实，都可进行芽接。东北、西北和华北地区一般在 7 月上旬至 9 月上旬，华东和华中地区一般在 7 月中旬至 9 月中旬，华南和西南落叶树在 8～9 月，常绿树在 6～10 月为最好。

多采用丁字形芽接，又称为盾状芽接。芽片长 1.5～2.5 cm，宽 0.6 cm 左右，通常削取时不带木质部，取芽时不可撕去芽片内侧的维管束。砧木在离地面 3～5 cm 处开丁字形切口，长宽比芽片稍大一些，剥开后插入接芽，使芽片上端与砧木横切口紧密相接，然后加以绑缚（图 5-1）。

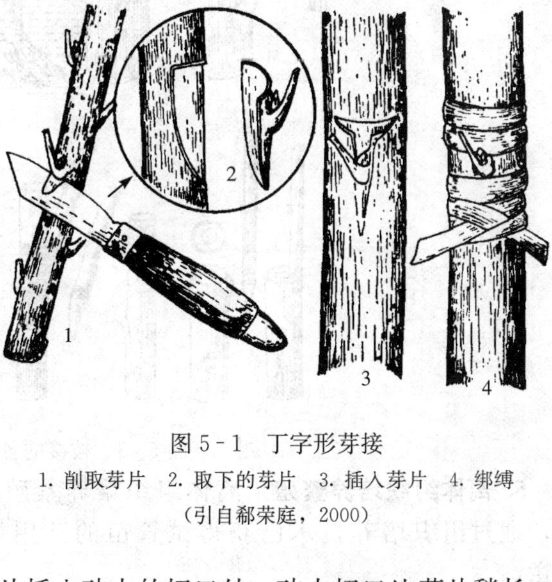

图 5-1 丁字形芽接

1. 削取芽片 2. 取下的芽片 3. 插入芽片 4. 绑缚

（引自郗荣庭，2000）

对于枝梢具有棱角或沟纹的树种（如枣）或接穗、砧木不易剥离皮部的树种（如柑橘）可采用带木质部嵌芽接法，即先从芽的上方 0.8～1.0 cm 处向下斜削一刀，长约 1.5 cm，然后在芽的下方 0.5～0.8 cm 处，也向下斜切至第一刀刀口底部，使两刀斜切面夹角呈 30°，取下芽片插入砧木的切口处。砧木切口比芽片稍长，芽片插入后，其上端必须露出一线砧木皮层，最后绑紧（图 5-2）。

（2）**枝接** 枝接分劈接、切接、舌接和靠接等形式，最常用的是劈接和切接。切接多在早春树木开始萌动而尚未发芽前进行。砧木横径以 2～3 cm 为宜，在离地面 2～3 cm 处横截断，选皮厚纹理顺的部位垂直劈下，劈深 3 cm 左右。取长 5～6 cm 带 2～3 个芽的接穗削成两个切面，长面在顶芽同侧，长约 3 cm；在长面对侧削一短面，长约 1 cm。削后将接穗插入砧木切口，使形成层对齐，将砧木切口的皮层包于接穗外面并绑紧，然后埋土（图 5-3）。

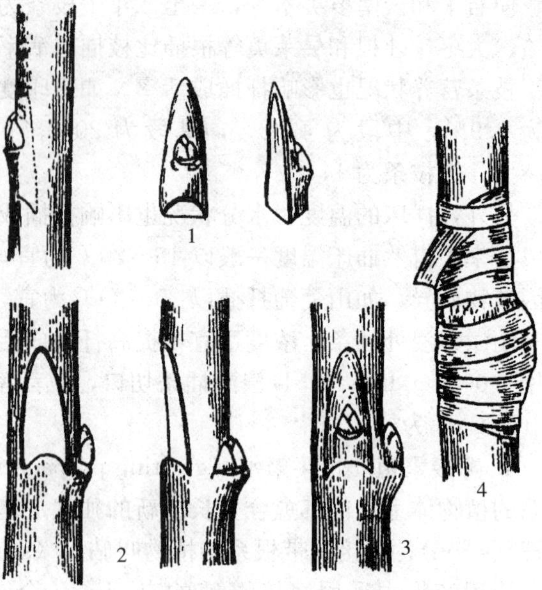

图 5-2 嵌芽接

1. 削接芽 2. 削砧木接口 3. 插入接芽 4. 绑缚

（引自郗荣庭，2000）

嫁接成活率的高低受很多因素的影响，其中砧木和接穗的亲和力是主要因素，一般规律是亲缘越近，亲和力越强。另外，嫁接时期的温度是否适宜、砧木和接穗质量、嫁接技术等也影响嫁接成活率的高低。

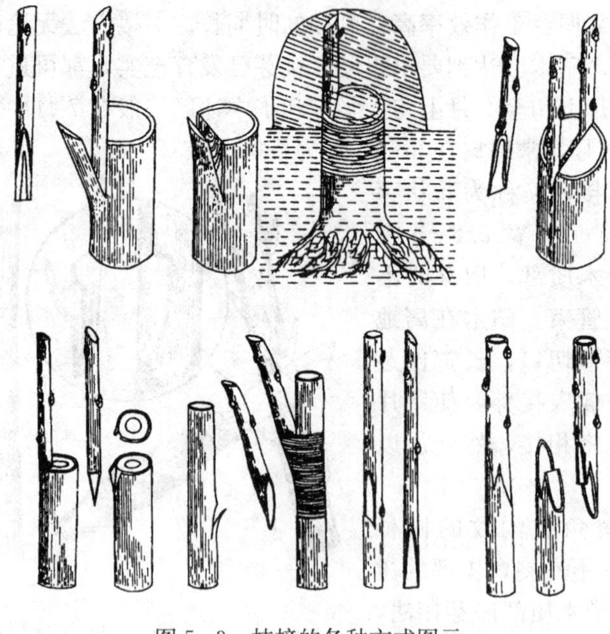

图 5-3 枝接的各种方式图示

5. 离体组织培养繁殖 离体组织培养繁殖是近代发展起来的无性繁殖新技术。目前，通过组织培养技术已获得试管苗的药用植物达百种以上，具体做法参见本书第八章。

（二）有性繁殖

有性繁殖又叫做种子繁殖，它是由胚珠或胚珠和子房形成的播种材料。它是植物在长期发展进化中形成的适应环境的一种特性。在自然条件下，种子繁殖方法简便而经济，繁殖系数大，有利于引种驯化和培育新的品种。栽培药用植物也多用种子做播种材料。

1. 种子形态与结构

（1）**种子的形态**　种子形态不仅是鉴别药用植物种类、判断种子品质的重要依据，也是确定播种技术的依据之一。

种子的外形、大小、色泽、表面的光洁度、沟、棱、毛刺、网纹、蜡质、突起及附属物等都是区别种类和品质的形态特征，因为这些性状也是由遗传因素决定的。例如，椰子种子为球形，直径为15～20cm；木鳖种子扁平，边缘齿状；细辛种子卵状圆锥形，有种阜；天麻种子呈纺锤形，长不足1mm，宽不到0.2mm。又如，五加科的人参、西洋参、三七的种子，外观形状和色泽相近，是有别于其他科属种子的共性，但它们之间又有大小、皱纹深浅之别。人参种粒小，皱纹细而深，种皮厚而硬；三七种粒大，皱纹粗而浅，种皮最薄；西洋参种子介于两者之间。伞形科植物从双悬果形状可以判断是哪个属的植物（图5-4）。水飞蓟种子色深发黑者，有效成分含量高，色浅发灰者含量低。新种子色泽鲜艳或洁白，陈种子色泽灰暗或发黄。

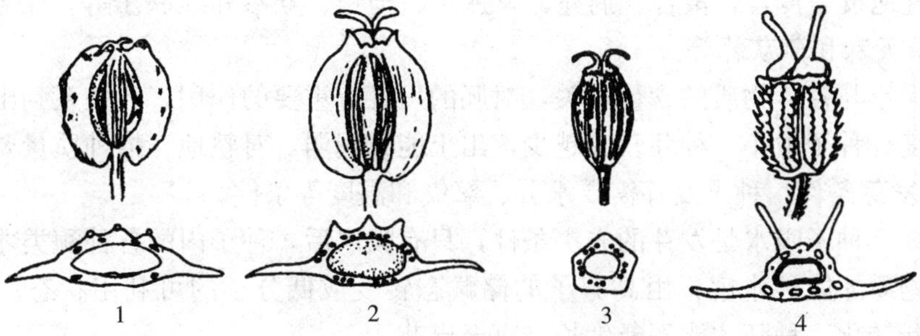

图5-4　伞形科几属植物果实横切面

1. 当归属　2. 藁本属　3. 柴胡属　4. 胡萝卜属

（2）**种子的结构**　种子都有种皮和胚这两部分，有胚乳的种子还含有胚乳。

①种皮：种皮是保护种子内部组织的结构，真正的种皮是由珠被形成的。属于果实类的种子，常说的“种皮”是由子房形成的果皮，真正的种皮成为薄膜状，或贴于胚外，或贴于果皮内壁形成一体。种皮上有与胎座相联结的珠柄的断痕，称为种脐，种脐的一端有个小孔，称为珠孔。种子发芽时，胚根从珠孔伸出。

药用植物种子种皮构造比较复杂，如黄芪、甘草和皂角等豆科种子种皮致密，阻碍吸水；桃、杏、郁李、胡桃和诃子等果核木质坚硬，阻碍种子萌发；草果和杜仲种皮表面或种皮含胶质，影响吸水速度；厚朴和辛夷种皮外有蜡质层，妨碍吸水；五味子和荜拨的种皮或种皮表面有油层，也阻碍吸水。上述各类种皮均阻碍正常吸水，影响萌发出苗，给生产带来不便。此外，有的种皮保护性能差，在常规存放条件下，易失水，易霉烂变质等。此类种子采收后应及时播种或拌湿沙（土）暂存。再者，还有少数种子种皮含发芽抑制物质，阻碍发芽。除了上述情况外，多数药用植物种皮与农作物、蔬菜种子相近。

②胚：胚是构成种子的最主要部分，是新生植物的雏体，是由胚根、胚芽、胚轴和子叶4部分组成。有胚乳种子（如人参、西洋参、三七、细辛、五味子、黄连、芹菜、韭菜、葱、蓖麻、烟草、桑、薏苡和番木瓜等）的胚埋藏在胚乳之中。在种子发芽过程中，胚利用子叶和胚乳提供的营养物质生长。通常情况下，种子内的胚乳或子叶的营养物质足以供给种胚萌发出土长成小苗，如果胚乳、子叶受损，种胚生长发育就受影响，直至丧失发芽能力。健康种子胚乳、子叶鲜洁，胚乳色白，腐坏后色暗且易崩毁粉碎。在药用植物种子中，有部分种子种胚形态发育不健全（如人参、西洋参、黄连、三七、五味子、细辛、山茱萸、银杏和贝母等），有的种胚形态虽然发育健全，但需要生理休眠或种皮、胚乳存在阻碍发芽因素，这类种子都不能正常发芽出苗，一般播种前要进行种子处理。

有些药用植物（如人参、苍耳、黄精、柴胡等）的果实、种皮（种壳）、胚乳、子叶或胚中，所含的挥发油、生物碱、脱落酸、有机酸、酚类和醛类等物质对种子萌发有抑制作用。这类种子播种前，也要进行种子处理。

药用植物种子大小相差悬殊，大粒种子千粒重在100g、1 000g甚至万克以上，如古柯、印度马钱、可拉果、山核桃、龙眼、山杏和椰子等。千粒重为30～100g的有红花、印度萝芙木、催吐萝芙木、薏苡、三七和北五味子等。千粒重为10～30g的有白豆蔻、番木瓜、安息香、人参、决明子、望江南、黄柏和曼陀罗等。千粒重为1～10g的有细辛、土木香、菘蓝、紫菀、紫苏、杭白芷、地榆、牛膝、黄连、知母、黄芩、当归和穿心莲等。千粒重为0.1～1g的有地黄、莨菪、藿香、荆芥、旱莲草、枸杞、党参和地肤子等。千粒重小于0.1g的有龙胆、天麻和草苁蓉等。

种子的大小与营养物质的含量有关，对胚的发育有重要的作用，还关系到出苗的难易和幼苗生长速度。种子愈小，种胚营养越少，出土能力越弱，对整地、播种质量要求也高。

2. 种子发芽条件 种子发芽需要水分、氧气和温度等条件。

（1）水分 种子吸水是发芽的先决条件，只有吸水后，种子内的各种酶类才能活化，种子中的各类物质才能被水解，由高分子的储藏态转变成低分子的可利用状态。种子不断吸水，物质不断转化，种胚才能不断生长，直至出苗。

种子吸水可分为两个阶段。开始时，依靠种皮和珠孔等构造的机械吸水膨胀力，吸收的水分主要到达胚及其周围组织，吸水量可达发芽需水量的一半。当种胚吸水萌动后，种子吸水便进入第二阶段，即生理吸水，此期种子吸水受胚的生理活动支配。

种子吸水速度受环境温度的影响，在最适温度范围内，吸水速度随温度升高而加快，超过最适温度后，吸水速度减缓，超过发芽最高温度，种子生理活动受阻，生理吸水也随之受影响。

种子吸水速度和数量也受种皮构造、胚及胚乳的营养成分的影响。种皮致密（有硬实现象）的、种皮木质而坚硬的、种皮表面有蜡质、油层、黏液质的、种皮构造内含有油细胞、胶质等的药用植物种子，吸水困难，吸水速度也慢。其他类药用植物种子虽然吸水也有难易、快慢之分，但与上述类型相比，都算吸水容易，吸水速度较快的种子。含蛋白质多的种子，吸水多，吸水快；含脂肪、淀粉多（为主）的种子，吸水少，吸水速度也慢。

生产中对于吸水速度慢或吸水量大的种子，多采用播前浸种、闷种措施，先满足其萌发吸水；对那些种皮有阻碍吸水构造的种子，进行层积处理、机械处理或酸碱处理等。进行播前浸种处理时，浸种时间应根据种皮透水难易及吸水量而定，通常浸种时间以不超过种子吸胀时间为好，否则浸种时间过长，种内营养成分外渗。

（2）氧气　种子发芽过程中，营养物质的分解、转化是靠旺盛的酶促活动。这一活动需要有充足的氧气和能量作保证。发芽环境中氧气含量在20%以内时，种子呼吸强度与氧气含量呈直线关系。氧气含量超过20%时，呼吸强度与氧气含量关系不明显。种子发芽时，胚部位的呼吸强度最高，为通常胚乳部位的3～12倍。所以种子催芽中都非常强调要有良好的通气条件。

（3）温度　种子萌发需要一定的温度条件，一般分为最低温度、最适温度和最高温度，即温度三基点。多数药用植物种子萌发所需的最低温度为0～8℃，低于此温度条件种子不萌发，原产于热带和亚热带的药用植物种子发芽的最低温度为8～10℃。多数药用植物种子发芽的最适温度为20～30℃，发芽的最高温度为35～40℃。部分药用植物种子发芽所需温度见表5-1。应当指出，有的药用植物种子萌发时，变温条件比恒温条件下发芽快，如白芷在10～30℃的变温条件下比18℃恒温条件下发芽快。

（4）光照等　药用植物种子萌发过程中除了要求水分、氧气、温度外，有些药用植物种子发芽还要求有光照条件，特别是红光，如龙胆、莴苣和芹菜等，这些种子播种要浅，即覆土要薄。又如天麻种子萌发后必须与萌发菌结合，才能继续发育，否则就不能形成块茎。

3. 发芽年限　药用植物种子的发芽年限即种子的寿命，是指种子保持发芽能力的年限。药用植物种类不同，种子发芽年限也不一样，长的可达百年以上，短的仅能存活几周。种子发芽年限的长短受其自身遗传性状影响，还与种子自身状况（组成成分和成熟度等）及储藏条件有关。多数药用植物种子发芽年限为2～3年，如牛蒡、薏苡、龙胆、水飞蓟、小茴香、曼陀罗、桔梗、青葙、尾穗苋、玄参、菘蓝、红花和枸杞等。大黄、丝瓜、南瓜以及桃、杏、核桃、黄柏、郁李等木本药用植物种子和黄芪、甘草、皂角等具有硬实特性的种子其发芽年限为5～10年。党参、人参、当归、紫苏、白芷等小粒种子和含油脂高的种子，发芽年限多为1～2年。

表5-1　部分药用植物发芽温度条件

植物名称	最适温度（℃）	发芽温度范围（℃）	植物名称	最适温度（℃）	发芽温度范围（℃）
红　花	25	4～35	黄　芪	14～15	5～35
白　术	25～28	15～35	射　干	10～14	10～35
水飞蓟	18～25	10～35	党　参	18～20	5～35
莴　苣	22	4～30	丹　参	18～22	10～35
丝　瓜	30	22～35	龙　胆	20	5～30
南　瓜	30	13～35	牛　膝	25	10～35
伊贝母	5～10	0～20	曼陀罗	30	10～35
平贝母	5～10	0～20	印度萝芙木	30	10～35
浙贝母	5～12	0～20	缬　草	25～28	5～35
葱	24	10～35	穿心莲	28	10～35
韭	24	10～35	防　风	17～20	5～35
油　菜	10～20	3～36	芹　菜	20	10～35
菘　蓝	16～21	5～40	薏　苡	25～30	10～40
萝　卜	25	3～35	金莲花	20	10～30
大　黄	18～21	0～25			

值得提出的是，有部分药用植物种子发芽年限均不足1年或半年，如天麻种子散在自然条件下3d就失去活力，在果实内存放只有15d；肾茶种子发芽年限只有十几天；细辛种子的发芽年限为30～50d；平贝母的发芽年限60～90d；金莲花和草果的发芽年限为3～4个月；儿茶、金鸡纳和檀香的发芽年限4～7个月；北五味子种子（不带果肉）的发芽年限为6个月。

药用植物的种子，绝大多数种类都是自然干燥后采收的种子，发芽年限长。但肾茶、细辛、马兜铃等少数药用植物只要成熟就得采收，如果等其自然干燥，发芽率就降低。又如草果自然成熟后，不等自然干燥就霉烂失去活性，只有及时采收除去果壳并用草木灰除去表面胶层方可晾干保存60d（自然成熟时只能存活15d左右）。

储藏条件影响种子寿命。通常情况下，低温干燥环境中储藏的种子寿命长，如细辛种子自然成熟后，在室内存放30d发芽率由98%降到30%以下，50d后发芽率只有2%；而放在密闭干燥容器内，于4℃条件下存放的种子，300d后发芽率仍在70%以上。又如葱和韭种子，一般室内干燥存放时，寿命只保持1年左右；若改用封严的容器存放，10年以后种子活力仍很强。这主要是低温、干燥的环境既不便吸湿提高酶的活性，又因低温低湿降低了呼吸消耗的缘故。

应当指出的是，少数药用植物的种子低温下仍能很快吸水。因此在储存时，环境的温度湿度必须严格管理好。例如，洋葱种子在10℃时，吸湿很快，红花种子4℃就能吸水萌动，此类种子储存温度要求更低。另外，像银杏、龙眼、枇杷、芒果、肾茶、细辛、马兜铃的白豆蔻等种子，不宜干燥储存，干燥储存就会失去活力，生产上都是年年留种，采后趁鲜播种，不能及时播种时，要拌3倍湿砂保存。

再者，药用植物种子储藏时，必须注意种子的组成成分，特别是含脂肪性成分多的种子，尤其是含挥发性成分的种子，除了低温存放外，还要限气保存，防止氧化变质。例如，白豆蔻种子在45℃条件下存放，种子内的脂肪就会液化，使种仁变质而失去活力。我国农民采用陶制坛罐与石灰密封存放种子，既降低了湿度，又限定了器皿内的氧气含量，所以种子寿命长。这也是莲子深埋古墓中，埋藏千年之久，仍能萌发成苗的原因所在。

4. 繁殖体的休眠与打破休眠技术 有生命力的繁殖体在适宜萌发条件下，不能正常萌发出苗或推迟萌发出苗的现象叫做休眠。休眠种子在一定环境条件下，通过种子内部生理变化，达到能够发芽的过程，在栽培上称为后熟。

药用植物繁殖体具有休眠特性的很多。有性繁殖材料中，具有休眠特性的有：人参、西洋参、三七、黄连、细辛、贝母、五味子、牡丹、芍药、北沙参、紫草、延胡索、苍耳、水红子、天门冬、金莲花、大风子、酸枣、银杏、山茱萸、诃子、催吐萝芙木、黄柏、厚朴、核桃、杏、穿山龙、荜拨、使君子、草果和益智等。此外，营养繁殖材料中，也有具有休眠特性的，如人参根和西洋参根的芽胞，细辛根茎上的越冬芽，贝母（平贝母、浙贝母、伊贝母）鳞茎，延胡索和地黄的块茎，番红花和唐菖蒲的球茎，以及许多木本植物的越冬芽等。对于有性繁殖体的休眠，一般休眠原因比较简单，只是生理性的，可参考有性繁殖材料的分析。植物的休眠特性是适应不良环境条件的一种反应。是经过长期系统发育而形成的。从生产角度讲，休眠对种子储藏是有利的，但给育苗、播种发芽带来了一些困难。

(1) 种子休眠的原因 种子休眠是由自身原因引起的称为自发休眠或深休眠，若是因外界条件不适宜（如低温、寒冷或高温、干旱）引起的称为强迫休眠。

深休眠的原因很多，就有性繁殖材料来说，可能原因有：①由于种皮或果皮结构的障碍，如坚硬、致密、蜡质或革质，具不易透水透气特性或不易吸水膨胀开裂特性；②种胚形态发育不健全，自然成熟时，种胚只有正常胚的几分之一或几百分之一，这类种子的胚需要吸收胚乳营养继续生长发育；③种胚生理发育未完成，此类种子种胚形态发育健全，种皮无障碍，只是种胚需要一段低温发育时期，没有低温便不萌发；④种皮或果皮、胚乳、子叶或胚中含有发芽抑制物质，只要除掉发芽抑制物质或使其降解、分解，种子就能正常出苗。

就营养繁殖材料来讲，休眠的主要原因是生理发育未完成，需要一段低温或高温条件。

在休眠的种子中，有的种子是由一种原因引起休眠，如紫草和水红子因生理低温；银杏因种胚形态发育不健全；黄芪、甘草、厚朴和莲子等因种皮障碍；甜菜和橡胶草因有发芽抑制物质存在等。有的种子是由两种或两种以上原因引起休眠，如人参、杏、细辛和贝母等。

(2) 打破休眠的方法　休眠的种子播于田间，在自然条件下可以通过后熟使其萌发出苗。不过，由于药用植物种类不同，休眠类型不同，自然后熟时间的长短也不一样，短的几天、十几天，长的1～3个月或5～6个月以上，人参、西洋参和山茱萸长达1年以上。在生育期长的地方，晚出苗十几天对其生育影响不大，在生育期短的地方，晚出苗则会影响生长发育和产量。播于田间后3～5个月才能出苗者，不仅白白浪费了一季的生产管理，而且还减少了一季乃至一年的收入。因此生产中都采取先打破种子休眠，然后适时播种。打破种子休眠的方法很多，如浸种处理、机械损伤种皮、药剂处理、激素处理和层积处理等。

①浸种处理：冷水、温水或冷热水交替浸种，不仅可使阻碍透水的种皮软化，增强透性，促进萌发，还可使种皮内所含发芽抑制物质被浸出，促进种子萌发。有些种子还可用80～90℃热水浸烫，边浸烫边舀动，待水冷却后停止舀动。浸烫不仅有利于软化种皮，有利于除掉种皮外的蜡质层，还可加快种皮内发芽抑制物质的渗出。不过，浸烫时间不能过久，在生产上桑和鼠李种子用45℃水浸种24h，吐根用常温水浸种48h。穿心莲种子用40～80℃水先烫种，边烫边舀动，使水尽快冷却，然后浸种24h。使君子种子用40～50℃水浸种24～36h等。

②机械损伤种皮：豆科、藜科和锦葵科等药用植物种子种皮具不透水性，可将种子放入电动磨米机内，将种皮划破。也可在种子内加入粗沙、碎玻璃等物，使其与种皮摩擦，划破种皮，使其具有正常吸水能力。在生产上，硬实的黄芪和甘草种子用电动磨米机划破种皮；鸡骨草种子用沙石摩擦处理；杜仲剪破种皮，使其可以尽快吸水萌发。

③药剂处理：有些药用植物种子表面有油质、蜡质、胶质、黏液等，有的种皮内含某些发芽抑制物质，采用药剂处理便于除掉这些物质，促进萌发。例如，生产上用30%草木灰搓草果种子，以除去表面胶质层；荜拨种子用30～40℃的草木灰水浸种2h，就可除掉种子表面的油质；用30%草木灰水洗去益智果肉，除掉黏质类物质；厚朴种子用浓茶水浸种1～2d，然后揉搓除去蜡质；有的核果类种子或硬实种子可用一定浓度硫酸液浸种，腐蚀种皮，增加透性，腐蚀后用流水洗至无酸为止，然后播种。

④激素处理：需要生理后熟的种子，特别是需要低温后熟的种子，播前用一定浓度的激素处理（特别是赤霉素处理），不经低温就可正常萌发出苗。例如，人参和西洋参的越冬芽，用40～100mg/L的赤霉素（GA_3）浸种24h，不经低温就可出苗。细辛潜伏芽、越冬芽用40mg/L赤霉素棉球处理就可打破上胚轴休眠。人参、西洋参种子用50～100mg/L赤霉素或50mg/L6-苄基嘌呤（BA）或激动素（KT）浸种24h，可加速形态后熟，完成形态后熟

的人参种子再用 40 mg/L 赤霉素处理 24 h，不经低温就可发芽出苗。金莲花用 500 mg/L 赤霉素浸种 12 h，可代替低温沙藏处理。用硫脲（0.1%）处理芹菜、菠菜、莴苣等要求低温催芽的种子，有代替低温的作用。

⑤层积处理：层积处理是打破种子休眠常用的方法，对于具有形态后熟、生理后熟时间较长、坚硬的核果类种子或多因素引起休眠的种子（即后熟期较长的种子）此法最为适宜。如人参、西洋参、刺五加、黄连、牡丹、芍药、北五味子、黄柏、扁桃、山楂、核桃、枣、酸枣、杏、郁李和八角茴香等。层积处理常用洁净河沙做层积基质（也可用沙 3 份加细土 1 份），基质用量，中小粒种子一般为种子容积的 3～5 倍，大粒种子为 5～10 倍。基质的湿度以手握成团而不滴水为度。处理时，先用水浸泡种子，使种皮吸水膨胀，然后与调好湿度的基质按比例混拌层积处理。也可将吸胀的种子与调好湿度的基质分层堆放处理，中小粒种子每层厚 3～4 cm，大粒种子每层厚 5～8 cm。层积处理时，容器底部和四周要用基质垫隔好，顶部再用基质盖好。处理温度因植物而异，如人参层积处理种子裂口前温度控制在 18～20℃，种子裂口后控制在 16～18℃；萝芙木是在 23～28℃下处理。一般需生理低温的种子，处理温度多控制在 2～7℃。处理时间因植物而异，如山杏为 45～100 d，扁桃为 45 d，枣和酸枣为60～100 d，杏为 100 d，山楂为 200～300 d，人参为 150～180 d，山葡萄为 90 d 等。有些坚硬的核果类种子（如杏、桃和核桃等）最好进行一段时间冷冻使种皮开裂后再层积处理。

层积处理的早晚也因植物和播期而异，后熟期长的种子（如人参、西洋参、山茱萸、黄连和山楂等）早处理，后熟期短的种子（如萝芙木、紫草、水红子和北沙参等）可晚处理。通常以保证种子顺利通过后熟，不误播期，种子不提早发芽为最好。

5. 种子质量 药用植物种子的质量优劣，反映在生产上是播种后的出苗速度、整齐度、秧苗的纯度和健壮程度等。这些种子的质量标准应在调种或播种前确定，以便做到播种、育苗准确可靠。

种子质量一般用物理方法、化学方法和生物学方法测定，主要检测内容有纯度、饱满度、发芽率、发芽势以及种子生活力的有无。

（1）纯度 种子纯度又称为种子净度或种子纯洁度，是指在供试样品中，除去杂质后剩余的纯属该样品好种子重量所占的比例，即

$$种子纯度=\frac{供试样品质量-杂质质量}{供试样品质量}\times100\%$$

式中所说的杂质包括该品种中的伤残、霉变、瘪粒等废种子和其他种类或品种的好坏种子，以及泥沙、枝叶花残体等。药用植物纯度检查中，值得注意的问题是真伪问题。由于历史的缘故，中药同物异名、同名异物的原植物来源至今在个别地方尚未彻底纠正，如王不留行有 12 种同名异物的原植物，独活有 15 种同名异物的原植物。所以检查中，首先强调认真区别真伪。供试样品量因药用植物种子大小而异，大粒种子量多些、小粒种子可酌情减量。

药用植物种子的净度标准：生产通用品种要求达到 95%；类似荆芥之类的小种子，因花梗、细茎残体与种子大小、密度相近，很难分开，所以要求达到 70%左右；刚开始野生种驯化的品种，要求达到 50%左右。

（2）饱满度 种子饱满程度通常用千粒重表示，即 1 000 粒种子的质量（重量）（g）。同一种或品种的种子千粒重越大，种子越充实饱满，质量也越好。千粒重也是估算播种量的

一个重要参数。部分药用植物种子的千粒重见表 5-2。

(3) **发芽率** 发芽率是指种子在适宜条件下，发芽种子数占供试种子数的比例，即

$$种子发芽率=\frac{发芽种子粒数}{供试验种子粒数}\times100\%$$

测定发芽率可在垫纸的培养皿中进行，也可在沙盘或苗钵中进行，使发芽条件更接近大田条件，而具有代表性。实验室发芽率不是田间出苗率的可靠指标，两者比值（田间出苗率/实验室出苗率）多为 0.2～0.9。

多数药用植物种子发芽率与农作物、蔬菜相近，也可分甲级和乙级，甲级种子要求发芽率达到 90%～98%；乙级种子要求达到 85%左右。但是，有少数药用植物由于下述原因而发芽率偏低：①部分伞形科双悬果种子，两粒中常有一粒因授粉不良等原因而发育不佳；②有些无限花序药用植物，未经摘心打顶，其花序上种子发育不一致，有的未成熟，有的过熟失水而丧失活力；③有的药用植物种子具有发芽参差不齐特性等。因此，这些种子发芽率只有 65%左右。此外，有少数药用植物种子外观看是一粒种子，实际属聚合果、聚花果，因此发芽率高出 100%，如甜菜种子生产上要求发芽率高达 165%以上。

(4) **发芽势** 发芽势是指在适宜条件下，在规定时间内发芽种子数占供试种子数的比例，即

$$种子发芽势=\frac{规定天数内发芽种子粒数}{供试种子粒数}\times100\%$$

发芽势是表示种子发芽速度和发芽整齐度，即种子生活力强弱程度的参数。像红花、芥子、莴苣、瓜类和豆类等规定的天数为 3～4 d；薏苡、葱、韭、芹菜和茄科种子为 6～7 d；有些药用植物种子可延至 10 d 左右。

(5) **种子是否有生活力** 可以用化学试剂染色的方法来测定种子生活力的有无。如胭脂红水溶液测定、2，3，5-氯化三苯基四氮唑（TTC）溶液测定以及溴代麝香草酚蓝溶液测定。

用化学试剂染色法测定种子活力的速度快，其结果与发芽测试一致，是快速测定具有休眠特性或发芽缓慢种子活力的好方法。

表 5-2 部分药用植物种子千粒重

植物名称	千粒重（g）	植物名称	千粒重（g）	植物名称	千粒重（g）
人　参	23～35	杭白芷	3.1～3.2	藿　香	0.42
西洋参	28～38	紫　苏	2.0～2.1	欧当归	2.8～2.9
黄　连	1.0	牛　膝	2.4～2.5	番木瓜	20
桔　梗	0.97～1.4	地　榆	3.4～3.5	安息香	164.1
决　明	28～29	仙鹤草	11.8～12.0	檀　香	150～160
望江南	19～20	旱莲草	0.38～0.40	古　柯	110～125
党　参	0.35～0.43	菘　蓝	8.0～8.2	山　杏	714～1 250
红　花	26～40	薏　苡	77～80	土沉香	176.5
紫　菀	2～2.2	穿心莲	1.2～1.3	大风子	1 800～1 900
土木香	1.0～1.1	细辛（鲜）	14～20	枇　杷	1 850～2 000
枸　杞	0.8～1.0	地　黄	0.14～0.16	核　桃	3 040～4 425
曼陀罗	10～11	南天仙子	0.34～0.36	芒　果	20 000

（续）

植物名称	千粒重（g）	植物名称	千粒重（g）	植物名称	千粒重（g）
紫花曼陀罗	6.8～7.0	白豆蔻	15～16	荔　枝	3 100～3 130
知　母	8～8.4	五味子	30	山　楂	76～80
黄　芩	1.3～1.5	印度萝芙木	35	枣	380～500
黄　柏	16～17	催吐萝芙木	40～41	酸　枣	198～250
龙　眼	1 667～2 000	印度马钱	1 700～1 800	山葡萄	33～39
韭　菜	2.8～3.9	丝　瓜	100	莴　苣	0.8～1.2
小茴香	5.2	豇　豆	81～122	大　葱	3～3.5
萝　卜	7～8	苋　菜	0.73	南　瓜	140～350

第二节　药用植物播种

一、药用植物种子准备及播种量

（一）药用植物种子准备

药材生产在种植业中所占的比例较小，各品种的种植面积更小，分布区域又不广泛，所以，种子准备工作不如农作物、蔬菜、果树等那么方便。因此，列入生产计划的药材种子，必须提早做好准备。由于药材生产、经营部门对部分种子特性不十分熟悉，在储存保管中，难免使种子活力受到影响，因此，购买或调入种子时，必须进行必要的检验，按其检验的种子纯度、发芽率即种子用价和播种面积，换算购入足量的种子，以免误了农时。

（二）药用植物播种量

播种量是指单位面积上所播的种子数（质）量。群体生产力受单位面积上的株数和单株生产力两个因子影响。播种量小时，单株生产力高，但单位面积上株数少，群体总产低。如果播种量过大，虽然群体的总株数增多，但因单株产量（生产力）低下，群体总产量也低。只有密度适宜，单株和群体生产力都得到发挥，单位面积产量才高。在确定单位面积播种量时，必须考虑气候条件、土地肥力、品种类型和种子质量以及田间出苗率等因素的影响。部分药用植物的播种量见表 5－3。

表 5－3　部分药用植物播种量

植物名	亩播种量（kg）	植物名	亩播种量（kg）	植物名	亩播种量（kg）
龙胆（育苗）	0.2～0.3	莨　菪	0.5～1	党　参	0.5～1
田基黄	0.2～0.3	山莨菪	0.5～1	青葙子	0.5～1
车前子	0.4～0.6	枸　杞	0.5～1	缬　草	0.5～1
牛　膝	0.4～0.6	黄　芩	0.5～1	益　智	0.5～1
南天仙子（水蓑衣）	0.4～0.6	防　风	0.5～1	峨　参	0.5～1

（续）

植物名	亩播种量（kg）	植物名	亩播种量（kg）	植物名	亩播种量（kg）
知 母	0.5～1	薏 苡	2～3.5	巴 豆	7～10
白花蛇舌草	0.5～1	红 花	2～3.5	伊贝母（育苗）	15～30
紫 菀	1～2	续 断	2～3.5	山杏（育苗）	15～30
柴 胡	1～2	砂仁（育苗）	2～3.5	枳壳（育苗）	40～100
牛 蒡	1～2	催吐萝芙木（育苗）	2～3.5	枇杷（育苗）	40～100
水飞蓟	1～2	当归（育苗）	4～5（7）	龙眼（育苗）	40～100
土木香	1～2	五味子（育苗）	4～5	芒果（育苗）	370～400
补骨脂	1～2	细辛（育苗）	4～5	太子参（块根）	20～50
小茴香	1～2	黄柏（育苗）	4～5	地黄（根茎）	20～50
大 黄	1～2	人 参	15～20g/m²	天南星（块茎）	20～50
菘 蓝	1～2	西洋参	10～20g/m²	半夏（块茎）	20～50
白 芷	1～2	八角茴香（育苗）	5～6	紫菀（根茎）	10～15
独 活	1～2	北沙参	4～5	延胡索（块茎）	60～80
芡 实	1～2	伊贝母	4～5	白姜（根茎）	100
栀 子	1～2	穿心莲	0.4～0.5	郁金（根茎）	150～250
木瓜（育苗）	30～35	白 术	4～5	川芎（苓子）	150～250
百 部	1.5～2.5	苍 术	4～5	川贝母（鳞茎）	150～250
甘 草	1.5～2.5	酸 枣	5～6	平贝母（鳞茎）	150～400
黄 芪	1.5～2.5	射干（育苗）	7～10	浙贝母（鳞茎）	400～600
商陆（育苗）	1.5～2.5	草果（育苗）	7～10	附子（块根）	400～600
黄连（育苗）	1.5～2.5	天门冬	7～10	麦冬（根）	700

注：亩为非法定计量单位，1亩＝1/15hm²，将表中数据乘以15即为每公顷播种量。

就气候条件而论，一个地区的光照、温度、雨量、生长季节等气候条件，对药用植物生长发育有很大影响。一般温度高、雨量充沛、相对湿度较大、生长季节长的地区，植物体较高大，分枝多，密度可小些；反之，密度宜大些。在地区、肥力、品种相同的情况下，晚播的要比适期播种的适当增加播种量。土壤肥力水平不同，对植物生育影响很大，通常情况下，瘠薄土地或施肥量少的条件下，植株生长较差，应适当提高密度，反之，密度要小些。药用植物种类不同，植株大小也不一样，大的要稀些，小的要密些。同一种植物中，分枝多的，分枝与主茎间夹角大的（即水平伸展幅度大的）要稀播。另外，种子粒小的、播后需要间苗的，苗期生长缓慢的，抗御自然灾害能力弱的品种，都应适当增加播种量。

在生产实际中，播种量是以理论播量为基础，视地块土壤质地松黏、气候冷暖、雨量多少、种子大小及质量、直播或育苗、耕作水平，播种方式（点播、条播、穴播）等情况，适当增加播种量。理论上的播种量公式如下。

$$\text{播种量}(g/hm^2)=\frac{10\,000\,m^2/[\text{行距}(m)\times\text{株距}(m)]\times\text{每穴粒数}}{\text{每克种子粒数}\times\text{纯度}(\%)\times\text{发芽率}(\%)}$$

二、药用植物种子清选和处理

(一) 种子的清选

作为播种材料的种子，必须在纯度、净度、发芽率等方面符合种子质量的要求。一般种子纯度应不低于95%，发芽率不低于90%。对于那些纯度不符合要求的种子，在播种前要进行清选，清除空瘪、病虫及其他伤残种子，清除杂草及其他品种的种子，清除秸秆碎片及泥沙等杂物，保证种子纯净饱满，生活力强，为培育壮苗提供优良种子。常用的种子清选方法简介如下。

1. 筛选 筛选是常用的选种方法，方法简便，效率高。筛选是根据种子形状、大小、长短及厚度，选择筛孔适合的一个或几个筛子，进行种子分级，筛除杂物（特别是细小瘪粒），选取充实饱满的种子，保证种子质量。

2. 风选 风选是利用种子的乘风率分选，乘风率是种子对气流的阻力和种子在风流压力下飞越一定距离的能力。乘风率用种子的横断面积与种子质量之比表示。

$$K=C/B$$

式中，K 为乘风率；C 为种子横断面积（cm^2）；B 为种子质量（g）。

乘风率大的为空瘪种子，乘风率小的是充实饱满的种子，风车选种就是利用这一原理进行清选分级。在一定风力作用下，不同乘风率的种子依次分别降落在相应部位，充实饱满种子质量大，乘风率小，就近降落；空粒、瘪粒、轻的杂物在较远的地方降落。从中选取充实饱满洁净的部分作为种子。

3. 液体比重选 此法是根据饱满程度不同的种子相对密度（比重）不同的原理，借助一定的溶液将轻重不同的种子分开。通常轻种子上浮液面，充实饱满种子下沉底部，中等相对密度种子悬浮在液体中部。常用的液体有清水、泥水、盐水和硫酸铵水等。采用液体比重选种时，应根据药用植物种子种类或品种，配制适宜浓度的溶液，以便准确区分开不同成熟饱满度的种子。如用盐水选，海南萝芙木用4%～6%的浓度，催吐萝芙木用8%，印度萝芙木用15%～17%，油菜用8%～10%，诃子用27.5%。人参、西洋参、五味子和大风子等都可用清水选。

(二) 播前种子处理

1. 晒种 种子是有生命的活体，储藏期间生理代谢活动微弱，处于休眠状态。播种前翻晒1～2d，使种子干燥均匀一致，增加种子透性，保证浸种吸水均匀，并有促进种子酶的活性，提高生活力的作用。此外，晒种也有一定的杀菌作用。

2. 消毒 种子消毒处理是预防药用植物病虫害的重要环节之一。因为许多药用植物病害是由种子传播的，如红花炭疽病、人参锈腐病、薏苡黑粉病、贝母菌核病、罗汉果根结线虫和枸杞炭疽病（黑果病）。经过消毒处理即可把病虫消灭在播种之前。常用消毒方法有下述几种。

（1）*温汤浸种* 此法是先使黏附在种子表面的病原孢子迅速萌发，然后在较低温下将其烫死，种子不受损伤。例如，薏苡温汤浸种，先把种子放在10～12℃水中浸10h，捞出后置52℃水中2min，接着转入57～60℃恒温水中浸烫8min，浸烫后立即放入冷水中冷却，冷却后稍晾干即可播种或拌药播种。红花温汤浸种，种子在10～12℃水中浸10～12h，捞出后放入48℃水中2 min，接着转入53～54℃水中浸烫10 min，浸后冷却并稍晾干播种或拌药播种。

（2）**烫种** 把待要消毒的干种子装入铁筛网中（厚3～5 cm），放入沸水中浸烫几十秒钟，迅速取出冷却，稍晾干就可播种。烫种只适于类似薏苡样带硬壳的种子，小粒种子、不带硬壳的种子多不采用此法。

（3）**药剂浸种或拌种** 药剂浸种、拌种不仅可以杀死种子表面、种皮带菌，还可抑制或杀死种子周围土壤中的病菌。药剂处理分浸种、拌种和闷种3种方式，通常多用浸种与拌种，拌种要求药剂要均匀附着在种子表面。浸种、闷种后要及时播种，否则易生芽或腐坏。

常用浸种药剂及处理方法有：0.1%～0.2%高锰酸钾浸种1～2 h（用于肉豆蔻和安息香）；1%～5%的石灰水浸种24～48 h（用于薏苡）；100～200 mg/L农用链霉素浸种24 h；1∶1∶100的波尔多液浸种等。对于根及根茎类等播种材料，可用65%代森锌400～500倍液浸醮根体表面（形成药剂保护膜），也可用1∶1∶120～140的波尔多液浸醮根体表面（形成药膜）。

拌种药剂目前常用的有50%多菌灵，用量为种子质量的0.2%～1%（以下括号内的百分数均同样含义）、70%代森锰锌（0.2%～0.3%）、50%瑞毒霉（0.3%）、90%敌百虫（0.2%～0.3%）等。

3. 浸种催芽 种子发芽除种子本身需要具有发芽力外，还需要一定的温度、水分和空气，这些条件得到满足后，种子很快发芽。种子播于田间后，自然的温、水、气条件不能同时适宜，更不能保持不变，常因一次不适宜延缓萌发出苗，影响药用植物生长发育（特别是发芽期长、需水多，要求温度稍高的品种）。浸种催芽就是创造适宜发芽的条件，促进种子萌动发芽，以便播后迅速扎根出苗，达到安全早播的效用。

浸种催芽的时间和温度因植物种类和季节而异。通常低温季节浸种时间长，高温季节浸种时间短。小粒种子、种皮薄的、种翅纸质或膜质、喜低温的药用植物种子，如党参、桔梗、莴苣、白芷、大黄、北沙参、马钱子、丝瓜和冬瓜等，一般用20℃左右洁净清水浸泡，时间因品种而异，一般为6～12h。种皮坚硬、致密或光滑、吸水速度较慢、种皮内含有调热易变性或易于分解之类的发芽抑制物质的种子，如甘草、苏木、皂角、颠茄、使君子、安息香和穿心莲等，可先用50～70℃（或更高）的热水浸烫，浸烫时用水量约为种子的5倍，边浸烫边搅动，使水温在8～10 min内降至25～30℃。然后浸泡，时间10～48 h不等，颠茄、安息香、苏木和穿心莲为12h左右，使君子、决明、枸杞、甘草和皂角等为24～48 h。浸种过程中，每5～6 h换水一次。浸种时间视种皮吸水状况而定，一般种子膨胀，即表明吸足了水，应及时捞出。浸种后的种子要及时播种，如遇天气有变，不能播种时，应将种子摊晾开来，待天气转好及时播种。需要催芽的种子，浸后及时催芽。

催芽是在种子吸足水分后，促进种子内养分迅速分解转化，供给胚生长的重要措施。催芽过的技术关键是，保持适宜的温度、氧气和饱和空气相对湿度。保水可采用多层潮湿纱布、麻袋布、毛巾等物包裹种子。包裹种子时，先要除掉种子表面的附着水，并尽可能使种子保持松散状态。催芽过程中每4～5 h松动包内种子一次，这样可保证氧气供给。催芽温度多控制在种子发芽最适温度区间。当种子待要露出胚根时，就可取出及时播种。温室等保护地育苗用种，可待75%种子破嘴或露出胚根时，立即播种。

为提高浸种催芽效果，常常在浸种时用生长调节物质、微量元素或其他化学药剂的水溶液浸种。微量元素用于浸种者有硼酸、钼酸铵、硫酸铜、高锰酸钾等，单用或混合使用，其浓度为0.02%～0.1%。常用的促进发芽效果较好的药剂有硫脲和赤霉素等。硫脲浓度为0.1%，赤霉素（GA_3）浓度为5～100mg/L（因品种而异）。有的直接浸种，有的在烫种后浸种，浸种时间同前述一致。

此外，还有用磁化水或在超声波条件下浸种等方法，近年应用静电处理效果也很好。用这些方法处理种子，不仅发芽出苗快，而且植株生长发育良好，并有提高产量的效果。

三、药用植物播种时期

播种期的正确与否关系到产量高低、品质的优劣和病虫灾害的轻重。适期播种不仅能保证发芽所需的各种条件，而且还能保证植物各个生育时期处于最佳的生育环境，避开低温、阴雨、高温、干旱、霜冻和病虫等不利因素，使之生长发育良好，获得优质高产。适期早播还能延长生长期，增加光合产物，提高产量，并为后作适时播种创造有利条件，达到季季高产，全年丰收。确定播期，一般依据气候条件、栽培制度、品种特性、种植方式和病虫害发生情况综合考虑。其中气候因素最为重要。

（一）气候条件

药用植物的生物学特性（即生长期的长短，对温度和光照的要求，特别是产品器官形成期对温度和光照的要求，以及对不良条件的忍受能力），是相对稳定的。根据各地气候变化规律、早春气温回升的早迟、灾害性天气出现时期等特点，使栽培品种从萌发出苗到产品器官形成期都处在最佳环境条件下。在气候条件中，气温或地温是影响播期的主要因素。通常春季播种过早，易遭受低温或晚霜危害，不易全苗；播种过迟，植物处于高温环境条件下，生长发育加速，营养体生长不足或延误最佳生长季节，遭受伏旱或秋雨，霜冻或病虫危害，都不能获得高产。一般以当地气温或地温能满足植物发芽要求时，作为最早播种期。例如，在东北、华北和西北地区，红花在地温稳定在4℃时就可播种，而薏苡、曼陀罗必须在地温稳定在10℃以上播种。在确定具体播期时，还应充分考虑该种植物主要生育期、产品器官形成期对温度和光照的要求。例如，油菜和红花越冬期若苗龄太小，耐寒力弱，不利于次春早发；苗龄太大甚至快要抽薹，冬季会被冻死。在干旱地方，土壤水分也是影响播期的重要因素（尤其是北方干旱地区），为保证种子正常出苗与保全苗，必须保证播种和苗期的墒情。

（二）栽培制度

间作、套作栽培和复种对栽培植物播期都有一定要求，特别是多熟制中，收种时间紧，季节性强，应以茬口衔接、适宜苗龄和移栽期为依据，全面安排，统筹兼顾。利用药用植物和农作物、蔬菜搭配种植（两熟或三熟）时，必须保证播期、苗龄、栽期三对口。一般根据前作收获期决定后作移栽期，按照后作移栽期和苗龄的要求，确定好后作播种育苗期。间作和套作栽培应根据适宜共生期长短确定播期。一般单作方式播期较早，间作和套作播期较迟，育苗移栽的播期要早，直播的要晚。

（三）品种特性

品种类型不同，生育特性有较大的差异，播期也不一样。通常情况下，绝大多数的一年生药用植物为春播，如红花、决明、荆芥、紫苏、薏苡、续随子等；核果类、坚果类药用植物种子多秋播或冬播；多年生草本药用植物有的春播（如黄芪、甘草、党参、桔梗和砂仁等），有的夏播（如天麻、细辛和平贝母的种子），有的秋播（如番红花和紫草等），有的品种春播、秋播或春、夏、秋播均可以。有的药用植物，为达到优质高产的目的而人为改变播期，如当归，当年春播秋收，根体小，商品等级低，这样的根体不采收，次年继续生长就抽薹开花，不能入药。产区改春播为夏播，变直播为育苗移栽，夏播时间，以当年长出的根体次年移栽后不抽薹为最佳。这样就使当归的产品器官（根体）的形成期由不足一个生长季节现延长到一个半生长季节，根体长得很大。

四、药用植物播种方式

药用植物的播种方式有撒播、条播和穴（点）播 3 种。

（一）撒播

撒播是农业生产中最早采用的播种方式，至今也是常用的播种方法。一般多用在生长期短的（如贝母、亚麻、夏枯草和尖萼耧斗菜等）、营养面积小的（如平贝母、石竹、亚麻、荆芥和柴胡等）药用植物的播种上，有些药用植物的育苗（如当归、细辛、颠茄、龙胆和党参等）也多用撒播方式。这种方式可以经济利用土地，省工并能抢时播种，但不利于机械化的耕作管理。撒播对土壤的质地、整地作业、撒种技术、覆土厚度等都要求比较严格。如果整地不精细，深浅不一，撒种不均匀，则会导致出苗率低，幼苗生长不整齐。一般播前用耙齿拉沟，沟深 1～3 cm，撒种后搂平床面即可。有时要适当镇压。

（二）条播

这是广泛采用的播种方式，一般用于生长期较长或营养面积较大的药材的播种。需要中耕培土药用植物的播种，也多用条播。条播的优点是，覆土深度一致，出苗整齐，植株分布均匀，通风透光条件较好，既便于间作、套作，又便于经济施肥和田间管理。条播可分窄行条播、宽行条播、宽幅条播和宽窄行条播等。

1. 窄行条播 窄行条播行距为 15～20 cm，亚麻、红花和浙贝母多用此法。

2. 宽行条播 植株高大，要求营养面积大的药用植物，或是长期需要中耕除草的药用植物（如薏苡、蓖麻、商陆、白芷、牛膝、望江南和水飞蓟等）宜采用宽行条播，行距为 45～80 cm，有的甚至 100 cm。

3. 宽幅条播 宽幅条播有利于增加密度，适用于植株分枝少或不分枝，株体又高的药用植物，如桔梗、百合和续随子等，播幅 12～20 cm，幅距 20～30 cm。

4. 宽窄行条播 宽窄行条播又称为大小行种植，适宜用于间作和套作，窄行可增加种植密度，宽行通风透光，便于中耕管理。一般播种时，按规定开沟，沟深 2～5 cm 不等，沿沟播子，然后将沟覆平。

（三）穴播

穴播也称为点播，一般用于生长期较长的药用植物（如木本类药用植物）、植株高大的多年生药用植物，或者需要丛植栽培的药用植物（如景天、黄芩、绿豆和赤小豆等）。穴播的优点是，植株分布均匀，便于在局部造成适于萌发的水、温、气条件，有利于在不良条件下播种保证苗全苗旺。穴播用种量最省，也便于机械化的耕作管理。珍贵、稀有的药用植物，多采用精量播种，即按一定的行株距和播种深度单粒播种，如人参和西洋参等。精量播种要求精细整地，精选种子，还要有性能良好的播种机，这是精耕细作的发展方向。

药用植物种子播前进行浸种和催芽的较多，此类种子需播于湿润的土壤中，墒情不够时，应事先浇水或灌溉。在天气炎热干旱的季节播种，最好采用湿播方法，即在播种前先把畦地浇透水，然后撒种覆土，覆土厚度 0.5～2cm（视种粒大小而定）。炎热天气播种后床面要盖草，小粒种子覆土薄，播后也要盖碎草或草栅子来遮阴防热和保墒。当幼芽顶土时，揭去碎草或草栅子。

第三节　药用植物育苗

药用植物生产有育苗移栽和直播栽培两种方式。人参、细辛、颠茄、黄柏、龙胆、黄连、诃子和山茱萸等许多药用植物都以育苗移栽为主。有些在北方进行直播栽培的药用植物，在南方复种地区（特别是复种指数高的地方），为了解决前后作季节矛盾，充分利用土地、光、温等自然资源，也采用育苗移栽方式。育苗是争取农时，增多茬口，发挥地力，提早成熟，增加产量，避免病虫和自然灾害的一项重要措施。其优点是便于精细管理，有利于培育壮苗；能实行集约经营，节省种子、肥料、农药等生产投资；育苗可按计划规格移栽，保证单位面积上的合理密度和苗全苗壮。但育苗移栽根系易受损伤，入土浅，不利于粗大直根的形成，对深层养分利用差，移栽时费工多。

育苗的方式主要有保护地育苗（保温育苗）、露地育苗和无土育苗 3 类。主要作法简述于下。

一、药用植物保护地育苗

保护地育苗是温室、温床、冷床（阳畦）和塑料薄膜拱棚育苗的总称。生产上应用最广泛的有冷床、温床、塑料薄膜拱棚。

（一）育苗设备

1. 冷床　冷床又叫阳畦，是由床框、透明覆盖物（盖窗或塑料薄膜构成）、不透明覆盖物（草栅、蒲草栅等）和风障构成。透明覆盖物用来吸收太阳辐射把苗床加热，使床土储存热量。草栅等不透明覆盖物和床框则用来保温（特别是夜间）。冷床有单斜面、双斜面和拱形 3 类，其规格如图 5-5 和图 5-6 所示。苗床位置应选择地势高燥，避风向阳，排水良好，靠近水源的地块。单斜式都坐北朝南，也有朝东南或西南（在 15°以内）。双斜式或拱形多南北走向。

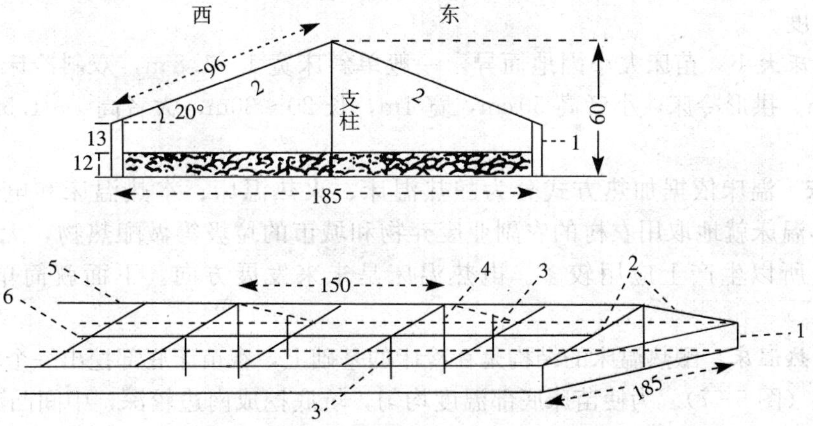

图 5-5　双斜面玻璃苗床（单位：cm）（上海）

上：横切面　下：外形

1. 床框　2. 玻璃窗倾斜面　3. 中腰支柱　4. 脊顶支柱　5. 脊顶横梁　6. 中腰横梁

（引自山东农业大学，2000）

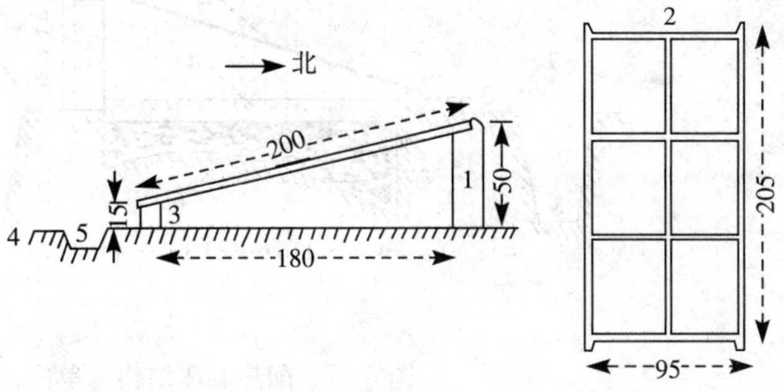

图 5-6　单斜面玻璃苗床横切面（单位：cm）（上海）

1. 后墙　2. 玻璃窗　3. 前窗　4. 地平线　5. 排水沟

（引自山东农业大学，2000）

（1）**床框**　床框用于架设盖窗和草栅等覆盖物，并起稳定气流和保温作用，用土、砖、木材、草等材料做成。床框有地上式（基线在地面或地面以上）、地下式（南框上沿与地面平或略高出 5～10 cm）和半地下式（介于两者之间）。床框厚因气候条件而异，一般为 20～50 cm。单斜式冷床床框南低北高，南床框高 15～20 cm，北床框比南框加高 10～30 cm，使南北框斜面与地平面成 5～15°倾斜角。双斜式床框南北等高，高度为 15～20 cm。拱形棚多不设床框。支架用木条或竹竿，用竹匹铁筋做棚架。

（2）**透明覆盖物**　一般严冬栽培则采用玻璃盖窗或双层薄膜做透明覆盖物，早春晚秋（或临冬）栽培则采用单层薄膜。盖窗长 130～195 cm，宽度有 50～56 cm 和 95～105 cm 两种。使用的塑料薄膜是聚乙烯或聚氯乙烯薄膜，厚度 0.07 mm，宽度 140～220 cm。

（3）**不透明覆盖物**　冷床夜间没有热量吸收和补给，只有散热过程，为保证冷床内植物生长的温度，防止热量散失过多、过快，各地都因地制宜地取材，用不透明覆盖物防寒保温。常用的材料有稻草、麦秸、蒲草、山草和芦苇花穗等，都是编织成帘或栅使用，帘、栅经常保持干燥状态，不仅保温效果好，而且使用寿命也长。

（4）**风障**　风障是用来阻挡寒风和防止穿流风的，对提高覆盖物保温效果有一定作用。可用高粱秸、玉米秸、芦苇或细竹加草帘构成。设于苗床北面，高 2 m 左右，向南倾 10°左右。风障稳定气流的距离约等于障高的 5 倍，所以，每 10 m 左右设一道风障。有的地方把风障延伸成围障，围障的东西两侧距床2m左右，高度可适当降低，南侧围障以不遮挡就近苗床阳光为度。

（5）**苗床大小** 苗床大小因地而异，一般单斜床宽1～1.8m，双斜冷床宽1.8～2m，长20～40m。拱形冷床，小者高50cm，宽1m，长20～30m；大者高1～1.5m，宽3～5m或以上。

2. 温床 温床依据加热方式分为酿热温床、火热温床、水热温床和电热温床4种。其中，酿热温床就地取用农村的农副业废弃物和城市的垃圾等做酿热物，无需额外设备，简便易行，所以生产上应用较多。电热温床是未来发展方向。下面就简单介绍此两种温床。

（1）**酿热温床** 酿热温床的结构是在冷床的基础上，在苗床底部挖出一个填充酿热材料的床坑即成（图5-7）。为使苗床底部温度均匀，坑底挖成南边较深，中间凸起，北边较浅的弧形。

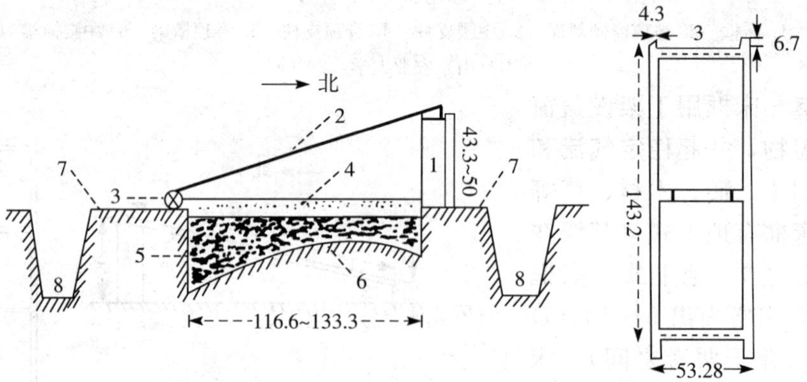

图5-7 酿热温床结构（单位：cm）（杭州）

1. 后墙 2. 窗盖 3. 草垄 4. 床土 5. 酿热物 6. 床孔底 7. 地平线 8. 排水沟

（引自山东农业大学，2000）

酿热加温是利用微生物（包括细菌、真菌和放线菌等）分解有机物质所产生的热量来加温。用于酿热的材料有畜禽粪、垃圾、稿秆、树叶、杂草和纺织废屑等，有关酿热物的碳和氮含量及其比值见表5-4。酿热物发热多少、快慢取决于好气性细菌繁殖速率高低。通常好气性细菌活动的强度与酿热物的C/N和氧气、水分状况有关。C/N为20～30，含水量70%的酿热物，在10℃条件下，氧气适量时，好气性细菌活动较正常而持久；C/N<20则酿热温度高，但持续时间短；C/N>30时，发热温度低而持久。所以，添加酿热物时，要有适宜的配比，酿热物的含水量和松紧度也要适当。酿热温床的温度，要做到适宜、持久、变动较小。我国南方添加酿热物厚度多为15～25cm，北方多为20～50cm。

表5-4 各种酿热材料碳、氮含量和C/N

（引自山东农业大学，2000）

酿热材料	全碳含量（%）	全氮含量（%）	C/N	酿热材料	全碳含量（%）	全氮含量（%）	C/N
稻　草	42.0	0.60	70	大豆饼	50.0	9.00	5.5
大麦秸	47.0	0.60	78	棉子饼	16.0	5.00	3.2

（续）

酿热材料	全碳含量（%）	全氮含量（%）	C/N	酿热材料	全碳含量（%）	全氮含量（%）	C/N
小麦秸	46.5	0.65	72	落叶松叶	42.0	1.42	29.5
玉米秸	43.3	1.67	26	栎树叶	49.0	2.00	24.5
厩　肥	25.0	2.80	8.9	马粪（干）	35.0	2.80	13.0
米　糠	37.0	1.70	22	猪厩肥	26.0	0.45	57.0
纺织屑	59.0	2.32	25	牛厩肥	21.5	0.45	47.7

酿热物在填床前要充分拌匀，用水充分湿透，最好是加尿水，使含水量达75%左右。填床时，注意分布均匀，最好是分层填充，分层踏实。填床后盖窗加热，使酿热物受热发酵，当酿热物几天后升温至50～60℃时，就可在其上铺培养土。铺土前酿热物水分不足时，要及时补加，补加后铺培养土。

（2）**电热温床**　电热温床是利用电热，即电流通过电热线，把电能转变成为热能进行土壤加温。1kW·h电能约产生3 600J的热量。电热有加温快、便于人工调节或自动控制、受气候影响小等优点。

电热线的长度根据苗床所需功率和电热线型号来确定。求苗床所需的功率，应按下列公式计算苗床的散热量。

$$Q_{散}=K\cdot S\ (t_{内}-t_{外})$$

式中，$Q_{散}$为苗床散热量（W）；K为苗床保护面的传热系数；S为苗床保护面面积（m^2）；$t_{内}$为苗床所需温度，喜温植物为12～14℃，喜凉药用植物为5～8℃；$t_{外}$为苗床外温度，按育苗期最低温度计算。一般按床内外温度相差1℃时，1m^2保护面在1h传出的热量，不覆盖草栅时为5（W），盖草栅时为3（W）。

冬春育苗时，喜温药用植物每平方米苗床所需功率为100～140W。知道了苗床所需总功率V以及所用电压（12V、30V、50V或220V）即可由电功率公式求出电阻。再依据电阻值，以及给定电热线单位长度的电阻，即可求出所需电热线长度。

电热温床是在酿热温床的基础上，改酿热为电热。铺设时，先将床底整平，并铺一层隔热材料（稻草和麦穰等），厚度约10cm，其上再铺3cm左右的干土或炉渣，搂平踏实后铺设电热线。电热线按回纹形状铺设，两端固定在木板上，线间距离为10～15cm，线上再铺3cm厚的干沙（或炉渣）和3cm碎草，用以防止漏水和使床土受热均匀。最后铺8～10cm培养土。近年，许多地方（如北京和沈阳等地）不设隔热层，直接将电热温床设在塑料大棚（或中棚）内，先挖个浅槽，搂平后就铺电热线，线上铺2cm土搂平踏实，然后铺8～10cm厚培养土或者在2cm踏实土上放育苗箱或放置育苗钵。为保持床土温度稳定，各地都在线路中设控温仪。负载电流小于10A时，采用单线接法；大于10A时，采用多线接法，两种接线方法如图5-8所示。

有些药用植物把育苗的苗床分为播种床和分苗床（如颠茄和龙胆等），播种床与分苗床的比例为1∶10～20。播种床的温度和光照条件要好，培养土的质量要好于分苗床。

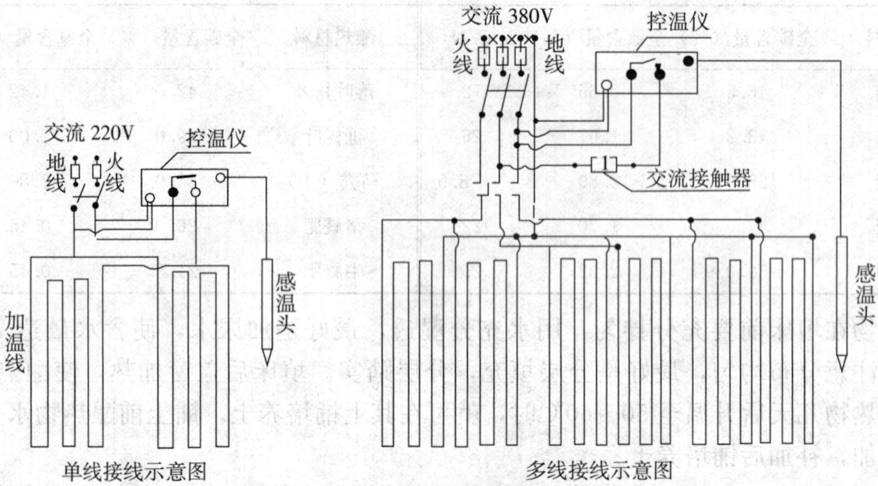

图 5-8 电热加温苗床布线平面示意图
（引自山东农业大学，2000）

（二）培养土及其调制

培养土是培育壮苗的营养基础，植物幼苗生长发育所需的养分和水分主要取自床土。理想的床土（即培养土）应当是有机质丰富，吸肥、保水力强，透气性好，土面干时不裂纹，浇水后不板结，土坨不易松散，营养元素齐备，符合幼苗生长要求，pH 应为中性或微酸性。

育苗使用的床土（培养土）最好是专门调制而成。调配培养土以园土或塘泥、充分腐熟厩肥、草炭土或腐殖土为主体，配合腐熟的禽粪、草木灰、石灰、过磷酸钙和尿素等。园土或塘泥黏重的可掺沙子或锯木屑，土质轻松的可掺黏土，使调制成的培养土松紧黏度适宜。一般腐殖质与土壤的比例（按体积计）为 30%～50%。常用的播种床土是，园土 6 份加腐熟有机肥 4 份；分苗床土两者比例则是 7∶3。

苗床中培养土铺垫厚度，播种床为 5～8 cm，分苗床为 10～12 cm。

由于幼苗在苗床生长期间，根系的吸收表面积大，叶片的蒸发同化表面积小（约为根系吸收表面积的 1/10），而起苗移栽时，可使幼苗根系吸收表面积的 90%受损失，致使根系表面积与叶表面积比例锐减，造成幼苗水分供应失调，一般要经 7～15 d 才能恢复供需协调。

为减少移栽对根系的损失，群众总结出采用营养土块、纸杯、草钵等保护根系的措施。

营养土块育苗省工省料，方法简便易行。其做法是将培养土铺垫搂平后，浇透水，待水渗完时用薄板刀按 8～12 cm 方格切割床土，并在每块培养土中央扎个穴，穴深因种子而异，通常为 0.5～1.5 cm。近年用机动压块机压制营养土块，每小时可压制 1 800～3 900 个营养土块。

纸杯是用旧报纸（每张裁成 8～12 张）折叠成高 8～10 cm、直径 7～9 cm 的纸杯，杯内装满土后放置在苗床上，杯的高矮要一致，杯间空隙用土填满。播种或分苗前先浇透水，播种或分苗后覆土时，盖土要严密，不要让纸杯边缘暴露出来。此法取苗、运输时，不会损伤根系，但制作较费工。

此外，还有草钵、塑料钵、育苗纸育苗。

（三）育苗时期

育苗时期一般比定植期早30～70d，如豆类比定植期早30d左右（苗龄20d，锻炼5～8d，机动3～5d），颠茄比定植早80d左右（苗龄60d，分苗5～10d，锻炼5～8d，机动3～5d）。秧苗播期过晚，到移栽时，秧苗偏小，细弱，抗性、适应性差，缓苗慢，成活率低。秧苗播种过早，壮苗时未到移栽期，长期抑制秧苗生长，形成“僵苗”，影响后期生长发育和产量；如不抑制生长，秧苗过大，受光弱还会徒长，形成“晃秆”，也降低成活率或影响后期生长发育。

（四）苗床播种

1. 播种量和苗床面积　按下列公式分别计算播种量和苗床面积。

$$\text{实际播种量（g）}=\frac{\text{单位面积需苗数}\times\text{栽培总面积}}{\text{每克种子粒数}\times\text{种子纯度（\%）}\times\text{发芽率（\%）}}\times\text{安全系数（2.5～5）}$$

$$\text{播种床面积（m}^2\text{）}=\frac{\text{实际需种量}\times\text{每克种子的粒数}\times\text{每粒种子所占面积（cm}^2\text{）}}{10\ 000}$$

通常，每平方厘米苗床播3～4粒种子，即每粒种子所占面积为0.25～0.33 cm^2。

$$\text{分苗床面积（m}^2\text{）}=\frac{\text{分苗总数}\times\text{秧苗营养面积（cm}^2\text{）}}{10\ 000}$$

一般按8～10cm×8～12cm的株行距，分1～3株。

2. 播种技术　一般选天气晴稳时播种（播后有4～6个晴天），播后床内温度应保持25～30℃，这样才能出苗齐，苗旺。一般要求播前浇足底水（尤其是保温苗床），这一底水应保证秧苗生长到分苗（2～3片叶左右），一般中途不浇水。这是秧苗能否正常出土和健壮生长的关键。打足底水后，床面薄薄盖一层细土，并借此把凹处填平，然后播种。

为防止立枯菌、镰刀菌和腐霉菌引起苗期病害，可在播种前后各撒一薄层药土。常用农药有多菌灵、敌菌灵等。一般是把农药与细土（1∶100）拌成药土撒施。

撒播种子要均匀，小粒种子可拌细土撒播，撒后覆盖0.5cm厚的床土即可。在育苗中，撒种后还有覆盖提温保墒的做法，但要注意应在幼芽顶土时，及时将覆盖物去掉。

（五）苗床管理

苗床管理是培育壮苗过程中最重要的环节。因为培育秧苗都是先于正常播种（或移栽）期开始的，此期自然环境变化剧烈，风、霜、雨、雪、冰冻、晴、阴天气不时发生变化，只有根据苗情和天气变化采取相适应的技术措施，精细管理，才能培育出壮苗。管理秧苗总的原则是，让秧苗在有促有控，促控结合的管理过程中苗壮生长。苗床管理可分为发芽期管理、幼苗期管理和移栽前锻炼3个阶段。

1. 发芽期管理　发芽期是指从播种到出苗，此时管理工作的关键是，必须保证床土有充足水分、良好通气条件和稍高的温度环境（喜温植物为30℃左右，喜凉植物为20℃左右）。另外，还要及时向床面撒盖湿润细土，既可防止床面裂缝（或填平裂缝），又能保证种子脱壳而出。子叶出土后要控水降温（喜温植物昼温和夜温度分别为15～20℃和12～16℃，喜凉植物昼温和夜温度分别为8～12℃和5～6℃)。此阶段，要防止胚轴徒长，光照多控制在10 klx以上。

2. 幼苗期管理 幼苗期管理是指从幼苗破心开始到壮苗初步建成期的管理。此期是生长点大量分化叶原基或由营养生长向生殖生长转变的过渡阶段，其生长中心在根、茎和叶。此期既要保证根、茎和叶的分化与生长，又要促进花芽分化。苗床光照度应提高，夜间床温不能低于10℃，白天控制在18～25℃。

分苗的药用植物，多在幼苗破心前后进行分苗。此时苗小、根小、叶面积不大，移苗不易伤根，蒸腾强度小，成活快，并能促进侧根大量发生。

随着幼苗的生长，苗间通风透光条件变差，秧苗间竞争逐渐增强，为防止幼苗徒长，此期不仅要控制供水，而且还要通过调节夜晚温度高低和白天的通风措施，来控制秧苗的生长速度和健壮程度。苗床通风不能过猛，否则会使秧苗因湿度、温度骤然变化，出现萎蔫、叶缘干枯、叶片变白或干裂（俗称闪苗）。

3. 移栽前锻炼 为使秧苗定植到大田后能适应露地环境条件，缩短还苗时间，必须在移栽前锻炼秧苗。锻炼的措施就是通风降温和降低土壤湿度。其目的是使秧苗生长速度减慢，根、茎、叶内大量积累光合产物；使茎叶表皮增厚，纤维组织增加；使细胞液亲水胶体增加，自由水相对减少，细胞浓度提高，结冰点降低。经锻炼的秧苗根系恢复生长较快，有利于加速还苗。但锻炼不能过度，否则影响还苗速度和还苗后的生长发育。一般锻炼过程为5～7 d。

秧苗定植前1～2 d浇透水，以利起苗带土。同时喷一次农药防病。起苗时注意检查有无病害，见有病害侵染，应坚决予以淘汰。

二、药用植物露地育苗

一些药用植物，如种子种粒小（如龙胆、党参等)，田间直播出苗保苗率极低。也有的苗期需要遮阴（如当归、五味子、细辛、龙胆和党参)、防涝、防高温。还有的需要拌菌栽培，如天麻。有的苗期占地时间较长如人参、细辛、贝母、及黄连和黄柏等木本药用植物，为便于集中管理，节约占地时间，合理利用土地，大都采用露地育苗。

露地育苗技术措施与保护地育苗相近，这里只介绍它们之间的相异要点。

（一）露地育苗的设施

露地育苗畦床与露地栽培畦床一样，只是要求精耕细作，适当增施苗田用肥，即可实现出苗和保苗。在高温多雨季节播种可采用高畦，注意排水。早春露地培养喜温药苗时，为增高气温、土温和稳定气流，应设临时防风障，或在出苗前铺盖薄膜，夜间加盖草栅。必要时架设防雨棚，遮阴棚等。为便于灌水，可增设喷灌设施等。

（二）播种技术

小粒种子要求精细整地，做到保墒播种，覆土要薄，播后可适当覆草保湿。喜光发芽的龙胆、莴苣和芹菜等，切忌覆土过厚。

苗期占地时间较长的种类，苗田要施足有机肥，播种密度要小于保护地育苗，必须保证苗期（1～2 季或 1～2 年）的营养面积。

露地育苗多选晴天播种，忌在大雨将要来临时播种。播期多选在当地正常播种季节。

（三）苗期管理

苗期要适时匀苗，保证秧苗有充足的光照，注意经常浇水保持湿润，及时中耕除草、喷药，需要遮光挡雨的要及时架棚等。

三、药用植物无土育苗

无土育苗是近年来发展的一种育苗技术，具有出苗快而齐、秧苗长势强、生长速度快等特点。可以人工调节或自动控制秧苗所需水、肥、温、光、气等条件，便于实现机械化育苗。

（一）育苗设备

无土育苗是利用营养液直接育苗，或利用营养液浇河沙、蛭石、炉灰渣等培养基质来育苗。所以应有特制的不渗水的育苗槽（或盆），制槽材料因地而异。槽深可根据秧苗需要培育的大小确定，10～20 cm 不等。由于营养液温度以 10℃左右为宜，因此冬季、早春育苗需特设温室。

（二）培养基质与营养液

1. 培养基质　培养基质是用来固定根系，支持秧苗生长的。常用的材料有河沙、蛭石、火山土、炉渣、小砾石、稻谷壳、锯木屑等。使用炉渣需用硫酸或盐酸浸洗，除去有害物质，然后用清水洗净酸液再使用。

2. 营养液　营养液配方有许多，这里介绍几种配方。

（1）**怀特营养液**　该营养液含：硝酸钾 80 mg/L、硫酸镁（$MgSO_4 \cdot 7H_2O$）720 mg/L、氯化钾 65 mg/L、磷酸二氢钠 16.5 mg/L、硫酸钠 200 mg/L、硝酸钙［$Ca(NO_3)_2 \cdot 4H_2O$］300 mg/L、硫酸锰（$MnSO_4 \cdot 4H_2O$）7 mg/L、碘化钾 0.75 mg/L、硫酸锌（$ZnSO_4 \cdot 7H_2O$）3 mg/L、硼酸 1.5 mg/L、硫酸铁 2.5 mg/L。

（2）**斯泰纳营养液**　该营养液含：磷酸二氢钾 134 mg/L、硫酸钾 154 mg/L、硫酸镁（$MgSO_4 \cdot 7H_2O$）437 mg/L、硝酸钙［$Ca(NO_3)_2 \cdot 4H_2O$］882 mg/L、硝酸钾 444 mg/L、5 mol/L 硫酸 125 mL、乙二胺四乙酸铁钾钠溶液（含铁 5 mg/mL）400 mL、硼酸 2.7 mg/L、硫酸锌（$ZnSO_4 \cdot 7H_2O$）0.5 mg/L、硫酸铜（$CuSO_4 \cdot 5H_2O$）0.08 mg/L、钼酸铵（$Na_2MoO_4 \cdot 2H_2O$）0.13 mg/L。

（3）**古明斯卡营养液**　该营养液含：硝酸钾 700 mg/L、硝酸钙［$Ca(NO_3)_2$］700 mg/L、过磷酸钙（含 20%P_2O_5）800 mg/L、硫酸镁（$MgSO_4 \cdot 7H_2O$）280 mg/L、硫酸铁［$Fe_2(SO4)_3 \cdot 7H_2O$］120 mg/L、硼酸 0.6 mg/L、硫酸锰（$MnSO_4 \cdot 4H_2O$）0.6 mg/L、硫酸锌（$ZnSO_4 \cdot 7H_2O$）0.6 mg/L、硫酸铜（$CuSO_4 \cdot 5H_2O$）0.6 mg/L、钼酸铵［$(NH_4)_2MoO_4 \cdot 4H_2O$］0.6 mg/L。

植物不同，对营养液 pH 反应也不一样，在 pH 为 5.0 营养液中，生长最好的植物有悬钩子、栀子、乌饭树、山茶花、马蹄莲、秋海棠和蕨类等；喜欢在 pH 为 6.5～7 的营养液中生长的植物有菊花、石刁柏、桂花、牡丹和月季等（表 5-5）。通常用营养液 pH 为 6.5。

表 5-5 部分植物对 pH 适应范围

pH4.8～5.7	pH5.8～6.2		pH6.3～6.7	
杜鹃花	蓖豆	萝卜	石刁柏	胡萝卜
悬钩子	桃	豇豆	菠菜	猫尾草
乌饭树	变色鸢尾	花生	白三叶草	红三叶草
地毯草	欧洲防风	大豆	玉兰	桂花
假俭草	芥菜	南瓜	牡丹	月季
马铃薯	胡枝子	烟草	水仙	文竹
西瓜	大多数禾本科植物	黄瓜	苜蓿	甘蓝
山茶花	甘薯	番茄	莴苣	豌豆
栀子	苏丹草	绛三叶草	风信子	晚香玉

近年报道西洋参以蛭石混沙（1∶1 或 1∶2）做培养基质物；床面覆盖稻草进行无土培养，营养液的氮源用硝态氮和铵态氮等比（1∶1）为佳。

采用无土培养育苗时，营养液的水分每天都在减少，所以要经常补充水分，并用电导计测定溶液浓度后补加原液使浓度与开始培养时一致。电导度以 0.6～0.9 为适宜。为省去测定浓度的手续，近年多采用稻谷壳、锯木屑做培养基质物。培养育苗前先用营养液浸湿而不积水。培养育苗期间，只要轻浇勤浇，保持基质物湿润而不积水就可以了。

采用无土育苗时，要注意经常补给氧气，无土育苗的播种方法与保护地育苗一样。其管理上除勤浇轻浇营养液，注意不断补给氧气外，其他管理如温度、光照等同前述育苗一样，这里不一一叙述。

第四节 药用植物移栽

一、药用植物移栽前的准备

（一）土地准备

药用植物移栽前的整地做畦已于第四章第三节详述，这里说的土地准备是指多年生的定点挖穴。枸杞、山茱萸、八角茴香和肉桂等木本药材，需要像果园建园那样搞好规划，规划出平地、坡地、防风林带和灌溉渠道等的位置。然后按规划的行株距挖穴，穴内施入有机肥，混拌均匀后等待栽植。有些多年生草本植物，为使定植秧苗及早恢复生长，也要结合移栽施入有机肥，这些肥料也要在移栽前一并备好。

（二）苗木准备

不论自育苗还是购入苗木，都应在栽前进行品种核对，发现差错及时纠正。此外，苗木要进行质量分级，特别是木本药用植物，要求根系完整、健壮、枝粗节短、芽子饱满，无检疫对象。草本药用植物的秧苗，移栽前要进行蹲苗，这样可以提高秧苗定植后的成活率和缩短还苗时间。

二、药用植物移栽时期和方法

（一）草本植物移栽

1. 移栽时期 我国幅员广大，药用植物种类繁多，各地应根据气候、土壤条件和药用植物特性，确定播种和移栽时期。一般喜冷凉的药用植物，在10cm土壤温度为5～10℃时就可以定植，喜温药用植物当10cm处土壤温度不低于10～15℃时就可以定植。

2. 移栽方法 穴栽时，按规定行株距开穴，把秧苗栽于穴的中间，覆土并适当压紧，浇水。待水渗下去之后，再取细土覆于定植穴表面。这样既能保湿，防止地表开裂，又易于吸收太阳热量，增加地温，促进还苗。也可开沟引水灌溉，等水下渗一半时，按规定株距栽苗（俗称坐水栽），栽后分两次覆土。坐水栽一般根系垂直摆放，不易窝根，栽苗速度快。秧苗栽植深度要适宜，过深过浅不仅影响成活率，而且也影响还苗速度和以后的生长发育与产量。通常培土到子叶下为宜。一般潮湿地区、地温偏低时，不宜定植过深，否则影响生根；干旱地区则可适当加深。带营养土块的秧苗，营养土块上表应稍低于地表，以便浇水后土块上稍覆一薄层细土，严禁浇水后使土块露出地表。有些地方栽苗后结合浇水追肥，俗称催苗肥，一般催苗肥水溶液的N、P和K的含量分别为0.1%、0.2%和1%，每株秧苗浇量约为300mL。多年生草本植物多在进入休眠期或春季萌动前移栽，栽后不浇水。

（二）木本植物移栽

1. 移栽时期 木本植物移栽时期也应根据不同植物的特点和地区气候特点来确定。一般落叶药用植物多在落叶后和春季萌动前进行。因为此时苗木处于休眠状态，体内储藏营养丰富，水分蒸腾较小，根系易于恢复，移栽成活率高。对于常绿的木本药用植物，多在秋季移栽，或者在新梢停止生长期进行移栽。部分木本药用植物也有春季萌芽前移栽更为适宜的。

2. 移栽方法 木本药用植物移栽时，先将树穴表土混好肥料，取其一半填入坑内，培成丘状，然后按品种栽植计划将苗木放入坑内，使根系均匀分布在坑底的土丘上，并使苗木干部与左右前后的苗木对直成行成列。校正苗木位置后，将另一半掺肥的土分层填入坑内，每填一层都要踏实。踏前应将苗木稍稍上下提动一下，使根系舒展，根颈与地面平齐，然后踏实，使根系与土壤密接，接着将余土填入树穴内，直到与地面平齐为止。最后在苗木四周筑起灌水盘，灌水盘直径1m左右。栽后立即灌水，要灌足灌透。水渗后封土保墒，封土堆成丘状。

三、药用植物栽植密度

合理密植是增产的重要措施之一。合理密植后，叶面积增加，为充分利用光能创造了有利条件。密植后植株根系的吸收面积扩大，并有促进根系向纵深伸展作用，从而提高植物吸水吸肥能力和吸收区域。此外，还有保墒、抑制杂草生长、改变田间小气候、减轻风霜危害等作用。栽植密度要依据药用植物种类、生长习性、当地气候、土壤肥力和管理水平而定。良好的群体结构是消光系数要小，叶面积指数要大。

就药用植物种类和生长习性来说，党参、马兜铃、丝瓜、栝楼、金银花、罗汉果和五味子等蔓生或藤本类植物，搭架栽培可适当密些，不搭架栽培宜稀植但产量低。因为搭架可提高其叶面积指数（3～8倍），减少消光系数。曼陀罗、商陆、牛膝、红花、芥子、紫苏、赤小豆、黑豆和玄参等茎秆直立的药用植物，茎叶伸展幅度大的应比茎叶伸展幅度小的要稀些。地黄、菘蓝、大黄、白芷、当归、木香、北沙参、萝卜和毛花洋地黄等丛生叶状态的根类药材可适当密植。与西瓜等蔓性而爬地生长类似的药用植物，消光系数大，可适当稀植。

从其气候土壤条件来说，生育期长的地区可适当稀些，生育期短的地方可适当密些。土壤肥沃地块可稀些，土壤瘠薄的地块要适当密些。

能够精细田间管理（如及时整枝摘叶、压蔓和搭架等）的地方，可适当密些，反之，要稀植。为适应机械化生产的要求，亦可适当扩大行距，而缩小株距。这样既能保证田间密度，又有利于通风透光和机械操作。

木本类药用植物移栽的密度主要因种类和栽培目的而异。以花果入药的木本药材，要像建果园一样规划密度。例如，枸杞多为2m×4m的株行距，枣是2～4m×6～8m的株行距，核桃是5m×6m或6m×8m的株行距。以茎皮、茎秆入药的种类可带状栽植或加密种植，伴随药材的生长加粗逐年间伐或间移。

四、药用植物栽后保苗措施

秧苗移植总要损伤根部，妨碍水分和养分吸收，致使秧苗有一段时间停止生长，待新根发生后才恢复生长，人们把这一过程称为缓苗。缓苗时间越短越好，这是争取早熟、丰产的一个重要环节。为此，近年各地多推行营养钵（杯、袋）育苗，特别是根系恢复生长慢的植物，以塑料杯、纸袋、营养块育苗移栽最佳。采用其他方式育苗的可带土移栽（尽量多带土）。栽后太阳光过强时，应进行适当遮阴，偶尔遇霜可用覆土防寒，或熏烟、灌水防霜冻。缓苗前应注意浇水，促进成活，还要及时查苗补苗。木本类苗木怕冻的应包被防寒，为防止因抽干死苗，可结合修剪定型适当短截。此外，还要及时除草、防病虫、追肥和灌水等。

复习思考题

1. 有性繁殖、营养繁殖、休眠、后熟、播种量各是什么？
2. 如何进行种子的清选和播前种子处理？如何进行种子消毒？
3. 育苗的方式有哪些？举例说明如何应用。
4. 比较营养繁殖和有性繁殖的特点。
5. 种子质量的主要检测内容有哪些？
6. 种药材为什么必须提早做好种子准备？

7. 撒播、条播、穴（点）播的特点各有哪些？

8. 种子休眠的原因与常见打破休眠的方法有哪些？

主要参考文献

山东农业大学．2000. 蔬菜栽培学总论［M］．北京：中国农业出版社．

郗荣庭．2000. 果树栽培学总论［M］．北京：中国农业出版社．

浙江农业大学．2002. 蔬菜栽培学总论［M］．北京：中国农业出版社．

第六章　药用植物田间管理

田间管理是获得优质高产的重要环节之一。常言道“三分种，七分管，十分收成才保险。”田间管理就是充分利用各种有利因素，克服不利因素，做到及时而又充分地满足植物生长发育对光照、水分、温度、养分及其他因素的要求，使药用植物的生长发育朝着人们需要的方向发展。

田间管理包括常规管理、植株调整、其他管理技术以及病虫害防治等。

第一节　药用植物常规田间管理

常规田间管理包括间苗、补苗（含定苗）、中耕除草与培土、施肥、灌水与排水等所有药用植物栽培都要进行的田间管理。

一、药用植物间苗与补苗

正如第五章所述，药用植物种子较为特殊，有些药用植物种子成熟度不一致，为保证苗齐苗壮，常加大播种量。以及播种方式的差别，如采用撒播或条播。这些都会导致出苗后田间密度较大或不均匀，因此必须及时间苗和补苗，除去过密、瘦弱和有病虫的幼苗，把缺苗、死苗和过稀的地方补栽齐全。一般间苗工作分两次进行，第一次间苗，是疏去过密和弱小的秧苗，株距为定苗距离的1/2左右；第二次间苗又称为定苗，株距与正常生长要求的一致。通常间苗宜早不宜迟，间苗过晚，幼苗生长过密，植株细弱，有时还会因过密通风不良招致病虫危害。补苗工作可结合间苗同时进行。

二、药用植物中耕培土和除草

（一）中耕培土

1. 中耕培土的概念及作用　药用植物生长过程中，由于田间作业人畜践踏、机械压力和降雨等作用使土壤逐渐变紧，孔隙度降低，表层土壤板结，所以，必须松土。通常借助畜力、机械力松土，又称为中耕。结合中耕把土壅到植株基部，俗称培土。许多药用植物整个生育期中需要进行多次中耕培土，如薏苡、黑豆、桔梗、紫苏、甜菜、白芷、玄参和地黄等。中耕可以疏松土壤，消灭杂草，减少地力消耗，提高土壤通透性，促进微生物对有机质的分解，提高土壤养分，抑制盐分上升。培土可以保护芽头（玄参），提高地温，提高抗倒伏能力，有利于块根、块茎等的膨大（如玄参和半夏）或根茎的形成（如黄连和玉竹），在雨水多的地方，还有利于排水防涝。

2. 中耕培土的操作　中耕培土的时间、次数、深度（或培土高度）要根据植物种类、环境条件、田间杂草和耕作精细程度而定。一般植物中耕2～3次，以保持田间表土疏松、无杂草。中耕深度，在北方第一次多采用耠子松土，深8～10cm，通常第一次中耕是松土而不培土，耠地时耠起的土壅到苗根部；第二次中耕采用小铧子，耕深7～8cm，培土1～2cm；第三次中耕采用大铧子犁地，深度10～12cm，苗株基部培土2～3cm。中耕培土以不伤根，不压苗、不伤苗为原则。一般3次中耕培土管理要在茎秆快速伸长前完成。多年生植物结合防冻在入冬前培土一次。

（二）除草

1. 除草工作的艰巨性 田间杂草是影响药材产量的灾害之一。防除杂草是一项艰巨的田间管理工作。因为杂草的种类繁多，各地不论什么生育季节，不论旱地还是水田都有多种杂草生长。常见的有田旋花、苣荬菜、小蓟、野苋菜、灰菜、鬼针草、香附子、马唐、鸭舌草、稗草、香薷、看麦娘、婆婆纳、野燕麦、小根蒜和繁缕等几十种。这些杂草生长快、生活方式复杂，开花成熟不整齐，种子入土后耐寒耐旱力强，种子发芽参差不齐，部分种子有休眠期，可以保持多年不丧失发芽力，而且繁殖方式多种多样，再生力强。所以，很难除净杂草，必须坚持经常除草。

2. 杂草的危害 杂草的生长总是与药用植物争光、争水、争肥、争空间，降低田间养分和土壤温度。由于杂草顽强，生活力强，常抑制药用植物生长（特别是苗期），直接影响药材产量。再者有些杂草是病虫的中间寄主或越冬场所，杂草的丛生将增加病虫传播和危害的严重程度，这样不仅降低产量，也降低品质。另外有些杂草对人畜有直接毒害作用或影响机械作业的准确性和工作效率。所以，栽培管理中都强调杂草的防除工作。

3. 除草的方法 防除杂草的方法很多，如精选种子、轮作换茬、水旱轮作、合理耕作、人工直接锄草、机械中耕除草和化学除草等。使用化学除草剂除草是农业现代化的一项重要措施，具有省工、高效、增产的优点。但应该注意的是，近年世界各国对除草剂的应用有很大争议，尤其是在中药材规范化生产中不提倡使用除草剂。但作为一项生产技术，本书仍列出一些除草剂的应用方法，供参考。

除草剂的种类很多，按除草剂对药用植物与杂草的作用可分为：选择性除草剂和灭生性除草剂。选择性除草剂利用其对不同植物的选择性，能有效防除杂草，而对药用植物无害，如敌稗、灭草灵、2，4-D、二甲四氯、杀草丹等。灭生性除草剂对植物缺乏选择性，草苗不分，不能直接喷到药用植物生育期的田间，多用于休闲地、田边、池埂、工厂、仓库或公路、铁路路边，如百草枯、草甘膦、五氯酚钠和氯酸钠等。

化学除草多采用土壤处理法，即将药剂施入土壤表层防除杂草，茎叶处理方法少用。土壤处理要求在施药之前，先浇一次水，使土壤表面紧实而湿润，既给杂草种子创造萌发条件，又能使药剂形成较好的处理层。一般施药后一个月内不进行中耕。土壤处理的关键是施药时期，农作物、蔬菜上应用经验认为，种子繁殖的植物应在播后出苗前杂草正在萌动时施药效果最好。通常播种后两三天内施药效果最佳。育苗移栽田块多在还苗后杂草萌动时施药，未还苗施药容易引起药害。不论播种田还是移栽田都不能施药太晚，施药太晚杂草已长大，防除效果差，有时栽培植物种子萌发还会引起药害。

除草剂的常见施用方法是喷雾（洒）法和毒土法。喷雾法在药用植物生产中应用较广泛，也是防治效果较好的一种方法。一般是按药剂规定的量称好药品，先加入少量水调和均匀后再加水至所需要的量（一般每公顷加水 1 125～2 250kg），用喷雾器喷雾处理土壤或茎叶。在土壤干旱时，每公顷用水量增至 7 500～15 000kg，用喷壶喷洒土壤表面。毒土法是将规定量药剂细湿土混合均匀，每公顷用细土 750kg，然后撒于地表。此法适合施于潮湿地块，或生育期进行化学除草。

应当指出，当前的化学除草剂多数是以防除农作物、蔬菜、果树的田间杂草为主的，专门防除药用植物田间杂草的极少，加之许多药用植物的幼苗生活力弱，对除草剂较为敏感，所以，药用植物化学除草对除草剂种类、施用量、施用时期都要进行试验研究。选择的种类不仅能对本茬药用植物田间杂草有较好的防除效果，而且对下茬种植植物无害。另外，同一除草剂的不同类型或不同产地、或同一产地不同生产时期，其药效也会因原料组成、工艺流程的差异而不同。施用时的气温、地温和湿度等也影响效果的好与坏。一般晴天、气温高、湿度适宜时药效高，而阴天、多雨、气温低时药效低。因此，使用除草剂时，要严格掌握施药量和施用时期，并要做到因地、因药、因环境条件而异，保证达到安全和有效的目的。

三、药用植物施肥

（一）药用植物对肥力的要求

药用植物对肥力要求本书前面章节曾做了介绍。这里补充几点。

①许多根（根茎）入药的药用植物，如大黄、甜菜、地黄和玄参等，其根（或根茎）肥大肉质，根毛发达，与土壤的接触面大，能吸收多量的营养元素；贝母、补骨脂和黄芩等的吸肥力中等；马齿苋、地丁等吸肥很少，但这些不能作为土壤追施肥料的标准。

②药用植物耐肥性能不一样，如许多茄科植物和多年生药用植物耐肥性强，生长旺盛期比幼苗期耐肥性强等。耐肥性的强弱与施肥量的多少有关，也直接影响施肥效果。

③土壤中 pH 高低影响药用植物对营养元素的吸收。大多数药用植物最适于中性和弱酸性的土壤溶液环境。一般 pH 在 5.5～7 之间，植物吸收氮、磷、钾较容易；土壤偏酸时，会减少植物对铁、钾和钙的吸收量；pH 为 5 或 9 时，土壤中铝的溶解度增大，容易引起植物中毒。

④药用植物吸收的营养元素（不论是大量元素还是微量元素）多以离子状态通过根、叶进入植物体内，植物所需要的碳素营养主要来自空气中的二氧化碳，氢、氧来自水的分解。碳、氢和氧 3 种营养元素可从空气和水中得到充足的供应，其他元素多来自土壤中。

⑤植物生长发育时期不同，种类不同，所要求的营养元素种类、数量、比例也不相同，而土壤自然肥力只能部分种类、部分时期满足药用植物生长发育的要求。施肥是通过人为措施，调节土壤营养元素的种类、数量和比例关系，使之适合药用植物生长发育的需要，达到优质高产的目的。

（二）施肥技术

1. 肥料的种类 肥料的种类很多，按其来源可分为农家肥料和商品肥料；按肥料物理形态分为固态肥料、液态肥料和气态肥料；按其化学组成分为有机肥料和无机肥料；按酸碱反应分为酸性肥料、中性肥料和碱性肥料等。通常人们分为有机肥料、无机肥料和微生物肥料 3 类。

(1) **有机肥料**　有机肥料又称为农家肥料，如厩肥、堆肥、沤肥、各种饼肥、绿肥，塘泥和各种农家废弃物等。其特点有：①种类多，来源广，成本低，便于就地取材；②养分含量全面，肥效稳长，能改良土壤理化性状，提高土壤肥力；③多用做基肥，腐熟后可做种肥。在选用有机肥料时应当注意，近年在绿色食品生产和中药材的GAP生产中，要求有机肥料都要经充分腐熟达到无害化卫生标准后才可施用，同时严格禁止施用城市生活垃圾、工业垃圾及医院垃圾和粪便。

(2) **无机肥料**　无机肥料又称为化学肥料，其种类很多，一般依据肥料中所含的主要成分分为氮肥、磷肥、钾肥、石灰与石膏、微量元素肥料（简称微肥）和复合肥料等。其特点是易溶于水，肥分高，肥效快，可直接被植物吸收。但种类间差异较大，种类不同，性质和作用也各异。如碳酸氢铵（简称碳铵）含氮17.5%，在20℃以上时，就会分解成氨和二氧化碳，在32℃下撒于地表，当天挥发2.6%，3d挥发10%以上，6d挥发20%以上。氨水则是液态氮肥，含氮15%～17%，是碱性肥料，极不稳定，很易挥发。

(3) **微生物肥料**　微生物肥料又称为菌肥，常用的有根瘤菌、固氮菌、磷细菌和钾细菌等，多配合有机、无机肥料施用。

2. 施肥技术　施肥总的原则是，要根据药用植物的营养特点及土壤的供肥能力，确定施肥种类、时间和数量。施用肥料的种类应以有机肥为主，根据不同药用植物生长发育的需要有限度地使用化学肥料。栽培药用植物的施肥，有基肥和追肥之分。不论是基肥还是追肥都是为了增加产品产量，改善产品品质和提高土壤肥力。施肥要讲究效果，其效果受多种条件的影响，主要是受气候、土壤条件和植物营养特性的影响。

气候条件中，温度、雨量和光照影响较大。通常在一定温度范围内，温度升高，植物吸收养分增加；低温条件影响植物对氮的吸收，对磷钾吸收影响较小。低温条件下多施磷钾肥，可以增强植物的抗逆性。温度过高，易造成土壤干旱，植物吸肥速度减缓；严重干旱时，会引起萎蔫或死亡。雨水多会加速养分淋失，降低肥效，所以，雨天不宜施肥。施肥量也要因土壤湿度而变化，土壤湿时可多施，土壤干旱时应少施。光照充足，吸收养分多；光照不足，吸收养分少。

土壤是药用植物养分、水分的供给者，土壤原有养分状况、酸碱反应、理化性状都影响肥料在土壤中的变化及施肥效果。土壤肥沃，结构良好，少施肥就可收到良好的效果，反之效果差。土壤酸碱反应，也影响施肥效果，一般中性或弱酸性土壤施肥效果显著，偏酸或偏碱土壤，施肥的肥效低。另外，土壤供肥、保肥性能直接影响肥效的发挥。

总之，影响药用植物施肥效果的因素是多方面的，一般凡能影响植物生长发育和土壤肥力的因素都能直接或间接影响施肥效果。所以施肥是一项复杂的农业技术，经济有效的施肥必须考虑很多相关因子和各因子的相互关系。综合多种因子影响和以往各地经验，一致认为，必须根据植物营养特性、土壤肥力特征、气候条件、肥料种类和特性，确定各种肥料的搭配、施肥量、时间、次数和方法等，才能达到经济合理施肥。

一般基肥多结合整地或移栽施入田间，施肥多以基肥为主，追肥为辅。基肥又多以有机肥为主，无机肥料为辅。施用基肥最好是分层施肥。需肥多的和生物产量高的药用植物，其大部分肥料要以基肥施入田间，追肥只是少量的。追肥是基肥的补充，用以满足各个生育时期对养分种类和数量的需求。施用基肥应避免与种子（包括无性繁殖材料）直接接触，以免产生肥害。追肥多用速效性肥料，特别是无机肥料，但多年生药用植物追肥应以腐熟的有机肥为主。追肥有根外追肥和根侧追肥两种形式。根外追肥多用低浓度的无机肥料直接喷雾于茎叶表面。根侧追肥又分条施、环施和穴施 3 种，施肥量一次不能过大，也不能与根体直接接触。施肥要保证做到肥种间要隔离。科学施肥不仅能提高产量还可提高药材有效成分含量，如增施氮肥可以提高贝母、古柯的生物碱含量。

施肥必须有量的标准，计算施肥量公式如下。

$$施肥量（kg/hm^2）=\frac{单株施肥量\times 10\,000\,m^2\ 株数}{肥料利用率}-每公顷土壤供肥量$$

土壤供肥量一般氮按吸收量的 1/3 计算，磷和钾以吸收量的 1/2 计算。肥料利用率，氮以 50%计，磷为 30%，钾为 40%。

四、药用植物灌溉与排水

（一）药用植物对水分的要求

水是绿色植物进行光合作用的主要原料，也是植物对物质的吸收和输送的溶剂，只有良好的水分状况才能保证光合作用、呼吸作用、植物体内物质合成和分解等过程的正常进行。药用植物从播种到收获的吸水趋势都是由少到多再到少。因为苗期蒸腾面积小，蒸腾强度低，所以需水很少。随着幼苗的生长，叶面积不断扩大，蒸腾强度不断提高，需水量逐渐加大，直到进入产品器官生长期，需水量达到高峰。到了生长后期，随着生长速度减缓，需水量也逐渐减小。药用植物全生育期的耗水量因品种而有较大的差异，芥菜、穿心莲和薄荷等叶面积较大或蒸腾强度大，所以消耗水分很多，但根的吸水力弱，所以要求有较高的土壤湿度和空气湿度。栽培时，要选择保水力强的土壤，并要经常灌水。

药用植物只能在一定的水分范围内正常生长发育。超出这一范围就不能正常生长发育。植物因缺水而受害称为旱害；因水分过多或植株的一部分被水淹，影响正常的代谢活动，称为涝害。药用植物幼苗根系很小，吸水量少，最易受旱害。根及根茎类药用植物最易受涝害，栽培时要搞好灌溉排水管理。

（二）灌溉技术

灌溉是农业生产的重要措施之一。无论所在地区的雨量分布如何，年年基本符合植物生长发育需要的情况是极少见的。所以，都必须有灌溉设施，用于满足在自然缺水时的补充灌水。因此，搞好以农田水利为中心的基本建设，山、田、水、林、路、沟渠综合治理，是建设高产、稳产农田的重要措施。搞好以农田水利为中心的基本建设，灌溉技术的实施才有保证。目前我国的灌溉方法概括为地面灌溉和地下灌溉两大类，其要点分述如下。

1. 地面灌溉 我国传统灌溉（包括沟灌、畦灌和淹灌）均系地面灌溉。它是使灌溉水在田面流动或蓄存，借助重力、渗透或毛管作用湿润土壤的灌溉方法。此法技术简单，所需设备少，投资省，是我国目前应用最广泛，最主要的一种传统灌溉方法。

（1）沟灌 沟灌是行间开沟灌水，水在流动过程中借助渗透和毛管作用、重力作用向沟的两侧和沟底浸润土壤。沟灌要求土地平整或有一定的坡度，如果地块高低不平，则难以实行自流灌溉，传统沟灌的输水渠道多为地上式，按现代化的要求应改为地下埋设水泥输水管，这样不但可以避免水分在途中因渗漏而损失，同时也不影响地面的土壤耕作。许多宽行中耕药用植物和窄高畦栽培的药用植物都可采用沟灌技术进行灌水。

(2) **畦灌** 畦灌是平畦、低畦栽培时，常用的灌溉方法。要求畦面平坦或稍有一定坡度，水是从输水沟或毛渠进入畦中，以浅水层沿畦面坡度流动，逐渐润湿土壤。

(3) **淹灌** 淹灌是水生药用植物（如芡实、慈姑、睡莲和泽泻等）的灌水方法，畦面上保持一定深度的水层，此法类似水稻田一样灌水。

(4) **喷灌** 喷灌是利用水泵和管道系统，在一定压力下把水喷到空中，分散为细小水滴，如同降雨一样湿润土壤的灌水方法。喷灌可以灵活掌握洒水量，可以根据药用植物的需要及时适量地灌水。喷灌要控制喷灌强度，使地面上基本不发生径流，不致破坏土壤结构。喷灌既能调节土壤水、肥、气、热状况，改善田间小气候，又能冲掉植物茎叶上的尘土，有利于植物的呼吸和光合作用。喷灌有节水增产的效果，与沟灌、畦灌相比，一般可省水20%～30%，增产10%～20%。喷灌在起伏不平的地块也能灌溉均匀，适宜对山丘和其他土地不平地区的灌溉。它的缺点是需要消耗动力，灌水质量受风力影响。

(5) **滴灌** 滴灌是利用低压管道系统把水或溶有无机肥料的水溶液，通过滴头以成滴方式均匀缓慢地滴到根部土壤上，使植物主要根系分布区的土壤含水量经常保持在最优状态的一种先进灌水技术。滴灌具有省水、省工、增产的效果。我国从1974年引进这种灌溉技术。在果树、蔬菜、粮食作物上试验表明，滴灌可以消除渠道渗漏和蒸发损失，在灌溉面积相等情况下，滴灌的水源工程蓄水量只有沟灌、畦灌的1/8～1/6，且能适应各种地形，不需要开渠，也不需要平整土地和做畦筑埂，便于实行自动控制。

2. 地下灌溉 地下灌溉又称为地下渗灌，是利用埋设在地下的管道，将灌溉水引入田间植物根系吸水层，借助毛细管的吸水作用，自下而上地湿润土壤的灌水方法。此法土壤湿润均匀，湿度适宜，能较好地保持土壤结构，为植物创造良好的土壤环境，还有减少蒸发、节约用水、灌水效率高、灌水不影响其他田间作业等优点。

不管采用哪种灌溉方法，灌溉时都必须依据气候、土壤、药用植物生长状况确定适宜的灌水量和灌水技术。在盐碱地区注意洗盐并要防止返碱，在漏水地区要注意保水，以施肥保水为佳。药用植物生育期间灌水要注意水温、地温、植物体体温、气温尽可能达到一致。根及根茎类药材，严禁一次灌水过多或大水漫灌。

（三）排水

防旱与防涝、灌与排对植物的正常生长发育来说，都是同等重要的。在低洼地和降水量多的地方，必须注意排水。有些地方年总降水量虽然不大，但因雨季、旱季分明，降水时期比较集中，也必须处理好排水问题。总之，现代农业生产，灌、排水必须同时考虑，综合治理才能奏效。

国内外传统的排水方法都是采用明沟。明沟排水占地多，易倒塌淤塞和滋生杂草，同时必须年年维修养护，否则排水不畅，降低排水效果。近代国内外试行管排、井排。近年来管排在北欧国家已推广。为适应区域性开发和治理的要求，区域性井灌、井排相应发展起来。明沟除涝、暗管排土壤水，井排调节区域地下水位，成为全面排水的发展方向。

我国目前排水仍以地面明沟为多，暗管排水和井排技术正在发展之中。明沟排水要规划好排水沟，农田栽培药用植物可利用原有排水设施，在山坡地栽培时，尽可能利用自然水沟做主排渠道。在山坡中下部栽培时，地块上端应挖好拦水沟，防止山坡上段径流水流经田块；田块内部和下端的排水沟应顺其地形地势，把水沟规划在最低处。山坡长的地方，特别是坡陡时，顺坡水沟不能太长，即中间应设横沟截断。横沟与坡向夹角也不宜过大，否则径流水量大，流速快，不利水土保持。地段下端的泄水沟要宽大些。

第二节　药用植物的植株调整及植物生长调节剂的应用

栽培的药用植物（全草入药类除外）并不是整株都能作为药材使用，能作为药材使用的即产品器官只是很少的一部分。有些药用植物任其自然生长发育，植物体自身器官间的生长不平衡，有的枝叶繁茂，不仅影响通风透光，降低光合效率，而且还降低花、果、种子入药的产量和品质；有些花果不入药，花果生长白白耗掉了光合积累产物，反而降低了根、茎、叶的产量；有些木本药用植物树体结构不良，不仅产量低下不稳定，其产品质量也不佳。为使栽培药用植物能达到高产稳产和优质，就必须在其生长发育过程中，人为地调整某些植物的生长与发育的速度，修整个体的株体结构，使之利于药用器官的形成。

每一个植株都是一个完整的统一的生物体，植株上任何器官的消长都会影响其他器官的消长，摘去了一片叶子、一朵花乃至整个花序或者摘除顶芽、修剪除去部分枝条，对整个植株来讲，并不是单纯地少了一片叶子或一朵花的问题，而是影响到整株的生长发育——花和其他器官的形成、生长、发育，株体结构等。植物生长的相关性，营养生长与生殖生长的关系，同化器官和储藏器官的关系，都与植物体内营养物质的运输与转化分不开，这是正确进行植株调整工作的生理学依据。前面谈过的生长发育、生长相关等都是植株调整的生理学基础。

由于草本植物和木本植物的生长发育特性不同，植株调整的内容和技术存在差异。

一、草本药用植物的植株调整

草本植物植株调整的主要内容有摘心、打杈、摘蕾、摘叶、整枝压蔓、疏花疏果和修根等。进行植株调整的好处是：①平衡营养器官和果实的生长；②抑制非产品器官的生长，增大产品器官的个体并提高品质；③调节植物体自身结构，使之通风透光，提高光能利用率；④可适当增加单位面积内的株数，提高单位面积产量；⑤减少病虫和机械损伤。

（一）摘心、打杈

在栽培管理上，把摘除顶芽叫做摘心，亦称为打顶、摘顶；把摘除腋芽叫做打杈。打顶可以抑制主茎生长，促进枝叶生长。

例如，以花头入药的菊花，其花头着生于枝顶，摘心后可使主茎粗壮，减少倒伏，并使分枝增多，增加花头数目，一般生育前期摘心 1～3 次。狭叶番泻叶摘心后，枝叶繁茂，提高了叶的产量。摘心、打杈可以抑制地上部分的生长，促进地下器官的生长与膨大（如乌头和泽泻）。

又如丝瓜和栝楼等药用植物原产于热带，在温带栽培后，生长期受到霜期限制，任其顶芽、侧芽自然生长，后期生长的枝叶由于临近霜期，不能开花结果。这些不能开花结果的枝叶生长，只能白白消耗营养物质。如果将这些营养用于有限的花果生长上，还可使部分花果长大成熟。类似此种情况的药用植物还有荜拨、巴戟天、何首乌和望江南等。所以，这类药用植物栽培管理上，到生育中期后要摘心、打杈，保证部分枝干花果正常成熟。

再者类似番红花等药用植物，球茎上腋芽易萌动生长成小球茎，与主球茎争夺养分，致使主球茎变小，不能开花或很少开花，既影响产量，又影响品质。对此，栽培时，要疏去腋芽，只保留主芽和1～2个较大的腋芽。西瓜和甜瓜的栽培管理中，也有摘心管理，摘心早晚、好坏直接影响产品成熟期和产量。

（二）摘蕾摘叶

1. 摘蕾 根及地下茎类入药的药用植物，如人参、西洋参、三七、黄连、贝母、知母、射干、半夏、北沙参、泽泻、芍药、乌头、玄参和黄芩等，进入开花结果年龄后，年年开花结实。花果消耗掉大量营养物质，严重影响根及地下茎的产量。在栽培管理上，除了留种田外，其余田块上的花蕾都要及时摘除，这样既可提高产量，又能提高产品质量。如人参，在五年生留种一次，参根减产14%；在第五年和第六年两年连续留种，参根减产29%；在第四年、第五年和第六年3年连续留种，参根减产44%。平贝母摘蕾，可使鳞茎产量提高10%～15%，生物碱含量提高1.6%～3%。

2. 摘叶 何首乌和丝瓜等药用植物，茎基部的老叶，到生育后期同化作用微弱，甚至同化作用积累的有机物少于自身呼吸作用的消耗，这样叶片的存在既不利于光合积累，又影响通风透光。在栽培上，常在叶片光合积累小于呼吸消耗时，及时摘除老叶，以保证整体光合积累都储于产品器官之中，保证稳产高产。

（三）整枝压蔓

南瓜、冬瓜的果实、种子、叶、皮、藤均属中药，其原植物是爬地生长。经压蔓后，不仅植株排列整齐，受光良好，管理方便，而且还可促进发生不定根，增加根吸收营养和水分的能力，从而促进果实发育，增进品质。此类植物腋芽常发育成分枝，特别是坐果部位前面茎节上的分枝，与果实竞争养分，严重影响果实的产量和品质，所以结合压蔓管理，要除去分枝和腋芽，保证1～2个主干上的果实健康发育。

（四）疏花疏果

以果实、种子入药的药用植物（如薏苡、枸杞和山茱萸等）或靠果实、种子繁殖的药用植物，种子、果实生长的好坏直接关系到药材的产量和品质，直接影响播种、出苗质量。从目前商品和种子质量要求上看，果大子大质量最佳。生产上采用的疏花疏果技术就是培育大果大子的重要措施之一。蔬花疏果培育大果技术在果树、蔬菜上早已广为应用。在药用植物中需要进行疏果的植物有栝楼、罗汉果、南瓜、冬瓜和一些果药兼用的果树。这里说明疏花疏果对培育优质种子的作用。

人参靠种子繁殖，任其自然开花结实，每株可结百余粒种子，千粒重为20～26g。采用疏花疏果，每株保留25～30粒，千粒重为26～31g，大子千粒重为35～40g，且比自然结子早熟7～10d。我国人参单产提高与提高种子千粒重也是分不开的。目前从国外引进的西洋参子由于未实施疏花疏果，种子千粒重小，而且成熟度不一致，因此催芽的裂口率、出苗率不高，今后应吸取经验教训。有些为无限花序的药用植物，为了提高种子饱满度和千粒重，应视其生长、气候等情况适时适当摘去顶部或中部以上的花序，使光合积累的营养集中到中下部或下部果实和种子之中，达到提高种子产量和质量的目的。

（五）修根

少数药用植物（如乌头和芍药等）在栽培上需要通过修根来提高药材的产量和品质。例如，乌头生长发育过程中，块根周围生有许多小块根。如不修除任其自然生长，形成的块根数量多，个头小，产品商品等级低，不适合加工附片，虽然产量高些，但产值低。如果进行修根，去掉多数小块根，只留 1～2 个大的块根，使营养集中供给 1～2 个块根生长，其结果是块根个头大，质量好，虽然产量不及不修根者，但产值高，有利于销售。又如，浙江栽培芍药要修去侧根，保证主根肥大。

二、木本药用植物的植株调整

木本药用植物种类很多，药用部位也不尽一致。以根入药的有印度萝芙木、海南萝芙木、密蒙花和深山含笑等；以茎入药的有接骨木和钩藤等；以叶入药的有番泻叶、古柯、红花天料木和柳叶润楠；以花入药的有丁香、金银花、玉兰花、茉莉和辛夷等；以果实种子入药的有枸杞子、五味子、山茱萸、八角茴香、使君子、马钱子、栀子、诃子、枳壳和大枣等；以茎皮、根皮入药的有杜仲、黄柏、肉桂、麻楝和南洋蒲桃等；以树脂入药的有土沉香、安息香、儿茶和阿拉伯胶等。其中，花、果实、种子入药的很多。除上面列举之外，还有许多是果、药兼用的树木，如枇杷、桃、杏、核（胡）桃、猕猴桃、银杏、荔枝、龙眼、石榴、杨桃、可可、山葡萄、郁李、扁桃、山楂、木瓜、桑、杨梅、茅栗、酸枣、佛手、橄榄、芒果和柿等。以花、果实、种子入药的木本药用植物，栽培中的整形修剪是一个十分重要的技术措施。

合理修剪可使花果（含种子，下同）入药的药用植物提早开花结果，延长经济采花采果的年限，不仅能够提高产量，而且还可以克服大小年现象。此外，合理修剪还可以改善树木和田间通风透光条件，减少病虫危害，增强抗灾能力，降低生产消耗。

花果类入药的药用植物，其修剪工作必须根据树木的生长、开花结果特性、自然条件、栽培措施和经济条件确定。例如，常绿树终年有叶，宜轻剪，保持其接近天然树形。树性直立的应开张主枝角度，树性开张和下垂的应注意抬高枝头。成枝力强的要以疏剪为主，短裁为辅，减少长枝数目。对于生长旺盛，以短枝开花结果为主的树木也应以疏剪为主，促其形成短枝；相反情况时，要多短剪，促其长结果枝。幼树应注意整形，多轻剪缓放，甚至不剪；而老树应采取回缩更新复壮技术；盛果期树木应适当短剪，促进生长，控制花芽，调节叶、花芽比例。一年中，休眠期可全面细致修剪，落花落果期要多用控梢保果措施，夏秋停梢期树冠过密时，要疏枝等。同一种果树，不同地区自然条件下，修剪方法、时期也不同。总之，修剪必须根据树种、自然条件和生产要求，统筹兼顾，从解决主要矛盾出发，制定丰产优质低消耗的修剪指标，决定具体措施，保证药用植物达到早花早果、丰产、稳产、优质、低耗的目标。

（一）整形

1. 树体结构 树体地上部分包括主干和树冠两部分。树冠由中心干、主枝（又称为母枝、骨干枝)、副主枝(侧枝)和枝组构成。其中,中心干、主枝和副主枝构成树冠的骨架,统称骨干枝(图6-1)。

树体的大小、形状、结构、间隔等影响群体光能利用和劳动生产率。树体高大可充分利用空间,立体结果,但株距加大,枝干增多,树形建成慢,早期光能利用差,后期单位面积上有效叶面积减少。树冠形状以其外形大体分为自然形、扁形(篱架形、树篱形)和水平形(棚架、盘状形、匍匐形)3类。在解决密植与光能利用、密植与操作的矛盾中,以扁形最好,群体有效体积、树冠表面积均以扁形最多,自然形次之,水平形最少。扁形产量高,品质好,是现代果园的主要树形。树干的高低与产量、管理有关,干矮则树冠与根系间养分运输距离近,物质运转快,树干养分消耗少,有利于生长。树势较强,发枝向上,有利于树冠管理,但不利于地面管理;有利于防风、保湿保温,但通风透光差,因此目前多用矮干。干高要灵活掌握:树形直立,干可矮些;树形开张,枝条较软者,干可高些;灌木或半灌木类,干宜矮;行株距大的干要高,矮化密植干要矮,等等。现代树冠结构趋向于简单化,这样简化了修剪,提高了劳动效率。矮化密植时,多采用相当于自然大树上一个骨干枝(包括其上枝组)的圆锥形、纺锤形或三角形。骨干枝数目,原则上在能布满足够空间的前提下,骨干枝愈少愈有利。生产上是:树形大骨干枝多,反之则少;发枝力弱的骨干枝要多,反之要少;幼树、边行树坡地栽培、光照条件好的,可多些。同一层内骨干枝数不宜超过4个,骨干枝在主干上距离应大些。分枝角度:主枝基角(主枝基部与中心干的夹角)宜在30°~45°范围内,主枝腰角(主枝与中部中心干的夹角)一般以60°~80°为宜,梢角要小些(图6-2)。各级干枝从属要分明。枝组又叫枝群或结果枝组,亦称单位枝(南方叫侧枝),它着生在骨干枝上,是着生叶片和开花结果的主要部分,整形时要尽量多留,为增加叶面积、提高产量创造条件。辅养枝是整形过程中留下的临时性枝,幼树时要多留,以缓和树势,提早结果和辅养树体促进生长。注意随着植株生长,光照条件变化及时将他辅养枝剪或改为枝组。

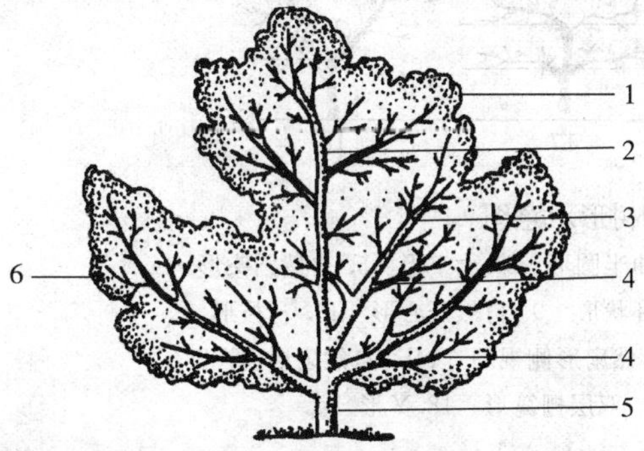

图6-1 树体结构

1. 树冠 2. 中心干 3. 主枝 4. 侧枝(副主枝)
5. 主干 6. 枝组
(引自郗荣庭,2000)

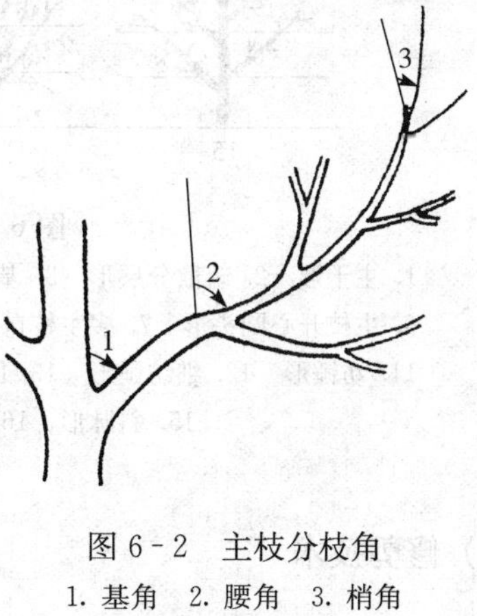

图6-2 主枝分枝角

1. 基角 2. 腰角 3. 梢角
(引自郗荣庭,2000)

2. 园内群体结构 园内树木群体是由个体组成。个体构成群体的方式有均匀栽植(长方形栽植、正方形栽植、三角形栽植)、宽行密植(带状栽植)和等高栽植3种。坡地等高栽植比平地遮阴少,坡度愈大株间遮阴愈少,个体可适当多留枝。平地果园面积越大,园内光照、通风条件越差，个体应适当少留枝。群体中的个体逐年生长，树体不断扩大，必须调整个体结构，使之适应群体的变化，否则群体内通风透光条件变劣，势必影响产量和品质（树冠内部枝叶逐渐枯死，最后群体叶幕形成天棚形）。园内群体结构受密度影响，栽植愈密，封行愈早，封行后通风透光条件变差，必须通过修剪控制生长，延缓封行。近于封行时，应减少骨干枝数或缩短间栽树的枝长，直至伐掉间栽树木。

3. 主要树形　主要树形见图6-3。

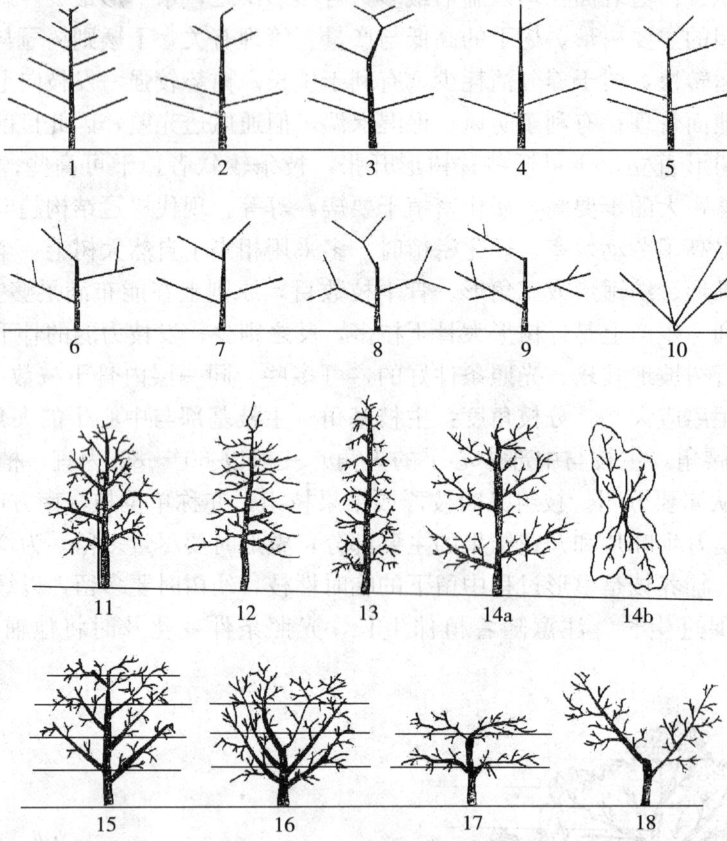

图6-3　果树主要树形示意图

1. 主干形　2. 疏散分层形　3. 基部三主枝小弯曲半圆形　4. 十字形　5. 自然圆头形　6. 主枝开心圆头形　7. 多主枝自然形　8. 自然杯状形　9. 自然开心形　10. 丛枝形　11. 纺锤形　12. 细纺锤形　13. 圆柱形　14a. 自然扇形侧视图　14b. 自然扇形顶视图　15. 斜脉形　16. 棕榈叶形　17. 双层栅篱形　18. Y形

（引自郗荣庭，2000）

（二）修剪技术

1. 修剪方法

（1）**短截**　短截又称为短剪，即剪去枝梢的一部分。它的作用是增加分枝，促进生长和更新，改变不同枝梢间的顶端地位和控制树冠与树梢。一般在枝梢密度增大，树冠内部（又称为树膛）光线变弱时采用短截，以增强膛内光照度。在主枝出现生长不均衡时，为改变顶端优势部位，平衡主枝生长，也要采用短截，不过此时短截是强枝短留，弱枝长留的短截。

有时为了控制树冠和枝梢的生长，也必须短截。生长期短截对控制树冠和枝梢生长效果最好。

（2）**缩剪** 缩剪又称为回缩，也是一种短截技术，它是在多年生枝上短截。一般短截较长，所以称之缩剪，它有更新复壮的作用。如为缩短枝轴，使留下部位靠近根系或想从阶段性较低部位抽生新梢时，多采用缩剪。有时欲更新枝组、骨干枝（主枝）或控制树冠、辅养枝时，也采用缩剪。缩剪作用的大小与缩剪程度留枝强弱、伤口大小有关。

（3）**疏剪** 疏剪又称为疏删，它是将枝梢（枝条）从基部剪除。疏剪可减少枝条数目，削弱整体或骨干枝势力，控制旺长，促进结果。通常欲增强树冠内光线，尤其是短波光时，要采用疏剪。有时为了控制旺长，促进结果多用疏剪方法，有时为了调节树冠局部或整体长势时，也采用疏剪方法，疏剪愈多，伤口间愈近，作用越明显。

（4）**长放（甩放）** 对营养枝不剪称为长放。长放可使幼旺树、旺枝提早结果。为了促进幼树（或旺枝）早抽短结果枝时，要采用长放。由于枝条长放后，留芽多，抽叶多，生长的枝条多，营养过于分散，因此有利于短枝的形成。有时为增粗营养枝，也采用长放方法。长放多用于长势中等的枝条，长放强旺枝时，应配合弯枝、扭伤等措施，以削弱长势。

（5）**除萌和疏梢** 抹除或削去嫩芽称为除萌或抹芽，疏除过密的新梢称为疏梢。此法常用于枳壳、葡萄栽培，以及嫁接后除砧蘖和老树更新后的除蘖抹芽。

（6）**摘心和剪梢** 摘心可削弱顶端生长，促进分枝。一般为促使二次梢生长，达到快速整形，加快枝组形成或增加分枝时采用摘心，特别是欲提高分枝级数，提早结果时采用摘心剪梢。为使枝芽充实和形成花芽，或提高坐果率，也采用摘心和疏梢。摘心必须在枝梢有了足够叶面积的保证之后进行，否则影响生长、花芽分化和坐果率。

（7）**弯枝** 弯枝就是改变枝梢方向，合理利用空间，改变生长势，以利于树体生长和结果。通常树冠直立的品种，为了开张主枝角度或者为了促进近基枝更新复壮，防止下部光秃时，采用弯枝技术。

（8）**环剥** 环剥是将枝干的韧皮部剥去一环。环割、大扒皮都属同一类。其目的是抑制营养生长，促进生殖生长。多在春季新梢叶片大量形成后，为防止落花落果，促进果实膨大而采用环剥。再生能力差的树木多用环割或大扒皮，再生能力强的采用环剥。采用环剥时，环剥过宽、过窄都达不到预定目的，过深、过浅也不适宜。

此外，还有扭梢、刻伤、去叶、断根、去芽、击伤芽、折枝等修剪技术，应视情况采用。

2. 修剪的时期 修剪时期一般分为休眠期（冬季）修剪和生长期（夏季）修剪。药用果树和果树一样，休眠期储藏的养分较充足，修剪后地上枝芽减少，营养集中在有限枝芽上，所以，新梢生长加强。夏季修剪，由于树体储藏养分不及休眠期多，同样的修剪量，一般对树体的抑制作用较大，因此，夏剪剪枝量要从轻。有的地方秋季还进行修剪，目的是使树体紧凑，改善光照，充实枝芽，复壮内膛。有的地方生育期进行两次修剪，第一次在6月完成，第二次在8～9月完成。生育期修剪不单限于上述时期，如除萌和疏梢可随萌芽状况随时进行。摘心目的不同，其时期也不同，缩剪、疏剪也要视树体整体和局部状况，按照修剪目的灵活掌握修剪时期。

落叶药用果树休眠期修剪多在严寒来临之后和春季树液流动之前为宜。具体修剪的时期，要视植株体内养分含量多少、对芽分化和枝条充实的影响、植株的越冬性、树种特性和生长势以及劳动效率等而定。常绿果树休眠期或缓长期修剪多在春梢抽生前，老叶最多，其中许多老叶将要脱落时进行。广东、广西、台湾等省、自治区的药用果树都在休眠后春梢抽生前进行修剪。

3. 修剪程度 修剪程度主要是指修量，即剪去器官的多少，同时也包含每种修剪方法所施行的强度。修剪必须适度，过轻达不到修剪要求的目的，过重会抑制生长，只有适度修剪才能既促进枝梢生长，又能及时停止生长。环剥的宽度和深度也要适宜，如宽度不够，剥后很快愈合，达不到环剥目的；环剥过宽，长期不能愈合，会使枝梢死亡。同样，弯枝的角度大小也必须适合修剪的目的要求。一般旺树、幼树、强枝要轻剪缓放，弱树、老树、弱枝要重剪，使其都能生长适度，有利于结果。田间肥水充足时，要轻剪密留，肥水不足则要加重修剪。修剪的程度也要与修剪时期、方法、树种和树势相适应，必须综合分析，灵活掌握。

三、药用植物生长调节剂的应用

植物生长发育受自身体内激素的控制，现代农业生产已经逐步应用人工合成的与植物激素的作用相类似的生长调节剂促控植物生长发育。采用生长调节剂促控生产，在农作物、蔬菜、果树等方面进展较快，在药用植物栽培上的应用正在兴起。但也要注意，开展中药材规范化生产中，一般不允许使用有机合成的植物生长调节剂。

（一）抑制地上器官生长，促进地下器官生长

人参、三七、西洋参等根入药的药用植物，为了提高根的产量，应用生长抑制剂或生长延缓剂控制茎叶生长，促进根的生长。例如在人参生长初期（展叶后），试验向茎叶上喷施比久（B_9）（1 000～4 000 mg/L），可使种子千粒重增加 3 g 左右，根茎上双芽胞率由 1%～2%提高到 2%～7%，参根产量增加 10%～20%。但由于近年国内外曾有报道 B_9 有致癌毒性，现已停止试验。

（二）打破休眠

许多药用植物的种子具有休眠特性，而且生长缓慢。生产上应用生长调节剂浸泡种子，可打破休眠，加快胚的后熟。例如，人参种子具有综合休眠特性，给予适宜的生长发育条件，也需 6 个月的后熟期。在自然条件下，从种子成熟到完成后熟出苗依据无霜期长短需要 9～22 个月。近年研究应用 40～100 mg/L 的赤霉素，浸泡种子 18～24 h，可使种子形态后熟期由 100～120 d 缩减为 70 d 左右。用 40 mg/L 赤霉素处理裂口种子，可使其生理后熟由 60 d 减为十几天。这样加快了种子后熟进度，争得了时间，使当年采收的参子处理后，当年冬前就能播种（迟者翌春播种），第二年春就出苗。西洋参种子用赤霉素处理，也可使当年采收的种子于翌春正常出苗。人参和西洋参种子还可以用 BA、KT 浸泡种子，也能加快种子后熟速度。此外，紫草、北沙参和水红子等的种子都可用赤霉素处理，由秋播改为春播。

（三）调控芽的生长

用高浓度的萘乙酸（NAA）涂布于锯口处，可以抑制石榴、无花果、核桃和橄榄的萌

蘖发生。在葡萄、山核桃上应用 B_9 有抑制新梢保果作用，还可防止徒长控制树形。在柑橘抽梢时，用调节磷（氨基乙基甲酸磷酸酯铵盐）500～750 mg/L 或矮壮素（CCC）2 000～4 000 mg/L 喷布（或 1 000 mg/L 浇施）对抑制新梢有效（有代替抹芽和控梢的部分作用）。有的报道指出，PP_{528}［乙基 5 -（4 -氯苯）- 2 -氢- 4 -唑- 2 -醋酸盐］、三碘苯甲酸（TIBA）、化学摘心剂、细胞分裂素、多效唑（PP_{333}）可以抑制枝梢顶芽生长，促进侧芽生长，开张枝梢角度。CEPA 可以使枝顶脱落，枝条变粗。

在大蒜收获前两周，用 2 500 mg/L 青鲜素（MH）喷雾处理，可以有效地防止储藏期中的萌芽现象。

（四）调控花芽分化、生长及性别，促进果实早熟

在果树上施用赤霉素可以促进生长，减少花芽分化；用 4 000～8 000 mg/L 的矮壮素或比久喷施莴苣，可明显抑制抽薹。赤霉素有代替低温和长日照的作用，对一些二年生植物（如胡萝卜和芹菜等）越冬前用 20～40 mg/L 赤霉素滴生长点，可使其在越冬前抽茎开花。低浓度的乙烯利（100～200 mg/L）水溶液喷在南瓜等幼苗叶上，可以促进雌花发生；而喷施 50～100 mg/L 赤霉素，则雌花减少，雄花大大增多。在黄瓜雌性系上用赤霉素处理，可使变成雌雄同株。有的报道指出，喷施一定浓度的 2，4 - D 可以防止落花落果，或疏除花果。对果实喷施一定浓度的乙烯利可以促进早熟，使用 300～500 mg/L 乙烯利喷施西瓜可早熟 5～7 d。

（五）其他药剂和效用

除生长调节剂外，还有用碘化钾、尿素、TTP、UC - TTP 等落叶促进剂代替人工去叶，在药用植物中报道的是番石榴用 25％尿素做脱叶剂。有的应用生长调节剂类物质，进行产品保鲜。

第三节 药用植物的其他田间管理

药用植物中蔓生、攀缘、缠绕生长的种类很多，阴生植物也不少，这些植物在栽培管理上需要设支架或荫棚。有些植物栽培中，还需进行抗寒防冻、预防高温等管理。

一、搭 架

攀缘、缠绕、藤本和蔓生的药用植物很多，如天门冬、党参、丝瓜、山药、马兜铃、何首乌、雪胆、牵牛、荜拨、穿山龙、轮叶党参、南瓜、冬瓜、忍冬、罗汉果、栝楼、五味子、木鳖子、马钱子、山葡萄、钩藤和六方藤等。这些植物爬地栽培时，叶面积指数很小，例如南瓜、冬瓜只有 1.5，很少超过 2。由于在一定范围内，叶面积指数与产量呈正相关。爬地栽培时，叶层相互遮阴，群体下层光照弱，叶面积指数愈大，遮阴程度也愈大，单位叶面积的平均光合生产率反而下降，净光合积累减少。再加上通风不良，湿度过大，易感染病害。而搭架栽培，株体攀缘、缠绕于架上生长，提高了冠层的高度，扩大了株间的距离，增加了受光面积，大大降低了遮阴程度，其产量随叶面积指数而增加。如南瓜和冬瓜等搭架栽

培后，叶面积指数就由 1.5 提高到 4～5 或以上，产量大幅度提高。所以这些植物栽培管理中，搭架是不可少的措施。

党参、山药、白扁豆、马兜铃、何首乌、牵牛、雪胆和荜拨等株型较小的药用植物可在株体旁立竿做支柱。为使支架牢固、抗风，也可将 3～6 个立竿（通常 4 个一组）绑固在一起，也可将立竿编架在一起。忍冬、罗汉果、栝楼和钩藤等株型较大，立竿做支架承受不起，应搭棚架或牢固的立架，使株体在架上生长。搭架必须适时，当株高不能直立时就及时搭架为宜。

二、遮　　阴

（一）遮阴的重要性

人参、西洋参、三七、黄连、细辛、吐根、砂仁、草果和天南星等阴性植物，自然分布于林中，规模化生产以后，逐渐发展到林间空地或林缘荒山坡地。砂仁、草果、细辛和吐根等多栽培在疏林林下，利用林木遮阴栽培。人参、西洋参、三七和黄连等名贵药材则采用荫棚下栽培。人们采用不同棚式控制棚内的透光透雨程度，创造适合阴性植物生长的最佳环境条件，使之达到优质高产的目的。

阴性植物怕强光直射，需要遮阴栽培，但绝不是什么样的荫棚都行。就植物自身来说，每种植物都有自己的光补偿点和光饱和点，又都有自己不能承受的最大光照度，都需在一定的温度和湿度环境下才能良好发育。所以，良好的荫棚应当是保证不受强光危害，提供的光照充足适宜，温度和湿度环境也很理想。理想的荫棚，是结构合理、便于架设，成本低廉。所谓结构合理是指棚下受光均匀适度（冠层光照度接近于光饱和点），温度和湿度也较均衡。

（二）阴棚的类型

当前人参、西洋参所用荫棚有全荫棚（不透光不透雨棚）、单透光棚（透光不透雨棚）和双透棚（透光透雨棚）3 类。棚式有平棚、一面坡棚、脊棚、拱形棚和弓形棚。黄连、三七、细辛多为双透平棚。在雨量较大的地区（特指在生育期间）以拱形、弓形透光不透雨棚为好；在雨量较少或土壤透水较好的地方，以拱形、弓形透光透雨棚为好。

平棚、一面坡棚、脊棚、拱形棚、弓形棚中，在棚帘密度一样的情况下，以拱形棚、弓形棚为最好，一面坡棚和平棚最差。

1. 平棚　平棚搭设方便，效率高，但棚下受光状况仍不均衡，虽然与一面坡棚相比棚前棚后受光均衡（南北走向），但棚前棚后与棚内仍有较大差异，特别是宽平棚。一天之内有效光的总受光量少。

2. 一面坡棚　一面坡棚的棚下受光不均衡，前、中、后各部分受光差异较大，仅约 1/3 床面宽受光较为适宜，2/3 受光不适宜。另外，水分状况也不均衡，一日之内有效光总受光量少。把棚变窄些后受光状况有所改进，但土地利用率低，单位面积上架棚费用增多。

3. 拱形棚　拱形棚是近年推广开的一种棚式，棚下前中后受光均匀，水分状况比上述两种棚式好，缓解了平棚一日内只有中午短暂时间光照适宜，其他时间光照均弱的状况，从而提高了一日内有效光的总受光量。另外，拱形塑料棚还有一定的塑料大棚效应，能适当延长生育期，但拱形棚的纵向受光不均衡（平棚和一面坡棚也如此）。

4. 弓形棚　弓形棚是在拱形棚基础上改进而成的，棚下状况与拱形棚相近似，比拱棚改进的是棚下纵向受光也均衡，因为去掉了横梁、拉杆顺杆等，改用竹匹子做弓，所以架棚省料，架设也较为省工、简便，是目前较为理想的棚式。

（三）阴棚的应用

目前阴性植物生产中，前面叙述的几种棚式都有，有关棚式的研究在人参上较多。几种棚式下的受光状况与日光照度的变化关系见图6-4。

植物吸收太阳光中的红光最多，红光光合效率最大；黄光次之；蓝紫光的同化作用效率仅为红光的14%。由于太阳光的直射光中红光和黄光最多只占37%，而散射光中红光和黄光占50%～60%，所以，阴性植物在强散射光下生长良好。

又因人参和西洋参栽培采用拱形棚、弓形薄膜棚最多，薄膜影响透过光的光质。所以，选膜以透过红黄光多者为最好。

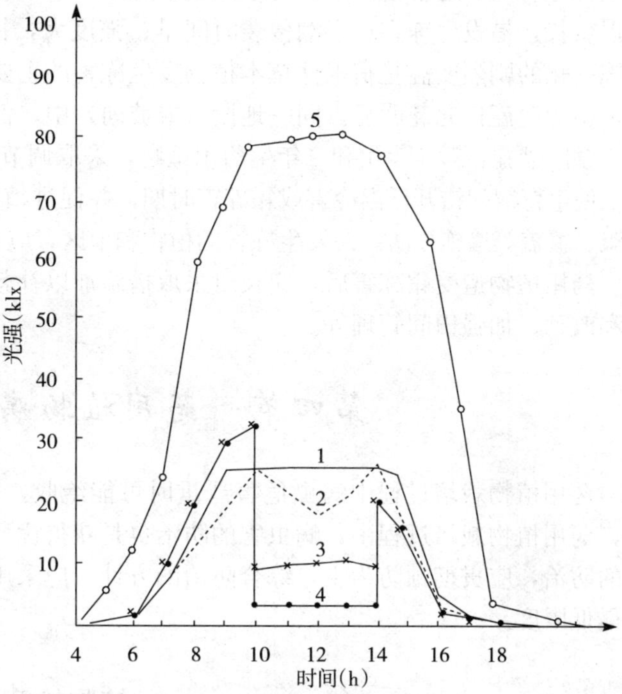

图6-4　不同棚式受光比较

1. 拱形棚　2. 脊形棚　3. 一面坡透光棚
4. 一面坡全荫棚　5. 自然光

应当指出，如果条件允许，荫棚的高度应随药用植物的生长而相应的加高，或1年变化1次，或2～3年变化1次。再者，一年四季中，光的组成和强度总在不断变化，所以，荫棚透光的多少（即透过光照的强度）也应随季节变化而相应变化。在东北参区，一般夏季透过光量为自然光量的20%～24%，春秋时节透光量以自然光量的35%～40%为宜。透光的多少还要视参苗大小、自然温度高低而变化，一年生和二年生小苗透光量应少些，高温干旱时节透光量也应少些。目前东北参区采用拱形或弓形调光棚（随季节变化改变透光度）是比较科学的，其设计原理适用于其他阴性植物的荫棚设计。

有些药用植物的育苗期或一至三年生幼苗阶段怕强光直射，所以，人工栽培时，要架设临时性荫棚或与其他高秆植物间种，利用高秆植物创造的荫蔽环境，满足幼苗生长之需，如龙胆草、五味子、当归、肉桂、白豆蔻和八角茴香等。此外，天麻采种时要设荫棚，平贝母移到北京栽培，也需架设荫棚。

三、防寒越冬

我国幅员辽阔，自然条件复杂，栽培的药用植物常因种种原因也出现霜冻和冻害。有的年份个别种类冻害严重，给生产带来损失。多数情况是部分器官受害，或生长停滞，有的导致病害发生，造成损失。所以栽培管理中，要注意防寒越冬管理。

霜冻、冻害各地都有。广东、广西、海南和台湾等省、自治区低温冷害较多。宿根性草本植物和喜温的药用植物易发生冻害，栽培管理时应予以特别注意。

冻害的发生与品种、长势、树龄、枝条的成熟度、地形地势、地理位置、气象和栽培管理条件等有关。通常情况下，春季热量、光照不足，养分积累少，枝条未成熟，或氮肥偏多延迟生长，易发生冻害；寒潮侵袭时间早、强度大，持续时间长，易发生冻害，程度较重。一冻一化的剧烈变温是宿根性草本植物发生冻害的主要原因，东北、华北和西北地区容易发生，山的南麓比北麓明显。同一地段（或坡向）中，低洼地重，沙性大的地块冻害重。

预防措施：对一年生和二年生药用植物，采取调节播种期（提前或错后）、加强管理等措施，使生育期间错开低温冷害或霜冻害时期，并促进植株健康生长。在霜冻来临时采取熏烟、灌溉、覆盖等措施预防。易发生冻害的植物和地区，应适时培土或地面覆盖，或包扎防寒等。

药用植物遭受霜冻害后，应及时采取措施加以补救，力争减少损失，如扶苗、补苗、补种和改种、加强田间管理等。

第四节 药用植物病虫害防治

药用植物栽培过程中病虫危害严重时可能绝收，一般情况下也要降低产量和品质，所以，药用植物栽培过程中，病虫害的防治也是获得优质高产不可缺少的重要措施之一。病虫害的防治，应贯彻预防为主，综合防治的方针，应采用各种方法，把病虫害限制在造成损失的最低限度。

一、植物检疫

许多病虫害的传播是随种子、种苗、包装物等远距离传播的。调运种子、种苗，若不经检疫，将病虫带入新区，遇到适宜条件侵染为害，必将造成损失。所以，从国外或外地调运种子、种苗时，必须经过检疫，确认无检疫对象和主要病虫害后，方可调运。

二、农业防治

（一）合理轮作与间作

药用植物在一地种植后，田间就存有病菌和害虫的侵染源。连作会给病虫害的侵染源提供寄主和食物，导致病虫害的大发生。而合理的轮作与间作，会使病菌、害虫在能存活的期限内因得不到寄主而死亡。如白术的根腐病和白绢病病菌能存活 3～4 年，若与禾本科植物轮作 4 年以上，就会使其死亡。如果轮作作物或邻作、间作植物选择不当，就收不到预定的效果。又如地黄有线虫病，不能与大豆等有同类线虫病的植物轮作或邻作，否则线虫病危害就加重。如果间套作植物或相邻植物搭配不合理，把同病寄主或中间寄主，同一害虫为害的植物搭配在一起或相邻种植，病虫害也重。例如，把颠茄和马铃薯间套或相邻种在一起，二十八星瓢虫和疫病的危害就加重。

（二）深耕细作，清洁田园

深耕细作不仅能直接杀灭病虫，而且还促进根系发育，使植物生长健壮，增强抗病能力。清洁田园是预防病虫危害的重要措施之一，它包括清除病株病叶（病部）、田间杂草及植物残体，并把清除物深埋或烧掉。这样可以减少来年侵染危害的来源，从而大大降低病虫发生危害程度。例如，枸杞黑果病（马铃薯晚疫病），在秋季收果后，彻底清除树上黑果和剪除病枝，并将地上枯枝落叶及黑果全部除掉深埋。翌年7月中旬调查，彻底清园者发病率为2.1%，清园不彻底者发病率为22.4%，未清园者发病率为50.8%。

（三）科学栽培管理

选育抗病抗虫品种在相同栽培管理水平下，就可以获得较高的产量。如有刺红花比无刺红花抗炭疽病和红花蝇；矮秆阔叶型白术有一定的抗术子虫能力等。

调节播期可使植株错过病虫浸染危害期，如在东北早播红花可避免炭疽病为害。

适时间苗，合理施肥可使穿心莲烂根病的发病率大大降低，反之发病严重。适当增施钾肥有提高蛔蒿抗烂根病的作用。采用拱形调光棚，适当提高棚下光照度，可以大大降低人参黑斑病的发病率。

总之，农业防治措施在防治病虫害中占有重要地位。

三、生物防治

生物防治是利用自然界有益的生物来消灭或控制病虫危害的一种方法，具有使用灵活、经济、对人畜和天敌安全、无残毒、不污染环境、效果持久的特点，是未来的一个发展方向。

生物防治中有以虫（捕食性益虫、寄生性益虫）治虫，如瓢虫食蚜虫，赤眼蜂寄生玉米螟，绒茧蜂寄生地黄拟豹纹蛱蝶幼虫等；以菌（杀螟杆菌、苏云金芽孢杆菌、白僵菌等）治虫，如上海应用桑毛虫核多角体病毒防治桑毛虫；有益动物的保护与利用；农用抗生菌的应用，如春雷霉素、多抗霉素、769等防治多种病害。

四、理化防治

物理防治就是利用光线、温度、风力、电流和射线等物理因素和器械设备等物理机械作用来防治病虫危害，如种子清选、温汤浸种、人工器械捕杀和诱杀等。化学防治就是利用化学农药来防治病虫害的一种方法。化学防治的方法目前应用最普遍，见效快，效果显著，使用方便，适用于大面积防治，是综合防治中的一项重要措施，但也是开展规范化种植时应多加注意的方法，要避免使用高毒、高残留、“三致”（致癌、致畸和致突变）农药。

总之，在病虫害防治中，应采取综合防治策略（integrated pest management，IPM），要把各种防治措施结合起来，灵活运用。如必须施用农药时，应按照《中华人民共和国农药管理条例》的规定，采用最小有效剂量并选用高效、低毒、低残留农药，以降低农药残留，保证药材入药安全，保护生态环境。现参考农业部有关无公害农产品生产推荐使用农药品种的文件（2002 年 7 月 1 日发布），和我国农业行业标准绿色食品农药使用原则（NY/T 393—2000），将优质中药材生产中推荐和应禁止使用的农药简介如下，供参考（注：名单中带 * 号者茶叶上不能使用，因此这样的农药在茎叶入药的药材中也应禁用）。

（一）推荐使用的农药

1. 杀虫、杀螨剂

（1）**生物制剂和天然物质** 苏云金芽孢杆菌、甜菜夜蛾核多角体病毒、银纹夜蛾核多角体病毒、小菜蛾颗粒体病毒、茶尺蠖核多角体病毒、棉铃虫核多角体病毒、苦参碱、印楝素、烟碱、鱼藤酮、苦皮藤素、阿维菌素、多杀霉素、浏阳霉素、白僵菌、除虫菊素和硫黄。

（2）**合成制剂**

①菊酯类：溴氰菊酯、氟氯氰菊酯、氯氟氰菊酯、氯氰菊酯、联苯菊酯、氰戊菊酯*、甲氰菊酯*、氟丙菊酯。

②氨基甲酸酯类：硫双威、丁硫克百威、抗蚜威、异丙威和速灭威。

③有机磷类：辛硫磷类、毒死蜱、敌百虫、敌敌畏、马拉硫磷、乙酰甲胺磷*、乐果、三唑磷、杀螟硫磷、倍硫磷、丙溴磷、二嗪磷和亚胺硫磷。

④昆虫生长调节剂：灭幼脲、氟啶脲、氟铃脲、氟虫脲、除虫脲、噻嗪酮*、抑食肼和虫酰肼。

⑤专用杀螨剂：哒螨灵*、四螨嗪、唑螨酯、三唑锡、炔螨特、噻螨酮、苯丁锡、单甲脒和双甲脒。

⑥其他：杀虫单、杀虫双、杀螟丹、甲胺基阿维菌素、啶虫脒、吡虫啉、灭蝇胺、氟虫腈、溴虫腈和丁醚脲。

2. 杀菌剂

（1）**无机杀菌剂** 碱式硫酸铜、王铜、氢氧化铜、氧化亚铜和石硫合剂。

（2）**合成杀菌剂** 代森锌、代森锰锌、福美双、乙磷铝、多菌灵、甲基硫菌灵、噻菌灵、百菌清、三唑酮、三唑醇、烯唑醇、戊唑醇、己唑醇、腈菌唑、乙霉威·硫菌灵、腐霉利、异菌脲、霜霉威、烯酰吗啉·锰锌、霜脲氰·锰锌、邻烯丙基苯酚、嘧霉胺、氟吗啉、盐酸吗啉胍、恶霉灵、噻菌铜、咪鲜胺、咪鲜胺锰盐、抑霉唑、氨基寡糖素、甲霜灵·锰锌、亚胺唑、春雷·王铜、恶唑烷酮·锰锌、脂肪酸铜、松脂酸铜和腈嘧菌酯。

（3）**生物制剂** 井冈霉素、农抗 120、菇类蛋白多糖、春雷霉素、多抗霉素、宁南霉素和农用链霉素。

（二）应禁止使用的农药

应禁止使用的农药见表 6 - 1。

表6-1 生产A级绿色食品禁止使用的农药

（参考任德权、周荣汉《中药材生产质量管理规范（GAP）实施指南》，2003）

种 类	农药名称	禁用作物	禁用原因
有机氯杀虫剂	滴滴涕、六六六、林丹、艾氏剂、狄氏剂	所有作物	高残毒
有机氯杀螨剂	三氯杀螨醇	蔬菜、果树、茶叶	工业品中含有一定数量的滴滴涕
有机磷杀虫剂	甲拌磷、乙拌磷、久效磷、对硫磷、甲基对硫磷、甲胺磷、甲基异柳磷、治螟磷、氧化乐果、磷胺、地虫硫磷、灭克磷、水胺硫磷、氯唑磷、甲基硫环磷	所有作物	剧毒、高毒
氨基甲酸酯杀虫剂	克百威（呋喃丹）、涕灭威（铁灭克）、灭多威	所有作物	高毒、剧毒或代谢物高毒
二甲基甲脒类杀虫杀螨剂	杀虫脒	所有作物	慢性毒性、致癌
拟除虫菊酯类杀虫剂	所有拟除虫菊酯类杀虫剂	水稻及其他水生作物	对水生生物毒性大
卤代烷类熏蒸杀虫剂	二溴乙烷、二溴氯丙烷、环氧乙烷、溴甲烷	所有作物	致癌、致畸、高毒
克螨特		蔬菜、果树	慢性毒性
有机砷杀菌剂	甲基胂酸锌、甲基胂酸铁铵（田安）、福美甲胂、福美胂		高残毒
有机锡杀菌剂	薯瘟锡（三苯基醋酸锡）、三苯基氯化锡、毒菌锡	所有作物	高残留、慢性毒性
有机汞杀菌剂	氯化乙基汞（西力生）、醋酸苯汞（赛力散）	所有作物	剧毒、高残毒
有机磷杀菌剂	稻瘟净、异稻瘟净	水稻	异臭
取代苯类杀菌剂	五氯硝基苯、稻瘟醇（五氯苯甲醇）	所有作物	致癌、高残留
2，4-滴类化合物	除草剂或植物生长调节剂	所有作物	杂质致癌
二苯醚类除草剂	除草醚、草枯醚	所有作物	慢性毒性
植物生长调节剂	有机合成植物生长调节剂	所有作物	潜在危害
除草剂	各类除草剂		潜在危害

注：以上所列是目前禁止或限用的农药品种，将随国家新出台的规定而修订。

复习思考题

1. 药用植物常规田间管理的内容都有哪些？
2. 药用植物施肥的原则是什么？有机肥料和化学肥料各有何特点？
3. 地面灌溉有哪些方式？各有何特点？
4. 荫棚有哪些种类？各有何特点？
5. 中耕培土的作用是什么？杂草有何危害？防除杂草的方法有哪些？
6. 如何进行草本药用植物的植株调整？其好处是什么？

7. 什么是药用植物病虫害的综合防治策略？无公害栽培如何选择农药？

主要参考文献

任德权，周荣汉 . 2003. 中药材生产质量管理规范（GAP）实施指南［M］. 北京：中国农业出版社 .
谢凤勋 . 2001. 中草药栽培实用技术［M］. 北京：中国农业出版社 .
张恩和 . 2002. 北方特用经济作物栽培学［M］. 北京：中国科学文化出版社 .
赵渤 . 2000. 药用植物栽培采收与加工［M］. 北京：中国农业出版社 .

第七章　药用植物的采收与产地加工

第一节　药用植物的采收

一、药用植物的采收时期

药材的采收期直接影响药材的产量、品质和收获效率。适期收获的药材产量高、品质好，收获效率也高。只有掌握不同药用植物品种特性，了解不同生长区域气候和水分等因子对药材形成的影响以及不同药用部位生长发育规律等，才能做到适时采收。

（一）采收期与产量

采收期对产量影响很大。例如，灰色糖芥地上部分产量，孕蕾期收获为 834.9 kg/hm²，初花期收获为 984 kg/hm²，盛花期收获为 1 080 kg/hm²，花凋谢种子形成期收获为 1 462.5 kg/hm²，种子近于成熟时收获为 1 153.35 kg/hm²，以花凋谢种子形成期为最高。又如，四川栽培的黄芪，8 月花期采收，7 kg 鲜根出 1 kg 干根，即鲜干比为 7∶1；9 月初采收鲜干比为 5～6∶1；接近枯萎期（10 月）采收，鲜干比为 3～4∶1；11 月（完全枯萎后）采收，鲜干比为 2～3∶1。按各期鲜根产量相等计算，以完全枯萎的 11 月份采收为最好，实际上鲜根产量也是 11 月份最高。

采收期与产量的关系不单单是年内各时期、各月份的差异，芍药、人参、西洋参和黄连等多年生宿根性药用植物，还有适宜采收年限问题，采收年限不同，产量也不相同。例如，芍药栽培 3 年采收，其单产为 4 500～ 6 000 kg/hm²；如果 4 年采收（增加生长的 1 年中，生产上投入不大），则单产为 6 000～7 500 kg/hm²。又如人参，6 年采收比 5 年采收，产量高 20%～30%；7 年采收产量比 6 年生又高 10%左右。但由于人参田间管理比较烦琐，延长生长年限，成本显著提高，因此目前生产中除了培养大支头人参的需要，一般普通园参加工生晒参，4 年就可收获，加工红参则在 5～6 年时收获。

（二）采收期与质量

药材是防病治病的物质基础，其质量优劣与药用（有效）成分含量高低呈正相关。药效成分含量高，治病效果较好，没有药效成分就不能防病治病。古代本草曾记有“药物采收不知时节，不知阴干曝干，虽有药名，终无药实，不以时采收，与朽木无殊”，这表明我们的祖先早已懂得采收期与质量的关系。华北地区有“3 月茵陈，4 月蒿，5 月茵陈当柴烧”的谚语，是说明茵陈只有 3 月苗期采收才能做药材。

药用植物生育时期不同，药效成分含量（各器官也如此）不一样，这种趋势在许许多多的药用植物中都能看到。例如，灰色糖芥地上部分强心苷含量，孕蕾期为 1.82%，初花期为 2.15%，盛花期为 2.31%，花凋谢种子形成期为 1.99%，种子近于成熟期为 1.39%。所以，就强心苷含量而言，以盛花期收获为佳。再如细辛，它是全草入药，挥发油为主要活性成分，有人测试出苗期（4月）、开花期（5月）、果期（6月）、果后营养生长期（7～8月）和枯萎期（9月）的醚溶性浸出物含量，分别为4.52%、5.78%、3.21%、3.45%和3.41%，以开花期含量为最高。我国东北传统的采挖期也是5月份。

人参、西洋参、三七、大黄、细辛和黄连等多年生宿根性药材，生长年限不同，药效成分含量也不同。一般地讲，生长年限愈长含量愈高。但要注意的是，人参生长年限在6年以内，活性成分的含量随生长年限延的增长速度较快，6～7年以后活性成分的含量随生长年限延的增长速度开始降下来，这和参的重量随生长年限延长的增长速率一致，因此从生产者和药用价值的角度来考虑，栽培的人参生长4～7年就可收获。又如生长3～4年大黄根中的大黄苷是在其种子成熟前含量最高，种子成熟后，苷的含量显著下降，因此从有效成分含量的角度来看，传统的大黄采收期有问题应改为种子成熟前采收。为更清楚地了解生长年限对药材有效成分含量的影响，现以3种五加科贵重药材人参、西洋参和三七为例，将产区按传统采收的药材测定的人参总皂苷含量的年生间变化情况归纳于表7-1。从表7-1中看出，按传统采收方法采收的这3种药材根中的总皂苷含量都是很高的。

表7-1 不同生长年限人参、西洋参和三七根中皂苷含量（%）

生长年限	1	2	3	4	5	6
人　参	1.51	2.22	2.78	3.46	4.02	4.85
西洋参	3.32	3.69	5.28	5.63	6.5	
三　七		8.0	9.5	11.0	14.5	

药材质量问题，除了药效成分含量外，还有色泽、饱满度、油性等多方面衡量指标。采收期不同，这些指标的优劣也不尽一致。例如，番红花适期采收干后产品色泽鲜红，有油性；采收偏晚柱头黏上花粉粒呈黄色；采收偏早干后呈浅红色，质脆油性小。又如人参，适期采收浆足质实，加工出的红参、生晒参色正，无抽沟，红参断面呈角质样；如果提早或延后起收，加工出的产品有抽沟。天麻提早或延后采收，加工后的块茎抽瘪严重。贝母提早采收加工出的产品质轻，过晚起收加工出的产品色发黄。

（三）采收期与收获效率

许多果实或种子入药的药材（如薏苡、紫苏、芝麻和芥子等），必须适时采收，如果采收过晚，果实易脱落或果实开裂种子散出，这样不仅减少了产量，而且还浪费了人力。

枸杞和五味子等浆果类药材，采收过早果实未红，果肉少而硬，影响药材质量和产量；如果采收过晚，果实多汁，采收易脱落或弄破果实，也影响产量和质量。要保证质量就得小心采摘，否则降低收获效率。

又如厚朴、杜仲和肉桂等皮类药材，多在树液流动时采收，剥皮容易，劳动效率高；过早或过晚采收，不仅剥皮费工，而且也保证不了质量。东北、华北、西北地区以及南方的高寒山区，根类药材收获过晚（土表结冻后），不仅影响收获效率，而且易使根部折断，降低药材质量。南方郁金收获过迟，块根水分过多，挖时易折断、费工，加工易起泡，干燥时间长。

（四）种子质量与收获期

收获期不仅影响药材的产量与品质，也影响种子、种栽的产量和质量。例如，若细辛种子采收不及时，果实成熟后会自然开裂，种子散落在地，散出的种子不是被蚂蚁搬食，就是因干热而丧失发芽能力。人参种子采收过晚成熟者会落地；红花种子不及时采收，一旦遇雨会自然萌发；平贝母鳞茎采播过晚（8 月后）会生根，严重影响种用鳞茎质量；人参和西洋参种栽起收过晚，易遭缓阳冻等。种子采收过早则未成熟，难以保证种子质量。

总之，不论是收获药材还是收获种子，都必须适时采收，过早过晚采收，不仅降低产量和品质，而且还降低收获效率。

（五）采收期的确定

确定药材的采收期必须把有效成分的积累动态与产品器官的生长动态结合起来考虑，同时也应当注意药材的商品性状。由于药材种类多，入药部位不同，其采收期的确定也要区别对待。

有效成分含量高峰期与产品器官产量高峰期一致时，可以根据生产需要，在采收商品价值最高时采收。这有两种情况：①有效成分含量有显著高峰期，而产品器官产量变化不显著的，则以含量高峰期为最佳采收期。属于这类的药材有蛔蒿、细辛和红花等。据报道，沈阳地区栽培的蛔蒿，其山道年的含量有两个高峰期，一个高峰期在营养生长期，叶中山道年含量可达 2.4%；另一个高峰期在 8 月下旬，正值开花前期，花蕾中山道年含量也是 2.4%，而两个时期蛔蒿产量变化不大，因此均可做适宜采收期（图 7－1）。②有效成分含量变化不显著，而产量有显著高峰期者，则以产量高峰期为最佳采收期。一般果实种子入药的药材都属这一类，均以果实种子充分成熟时采收为宜。

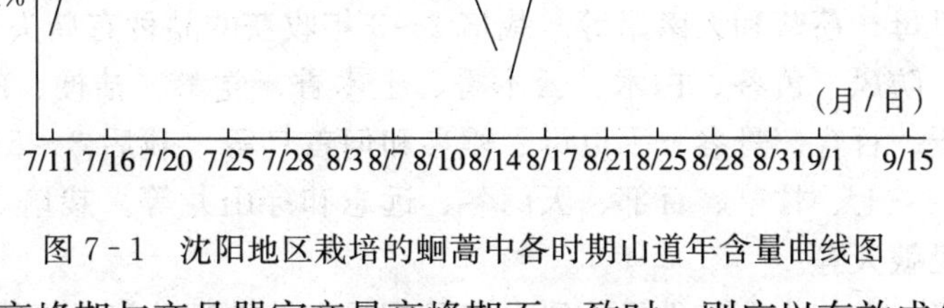

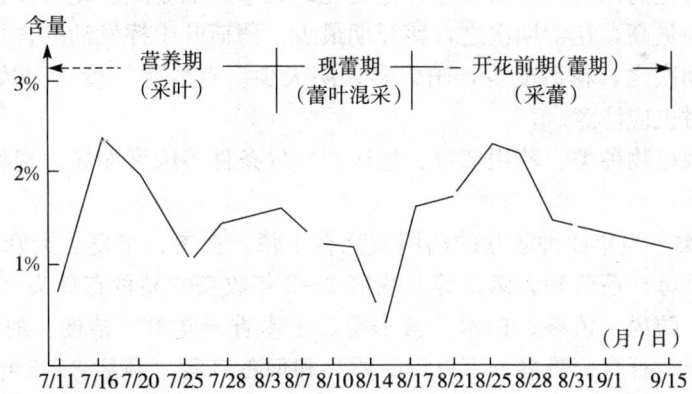

图 7－1　沈阳地区栽培的蛔蒿中各时期山道年含量曲线图

有效成分含量高峰期与产品器官产量高峰期不一致时，则应以有效成分含量与产量之积最大时，为最适采收期，如薄荷和灰色糖芥等。有人报道，灰色糖芥强心苷含量以开花初期和开花盛期为最高，而地上部产量则以花凋谢种子形成期为最高，几个时期强心苷总含量分别计算如下。

开花初期总苷含量=984×2.15%=21.156（kg/hm^2）

开花盛期总苷含量=1 080×2.31%=24.948（kg/hm^2）

花凋谢种子形成期总苷含量=1 462.5×1.99%=29.104（kg/hm^2）

种子近成熟期总苷含量=1 153.35×1.39%=16.032（kg/hm^2）

计算结果表明，花凋谢种子形成期总苷含量最高，此时为最佳采收期。

又如，薄荷叶在花蕾期为有效成分薄荷油含量高峰期，可达3%，而在开花期油含量降为1.5%。但是薄荷叶在花蕾期的产量只有15 000 kg/hm^2，到了开花期叶的产量可增加到75 000 kg/hm^2。确定其最佳采收期则要以两者的乘积（有效成分含量×产品器官产量）达到最大值的时期（即开发期）为宜。

此外，采收期的确定除了看产量、有效成分含量外，还要看其他干扰成分（特别是毒性成分）含量变化。如治疗慢性气管炎的照山白（*Rhododendron micranthum* Turcz.），叶中含总黄酮和梫木毒素Ⅰ（grayanotoxin Ⅰ）。总黄酮为有效成分，梫木毒素为毒性成分，两种成分生育期间的变化见表7-2。

表7-2 照山白化学成分的季节变化

生育期（月份）	1	2	3	4	5	6	7	8	9	10	11	12
总黄酮含量（%）	2.52	2.69	2.75	2.26	2.51	2.02	2.00	1.72	2.08	2.21	2.24	2.72
梫木毒素Ⅰ含量（%）	0.03	0.03	0.03	0.03	0.02	0.06	0.06	0.06	0.03	0.03	0.02	0.03

从表7-2中可看出，总黄酮含量以12月份至翌年3月份这4个月份最高，6～8月份这3个月最低。梫木毒素Ⅰ的含量以6～8月份这3个月最高。就产量来说，6～8月份这3个月生长最旺盛，叶的产量最高，而12月份至翌年3月份这4个月产量最低。从叶的产量、有效成分和毒素成分含量这3个因素的综合水平看，采收期以5月和11月为最佳。

应当指出，有些药用植物有效成分含量变化期很窄，如曼陀罗花（洋金花）中总生物碱含量以花凋谢期为最高，花蕾期次之，盛开期最少。薄荷叶中挥发油的含量以植株处于待开花期最高，盛花期次之，花后变少，晴天多，阴天少。有的受纬度、海拔和产地等因素影响，确定采收期时也应注意。

药材采收期因植物种类、药用部位、地区、气候条件等因素而异。现将各类药材传统的采收经验介绍如下。

1. 根和根茎类 当年播种收获的药用植物有牛膝、玄参、半夏、天麻（白麻做种）、地黄、北沙参、浙贝母、菘蓝和天南星等。栽培2～3年收获的品种有乌头（附子）、柴胡、黄芪、当归、白芷、防风、黄芩、白术、云木香、土木香、党参、桔梗、前胡、知母、独活、缬草、商陆、射干、百合、丹参、平贝母、峨参和何首乌等。栽后3～5年收获的品种有细辛、大黄、芍药、三七、甘草、百部、天门冬、远志和穿山龙等。栽培5～8年收获的品种有人参、黄连和巴戟天等。

对于这些药材，在其收获年份里，绝大多数都是在植株生长停止，待要进入或进入休眠期的秋季采收，或者在春季萌芽前采收。传统经验认为，柴胡和明党参以春季采收最好。而平贝母和延胡索则在小满至芒种期间采收。太子参在夏至前后采收。

2. 皮类（树皮、根皮） 皮类药材栽培年限较长，除牡丹皮需3～4年外，杜仲、厚朴、黄柏需10年以上，肉桂需15～20年。一般是春末夏初植物生长旺盛，皮部养分和树液增多时采收。

3. 叶类　多数叶类药材为当年采收，有的为2年采收，有的可连采。采叶宜在植物生长最旺时期，如花未开放，或果实未成熟前。此时叶内营养充足，有效成分含量最高。但桑叶须在秋霜后采收。

4. 花类　忍冬、丁香、款冬、槐花、番红花和洋金花等多在花蕾膨大，尚未开放时采收；辛夷在花蕾微开时采收；红花、菊花和凌霄花宜在盛花期采收；除虫菊在花头半开时采收。

5. 果实和种子类　果实多在自然成熟或将要成熟时采收，如栀子、山楂、栝楼、枸杞和薏苡等；枳壳和梅等宜在未成熟时采收；川楝和山茱萸着霜后采收为佳；种子类药材多在自然成熟时采收。成熟期不一致的果实或种子，应随熟随采，如木瓜、凤仙花、补骨脂、水飞蓟和续随子等。

6. 全草类　全草类药材多在进入生长最旺盛时期，如蕾期或花期采收，如细辛、藿香、荆芥和穿心莲，马鞭草等少数种是在开花后采收。

7. 树脂及其他　树脂、藤木类药材栽培年限较长，苏木和阿拉伯胶需5～6年，安息香需7～9年，儿茶和沉香需10年以上，檀香要30年才能采收。

二、药用植物的采收方法

采收方法因植物、入药部位而定，目前主要的方法有如下几种。

（一）摘取法

花类药材（如丁香、忍冬、款冬、红花、菊花和番红花等）、果实类药材（如栝楼、栀子、山楂、枳壳、梅、木瓜、枸杞、川楝、山茱萸等）（薏苡除外），都采用摘取法。在进入采收期后，边成熟边采摘。花期长的，开放不整齐的应分批采摘，摘后及时阴干或晒干（或烘干）。果实成熟不一致的也要分批摘取。采摘多汁果实时，应避免挤压，并要及时干燥，减少翻动次数，以免碰伤。叶类药材也要采用摘取法，摘后及时阴干或晾晒。部分种子类药材也可采用摘取法。有些皮类、根类药材的种子采收，也采用摘取法。

（二）刈割法

果实类药材中的薏苡和大多数种子类药材（如补骨脂、芥子、牛蒡和水飞蓟等）的采收都采用刈割法。大部分全草类药材（如荆芥、薄荷、藿香和穿心莲等）用刈割法采收，可一次割取或分批割取。

（三）掘取法

根及根茎类药材都采用掘取法采收，部分全草类药材（如细辛等）的采收，也采用掘取法。根及根茎类药材的采收，一般先将地上部植物体用镰刀割去，然后用相应的农具采收，采收时应避免损伤药用部位。

（四）剥取法

皮类药材都采用剥取法。一般在茎的基部先环割一刀，接着在其上相应距离的高度处再环割一刀，然后在两环割处中间纵向割一刀。纵向割完后，就可沿纵向刀割处环剥，直至茎皮、根皮全部被剥离下为止。此段剥离后将树锯倒继续剥皮。近年试行活树剥取法，采用环剥或半环剥方法，控制环剥面积，这样可以不用锯倒树木。

第二节　药用植物的产地加工

一、药用植物产地加工的目的和意义

栽培的中药产品除少数品种（如鲜生地、鲜石斛和鲜芦根等）鲜用外，都是加工成干品应用。加工的目的和意义是：纯净药材，防止霉烂变质；保持药效，便于应用；利于储运，保证供应。

（一）纯净药材，防止霉烂变质

采收的药材多是鲜品，含水量很高。由于药材中都含有丰富的营养物质，湿度又大，微生物极易萌生繁衍，并从其伤口、皮孔和气孔等处侵入内部，致使药材霉烂。部分药材虽然未霉烂，但在其他药材霉烂、生热、腐败过程中也发生变质，失去药用价值。所以，采收的药材要及时加工，清除或杀灭微生物，降低体内水含量，防止霉烂变质。

根及根茎类药材采收后，体表黏附很多泥土和土壤微生物，有的还带有茎叶残体及须根，这些都是非药用部位，应当清除。地上部分入药的药材也是这样，如红花摘取花冠时，常常把部分苞片摘下；还有的药材摘果带入果柄；摘蕾带入叶片；摘取番红花柱头带入药冠等。只有把这些带入的非药用部分全部清除，才能保证药材的纯净。所有这些杂物的清除是伴随加工工艺，在加工前、加工中或加工后一并进行的。

（二）保持药效，便于利用

植物通过自养或异养获得营养物质，并能利用此类产物再生成次生代谢产物，这一过程可概括为合成代谢。植物在生长发育过程中，又不断利用这些合成产物构成机体或作为能源被消耗掉，这一过程是通过降解代谢来实现的。生物体有合成就必然有降解，合成和降解构成了生物的代谢过程。药材中的药效成分，就是生物代谢过程中的初生代谢产物、中间代谢产物或最终代谢产物，而生物机体内代谢产物的合成与降解是由酶来调节的。采收后的鲜药材中含有多种酶类，这些酶在没有受到破坏前都具有活性，它们都能在各自适宜的条件下，使相应的产物转变成另外的成分。有些药用成分被降解后，就降低了药效或失去药效，进而失去药用价值。如苷类酶解后会变成糖和苷元，而苷元的活性与苷不同。

药材的产地加工可以破坏酶类，防止降解，从而保证了药效。

有些药材通过一定的加工工艺可使某些活性成分增加（如人参皂苷 Rg_3、Rh_2）。加工还可洗除或转化某些毒性成分，如生附子的乌头碱、次乌头碱等通过胆巴水浸泡和漂水而降低含量或被转化。

有些药材质地坚硬，或者个体粗大，若鲜时不切片，干燥后是很难弄碎称取。采用整个药材入药煎熬也不方便，且难保证处方的功效。此外，还有些药材需要去皮或抽心，只有趁鲜加工才能保证药材质量，又省去用药者用前的加工。

（三）利于储运，保证供应

鲜药材水分含量高，容易霉烂变质，这不仅给储存或运输带来了极大的困难，而且还容易造成损失。针对不同药材特点，采用相应工艺加工后，不仅保持了药效，而且降低了水分含量，使药材中的含水量降低到任何微生物都不能萌发和生长的限度，这样就不能霉烂，可以安全储藏和运输。有了安全储运条件，就可按计划规模生产，保证供应，满足医疗用药需要。

此外，通过加工手段可按药材和用药的需要，进行分级和其他技术处理，有利于药材的炮制、用药和深加工。

二、药用植物产地加工的方法

药材加工方法必须严格按GAP标准进行。药材采收后，不论哪类药材，产地加工均需干燥工艺。干燥方法有阴干、晒干和烘干3种。干燥中必须注意温度变化，只有温度适宜，才能保证药材的色泽、形状和内在质量。一般烘干温度为50℃左右，低温烘干多不超过40℃，浆果类药材以70～80℃为宜。烘干温度也要因药材所含成分而变化，一般含挥发油类的药材，烘干温度以30℃左右为宜；含苷和生物碱类药材（西洋参除外），可在50～60℃下烘干；含维生素类的药材，可在70～90℃下烘干。

洗刷是清除泥土和杂物的好方法，但不是所有的药材都能水洗。能够水洗的药材，洗刷过程中，也要严禁长时间水泡，否则也会损失有效成分。

（一）根和地下茎类的产地加工

1. 直接分级干燥，除杂入药 这类药材不经洗刷，直接晒干、阴干或分级烘干。有些药材体粗大，不易干透时，应边干边闷，反复闷晒（烘），直至达八九成干时，除去杂物，最后干至合乎商品规定标准为止。例如，平贝母、川芎、三七、牛膝、大黄、防风、柴胡、前胡、甘草、黄芪、白术、地黄、板蓝根、独活、丹参、黄连、续断、缬草、紫菀、何首乌、云南萝芙木等可直接分级干燥、除杂，干后再按商品等级分级包装。

2. 洗刷后干燥 人参、西洋参、伊贝母、虎杖和射干等药材采收后，要用清水将根体洗净，然后晒干或烘干，最后按商品规格分级包装。

3. 浸漂后干燥 平贝母加工时，先水洗，然后用石灰水浸12h，浸后拌石灰干燥。盐附子加工时，把附子浸在一定浓度的胆巴和盐的水溶液中（俗称泡胆），浸泡3～4d后，浸控、浸晒（晒短水、晒半水、晒长水）2周，最后用高浓度的煮沸的盐胆水浸泡24～42h，浸后控干即成盐附子。

4. 刮皮干燥 有些药材加工中有刮皮工艺，刮皮后干燥成成品，如北沙参、桔梗、山药、穿山龙、半夏、浙贝母、大黄、明党参、芍药和光知母等。其中北沙参、芍药和明党参是先用沸水浸烫，冷却后去皮；其余的趁鲜刮去粗皮（大黄也可削去粗皮），然后晒干或烘干。雪胆的去皮较特殊，它是将块根放入柴火中烧熟（严禁把皮烧焦），然后剥去表面粗皮干燥。

5. 切片（段）干燥 根体较粗或质地坚硬的药材需趁鲜切片（段）或剖开，然后晒干或烘干。采用此种工艺加工的药材有：天花粉（栝楼根）、商陆、地榆、苦参、乌药、土木香、云木香、吐根、穿山龙、大黄、附片（白附片、黑附片、顺片）、催吐萝芙木和巴戟天（晒六七成干切段）等。

6. 熏干或熏后干燥 当归加工是把根扎成小把，再把小把纵横堆放在架上（高 30～50 cm），用湿柴或秸秆燃烟熏干，熏至表皮呈赤红或金黄色时，再用煤熏烤至干。

7. 烫或蒸制后干燥 有些药材洗刷后需要沸水浸烫或热锅蒸制，然后烘干。这样加工出的药材质地致密，吸湿慢，耐储性能好，但药性与直接晒干或烘干者略有不同，如大力参（又称为烫通参）和红参。采用烫后干燥的药材还有天门冬、百部、百合、白芨、延胡索、石斛、太子参和峨参等。采用蒸后干燥加工的药材还有郁金、黄精、大个的白芷等。

8. 其他 远志加工时，趁水分没干时，用木棒敲打，使其松软，抽去木心，晒干后成为远志肉，不抽心直接晒干则为远志棍。

玄参晒干过程中要经常把根体堆放在一起，并盖上麻袋等物闷捂（晒 1～2 d 捂 2～3 d），使其根体内部变黑，闷捂变黑的化学反应或药效成分变化，虽然尚不清楚，但商品规格规定断面全黑者为佳。

（二）皮类的产地加工

多数皮类药材采收后可直接晒干，但杜仲和厚朴要先刮去粗皮（厚朴趁鲜刮粗皮，色显黄色为度），刮后趁鲜或半干时，将皮展平，相互重叠用重物压平后再晒干。杜仲剥下的树皮还要用沸水烫、泡后展平，并用稻草垫、盖，使之“发汗”，当内皮呈紫褐色时再取出晒干。桂皮也有卷筒干燥者，牡丹皮有刮皮和不刮皮两种。对皮类药材的加工，在加工中都要严禁着露触水，否则会发红变质。

（三）叶和全草类的产地加工

叶类、全草类药材多含挥发性成分，最好是放在通风处阴干或低温下烘干。通常阴干前或阴干中扎成小把（捆），然后再阴至全干或晒至全干，如紫苏、芥穗、薄荷和细辛等。但穿心莲、大青叶、毛花洋地黄和莨菪可直接晒干。含水多的叶类药材（如垂盆草和马齿苋等），需用沸水轻轻烫一下，然后晒干。

（四）花类的产地加工

一般花类药材采收后晒干或烘干（红花忌烈日下晒干），随采随晒，干得愈快愈好。

（五）种子和果实类的产地加工

决明子、续随子、胡卢巴、牛蒡子、水飞蓟、急性子和薏苡等可直接晒干，干后清除杂物。薏苡干后还要去皮，取种仁入药。砂仁连果皮一起干燥。李和郁李等应打碎果核，取内部种仁晒干入药。五味子和枸杞子可直接晒干或烘干。枳壳和佛手可割开干燥。栝楼割开后晒干或去掉内瓤和种子，然后晒干（烘干）入药。豆蔻是带果实干燥储存，用时取其种子入药，这样干燥保存有效成分散失少。

复习思考题

1. 当年播种收获的、栽培2～3年、3～5年、5～8年收获的药材举例3种以上。
2. 如何确定药材的最佳采收期？
3. 根和根茎类、皮类、叶类、果实和种子类、全草类药材多在何时采收为宜？
4. 加工的目的和意义何在？
5. 干燥方法有哪几种？一般烘干温度为多少？含挥发油类的药材，烘干温度多少为宜？
6. 以根和地下茎类药材为例，综述药材的加工方法。

主要参考文献

秦民坚，郭玉海．2008．中药材采收加工学［M］．北京：中国林业出版社．
任德权，周荣汉．2003．中药材生产质量管理规范（GAP）实施指南［M］．北京：中国农业出版社．

第八章　药用植物生产技术的现代化

前面几章已对药用植物的栽培技术作了较为详尽的阐述，但应当清醒地认识到，这种传统的中药材生产方法存在着许多自身难以克服的弊病。显而易见，传统的药材栽培摆脱不了田间各种环境条件、气候条件、生产技术措施等因素的制约，药材栽培地的土壤、环境、气温、降水情况和田间管理等均会影响药材的质量。其次是，一些难以繁殖或繁殖系数低的药材、一些生长年限长（周期长）的药材、一些对环境条件要求苛刻（道地性强）的珍稀药材以及一些对人类突发疾病有防治效果的药材，常常难以做到保证供应。现代科学技术的发展为这些问题的解决带来了曙光。

一种可能的方法是参照在花卉、蔬菜生产上应用较多的无土栽培（soiless culture）技术，建立起植物工厂来进行中药材的生产。植物工厂是继温室栽培之后发展的一种高度专业化、现代化的设施农业。它可以完全摆脱大田生产中自然条件和气候的制约，应用现代化先进技术设备，完全由人工控制环境条件，生产周期短，全年可均衡保证产品供应。世界上已有 100 多个国家在这方面取得了长足的进步，高效益的植物工厂在一些发达国家发展迅速，已经实现了工厂化生产蔬菜、食用菌和名贵花木等。

传统的栽培方式是用天然土壤来支撑、固定植物，并提供植物生长发育所需的养分和水分；无土栽培则是用岩棉、蛭石、珍珠岩、锯末，甚至水等非天然土壤物质来支撑、固定植物，用营养液提供植物生长发育所需的养分和水分。采用无土栽培可摆脱传统农业生产中关键的制约因素，如中耕除草、土壤连作障碍等，并有省水、省肥的特点。因为在土壤栽培中，灌溉的水大部分由于蒸发、流失、渗漏而被损失；肥料则由于被固定、淋洗、挥发而造成营养元素的损失。据统计，采用无土栽培可节省用水 50%～70%，节省肥料 50%以上。

概括地讲，无土栽培的优点有：①完全摆脱了土壤条件的限制，实现工厂化生产；②减少污染，没有草害，病虫危害轻，清洁卫生；③缩短了作物的生产周期，产品产量高、质量好；④节省人力、物力。

总之，植物工厂采用工业化和自动化的方式生产农作物。它是工业和农业的有机融合物，代表了 21 世纪农业的一个发展方向。当然，无土栽培也存在一定的局限性：①无土栽培必须在特殊设备下进行，初期投资费用高；②营养液有时会遭到病原菌感染使植物迅速受害；③耗电多（占生产成本的一半以上）。因此，现阶段无土栽培主要用于生活周期短的、珍稀蔬菜或花卉的生产中，在药用植物生产上的应用则很少，只有在人参和西洋参等少数药用植物育苗中被试验采用过。关于这一技术的基本方法已在本书第五章第三节做了介绍，限于篇幅，这里不做深入讲解。

另一种已被证明极有发展前途的方法是植物组织培养（plant tissue culture）技术。这一技术在生物技术学科中又被称为植物细胞工程，受到世界植物研究学者的广泛关注，已取得了大量的成果，将这一技术应用于药用植物方面已成为极有开发前途的研究领域。目前与药用植物生产直接相关的两个研究热点是：①通过愈伤组织或悬浮细胞的大量培养，从细胞或培养基直接提取有效成分，或通过生物转化、酶促反应生产有效成分；②利用脱毒和试管微繁技术生产大量种苗以满足药用植物栽培的需要。

为此，我们将药用植物组织和细胞培养作为药用植物生产的一种现代新技术，列为一章讲述，以便适应未来药用植物生产发展的需要。

第一节 植物细胞的工业化生产

一、植物细胞培养与工业化生产

（一）植物细胞培养的发展

自18世纪细胞学说诞生之日起，世界上许多生物科学工作者都在探讨细胞培养技术。植物组织和细胞培养就是在这个发展过程中，于20世纪初兴起的生物技术。目前，植物组织和细胞培养已发展成为一种常规的研究方法，在理论上深入探讨细胞生长、分化的机理及有关细胞生理、遗传学等问题。它的一些技术，如胚胎培养、茎尖培养、配子体单倍体培养、无性快速繁殖等已被生产所应用；细胞融合技术克服了常规育种的局限性，扩大植物的变异范围和创造新种、增加新品种的选择效果；植物细胞工业化生产也正步入生产之中。

（二）植物细胞培养的原理

细胞全能性学说是植物细胞培养的基本原理。细胞悬浮培养是以游离的植物细胞为个体使之悬浮在营养液中进行培养。它可以在较大的容器中培养，其细胞仍能正常生长和增殖。条件适宜，增殖的细胞仍是单一的或是较小的细胞团。在此种条件下，细胞增殖速度比愈伤组织快。在培养过程中，细胞的数量及总量在不断增加，经过一定时间后，细胞产量达到了最高点，就可收获这些培养物加以利用。与此同时，取部分培养物稀释后继续进行继代培养，使细胞增殖的速率几乎与上次相同，经过同样的时间后，再收获再继代，如此循环下去，就实现植物细胞的工业化生产。

但是，应当注意，细胞培养过程中，由于细胞受形态全能性的影响，总具有集聚在一起的特性，一旦培养细胞出现分化，这种循环就被终止，因此培养过程中总是要高度保持细胞的游离性。游离细胞的多少与培养植物种类、基质组成（含激素种类与比例）和培养条件有关。每种植物总可以寻找出游离状态最多、生长最佳的基质与环境条件。

细胞培养过程中，细胞株（即单个细胞）是个体，同一种植物的细胞，绝大多数性状一致，少数细胞与之有差异，这种差异与自然界植物体一样，有多种多样，这就为人们按其所需进行选择培养提供了条件。细胞培养过程中，有时也会出现变异和突变，这种变异和突变也并不是完全有益，这点是继代培养中值得注意的问题。

（三）药用植物细胞培养中的次生代谢产物

细胞培养过程中，细胞内也可形成初生代谢产物和次生代谢产物，如碳水化合物、蛋白质、糖、氨基酸、有机酸、酶、生物碱、抗生素、生长素、黄酮类、糖苷、酚类、色素、皂苷、甾体类、萜类和鞣质等。这些产物的多少与培养的药用植物种类、培养物的生理状态、培养基质中的化学组成（特别是激素）和培养条件等有关，此类问题尚在深入研究之中。

药用植物细胞培养表明，在适宜的培养条件下，培养细胞内可含有与天然药用植物相同种类的药用成分，如糖类、苷类、萜类、生物碱、挥发油、有机酸、氨基酸、多肽、蛋白质和酶类、植物色素等。有时药效成分的含量是天然药用植物体含量的几倍到几十倍，这为药用植物细胞的工业化生产提供了基本的技术基础。

（四）药用植物细胞的工业化生产

药用植物细胞的工业化生产，是指使药用植物细胞像微生物那样，在大容积的发酵罐中发酵培养，并获得大量药用植物细胞的生产方式。因为这种生产不是在大田，而是在工厂的发酵罐之中，因此又称为药用植物发酵培养的工业化。

药用植物细胞的工业化生产是1968年首先在日本获得成功的。1968年，日本明治制药公司在古谷等人的指导下，用130m^3的培养罐进行了人参培养细胞的工业化生产。到目前为止，已有一些药用植物种类被认为在今后有希望用于工业化生产，如用苦瓜培养细胞生产类胰岛素；用莨菪培养细胞生产天仙子胺、L-莨菪碱和红古豆碱；用十蕊商陆培养细胞生产植物病毒抑制剂与抗菌素；用烟草B-Y细胞株生产辅酶Q；用薯蓣、苦瓜培养细胞生产薯蓣皂苷元；用筛选的洋地黄培养细胞进行强心苷的转化等。

在药用植物细胞的工业化生产已较为完善的例子有：1980年，Ibaraki的人参细胞的工业化发酵培养，反应器的规模达到20 000 kg；1985年，Tabata在紫草（*Lithospermum erythrorhizon* Sieb. et Zucc.）细胞工业化培养生产紫草素（shikonin）上的成功，在药用植物发酵培养历史上具有里程碑的意义，目前工业上用的紫草素，主要来自于发酵培养；高丽参的器官培养也实现了工业化，反应器的规模已经达到10 000 kg。

药用植物细胞工业化生产的优点是：①生产的环境条件容易控制，不受季节、区域的限制。这对药材生产实现无公害、规范化十分有利。同时，也使那些生长条件要求严格、生长缓慢、产量小、珍贵而稀少的药用植物的大量生产成为可能。②工业化生产用地少，不与粮食、蔬菜等作物争地。在我国人口多，耕地少的情况下，这种生产方法更具有特殊的意义。③可以提高经济产量。在自然条件下，人工栽培的药用植物，只是植物体的部分器官入药，入药部位在整个生物体中所占比例较小即经济产量低。而采用工业化生产后，培养的细胞都含有药效成分，非药用部位不进行培养，也不生长，这与人工栽培相比，经济产量可以大大提高，有的药用植物的经济产量近乎100%。另外，工业化生产出的细胞药效成分含量高，是自然栽培药用植物含量的几倍至几十倍。④便于采用先进技术，实现现代化、自动化。⑤生产周期短，速度快，利于计划生产。大田栽培的药用植物生产周期长，在一个生产周期内，其产量有一定限度，并受到自然条件的制约。而工业化生产中，由于大多数细胞都能进行分裂增殖，再加上为培养细胞提供最佳环境条件组合，细胞生长良好，生长速度快，生产周期短，只需4～6周，便于根据用药的数量和轻重缓急，分期分批地安排生产，保证用药供应。

正是由于细胞工业化生产有上述优点，才引起国内外众多科学工作者的关注与重视，并都在致力于基础研究，不断完善其技术。应当指出，药用植物细胞的工业化生产目前尚未像其他生产技术那样成熟，尚须进一步完善；实现药用植物细胞的工业化生产，需要有一定的设备为生产基础，生产投资较大；其培养生产技术要求严格，需要有一定的技术基础才能进行生产。

二、药用植物细胞工业化生产的流程与工艺要求

（一）药用植物工业化生产的生产流程

药用植物细胞工业化生产流程概括如下：待培养药用植物愈伤组织的诱导和培养→单细胞分离→优良细胞株的建立→扩大培养→大罐发酵。

（二）药用植物工业化生产的工艺要求

1. 愈伤组织的诱导和培养　待培养药用植物愈伤组织的诱导和培养是药用植物细胞培养的基础工作之一。它的步骤和要求如下。

（1）*选择药用植物材料*　目前已成功地从许多药用植物诱导出愈伤组织，其中双子叶药用植物最多。药用植物的器官和组织都可作为诱导愈伤组织的材料，这些由活药用植物体上切取下来进行培养的组织或器官叫做外植体。应当选择健康无病的，幼嫩材料做外植体，这样的外植体具有诱导快，诱导率高的特点。对于多年生木本药用植物，应从生长发育年幼枝条上取材。

（2）*材料的消毒*　按选材的要求取材后，适当除掉非接种部位或阻碍彻底消毒的部位，然后将待要消毒、分割接种的材料放入表面消毒的容器内，振摇消毒。

常用的消毒剂有2%～3%次氯酸钠、9%～10%次氯酸钙。

消毒时间与药用植物种类、被消毒材料的幼嫩程度、消毒剂的种类和浓度、消毒方式等有关。消毒材料幼嫩的，消毒剂浓度高的，直接消毒接种部位的，消毒时间应短些，反之则要长些。用次氯酸钠、次氯酸钙直接消毒幼嫩茎、叶、花、果材料时，一般消毒时间为10～15 min，间接消毒为15～20 min。用0.1%升汞消毒，接种材料直接消毒时间为7～10 min，间接消毒时间为10～15 min。消毒后用无菌水冲洗3次，然后分割接种。

（3）*培养基的选择与配制*　用于诱导愈伤组织的培养基种类很多。药用植物种类不同，要求的（或适应的）培养基也不一样，也就是说，一种药用植物材料接种在不同培养基上，其愈伤组织诱导的快慢和生长的状况也不一致。所以，诱导愈伤组织时，应对各种培养基进行选择，特别是使用的生长调节物质（如生长素类和细胞分裂素类等）的种类与浓度、培养基的渗透压、pH等都应符合被培养药用植物的生长习性和要求。一般培养基配方的组成应与被培养药用植物的营养需求相符合或相近，必要时，配方组成可进行适当调整。初次诱导多采用固体培养基。

培养基是现用现配，配制后根据需要分装在相应的培养容器中，并及时进行灭菌。湿热灭菌的压力为0.1～0.12MPa（1～1.2kgf/cm^2），时间为15～20 min。若时间过短，灭菌效果达不到要求，易引起污染；时间过长会引起培养基有机成分分解失效。不能湿热灭菌的应进行过滤灭菌。

培养基的种类很多，几种常用培养基的组成见表8-1和表8-2。

常用的生长调节物质有激动素（KT）、6-苄基嘌呤（BA）、吲哚乙酸（IAA）、萘乙酸（NAA）、吲哚丁酸（IBA）、2，4-D（2，4-二氯苯氧乙酸）、赤霉素（GA）等。常用浓度范围：KT和BA为0.01～10 mg/L，IAA，BA和NAA为0.1～25 mg/L；2，4-D为0.01～2 mg/L。

(4) **接种与培养** 在无菌条件下将消毒后的被接种材料分割成一定大小（叶片为 3～5 mm×3～5 mm；茎和根粗 3～5 mm，长 5～8 mm），然后分别接种在不同种类的固体培养基上，使接种材料紧贴于培养基表面，而又不使培养基表面破损。接种后放置在 (25±2)℃或因药用植物种类而异的温度条件下，进行暗培养或弱光下培养。

诱导出愈伤组织后，在 20 d 内再将最佳培养基上的愈伤组织分割成 7～9 mm^3 的小块，转接在相同的培养基上，在相同培养条件下使其进一步生长。

在此基础上，再用这些愈伤组织进行基质渗透压、pH、生长调节物质的种类与浓度、培养的温度条件、光暗培养等的试验研究，以便从中寻找出最佳的培养基组成（pH、渗透压、激素的种类与浓度）和最佳的培养条件，为进一步继代培养和工业化生产奠定技术基础。

表 8-1 常用培养基的矿质营养成分（mg/L）

组 成	MS (1962)	White (1963)	Nitsch (1956)	Blaydes (1966)	Gamborg (B_5) (1968)	N_6 (1975)
KCl		65	1 500	65		
$MgSO_4 \cdot 7H_2O$	370	720	250	35	500	185
$NaH_2PO_4 \cdot H_2O$		16.5	250		150	
$CaCl_2 \cdot 2H_2O$	440				150	166
KNO_3	1 900	80	2 000	1 000	3 000	2 830
$CaCl_2$			25			
Na_2SO_4		200				
$(NH_4)_2SO_4$					134	463
NH_4NO_3	1 650			1 000		
KH_2PO_4	170			300		400
$Ca(NO_3)_2 \cdot 4H_2O$		300		347		
$FeSO_4 \cdot 7H_2O$	27.8			27.8	27.8	27.8
Na_2-EDTA	37.3			37.3	37.3	37.3
$MnSO_4 \cdot 4H_2O$	22.3	7	3	4.4	10	4.4
KI	0.83	0.75		0.8	0.75	0.8
$CoCl_2 \cdot 6H_2O$	0.025				0.025	
$ZnSO_4 \cdot 7H_2O$	8.6	3	0.5	1.5	2	1.5
$CuSO_4 \cdot 5H_2O$	0.025		0.025		0.025	
H_3BO_3	6.2	1.5	0.5	1.6	3	1.6
$Na_2MoO_4 \cdot 2H_2O$	0.25		0.025		0.25	
$Fe_2(SO_4)_3$		2.5				

表 8-2　常用培养基中的有机成分（mg/L）

组　成	MS (1962)	White (1963)	Nitsch (1956)	Blaydes (1966)	Gamborg (B_5) (1968)	N_6 (1975)
肌　醇	100				100	
甘氨酸	2	3		2		2
烟　酸	0.5	0.5		0.5	1	0.5
维生素 B_1	0.1	0.1		0.1	10	0.5
维生素 B_6	0.5	0.1		0.1	1	1
D-泛酸钙		1				
半胱氨酸		1				
蔗　糖	30 000	20 000	34 000	30 000	20 000	50 000

（5）**继代培养**　将诱导的愈伤组织接种在最佳的培养基上，在最佳的培养环境下继代培养，每隔4～6周继代1次。

2. 单细胞的分离

（1）**机械分离**　取一定量的继代培养的愈伤组织进行液体振荡培养，采用旋转式摇床，转速为110～120 r/min，冲程范围为3～4 cm。培养条件与继代培养条件相同，一次性分离不开的，可进行二次、三次振荡分离培养。分离成单细胞后，用尼龙网或不锈钢网过滤，去掉组织块或团聚体。过滤后取滤液离心（以500～1 500 r/min离心3～5 min）后，弃去上清液，收集沉淀细胞培养。也可将悬浮培养液静止一定时间，取单细胞层培养。

（2）**酶解法分离**　在无菌条件下，取1～2 g愈伤组织，加入10～20倍的酶液，在适宜温度下振荡酶解。为加快酶解进程，加入酶液后，可抽气减压2～3 min，抽气后振荡酶解。酶解过程中15～30 min更换一次酶液，待大部分细胞解离后进行过滤、离心分离（条件同机械法一样）。离心后取沉淀细胞，加入培养液振摇以洗除细胞表面上的酶液。振摇2～3 min后再离心，离心后弃去培养液，如此重复3～4次，最后进行单细胞培养。酶解的酶液多为0.5%～2%果胶酶，用0.4～0.7 mol/L甘露醇调节渗透压，pH为5～6。

3. 优良细胞株的建立　将愈伤组织分离成单细胞后，进行平板培养。即待固体培养基冷却到35℃左右时，将培养细胞倒入培养基中并振摇均匀，立即均匀倒入磨口平皿内，厚度为1～5 mm，盖好密封，在继代培养条件下培养。接种密度为10^3～10^5个/mL。培养中随时检查，并将最早形成细胞群落的细胞取出进行单胞培养，使每个单细胞都形成较大的细胞株系，以便比较各个细胞株系的生长速度和有效成分含量，从中选出优良株系进行工业化生产。有效成分含量比较，除采用常规的分离测定法外，也可利用生物测定法。生长速度通过植板效率（每个平板上形成的细胞团数/每个平板上接种的细胞总数×100%）检查。优良单株的选择标准是分裂周期短，生长速度快，有效成分含量高，分散度好（团聚力差的）的细胞。筛选出的细胞单株还应进行驯化培养和提高有效成分含量的代谢调节。

（1）**驯化培养**　所谓驯化培养，就是将在外源激素作用下，快速生长的细胞群落，转变成在不加或少加外源激素的情况下，仍能快速生长的培养过程。如前所述，愈伤组织的诱导、继代、单细胞株的建立等一系列过程，都是在添加外源激素的基质上进行的，但要注意的是，这些激素一般认为对人体有不良影响，尤其是2，4-D在许多许多国家被列为食品检验对象。驯化培养的目的主要是使培养细胞在去除基质中的激动素（KT）、6-苄基嘌呤（BA）、2，4-D之后，仍能快速生长，保持较高的药效成分含量。丁家宜等人在人参组织培养的系列研究中，通过继代培养和选育，培养出可在不含2，4-D的复合生长素的培养液中快速生长，其生长率和皂苷含量均比在2，4-D基质上好。

（2）**代谢调节** 这是指提高有效成分含量的代谢调节，包括化学调节和物理调节。

①化学调节：化学调节中，有效成分前体饲喂法和激素调节法效果较为明显。所谓有效成分前体饲喂法，是在液体培养过程中，把能够合成有效成分的物质（称为有效成分的前体）加入到培养基质中，通过一段培养后，培养物中的有效成分含量得到提高。例如，长春花培养物在基质中加入L-色氨酸（500 mg/mL）可使长春花生物碱含量提高2.84倍；白花曼陀罗培养物中，添加0.1%酪氨酸，阿托品产量可提高7倍；芸香组织培养时，添加4-羟基-2-喹啉酚，可促进白藓碱的合成和积累；烟草愈伤组织培养中，添加苯丙氨酸、桂皮酸都可提高莨菪碱的含量。总之，以培养细胞或愈伤组织为材料，通过饲喂前体成分来提高有效成分含量的做法，是提高工业化生产产物生物合成作用的有效措施之一。

关于激素调节问题，情况比较复杂。在人参组织培养中，多数报道认为添加2，4-D后皂苷含量显著提高，但在毛花洋地黄组织培养中，认为添加2，4-D后，其蒽醌色素含量远不如添加吲哚乙酸（IAA）好。在紫草培养中，添加2，4-D抑制紫草素的形成；在三尖杉培养中，于生长后期添加激动素（KT）（1 mg/L），可使东莨菪碱含量达0.49%，比自然植物茎的含量（0.016%）高约30倍；巴戟天培养物只有在含萘乙酸（NAA）培养基上才合成蒽醌类成分；烟草细胞只有在含萘乙酸（IAA）的基质中，才生成烟碱、新烟碱、毒藜碱等。

②物理调节：物理因素调节中，光的作用对某些药用植物明显，如芸香愈伤组织在光下培养时，愈伤组织中的甲基正庚基甲酮、甲基正壬基甲醇、甲基正壬基甲酮、甲基正壬基乙酰化物的含量均提高了0.4～3.6倍。

通过代谢调节，一些药用植物的组织培养物的有效成分含量接近或超过了原植物含量，这里列举部分药用植物材料供参考（表8-3）。

表8-3 部分药用植物培养物有效成分与原植物比较

药用植物名称	化合物	含量（%，干物质）	
		组织培养物	原植物
人 参	人参皂苷	21.1	3～6
三 七	人参皂苷元	10.26	6.06
三角叶薯蓣	薯蓣皂苷元	2.6	2.0
欧柴胡	柴胡皂苷	19.4（再生根）	18.4
光叶黄柏	小檗碱	0.023～0.044	0.023～1.0
烟锅草	小檗碱	0.25～0.67	0.001 9
日本黄连	小檗碱	0.037 5～10.0	2～4
长春花	蛇根碱	0.8	0.5
	阿吗碱	1.0	0.3
小果博落回	普托品	0.4	0.32
咖 啡	咖啡碱	1.6	1.6

（续）

药用植物名称	化合物	含量（%，干物质）	
		组织培养物	原植物
三尖杉	东莨菪碱	0.495	0.016（茎）
麻　黄	甾　醇	32.2	31.4
决　明	蒽　醌	6.0	0.6（种子）
海巴戟	蒽　醌	18.0	2.2
紫　草	紫草宁	12.0	1.5
油麻藤	L-多巴	1.0（m/V）	
苦　瓜	胰岛素	1.9（鲜物质）	1.0（鲜果）
莨　菪	蛋白酶抑制剂	4.1	1.3～3.7
烟　草	辅酶Q	0.2～0.52	0.003

4. 扩大培养　进行药用植物细胞大罐发酵时，需要有较大量的培养细胞作为接种材料。从选择的优良的细胞株系逐级扩大培养，直至达到够大罐发酵接种量时为止。在工业化生产中，分别有不同规格的小发酵罐，连续逐级培养，每个小罐的最终培养物的量，恰好是下级发酵罐培养时的接种量。各级培养时的基质种类、浓度、激素种类与比例、pH等都是最佳条件。一般每代培养5周。

5. 大罐发酵　根据工厂设备能力和生产需要，选择相应规格的发酵罐作为工业化生产的规模，然后确立逐级扩大培养的规模。最终发酵罐不宜太大，以其投入产出比最佳为宜。

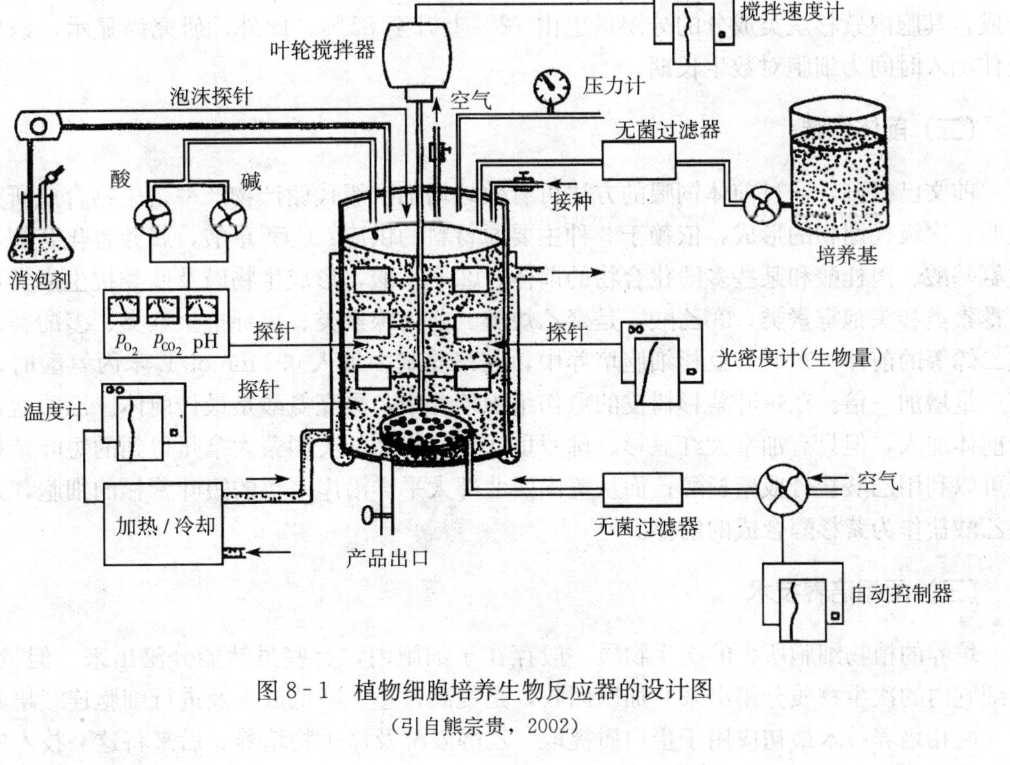

图8-1　植物细胞培养生物反应器的设计图

（引自熊宗贵，2002）

将扩大培养的细胞作为接种材料接入罐中，进行最终培养，一般5周就可取培养细胞进行药效成分提取或加工入药。

扩大培养和发酵培养中，接种前的灭菌与无菌环境下接种，必须严格控制，杜绝任何污染的可能，才能保证培养的成功。培养中的补气、补液、调节pH等都应是密闭自调（图8-1）。

此外，为缩短每代培养的周期，可适当加大接种密度。为提高有效成分含量，基质中应适当加入前体成分等。

三、提高药用植物细胞培养生产效率的技术

自从20世纪90年代以来，药用植物细胞培养及其次级代谢产物的研究进入了新的发展时期，尤其是诱导子、前体饲喂、两相培养技术、质体转化、毛状根和冠瘿瘤组织培养等提高培养细胞生产效率的新技术和新方法的发明和发展，为药用植物细胞培养的工业化提供了更加广阔的发展前景。

（一）诱导子

研究发现，在药用植物细胞培养中加入诱导子可以提高次级代谢产物的产量，并可促进产物分泌到培养基中。诱导子的作用随诱导子种类的不同而异，如在紫杉醇的细胞工程研究中，向培养基中加入高压灭活的壳囊孢菌菌丝体和青霉菌的孢子，或加入硫酸矾和3，4-二氯苯氧基三乙基胺等，可以促进短叶红豆杉的悬浮细胞生长，并分泌更多的紫杉醇。加入葡聚糖谷氨酸除对细胞的生长有利外，还可特异性地诱导紫杉醇及其他紫杉烷类化合物的生物合成，其胞内紫杉烷类成分的分泌量也由72%上升至85%。此外，研究尚显示，诱导子的最佳加入时间为细胞对数生长期。

（二）前体饲喂

前文已提到，通过前体饲喂的方法可有效地增加次级代谢产物产率。生物合成研究结果表明，次级代谢物的形成，依赖于3种主要原材料的供应：①莽草酸，属芳香化合物，是芳香氨基酸、肉桂酸和某些多酚化合物的前体；②氨基酸，形成生物碱及肽类抗生素类，包括青霉素类和头孢霉素类；③乙酸，是聚乙炔类、前列腺素类、大环抗生素类、多酚类、类异戊二烯等的前体。东北红豆杉细胞培养中，在培养基中加入0.1mmol/L苯丙氨酸时，紫杉醇产量增加一倍。在短叶紫杉树皮的愈伤组织培养中，异亮氨酸是最佳前体。乙酸盐也可作为前体加入，但只有加拿大红豆杉、佛罗里达红豆杉和从美国蒙大拿州得到的短叶紫杉细胞系可以利用乙酸盐合成紫杉醇；而从美国西北部太平洋沿岸采集的短叶紫杉的细胞，则不能将乙酸盐作为紫杉醇合成的前体。

（三）两相培养技术

培养的植物细胞所含的次生物质一般存在于细胞内，有些虽然能分泌出来，但量很少。使细胞内的次生物质分泌出来并加以回收，是提高含量、降低成本及进行细胞连续培养的关键。两相培养技术最初应用于蛋白质提取、乙醇发酵及微生物培养，后来将这一技术应用于

植物细胞培养，并发现此技术在分离植物细胞内的次生代谢物方面是非常有效的。两相培养技术（two-phase culture technique）基本出发点是在细胞外创造一个次级代谢产物的储存单元。是在培养体系中加入水溶性或脂溶性的有机物或者是具有吸附作用的多聚化合物（如大孔树脂等），使培养体系形成上下两相，细胞在水相中生长并合成次生代谢物，次生代谢物分泌出来并转移到有机相中。该法可减轻产物本身对细胞代谢的抑制作用，使产物的含量提高，并可保护产物免受培养基中催化酶或酸对产物的影响。而且通过有机相的不断回收及循环使用，有可能实现植物细胞的连续培养，使培养成本下降。Sim 等在摇瓶及鼓泡塔反应器中研究了紫草毛状根培养生产紫草素的两相培养，以十六烷为吸附剂，浓度以 30mL/L 时效果最佳。此外，在两相培养系统中，加入吸附剂的时间也很重要，如在紫草悬浮细胞第二步培养时，在第 15 天前加入十六烷，有利于紫草素的产生和累积，而在第 15 天后加入该成分则强烈抑制紫草素的合成。

两相培养系统须满足如下条件：①添加的固相（如树脂）或液相对细胞无毒害作用，不影响其细胞生长和产物合成；②产物易被固相吸附或被有机相溶解；③两相易分离；④如为固相，不可吸附培养基中的添加成分，如植物生长调节剂、有机成分等。

此外，药用植物细胞培养技术和方法的综合应用对提高其次级代谢产物的产量是非常明显的。如长春花培养细胞，在吸附柱、固定化及诱导子的联合作用下，悬浮培养 23d，阿吗碱生产能力由 2mg/L 增加到 90mg/L。

（四）毛状根和冠瘿瘤培养

20 世纪 80 年代初，随着植物基因工程研究的发展，其研究成果也渗透到细胞工程中来，引起了细胞培养研究的新突破，尤以双子叶植物病原菌——根瘤农杆菌（*Agrobacterium tumefaciens*）和发根农杆菌（*Agrobacterium rhizogenes*）的发病机制研究最为突出。在上述两种农杆菌的原生质体中，分别含有 Ti 质粒和 Ri 质粒，大小约 200kb。植物遭受感染后，农杆菌能将质粒中的一段转移 DNA（transferred-DNA，T-DNA）片段整合到植物细胞核的 DNA 基因上，作为表现型，从被感染处长出冠瘿瘤或毛状根（hairy-root）。将冠瘿瘤或毛状根作为培养系统，可进行有用化合物的生产。

1. 毛状根培养　利用发根农杆菌 LBA9402、15834 和 A4 菌株的转化作用进行次级代谢产物的生产，是一种极具发展前途的方法。尽管诱导产生的毛状根的形状是无序的，但其快速生长和次级代谢物高含量却是愈伤组织或悬浮细胞培养所不可比拟的。发根农杆菌中 Ri 质粒中的 T-DNA 上含有根诱导基因（*rol* C、*rol* B），该基因能编码特异性的 β-葡萄糖苷酶类（β-glucosidase），这些酶能催化细胞生长素和细胞分裂素从其相应的 N-葡萄糖苷上释放出来。因此，毛状根诱导对次级代谢产物与根分化相关的药用植物尤为重要。该法特别适用于从木本药用植物和难于培养的药用植物中得到较高含量的次级代谢产物。

毛状根具有如下特点：①激素自养，在毛状根培养过程中，不必像愈伤组织或悬浮细胞培养时加入外源激素。此外，某些药用植物如曼陀罗的毛状根培养，除在其生长过程中产生次级代谢物外，还在根停止生长后继续产生次级代谢产物。②次级代谢产物含量高且稳定，毛状根中次级代谢产物的含量与天然生长的药用植物根相同，而愈伤组织或悬浮培养细胞中次级代谢产物的含量一般均大大低于天然药用植物。③增殖速度快，有些药用植物的毛状根在一个生长周期中可增殖千倍以上，这也是其他培养方法所不能比拟的。

2. 冠瘿组织培养 有些药用植物的活性成分仅在叶片和茎轴中合成，利用组织培养或毛状根培养不易获得这些活性成分，但利用冠瘿组织（tumor tissue）培养的方法可达到此目的。

冠瘿组织是由根瘤农杆菌感染植物，Ti 质粒转化后获得冠瘿瘤，经过除菌后，从冠瘿瘤培养获得的。冠瘿组织培养，与毛状根培养一样，也具有激素自养、增殖速度快等特点，也可以进行液体培养。近年来，利用冠瘿组织培养生产活性物质的研究报道较多。如用根瘤农杆菌感染留兰香（*Mentha citrata*）获得冠瘿瘤，用冠瘿组织进行离体培养时产生的芳香油总产量虽然低于原植物的叶片，但主要活性成分芳樟醇和乙酸芳樟酯的含量却占总含量的94%。冠瘿组织生长迅速，在扫描电子显微镜下可观测到许多产生芳香油的腺体，这是能产生芳香油活性成分的主要因素。张阴麟等利用丹参冠瘿组织生产丹参酮，经冠瘿瘤选择得到了红色冠瘿组织，丹参酮含量达到原植物根的水平。不产生红色素的组织在采取了调控措施后也能产生丹参酮，并且可使红色素大量分泌到培养基中。

3. 转基因植物和活性成分生产 由于分子生物学领域的进展，如今已有可能人工设计新的植物性状用于改良作物的品质和抗性。该技术的关键在于用适当方法将外源基因导入植物的基因组，并使其得到高效表达。目前已有各种各样的方法，这些方法各有所长，其中用农杆菌做载体将外源基因导入植物基因组的方法比较成熟。

用转基因植物生产医药生物技术产品的研究已有相当成功的例子。Hiatt 等用土壤农杆菌质粒做载体将老鼠杂交瘤 mRNA 衍生的 cDNA 导入烟草植物中，使免疫球蛋白在后代植物中得到表达，有活性的抗体占植物总蛋白的 1.3%。估计每公顷烟草可收获 675 kg 抗体。如果按每个患者年平均治疗量需 1 kg 计算，则可供 675 位癌症患者用一年。目前一些贵重的生物技术产品（如胰岛素、干扰素、单克隆抗体及人血清蛋白等）都能在转基因植物中表达。

如上所述，应用植物细胞培养工程生产天然药物或其他化学产品在植物生物工程中是进展迅速且已开始工业化的一个重要领域，也是植物基因工程易于入手和见效快的领域之一。相信伴随着生物技术研究的不断深入，利用植物细胞培养工程生产的天然药物将为人类的健康做出愈来愈大的贡献。

第二节　药用植物的离体快繁与脱毒技术

一、药用植物离体快繁与脱毒技术的意义

（一）离体快繁的意义

近代，随着天然药物认知度的提高，世界上对植物药（中药）的需求量愈来愈大。由于一些药用植物繁殖系数低，耗种量大，严重影响了发展速度并增加了生产成本，导致了供不应求。特别是有一些价格昂贵的药用植物资源极少，生长缓慢，如黑节草（*Dendrobium candicum*）、中国红豆杉（*Taxus chinensis*）（我国 6 种的 1 种）等。一些进口南药因种苗奇缺而影响扩大生产，如乳香（*Boswellia carteri*）等。于是，利用组织培养手段快速繁殖药用植物种苗，得到了快速的发展。例如广西药物研究所的罗汉果快速繁殖，是我国在药用植物离体快繁的一个标志性成果。我国台湾地区则成功地实现了全株可入药，有降血糖、镇痛、保肝、利尿、降血压等作用的金线莲（*Anoectochilus formosanus*）的试管繁殖，繁殖

了大量种苗，目前市值很高。

药用植物的离体快繁又叫微型繁殖（micropropagation）（简称微繁）或试管繁殖，它是把药用植物材料放在微型容器内，给予人工培养基和适宜培养条件，达到离体高速增殖。它的特点是快速、繁殖系数大，每年以成千上万甚至数百万倍的速度繁殖其后代。离体快繁技术对新育成的、新引进的、新发现的稀缺良种和自然界濒危植物的快繁；对脱毒良种苗和无病毒苗的大量快繁；对特殊育种材料、基因工程植株、自然和人工诱变有用突变体的快繁等具有重要意义。

此外，在雌雄异株植物中，一般种子繁殖后代植株的雄株和雌株各占50%。在生产上因收获目的不同，有时希望只种植其中一个性别的植株，因此营养繁殖就极为重要。例如，在石刁柏生产中，雄株比雌株产量高20%～30%，但现在还不能通过茎插条进行无性繁殖，因此快速克隆雄株的离体培养方法就显得尤其重要。木瓜、罗汉果则是雌株价值高的植物，靠种子进行繁殖雄株占较大比例，而且雄株在早期又不易识别，后期淘汰时，给生产造成的损失很大，若对雌株进行离体微繁，就可以避免这种损失。

（二）脱毒技术的意义

一般植物，特别是采用无性繁殖的植物，都易受到一种或几种以上病原菌的侵染。病原菌的侵染不一定都会造成植物的死亡，很多病毒甚至可能不表现任何可见症状，然而，在植物中病毒的存在会降低植物的产量和（或）品质。例如，地黄、罗汉果和太子参等由于病毒危害而退化，严重影响产量和品质。山东菏泽地区则通过应用茎尖脱毒和微繁技术，解决了地黄病毒的危害，实现了地黄的大幅度增产，取得了显著的经济和社会效益。

对一些植物的脱毒研究显示，当以特定的无毒植株取代被病毒侵染的母株之后，产量最多可增加300%（平均为30%）。因此，植物脱毒技术对生产优质药材具有重要意义。

二、药用植物离体快繁的发展

药用植物离体快繁是与药用植物离体培养的研究发展分不开的。药用植物离体培养是在20世纪70年代以后迅猛地发展起来的，在此之前研究报道较少。据郑光植（1988）统计，1951—1960年的10年间所发表的有关药用植物组织培养的论文仅有数篇；1961—1970年的10年间也只有数10篇，而1971—1980年的10年间就有数百篇之多。特别是1975年以后发展更快，1976—1980年的5年间所发展的论文比前25年（1951—1975年）的总和还要多，仅日本的专利就有近100项。1996年的统计显示，经离体培养获得试管植株的药用植物已有100余种（刘国民，1996），这些成果的大多数都是我国学者完成的，这可能与中药在我国应用广泛有关。

近年报道显示，已有200种以上药用植物经过体外培养获得再生植株（黄和平等，2011）。

三、药用植物离体快繁的方法

离体无性繁殖是一个复杂的过程，一般商业上进行无性繁殖的整个过程分为5个不同的阶段。①植株准备阶段，这一步无需无菌条件，主要是对供培养用植株的预处理，其操作比较简单，要在开始离体快繁前较长一段时间（至少3个月前），把供体植株在仔细监控的环境条件下（如在温室中）栽种，并且要采取措施减少供体植物的表面污染（如采用防蚜网）和内生菌污染；②无菌培养物的建立阶段；③茎芽增殖阶段；④离体形成枝条的生根阶段；⑤植株的移栽阶段。其中后4个步骤是在无菌条件下完成的，以下重点介绍。

（一）无菌培养物的建立

1. 外植体 在一定程度上，用于微繁的外植体的性质，是由所要采用的茎芽繁殖方法决定的。例如，为了增加腋生枝的数目，就应当使用带有营养芽的外植体。为了由受感染的个体生产脱毒植株，就必须使用不足1mm长的茎尖做外植体。

应从生长季开始时的活跃生长的枝条上切取外植体。对于需要低温、高温或特殊的光周期才能打破休眠的鳞茎、球茎、块茎和其他器官，应当在取芽之前进行必要的处理，如采用4℃低温处理一段时间（2～60d不等）。

2. 消毒 具体操作见本章第一节。

3. 培养基 建立无菌材料通常可以用简单培养基（MS），并附加低浓度的生长素或细胞分裂素，诱导无菌材料建立繁殖系，初步继代培养，扩大繁殖材料。

（二）茎芽增殖

茎芽增殖是微繁的关键时期，微繁的失败多数都是在这个时期发生的。概括地说，茎芽的离体增殖，一般有以下途径。

1. 通过愈伤组织 利用植物细胞在培养中无限增殖的可能性以及它们的全能性，可以诱导离体组织或器官产生愈伤组织，愈伤组织可通过器官发生或体细胞胚胎发生方式产生再生植株，其中后者可进行所谓人工种子的生产。但要注意的是，用愈伤组织培养进行植物繁殖时，细胞在遗传上可能不稳定，例如，当通过细胞和愈伤组织培养繁殖石刁柏时，所得到的植株表现多倍性而非整倍性；另一个缺点是，随着继代保存时间的增加，愈伤组织最初表现的植株再生能力可能逐渐下降，最后甚至完全丧失。因此，通过愈伤组织进行快繁的方式应用不普遍。

2. 不定芽形成 在植物学上，在叶腋或茎尖以外任何其他地方所形成的芽统称为不定芽。按这一定义来看，由离体培养形成的茎芽也应当视为不定芽。研究表明，一些植物可把剪下的1mm长的茎尖（带有2～3个叶原基）切成若干段，置于培养基上培养，每段都能形成很多新茎芽（不定芽）。把这些芽丛从基部分割开来再培养，又可产生更多的新芽。这个过程每10～14d可以重复一次，这样在3～4个月内，由一个茎尖开始即可产生8 000个植株，这一繁殖速度是传统营养繁殖所远远不能比拟的。而且，由茎芽培养所得到的植株都是正常的二倍体。

某些蕨类植物在离体条件下产生不定芽的能力十分惊人，如把骨碎补（*Davallia*）和鹿角蕨（*Platycerium*）放在无菌搅拌器中粉碎之后，由它们的组织碎片能够产生大量的不定芽。

3. 影响茎芽增殖的因素

（1）培养基 多数植物应用最多的是MS培养基，不过经常要减少培养基中的盐浓度。

对生长激素的要求因茎芽增殖的体系和类型而异，有2种茎芽增殖培养基（培养基A和培养基B）可供选择，二者只是在生长激素含量上彼此不同。培养基A适用于促进腋芽生枝，其中含有30 mg/L 2ip（异戊腺嘌呤）和0.3mg/L吲哚乙酸（IAA）；培养基B适用于诱导形成不定芽，其中所含的生长激素为吲哚乙酸（IAA）和激动素各2mg/L，这2种培养基能适用于很多物种。

在一种新的植物类型中，为了取得最高但又安全的茎芽繁殖率，需要通过一系列的试验确定其对细胞分裂素和生长素在种类和数量上的要求。细胞分裂素多用6-苄基嘌呤（BA），使用的浓度范围是0.5～30mg/L，适当的浓度是1～2mg/L。生长素中多使用合成生长素如萘乙酸（NAA）或吲哚丁酸（IBA），使用的浓度范围是0.1～1mg/L。

由于半固体培养基容易使用和保存，微繁所用的培养基通常都加0.6%～0.8%的琼脂。

（2）**光照和温度**　在离体条件下生长的幼枝尽管是绿色的，但它们并不靠光合作用制造养分。它们是异养型的，所有的有机营养和无机营养皆来自培养基，光的作用只是满足某些形态发生过程的需要，因此1 000～5 000lx的光强即已足够。光周期按照每天16h光照与8 h黑暗交替，即可产生令人满意的效果。培养室的温度一般恒定在25℃左右。

（三）离体苗的生根诱导

除了体细胞胚带有原先形成的胚根，可以直接发育成小植株外，在有细胞分裂素存在的情况下，由不定芽和腋芽长成的枝条一般都没有根，因此要进行生根诱导，当然也可采用无根苗嫁接的方法进入生产中。

1. 试管内生根　把大约1cm长的小枝条逐个剪下，转插到生根培养基中。如果茎芽增殖是在全MS培养基上进行的，生根MS培养基中盐的浓度应减少到1/2或1/4。此外，对于大多数物种来说，诱导生根需要有适当的生长素，其中最常用的是萘乙酸（NAA）和吲哚丁酸（IBA），浓度一般为0.1～10.0mg/L。

如果有些植物的无根茎段在上述生根培养基中仍不能生根，则可尝试把它们的下端浸在高浓度生长素溶液中若干时间（由几秒到几小时）之后，再插于无激素培养基中。例如，朱登云等（1997）把杜仲无根胚乳苗切口一端在300mg/L ABT生根粉溶液中浸泡3～5s后，再插入1/4强度无激素MS培养基中，生根效果很好。

离体培养中的生根期也是前移栽期。因此，在这个时期必须使植物做好顺利通过移栽关的各种准备。在生根培养基中减少蔗糖浓度（如减到大约1%）和增加光照度（如增至3 000～10 000lx），能刺激小植株使之产生通过光合作用制造食物的能力，以便由异养型过渡到自养型。较强的光照也能促进根的发育，并使植株变得坚韧，从而对干燥和病害有较强的忍耐力。虽然在高光强下植株生长迟缓并轻微退绿，但当移入土中之后，这样的植株比在低光强下形成的又高又绿的植株容易成活。

枝条在离体条件下生根所需的时间为10～15d。经验表明，根长5mm左右时移栽最为方便，更长的根在移栽时易断，因此会降低植株的成活率。

2. 试管外生根　在有些植物中，可以把在离体条件下形成的枝条当做微插条处理，使它们在土中生根，如枇杷离体苗。在这种情况下，一般要把插条的基部切口先用标准的生根粉或混在滑石粉中的吲哚丁酸（IBA）处理，然后再把它们种在花盆中。在另外一些植物中，则可先在试管内诱导枝条形成根原基，然后再移栽土中，遮阴保湿，待其生根。在可能的情况下，试管外生根由于减少了一个无菌操作步骤，因而可降低成本。

3. 无根苗的嫁接 当试管内难于诱导枝条生根时，嫁接就成了完成离体快繁最后一步的必然选择。嫁接又可分为试管内嫁接和试管外嫁接两种情况。

(1) **试管内嫁接** 试管内嫁接又叫微体嫁接，即以试管苗的0.1～0.2mm长的茎尖为接穗，以在试管内预先培养出来的带根无菌苗为砧木，在无菌条件下借助显微镜进行嫁接，之后继续在试管内培养，愈合后成为完整植株再移入土中。这种嫁接方法技术难度高，不太容易掌握。

(2) **试管外嫁接** 可选取苗高2cm，茎粗0.1～0.2cm的试管苗为接穗，在室温下锻炼1～2d后，然后参照一般田间嫁接方法进行。

(四) 壮苗、炼苗和移栽

移栽是离体快繁全过程中的最后一个环节，看似简单，实则充满风险，因此对这项工作的艰巨性绝不能掉以轻心。为了保障万无一失，首先需要对试管苗的特点有所了解。试管苗生长在恒温、高湿、弱光、无菌和有完全营养供应的特殊条件下，虽有叶绿素，但营异养生活，因此在形态解剖和生理特性上都有很大脆弱性，例如水分输导系统存在障碍，叶面无角质层或蜡质层，气孔开张过大且不具备关闭功能等。这样的试管苗若未经充分锻炼，一旦被移出试管，到一个变温、低湿、强光、有菌和缺少完全营养供应的条件下，很易失水萎蔫，最后死亡。因此，为了确保移栽成功，在移栽之前必须先要培育壮苗和开瓶炼苗。

壮苗是移栽成活的首要条件，在培养基中加入一定数量的生长延缓剂如多效唑(PP_{333})、比久(B_9)或矮壮素(CCC)等，在很多种植物中都是培育壮苗的一项有效措施。地黄和山药等在培养基中加入2～4mg/L多效唑(PP_{333})后，试管苗茎高降低，茎粗加大，根数增多，叶色浓绿，移栽后成活率比对照大幅度提高。壮苗之后则须开瓶炼苗，降低瓶中湿度，增强光照度，以便促使叶表面逐渐形成角质，促使气孔逐渐建立开闭机制，促使叶片逐渐启动光合功能等。炼苗的具体措施则因苗的种类不同而异，有些单子叶草本植物，只要苗壮，炼苗方法十分简单：拿掉封口塑料膜，在培养基表面加上薄薄一层自来水，置于散射光下3～5d即可。有些植物(如刺槐)试管苗极易萎蔫，封口膜在炼苗开始时只能半开，且要求炼苗环境有较高的相对湿度。喜光植物(如枣和刺槐等)可在全光下炼苗，耐阴植物(如玉簪和白鹤芋等)则须在较荫蔽的地方炼苗，萱草、月季、福禄考和油茶等可在50%～70%的遮阴网下炼苗。

移栽时先要轻轻地但彻底地除掉或洗掉沾在根上的琼脂培养基，以免栽后发霉。要选用排水性和透气性良好的移栽介质，例如蛭石、河沙、珍珠岩、草炭和腐殖土等，栽苗之前须用0.3%～0.5%高锰酸钾消毒。移栽后，最初10～15d要通过喷雾或罩上透明塑料以保持很高的湿度(90%～100%)，这对移栽的成功是非常重要的。在塑料罩上可打些小孔，以利气体交换，在移栽时把小植株的一部分叶片剪掉也可能是有益的。在保湿数天之后，可把植株搬入温室，但仍须遮阴数日。

总之，移栽苗成活的必要条件是：空气湿度高，土壤通气好，无直射太阳光。移栽后要完成上述各个步骤可能须花费4～6周的时间，此后即可让这些植物在正常的温室或田间条件下生长。对于能形成休眠器官的植物，应使其在培养中形成休眠器官。

四、药用植物脱毒技术

（一）通过茎尖培养消除病毒

实践证明，传统生产靠通过热处理消除病毒的方法收效甚微，目前成功的方法是通过茎尖培养或与热处理相结合来消除病毒。其无菌操作可参考前面内容，这里只介绍特殊点。

1. 外植体 在应用组织培养方法以获得无病原植物时，所用的外植体可以是茎尖，也可以是茎的顶端分生组织。在这里，顶端分生组织是指茎的最幼龄叶原基上方的一部分，最大直径约为 100 μm，最大长度约为 250 μm。茎尖则是由顶端分生组织及其下方的 1～3 个幼叶原基一起构成的。虽然通过顶端分生组织培养消除病毒的机会较高，但在大多数已发表的成果中，无病毒植物都是通过培养 100～1000 μm 长的外植体得到的，即通过茎尖培养得到的。

2. 方法 进行脱毒时，通常是使用解剖工具借助解剖镜在超净工作台内完成的。为避免茎尖受光热损伤，使用冷源灯（荧光灯）或玻璃纤维灯则更为理想。若在一个衬有无菌湿滤纸的培养皿内进行解剖，也有助于防止这类小外植体变干。

和其他类型的组织培养一样，在进行茎尖培养时，首要一步是获得表面不带病原的外植体。一般来说，茎尖分生组织由于有彼此重叠的叶原基的严密保护，只要仔细解剖，无需表面消毒就应当能得到无病原的外植体，消毒处理有时反而会增加培养物的污染率。如果可能，应把供试植株种在无菌的盆土中，并放在温室中进行栽培。在浇水时，水要直接浇在土壤上，而不要浇在叶片上。另外，最好还要给植株定期喷施内吸杀菌剂，这对于田间种植的材料是格外重要的。对于某些田间种植的材料来说，切取插条后，可以先在实验室中插入 Knop 溶液中令其生长，由这些插条的腋芽长成的枝条，要比由田间植株上直接取来的枝条污染问题小得多。

尽管茎尖区域是高度无菌的，在切取外植体之前一般仍须对茎芽进行表面消毒。一般对叶片包被严紧的芽（如菊花和姜等），只需在 75%酒精中浸蘸一下；而叶片包被松散的芽（如蒜、麝香石竹等），则要用 0.1%次氯酸钠溶液表面消毒 10 min。对于这些消毒方法，在工作中应灵活运用，以便适应具体的实验体系。如在进行蒜茎尖培养时，可先把小鳞茎在 95%酒精中浸蘸一下，再烧掉酒精，然后解剖出无菌茎芽即可。

在剖取茎尖时，要把茎芽置于解剖镜下，一手用一把细镊子将其按住，另一手用解剖针将叶片和叶原基剥掉，解剖针要常常蘸 90%酒精，并用火焰灼烧以进行消毒。当形似一个闪亮半圆球的顶端分生组织充分暴露出来之后，用一个锋利的长柄刀片将分生组织切下来，上面可以带有叶原基，也可不带，然后再用同一工具将其接种到培养基上。重要的是，必须确保所切下来的茎尖外植体一定不要与芽的较老部分或解剖镜台或持芽的镊子接触，尤其是当芽未曾进行过表面消毒时更须如此。茎尖在培养基上的方向关系不大。

由茎尖长出的新茎，常常会在原来的培养基上生根，但若不能生根，则须另外采取措施。如把脱毒的茎嫁接到健康的砧木上，从而得到完整的无毒植株。

3. 在茎尖培养中影响脱毒效果的因素 培养基、外植体大小和培养条件等因子，不但会影响离体茎尖再生植株的能力，而且也会显著影响这一方法的脱毒效果。此外，在培养前或培养期间进行的热处理，也会显著影响这一方法的效率。外植体的生理发育时期也与茎尖培养的脱毒效果有关。

(1) **培养基** 通过正确选择培养基，可以显著提高获得完整植株的成功率。所应考虑的培养基的主要性质是它的营养成分、生长调节物质和物理状态。目前，茎尖培养应用较多的是MS培养基。碳源一般是用蔗糖或葡萄糖，浓度范围为2%～4%。

虽然较大的茎尖外植体（500 μm或更长）在不含生长调节物质的培养基中也能产生一些完整的植株，但一般最好添加少量（0.1～0.5 mg/L）的生长素或细胞分裂素或二者兼有。在被子植物中，茎尖分生区不是生长素的来源，不能自我提供所需的生长素，因此在培养基中要加入生长素。例如，在洋紫苏等植物中，要能成功地培养不带任何叶原基的分生组织外植体，外源激素的存在是必不可少的。在各种不同的生长素中，应当避免使用2，4-D，因为它通常能诱导外植体形成愈伤组织，广泛使用的生长素是萘乙酸（NAA）。

(2) **外植体大小** 在最适培养条件下，外植体的大小可以决定茎尖的存活率，外植体越大，产生再生植株的机会也就越多，小外植体则不利于茎的生根。然而，不应当离开脱毒效率（它与外植体的大小呈负相关）单独看待外植体的存活率，因此，外植体应小到足以能根除病毒，大到足以能发育成一个完整的植株。

除了外植体的大小之外，叶原基的存在与否也影响分生组织形成植株的能力，如大黄离体顶端分生组织必须带有2～3个叶原基才能形成植株。

(3) **培养条件** 在茎尖培养中，照光培养的效果通常都比暗培养好。但在进行天竺葵茎尖培养的时候，需要有一个完全黑暗的时期，这可能有助于充分减少多酚物质的抑制作用。

离体茎尖培养中温度一般为25℃±2℃。

(4) **外植体的生理状态** 茎尖最好要由活跃生长的芽上切取，一般取顶芽茎尖和腋芽茎尖均可。

取芽的时间也是个重要因素，这对表现周期性生长习性的树木来说更是如此。在温带树种中，植株的生长只限于短暂的春季，此后很长时间茎尖处于休眠状态，直到低温或光打破休眠为止。在这种情况下，茎尖培养应在春季进行，而若要在休眠期进行，则必须采用某种适当的处理。例如，在李属植物中，取芽之前必须把茎保存在4℃下近6个月之久。

(5) **热疗法** 尽管顶端分生组织常常不带病毒，但不能把它看成一种普遍现象。某些病毒实际上也能侵染正在生长中的茎尖分生区域。在这种情况下，则要把茎尖培养与热疗法结合起来，才可能获得脱毒植株。热处理可在切取茎尖之前在母株上进行，也可在茎尖培养期间进行。方法是采用热空气处理，即把旺盛生长的植物移入到一个热疗室中，在35～40℃下处理一定时间即可；处理时间的长短，可由几分钟到数周不等。

对于热处理时间的长短应当慎重决定。高温处理时间太长，可能对植物组织造成不良影响。例如，在菊花中，热处理时间由10 d增加到30 d，可使无毒植株比例由9%增加到90%。处理40 d或更长并不能再增加无毒植株的比例，却会显著减少能形成植株的茎尖的总数。

(6) **化学疗法** 如采用前面的办法还不能得到脱毒植株，可尝试采用化学疗法，如在培养基中加入100 μg/L 2-硫尿嘧啶、放线菌酮或放线菌素D等。

（二）脱毒效果的检验

应当认识到，尽管在切取茎尖时十分当心，并且对它们进行了各种有利于消除病毒的处理，也只有一部分培养物能够产生无病毒植株。因此，对于每一个由茎尖或愈伤组织产生的植株，在把它们用做母株以生产无病毒原种之前，必须针对特定的病毒进行检验。在通过培养产生的植物中，很多病毒具有一个延迟的复苏期。因此在头18个月必须对植株进行若干次检验。只有那些始终表现负结果的个体，才能说是已经通过了对某种或某些特定病毒的检验，可以在生产上推广使用。由于经过病毒检验的植株仍有可能重新感染，因而在繁殖过程的各个阶段还须进行重复的检验。

确定在植物组织中是否有病毒存在的最简单的方法，是检验叶和茎是否有该种病毒所特有的可见症状。不过，由于可见症状可能要经过相当长的时间才能在寄主植物上表现出来，因此需要有更敏感的检验方法。病毒的汁液感染法是一般用于检验病毒的所有方法中最为敏感的方法，只要有一名精通症状鉴别的工作人员，这种方法就不难在生产的规模上加以应用。这名负责病毒检验的人员还应能在使其不受重新感染的情况下繁殖指示植物（如进行马铃薯脱毒效果检验时常用的指示植物有千日红、苋色藜、野生马铃薯、曼陀罗、辣椒、酸浆、心叶烟、黄花烟、豇豆、黄苗榆和莨菪等）。现将进行病毒检验的接种方法介绍如下。

由受检植株上取下叶片，置于等容积的缓冲液（0.1mol/L 磷酸钠）中，用研钵和研杵将叶片研碎。在指示植物（对某种或某些特定病毒非常敏感的植物）的叶片上撒上少许600号金刚砂，然后用受检植物的叶汁轻轻涂于其上。适当用力摩擦，以使指示植物叶表面细胞受到侵染，但又不要损伤叶片。大约5min后，用水轻轻洗去接种叶片上的残余汁液。把已接种的指示植物放在温室或防蚜罩内，株间以及与其他植物间都要隔开一定距离。根据病毒的性质和汁液中病毒的数量，需要6～8d或是几周，指示植物即可表现症状。不过，有些植物病毒不是通过汁液传染的，而是通过某种蚜虫传播的，在这种情况下，则须将脱毒培养后的芽嫁接到指示植物上，根据指示植物的症状表现，判断是否脱除了病毒。

检验植物中是否存在病毒的其他方法，还有血清测验法和电子显微镜观察法。例如，以抗X病毒血清检测马铃薯X病毒，若出现沉淀，则为阳性反应，应将病株立即拔除。利用电子显微镜能直接观察脱毒培养后的植物材料，确定其中是否存在病毒颗粒，以及它们的大小、形状和结构。不过，应用这两种方法虽能很快获得结果，但需要专门的技术和在一般苗圃中不易得到的设备。另外，血清法和电子显微镜法通常都要与汁液感染法同时并用，而不是完全取代汁液感染法。但对不表现可见症状的潜伏病毒来说，血清法和电子显微镜法则是必然之选。

（三）无毒原种的保存

如前所述，无毒植株并不具有额外的抗病性，它们有可能很快又被重新感染。为了解决这个问题，应将无毒原种种在温室或防虫罩内已灭菌的土壤中。在大规模繁殖这些植物的时候，应把它们种在田间的隔离区内，其中应很少有或完全没有重新感染的机会。另外一种更容易也是更便宜的方法，是把由茎尖得到的并已经过脱毒检验的植物通过离体培养进行繁殖和保存。

虽然由茎尖培养得到的植株一般很少或没有遗传变异，但最好还是要检查一下这些脱毒植株是否仍保持了原来的种性。据报道，在大黄等植物中，经过脱毒之后曾出现了轻微的生理变异。

(四) 通过茎尖培养消除病毒的注意事项

要想得到和繁殖一个品种的脱毒植株，首先必须了解有关该种植物的一些背景知识，特别是可能周身侵染该种植物的病原以及这种植物的繁殖方法等。然后应当检查供试植物是否携带所疑有的病原，并确定茎尖外植体的适当大小，能导致生长最快和最有可能消除病毒的培养条件。最后要反复检查茎尖产生的植株是否还带着疑有的病原，并在能杜绝任何再侵染可能性的条件下，繁殖那些确已脱毒的植株。

总之，植物组织离体培养，特别是茎尖培养，已成为一种公认的有效技术，运用这种技术，就有可能消除存在于植物组织内的病原，从而获得不带病原的植株。这项技术所能带来的好处已日益受到重视。一方面它可导致植物产量的增加和品质的改善；另一方面，它能促进植物活体材料的进出口贸易。随着越来越多的国家规定只能进口经过检验证明的无病植物，这后一种应用途径将会变得日益重要。

虽然通过茎尖培养消除病原看来只是一项简单的技术，但它的全部操作涉及无病原植物的生产、繁殖和保存，因此除了组织培养技术之外，还要对植物病理学、温室栽培学等具有良好的知识。

此外，脱毒带来的好处可能被寄主植物对于致病性更强的病毒或真菌感病性的增加部分地抵消。病毒交叉保护现象（一种病毒的存在可使寄主植物有能力抵抗另一种病毒）现在已受到广泛的注意，有研究者发现，不含马铃薯 X 病毒（PVX）的马铃薯块茎在地上部分收割之后，若留在土中 2～3 周，对镰孢菌干腐病的敏感性比相应的受马铃薯 X 病毒侵染的块茎更强。

复习思考题

1. 根据传统药材栽培技术的特点分析现代药材生产技术的作用。
2. 简述药用植物细胞工业化生产的流程。
3. 什么是药用植物的离体快繁（微型繁殖）？离体快繁的过程分哪几个阶段？
4. 药用植物脱毒技术的意义何在？通过茎尖培养消除病毒的注意事项有哪些？

主要参考文献

曹孜义 . 1996. 实用植物组织培养技术教程［M］. 兰州：甘肃科学技术出版社 .

高文远 . 2003. 药用植物发酵培养的工业化探讨［J］. 中国中药杂志，28（5）：385 - 390.

黄璐琦 . 1995. 展望分子生物技术在生药学中的应用［J］. 中国中药杂志，20（11）：643 - 645.

李俊明 . 2002. 植物组织培养教程［M］. 北京：中国农业大学出版社 .

刘涤 . 1997. 植物生物技术在传统药材生产中的应用前景［J］. 生物工程进展，17（1）：37 - 41.

熊宗贵 . 生物技术制药［M］. 北京：高等教育出版社 . 2002.

余伯阳 . 2002. 中药与天然生物技术研究进展与展望［J］. 中国药科大学学报，33（5）：359 - 363.

下篇

各论

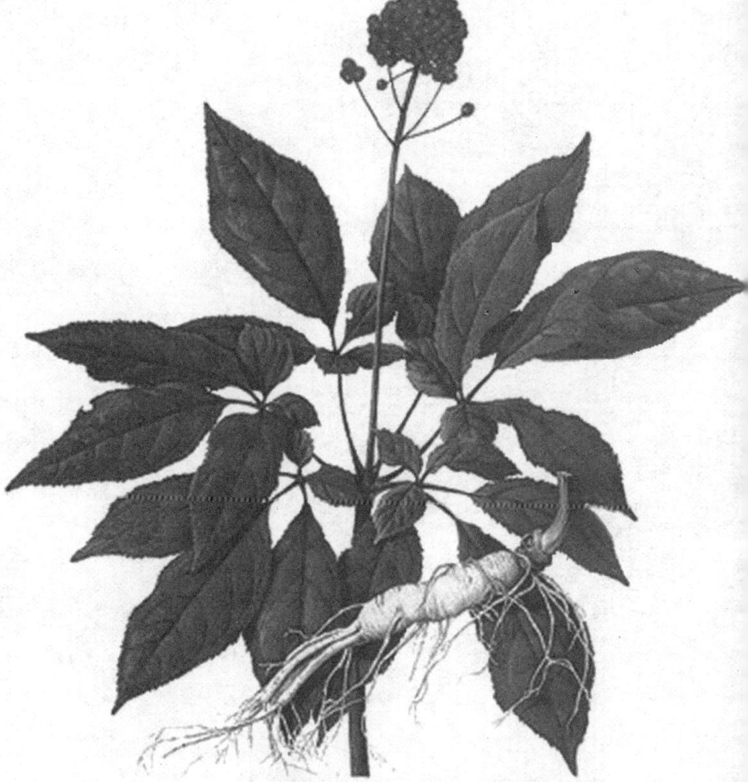

[药用植物栽培学]

第九章　根及根茎类药材

在众多的药用植物中，以地下根及根茎部分入药的种类占有相当大的比例，目前市场流通的这类药材有数百种以上。本章介绍的30种栽培的根及根茎类药材是从地道性、生产量、栽培规模、栽培技术的代表性和有特殊特点来考虑选择的。入药部分除包括根及根茎外，一些变态根（如乌头和山药的块根）、变态茎（如天麻的块茎和贝母的鳞茎）等也归入此类。

一般来说，根及根茎类药材均是植物体的储藏器官，其生产管理有很大的相似性，如需要土壤疏松肥沃、排水良好；氮肥施入量不宜过多，以免地上茎叶徒长，影响储藏器官增重；适当增施磷肥和钾肥，以利营养成分从源向库的转运等。

第一节　人　　参

一、人参概述

人参为五加科植物，干燥的根和根茎供药用，生药称为人参（Ginseng Radix et Rhizoma）。栽培的俗称为园参；播种在山林野生状态下自然生长的称为林下山参，习称子海。栽培品经蒸制后的干燥根和根茎称为红参（Ginseng Radix et Rhizoma Rubra）。干燥叶也可入药，称为人参叶（Ginseng Folium）。人参有大补元气、复脉固脱、补脾益肺、生津血、安神益智的功能，用于体虚欲脱、肢冷脉微、脾虚食少、肺虚喘咳、津伤口渴、内热消渴、气血亏虚、久病虚羸、惊悸失眠、阳痿宫冷等症。红参则有大补元气、复脉固脱、益气摄血的功能，用于体虚欲脱、肢冷脉微、气不摄血、崩漏下血等症。人参叶有补气、益肺、祛暑、生津的功效，用于气虚咳嗽、暑热烦躁、津伤口渴、头目不清、四肢倦乏等症。

现代医学证明，人参及其制品能加强新陈代谢，调节生理机能，在恢复体质及保持身体健康上有明显的作用，对治疗心血管疾病、胃和肝脏疾病、糖尿病、不同类型的神经衰弱症等均有较好疗效；有耐低温、耐高温、耐缺氧、抗疲劳、抗衰老等作用。近年报道，人参及其制品还有抗辐射损伤和抑制肿瘤生长等作用，有提高生物机体免疫力的能力。人参的主要有效成分为人参皂苷。

我国人参栽培历史悠久，据现存史料记载有1 700年的栽培历史，规模化生产有400余年的历史。人参是东北区的地道药材，吉林人参产量高，质量好，畅销国内外。其他许多地区已引种成功。目前，全国有4个人参种植基地通过了国家GAP认证，全部分布在吉林省。

二、人参的植物学特征

人参（*Panax ginseng* C. A. Mey.）为多年生草本，高30～60 cm。主根肥大，肉质，黄白色，圆柱形或纺锤形，下面稍有分枝。根状茎短（芦头），直立。茎圆柱形，直立，不分枝。掌状复叶，3～6枚着生于茎顶；小叶片3～5，中央一片最大，椭圆形至长椭圆形，长4～15 cm，宽2～6 cm。小叶片先端长渐尖，基部楔形，边缘有细锯齿，叶正面脉上散生少量刚毛，背面无毛，有小叶柄；最外一对侧生小叶较小，无柄。伞形花序单个顶生，总花梗长达30 cm，含4至多花，小花梗长约5 mm；苞片小，条状披针形；萼钟状，5裂，绿色；花瓣5，卵形，淡黄绿色；雄蕊5，花丝短；子房下位，2室；花柱2，下部合生。果肾形或扁球形，成熟时鲜红色；种子2枚（图9-1）。花期6月，果期7～8月。

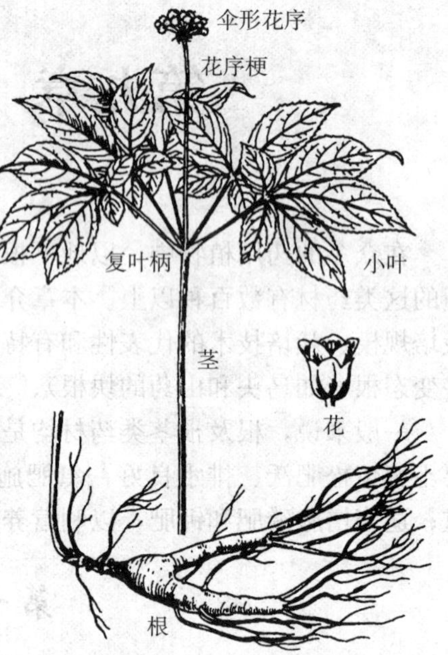

图9-1 人 参

三、人参的生物学特性

（一）人参的生长发育

1. 人参的生育期 栽培人参从播种出苗到开花结实需要3年，3年以后年年开花结实。在生长发育过程中，特别是1～9年低龄阶段，地上植株形态随年龄的增长变化较大。7年以后，茎叶形态相对稳定，9年以后，植株高度、花果数目和大小也相对稳定。

据观测，一般情况下，一年生人参地上只有1枚由3片小叶组成的复叶，没有茎，俗称三花。二年生人参，绝大部分是一枚掌状复叶，生于茎顶，俗称巴掌。三年生人参，多数为2枚掌状复叶，都生于茎顶，开始现蕾开花结实，但开花结实比例不大，俗称二甲子。四年生人参，茎顶生有3枚掌状复叶和一个伞形花序，俗称灯台子。五年生人参，茎顶多生有4枚掌状复叶和一个伞形花序，俗称四批叶。六年生人参，茎顶除伞形花序外，还有4枚或5枚掌状复叶，由于五枚掌状复叶居多，俗称五批叶。七年生以上，茎顶多生有5枚或6枚掌状复叶，亦是六枚复叶居多，所以，称为六批叶，伞形花序上的小花数目较多。

2. 人参的年生长发育 人参每年从出苗到枯萎可以划分为出苗期、展叶期、开花期、结果期、果后参根生长期和枯萎休眠期6个阶段，全生育期120～180 d。

（1）**出苗期** 通过后熟的种子与越冬芽，遇到适宜萌发条件就开始萌动出苗。一般地温稳定在5℃时开始萌动，地温8℃左右时开始出苗，地温稳定在10～15℃时出苗最快。出苗期的参苗能耐−4℃低温。

（2）**展叶期** 东北产区5月中旬为展叶期。每年人参的叶片都是一次性长出，出土的叶片是边展边长，茎秆也同时生长，展叶期是人参地上植物体生长最快的时期。

（3）**开花期** 东北参区，6月上旬开花，6月中下旬结束，花期15～20 d。

（4）**结果期** 人参果实是浆果状核果，成熟前为绿色，成熟时为绛红色，果期50～60 d。人参果实是由伞形花序外围渐次向内成熟，红熟的果实会自然落地，生产上应适时采收。

（5）**果后参根生长期** 人参果实于7月下旬至8月上旬成熟，果实成熟后，茎叶制造的有机物主要运送到地下储藏器官。此期从果实红熟后算起，到枯萎前结束，东北产区多在8月上旬开始，到9月下旬为止，持续40～50 d。

（6）**枯萎休眠期**　秋末，气温逐渐降低，当平均气温降到10℃以下后，人参光合作用微弱，气温再冷，人参便停止光合作用，进入枯萎期。当参根冻结后，人参便进入冬眠阶段。

（二）人参的种子习性

1. 人参种子的休眠　自然成熟的人参种子具有休眠特性，自然条件下的休眠期可达21～22个月。研究发现，人参种子休眠属于综合休眠类型，分形态休眠和生理休眠2个阶段。

（1）**形态休眠**　收获的人参种子，其胚尚未发育完成，在适宜温度和湿度下，后熟时间为3～4个月，当胚长达到或超过了胚乳长的2/3时才能度过形态休眠。各地经验认为，人参种胚形态后熟的适宜温度为15～20℃。

（2）**生理休眠**　人参种胚形态成熟后，给予适合种子萌发的温度和湿度条件，仍不能萌动出苗，这是由于人参种子生理休眠的缘故。低温是人参种子度过生理休眠的必要条件，完成形态后熟的人参种子，在0～10℃条件下，60～70d才能通过生理后熟。

2. 人参种子的寿命　人参种子寿命较短，在常规储存条件下，储存1年生活力降低10%左右，储存2年生活力降低95%。一般新采收的种子，种壳白色，胚乳色白新鲜；储存1年的种子，种壳略显黄色，近种胚一端的胚乳色黄，似油浸状；贮存2年的种子，种壳黄色，胚乳大部分似油浸状，色黄。检查种子活力大小，多采用种子活力快速测定法，常用的是TTC法。

（三）人参芽的习性

1. 人参越冬芽的休眠特性　人参越冬芽具有休眠特性，在0～10℃条件下，60d后才能通过休眠。这限制了人参在我国一些地区的引种，如广西南宁市附近引种人参，由于自然气候条件不能满足人参越冬芽对低温的需求，枯萎休眠后不能再萌发出苗。这一休眠特性，可用50～100mg/L赤霉素（GA_3）浸芽胞4h打破。

2. 人参的潜伏芽　人参根茎的节上都有潜伏芽，由于顶端优势的作用，这些潜伏芽不生长发育。可在6月上旬通过人为破损顶端芽胞或激素处理的方法，使1～3个具有一定生长优势的潜伏芽分化发育，培育双茎或多茎参。

（四）参根的生长发育

1. 一年生至六年生参根的生长　播种或栽种后的人参于5月上中旬萌动出苗，5～7月间胚根不断伸长，发育成主根；8～9月下旬，根粗增加较快；9～10月，参根干物质量增加较明显。每年的人参根的增重及有效成分的积累情况见表9-1。

表9-1　不同年生人参单根重与人参总皂苷含量变化情况

生长年限	1	2	3	4	5	6
单根重（g）	1.05	5.00	21.30	45.20	85.00	115.90
人参总皂苷含量（%）	1.51	2.22	2.78	3.16	4.02	4.85

2. 年内生长变化动态　每年出苗后参根略有减重，展叶后，光合积累增加，逐渐开始

增重，其中8月下旬至9月下旬增重较大，10月后参根开始减重。每年进入8月下旬后，根内干物质积累加快，9月中旬前为高峰期，是收获加工的好时期。

3. 反须、皱纹和珍珠点

（1）*反须* 人参根喜欢生长在疏松、肥沃和温暖的土层中。当底土冷凉，不适合于人参生长时，参根上的支根会向疏松、肥沃、温暖的表层生长，从而造成须根多分布在表层，产区把此种现象称为反须。

（2）*皱纹* 皱纹又叫做纹，是指参根主体上的横纹而言。一般一年生和二年生参根主体上无皱纹，三年生和四年生以后，参根主体上都有皱纹。皱纹有无和粗细是鉴别参龄大小、区别山参和园参的特征之一。山参皱纹多而密，浅而细，而且近似于环状，位于肩部；园参皱纹稀少，纹粗，断断续续不呈环状，生长年限长的纹多而明显。

（3）*珍珠点* 珍珠点是细小须根脱落后留在支根或须根上的根痕，脱落次数多的根痕大而明显。山参生长年限长，须根细长，脱落次数多，所以根痕明显，故有珍珠点点缀须下之说。

（五）人参有效成分的积累动态

目前普遍认为，人参的有效成分主要是人参皂苷。参根中的皂苷含量高低受品种、地区、土壤、栽培方式和年限、加工方法等因素的影响。据报道，长脖人参总皂苷含量最高，为6.15%±0.53%，黄果种为5.89%±0.184%，圆膀圆芦为5.50%±0.173%，大马牙为5.06%～5.78%，二马牙为4.99%～5.56%，竹节芦为4.82%±0.153%。栽培年限长的含量高，年限短的含量低。参根不同部位，人参皂苷的含量有别，以参须含量最高。生晒参含量高于红参，红参高于糖参（表9-2）。人参皂苷积累是随栽培年限增长而逐渐增加；参根皂苷含量在每年内也随着生长发育变化而波动，详见后文“人参的收获”。

表9-2 不同产地人参皂苷比较（%）

产地	生晒参	红参	糖参	参须
中国	5.22	4.26	2.81	11.50
朝鲜	—	3.80	2.10	—
日本（长野）	2.50	3.90	3.10	14.00
日本（福岛）	—	4.90	1.50	6.50

（六）人参生长发育的环境条件

1. 野生人参的生境 人参多生于以红松为主的针阔混交林或杂木林中。我国野生人参主要分布在长白山、小兴安岭的东南部，即北纬40°～48°，东经117°～137°的区域内。此区域内的长白山森林地带，年平均气温为4.2℃，1月平均气温为－18℃，7～8月平均气温为20～21℃，年降水量为800～1 000mm（7～8月降水量为400mm），无霜期为100～140d。在长白山一块海拔800m的人参样地上调查，乔木层为红松、枫桦、色木槭和裂叶榆等，灌木层为堇叶山梅花、东北山梅花、刺五加和忍冬属数种，伴生的草本植物有东北香根芹、假茴芹、无毛山尖子、美汉草、薹草、山茄子等。

2. 园参产区的环境概况 园参栽培是按野生人参的生境选地栽培的，所以，园参的生态环境大体上与野生人参的生境一致。但是，由于栽培面积的扩大和伐林栽参方式的普及，园参产区的空气湿度和气温、土温等条件都与林间条件不同。加上栽培技术的发展和引种栽培的出现，使人参的栽培区域迅速扩大，致使目前世界各地参区的气候条件差异较大。但限于人参生物学特性的基本条件，世界各参区人参生育期间（5～8 月）的气候条件基本相近。

3. 人参生长发育与温、光、水、肥的关系

（1）人参生长与温度的关系　地温稳定在 4～5℃时，人参开始萌动，地温 8℃左右开始出苗。出苗、展叶期间，气温 15℃左右为宜。人参生育期间，一般气温在 20～25℃下光合速率较高。参根在萌动时或地上枯萎后至结冻前，最怕一冻一化。一旦出现一冻一化，参根就出现冻害——缓阳冻。进入冬眠后，耐低温能力增强，产区自然低温条件下可以安全冬眠。

（2）人参生长与光照的关系　人参是阴性植物，怕强光直接照射，所以，栽培人参需要遮阴管理。

人参的光合作用光补偿点为 250～400 lx，光饱和点为 15～35 klx。通常温度高时，光补偿点和光饱和点低，反之亦然。在 20～25 klx 条件下，20～25℃时，光合速率值高。二年生至五年生人参光合速率日动态呈单峰曲线，较高值出现在 9：00～15：00，此时光强和气温分别达到一天中的极值（图 9－2）。六年生人参光合速率日动态呈双峰曲线，中午稍有下降，后又回升，类似小麦的午休现象。二年生至六年生人参的最大真光合速率为 10.81 mg/（dm^2·h）（以 CO_2 计）出现在六年生的开花期。人参生育期间光合速率的日变化随温度和光强的变化而变化。在气温 30℃，光强 22 klx 之内，光合速率与温度、光照强度呈正相关（图 9－3）。

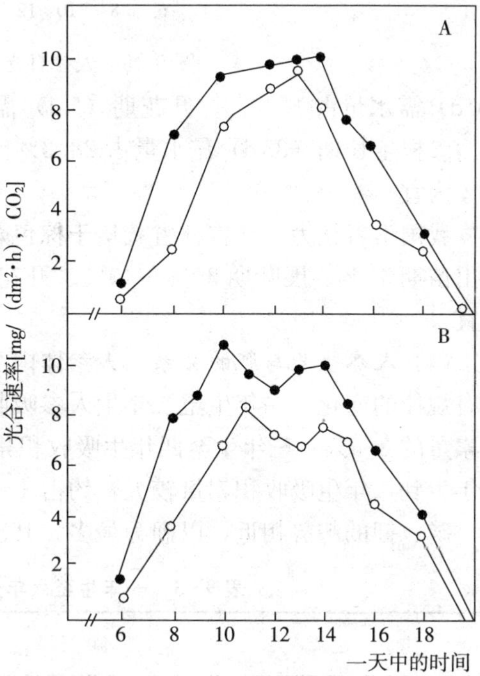

图 9－2　四年生（A）和六年生（B）人参不同生育期光合速率日动态

○—○—○红果期　●—●—●花期

光合速率的年动态，以五年生人参为例，以开花期和绿果期为最高，均达到 7.00 mg/（dm^2·h）（以 CO_2 计）以上。按 C_3 植物 $\delta^{13}C$ 值（－2%～－4%）标准判断，人参为 C_3 植物。

有关不同年生人参的需光强度，生产单位摸索的经验参数是：一年生小苗，每年 7～8 月控制在 10 klx 或 10 klx 之内，二年生控制在 15 klx 下，三年生和四年生人参供给 18～20 klx 光照，五年生和六年生人参以 20～25 klx 为宜。

（3）人参的生长与水分的关系　人参在单透棚（只透光）内，全生育期土壤相对含水量为 60%的条件下，蒸腾强度为 6.25 g/（m^2·h），蒸腾系数为 167.95g，蒸腾效率为 6 g/kg。全生育期总需水量为 135 kg/m^2（26 株/m^2），其中出苗期（12 d）需水量占 2.8%，展叶期

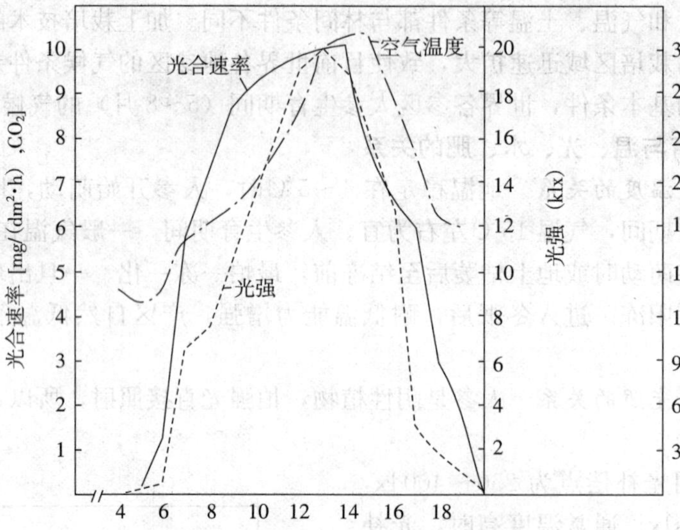

图 9-3　人参日光合速率和光强及气温的关系

(10d) 需水量占 17.2%，开花期 (5d) 需水量占 10.7%，结果期 (69d) 需水量占 41%，果后参根生长期 (33d) 需水量占 28.3%。有报道认为，人参生育期间，土壤相对含水量以 80%为宜。

我国学者认为，在吉林省栽培于棕色森林土上的人参，不同生育期的适宜含水量不同，以出苗期 40%、展叶期 35%～40%、开花结果期 45%～50%、果后参根生长期 40%～50%为宜。

(4) 人参生长与肥的关系　人参体内氮、磷、钾的吸收、积累与分配数量因参龄不同而呈有规律的变化。一年生至二年生人参吸收积累氮、磷、钾的量较少，约占 1～6 年总吸收积累量的 3.5%；三年生至四年生吸收积累量有所增加，约占 1～6 年总吸收积累量的 37%；五年生到六年生吸收积累量较大，约占 1～6 年总吸收积累量的 60%。各年生人参吸收积累氮、磷、钾的趋势相近，以钾为最多，其次是氮，磷的吸收积累量较少 (表 9-3)。

表 9-3　一年生至六年生人参所需氮、磷、钾 (mg/株)

年　生	氮	磷	钾
一	8.4	2.9	11.6
二	27.3	5.5	34.4
三	91.1	16.7	126.3
四	285.7	74.2	444.6
五	302.2	68.8	579.7
六	359.1	75.6	854.9

根据土壤中的氮、磷、钾减少情况，换算形成 1kg 人参所需要的大量元素情况见表 9-4，这可以为生产中进行人参科学施肥提供依据。

表 9-4 形成 1kg 人参所需氮、磷、钾的量(g)

年 生	N	P_2O_5	K_2O
四	22.10	5.30	26.03
五	28.45	6.40	34.32
六	32.53	7.07	38.94

一般认为，硝态氮对人参生长有促进作用，铵态氮不利于人参生长。氮肥过多，人参抗病力降低，出苗缓慢。氮肥不足，人参生长不佳，茎矮小而细，叶片也很小。应用^{15}N测定表明，林地栽参的人参植株中氮素营养来自土壤的占90%，而来自肥料的占10%。

人参吸收磷的数量比氮、钾都少，约为氮的1/4，钾的1/6。磷能增强人参的抗旱、抗病能力，促进种子发育。缺少磷时，生长受抑制，根系发育不良，叶片卷缩，边缘出现紫红斑块，种子数量少且不饱满。磷肥过多，易引起烂根，影响保苗。

人参需钾量较多，钾除了促进人参根、茎、叶的生长和抗病、抗倒伏外，还能促进人参中淀粉和糖的积累。

此外，钙、镁、铁、硼、锰、锌和铜等微量元素也是人参生长发育中的必需营养元素，它们对人参的生长、代谢都有促进作用。据测定，人参生长3年后，可使土壤中硼的含量减少96.2%、锌减少69%、锰减少66.6%、铜减少25%，因此追施微量元素肥很有必要。

四、人参的品种类型

人参只有一个种，商品中的中国人参、高丽人参、日本参、苏联参的原植物都是 *Panax ginseng* C. A. Mey. 一个种。

目前栽培的人参按茎色和果色分，有紫茎绿叶红果种、紫茎黄叶红果种、青茎黄果种和青茎红果种4个类型。在红果类型中又分出青茎红果和紫茎青叶红果两个品系，前者青茎，茎色与黄果种相同，但果实仍为红色；后者叶片色发黄，茎色果色与紫茎红果相同。

按参根特点分，有马牙型、长脖型、圆膀圆芦型和竹节芦等类型，有的地方把马牙型又分为大马牙和二马牙两类。据调查，大马牙主根短（平均6.77cm），比二马牙短1.97cm，比长脖短1.64cm，与圆膀圆芦、竹节芦相近，但主根粗大（平均2.19cm），根茎短粗，茎痕大而明显，侧根多而短，肩头平齐。二马牙主根平均根粗1.41cm，主根均长8.94cm，根茎平均长2.06cm，体形美观，须根较大马牙少。长脖参主根长8.41cm，粗度中等，肩部凸起，根茎细长，茎痕小。圆膀圆芦主根长度与大马牙相近（6.41cm），粗度仅次于大马牙，根茎粗度介于马牙和长脖间，长度与二马牙相近或略长，主根上端与芦头呈半圆形。竹节芦主根短而细，主根上端稍尖，根茎比圆膀圆芦稍细，呈竹节状，即节间明显，节部有棱。

大马牙、二马牙、圆膀圆芦、长脖和竹节芦各类型的开花结果状况见表9-5。

表 9-5 不同品种类型人参开花结实状况

	大马牙 $\bar{x}\pm s$	二马牙 $\bar{x}\pm s$	圆膀圆芦 $\bar{x}\pm s$	长脖 $\bar{x}\pm s$	竹节芦 $\bar{x}\pm s$
株均花数（朵）	102±14	88±13	76±13	54±16	35±14
株均结果数（个）	97±14	84±14	73±12	49±12	32±14

（续）

	大马牙 $\bar{x}\pm s$	二马牙 $\bar{x}\pm s$	圆膀圆芦 $\bar{x}\pm s$	长脖 $\bar{x}\pm s$	竹节芦 $\bar{x}\pm s$
结果率（%）	94.6±4.6	95.8±2.6	96.3±2.0	95.3±7.5	91.2±10.2
株均果重（g）	22.5	19.5	16.0	9.0	6.5
株均子重（g）	8.5	7.5	6.0	3.5	2.5
出子率（%）	37.8	38.5	37.5	38.9	38.5
株均粒数（粒）	159	144	118	79	52
千粒重（g）	53.3	52.0	51.0	44.3	48.3

近年，吉林省人参育种科学工作者已育成了几个品种，其中通过审定的品种有3个，分别是“吉参1号”、“吉林黄果参”和“宝泉山人参”，均适于吉林省各参区种植，“宝泉山人参”目前推广面积较大。

1. “吉参1号” “吉参1号”是1997年通过吉林省农作物品种审定委员会审定的品种，该品种是从吉林省集安市头道镇参场的人参混杂生产群体中，以单根重、根形为主要指标，经产比、区域试验选育成的综合性状优良，丰产性好的新品种。

“吉参1号”的主要特点是产量高，优质参（一等至三等）比率大。一般平均单产为4.0kg/m²，比对照3.38kg/m²增产18.3%；优质参率为90.17%，比对照72.5%提高24.37%。六年生单根平均鲜重98.32g，主根长10.57cm、粗3.27cm，主根长粗比为3∶1左右。根部人参皂苷含量为6.094%。该品种茎高适中，茎秆粗壮，叶片较宽，种子千粒重为43.5g，单株种子产量为7.29g。

2. “吉林黄果参” “吉林黄果参”是1997年通过吉林省农作物品种审定委员会审定的品种，该品种是利用来源于抚松县一参场的人参自然突变体，采用系统选育方法，经过38年选育出的有效成分含量高的优质人参新品种。该品种遗传性状稳定，其特征为：地上部各年生全生育期全株为绿色，花序分枝力强，果实成熟后为黄色。与目前生产用种比较，出子率高28%，种苗存根数高147%，种苗单产高128%，做货参单产持平，人参皂苷含量高7.38%，高活性分组皂苷高33%，挥发油含量高3倍。

3. “宝泉山人参” “宝泉山人参”是2001年通过吉林省农作物品种审定委员会审定的品种，主要特点是高产、优质，且适应栽培区较广。该品种是采用集团选择方法育成的，并经过了在吉林省人参主产区长白县长达20年（1981—2000年）的品比试验及生产示范。该品种单产一般稳定在3.37～4.70kg/m²，在宝泉山参场全场推广后，大面积单产已连续11年稳定在4.0kg/m²以上。优质参率为92.07%～93.90%，主根长为7.8～14.4cm，单根重为79.25～103.90g。总皂苷含量达到4.65%。根部具有主根粗壮、根长适中、芦头短而粗壮、根形美观的特点。

另外，韩国高丽参和烟草研究所Woo-Saeng Kwon（1998年）等人经过25年的时间，选育出了一个较好的人参品系，命名为KG101。该品系的特点是：绿茎略带紫色，果色橘黄，开花时间比当地品种早3～7d，根茎较长，产量高9%。特别适于加工高丽红参，“天”、“地”字号红参的比例高达22.3%，而当地品种只有9.4%。

五、人参的栽培技术

(一) 选地

选地是人参栽培的重要环节之一。人参栽培用地选择不当，会严重影响人参的生长发育，不仅形体小，产量低，而且病害多，质量差。

林地栽培人参选地可参考前面介绍的野生人参生长环境来确定。要求土壤容重为0.6～0.8g/cm²，孔隙度为70%～80%，腐殖质含量为3.5%～11.5%，碳氮比为10～13，pH 6.0～6.5，每百克土中含水溶性氮125～145mg、五氧化二磷1.5～3mg、氧化钾15～18mg。

地势状况可因地而异，林间的岗平地、坡地均可栽培人参。在寒冷的地区，由于温度低，多选用南坡。在干旱地区利用山间谷地最好。坡地的坡度在15°内为宜。

林地栽培人参应选择林相郁闭度在0.6左右的为好。利用农田栽培人参，多选择土质疏松肥沃，排水良好的沙质壤土或壤土，前作以玉米、谷子、草木樨、紫穗槐、大豆、苏子、葱和蒜等为好，不用烟地、麻地和蔬菜地，土壤黏重地块、房基地和路基地等不宜栽参。

关于用地面积问题，可按下列公式计算。

每年移栽面积＝年总产量/平均单产

每年育苗面积＝每年移栽面积×倒栽率

每年整地面积＝每年育苗面积＋每年移栽面积

二三制（育苗2年移栽3年）定型面积＝每年育苗面积×2＋每年移栽面积×3

二四制（育苗2年移栽4年）定型面积＝每年育苗面积×2＋每年移栽面积×4

三三制（育苗3年移栽3年）定型面积＝（每年育苗面积＋每年移栽面积）×3

倒栽率是指苗田与移栽面积之比。一般为1/4～1/3。土地利用率是指栽培人参面积与占地面积的百分比。近年土地利用率由原来的33%提高到40%～50%。

传统上，我国统计人参面积以亩（667m²）为单位是指占地面积，以平方米（m²）为单位是指绿色面积。帘和丈也是统计绿色面积单位，1帘为10m²，1丈为4m²（近年由于床宽加大，换算需要具体询问）。

(二) 整地

1. 伐林栽参的整地管理　为保证人参的天然优良品质，我国多数参区都是选择适宜山参生长的天然林地，砍伐树木后整地栽培，所以，人们又叫伐林栽参。

伐林栽参的整地管理，要在栽参前1～2年进行。经验认为，提前2年整地效果最好，参区把此种整地叫做使用隔年土。如果是上年冬季伐树，今春刨土，秋季栽参，参区称之为当年土。使用隔年土，是让林地土壤，特别是有机质在田间熟化两年，这样可以使有机质充分分解，增加土壤的有效养分。这对改良土壤理化性状，协调土壤固、液、气三相比例，消灭病原和害虫，促进人参生长，十分有益。

（1）**清理场地**　伐树、割除林间小灌木（林区又叫做底柴）是林地栽培人参清理场地的主要作业。一般伐树前先把林间小灌木割倒运出，能做棚材的小灌木要单独留出，堆放在场地四周备用。割完底柴后伐树，注意在平坦开阔的林地，要留2～3m宽的林带做防风林。

山坡林地要留预防水土流失的保护林带，最好山顶、山腰、山脚都有保护林带。伐树后的枝干，适合做棚材的留出备足，堆放好备用。

烧场子是伐树后的作业，一般是先把林地上1～2年内不能腐熟的有机物挑起摊匀并晾干，然后按林业部门有关规定，选择无风天点燃烧掉，烧后再搂走石块及杂物。

（2）**场地的区划（产区叫做定蹬）** 清后的场地应根据有利于人参生长，既能防止水土流失，又要利于灌溉排水，还要最大限度地合理利用土地的原则，进行区划。

①划分区段：根据整个场地的地形、地势先规划出整个地块的排水沟，如四周排水沟和纵向排水沟，场地内的横沟视区段大小、水势而定，水沟要规划在稍低的地方。两条纵向排水沟之间，按40m左右长为一区段，划分成若干个区段（大区），区段和区段之间留2～3m间距。间距内的林地不刨翻，中间1m内的树根也不刨。区段内刨起的树根、石块等杂物，堆砌在区段间间距的中央，筑成坝状，便于截水和排水。一般横坡做坝，略有斜度，即坝的走向与横山方向成2°～3°角。这样可以减缓流水速度，减轻水土流失，又能顺利排水。参区把这个小坝叫蹬，所以，参区参农把划分区段作业叫做定蹬。为管理和运料等作业的方便，在蹬的两边各留1m宽的通道。

②确定参床（畦床）的走向和各参床的位置（产区又叫做调阳定位或调阳挂串）：人参生长发育过程中需要的光照是有一定强度范围的，低于一定强度，人参生长发育不良，甚至死亡；超过一定强度，人参叶片被强光灼烧，也会死亡。人工栽培人参是通过调节参床走向（即方向）、参床宽窄、参床间距离大小、参棚结构（高度、宽窄、棚架结构、遮阴材料）等方面来调节棚下光照度。就一定的参区来讲，参床和作业道的宽窄是固定的，参棚宽窄和高度也是固定的，因此，调整棚下光照度只能靠改变参床的走向。特别是国内外的传统栽培人参方法，采用一面坡全荫棚，调阳好坏，对人参生育和产量影响极大。但近年来，各参区广泛应用拱形棚和弓形棚，调阳工作已显得不是很重要了。

划分小区又叫做挂串或定位，一个参床和一个作业道的占地面积是一个小区。划分小区就是按确定的参床方向和小区的宽度，把整个场地的参床位置和面积划分开。

划分小区首先要用罗盘或经纬仪，在场地的适当位置，按确定的参床方向作一条直线做基准线，在基准线两端再作两条与基准线垂直的端线，然后用小区的宽度，从每条端线的同一侧端点开始，依次把端线分割，直至分割到端线的末端。每个分割点插上标桩，连接两端线上同一对应位置的标桩线，就成了小区的分界线。最后沿各条线撒上石灰，整个场地的区划也就全部完成。

小区的宽度因地区和参棚种类等有所不同，集安一带参区为2.4～2.9m，抚松、靖宇、敦化等参区为3.0～4.0m。

（3）**翻刨地** 翻刨地作业一般是在播种移栽的上一年春季进行，其深度为15～20cm，尽可能将黑土层下的活黄土（即熟化的黄土）刨翻起来。播种育苗的地块，要多刨翻些活黄土。翻刨地时，要深浅一致，树根坑要用黄土垫平，严禁把未熟化的黄土掺入腐殖质层内。

瘠薄的林地、荒地，结合翻地施入适量的基肥，如猪粪、鹿粪、厩肥、半腐熟的枯枝落叶等，一般为5～10kg/m²。

（4）**碎土（产区叫做打土、倒土）** 在土垄有机质熟化后（即播种或移栽前）进行，时间多在春夏干旱季节。结合碎土拣出树根、枯枝和石块，并施入适量的过磷酸钙和微肥，碎土后重堆成土垄备用。近年吉林参区多采用悬耕犁碎土，然后筛出未腐熟树根、树枝和大土块。

2. 农田栽培人参的整地 农田土壤的有机质少，肥力低，理化性状差，对温度和水分的缓冲能力也低，因此，选用农田栽培人参，必须进行施肥改土，以适应人参生长发育的需求。前作以玉米、谷子和豆类为好。

增施肥料的种类有猪粪、鹿粪、马粪、绿肥、禽粪、腐熟落叶、豆饼、苏子、过磷酸钙、磷酸氢二铵、三料过磷酸钙、骨粉和微肥等。最好施用混合肥，混合肥用量为 15～30 kg/m^2。土壤透性稍差的农田土最好是施入适量（1/5～1/3）河沙或细炉灰（锯木屑也可以）。近年人们在研究中发现了 EM 菌在农田栽培人参以及在老参地改造中的作用，每平方米施入玉米秸秆粉 15～20 kg、EM 菌 100 mL，对预防人参根部病害有较好的效果，并可增加人参产量。

3. 林下栽培人参的整地 在林间树木空闲地方刨土整地做床，床的大小、方向不限，只要有利于人参生长，不造成水土流失即可。坡大的斜山做床，参床不宜过长。一般是边刨土边碎土，然后堆成土垄等待播种移栽。

（三）做床

参床亦称为参畦、畦串。一般在整地后播种或移栽前做床，参床规格主要受地区、土壤种类、参棚规格、播种或移栽等因素的影响。近年为了提高土地利用率，对传统参床规格进行了改进。普遍采用的规格见表 9 - 6 和表 9 - 7。

表 9 - 6 不同地区一棚一畦参床规格（cm）

地区	棚别	播种床				移栽床			
		床宽	床高	作业道宽	床长	床宽	床高	作业道宽	床长
抚松、靖宇等参区	一面坡棚	130～140	30	300	酌定	130～140	20～25	300	酌定
	大拱棚	130～140	25～30	270	酌定	130～140	25	270	酌定
集安、通化等参区	小拱棚	110～120	20	120～130	酌定	110～120	17	120～130	酌定
左家等参区	小拱棚	120	25～30	180	酌定	120	25	180	酌定
长白等参区	大拱棚	140～150	25～30	150～160	酌定	140～150	25	150～160	酌定

表 9 - 7 一棚多畦参床规格（cm）

类型	床宽	床高	畦间距离	作业道宽
双畦	130	20～27	50	150
四畦	100	20～27	50	180

做床时，把线挂在桩上，作为床的前后边线，把土垄的土搂平，作业道上的暄土也收到床上。近年许多参区为了提高肥效，在做床前把豆饼、苏子和芝麻饼等有机肥施于床底，然后做床。高产区苗床的施肥量：每平方米内施用豆饼 125 g、脱胶骨粉 125 g、苏子 75 g、油底子 25 g、微肥 25 g。

由于地形复杂，做床时常常出现局部地方作业道内的水排不出去或排水不通畅的现象，出现此种情况时，应在最低处把参床截断，做排水沟（又称为腰沟），一定要使田间的水顺利排出为止。

(四)播种育苗

1. 选育良种和选用大子 人参是种子繁殖植物，生产实践证明，培育大苗是夺取优质高产的重要措施之一，而选育良种和选用大子又是培育大苗的必要条件（表 9-8 和表 9-9）。

表 9-8 不同类型人参参根比较

品种类型	平均根重（g）	主根均长（cm）	主根均粗（cm）	平均芦长（cm）	平均芦粗（cm）
大马牙	21.20	5.24	2.00	1.04	1.10
二马牙	8.28	7.36	1.14	0.87	0.48
长脖	3.27	8.20	0.83	1.20	0.41

注：四年生参苗。

表 9-9 种子大小与参苗的关系

每升粒数	单根重（g）	优质苗率（%）
7 778	0.90	45.3
8 333	0.84	31.7
10 000	0.79	43.9
11 111	0.75	29.0
12 222	0.56	21.5

注：一年生苗。

从表 9-8 中可看出，马牙类型人参，特别是大马牙，生长快，平均根重是长脖类型的 6 倍多；种子大的，人参单根重、优质苗率也高。

三年生以上的人参年年开花结子，其子粒大小以六年生和七年生为最大，种子裂口率高（表 9-10），是理想的采种年龄。

表 9-10 不同年生人参种子比较

年　生	长（mm）	宽（mm）	厚（mm）	千粒重（g）	每升粒数	裂口率（%）
三	5.48	4.55	2.94	43.2	11 410	90.2
四	5.64	4.81	2.98	45.6	10 810	95.3
五	5.90	4.95	3.03	48.3	10 230	95.9
六	5.93	4.98	3.04	49.1	9 980	97.2
七	5.87	5.00	3.02	49.0	9 970	97.2
八	5.80	4.87	3.01	48.5	10 190	96.5
九	5.83	4.92	3.00	47.9	10 260	96.1
平均	5.77	4.87	3.00	47.4	10 407	95.48

注：表内数字是种子阴干 3d 后测定值。

但实际生产中多在四年生和五年生留种采种，这是因为三年生种子粒小，而且采种量不多，育苗质量太差。六年生和七年生种子虽好，种粒大，但正值采收加工期，留种会影响母根生长，减产量比四年生和五年生高（表 9-11）。

表 9-11　采种年生、次数与减产率

采种年生	采种次数	采挖年生	减产率（%）
五	1	六	13
六	1	六	19
四、五	2	六	38
四、五、六	3	六	44

为提高四年生和五年生参子的质量，近年试行疏花疏果，收到了较好的效果（表 9-12 和表 9-13）。综合多种因素水平，以每株保留 30 个果为宜。

表 9-12　疏花疏果对种子千粒重影响（g）

每株保留数	疏　蕾	疏　花	疏　果
10	35.2±0.40	35.2±0.38	34.0±0.40
20	31.7±0.44	31.9±0.27	30.7±0.23
30	29.8±0.47	30.5±0.28	29.1±0.28
50～60（对照）	25.1±0.13	26.3±0.18	26.2±0.30

表 9-13　疏花对四年生和五年生参子影响（g）

每株留朵数 / 年生	20	30	50～60（对照）	与对照比	
				增加量（g）	增重比例（%）
四	29.0	27.8	24.3	3.5～4.7	14.4～19.3
五	29.8	28.3	24.5	3.8～5.3	15.5～21.6

2. 种子处理　为加快种胚发育，缩短后熟期，生产上采用种子处理，又称为催芽或发子。

产区一般在 6 月上旬，选择地势高燥、背风向阳、排水良好的场地，铲平表土，清除杂草后踏实做处理场地。在靠近场地的北侧，放置一个木板做成的方框，框高 40cm，宽 90～100cm，长度视种子多少而定，过长时，可截短做成 2 至多个处理床。为了保持床内温湿度变幅小，在框外再套上一个框，内外框间距 15cm，间距内用细沙或土填实（也可用砖砌成类同大小的床框）。框前做晒种场地。在此同时准备好过筛的细腐殖土和细沙（也可只用细沙），并将部分细土细沙按 2∶1 混合调湿（手握成团，1m 高自然落地就散，以下同）备用。取种子经筛选、水选后，用清水浸泡 24h，浸种后捞出稍晾干（以种子和沙土混拌不黏为度）。然后向种子中加入 2 倍量（以体积计算）的调好湿度的混合土，混匀后装床。装床前先在床底铺垫 5cm 左右的过筛细沙，铺垫后装种子，厚度为 20cm 左右，装后搂平，其上覆 10cm 厚的过筛细沙，床上扣盖铁纱网防鼠害。最后在床上架起一个透光不透雨的棚，棚的四周挖好排水沟，在西侧和北侧排水沟外架设一防风障。

处理期间温度控制在 15～20℃，前期 18～20℃，后期为 15～18℃。处理开始后，前期每15d倒种1次，后期10d左右倒种1次。倒种时，要注意调节水分和晒种。只要水分和温度适宜，种胚就能正常发育，裂口率均在80%以上（表9-14和表9-15）。

处理种子的时期要因地、因种子而异。干子（上年采收的）必须在6月20日前处理完毕，水子（当年采收并脱去果肉未经晾晒的种子）采收后立即处理，否则胚发育不良，裂口率低（表9-16），会延误当年播期，勉强按期播种，会降低来年出苗率。不论当地有效积温高低，都必须在播前110d（至少100d）处理完毕。

表9-14 含水量与裂口率的关系

砂土含水量（%）	5	10	15	20	22.5	25
裂口率（%）	83.3	85.0	73.3	60	43.3	0

表9-15 温度与裂口率的关系

温度（℃）	<20	20	25	30
裂口率（%）	83.2	80.8	75.6	28.0

表9-16 处理时期与裂口率的关系

处理日期	6月10日	6月20日	6月30日	7月10日	7月30日	8月10日	8月20日	8月30日	9月10日
靖宇参区裂口率（%）	97.1	83.0	74.5	50.0	—	62.1	44.2	21.6	—
集安参区裂口率（%）	—	—	—	—	96.2	89.5	81.3	64.3	20.8

注：7月10日前处理的是干子，7月30日后为水子。

像抚松、靖宇等参区每年种子成熟期为8月上中旬，由于有效积温低，当年水子采后及时处理，到10月底播种也不足100d，因此，播种时检查裂口率低。近年推广水子用赤霉素（GA_3）液（100mg/L）浸种24h，捞出后照常规方法发子，70～80d就达到发子要求标准。

处理后的种子，参区叫做裂口子。1kg干子出1.6kg裂口子；1kg水子可出0.9～1kg裂口子。

3. 播种时期、方法及播种量 当前生产中使用的种子有干子、水子和催芽子（又叫裂口子）之分。生产上说的水子是指7～8月采收果实，脱去果肉，冲洗干净并稍晾干的种子；干子则是指将水子自然风干后的种子；催芽子是指把水子或干子经人工催芽，完成形态后熟的种子，也叫做处理子。

（1）**播种时期** 播种期一般分春、夏（伏）和秋3个时期。春播在4月中下旬，多数播种冷冻储存后的催芽子，播后当年春季就出苗。夏播亦称为伏播，采用的是干子，一般要求在6月下旬前播完。气温暖和，生育期长的地方（播种后高于15℃的天数不少于80d），可延迟到7月中旬或下旬。秋播多在10月中下旬进行，播种当年催芽完成形态后熟的种子，播后第二年春季出苗。

（2）**播种方法** 传统播种都是撒播，目前普及点播。点播的行株距为4cm×4cm、5cm×4cm、5cm×5cm，多为5cm×4cm或5cm×5cm。等距点播的做法是，利用硬杂木按规定的行株距制作出压印器（图 9-4），从做好的参床一端，一器挨一器地压印。每穴内放一粒种子，覆土 3～5 cm。播后用木板轻轻镇压床面，使土壤和种子紧密结合。镇压后床面覆落叶或无稻草。秋播情况下，在树叶上再稍覆土即可越冬。

(3) 播种量　播种干子，15 g/m² 左右；水子播种量为 30 g/m² 左右；催芽子播种量为 30 g/m² 左右。

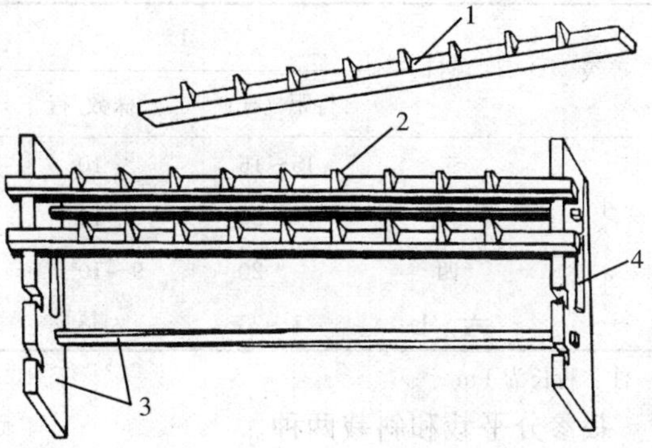

图 9-4　人参（西洋参）点播压印器

1. 压条　2. 压齿　3. 压框　4. 扣手

（引自王铁生，2001）

(五) 移栽

1. 移栽时期　人参有春栽和秋栽之别，春栽 4 月中下旬，即参根生长层土壤解冻后进行。秋栽从 10 月中旬开始，到结冻前为止。

2. 参苗的起收和分级　起苗与栽参不能脱节，要求是边起、边选、边栽，大量移栽时，最好在栽参的头一天起苗。方法见人参部分。起苗量根据栽植面积和进度而定，参栽不能存放过多或过久，当天栽不完的，暂放在凉爽湿润的室内，上面覆盖湿麻袋，严防参须和芽胞鳞片干枯。

起出的参苗经过挑选分级后栽种。挑选的任务是清除病残弱杂参根，选留的参根按大小分级。分级（又称为分等、分路）是将参根按大小分开，国家颁布的种苗标准见表 9-17。

表 9-17　人参种苗分级规格

年生 / 等级	一		二			三			
	1	2	1	2	3	1	2	3	4
根重（≥，g）	0.8	0.6	4	3	2	20	13	8	5
根长（≥，cm）	15	13	17	15	13	20	20	20	15

目前各参区多用二年生三年生苗移栽，栽种时，都选用 1 等和 2 等苗。

3. 移栽方法　合理密植是获得优质高产的必要条件之一，生产上移栽密度应根据移栽年限和参苗等级而定。现将近年各地实行的行株距归纳于表 9-18 和表 9-19。

表 9-18　抚松类参区移栽规格

参苗等级	行距（cm）	每行（1m）株数	株数/m²
1	20	8～10	40～50
2	20	10～12	50～60
3	20	12～14	60～70
4	20	14	70

表 9-19　集安类参区移栽规格

等级	项目	1		2		3	
		行距（cm）	株数/行	行距（cm）	株数/行	行距（cm）	株数/行
年生	二	15～16	10	13～15	13	13～15	15
	三	17～20	10	15～16	13	15～16	15
	四	20	9～10	17～20	11～12	17～20	13～15
	六、七	21～25	8	18～21	9	18～21	10

注：行长为 1m。

栽参分平栽和斜栽两种。

（1）**平栽**　平栽是在参床上开一平底沟槽，用压印器划好行距，将参苗逐行平摆于沟槽内部，然后覆土刮平。此种栽法速度快，用工量少，但参床不抗旱，参根主体小，艼大，加工红参、光生晒成品率低。

（2）**斜栽**　斜栽是在参床上开一斜底沟槽，斜面与床面成 30°角将参栽摆于斜面上，然后覆土，此法抗旱保苗，主根粗大，须根多，加工后成品单株重量大。个别地区把斜栽角度由 30°改为 60°，被人们称为立栽。斜栽又分单行斜栽和双行斜栽两种。

①单行斜栽的具体栽法：两人一组，各在参床的一边，先将栽参尺（图 9-5）放在床的一端，放后各自用刮土板刮土开沟，沟土散在床头上。靠近尺边垂直开沟，深 6～9 cm，沟宽 20～25 cm，沟底呈 30°角斜面（近尺一侧略高），然后把参苗按规格要求摆好。芽胞靠近垂直的沟壁，成一直线，两边最外侧 1～2 株参根须部略斜向床中，参须要散开。然后用开第二沟的土，把参根全部盖好。床面刮平后，两人同时移动栽参尺，使尺端部与床面尺印衔接。接着再在尺边开第二沟，照上法摆第二行参根，摆好后用开第三沟的土覆第二行参根，覆后刮平。以后均仿照第二行栽法栽种，直至栽到床的另一端，最后把床面搂平或中间略高些。春季栽后床面要用木板稍压实，床边踏实；秋季栽后床面覆一薄层落叶，落叶上盖 10 cm 防寒土。

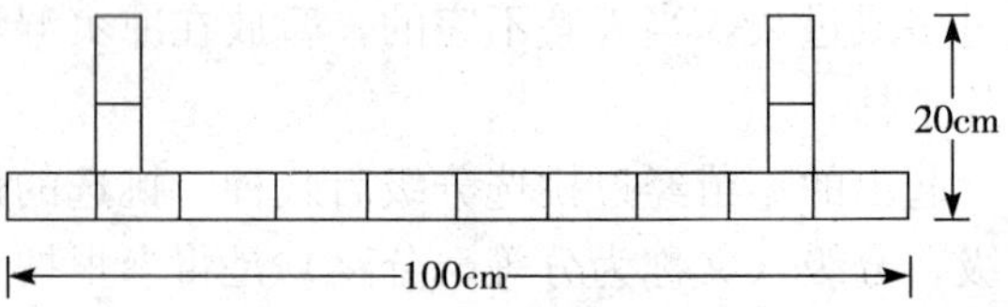

图 9-5　栽参尺

②大垄双行斜栽的具体做法：先把床面 8 cm 厚的床土搂到参床两帮，然后用开沟器（图 9-6）从床的一端横床开沟。开沟后把口肥施于沟底，口肥上覆 2～3 cm 土，然后按参

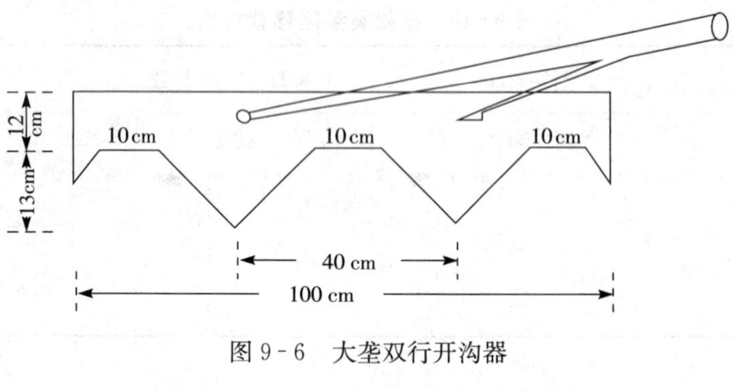

图 9-6　大垄双行开沟器

移栽规格，把参苗摆放在沟的两侧，芽胞与沟顶棱线平齐。摆苗后把床帮土覆在其上，厚度6～7cm，覆土后搂平。其他措施同单行斜栽一样。

栽参的覆土厚度，三年生苗大栽子为8～9cm，一年生和二年生小栽子为6～7cm。

（六）搭棚

1. 参棚的规格　目前生产中使用的参棚绝大多数都是单畦固定棚；绝大多数是单透光棚；参棚多为脊形、拱形透光棚。参棚规格见表9-20。

表9-20　参棚规格（cm）

项目		播种棚		移栽棚		棚盖宽	脊（拱）高	后檐长
		前立柱	后主柱	前立柱	后立柱			
拱形棚	长白参区	65	65	70	70	240	50	20
	集安参区	90	90	100	100	180	20～25	20
脊棚	抚松参区	80	80	90	90	200	30	25
一面坡棚	抚松参区	105	70	115	80	200		30
	集安参区	100	80	110	85	180		30
弓形棚	长白参区	50～60	50～60	50～60	50～60	240	78.4	
平棚	桓仁	130	95	130	95	200		30

2. 搭棚方法

（1）拱形透光棚

①埋立柱：埋立柱的时间在做床前或栽参后。埋柱时，床前和床后立柱要对正，柱间距离为200～240cm（集安参区等与床宽一样），每隔200cm前后对应埋一对立柱，床前和床后各排立柱也要埋成直线。柱顶锯成平顶或凹口（集安参区），凹口方向与床向一致，其上放顺杆。

②绑架子：绑架子要在春季化冻之前进行。长白、抚松等参区是将横梁钉在前后立柱上。然后取两根拉杆，用圆钉在近　端处将两拉杆钉在一起，分开拉杆后，端部成叉状（以便承接拱顶顺杆），并把叉状拉杆固定在横梁和前后立柱上，使固定后的叉状交点到横梁的距离为45cm左右。接着在横梁两端和叉状交点上各安放一条顺杆，顺杆接头要接平，最后用圆钉或铁线把拱条固定在三根顺杆上，一般100cm长固定三根。在集安参区，先把顺杆分别安放在前排立柱和后排立柱上，然后把横杆（梁）绑在立柱上方的顺杆上，绑后再把一根顺杆固定在横梁中间的上方。

③上棚盖：长白、抚松、靖宇和敦化等参区的帘子宽为200cm，长为270～300cm，帘子条径为1.5～2cm，帘子条空为2～4cm，透光率为40%～50%。出苗前先上薄膜，5月下旬至6月上旬在膜上压一层帘子，6月下旬至7月上旬，在原有膜与帘之上再铺盖一层帘子或用蒿草压盖在其上（又称为压花），使棚下透光为20%～25%。8月中旬撤去最上层帘子或压花，9月上旬再撤去膜上的帘子，10月中旬撤去薄膜（图9-7a）。集安参区，帘子宽200cm，长510cm，帘子条径为1.5～2cm，帘子条空为1.5～3cm，透光率为35%，安放棚盖时，先把一层帘子横放在架子上（条子方向与畦床方向垂直），帘子上铺放薄膜，膜上压蒿草，也有双层帘夹一层膜的，其上层帘子透光率为40%（图9-7b）。

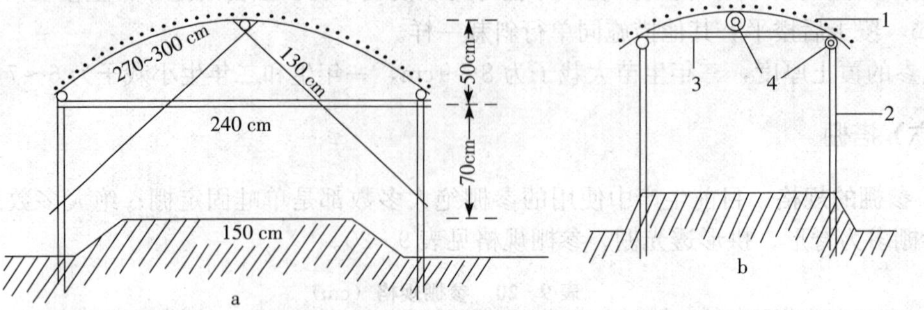

图9-7 拱形参棚
1. 薄膜、帘子 2. 立柱 3. 横梁 4. 顺杆

（2）**弓形透光棚** 为节省木材，提高棚下供光的均匀度，近年参区推广弓形透光棚。搭棚时，将立柱（100cm长）埋于参床两侧，前后立柱间距为240cm，左右立柱间距为100cm，床面立柱高度为50cm。取400cm长的竹匹子（宽6cm，厚0.7cm）固定在主柱上，使弓顶与床面的距离为120cm，弓条顶部用木杆或铁线连接固牢。春季化冻前，把薄膜左右均衡地铺于顶部，以后随着温度升高分次把帘子盖在其上，并固定好。

（七）田间管理

1. 枯萎后出苗前管理

（1）**越冬防寒** 人参根比较耐寒，冬季气温降到－30℃以下，也不会冻死。但是晚秋和早春，气温在0℃上下剧烈变动，也就是一冻一化时，常使参根出现缓阳冻。受害严重的参根脱水、腐烂死亡，轻者虽能出苗，但生长发育不良，生育期间也会逐渐感病死亡。此种冻害常使人参减产20%左右，严重者造成毁灭性损失。所以，参区把越冬防寒作为一项重要的管理措施。

越冬防寒的办法是往床面床帮覆盖防寒物。覆盖防寒物的种类有草帘、苇帘、落叶和土。传统栽培人参都是覆土，所以，此项管理又叫做上防寒土或封畦子。现阶段少数地区改覆土为盖帘子、覆落叶。参区认为覆落叶（7～10cm）不仅能防寒，而且还能预防雨水或雪水浸入参床。上防寒土一般厚度为10cm。阳坡、新栽地块、小苗地块、沙性大的地块要先上防寒土。

（2）**盖雪和撤雪** 许多地方冬季参棚不下帘，因而床面积雪少或不积雪，整个冬春季节床面裸露，常造成春旱。此类参区，冬季积雪后，要把作业道上积雪撮到床面床帮上并盖匀，厚度为15cm左右，这样既能防寒，又能减少床内水分损失。

秋末结冻（封冻）前或春季化冻时，降到床面上的积雪必须及时清除，严防雪水浸入参床。人工盖到床面上的雪，春季积雪融化时，也要及时撤出，这对预防菌核病等病害有益。

（3）**防止“桃花水”** 每年积雪融化时，一旦排水不畅，“桃花水”会浸入参床或没过、冲坏参床。经验证明，受“桃花水”危害的参床，人参病害多，严重时成片死亡。所以，每年积雪融化时，要派专人检查，清除积雪，疏通排水沟，把存水的地方刨开，引出“桃花水”。积雪大的年份，春季“桃花水”猛，更要管理好。

（4）**维护参棚** 积雪融化到出苗前，是维护参棚的好时机，要把倒塌的、倾斜的、不牢固的参棚修好、修牢，防止生育期间参棚倒塌压坏参苗。另外，还要把漏雨的地方补好；帘子透光不均、串前错后的地方也要校正过来；压条压帘不牢固的要绑好。

（5）**下防寒物与搂畦子** 下防寒物与搂畦子是同时进行的一项作业，一般4月中下旬（生育期短的地方5月初），床土化透，越冬芽要萌动时，进行此项管理。若撤防寒物过早，人参易受缓阳冻；若撤防寒物过晚，人参萌动造成憋芽子，会影响出苗，降低出苗率，保苗率。

下防寒物就是撤去秋季覆在床面上的帘子、落叶或覆土。撤下的帘子要晒干、垛起、苫好备用。覆盖的落叶或草撤下后烧掉或沤制肥料。覆盖的防寒土要覆在床帮上。

搂完防寒物后，用木耙子将参根上面的床土搂松（俗称搂畦子），这样可以促进人参早出苗，保证正常生长发育。结合搂畦子可将追施的肥料或防病防虫的农药混入床土中。

下防寒物要先下阳坡，后下阴坡；先下陈栽地块，后下新栽地块；新栽地块要先架棚，后下防寒物；移栽地块要先下防寒物，播种地块后下。

搂畦子的深度以近于参根，但不伤参根和芽胞为度，床帮要深松。松动的土块要压碎，松后搂平床面、床帮；播种地块一般不进行搂畦子管理。

（6）**清理水沟、夹防风障和田间消毒** 清理排水沟主要是清除落叶覆草等杂物，搂平水沟、作业道。清除的杂物最好是深埋，然后进行田间消毒。田间消毒常用1%硫酸铜液，对棚盖、立柱、床面、床帮、床头、作业道和排水沟全面喷雾消毒，以药液湿透表土0.4cm为度。春季风大的地方，在风口一侧夹好防风障，防止寒风侵袭。春季过于干旱的地方，还要把排水沟填平。

2. 生育期管理

（1）**松土除草** 参产区一般松土除草3～4次，展叶末期松头遍土，夏至前后松第二遍，以后隔20～30d再松1～2次。播种田只拔草不松土，每年拔草3～4次。

（2）**覆盖落叶** 床面覆盖落叶是林下栽培人参、透光棚栽培人参、透光透雨棚栽培人参的一项增产措施。它可以缓和土壤水分和温度的变化，减缓土壤板结速度，抑制床土表面病原菌的传播，减少病害的发生。

床面覆落叶是在第一次松土追肥后进行。将干净的树叶一把一把地送入行间株间，铺匀铺平，床帮床头也要覆落叶，厚度为5～10cm。用铡碎的稻草覆床面（厚度为5～6cm），效果也很好。床面覆落叶后，人参须根多，植株健壮，参根增产10%左右。

（3）**摘蕾疏花**

①摘蕾：摘蕾多在5月下旬，人参花序柄长到5～6cm时进行，从花序柄的上1/3处将花序掐掉。摘蕾过早不便作业；过晚花序柄变硬，既不便摘除，又失去摘除的意义。摘下的花蕾晒干后，可做参花晶。

②疏花：疏花是培育大子的重要措施之一，五年生人参留种时，要把花序上的花蕾疏掉1/3或1/2，可使种子千粒重由23g左右提高到30～35g。疏花在6月上旬把花序中间的1/3～1/2摘掉即可。

（4）**扶苗培土** 当棚下光照偏弱时，人参茎叶因具趋光性而向着光照较强的前檐倾斜生长。这部分人参在6月中旬后，易受强光危害或雨淋，所以，6月中旬前要把这部分倾斜生长的人参扶到立柱内，参农称此项管理为扶苗撼参。其做法是结合松土先把每行前数第三株参苗内侧的床土抓松扒开，然后轻轻把参苗向内推，使之向内倾斜（约10°角）。接着用抓开第二苗人参内侧的床土，覆在第三苗人参的外侧，依此再把另两株人参扶正，最后整平床面，铲松床帮。

移栽后的人参，随着生长年限的增长，植株逐渐长大，移栽时的覆土厚度不能适应生长的要求，有时会被风吹倒或折断。所以，结合第二次松土和第三次松土要进行覆土管理。一般覆土是从床帮取土覆在床面上，每次加厚1cm。大参总覆土厚度达8～9cm为宜。

（5）**防旱排涝** 土壤墒情较好的地块，可采取适时早松土、松土后床面覆草或落叶、贴床帮子、填平排水沟、铲松作业道、冬季床面覆雪等措施。

土壤较干旱的地方，应降低参床高度（深翻地做矮床），春季人工放雨或浇水，适当降低供光强度和气温。人工放雨要掌握好时机，选连阴天、细雨天放雨。雷阵雨、急雨不放，秋季苗田不放雨。放雨时撤膜不撤帘，否则天晴易受强光危害。放雨后要及时打药松土。人工浇水有沟灌、渗灌和浇灌。沟灌分作业道（排水沟）沟灌和行间沟灌，水源充足、地势平坦或参床坡度小的可采用作业道沟灌；水源不足、参床坡度大时，多采取行间沟灌；水源充足，地势平坦也可采用渗灌；床面有覆草或落叶的可浇灌。作业道沟灌和渗灌每天不受时间限制，灌至床面出现“麻花脸”即干湿相间存在为止；行间沟灌和浇灌要在9：00前或17：00后进行，力求气温、水温、参体温度和地温一致。行间沟灌是于两行人参间开一条2～3cm深的浅沟，于沟内浇水，每次灌水15～25kg/m^2（干旱较严重时增加至50kg/m^2），这些水分2～3遍浇入。最后一次浇水时，可在水中加入可湿性杀菌剂（10g/m^2）。浇后覆土，待土壤墒情合适时，进行一次松土。浇灌时，也要少量多次，以接上湿土为度。

（6）**追肥** 我国主要参区土壤的供肥能力（不含基肥）是每平方米床土（按20cm厚计算）含可给态纯氮为5.7～7.0g、纯磷0.10～0.45g、纯钾14～47g。据分析，目前栽培人参土壤的氮、磷欠缺较多（尤其是磷肥），应当注意补给，尤其是四年生至六年生。目前我国推广的测土配方施肥方法应当尽快普及。

参产区根侧追肥多在5月下旬至6月初，结合第一次松土开沟施入。一般参地每平方米施150g豆饼粉，或100g豆饼粉加50g炒熟并粉碎的芝麻或苏子。6月下旬或7月初进行根外追肥，追施人参叶面肥。

据试验报道，六年生人参追施饼粉150g/m^2，对密度为70株/m^2的地块，其产量增加24%～30%，参根总皂苷含量（4.338%～4.844%）比未施肥的（4.08%）提高了6.33%～18.73%。

（7）**调节棚下光照度** 此项管理包括插花、挂花和压花。插花和挂花是传统棚式栽培时必不可少的管理项目。为防止日灼出现，生产上采取用不易掉叶（干后也不易掉的）的树枝，按照一定的间距插在参床的前床帮上沿处（与立柱接近成一直线）或插在参棚的前檐。插在床面处的叫做插花，插在参棚前檐的叫做挂花。对于拱形棚、弓形棚和脊形棚来讲，为提高棚下光照度，节省草帘，许多地方只用一层条帘挡光，到了7月上旬后，棚下有时光照过强（特别是7月下旬至8月上旬）常使人参叶片、果实受强光危害。为防止此种光害，生产上采取在棚顶上稀疏地撒放蒿草提高郁闭度，参区称为压花。

插花、挂花和压花，都必须在直射光照到参体上不发生光害时，及时撤掉。这样可以使参体特别是叶冠层获得更多适宜的光照，增加光合积累。

（8）**留种与采种** 各地经验认为，在起收加工的前一年留种即二四制、三三制参区在第五年留种，三二三制参区在第七年留种为宜。参果成熟时（果红色或鲜红、发亮，果肉变软），东北参区多在 7 月下旬至 8 月上旬采种，疏花疏果的可一次采收，未疏花疏果的应分次采收。

采收的参果用清水冲洗干净后，进行人工搓揉或用电动磨米机搓碾，搓碾后用清水洗除果皮、果肉、果汁，漂出瘪粒，选取饱满种子及时摊在席上阴干，严禁烈日下晒干。烈日下晒种 1d，裂口率下降 30%；晒种 3d，裂口率只有 50%左右。冲洗下来的果肉、果汁可提取其活性成分或进行综合利用。

(9) **补苗** 移栽人参缺苗的地块要进行补苗。补苗作业是在三年生和四年生参地，即移栽后生长一年的秋季进行。补苗时，先于缺苗处按原来移栽方向开一斜坑，深度、倾斜角度与原栽植相同，然后把经药剂处理大参根对齐放好，用细床土覆好压实。补苗要选三年生大参根，补前用 500 倍代森锌液浸醮参根，浸醮时芽胞也浸入药液内。当整个参根表面黏上药液后立即拿出，控去多余药液并稍晾干（使整个参根外表形成一药膜）就可移栽。

(10) **病虫鼠害防治** 病虫鼠害对人参的生产危害很大，其中以病害最重，通常条件下因病害减产 20%左右（重者达 50%以上）。到目前为止，报道的人参病虫害有 30 余种。人参的冻害、根裂、日烧和红皮等是常见的非侵染性病害。

危害较重的侵染性病害有：立枯病（*Rhizoctonia solani* Küehn）、猝倒病（*Pythium debaryanum* Hesse）、黑斑病（*Alternaria panax* Whexz）、疫病［*Phytophthora cactorum*（Leb. et Coh）Schroet］、菌核病（*Sclerotinia libertiana* Fuck）及锈腐病［*Cylindrocarpon panacicola*（Zinss）Zhao et Zhu、*Cylindrocarpon destructans*（Zinss）Scholten］等。

病害防治方法：选用无病种子、种苗；适时移栽，边起边选边栽；加宽荫棚苫幅，防止潲风雨和强光危害；控制好棚内光照度，防止过强过弱；搞好参地水分管理，严防湿度过大、积水或参棚漏雨；及时覆盖和撤出越冬防寒物，防止缓阳冻；搞好田间卫生，及时清除间杂物及植株残体，深埋或烧掉；搞好药剂防治，如药剂浸种、拌种、种苗药剂处理、土壤消毒、生长期喷药、田间消毒等等。生长期喷药可选择的农药有：50%多菌灵 600 倍液、65%代森锌 500 倍液、75%百菌清 500 倍液、1∶1∶120～160 的波尔多液、70%代森锰锌 1 000倍液、70%甲基托布津 1 000 倍液、96%恶霉灵 2 000～3 000 倍液、米达乐 1 500 倍液、适乐时 500～1 000 倍液、10%世高 1 000～1 500 倍液、25%阿米西达 1 500 倍液、爱苗 3 000倍液、贺青 800～1 500 倍液、斑绝 1 500～3 000 倍液、倍保750～1 000倍液、和瑞 750～1 000 倍液、灰雄 500～750 倍液、金霜克 500～750 倍液等。有报道，上述杀菌剂与天达参宝 600 倍液混合使用效果更佳。于常年发病前 15～20 d 开始喷药，每 7～15 d 喷一次，轮换喷 5～6 次，可有效防治人参病害。春季田间消毒可使用 1%的硫酸铜溶液。

人参的虫害有金针虫（*Pleonomus canaliculatus* Fald. 和 *Agriotes fusicollis* Miwa）、蝼蛄（*Gryllotalpa africana* Palisot et Beauvois 和 *Gryllotalpa unispina* Saussure）等，可用药剂拌土（新一佳或金针绝杀 5～10 g/m^2）、毒饵（80%晶体敌百虫与鲜草 1∶50～100）或药剂浇灌（50%辛硫磷乳油 500 倍液、80%晶体敌百虫 700～1 000 倍液、2.5%功夫水乳剂或 2.5%劲彪乳油 600 倍液）。

（八）建立完善的人参轮作体系

1. 建立林地-栽培人参-造林的耕作制度（简称参后还林）

(1) **林地-栽培人参-造林的耕作制度** 我国主要参区位于长白山脉，主要利用林地栽培人参，栽（或播种）过人参的土地称为老参地（俗称乏土、老乏土）。利用老参地栽培人参，人参病害多，保苗率低，参根多呈烧须状。因此导致近年适宜栽培人参的土地越来越紧张，因此有必要开展老参地问题研究和参后还林，建立林地-栽培人参-造林的耕作制度的工作，这是人参实现可持续发展的关键。

老参地不能连栽人参的原因很多，就其主要因素而言，有：①床土中病原增多；②床土理化性状变差；③土壤微生物区系改变；④人参分泌物增多（目前认为是化感物质存在）。

关于建立林地-栽培人参-造林的耕作制度问题，从20世纪60年开始就要求参后还林，即栽参同时，在作业道上（或立柱外）种树，栽参3年后，树苗已渐长大，这样参后成林快。近年已开始过渡到结合森林采伐种参，即伐树后先种参，参后还林的耕作制度。

（2）还林方法

①树种的选择：还林要选择优良的树种，一般以当地栽培的良种（包括引进试种成功的树种）为主，如樟子松、红松、落叶松、红皮云杉、水曲柳、黄柏和椴树等。

②还林的时期：各地经验认为，栽培人参后第一年或第二年栽树还林即林参间作为最佳。第一、实行林参间作比参后还林早成林2年以上；第二、栽培人参期间把树苗栽于参床床帮上，床土肥沃，地温高，树生长快，成活率、保苗率也高；第三、管参同时也管树，劳动效率较高。

每年栽树时期以春季为好。

③造林密度与树种搭配：目前栽树多栽在参床两侧立柱旁，行距为1.5～2.5 m，株距1 m，每公顷约为5 000株。两种以上树种搭配种植时针阔混交种植针叶树6行、阔叶树2行或者针阔叶混交树各4行。

④栽植要求：第一，选用优质壮苗造林；第二，防止苗木风干失水；第三，采用窄缝栽植法，因为参地整地细致，土壤疏松，栽植时不必挖坑，只要把锹插入定准栽树位置，前后晃动使之形成窄缝，把苗木放入窄缝，使之深浅适中，取出锹，稍向上提一提（防止窝根），踩实即可。

⑤抚育管护：树木栽植后，结合管理人参对树苗进行除草、松土、施药等管理。像椴树、黄柏等幼苗期主干不明显的阔叶树，每年要进行修剪整形。有条件的单位，在头三年应适量施肥，起参后进行一次培土。

2. 建立完善的轮作制 20世纪70年代以来，一直探讨参粮轮作制，目前实施的有人参—大豆（马铃薯）—玉米—人参模式、人参—玉米—人参模式、人参—玉米—西洋参模式以及人参—西洋参模式。这些成功的经验为人参生产摆脱伐林栽参、破坏生态的种植模式提供了可能，对人参的可持续发展意义重大。

六、人参的收获

（一）收根

1. 收获年限 前文已述，参根重量和皂苷含量是随着人参生长年限的增长而增加的。一项在吉林省长白朝鲜族自治县进行的研究发现，近年我国推广科学栽参，改善了人参生长的环境条件，参根生长和物质积累加快。栽培四年生的人参，按传统采收期收获后的总皂苷含量就能达到国家标准，3种单体皂苷含量达到国家药典规定的要求（表9-21）。

表 9-21 不同年生人参的折干率和皂苷含量（%）

年生	折干率	总皂苷含量	人参皂苷 Rb_1	人参皂苷 $Re+Rg_1$
二	27.48	3.20	0.54	0.88
三	28.52	3.16	0.65	0.98
四	29.39	3.86	1.17	1.25
五	29.99	3.98	1.02	1.08
六	30.16	3.73	1.12	1.01

综合考虑投入成本等情况，从生产经营效益角度看，人参的采收年限可以从过去的 6 年收获，提早到 4 年收获。这与日本、朝鲜的生晒参 4 年起收获加工相符合。

2. 收获期 要根据每年气候特点、生育状况、鲜参产量、皂苷含量及加工后产品品质等条件来确定人参的收获期。一般以鲜参产量高，有效成分含量多，加工后成品率高，商品质量好为标准。由于我国参区南北纬度宽，海拔高低不一，致使各参区气候不一致，因此，参根收获期也不能统一。另一项在长白朝鲜族自治县的研究发现，不同时间采收的人参有效成分含量差异较大（表 9-22）。

表 9-22 不同采收期人参总皂苷含量情况（%）

采收期	5月1日	5月15日	6月1日	7月1日	7月15日	8月1日	8月15日	9月1日	9月15日	10月1日	10月15日
四年生	—	3.1	3.5	3.4	—	3.2	3.1	3.0	3.2	3.1	3.0
五年生	4.1	—	4.4	4.1	3.9	3.9	3.5	3.3	3.4	3.7	2.9
六年生	3.8	—	5.1	4.7	3.6	4.0	3.3	3.3	3.6	3.7	3.0

从表 9-22 中有效成分含量看，似乎难以确定最佳采收期。但是，按照采收期确定理论，计算出产量与总皂苷含量的积，则很容易判断出最佳采收期，见表 9-23。从表 9-23 中可以看出，这一乘积最大值：四年生者出现在 9 月 15 日至 10 月 1 日；五年生者在 8 月 15 日至 10 月 1 日；六年生者则较为复杂，6 月 1 日、7 月 1 日至 10 月 1 日这一值都较高。但再结合采收折干率等因素，长白朝鲜族自治县人参的最佳采收期确定为 9 月 1 日至 10 月 1 日一个月的范围内。

表 9-23 不同采收期人参单产与总皂苷含量的积

采收期	四年生	五年生	六年生
5月1日	—	7.667	9.12
5月15日	1.736	—	—
6月1日	1.75	7.436	12.138
6月15日	—	—	—
7月1日	2.38	8.651	11.797
7月15日	—	8.97	10.044
8月1日	2.944	9.243	12
8月15日	3.689	10.36	10.626
9月1日	3.87	10.296	11.055
9月15日	4.512	10.234	12.492
10月1日	4.216	11.248	11.84
10月15日	3.93	8.265	9.48

3. 收获方法 收获人参时，先拆除参棚，把拆下的棚料分类堆在作业道上，以备再搭棚时使用。参棚拆除后，从参床一端起挖，起挖时不要损伤参根和芽胞，严防刨断参根、参须。要边刨边拾，抖去泥土，装筐运回加工或出售。

（二）收茎叶

人参是根入药，皂苷是其主要活性成分。近年国内外分析，人参地上的茎、叶、花和果实等都含有人参皂苷（表9-24）。除花蕾和果肉外，叶片含量较高。我国从参叶中提取其皂苷，经临床试验证明，疗效显著，卫生部已正式批准入药。

表9-24 人参地上器官皂苷含量（%）

测定单位	茎 秆	叶 片	花蕾	果 肉	种子	红参
日本难波		7.6～12.6	15.0			3.8～4.9
吉林特产研究所	3.47	10.20	26.40	21.83	2.30	3.2～4.0
靖宇一参场		16.30	21.66	6.15		6.27

当年起收加工做货的地块，可在起参前割取；其他地块，以10月上旬为宜，即在参叶枯萎但未着霜前采收。

七、人参的加工技术

（一）人参加工的种类

人参的加工有精加工和粗加工之分。将鲜参经洗刷等工艺加工成的一般商品称为初加工，将初加工产品再按市场需求再次加工的过程叫做精加工。

人参加工的种类，按其加工方法和产品药效可分为两大类：红参和生晒参。

生晒参是鲜参经过洗刷、干燥而成的产品。其商品品种有生晒参（又叫做光生晒参）、全须生晒参、白干参、白直须、白弯须、白混须、皮尾参等。

红参类是将适合加工红参的鲜参经过洗刷、蒸制、干燥而成的产品。商品上的品种有红参、全须红参、红直须、红弯须、红混须等。

此外，还有糖参、大力参（又叫烫通）、冻干参（又叫活性参）和鲜参蜜片等。这些产品目前加工量较少，多根据用户需要加工。

（二）人参加工技术

1. 红参类加工工艺流程及各流程的技术要点

（1）工艺流程 选参→下须→洗刷→蒸制→第一次晾晒→第一次烘干→打潮→剪红须→第二次晾晒→第二次烘干→分等分级入库。

（2）技术要点

①选参：商品红参有边条红参和普通红参的分别。主体长12cm以上，2～3条支根（又称腿）与主体相匀称者称为边条参。主体短，支根多，且与主体不相称者，称为普通参。

无论是加工何种红参，都是从加工原料参中选择个大、浆足、质实、皮层无干淀粉积累、芦和体齐全的鲜参做加工原料，并按大、中、小分开堆放，以便按大小分别加工。有些参浆足质实，加工后无黄皮、抽沟，但艼、须多、形体美观，可做加工全须红参的原料。

②下须：准备加工红参的鲜参，在洗刷之前，要把体上、腿上的细须根去掉，这样既能保证刷参质量，又可防止这部分细须根在洗刷中被折断。下须时，不能生拉硬拽，一般从须根基部 3～4 mm 处掐断为宜。选参后下须的参须，可加工成红直须、红混须。

③洗刷：洗刷时，先将鲜参用水浸泡 20～30 min 或洗刷前先用水淋湿根体表面，然后用洗参机或高压水流冲洗干净，未洗净的参根再进行人工洗刷。

④蒸制：目前加工红参有蒸参罐和锅灶两种方法，不论哪种方法，蒸制时的程序是一样的，都必须经过装盘、装锅、蒸参和出锅摆参等步骤。

A. 装盘：将鲜参按大、中、小分别摆放在蒸参盘内，分别蒸制。一般先在盘的一端平着摆放一趟参，然后将鲜参芦头向下，参须朝上，斜向摆放在那趟平摆参上，以下的参都照此法摆放，直到摆满盘为止。计划收参油时，可取白布，用蒸参水润湿，平铺在参须上方。

B. 装锅：装锅前要先把水加热，水近于沸腾后立即装锅。蒸参的锅或罐要严密，不漏气。这样既能保证蒸参质量，又能节省能源。

C. 蒸参：采用蒸参罐蒸参时，都是用锅炉蒸气加热。装参关门后的 5～10 min，用小气加热，使罐内人参慢慢均匀受热。10 min 后，逐渐加大供气量，使罐内温度在 40～60 min 内达到 98～104 ℃（参农称为圆气）。然后减小供气量，使罐内温度恒定在 98～104 ℃，约 100 min。100 min 后停止供气，使罐内参根利用余热慢慢熟透。停止加热 30 min 后，可将罐门开个小缝，开缝 5～10 min 后，再开门取出摆参晾晒。

用锅灶蒸参时，关门后用急火加热，使锅内温度在 40～60 min 内达到 98～100 ℃（锅灶四周冒气又称为圆气）。然后改用文火，使锅内温度恒定在 98～100 ℃，保持恒温时间为 60～100 min。然后停止加热（即停火）。停火后 30～40 min 开盖放气，放气后取出摆参。蒸参时间要严格掌握，蒸大参时的恒温时间可适当延长，蒸小参时适当缩短。

一般情况下，鲜参质量好，蒸制工艺合理，每 3.3 kg 左右的鲜参就能加工出 1 kg 红参。

有些单位蒸参过程中收集参露，收参露是在锅内温度达到 98～104 ℃，并在此温下持续 30 min 后开始，一般每 500 kg 鲜参收 10 kg 为宜。收参露时，要先适当开大供气阀门，与此同时相继打开收露阀门，必须使罐内压力恒定在原有状态下。收参露过多或收露时不能保证锅内压力恒定在原有状态下，都会降低加工产品质量。

⑤第一次晾晒：蒸好的人参要及时开门出锅，出锅的参还要及时摆放在烘干盘（帘子）上。摆参时，要轻拿轻放，单层摆放在烘干盘上。摆参要求，参体、参须要顺直舒展；同一烘干盘上的参必须大小一致；严禁弄断芦头、参体、参须。摆后送晒参场棚下晾晒，使参根慢慢冷却，然后烘干。

全须红参蒸制后，摆盘晾晒时，要体压须摆放，第一次烘干出室不打潮，不剪须，直接晾晒，然后进行第二次烘干。烘干后打潮、整形、固定在礼品盒盒底上，固定后烘干装盒分等入库。

⑥第一次烘干：第一次烘干又叫做定色。烘干人参有炭火烘干和锅炉蒸汽管道烘干两种。烘干室要严密，保温性能好，室内洁净，水泥地面，设有烘干架，每层架杆间距 40 cm。烘干人参时，可按参体大小分别入室干燥，亦可将大小不同规格的人参同时入室，入室时，要把摆有大参的盘子放在温度高的地方，小参放在温度低的地方。开始烘干时，温度控制在 70 ℃左右，大参可升至 80 ℃。当支根中下部呈现近似红参色泽时，将室温降至 55～60 ℃

间，支根中下部近于全干就可出室打潮剪须。烘干过程中，要经常检查室温变化和人参烘干状况，并及时将烘烤适宜的参盘串动到温度低的地方，把未烘烤好的参盘移至温度高的地方。

烘干开始要经常排潮，约 30 min 一次；温度升至规定要求后，每 2 h 排潮一次；6～8 h 后酌情而定。

⑦打潮：第一次烘干后的人参，腿的下部和须子等已变红并近于干燥，而主体仅轻度着色，如果不剪去须根继续烘烤，就会使须根干焦。生产上采取剪下红须分别烘干的方式进一步加工。先要通过打潮，把支须软化，不仅便于剪须，剪口平齐，而且可减少损失。一般打潮用喷雾器将热的蒸参水喷洒在参体、参须上，使支须根变软。

⑧剪红须（又叫做下须）：剪红须是把参根主体上部的艼、支根和主体下部稍细的支根及粗大支根的细端剪除的一项作业。剪须必须注意参形美观，又要照顾剪后参根支头的大小。一般稍细的支根，从基部 4～5 mm 处剪下，稍粗大的支根适当长留，留下的支根虽然长短不等，但粗细要匀称适中。艼须从基部 5 mm 处平齐剪下。剪下的红须要按粗细、长短分放，并分别捋直，捆成直径为 4～5 cm 的小把。不能捋起来的毛须均匀地铺在烘干盘上，烘干后制成弯须块或砖出售。

剪完须的参体，仍要按大、中、小分别单层摆在烘干盘上进行第二次晾晒和烘干。

⑨第二次晾晒与烘干：为了增加参体的光泽和香气，晾晒过程中，可向参体表面以喷雾的方式洒上适量的参油。一般晾晒 2～6 h 就可进入烘干室进行二次干燥。第二次烘干开始时，温度为 55 ℃左右；5～7 h 后，把温度降至 40～50 ℃间，继续烘干。当参根含水量达到 13%左右时，就可出室分等入库。

2. 生晒参类加工工艺流程及各流程的技术要点

（1）*工艺流程* 选参→下须→洗刷→晾晒→烘干→分级入库。

（2）*技术要点*

①选参：选择芦体齐全、浆足质实或浆气稍差，加工红参易出现黄皮者作为加工原料。不加工糖参的单位把加工红参以外的鲜参都作为加工生晒参的原料。选做加工生晒的鲜参，也要按大小分别堆放加工。

②下须：加工生晒的鲜参，除了保留芦、体和与主体粗细匀称的支根的中上部外，其他艼、须全部掐掉。下须也是从须根基部 4～5 mm 处掐断。大支根截断部位要适中，不能留得又细又长。全须生晒只是去掉主体中上部位的细须根和过于粗大的艼。

③洗刷：洗刷要点与红参相同。

④晾晒：洗刷后的鲜参，也要大、中、小分别摆放在烘干盘上，单层摆放。摆后送晒参场晾晒或入室烘干。

⑤烘干：烘烤生晒参的温度不宜过高，一般以 45～50 ℃为宜。烘干开始时每 15～20 min 排潮一次，否则湿度过大，干后断面有红圈。当参根达九成干时，就可出室晾晒，当参根含水量达到 13%左右时，就可分等入库。

加工全须生晒的工艺要求与生晒参基本相同。不同之处是，礼品生晒，要经打潮、整形，然后固定在礼品盒盒底上，干后装盒。绑尾生晒要经打潮、绑尾，烘干后入库。绑尾生晒是在打潮后，把参须捋在一起，然后用白线将捋好的根缠好。须少的地方可适当加须，使绑好的参根匀称。缠绕白线要规正，线与线之间的距离要匀称适中，绑后在

30℃下烘干。

(3) **冻干参**　冻干参是近年研究出的品种，按其加工方式和产品性状属生晒参类。其工艺流程是选参→洗刷→晾晒→冻干。冻干之前工艺要求与生晒参相同。冻干工艺是将洗刷晾晒后，鲜参放入冻干机冷冻室内，使其在－15～－20℃条件下迅速结冻，然后把冻干室减压。在减压过程中，以每小时升温2℃的速度进行干燥。当参根温度升至与极板温度一致时，可在此温下恒定干燥3～5h。然后再按每小时2℃的升温速度继续升温干燥，一直干到温度为40～50℃时，取出放在80℃下干燥1h，就可分等入库。

(三) 成品参的等级标准

成品参的分等是参根（又叫做支头）大小和好坏为依据。所以，成品参的分等又叫分支头。习惯上是按500g的人参根数分支头，每个支头内的参根，再按好坏分3等。目前实施的标准是国家医药管理总局［79］国药联字第300号和卫生部［79］卫药字1095号文件颁发，经1980年修订后的标准。此标准规定，边条红参分为16支、25支、35支、45支、55支、80支和小货7个级别。普通红参分为20支、32支、48支、64支、80支和小抄6个级别。每个级别内都分1、2、3等。红直须分两等，弯须、混须和干浆参不分等。

全须生晒参以每支重量大小分4等，单支重在10g以上的为一等、7.5～10g的为二等、5～7.5g的为三等，小于5g的为四等。生晒参分5等；白干参分4等；白直须、糖参和轻糖参都分2等。

复习思考题

1. 不同年生人参各有何植株特征？
2. 人参种子休眠习性如何？打破休眠的方法怎样？
3. 如何计算人参的用地面积？
4. 人参整地的内容有哪些？
5. 什么是人参的大子大苗？
6. 简述人参拱形参棚的搭棚技术。
7. 枯萎后出苗前如何管理？生育期如何管理？
8. 如何以人参采收为例，深入理解药材采收理论？
9. 简述红参、生晒参加工工艺流程。

主要参考文献

国家药典委员会．2010．中华人民共和国药典（一部）［S］．北京：中国医药科技出版社．（注：其后的各论品种，在药材性状、功能与主治等方面均参考这一文献，不再提及）

荆艳东．2003．人参生长发育规律及皂苷积累环境条件的研究［D］．长春：吉林农业大学．

刘岩，刘志洋，徐大卫，等．2011．不同年份园参生理和化学性状研究［J］．中国现代中药，13（2）：32－34.

宋承吉．2006．中国人参方集［M］．北京：中国医药科技出版社．

田义新，尹春梅，盛吉明，等．2005．长白人参最佳采收期的确定［J］．中草药，36（8）：1239－1241.

王铁生.2001. 中国人参 [M]. 沈阳：辽宁科学技术出版社.
张均田.2008. 人参冠百草——人参化学、生物学活性和药代动力学研究进展 [M]. 北京：化学工业出版社.

第二节 西 洋 参

一、西洋参概述

西洋参为五加科植物，干燥的根入药。生药称为西洋参（Panacis Quinquefolii Radix）。含皂苷、挥发油、多糖等多种成分。有补气养阴，清热生津的功能，用于气虚阴亏、虚热烦倦、咳喘痰血、内热消渴、口燥咽干等症。现代药理试验证明，西洋参对中枢神经系统有镇静和中度兴奋作用，有调节造血系统功能和降低血压的功效，有耐低温、耐高温、耐缺氧、抗疲劳、抗衰老等作用。近年报道，西洋参还有抗辐射损伤和抑制肿瘤生长等作用，可提高生物机体的免疫能力。

西洋参又名洋参、花旗参，原产于北美洲，北纬 30°～50°，西经 67°～125°，包括美国的俄亥俄州、西弗吉尼亚州、密歇根州、威斯康星州、明尼苏达州、纽约州和华盛顿州等，加拿大的多伦多、渥太华、蒙特利尔和魁北克省等。西洋参的栽培在美国已有 100 余年的历史，目前平均单产 1 kg/m^2，合干货 0.25 kg/m^2。1994 年调查，世界西洋参年总产量为 1 600 t干品，其中美国占61%，加拿大占 33%，中国占 5%。我国经过几次引种西洋参，到 1988 年全国西洋参总产量近 100 t，现发展到年产量 800 t 以上，成为居加拿大、美国之后的第三大西洋参生产国。目前我国有 7 个省、直辖市正在进行西洋参的规模化种植，包括吉林、辽宁、黑龙江、北京、陕西、山东和河北等地。生产出的产品经分析化验，其皂苷、挥发油、氨基酸、多糖等成分的含量都与美国、加拿大的一致或相近；从其外观性状看，国内外经营者和消费者认为已无明显的差异，个别指标甚至还略优于美国和加拿大的产品。2004 年，我国有 1 个西洋参种植基地通过了国家 GAP 认证，该基地坐落于吉林省靖宇县。

二、西洋参的植物学特征

西洋参（*Panax quinquefolium* L.）形态与人参极其相似，可参考人参一节。不同之处有：根为纺锤形；越冬芽尖，呈鹰嘴状；叶片较厚，颜色浓绿，叶缘锯齿大而粗糙；种子较大，果皮较薄（图 9-8）。花期 7 月，果熟期 9 月。

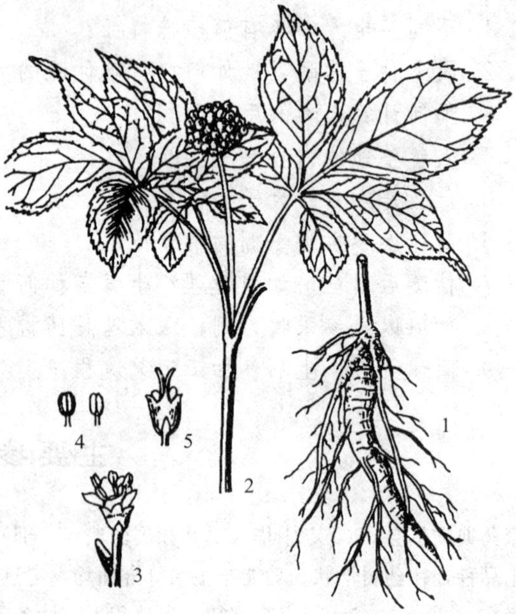

图 9-8 西洋参

1. 根 2. 茎 3. 花的全形放大
4. 雄蕊 5. 花去花瓣和雄蕊（示花柱）

三、西洋参的生物学特性

（一）西洋参的生长发育

1. 西洋参的生长发育周期 西洋参生长发育比人参快，实生苗第二年就能开花结实，以后年年开花结实。一年生苗有一枚由 3 片小叶构成的复叶；二年生苗多数有两枚掌状复叶，有 5%～10%的植株能抽薹开花并结实；三年生和四年生植株分别有 3 枚和 4 枚掌状复叶，并大量开花结实；五年生、六年生以上的西洋参，多为五枚或六枚掌状复叶，开花数目增多，果实也大。

2. 西洋参的年生长发育 西洋参每年从出苗到枯萎可分为出苗、展叶、开花、结果、果后参根生长和枯萎休眠 6 个时期。全年生育期为 120～180 d。

（1）**出苗期** 东北地区栽培的西洋参苗期比人参晚 10～20 d。一般地温稳定在 10℃以上，日平均气温在 12℃以上开始出苗。吉林省和黑龙江省多在 5 月中旬出苗，辽宁省在 5 月上旬出苗，北京和陕西汉中地区 4 月中旬就出苗，江西和福建 3 月中下旬出苗。

（2）**展叶期** 气温在 16～20℃时，西洋参展叶较快，展叶期为 15～20 d。展叶期光照充足（20 klx），茎叶生长快，光照超过 50 klx 会降低生长速度。展叶后期花序柄快速伸长，小花蕾也渐渐长大。

（3）**开花期** 西洋参开花比人参晚 15～30 d，花期日平均温度多在 20℃以上。小花由花序外围渐次向内开放，花序花期为 20～30 d，每朵小花的花期为 3～5 d。小花开放后 13 h 开始散粉。开花期光照过强（>35 klx）影响受精和结实。西洋参进入开花期后，茎叶不再伸长长大，光合效率高，根的生长速度加快。野生西洋参要 7～8 年才能开花结实，花果数量较少。

（4）**结果期** 西洋参小花开放后 3～5 d 就凋谢，小花凋谢后 5～6 d，果实明显膨大，结果期为 50～70 d。果实近于成熟时变成红色或鲜红色，成熟后的果实易脱落，要适时采收。

（5）**果后参根生长期与休眠期** 西洋参 8～9 月采种，采种后光合积累集中储存在根内，所以，果实成熟后便进入参根生长增重的盛期。由于西洋参果熟期较人参偏晚，因此对西洋参参根增重不利，为提高根的产量，对不留种田要进行摘蕾。

秋季气温降低到 10℃以下后，西洋参光合作用近于停止，茎叶便逐渐变黄枯萎，然后进入休眠期。进入休眠期的参根，在结冻前最怕一冻一化，结冻前水分过多会造成根裂。

（二）西洋参种子的生物学特性

西洋参种子比人参种子大，鲜种千粒重为 65 g 左右。种子寿命与人参相近，但应当注意的是，西洋参种子不耐干储，风干储存 1 年发芽率可降低 30%。所以，生产上多是采种后趁鲜进行种子处理，待到第二年秋季播种。

西洋参种子也有形态休眠和生理休眠特性。黄耀阁等人对西洋参休眠习性进行了较系统的研究，结果发现，果肉、种皮和胚乳中均含有发芽抑制物质，其中以果肉中含量最高，其次是胚乳，种皮中最低。其果实中所含的发芽抑制物质种类及发芽半抑制浓度（IC_{50}）见表 9-25。

表 9-25 西洋参果实中发芽抑制物质种类及发芽半抑制浓度 [IC_{50}，μL/L]

种类	三氯乙醛	己酸	辛酸	乙酸	庚酸	壬酸	壬醛	丁酸	异丁酸	二苯胺	邻苯二酚
IC_{50}	577.6	128.4	87.7	10^4	10^4	10^4	10^4	10^4	10^5	74.13	39.81

(三) 西洋参芽胞的生物学特性

形态健全的西洋参芽胞，也有生理后熟的特性。Stolt 报道，一年生参根在 5℃下存放 90 d 取出栽植，就可正常萌发。陈震报告，一年生参根在 3℃下存放 30 d，萌发率为 84%，存放 60 d 其萌发率为 92%，小苗生长势也是存放时间长的为好。芽胞的生理后熟，用 50～200 mg/L 赤霉素（GA_3）浸 18～20 h 即可解除。

(四) 西洋参根的生长发育

西洋参参根的生长速度较缓慢，一年生根重为 0.4～1 g；二年生根重为 3～10 g；三年生和四年生根重为 25～40 g。据中国医学科学院药用植物资源开发研究所报道，二年生参根，展叶期增长率为 54.34%，结果末期增长率为 25.45%。三年生参根，果实成熟末期，其根的增长率为 80.26%，参根增长率最快的时期是果后参根生长期，其增长率为 132.39%。

目前商品中，短支西洋参价格较长支西洋参高 1/3～1 倍。美国和加拿大栽培是直播后 4 年收获，不进行移栽。我国部分地方采用育苗 2 年移栽种植 2 年的方式栽培，栽后其根形与人参相似。现在采用直播 4 年采收加工为主，栽培措施好的，短支参可占 60%。

(五) 西洋参皂苷的分布与积累

西洋参所含皂苷种类大多与人参相近，也有 40 余种，特有成分在根中有西洋参皂苷 R_3、西洋参皂苷 R_4、人参皂苷 RAo、人参皂苷 F_2、人参皂苷 F_3、绞股蓝皂苷Ⅺ、三七皂苷 Fe 以及拟人参皂苷 F_{11}（P-F_{11}）等。但各种单体皂苷的含量与人参差别较大，见表 9-26。

表 9-26 西洋参与人参根中总皂苷和部分单体皂苷含量比较（%）

（引自李向高，2001 年）

样品	总皂苷含量	部分单体皂苷含量								
		Ro	Rb_1	Rb_2	Rc	Rd	Re	Rg_1	Rg_2	P-F_{11}
西洋参	6.64	0.07	1.75	0.02	0.02	0.21	1.09	0.28	0.06	0.28
人　参	4.00	0.21	0.56	0.21	0.33	0.27	0.41	0.45	0.27	—

从表 9-26 中可以看出，一般情况下，西洋参中总皂苷含量高于人参（但近年有许多数据显示，高出的幅度不都是这样大）。其单体皂苷主要表现在：西洋参二醇型皂苷所占比例比人参高。有研究发现，各器官总皂苷含量差别较大，茎为 3%左右，叶为 10.74%～11.08%，果实为 9.08%；主根为 4.06%～6.36%，根茎为 8.39%～10.75%，须根为 8.39%～10.2%。

就其积累而言，一年生至六年生根中皂苷含量随生长年限的增长而增加。据报道，一年生为2.75%～3.89%，二年生为2.62%～4.76%，三年生为5.2%～5.36%，四年生为4.89%～6.36%，五年生达6.5%。四年生根每年内，休眠期含量为6%左右；展叶期最低，约为3.2%；果实成熟初期为6%；果实成熟末期最高，含量为6.2%左右；地上部枯萎后，含量为5.9%。有的报道指出，荫棚透光度在20%时，参根皂苷含量最高。

（六）西洋参生长发育与环境条件的关系

1. 西洋参生长发育与温度的关系 地温稳定在10℃以上西洋参开始出苗，地温15～18℃时生长发育良好。花期日平均气温以25℃左右为宜。一般情况下，气温10～30℃为其适宜的生长温度，当气温低于8℃时停止生长，气温高于35℃会导致西洋参提早枯萎。参根在地温－10℃以上的低温条件下，不受冻害；－12℃时，一年生西洋参根出现受害症状；－17℃时，主根开始受害。也存在缓阳冻现象。

种胚形态后熟温度以10～18℃为宜，种胚及越冬芽生理后熟温度以3～5℃为佳。

2. 西洋参生长发育与湿度的关系 在东北栽培人参的土壤上种植西洋参，各生育期的适宜土壤含水量为：出苗期40%，展叶期45%，开花期50%左右，绿果期55%，红果期50%，果后参根生长期40%～45%。第四年采收的西洋参，从绿果期开始，到收获时为止，土壤含水量以55%左右为最好。

在北京郊区的土质、气候条件下，农田栽培西洋参，如果已做了改土工作，在土壤相对湿度在75%左右时，西洋参植物体生长发育良好，根重最高。

3. 西洋参生长发育与光的关系 西洋参是阴性植物，怕强光直接照射，人工栽培必须搭棚遮阴。美国和加拿大荫棚有板条棚和尼龙棚两大类，实际透光率为18%～26.6%。

我国栽培西洋参的棚式较多，有仿美国和加拿大棚的，也有参照人参栽培棚式的。西洋参参棚透光度受纬度影响较大，低纬度（云南和福建等）透光率以15%左右为宜，华北和西北（东部）透光率以20%为宜，高纬度的东北透光率以20%～30%为好。近年东北研究表明，参棚透过光光强应随季节变化控制在15～25klx，棚下温度应控制在18～25℃最好。

西洋参光饱和点为5～15klx，光补偿点为170～700lx。

西洋参也是C_3植物，在18klx条件下，最适宜的光合作用温度为21℃，真光合速率最大值为9.18±0.13mg/（dm^2·h）（以CO_2计）。

西洋参出苗至展叶时，光照较强会造成植株矮小，叶柄、花柄短，叶片也小，光照过强则易发生日灼，但比人参更耐强光。光照弱时，叶片大而薄，植株也高，并趋光生长。

4. 西洋参生长发育与肥的关系 西洋参各年生吸肥规律见表9-27。

从表9-27中看出，一年生至五年生西洋参所需N、P、K、Ca、Mg的量是随着年生的增长而增加，二年生的吸收量约为一年生的5倍，三年生是二年生的2.5倍左右，四年生是三年生的2～2.5倍。各年生吸收N、P、K的比例近于8∶1∶3，吸收K，Ca，Mg的比例近于3∶3.5∶1。

在微量元素中，西洋参对Fe、Mn的吸收量较多，一年生至四年生中，吸收Fe、Mn、Zn、B、Cu的总量分别为1.732mg/株、0.644mg/株、0.510mg/株、0.355mg/株和0.150mg/株。

西洋参对N的吸收量较多，供给N肥以硝态氮和铵态氮等量混合为好。缺少N肥时，即叶片元素中N含量小于1.5%时，叶片退色，嫩叶变黄，光合作用能力显著下降。

表 9-27 一至五年生西洋参需要的氮磷钾等5种元素量（mg/株）

年 生	N	P	K	Ca	Mg
一	5.78	0.733	2.234	2.791	0.862
二	30.82	3.465	11.346	14.758	4.233
三	70.09	10.655	34.477	35.163	8.340
四	191.03	24.421	86.891	77.852	17.304
五	296.73	28.642	118.551	176.955	41.238

中国医学科学院刘铁城等报道，每平方米农田土施入腐熟厩肥 50 kg，一年生根重提高 60%，三年生根重提高 58.11%，皂苷含量提高 38.64%。

美国 Andy Hankins 研究发现，西洋参生长发育与 Ca 和 P 在土壤中的含量关系极为密切，当 Ca 含量为 0.45±0.19 kg/m^2，有效 P 含量为 10 g/m^2 以上时，西洋参生长良好。其中使用 Ca 肥的种类与我国不同，认为石膏（$CaSO_4$）优于石灰石（$CaCO_3$）。

5. 西洋参生长发育与其他环境条件的关系 西洋参能生长的土壤 pH 范围较宽，在 4.55～7.44 间均可生长。目前国内外栽培选地的 pH 多为 6～6.5，但 Andy Hankins 认为西洋参适宜的 pH 以 5.0±0.7 为宜。

西洋参对臭氧和二氧化硫比较敏感。Prector 等证明，臭氧为 20 mg/kg、二氧化硫为 50 mg/kg 时，均可使西洋参叶面出现受害症状。臭氧的受害症状是叶片上表面叶脉出现断续斑点，多数斑点聚在小叶基部，小叶受害状相似。二氧化硫的受害状是先从小叶开始，叶片先轻度缺绿，以后边缘产生不整齐的枯斑。西洋参对二氧化硫的敏感程度超过小萝卜（被公认的二氧化硫敏感植物），50 mg/kg 二氧化硫，小萝卜叶片不表现受害症状，西洋参却有明显受害症状。

四、西洋参的栽培技术

（一）选地整地

1. 选地 一般东北、华北和西北各省、自治区以无霜期在 120 d 以上，年降水量 700 mm 以上，1 月份平均气温不低于 -12℃，7 月份平均温度不超过 25℃的地方均为气候适宜区。长江流域及长江以南各省、自治区，多选海拔 1 500～3 000 m 的高山，只要 1 月份平均气温不高于 5℃，7 月份平均气温在 25℃以下的地方，都为栽培西洋参的气候适宜区。

在适宜气候区内，选择平坦的林地或农田土。利用坡地栽培时，坡度不超过 10°，虽然各坡向均可，但以东坡、北坡和南坡为好。

土壤质地以沙壤土和壤土最好，疏松肥沃，pH6.0 左右为宜。林地栽培的植被，多选阔叶杂木林或针阔混交林，以柳、桦树为主的低湿地块不宜选用。利用农田土栽培西洋参，前作应选禾本科及豆科作物，如玉米、大豆等，苏子地也非常适合作西洋参的前茬。不宜选蔬菜、麻、烟草地。

2. 整地 利用林地栽培西洋参的整地与人参相似，不同之处是，耕翻不要过深，否则参条过长，商品价值偏低。农田地栽培也要提前整地，耕翻也不宜过深，结合耕翻施入有机肥。

一般在播种时做床，边做床边播种。做床时，先把土垄倒开，把基肥施于床底，拌均匀后做床播种。林地栽培西洋参在整地时，一般每平方米床土施用0.2～0.3kg豆饼、腐熟过圈粪（最好是猪粪、鹿粪）15kg、熟苏子25g、骨粉0.5kg。农田栽培西洋参在整地时，应增加施入腐熟的有机肥300～450t/hm^2（每亩20～30t），最好提前1年施入，并于种植前对土壤进行8～10次耕翻晾晒。对于土壤黏重的农田地，一般还要适当改土，可每10m^2掺入1m^3风化沙。床宽1～1.8m不等，床高18cm左右，床向以南北向为宜。

（二）播种

1. 种子处理　西洋参果实采收后（8月下旬至9月上旬），及时搓去果皮果肉，通过水选选取成熟饱满的种子，然后1份种子与两份调好湿度的（手握成团，从1m高处自然落地就散）过筛的细砂或细土（也可与沙土按2∶1混合）混拌，混拌后装箱或装床。箱底、箱周围、箱顶要用细沙隔垫覆盖好，避免混拌种子层直接接触箱壁与空气。处理期间的温度，裂口前控制在16～18℃，裂口后控制在12℃左右。前期每15d左右倒种1次，结合倒种调好湿度，倒种后照原操作再装箱或装床。种子裂口后，每7～10d倒种1次，处理沙子的湿度可稍低点。处理场所的选择和处理期间的管理参照人参做法。120d左右检查种胚是否达到形态后熟标准（胚胎率达到67%以上），未达到形态后熟标准的继续处理，直到达到标准为止。种胚形态达到后熟标准后，逐渐降温，使之在0～5℃条件下持续放置60d以上，然后使之继续降温，降到使处理箱完全结冻时，放入事先准备好的冷藏坑内，盖严保存，待翌春床土化冻后，取出播种。

应当指出，国外种子处理不经选种，或选种不严格，其中小粒种子约占15%，种子处理基本上都是凭借自然温度和湿度条件，任其自然发育，所以种子处理的质量高低不齐，裂口率为40%～85%，胚率达到70%以上的裂口种子只有30%～70%。引进的这样种子，当年9～10月播种于田间，在生育期较长的地方（黄河流域及其以南各省、自治区），种胚还可继续发育，到低温来临时，种子裂口率均达80%以上，其形态达到后熟标准，经过自然低温后，第二年出苗率为80%～90%。但是，在生育期短的地方，播种后种胚形态发育近于停止，到第二年春季时，只有种胚形态发育达到标准的种子出苗，余下的种子只有等待条件继续完成种胚形态后熟，要到下一年春季出苗。例如，1987年从加拿大进口种子，当时裂口率只有40%左右，胚率达70%以上的裂口种子只占30%左右，在吉林省播种后次年出苗率只有12%左右。因此，从保证播种质量角度出发，进口的西洋参种子必须进行挑选，选取胚率在70%以上的裂口种子，于当年播种，未达到此标准的种子应当继续人工催芽，待种子达到标准后才可使用。

2. 播种　西洋参多在秋季播种，少数地方采用春播（当年种子处理好的都春播）。春播是在5cm土层地温达到7～8℃时开始，北京、山东和陕西多在3月，东北在4月中下旬。东北的秋播期为10月份，北京、山东和陕西多在11月间。

播种西洋参以穴播为宜，穴播的行株距有7cm×7cm、8cm×5cm、10cm×5cm、10cm×7～8cm等，穴深3～4cm，每穴播1粒好种子。播后覆土3～4cm，用种量10～20g/m^2（裂口子）。

栽培西洋参多为种子直播，种植4年采收加工。但在我国一些用新林土栽培西洋参的地区也有采用育苗移栽方式栽培的，一般是育苗2年，移栽再种植2年，然后起收加工。采用此种方式缺点是多用了一茬土地和参棚材料；优点是可在移栽起苗时进行种苗的选择，因此生产出的西洋参商品性状好，支头大，均匀，产量高。

国外采用机械播种，播后覆草。我国目前采用压印器开穴，人工播种，播后覆草。

我国有的学者也探讨了西洋参的无土育苗技术和无性快速繁殖技术。陈震报道了蛭石掺沙（按 1∶1 或 1∶2）是较好的培养基质物，并认为氮源应以硝态氮和铵态氮等比混合为佳。孙国栋利用西洋参子叶和胚轴，在 MS 加 2,4 - D 的培养基中诱导出胚状体；阎贤伟在 1/2MS（大量元素含量减半，其他成分含量不变）加萘乙酸（NAA）10 mg/L、pH 5.5 的培养基上，于 25～28 ℃的暗培养条件下，诱导出胚状体，胚状体在除掉萘乙酸的相同培养基上，在 25～28 ℃每天 15 klx 光强照射 10 h 的条件下，培养成苗。

（三）搭棚

西洋参也是棚下栽培的药用植物，美国和加拿大是板条平棚或聚丙烯尼龙网平棚。其中板条平棚条空为 30%，透过光量为 18%左右，相当于自然光强的 4%～6%，此种光强与朝鲜和日本栽培人参一样。聚丙烯尼龙网平棚，网孔比例为 28%，透光量为 26.6%。

我国栽培西洋参所用的荫棚，有的是参照人参搭棚经验进行，有的则是根据种植地的气候、棚架材料资源和吸收国外棚架的优点等设计的。参照人参进行的搭棚，采用的是单透棚，棚式仍以拱形棚、弓形棚为好，其规格、用料及搭架方法在人参一节已作了详细的介绍，这里不重述。因地制宜并吸收国外经验进行的搭棚，一般都是双透棚，是一种立柱较高的平棚，下面介绍一下这类棚的规格及搭设方法。

我国使用的平棚主要是参考美式高棚进行搭设，这种棚是一种大田块的联结平棚，适合于在土地比较平坦的农田栽培时使用。一般棚高为 1.8～2.3 m（地面至棚盖间距离），整个田块联结成一个棚，棚的四周围上苇帘。棚内床宽 140 cm（也有采用 150～180 cm），床间距离 40 cm（也有 50 cm），床高 25 cm（也有 30～35 cm）。这种棚有利于空气流通，生产成本低于单透棚，同时，棚下可以机械作业，有利于实现栽培机械化，土地利用率也得到了很大的提高（可达 78%）。棚盖在我国是根据具体情况，采用苇帘、竹帘、尼龙网等，透光率控制在 20%左右。

架设此种西洋参棚，一般每公顷参地需立柱（长为 250 cm，直径为 8～10 cm）1 950 根，横杆（长为 360 cm，直径为 8～10 cm）780 根，顺杆（长为 370 cm，直径为 6～7 cm）1 560 根，或用 8 号铁线代之，苇帘（规格为 210 cm×300 cm）2 100～2 250 片。除用木立柱外，也有用水泥立柱的，一般 10 cm 见方，其他可参照木立柱的做法。

架设时，按 360 cm 的纵横间距埋立柱，纵横立柱各自埋在一条直线上，柱顶横床方向锯成凹口（水泥立柱是在距顶端 10 cm 处留一个孔，以便捆绑固定棚架），然后安放横杆，并固牢。横杆上按 190 cm 间距固定顺杆，顺杆上安放透光帘（图 9 - 9）。

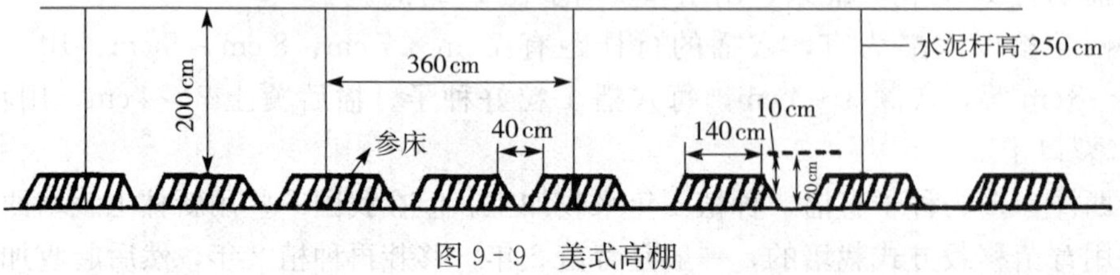

图 9 - 9　美式高棚

由于我国部分西洋参种植地夏季气温较高，为此，北京怀柔地区与中国医学科学院药用植物资源开发研究所共同创立了以美式高棚为基础的改良式高棚。可降低棚内的空气和土壤温度，对西洋参的产量有提高作用。

其做法是将原来的200cm高的立柱有一半或1/3的立柱高度改为250cm。埋立柱时，按两排200cm，两排250cm相间埋设（1/2立柱250cm）或4排200cm与2排250cm相间埋设（1/3立柱250cm），立柱纵横间距均为360cm，其他规格不变，这样就把原来的等高平棚，改成了高低相间排列的平棚。

搭设平棚应当注意，由于是连片的大棚，有被风刮倒造成巨大损失的危险性，因此一定要建得牢固，边柱要用粗铁线与地柱严格加固（图9-10）。

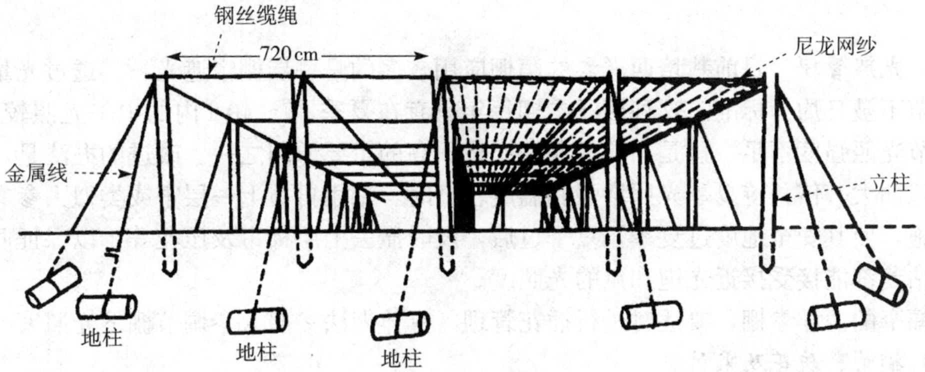

图9-10　平棚的搭建与加固

（四）田间管理

1. 生育期管理

（1）**松土除草**　东北参区栽培西洋参，每年都要进行松土管理。松土是在春季结合撤防寒物一起进行，深度以不伤芽胞为度，床帮、床头要适当深松。此次松土有提高地温，促进早出苗（提早5～10d）的作用。床面不加覆盖物的地方，三年生至四年生地块，在生育期间（封行前），还要在行间进行1～2次松土。其他西洋参区，多在春季西洋参萌动前，或结合更换床面覆盖物时，进行一次松土。农田栽培西洋参的地区，多采用高棚结合覆盖免耕技术，所以一般不进行松土，可节约劳力三成左右。

西洋参生育期间，要经常进行除草，有草就拔除。

（2）**追肥**　西洋参播种后在同一个地方连续生长4年，单靠施用基肥不能保证使其正常生长发育，必须适时追肥。特别是三年生和四年生地块，一般肥力都不足，如不能及时追施肥料，势必影响产量和品质。

据对西洋参吉林主产区长白、抚松、靖宇、集安、通化和辉南等西洋参产地的床土供肥能力的比较分析，氮肥和磷肥都不足，在长白、抚松和靖宇，三年生每平方米（有132株存活苗）缺氮（纯N）2g，缺磷（P_2O_5）1g；四年生每平方米（有122株存活苗）缺氮16g，缺磷2.6g。集安、通化和辉南等产区三年生和四年生西洋参地块的氮、磷、钾肥也都不足，其欠缺量都超过长白、抚松和靖宇产区。利用农用地栽培西洋参，则缺肥量更大。所以，西洋参栽培管理中，特别强调适时追肥。

苏子、饼肥（豆饼、菜子饼、花生饼和葵花子饼等）、参业用的高效复合肥等都是较为理想的肥料。利用农用地栽培西洋参，还应适当追施厩肥、猪粪和鹿粪等有机肥。根侧追肥多结合松土进行，每平方米施用苏子（煮熟碾碎）50 g、豆饼粉 100 g、脱胶骨粉 40 g。若施用参业高效复合肥，每平方米用量为 200～250 g。还可在绿果期进行 1～2 次根外追肥。

（3）**床面覆盖** 床面覆盖稻草或树叶是双透棚栽培西洋参的配套措施，它有保墒、护根、预防病害发生等作用。床面覆盖可在松土、追肥后的出苗前进行，稻草要铡成 7～10 cm 长的小段后撒覆，要求均匀撒覆于床面、床帮、床头上。一年生和二年生苗田，覆盖厚度为 3～4 cm，三年生和四年生厚度为 4～7 cm。床面覆盖物可因地而异，稻草、麦秸、树叶、锯木屑和树皮锯屑均可。覆盖物必须年年覆年年撤，每次覆盖都要用新草，严禁旧草连用。

（4）**灌溉排水** 西洋参的水分管理与人参相同，具体灌溉排水措施参照人参的管理进行。

（5）**光照管理** 目前栽培西洋参的荫棚应用较多的是一层棚帘遮光，其透过光量以夏季中午参苗不被日灼为标准。这种西洋参棚每年只有在夏季 30～40 d 内的中午光照较为适宜，春秋时节光照强度不足，这是当前西洋参产量不高的重要原因之一。改进的办法是，把现有棚帘空隙加大一倍，待夏季光照增强和温度较高时，采用再覆上一层帘或类似人参的压花等调光措施，使其安全地度过夏季。夏季过后，及时撤去上层稀帘及压花等，以保证西洋参从出苗到枯萎都能接受接近光饱和点的光照度。

苫幅窄的西洋参棚，要适时进行插花管理，具体做法参照人参调节棚下光照度的操作。

（6）**摘蕾、疏花及采种**

①摘蕾：四年生西洋参留种，其根减产 15%，三年生和四年生西洋参连续两年留种，减产 30%。所以，以收根为目的栽培，要及时摘除花蕾。一般在 6 月中旬前后，当花序柄长 4～5 cm 时，应从花序柄中间掐断。如能将摘蕾、追肥和灌水有机结合起来，参根可增产 50%左右。

②疏花：对于留种田，则要采用疏花疏果措施。西洋参花期长，果实成熟不集中，采用疏花疏果措施可使开花和结果时间集中，缩短花期，促进果实成熟，提高种子千粒重与整齐度。一般在花序外围小花待要开放时，将花序中间的花蕾（1/3 左右）摘除，只留花序外围的 30 个花蕾。或者在刚进入结果期时，只留果穗外围的 30 个果左右，其余全部摘除。

③采种：西洋参果实自果穗外围向内渐次成熟，成熟后的果实不及时采摘会自然落地，即使采用疏花疏果措施，采种也要分批进行。西洋参果期为 40～50 d，当果实由绿变红，呈现鲜红色，果肉变软多汁时，就可进行采收。

采收的果实要及时搓去果皮、果肉，并用清水淘洗干净，结合淘洗选取子粒饱满的种子进行砂藏或直接进行种子处理。

（7）**病虫害防治** 西洋参的病虫害防治，参见人参的病虫害防治。

2. 休眠期管理 西洋参种植中的休眠期管理的重点在越冬防寒，这是比人参特殊之处，其他管理技术均可参考人参枯萎后出苗前管理。

我国引种栽培的西洋参，60%分布在东北人参产区，就其生育期间的气候条件来说，适合西洋参的生长发育。可是由于该地区每年在西洋参枯萎后，土壤结冻前，或者在春季西洋参萌动后至出苗期，气温在零度上下频繁地骤然变化，有时会使西洋参芽胞、根茎遭到损害，给生产造成损失。再者，西洋参宿存在土壤中的根部，在持续－12℃条件下也易受害。

所以在西洋参枯萎休眠后，要更加强调进行防寒覆盖，确保安全越冬。

防寒覆盖就是在床面上再覆盖稻草、树叶或防寒土，也有整个地块全面覆草或覆盖树叶，厚度为10～15cm（东北地区多为15cm）。防寒覆盖要适时进行并要保证覆盖质量，就实施此项管理的时间而言，必须在出现缓阳冻之前进行完毕，东北参区多在10月上旬，华北地区在10月底至11月初。防寒覆盖可分2次进行，先在上述时间第一次先覆盖7～10cm防寒物，隔10～15d再覆盖一次至要求厚度。风口处、阳坡、沙性大的地块，要适当早覆、多覆。

五、西洋参的采收与加工

（一）收根

美国和加拿大栽培西洋参，是在种后3～5年收获参根，绝大多数栽培者四年生收获。我国引种初期，是五年生至七年生收获，多数为六年生，近年则多采用三年生和四年生收获。

收根加工时，以秋季收根为好，美国和加拿大的采收期为10月中旬，我国东北引种地区也以10月中旬为最好（表9-28）。

表9-28　不同采收期对西洋参内在质量的影响（%）

（引自李向高，2001）

日　期	地上部状态	折干率	总糖含量	总皂苷含量
8月25日	红果初期	32.71	69.76	6.23
9月5日	红果中期	32.73	68.76	6.62
9月15日	红果末期	32.99	72.22	5.69
9月25日	枯萎初期	37.71	81.82	4.77
10月15日	枯 萎 期	36.53	76.62	6.13

从表9-28中可以看出，9月下旬起收的西洋参折干率最高，其次是10月中旬，与皂苷含量同时考虑，并结合产区采收经验，西洋参的最佳采收期应在10月上中旬。

当然，各地应依据本地气候特点，摸索出最佳采收期，不可盲目照搬。另外，各年之间，还要注意随气候的差异，做提前或延后起收的调整。

起收西洋参是用镐或三齿子将床头、床帮的土刨起，撤到畦沟处，然后从床的一端将西洋参根刨出，边刨边拾，抖去泥土，运回加工。刨参时，应注意减少损伤，拾参要拾净。每天起收量视加工能力和收购者需要而定，一般都是加工多少起收多少，严禁一次起收过多。

（二）收茎叶

西洋参是根入药，皂苷是主要活性成分，其茎、叶、花和果也都含人参皂苷，而且含量较高，应像人参那样，开发利用。

（三）西洋参的加工技术

西洋参的加工产品比较单一，只有生晒类。加工的商品主要有原皮西洋参、粉光西洋参、西洋参须和洋参丸等。原皮西洋参和粉光西洋参又有野生与栽培之别。这里仅将西洋参的主要加工品种原皮西洋参和粉光西洋参的加工工艺。

1. 工艺流程

（1）*原皮西洋参的工艺流程* 鲜品西洋参→洗刷→晾晒→烘干→打潮下须→第二次烘干，即为原皮西洋参。

（2）*粉光西洋参的工艺流程* 鲜品西洋参→洗刷→晾晒→烘干→打潮下须→去皮→第二次烘干，即为粉光西洋参。

2. 技术要点

（1）*原皮西洋参的技术要点*

①洗刷：将鲜品西洋参放入水槽中，浸20～30min，接着送入刷洗机洗刷，或用高压水流直接冲洗，直到洗净为止。机器洗刷不彻底的西洋参根，用人工再次洗刷，直到洗净为止。用水浸泡西洋参时，浸泡时间不宜过长，否则会降低根内水溶性成分的含量。洗刷时，要把芦碗、病疤和支根分岔处附着物洗净，以确保用药质量。

②晾晒：洗刷后的西洋参，按大（直径大于2cm）、中（直径为1～2cm）、小（直径小于1cm）分别摆在烘干帘（盘）上，每个帘上只能单层摆放一个规格的西洋参，摆后在日光下晾晒4～6h，然后分别入室烘干。美国是晾晒2～3d后入室烘干。

③烘干：晾晒后的西洋参，按大小分别入室或入架，盛有大个西洋参的烘干帘放在温度稍高的地方。烘干室要求保温效果好，设有供热、调温和排潮等设备，室内洁净。

烘干西洋参多采取变温烘干工艺，一次干燥成商品。变温烘干工艺有多种，A：25～27℃→28～30℃→32～35℃→32～30℃；B：20℃→37～43℃→32℃；C：27℃→38℃→47℃；D：15.5～26.6℃→32℃；E：37.7～43.3℃→32℃；F：47→38℃。

采用上述A工艺时，于西洋参入室后，温度保持在25～27℃，每30min排潮1次，排潮时间为20min，室内相对湿度控制在65%以下，持续2～3d。当须根末端已变脆时，温度升至28～30℃，同前一阶段的排潮方法，室内相对湿度控制在60%以下，持续4～6d。当主根变软时，温度升至32～35℃，1h排潮1次，排潮时间为20min，室内相对湿度控制在50%以下，持续3～5d。当侧根较坚硬，主根表层稍硬时，温度降至32～30℃，同前一阶段的排潮、控湿方法，将西洋参烘至含水率为13%左右时，即可出室入库。烘干时间因参根大小不同，为20d左右。

采用上述B工艺时，于西洋参入室后，在20℃条件烘干2～3d，然后温度升至37～43℃条件下烘干8～10d，接着温度降至32℃条件下，将西洋参烘至含水率为13%左右时，出室入库。

其他几种变温工艺的关键是，当根内含水量为35%时将温度调至适中温度，烘干为止。

加热过程中，要及时排潮，尤其是开始烘干阶段，排潮不好易出现青支等问题，影响加工质量。干燥室内受热不均时，应经常检查，并串动烘干帘，保证做到室内西洋参参根干燥程度相近。

④打潮下须：商品西洋参是无须、无艼有芦或无芦的根体。干燥的自然形体的西洋参，需要经过打潮下须加工成符合商品规格的产品。

打潮是用喷雾器将热水喷洒在干燥后的西洋参根体上，一帘一帘地喷雾，然后摞叠起来并盖、围上薄膜，闷3～4h，待参须软化后取出下须。

取打潮后的根体，把主体和主体下部粗大支根上的须根贴近基部剪掉或掰下。由于商品上以自然根体长小于7cm，无支根或有2～3条支根类型售价较高或畅销，因此下须时，短于7cm的粗大支根部分不能剪断，应从支根末端把须根剪下。根体长大于7cm的，顺其自然体形，在末端把须根剪下，体或粗大支根上的须要贴近基部剪下。剪截较粗大支根时，粗的要适当长留，细的短留，剪下的直须捋直捆成小把。下须后及时将根体、直须和弯须分别摆放在烘干帘上准备烘干。

⑤第二次烘干：将打潮下须后的根体、直须和弯须等放入烘干室内，在40℃条件下烘干24h，就可出室分级入库。

（2）**粉光西洋参的技术要点**　粉光西洋参的洗刷、晾晒、烘干、打潮下须和第二次烘干各项工艺要求都与原皮西洋参一样，所不同的是打潮下须后的根体不立即摆在烘干帘上干燥，而是将根体与洁净的河沙（用清水反复冲洗至洁净为止）混装在相应的滚筒内，转动滚筒，使细沙与根体表面不停地摩擦，待表皮被擦掉后，筛出细砂，将根体摆放在烘干帘上，在40℃条件下烘干24h，即可出室分级。

3. 西洋参的商品等级　商品西洋参分长支、短支和统货3种规格。根形短粗，体长为2～7cm的为短支；根长大于7cm的为长支；根体长短不一，粗细不等的称为统货。长支和短支还可根据根体大小再分出不同的规格。

复习思考题

1. 人参与西洋参在植株、种子形态及药材性状上有什么区别？
2. 与人参相比，西洋参栽培技术有什么特殊之处？

主要参考文献

曹立军，许永华，等．2002．我国西洋参产业发展现状概述［J］．人参研究，14（1）：36－38．

陈震．1997．西洋参优质高产高效栽培技术［M］．北京：中国农业出版社．

李向高．2001．西洋参的研究［M］．北京：中国科学技术出版社．

刘铁城．1995．中国西洋参［M］．北京：人民卫生出版社．

马红婷．1999．西洋参加工中出现的青支与红支质量研究——Ⅰ．西洋参皂苷的分析［J］．人参研究（1）：32－33．

王静慧，吴文良．2003．北京怀柔西洋参产业发展战略研究［J］．西北农林科技大学学报（自然科学版），31（4）：29－33．

LYLE E CRAKER，JEAN GIBLETTE．2002．Chinese medicinal herbs：opportunities for domestic production［M］// J JANICK，A WHIPKEY．Trends in new crops and new uses．USA Alexandria：ASHS Press：491－496．

第三节　三　七

一、三七概述

三七为五加科植物，干燥的根和根茎入药，生药称为三七（Notoginseng Radix et Rhizoma)。人参总皂苷含量比人参和西洋参都高，约为12%，经鉴定，和人参所含皂苷种类相似，但Rc含量较低，且不含齐墩果酸型人参皂苷Ro。此外，尚含黄酮苷、淀粉、蛋白质和油脂，还有生物碱。三七有散瘀止血、消肿定痛的功能，用于咯血、吐血、衄血、便血、崩漏、外伤出血、胸腹刺痛、跌打肿痛等症。

三七主产于云南和广西，四川、贵州和江西等地也有栽培，畅销全国，并有大量出口。2003年末，云南省一个三七基地已通过了国家GAP认证。

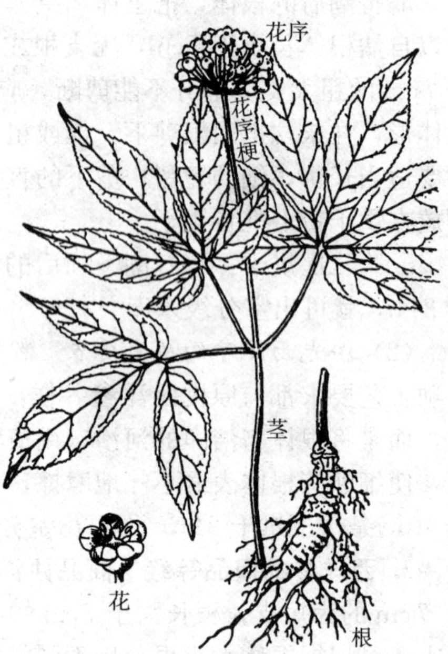

图9-11　三　七

二、三七的植物学特征

三七（又名田七）[*Panax notoginseng* (Burk.) F. H. Chen] 形态特征与人参也很相似，不同之处有：根状茎（芦头）短，主根倒圆锥形或短圆柱形；掌状复叶的小叶3～7片；种子1～3粒，比人参、西洋参都大（图9-11）。花期7～9月，果期9～11月。

三、三七的生物学特性

（一）三七的生长发育

三七生长发育比西洋参快，出苗后第二年就能开花结果，以后年年开花结果。

一年生三七有一枚掌状复叶；二年生三七茎高13～16cm，有2～3枚掌状复叶，掌状复叶由5～7片小叶构成，开始抽薹开花；三年生和四年生三七一般茎高20～30cm，生有3～5枚掌状复叶，掌状复叶多数由7片小叶构成，少数多达9片小叶；五年生以上的三七，复叶数可达6枚。各年生掌状复叶的多少受生长发育条件影响，营养充足，发育条件适宜，掌状复叶数多。

各年生三七，在产区是2～3月出苗，出苗期为10～15d。出苗状况与人参、西洋参相似。三七出苗后便进入展叶期，展叶初期茎叶生长较快，通常15～20d株高就能达到正常株高的2/3，其后茎叶生长速度减缓。三七的茎叶是在上年芽胞内分化形成的，随着萌发出苗一次性长出，一旦形成的芽胞或长出的茎叶受损伤，地上就无苗。

出苗、展叶期荫棚透光度以40%～50%为好。光照适宜，茎叶生长健壮。荫棚透光度低于40%时，三七茎细高，叶片大，抗风、抗病力差。每年4月下旬，茎叶生长趋于稳定，花芽开始分化，5月下旬开始现蕾抽薹，从花蕾现出到开花需60～70d，每年7月下旬开始开花，花期60d左右。三七田间开花后15d左右便进入结果期，结果期70d左右，果实11月中下旬成熟，成熟不集中，最后采收的种子可在翌年1月。

三七在花期和结果初期，荫棚透光度以40%左右为好，进入结果中期后，光照又可适当增强，一般荫棚透光度为45%左右。

三七果实成熟后（12月中旬）便进入休眠期，每年12月至翌年1月为休眠期。进入休眠之前，根茎上的越冬芽已发育健全，此时芽胞内也具有翌年待要出土生长的茎叶雏体。

（二）三七种子和芽胞的休眠

三七的种子和芽胞也具有休眠特性，但后熟期较人参、西洋参短，生产上不需人工处理。在云南和广西产区，11月中下旬种子自然成熟，采种后脱去果肉及时播于田间，在产区自然条件下经过3个月就完全通过后熟，翌年2月就可陆续出苗，采播晚的种子于4月底出齐苗。三七种子较大，鲜种子千粒重达100～108g，高的可达300g。

（三）三七根的生长

三七为肉质根，产区把主根短粗，呈圆锥状者称为疙瘩七；主根较长，呈长圆锥形的，产区称为萝卜七。肉质根上为根茎（产区称为洋肠头），根茎上有节，多数根茎不分歧，根茎上着生芽胞（越冬芽），通常一个，偶尔也见双芽胞，罕见多芽胞。每年茎枯萎脱落后，在根茎上留有茎痕。由于三七根茎上绝大多数只长一个芽胞，芽胞内只有一个茎，每年只产生一个茎痕，所以，依据茎痕的数目可以推断三七的年龄。

一年生三七2～3月出苗，出苗后胚根不断伸长加粗。到5月，主根上部明显膨大。5～7月继续伸长加粗，此期芽胞已明显可见。到8月，芽胞已形成，根的生长也近于停止，干物质积累增多，8月底根长10cm左右。二年生以后，每年2月出苗，出苗时根部稍减重，进入展叶中期后，根重逐渐增加，每年3～7月根伸长加粗较快，进入8月，根中物质积累加快，摘除花蕾的三七根增长更快。5月芽胞就明显可见，到8月底芽胞长成。

一年生三七鲜根重为0.9～3.5g，二年生根重为6～15g，三年生根重为17～48g，四年生为根重37～62.0g，五年生根重为46～73.5g，六年生根重为48～78.5g。从上述各年生参根增重看，二年生增重率最高；其次是三年生和四年生；五年生和六年生增重率只有10％～30％，所以，我国传统栽培多在四年生和五年生时收获。四年采收的另一个原因是，三七根茎在前4年增长速度较慢，5～6年根茎生长加快，根茎占地下根部比例加大。例如三年生和四年生三七根茎占地下根部重的15.17％～20.37％，而五年生和六年生三七根茎重占地下根部总重的26.46％～30.1％。因为三七收获后，加工时将根、根茎、须根分开加工成商品，主根（三七头）商品价格高，根茎（剪口）（俗称羊肠头）、支根和须根商品价格低，五年生和六年生三七根重增长的1/4～1/3为根茎的增长，其经济效益不高，所以，三七以四年生采收为宜。

一年之中，三七根鲜重以9～10月份为最高；而鲜干比，2～6月为4.5～6.8∶1，7～10月（摘蕾三七）为3.5～4.2∶1，11月至次年1月为4～4.2∶1，所以，7～10月收获最为适宜。

（四）三七的开花结果习性

每年4～5月间，三七叶片生长基本稳定后，花芽开始萌动，进入6月后，花序柄渐渐伸长，7月下旬至8月上旬开始开花。一般二年生三七有小花70～100朵，可存果10个左右；三年生和四年生植株有小花100朵左右，正常情况下存果20～40个。

三七开花是从伞形花序外围渐次向内开放，每天内7：00～18：00均可开放，其中

7：00～10：00小花开放最多，占日开花数的56.90%。小花开放后3～4h就有大量花粉散出，每朵小花的花期为2～3d，每个花序的花期为20～25d。三七果实在小花凋萎后开始膨大，小花凋萎5d后果实膨大速度加快，20d后，膨大速度显著减慢，果期为70～80d。三七果实初期为绿色，近成熟时变为紫红色，成熟时变为红色或鲜红色。果实成熟后会自然脱落，故生产管理时，要随熟随采。

应当指出，三七的结果率和坐果率较低，特别是花序外围小花的结果率和坐果率低，尤其是坐果率（表9-29）。

表9-29 三七开花结果调查

年 生	调查株数	开花株数	结果株数	结果率（%）	每株开花朵数	每株结果 数	坐果率（%）
二	100	100	41	41	82.21	5.61	6.82
三	100	100	89	89	130.21	16.51	12.68

（五）三七有效成分的种类与积累

三七中含人参皂苷、三七素、挥发油、植物甾醇化合物、氨基酸、无机化合物和糖类化合物等多种活性成分。

皂苷是人参属植物的重要活性成分之一，三七中皂苷含量比人参和西洋参都高，其成株花蕾为23.27%、根茎为19.95%、根为11.5%～14.9%、叶为13.1%、茎为6.4%。皂苷含量也随生长年限的增加而增加，二年生至五年生三七根中皂苷含量分别为8%、9%～10%、11%和14%～15%。

三七素是一种特殊氨基酸，具有止血活性，在根中含量为0.67%～1.12%。但同一年生，不同等级，同一部位的三七素及其他氨基酸含量差异不大。

（六）三七生长发育与环境条件的关系

1. 三七主产区气候概况 云南和广西产区三七分布的海拔高度为500～1 500m，年平均气温为15.4～19.5℃，一月份平均气温为8.3～10.9℃，7月份平均气温为21.2～25.5℃，绝对最低气温为-2.3℃，绝对最高气温为37℃。年降水量为931～1 326mm，且多集中在6～9月。年平均空气相对湿度为70%～83%，年日照总时数为1 799.5～1 911.1h。土壤为红壤，pH6～7。

2. 三七生长发育与温、光、水的关系 三七喜温暖湿润的气候条件，严寒、酷热、多湿对其生长发育不利，甚至死亡。三七不耐低温，所以，自然分布比人参、西洋参纬度低。将三七引种到东北人参产区，生育期间叶片狭窄，植株矮小，多数植株不能进行花芽分化，分化了的小花也不能正常开放，按栽培人参防寒措施防寒仍被冻死。三七生育期间，特别是夏季，持续高温（33℃以上）超过3～4d，就会出现萎蔫症状。

三七是阴性植物，怕强光直射，目前有关三七的需光特性尚不清楚，生产上是根据经验进行遮阴栽培的。

三七的根入土不深，约有半数的须根分布在5～10cm的土层中，所以耐高温和抗旱能力较弱，人工栽培时必须注意保持土壤湿度。在产区的土壤条件下，含水量以30%左右为宜。

三七一般要在同一地块上生长多年，因此应保证肥分供应，除移栽前施足基肥外，每年生育期间还要分次追肥，这是获得优质高产的重要措施之一。施用过磷酸钙、钙镁磷肥、骨粉、油粕各 600 kg/hm^2 混合施用效果较好。今后应研究探讨三七各年生、各时期所需氮、磷、钾、钙、铁等营养元素的数量、比例、供给形态等特性，以便为今后测土配方施肥打下基础。

四、三七的栽培技术

（一）选地整地

1. 选地 栽培三七选用壤土、沙壤土为宜，要求土壤疏松，排水良好，富含腐殖质，土壤 pH 6～7。利用农田栽培三七，选地的土质等要求与上相同。此外，前作物以玉米和豆科作物为好，忌用蔬菜、荞麦和茄科植物等做前作。注意三七不能连作。选用生荒地、撂荒地育苗最为理想。其山地的坡向以南坡和东南坡最好，坡度应在 15°之内。气候干旱地区要栽培三七，选地还应靠近水源。

2. 整地 栽培三七用地要在栽、播前 4～5 个月进行整地。通常荒地在 6～7 月间，熟地在 8 月进行翻地，翻地深度一般不低于 15 cm。结合翻地施入基肥，施用量为腐熟厩肥 22 500～37 500 kg/hm^2，并掺入 600～1 500 kg/hm^2 石灰粉。从翻地到播种或移栽间，还要耕翻 2～3 次，以加速有机质的腐熟分解。结合耕翻，特别是最后一次耕翻，要拣出树根、杂草和石块等杂物。并在播（栽）前做好畦。畦高 20 cm，宽 50 cm 或 100～120 cm，畦间距离 45～60 cm，畦长因地形而异，一般 6 m 或 10～12 m。有些地方做床后用木板把床面压实，然后在床面铺 15 cm 厚的蒿草并焚烧，以增加床上的速效性养分和进行床面消毒。

（二）播种移栽

栽培三七是实行育苗移栽方式，育苗 1 年，移栽后生长 3 年收获加工。

1. 播种 果实 11 月中旬开始采收，采收后的果实也要搓掉果肉、果皮，用清水淘洗干净并选取沉入水底的饱满种子，用 65%代森锌等杀菌剂 300 倍液浸种 2 h，捞出再拌骨粉或钙镁磷肥后即可播种。因为在云南和广西产区播种至出苗（11 月中旬至次年 2 月中下旬）期间的自然条件正好适合三七种子自然后熟，后熟时间也够，所以不需专门人工催芽。包括 1 月上旬采收的最后一批种子，采后及时播种，当年 4 月底也能完成后熟，播种后也可很快出苗。

三七播种多采用穴播或条播，穴播的行株距为 6 cm×5 cm 或 6 cm×6 cm；条播是按 6 cm 的行距开沟，沟深 2～3 cm，在沟内按 5～6 cm 株距播种，覆土 2～3 cm。许多单位是做床后压印、播种，然后覆 2～3 cm 的土肥（腐熟厩肥与床土等体积混合）。不能及时播种的，要将种子与 3 倍量的细湿沙混拌均匀，在冷凉处暂存。播种后的床面要覆盖一层稻草或不带种子的其他蒿草（厚 3～5 cm）。每公顷苗田用种 105 万～180 万粒，折合红子（果）150～165 kg。

2. 移栽 三七育苗 1 年后移栽，一般在 12 月至次年 1 月移栽，要求边起苗、边选苗、边移栽。起苗前 1～2 d 先向床面淋水，使表土湿透。起根时，严防损伤根条（产区把根称为子条）和芽胞。选苗时要剔除病、伤、弱苗，并将好苗分级栽培。三七苗按根的大小和重量分3级，根条长度相近，千株重量2kg以上的为一级；千株重量1.5～2kg的为二级；千株重量1.5kg以下的为三级。近年，随着三七栽培技术水平的提高，崔秀明等人（1998年）提出，三七种苗应按如下方式分级：每千株重量在3kg以上的为一级，千株重量2～3kg的为二级；千株重量1～2kg的为三级；千株重量1kg以下的为四级，这一级别的种苗很小，生产上不宜使用。

移栽的行距，一级和二级苗为18cm，三级苗为15cm。株距，三级苗为18cm，一级和二级苗为15cm。产区多是按规定的行距开3～5cm的浅沟，然后将根平放在沟内，芽胞要向同一方向。摆后覆土，并覆草（厚5cm）。种苗在栽前要进行消毒，多用65%代森锌300倍液浸蘸三七根部（使之整个三七根外有一层药膜），浸蘸后立即捞出晾干并及时栽种。

（三）搭棚

三七也是必须搭棚栽培的药用植物，采用双透棚（透光、透雨）。搭棚最好在做畦前进行，按200～250cm的间距挖坑埋立柱，埋深30～40cm，立柱高出地面160～170cm，前后左右立柱都要对直成行。立柱上锯出凹口，以便安放横杆，横杆上按18～20cm间距放上顺杆，并用藤条或铁线固牢，顺杆上铺草，边铺草边用压条将草固定好。铺草的密度以符合透光要求为标准。

（四）田间管理

1. 除草培土 三七是浅根性药用植物，大部分根系集中在表层15cm层中，所以，不宜中耕松土。除草工作随时进行，有草就拔，要趁早趁小，否则拔大草会带出三七根或松动三七根影响生长发育和产量。除草时发现根外露时，要及时用细土覆好，并把床面草再铺均匀。

2. 灌溉排水 三七不耐高温和干旱，所以，高温或干旱季节要勤灌水，始终保持床面湿润。三七不仅怕旱，也怕湿度过大，故灌水量不能大，要少浇、勤浇、浇匀。既不能泼水也不能漫灌，产区常说的淋水就是此种意义。雨季来临时，要疏通好排水沟，严防田间积水，并要注意降低田间的空气湿度。

3. 追肥 栽培三七每年都要进行多次追肥，目前的经验做法是：出苗展叶初期于床面上撒施草木灰2～3次，每公顷每次用量为750～1 500kg；展叶后期，即4～5月间，每月追施1次有机肥加熏土，每公顷用量为15 000kg；6～7月每月再追施1次，此时每公顷追肥量为30 000kg，留种田还要追过磷酸钙225kg/hm^2。生育期间追肥是把肥料均匀撒于床面上，然后拨动床面上覆草使肥料落到床土上，拨动后的覆草仍要均匀盖严床面。每年12月清园后，床面上再均匀撒一层混合肥，为来年萌发生长提供充足营养，兼有保护三七安全过冬的作用。

4. 调节园内透光度 三七在不同的生长发育时期要求的光照度不一样，一年生小苗，特别是出苗期不耐强光，三年生和四年生抗强光能力增强。另外，三七要求的光照度也随季节而变化。园内供光好坏直接关系到三七的生长发育和产量，必须及时精心调节。一般早春气温低，园内透光度可调节在60%左右，使刚出土的新苗有较充足的阳光，生长的粗壮，为以后健壮生长打下良好基础。4月份透光度调节到50%左右。5～9月正值高温时期，园内透光度调节在30%～40%。10月后园内透光度以50%左右为宜。到了12月，园内透光度可增加到70%，而有霜雪的地方只能增至60%左右。

调节棚的透光度是一项工作量大，技术要求严格的管理工作。园内透光度调节是否适宜，不仅直接影响三七的生长发育和产量，而且还与病害的发生、危害程度有关，必须认真管好。必须纠正一年一个棚，春夏秋冬都一样的粗放栽培管理方法。

5. 摘蕾与留种 三七留种多选择三年生健壮植株，二年生苗种子小而质量差，四年生留种影响根的加工质量。不留种的田块，要于6月间，当花序柄长为2cm左右时，将整个花序摘除。测试结果表明，摘蕾可使产量提高20%左右，高者达30%，优质商品率提高21.8%～47.8%，即20～80头的三七所占比例增大。

6. 冬季清园 入冬后气温下降，危害三七的病菌和害虫，落到或躲进三七园的枯枝落叶、杂草和土壤里度过冬天，成为翌年三七病虫害发生的病菌和害虫的主要来源。因此，每年12月份，植株叶片逐渐变黄，出现枯萎时，就要将地上茎叶剪除，园内外杂草除净，并打扫干净，集中到园外深埋或烧毁，露出的三七根要培好土。清园后再用杀虫剂和杀菌剂进行全面消毒，消毒后床面再增加覆草。

此外，荫棚的立柱、横梁和竹条等不牢固的也要及时更换修理，以防倒塌。

7. 病虫害防治 三七的病虫害很多，危害较重，常见的有三七锈病（俗称黄腻病）（*Uredo panacii* Syd.）、三七白粉病（俗称灰斑病）（*Oidium* sp.）、三七黑斑病（*Alternaria panax* Whetz）、三七根腐病（*Fusarium scirpi* Lamb）、三七疫病［*Phytophthora cactorum*（Leb et Cohu）Schrost］、三七炭疽病（*Colletotrichum panacicola* Uyeda et Takimoto Grove）等；常见的害虫有短须螨、介壳虫、菜蚜和蛞蝓等。

防治措施：选用无病虫害的种子种苗；搞好三七园的田间卫生，并坚持每年田间消毒；适当提高棚内的光照度，改善通风状况；加强田间管理；及时进行药物防治，可用65%代森锌500～600倍液，或者50%甲基托布津1 000倍液，或者25%多菌灵500倍液、0.1～0.2波美度的石硫合剂等。

五、三七的采收与加工

（一）三七的采收

四年生的三七就可采收加工。产地每年采收三七有两个时期，多在8月，少数在11～12月。一般留种田要到12月采种后起收。8月采收加工的产品质量好，称为春三七（简称春七），11～12月后起收加工的三七，质稍轻，不饱满，有抽沟，质量不如8月采收的好，称为冬七。从本质上看，春七、冬七不是以时期分类，而是以商品质量好坏为标准。有些产区为提高三七产量和品质，于7月摘除花蕾，使光合积累物质储存于根内，到9～10月采收加工，产量高，品质好，也称为春七。

采收多选择晴天进行，将根全部挖出，抖净泥土，运回加工。起收时，要尽量减少损伤。

（二）三七的加工技术

三七的加工包括洗泥、修剪、晒揉和抛光4个工序。

1. 洗泥 田间采回的三七总会带有一定的泥土，为保证药材质量，在加工前必须进行洗泥。一般做法是，先剪去根茎上的茎叶，然后将整个根体（包括主根、根茎、侧根和须根）放入竹篓内，置流水处或装满水的大水槽内洗去泥土。在洗泥过程中，要边洗边将根体上的须根摘下。洗泥既要保质，又要保证效率。注意三七在水中浸洗时间不能超过 5 min，否则，加工后的产品断面起白粉，并影响内在质量。

2. 修剪 洗净的三七根及时摘除细须根，然后按个头分大、中、小三级分别摊在晒席（竹席）或水泥晒场上日晒。晒 3～4 d 后，即手捏变软时，进行修剪。修剪主要是剪下根茎和支根，剪下的根茎、支根以及剪后的三七根要分别晒干。干后的三七根称为七头、头子；剪下的根茎干后称为剪口或羊肠头；剪下的粗侧根干后称为筋条；剪下的细侧根和须根干后称为三七须。

三七的修剪要掌握好修剪的时期，一般以根体手捏变软为好。若过早修剪，手捏仍发硬时修剪，剪口干后留有白斑；修剪过晚，根体失水过多，剪后剪口不能收缩变小，剪口过大影响商品外观美。

3. 晒揉 修剪后的三七根要在晒场上继续晒干，在晒干过程中，要边晒边揉。揉擦时，先将三七根装入干净的麻袋中，每次每袋 3 kg 左右，装后将麻袋放在木板或地面上，用手掌按在袋上往返推动，使袋内三七相互碰撞摩擦，以除去根体外面的粗皮，使根内水分不断外渗。揉擦后继续日晒，晒 1～2 d，再揉擦，反复 4～5 次，直至三七根质地坚实干透为止。产区许多三七场改手工晒揉为动力机械搓揉，搓揉效果也很好，动力机械搓揉还能缩短加工时间，值得推广。

加工量大的三七场，多采取日晒夜烘的办法干燥，边晒边烘边搓揉，3～4 d 揉擦一次。采用此法加工速度快，不误加工时机，加工产品质量好。烘干三七时，要按大小分别入室或入架，入室时，室温为 45℃左右，烘干 2 h 后降为 30℃左右，不要超过 40℃。烘干过程中，必须勤检查，勤串动烘干帘，保证干燥均匀一致。

4. 抛光 当晒揉的三七干到七成干时，还要装入麻袋中（每袋 3 kg 左右）并放进松叶或龙须草等，使其往返串动，当根体表面光洁时，将根倒出，在日光下晒 2 h 左右即可分级入库。一般修剪后的三七根约占总重量的 65%。

（三）三七的商品规格

商品三七分头数三七（修剪后的三七根）、筋条（是粗大的支根）、须根（细的支根和须根）、剪口（三七根茎）等。

1. 头数三七

（1）*春七和冬七* 头数三七按其质量的好坏分春三七（简称春七）、冬三七（简称冬七）两种。商品规格规定，产品充分干燥（又称为足干），个体完整，质地坚实，断面墨绿色或黄绿色，中间无裂隙者为春七；凡产品充分干燥，质稍轻，不够饱满，有拉槽（即表面有明显的凹入沟纹）或较大的凹面（又称为抽沟），断面墨绿色或黄绿色者为冬七。产区 7～8 月（在开花前）采收加工的产品和经过摘蕾于 9～10 月采收加工的产品，质量好，都符合春七的质量标准；每年 11～12 月采收收种后的三七根，加工后的产品质轻，抽沟多，称为冬七。

（2）*头数规格* 春七、冬七又按单根重（支头或头数）的大小分 11 个规格。40 头/kg 以内的为 20 头级；41～60 头/kg 的为 30 头；61～80 头/kg 为 40 头；81～120 头/kg 为 60

头；121～160 头/kg 为 80 头；161～240 头/kg 为 120 头；241～320 头/kg 为 160 头；321～400 头/kg 为 200 头；401～500 头/kg 的为大二外；501～600 头/kg 为小二外；601～900 头/kg 为无数头。各规格内的头数的大小要均匀一致，不能以小充大。

2. 筋条 筋条是 901～1 200 头/kg 的小三七根或粗大支根，大头直径在 0.7 cm 以上，小头直径在 0.45 cm 以上。

3. 须根 须根分为两个规格，不符合筋条标准的粗的须根为一级，细须根为二级。

复习思考题

1. 三七与人参、西洋参在植株、种子形态及药材性状上有什么区别？
2. 三七与人参、西洋参栽培技术相比有什么特殊之处？

主要参考文献

崔秀明. 2002. 三七 GAP 栽培技术［M］. 昆明：云南科学技术出版社.
王朝梁，陈中坚，崔秀明，等. 2004. 文山三七的原产地域产品特征［J］. 中国中药杂志，29（6）：511.

第四节 黄 连

一、黄连概述

黄连原植物为毛茛科黄连属的黄连、三角叶黄连和云南黄连，以干燥的根茎入药，商品上分别称为味连、雅连和云连，生药统称黄连（Coptidis Rhizoma）。黄连含小檗碱、黄连碱、药根碱及黄柏酮等，有清热燥湿、泻火解毒的功能，用于湿热痞满、呕吐吞酸、泻痢、黄疸、高热神昏、心火亢盛、心烦不寐、心悸不宁、血热吐衄、目赤、牙痛、消渴、痈肿疔疮，外治湿疹、湿疮、耳道流脓。酒黄连善清上焦火热，用于目赤、口疮。姜黄连清胃和胃止呕，用于寒热互结、湿热中阻、痞满呕吐。萸黄连舒肝和胃止呕，用于肝胃不和、呕吐吞酸等症。

以味连种植面积最大，质量好，主产于四川的东部和湖北的西部，陕西、湖南、贵州和甘肃也有栽培，其中湖北利川市和重庆石柱土家族自治县的味连栽培面积达 4 000 hm^2，约占全国黄连总面积的 60%以上。雅连种植面积较小，主产于四川的中南部。味连和雅连均行销全国，并有出口。云连以野生和半人工栽培为主，主产于云南的西北部和西藏昌都地区的南部，多自产自销。

二、黄连的植物学特征

1. 黄连 黄连（*Coptis chinensis* Franch.）为多年生常绿草本植物，高 20～50 cm。根状茎黄色，长柱状，常分支，形如鸡爪，节多而密，着生多数须根。叶均基生；叶片坚纸质，三角卵形，长 8～12 cm，宽 2.5～10 cm，3 全裂，中央裂片具细柄，柄长 5～12 cm，裂片卵状菱形，羽状深裂，边缘有锐锯齿；侧生裂片无柄，不等的二深裂。花葶 1～4 条，高 12～25 cm，顶生聚伞花序有 3～8 花；苞片披针形，羽状深裂；花小，萼片 5 枚，黄绿色，狭卵形，长 9～12 mm，宽 2～3 mm；花瓣小，线状披针形，长 5～7 mm，中央有蜜槽；雄蕊多数，长 3～6 mm；心皮 8～12，有柄。果长 6～8 mm，有细柄。花期 2～3 月，果期 3～5 月（图 9-12）。

2. 三角叶黄连 三角叶黄连（*Coptis deltoidea* C. Y. Cheng et Hsiao）与黄连近似，主要特征为根状茎不分枝或少分枝；叶片三角形，中央裂片三角状卵形，叶的全裂片上的羽状深裂片彼此邻接或近邻接；雄蕊短，长为花瓣长度的 1/2 左右。具匍匐茎，长 10～30cm，从根茎节侧向抽出，每株 2～20 枝（图 9-13）。

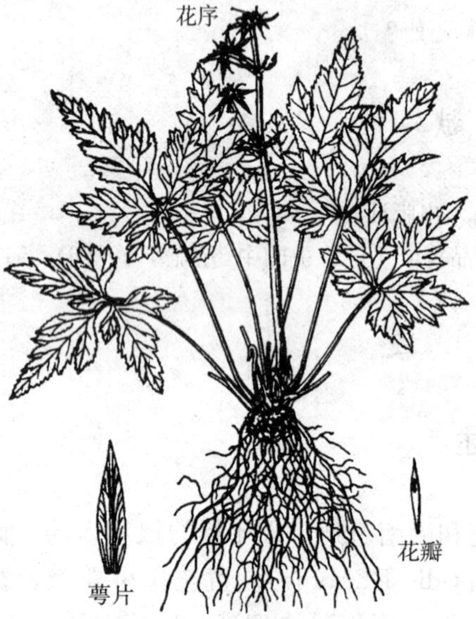

图 9-12 黄 连

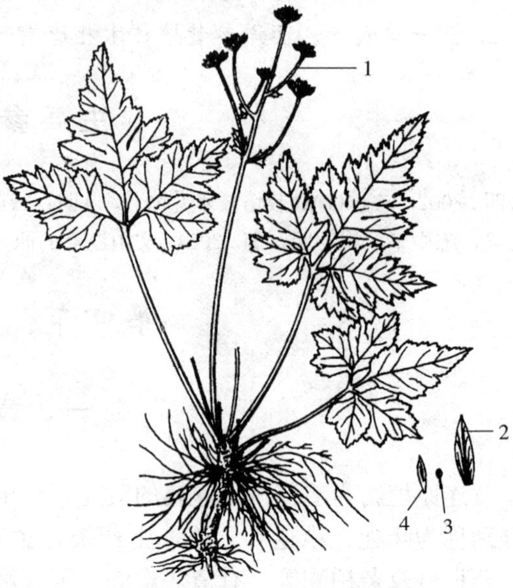

图 9-13 三角叶黄连

1. 花序 2. 萼片 3. 雌蕊 4. 花瓣

3. 云南黄连 云南黄连（*Coptis teeta* Wall.）与黄连及三角叶黄连近似，根状茎分枝较少，节间短，药材常为单枝；叶的全裂片的羽状深裂裂片间的距离稍大，即羽状裂片稀疏；花瓣椭圆形。

三、黄连的生物学特性

（一）黄连的生长发育

1. 味连的生长发育 味连（黄连）的种子具有休眠习性，播种后第二年出苗，实生苗在人工栽培条件下，一般 4 年开始开花结实，任其自然生长，通常在 10～12 年开始衰老，表现为根茎须根脱落，质地松脆，颜色由鲜黄变淡黄。野生味连则在 25～30 年时才能出现这种衰老现象。

味连幼苗生长缓慢，从出苗到长出 1～2 片真叶，需 30～60 d；生长 1 年后多数有 3～4 片真叶，株高 3 cm 左右，生育良好的有 4～5 片真叶，株高近 6 cm，产区称为一年青秧子。

二年生黄连，多有4～5片叶以上，叶片较大，株高6cm左右。三年生和四年生味连叶片数目进一步增多，叶片面积增大，光合产物积累能力增强。味连的叶芽一般在头年8～10月形成，从第二年抽薹开始萌生新叶，老叶逐渐枯萎，到5月新旧叶片更新完毕。

味连（黄连）除花薹外无直立茎秆，只有丛生分枝的地下根茎，有节结，节间较短。一年生黄连根茎尚未膨大，二年生后根茎开始膨大。一年生和二年生味连根茎生长缓慢，少见分枝；三年生后根茎基部产生侧芽并萌发形成分枝；随着生长年限的增加分枝逐渐增多，到六年生或七年生收获龄时少则10余个分枝多则20～30个分枝。分枝的多少和长短与栽培条件有关，覆土培土过深则分枝形成细长的过桥秆，影响其产量和质量。每年3～7月地上部生长发育较旺盛，地下根茎生长相对缓慢，8月后地上部生长减缓，根茎生长速度加快。

味连的根系为须根系，每年随着根茎的生长而从其结节处长出，数目较多，但伸长范围有限，多在20cm内，密集于0～10cm土层内。

味连的花芽一般在头年8～10月分化形成，第二年1～2月抽薹，2～3月开花，4～5月为果期。味连为风媒花，花小，花粉量大，传播距离在24m以上，柱头授粉后60～80d果实发育成熟。黄连实生苗四年生开花结实所结的种子数量少且不饱满，发芽率最低，苗最弱，产区称为抱孙子。五年生所结种子青嫩，不充实饱满的也较多，发芽率较低，产区称为试花种子。六年生所结的种子，子粒饱满成熟较一致，发芽率高，产区称为红山种子。七年生所结种子与六年生的相近，但数量少，产区称为老红山种子。留种以六年生为佳，其次为七年生，种子千粒重为1.1～1.4g。由于黄连开花结实期较长，种子成熟不一致，成熟后的果实易开裂，种子落地，因此生产上应分期分批采种。自然成熟的黄连种子具有休眠特性，其休眠原因是种子具有胚形态后熟和生理后熟的特性。在产区自然成熟种子播于田间，历时9个月之久，才能完成后熟而萌发出苗。据报道，赤霉素处理后可缩短后熟期。

2. 雅连 目前人工栽培的雅连（三角叶黄连）品种多数开花而不结实，一般用匍匐茎（横走茎）做生产繁殖材料。产区多在8月栽种，将匍匐茎插入土中，从其节上或损伤处萌发须根。雅连一年生小苗（俗称一年春）生长缓慢，当年只长2～3枚叶、少数须根和一枚紫色芽胞，便进入冬季。二年生连苗（俗称二年春）可长3～5枚叶片，叶片较一年生大，大多数不抽匍匐茎和花葶。三年生连苗（俗称三年春）生长加快，叶片数成倍增加，并开始抽生匍匐茎和花葶。四年生连苗（俗称四年春）生长速度开始减缓，正常植株有叶片10～18枚，大量抽生匍匐茎。五年生（俗称五年春）长势明显衰退，叶片苍老，叶片数、匍匐茎数减少，有的开始枯萎。每年2～3月上中旬开花并萌发新叶。

雅连的匍匐茎是从根茎的节上抽生，一年只长一节，先端有叶和芽，触地即能生根；次年又会在此节上抽生新的匍匐茎，如此不断延伸。一般三年生黄连每公顷产60万～90万枚匍匐茎，四年生产90万～180万枚，一株多达10～20枚。匍匐茎的抽生会消耗大量养分，影响根茎发育，因此生产上要及时扯除匍匐茎。匍匐茎一般在3月长出，生产繁殖用匍匐茎以四年生为好，其健壮，生根快，成活率高；其次是五年生和六年生的匍匐茎；再次为三年生的匍匐茎。为使根茎生长好，生产上必须年年适当覆土。覆土过厚根茎节间加长而细（当地称为过桥或跳秆），覆土过薄或不覆土则根茎短小。

雅连根茎的生长与味连不同，扦插入土的匍匐茎从其节上或损伤处萌发须根后，上部分逐渐膨大充实，转化成根茎，下部分养分消耗尽后腐烂。由于冬秋培土，将叶柄和芽胞埋入土中，春季抽生花葶时，花葶基部近土处新形成的茎节上另生新叶，并形成一新的结节，使根茎不断增长。如果培土过厚，新老结节之间的距离长，形成细长的节间，俗称过桥。匍匐茎不扯除就培土，埋入土中的部分亦可能转化为根茎的一部分，使根茎形成分枝。雅连根茎生长是1～2年慢，3年加快，4年最快，5年减缓，6年衰退，所以雅连种植4～5年收获。

（二）黄连有效成分含量的变化与积累动态

黄连植物体内含有多种有效成分，主要为小檗碱、黄连碱和药根碱等，其含量因植物种类、器官、产地以及生长年限而异。味连根茎小檗碱含量一般为3.5%～5.5%，茎叶为0.4%～1.5%，以老叶含量最高（可达2.5%～2.8%），须根为0.8%～2.5%。在一年中，根茎和叶的小檗碱含量以花果期较低，其后逐渐增加，9～10月较高；根茎产量也以花果期较低，10～12月较高（表9-30）。味连根茎小檗碱的含量及重量也随着移栽年限的增加而提高（表9-31）。

表9-30　五年生味连一年中根茎重量及小檗碱含量变化

日　期	5月3日	6月3日	7月2日	8月3日	9月3日	10月3日	12月3日
单株根茎重（g）	3.14	3.55	3.83	3.56	4.84	6.28	5.41
小檗碱含量（%）	4.14	4.27	4.21	6.10	5.76	6.20	5.50

表9-31　不同移栽年限味连根茎重量及小檗碱含量变化

（引自冉懋雄，2002）

栽培年限	第二年	第三年	第四年	第五年
单株根茎重（g）	1.42	2.43	4.09	7.00
小檗碱含量（%）	3.78	4.19	5.02	6.86

（三）黄连生长发育与环境条件的关系

黄连喜冷凉、湿润、荫蔽的环境，忌高温、干旱及强光。

1. 黄连生长发育与温度的关系　黄连在气温8～34℃之间都能生长，以15～25℃之间生长迅速，低于6℃或高于35℃时发育缓慢，超过38℃时植株受高温伤害迅速死亡，－8℃时植株不会受冻害。在高温的7～8月，白天植株多呈休眠或半休眠状态，夜晚气温下降，恢复正常生长。味连产区一般年平均气温为10℃左右，月平均最高气温不超过23℃，最低气温为－1～－2℃，绝对最低气温为－8℃以上，通常10月中旬初霜，4月下旬终霜，霜期长达180d以上。

2. 黄连生长发育与水分的关系　黄连喜欢湿润环境，既不耐旱也不耐涝，雨水充沛、空气湿度大、土壤经常保持湿润有利于黄连植株的发育。四川、湖北主产区年降水量多在1 300～1 700mm或以上，空气相对湿度为70%～90%，土壤含水量经常保持在30%以上。黄连又怕低洼积水，土壤通气不良，根系发育不良甚至导致植株死亡。

3. 黄连生长发育与光照的关系　黄连是喜阴植物，怕强光，喜弱光和散射光，在强光直射下易萎蔫，叶片枯焦，发生灼伤，尤其是苗期。但过于荫蔽，植株光合能力差，叶片柔弱，抗逆力差，根茎不充实，产量和品质均低。在生产上多采用搭棚遮阴或林下栽培，透光度为40%左右。透光度随着株龄的增长而增强，到收获当年可揭去全部遮阴物，促进光合作用，促使根茎发育更加充实。

4. 黄连生长发育与地势的关系 栽培味连多选择海拔1 200～1 800 m的山区栽培，雅连多栽培在海拔1 500～2 200 m山区。近年有些地区在合理调节温度、湿度和光照条件下，在低海拔地区栽培味连获得成功，从而扩大了黄连的栽培区域。海拔过高，生长季节短，生长发育缓慢，延长了生长年限，而且冬季严寒易受冻害；海拔过低，虽生长快，但是发育差，病害严重，根茎细小，不充实，并可能因夏季高温而死亡。

5. 黄连生长发育与土壤的关系 黄连对土壤选择较严格，以土层深厚、肥沃疏松，排水、透气良好，尤其是土壤表层腐殖质含量高的土壤较好。质地以壤土为佳，沙壤土次之，粗沙土和黏重的土壤都不适宜栽连。土壤酸碱度以微酸性至中性为宜。黄连对肥料反应敏感，氮肥对催苗作用很大，并可增加生物碱含量，磷、钾肥对根茎的充实有很好的作用，故应三者配合使用。

四、黄连的品种类型

（一）黄连的其他原植物

药材黄连的原植物，除黄连、三角叶黄连和云南黄连外，尚有短萼黄连和峨眉野连。

短萼黄连（又名土黄连）（*Coptis chinensis* Franch. var. *brevisepala* W. T. Wang et Hsiao），与黄连形态相似，主要特征为根状茎少分枝。花萼较短，萼片长6 mm左右，比花瓣长1/5～1/3。生于山地阴凉处，福建、浙江、安徽、广东和广西有分布，自产自销。

峨嵋野连（又名凤尾连）[*Coptis omeiensis*（Chen）C. Y. Cheng] 为多年生常绿草本植物，株高15～20 cm，根状茎黄色，弯曲，不分枝或少分枝。叶基生4～11枚叶片，披针形或窄卵形，三全裂，中央裂片三角披针形，长为宽的2倍或更多。花萼黄绿色，线形，长7.5～10 mm，先端渐尖。花瓣9～12枚，窄线形，长为花萼的1/2或稍短，中央有蜜槽。雄蕊多数，长约4 mm；心皮9～14枚。蓇葖果约8 mm。种子长圆形，黄褐色。分布在四川和云南，主要为野生，近年开始引种栽培。

（二）黄连的栽培品种

黄连的栽培品种是在长期的自然和人工选择下形成的，味连的栽培品种类型较少，主要有“纸花叶黄连”和“肉质叶黄连”；雅连栽培品种类型较多，主要有“刺盖连”、“杂白子”、“花叶子”和“草连”等。

1. “纸花叶黄连” 此品种为晚熟优质高产品种，主根茎长10.5 cm左右。

2. “肉质叶黄连” 此品种叶肉质而嫩软，为早中熟高产品种，主根茎长9.5 cm左右。

3. “刺盖连” 这是目前普遍栽培的主要品种。“刺盖连”植株大，老叶叶缘锯齿刺手，故名“刺盖连”。芽苞大，呈深紫红色，故又名“大红袍”。根茎粗壮，产量高，有跳秆。适宜在海拔高度2 000 m左右的地区栽培。

4. “杂白子” 此品种植株高大，叶面较平，老叶不刺手。根茎常弯曲，有跳秆，秧子（匍匐茎）较少。果实内有成熟的种子，能用种子繁殖。对气候、海拔和光照度的适应范围较广，适宜栽培于海拔高度 1 700～2 500 m 地区。抗病力也较强。

5. “花叶子” 此品种叶片较小，小裂片显著狭窄，故名“花叶子”。根茎无跳秆，常有 2～3 个分蘖，匍匐茎（秧子）少，每株仅 6～7 根秧子。果实内无种子，仍靠匍匐茎繁殖。

6. “草连” 此品种植物形态与峨眉野连非常相似，主要区别是根茎多分枝，具匍匐茎；芽苞较大，紫绿色；叶片卵状披针形，两侧裂片较长；萼片边缘淡紫红色。用匍匐茎繁殖，宜春季栽种。海拔较低的山区，如 1 000 m 上下都可栽培，收获年限短，一般 3 年就可以收获，根茎品质较差，组织较松。

五、黄连的栽培技术

（一）味连的栽培技术

1. 选地 根据其生物学特性，味连应选择海拔高度适宜的林地或林间空地且土层深厚、肥沃疏松、排水良好、表层腐殖质含量高、下层保水保肥能力强的壤土或沙壤土种植，坡度以 15°以内为宜，地势以早阳山或晚阳山较好。

2. 整地搭棚

（1）清理场地（砍山） 在上年 9～11 月将地面树丛砍除，割净杂草，收集枯枝落叶晾干做熏土材料。对于林下栽连，应将林地枯枝、茅草砍掉，灌木、矮小乔木留下，并在离地 2 m 高的地方修去下部小树枝，荫蔽度保持在 70%～80%。

（2）熏土 清理场地后，将表层 7～10 cm 腐殖土全部翻起，晒干后熏土（即用枯枝落叶、草皮、稻根、秸秆等做燃料，熏制富含有机质的土块）。熏土时不能将有机质烧成灰（当地俗称焦泥灰）。

（3）搭棚 一般熏土后搭棚，也有的地方搭棚后熏土。棚高 170 cm 左右，搭棚时按 200 cm 间距顺山成行埋立柱，行内立柱间距离为 230 cm，立柱埋牢后先放顺杆，再放横杆，绑牢。然后上帘或盖草，使棚下保持适宜透光度。

近年各地采用简易棚遮阴。简易棚多为单畦棚（即一棚一畦），高 80～90 cm，多在整地后搭棚。

（4）整地做畦 熏土后翻地，耕深约 20 cm，拣净树根、石块和杂草，然后耙细整平。以立柱为中心顺坡做畦，畦宽 140～170 cm，沟宽 20～30 cm，沟深约 15 cm，畦面呈龟背形。结合做畦，每公顷施 60～75 t 腐熟厩肥。做畦后将棚外熏土整细，铺于畦上（称为面泥），厚 10 cm 左右。

3. 育苗移栽 味连采用种子繁殖，实行育苗移栽（雅连采用根茎繁殖，直接扦插）。

（1）采种及种子储藏

①采种：最好采集六年生的红山种子做种，种子质量好，产量也最高，其次才选七年生的老红山种子，再次是五年生的试花种子。种子成熟时（5 月上旬）即果实变黄并出现裂痕时，应及时采收。采收过早，种子还是淡绿色，未成熟；采收过迟，种子变褐色，果皮开裂，种子容易脱落。分期分批采收。采时轻轻摘下花薹，置室内通风处摊放 2～3 d，待蓇葖果开裂后搓抖脱粒，收取种子，多储藏到秋季播种。

②种子的储藏：黄连种子容易丧失发芽能力，多在室外树下稍湿润的地方挖穴储藏，将种子拌和 1～2 倍潮湿（含水量 25%～30%）的细腐殖土，放入穴中。或者采取湿沙层积法

储藏，每层铺放种子厚约1cm，共3～4层，最后盖一层3～4cm厚的腐殖土。远途运输的种子，也需与湿润的腐殖土或湿润的细沙拌和。

（2）**播种育苗** 味连用种子繁殖，一般育苗两年，第三年移栽大田，栽后5年收获。

秋播一般为10～11月播种，撒播，播种量为37～45kg/hm^2，因种子细小，需拌15～30倍的细土，尽量播匀。播后用细碎的牛粪土或细腐殖土盖种，厚为0.5～1.0cm，并用木板稍加镇压，然后在畦面上盖一层茅草。待要出苗时，除去盖草，以利种子发芽出土。3～4月份，当幼苗长出1～2片真叶时间苗，株距约1cm。间苗后每公顷施稀粪水15t或尿素3kg加水15t。6～7月如苗根不稳，可在畦面上撒一层腐殖土，厚约1cm。8～9月再追肥一次，每公顷用饼肥750kg、干牛粪2 250kg混匀后撒施。第二年春再施稀薄粪水或尿素1次。苗床要经常除草，做到畦内无杂草，以免影响幼苗生长发育。苗床管理还要注意水分和光照调节，保持床土湿润和适宜的透光度。

（3）**移栽** 味连产区二年生小苗称为当年秧子，栽后成活率高，品质好；三年生苗称为原蜂秧子，此苗健壮，移栽成活率略低于二年生苗，也是适宜移栽的苗龄；一年生苗称为一年青秧子，一般苗小而细，不宜栽种；四年生苗称为节巴秧子，多数已长出根茎，栽后易成活，但萌发慢，产量低，品质差，也不适宜栽种。

味连一年中有3个移栽期，最早是2～3月，此时新叶还未发出，称为栽老叶，多用四年生苗，只适于气候温和的低山区；第二个移栽时期为5～6月，此时新叶已长成，称为栽登叶，一般栽三年生连苗，容易成活，生长亦好，是最适宜栽植期；第三个移栽期为9～10月，栽后不久就进入霜期，易遭冻害，成活率低，因此也只适于气候温和的低山区。

栽秧时，选择具4～5片真叶，高9～12cm的粗壮幼苗，连根拔起，每100株捆成一捆，剪去过长的须根，留根长约3cm，洗净泥土，装入竹篮内。用栽秧刀开穴，行株距10cm，深6cm，将根立直放入，覆土稍加压实。每公顷栽80万～90万株。

近年味连也有采用分根繁殖的，每株根茎常有10个左右分枝，将其分离下来即可栽植。据报道，用根茎繁殖栽连法可缩短黄连栽培年限2年左右，而且成苗率高，根茎产量也高，值得示范推广。

4. 田间管理

（1）**补苗** 味连栽种后要及时查苗补苗，5～6月栽的秋季补苗，9月移栽的翌春补苗。

（2）**中耕除草** 味连生长慢，杂草多，应及时防除。尤其是栽后1～2年的连地，做到有草即除，除早、除小、除尽。后两年封行后杂草不易滋生，除草次数可适当减少。如土壤板结，除草时结合中耕，保持土壤疏松。除草和中耕均应小心，勿伤连苗。

（3）**追肥培土** 味连喜肥，除施足底肥外，每年都要追肥，前期以施氮肥为主，以利提苗；后期以磷、钾肥为主，并结合农家肥，以促进根茎生长。味连根茎每年有向上生长特点，为保证根茎膨大部位的适宜深度，必须年年培土，培土厚1～1.5cm，不能太厚，以免根茎细长，影响品质。

味连栽后2～3d施一次稀薄猪粪水和油饼水，称为刀口肥。栽种当年9～10月以及以后每年的3～4月和9～10月各施1次肥。春季多施速效肥，每公顷用粪水15t或油饼750～1 500kg加水15t，也可用尿素10kg和过磷酸钙20kg与细土或细堆肥拌匀撒施，施后用竹把把附在叶片上的肥料扫落。秋季以施厩肥为主，适当配合油饼，钙、镁、磷肥等，让其充分腐熟，撒于畦面，每次施30～45t/hm^2。施肥量应逐年增加。

(4) **调节荫蔽度** 在味连生长发育期间要经常检查荫棚，保证其完好和适宜的透光度。随着连苗的生长，需要的光照逐步增多，透光度应逐渐增大。移栽当年荫蔽度以70%～80%较好，以后逐年减少，第四年降到40%～50%，到第五年种子采收后拆除棚上的遮盖物（称为亮棚），使味连得到充分的光照，抑制地上部的生长，使养分向根茎转移，以利提高产量。

(5) **摘除花薹** 除留种地外，当花薹抽出后应及时摘除，以减少养分消耗，促进根茎的生长。有报道，采用植物生长调节剂也可抑制抽薹，促进根茎生长，提高根茎产量和小檗碱含量，做法是在开花期喷施300～450mg/L多效唑。

(6) **病虫害防治** 味连病害较多，为害较重、较常见的有白粉病（*Erysiphe* sp.，俗称冬瓜粉）、炭疽病（*Colletotrichum* sp.）、白绢病（*Sclerotium rolfsii* Sacc.）。

防治方法：除了农业防治外，还可用1∶1∶160波尔多液或80%可湿性代森锌500～600倍液，或50%退菌特500～1 000倍液，每隔7～10d喷1次，连喷3～4次。

味连虫害较少，如遇蛞蝓危害叶片及叶柄时，可在清晨撒石灰粉防治。

（二）雅连的栽培技术

1. 选地整地 雅连的选地整地与味连的相同，参照味连的操作。

2. 搭荫棚 雅连的阴棚搭建参照味连的操作。

3. 栽秧

(1) **秧子的选择** 雅连一般采用匍匐茎无性繁殖，秧子从大田中拔取。秧子的好坏对植株的成活、发育有很大的影响。一般宜选择三年生植株生长健壮无病，匍匐茎的芽胞肥大饱满、呈笔尖形、紫红色，茎干粗壮、质地坚实而重的为好。

(2) **拔秧** 拔秧时站在畦沟内用一手按住母株，一手捏住匍匐茎基部，用力将其从母株上分离下来即可。扯下的秧苗每40～50根整齐地扎成一把。拔秧时无论好的、差的都要拔净，好的供秧苗用，差的可加工做药。不能只扯好的，将差的留在母株上，也不能因为不扩大生产或秧子用不完就不拔除匍匐茎。否则匍匐茎会继续生长，触地生根，消耗养分，使母株根茎不能发育肥大，形成的多是小连和扦子（比小连还小），品质产量都低。因此，雅连扯秧子的目的不单纯是解决种苗问题，而是提高产量和品质的一项重要田间管理措施。

(3) **秧子的储存与运输** 拔下的秧苗应马上运到大田栽植，不能马上运走或者不能及时栽植的，宜放在屋内阴湿处，注意不要受风吹、雨淋、日晒，也不要洒水。远途运输要注意避免日晒，最好是早、晚气温较低时运送，以免秧子发热，影响植株成活。

雅连的秧子必须换地种植，才能保持品种的优良特性和减少病害。产区习惯将高山秧子运到低山种植，或者将低山秧子运到高山种植（一般高山指海拔2 000m以上者，低山指海拔1 600～1 800m者）。

(4) **栽秧期** 雅连栽秧时期以8月上旬立秋前后为宜；8月下旬栽种者成活率低。一般高山气候冷凉，栽秧期应较低山早些。

(5) **栽秧方法** 一手抓秧苗，一手用铁制的黄连叉子按株行距10～12cm在畦上钻孔，然后用叉子叉住匍匐茎中部弯曲插入孔内，深10～15cm，只留叶片露出土面，芽胞尖与土面相平，抽出叉子，用土封口。插秧时应注意不能擦伤芽胞。一般每公顷栽秧子75万～90

万株。

4. 田间管理

(1) **中耕除草** 雅连一般中耕除草2～3次，第一次在春季上棚后进行，第二次在夏季进行，第三次在冬季初下棚前进行。中耕除草应特别细致，使用特制黄连钩松土，连同杂草根刨起，要求草净、土松。松土时，应注意不要刨伤芽胞。损伤芽胞会促使多萌发匍匐茎，致使匍匐茎茎干纤细，不能做种苗。

(2) **培土** 培土在产区俗称上土。栽秧后次年春季培土一次，称为上春土。做法是：用两齿钉耙（俗称黄连抓子）挖起床沟内的泥土，覆盖于植株行间，只能盖住老叶和老芽胞，不能盖住嫩叶、嫩芽，以免影响发育。以后各年不再上春土，只上冬土。上冬土的方法与上春土略有不同，是将挖出的泥土碎细后，均匀覆盖于床上，并且完全盖住植株，特别是要盖住芽胞，培土厚度为3cm。上土在一定程度上起着追肥和促进根茎增长的作用，还能保护植株越冬，防止结冻拔起植株和冻坏芽胞。因此，上土是雅连产区提高黄连产量和品质的重要措施之一。

(3) **下棚与上棚** 雅连在冬季需将整个棚盖物（包括顺杆、横杆、遮盖物）拆下压盖在畦上（俗称放架或下架），一般上冬土后进行，起到保护植株越冬的作用，而且下棚后棚盖物不会被雪压坏。下棚要依次进行，边撤边盖在身后的畦上，不能乱丢，以免增加上棚时的困难。春季解冻后再将棚盖物重新搭上（俗称上架）。

(4) **追肥** 过去雅连栽培无追肥习惯，这是产量低的重要原因之一。大量的肥料试验证明，追肥可以显著提高雅连的产量。由于地处高山，有机肥料缺乏，所以多施饼肥、过磷酸钙、尿素等。施用时应特别注意浓度与施用方法，以免发生伤害。可在除草后结合培土进行。

(5) **按秧子** 土壤冻结膨胀时，往往将连秧拔起，特别是新栽的秧子扎根不稳最易被拔起。在上棚时进行检查，发现拔起的秧苗应及时重新栽入土中，以免秧苗死亡，形成缺苗、断条，降低产量。

以上管理工作的具体时间安排，应根据海拔高度来安排先后顺序，低山区上棚、上春土及第一次松土除草要先进行，高山可稍后进行。

(6) **病虫害防治** 雅连的病虫害防治参照味连的病虫害防治方法。

(三) 其他栽培技术

由于传统的伐木搭棚遮阴栽连法要消耗大量木材，一般种1 hm^2黄连需3 hm^2林木，与国家退耕还林改善生态环境政策不符。现大力提倡林下栽连法，既有利于保护森林，维护生态平衡，综合效益也高。林下栽连应选荫蔽度较大的林地，以常绿树和落叶树混交的阔叶小乔木林为宜。整地时，要将0～20 cm土层的树根刨净并清除，然后做畦栽培。黄连生长发育期间要进行1～2次树旁断根，防止树根伸入床内影响黄连生长；通过疏剪过密树枝（人工林还可以通过间伐）来调节荫蔽度，使林间透光率控制在30%～50%。有的地方采取人工造林荫蔽栽连，如人造黄柏、松杉树、白麻桑和红麻桑林等。

味连产区采用熟地栽培已有一定规模，熟地栽培多与玉米等作物间套作或搭简易矮棚荫蔽。在湖北利川市和重庆大柱土家族自治县的做法是：选肥沃、疏松的沙壤土，整地施足基肥，做宽1.5～1.7 m的高畦，春季于畦两边按株距30 cm左右各播种一行高秆早熟玉米，最好采用育苗定向栽培，使叶片伸向畦内，7月玉米封畦即可栽连。10月玉米收后，于畦间架设支柱和顺梁，高约70cm，然后折弯玉米秆倒向梁上，稀的地方加盖树枝，成为冬春荫棚。以后每年如此，但随着年限增长，适当放宽玉米株距增加透光度。此外，还有与黄柏、党参间套作的。

在主产区，有用水泥柱或石柱代替木桩、铁丝代替横杆和顺杆搭荫棚的做法，既节省木材，还可延长使用年限。但应注意克服连作障碍，可采用熏土、从附近林间铲腐殖土（客土）、休闲种绿肥、合理使用农药等措施。

六、黄连的采收与加工

（一）采收

味连6～7年收获，雅连4～5年采收加工（高山区5年收获，低山区4年收获）。每年收获适宜期为11～12月。收获过早，根茎含水分多，不充实，折干率低；收获过迟，植株易抽薹，根茎中空，产量低品质差。采挖时选晴天进行，先拆除围篱、棚架，堆于地边，从下往上用黄连钩依次将黄连全株挖起，抖去泥土，剪下须根和叶片，分别运回加工。

（二）加工

鲜连不用水洗，应直接炕干或晒1～2d后低温（40℃）烘干。干到易折断时，趁热放到容器里撞击去泥沙、须根和残余叶柄，即得干燥根茎。一般每顷产干货1 125～1 875kg，丰产田可达3 000kg。雅连产量低于味连。须根和叶片经干燥除去泥沙、杂质，亦可药用，残留叶柄及细渣筛净后可做兽药。

（三）产品质量

味连产品以干货聚集成簇，分枝多弯曲，形如鸡爪或单支，肥壮坚实、间有过桥，长不超过2cm。表面黄褐色，簇面无毛须。断面金黄色或黄色。味极苦，无碎节、残茎、焦枯、杂质、霉变为佳。

雅连的干货则以单枝，呈圆柱形，略弯曲，条肥壮，过桥少，长不得超过2.5cm。质坚硬。表面黄褐色，断面金黄色。味极苦，无碎节、毛须、焦枯、杂质、霉变为佳。

复习思考题

1. 黄连的生长发育有何特点？
2. 黄连种子有何习性？

主要参考文献

黄正方，杨美全，孟忠贵，等．1994. 黄连生物学特性和主要栽培技术［J］．西南农业大学学报，16（3）：299.

鲁开功，雷青文．2001. 林下栽培黄连与棚下栽培黄连综合效益比较［J］．时珍国医国药，12（8）：758.

濮社班，许翔鸿，张宇和，等.1999. 黄连生长状况及生物碱含量的个体差异［J］. 中草药，30（5）：375.
齐海涛，王有为，朱强，等.2007. 不同栽培模式下黄连质量评价［J］. 中国中药杂志，32（7）：570-572.
盛彧欣，张金兰，孙素琴，等.2006. 不同栽培条件黄连的质量分析与评价［J］. 药学学报，41（10）：1010.
徐锦堂，王立群，徐蓓.2004. 黄连研究进展［J］. 中国医学科学院学报，26（6）：706-707.
朱强，王有为，齐海涛，等.2006. 不同品系黄连产量和质量的研究［J］. 中草药，37（12）：1866-1869.

第五节　白　芷

一、白芷概述

白芷原植物为伞形科白芷和杭白芷，以干燥根入药，生药称为白芷（Angelicae Dahuricae Radix）。白芷根含挥发油（0.24%）、白当归素、白当归脑、氧化前胡素、欧芹属素乙、异欧芹属素乙和珊瑚菜素等，有解表散寒、祛风止痛、宣通鼻窍、燥湿止带、消肿排脓的功能，用于感冒头痛、眉棱骨痛、鼻塞流涕、鼻鼽、鼻渊，牙痛，带下，疮疡肿痛等症。

白芷在全国各地都有栽培，主产于河北、河南、四川、浙江等省，在流通领域里，习惯把河北产的称为祁白芷；河南的称为禹白芷；浙江的称杭白芷；四川的称川白芷。

二、白芷的植物学特征

1. 白芷　白芷［*Angelica dahurica*（Fisch. ex Hoffm.）Benth. et Hook. f.］为二年生

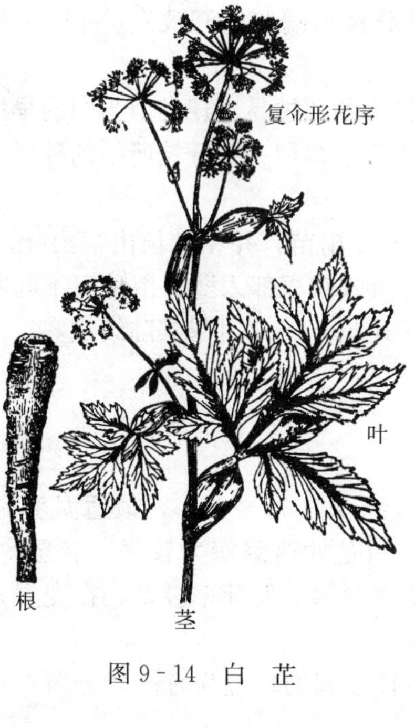

图 9-14　白　芷

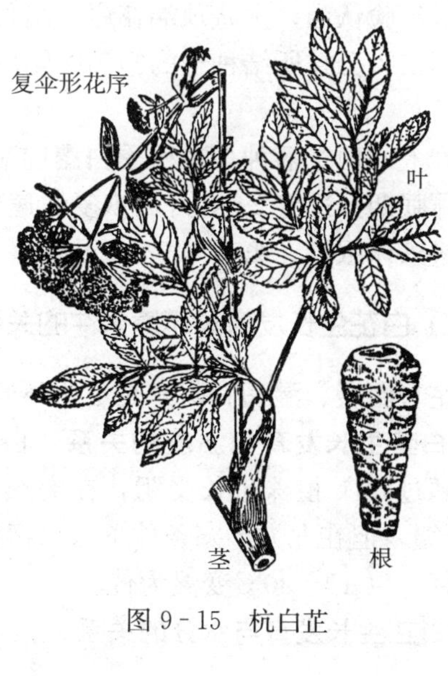

图 9-15　杭白芷

草本植物，株高 2.0～2.5 m。根粗大，直生，近圆锥形，有分支，外皮黄褐色。茎粗壮，圆柱形，中空，常带紫色，有纵沟纹，近花序处有短柔毛。茎下部叶大，有长柄；基部叶鞘紫色；茎上部叶小，无柄，基部显著膨大成囊状鞘；叶片为二至三回三出羽状全裂，最终裂片卵形至长卵形，边缘有不规则锯齿。复伞形花序，总花梗长 10～30 cm，伞幅 18～70 cm 不等，无总苞或有 1～2 片，膨大呈鞘状；小总苞片 14～16，狭披针形；小花白色，无萼齿；花瓣 5 枚，先端内凹；雄蕊 5 枚，花丝长；子房下位，2 室，花柱 2 枚，很短；双悬果扁平，椭圆形，分果具 5 棱，侧棱翅状，无毛或有极少毛（图 9-14）。

2. 杭白芷 杭白芷［*Angelica dahurica*（Fisch. ex Hoffm.）Benth. et Hook. f. var. *formosana*（Boiss.）Shan et Yuan］为白芷的变种，形态与白芷相似，但植株较矮（1.0～2.0 m），主根上部略呈四棱形，复伞花序密生短柔毛，伞幅 10～27 cm，小花黄绿色，花瓣 5 枚，顶端反曲（图 9-15）。

三、白芷的生物学特性

（一）白芷的生长发育

白芷为二年生草木（编者认为有记载是多年生植物不准确）。新种子的发芽率在 70%以上，种子寿命为 1 年，超过 1 年后的种子发芽率很低或不发芽。

白芷播种后，地温稳定在 10℃以上时，15 d 左右萌发出土。刚出土的白芷小苗只有两片细长的子叶，半月后陆续长出根出叶。白芷播种当年不抽茎，秋季其肉质根根头直径 2 cm 左右，尚未达到优质药材的要求。秋末，随着气温下降，地上叶片逐渐枯萎，宿根休眠越冬。

第二年春，越冬后的宿根萌芽出土，先长出根出叶，5 月开始茎的生长抽薹。抽薹后生长迅速，1 个月便可现蕾开花，进入花期后，植株边开花边长大。白芷主茎顶端花序先开，然后自上而下地一级分枝顶端花序开放，最后是二级分枝顶端花序开放。7 月种子陆续成熟，种子成熟后易被风吹落。

产区经验认为，主茎顶端花序所结种子播种后，长出的植株易出现类似当归的早期抽薹现象，而二级分枝所结种子的饱满度则较差。因此，生产上多留一级分枝所结的种子做播种材料。

生产上，白芷播种多在秋季白露前后，播后 10～15 d 出苗，并相继长出根出叶，11 月后进入休眠期。次年 2～3 月后恢复快速生长，7～9 月可收获根部入药。留种田不起收，11 月后又进入休眠期，第三年 3～4 月抽薹现蕾，5～6 月开花，6～7 月果实陆续成熟。

（二）白芷生长发育与环境条件的关系

白芷喜温暖、湿润、阳光充足的环境。

1. 白芷生长发育与温度的关系 白芷生长的适宜温度为 15～28℃，最适温度为 24～28℃，超过 30℃植株生长受阻，在炎热的夏季枯苗。白芷幼苗耐寒力较强，能忍耐 −6～−7℃低温，但在北方严寒条件下可以宿根越冬。种子在恒温下发芽率极低，在变温条件下发芽较好，以 10～30℃变温为佳。

2. 白芷生长发育与水分的关系 白芷生长发育以较湿润的环境为宜。多分布在年降水量 1 000 mm 左右或有灌溉条件地区，干旱影响其正常生长发育，根易木质化或难于伸长形成分叉；土壤过于潮湿或积水，通气不良，容易出现烂根。

3. 白芷生长发育与光照的关系 白芷是喜光植物，宜选择向阳地块栽培，过于荫蔽的环境，植株纤细，生长发育差，产量和质量均不高。

4. 白芷生长发育与土壤的关系 白芷喜生于土层深厚、疏松肥沃、排水良好的沙质壤土。沙性过大的土壤，漏水漏肥，肥水缺乏，产量低。过于黏重的土壤，侧根多，导致白芷根韧皮部相对变薄，质量降低。

四、白芷的品种类型

白芷主产区已选育出了两种类型：紫茎白芷与青茎白芷。

1. 紫茎白芷 紫茎白芷又叫做紫茎种，植株较高，根部肥大，根的顶端较小。叶柄基部带紫色。需肥量较小，产量较高。为主栽品种。

2. 青茎白芷 青茎白芷又叫做青茎种，植株较矮，根的顶端较大，不易干燥。叶柄基部为青色，叶较分散。容易倒伏，枯苗较早。需肥量较大，产量较低。

五、白芷的栽培技术

（一）选地与整地

白芷对前作要求不严，与其他作物轮作为好。最好选地势平坦，阳光充足，耕层深厚，疏松肥沃，排水良好的沙质壤土栽种。

（二）整地

白芷系深根植物，为了得到粗长主根以供药用，整地应较深，草根石块都要除尽，以免将来主根短，支根和分叉多，影响产量与质量。

前茬作物收获后，及时翻耕，深度为 30 cm。晒垡后再翻一次，然后耙细整平，做畦。畦面要平整，畦宽 26～33 cm，排水差的地区可做高畦，翻耕土地的同时，每公顷施用农家肥 30 000～45 000 kg、过磷酸钙 750 kg。据四川经验，基肥不宜含氮过多，否则当年生长过于茂盛，在第二年抽薹开花多，影响产量。

（三）播种

白芷以种子繁殖为主，其折断根节，亦可萌发成为新株，但在生产上一般并不采用。

1. 种子选择 白芷应当选用当年所收的种子，隔年陈种，发芽率不高，甚至不发芽，不可采用。先期抽薹的种子，播种后早期抽薹率高，影响根的产量和质量，也不宜选用。

2. 播种期 白芷的播种期，各地均在秋季白露前后。在河北安国有时亦在清明前后进行春播，但春播者产量低，质量差，一般都不采用。秋播不能过早或过迟，最早不能早于处暑，否则，在当年冬季生长迅速，将有多数植株在第二年提早开花，其根木质化，不能再做药用；最迟不能超过秋分，否则以后雨量渐少，而气温转低，白芷播后不易发芽，影响生长，严重降低产量。

3. 播种方法 在整好的畦面上开10～13mm深的浅沟，沟距20～23cm；然后将种子与细沙混合均匀后撒在沟内，播后用长柄铁锄搂一遍，或用平耙轻轻搂一遍，然后覆土，压实。注意覆土不能过厚，以能将种子盖住即可。少数地区也有采用穴播的，行株距为25～30cm×17～20cm，穴深为6～9cm，每穴播种10粒左右。播后即应浇水，以促使种子发芽。每公顷用种子量为11.25～15kg。

播种后，若条件适合，一般在播种后15～20d即可发芽。如天气干旱，亦有1个月左右发芽者，故在天旱时，应注意及时浇水，以免影响发芽。

（四）田间管理

1. 间苗和定苗 白芷幼苗生长缓慢，播种当年一般不疏苗，第二年早春返青后，苗高5～7cm时，开始第一次间苗，间去过密的瘦弱苗。条播每隔约5cm留1株，穴播每穴留5～8株；苗高10cm左右时进行第二次间苗，每隔约10cm留一株或每穴留3～5株。清明前后苗高约15cm时定苗，条播者按株距12～15cm定苗；穴播者按每穴留壮苗3株，呈三角形错开，以利通风透光。定苗时应将生长过旺，叶柄呈青白色的大苗拔除，以防止提早抽薹开花。

2. 中耕除草 每次间苗时都应结合中耕除草。第一次苗高3cm时用手拔草，只浅松表土，不能过深，否则主根不向下扎，叉根多，影响品质。第二次待苗高6～10cm时除草，中耕稍深一些。第三次中耕在定苗时，松土除草要彻底除尽杂草，以后植株长大封垄，不能再行中耕除草。

3. 追肥 一般追肥4次，前3次结合间苗和定苗进行，第四次在封行前植株开始旺长时进行，常结合培土。追肥以稀薄农家肥料为主，为了防止白芷提早抽薹开花，在追肥时应注意前期宜少，宜淡，年后逐步增多加浓。第四次应补充适量磷钾肥，以促进根部的生长发育，一般每公顷用量为过磷酸钙300～400kg、氯化钾75kg。

4. 灌溉排水 在白芷生长发育期间，尤其是前期，遇干旱应注意浇水，保持土壤湿润；在多雨地区和多雨季节，应注意排水防涝，特别是注意防止地内积水，以免影响根的生长和引起根部发生病害。

5. 摘薹 白芷抽薹开花会消耗大量养分，引起根部重量下降，质地松泡，所结种子也不能做种，因此早抽花薹必须及时拔除。

6. 病虫害防治 白芷最主要的病害是斑枯病（*Septoria dearnessii* Ell. et Ev.），又名白斑病，主要危害叶片，典型症状是灰白色病斑。防治方法是选健壮株留种，白芷收获后清除病残组织集中销毁，发病初期，摘除病叶，并喷施1∶1∶100的波尔多液或65%代森锌可湿性粉剂400～500倍液1～2次。

白芷的主要虫害是黄凤蝶，以幼虫咬食叶片。防治方法是人工捕杀或用90%晶体敌百虫800倍液喷雾，幼虫三龄后可用青虫菌300～500倍液进行生物防治。

7. 选留良种 白芷的留种方法有两种，一是原地留苗，二是选苗培育。

（1）**原地留苗法** 原地留苗即在第二年秋季采收白芷的同时，在地边留出一些不挖，以后加以中耕除草等管理，到第三年5月以后，即可抽薹开花，结出种子。但这种方法在浙江不适用。

（2）**选苗培育法** 选苗培育即在第二年秋季采收白芷的同时，选出主根粗如大拇指，无分叉，无病害的白芷，作为培育种子之用。过大则不经济，过小开花能力弱。

在选出之后，即将其另行栽培，不可拖延。如若过迟，则在来年将有大多数不能抽薹开花。栽时，首先选择肥沃深厚土地，进行翻土整地，再行开穴，可不做畦，但应将排水沟开好。其行株距为67 cm，穴深20 cm，穴距23 cm，然后将其栽入。注意根不可弯曲，要压紧土壤，以残留叶柄能露出地面为度。然后再施沤好的稀薄农家肥，不久即可萌发新叶。在当年的11月及第二年2月及4月，应各进行中耕除草施肥1次，在11月及2月应多施肥。如施肥过少或不及时，植株生长不良，会对抽薹开花和结实产生不利影响。5月抽薹开花，6月中下旬种子陆续成熟。采种时，应以种子变成黄绿色时为宜，应分批采收，最后在大批成熟时一次割回，切不能任其枯黄再采，否则，种子容易被风吹落，遭受损失。

在采种时，应连花序一齐剪下或割下，不要茎秆，摊放于阴凉通风而干燥之处，经常翻动。最后将种子抖下，或搓下，筛去枝梗，以麻袋包装存放干燥而通风之处，防止日晒、雨淋和烟熏。采用这种方式培育所得的种子，其发芽率高。一般150～225株所收的种子可播1 hm^2。

在留种田中，都是主茎先行开花结实的，四川及河南认为这种种子，将来也会提前开花，故在其开花时，即应及早摘除。

六、白芷的采收与加工

(一) 收获

秋播白芷一般在第二年7月中下旬至8月上旬，叶片变黄时收获。收获过早，根尚未充实，产量和质量不高；收获过迟，则萌发新叶，根部木质化，也影响产量和品质。

收挖应选择晴天进行，先用镰刀割去茎叶，深挖出全根，抖掉泥土，运回加工干燥。

(二) 加工

1. 晒干 将主根上残留叶柄剪去，摘去侧根另行干燥。晒1～2 d，再将主根依大、中、小三等级分别晒，反复多次，直至晒干。晒时切忌雨淋。

2. 烘干 将主根上残留叶柄剪去，摘去侧根，35℃条件下烘至干燥。张志梅等比较了不同干燥方法对白芷中欧前胡素、异欧前胡素以及白芷断面性状的影响情况（表9-32），认为35℃烘干是最佳的方法，所需要时间适中，干燥药材的外观性状较好，欧前胡素和异欧前胡素含量较高，优于传统的硫黄熏干法。

表9-32 不同干燥方法对白芷外观性状和成分含量的影响

（引自张志梅等，2005）

干燥方法	根横断面性状	所需时间（d）	欧前胡素含量（%）	异欧前胡素含量（%）
户外风干（CK）	浅褐色	45	0.242	0.068
室内阴干	浅褐色	60	0.244	0.071
35℃烘干	浅褐色	7	0.325	0.078
70℃烘干	焦黄	3	0.340	0.052
105℃烘干	焦黑	1	0.195	0.050
硫黄熏干	洁白	30	0.142	0.052

复习思考题

1. 叙述白芷种子的生长发育特性。
2. 采取哪些栽培措施可以提高药材白芷的产量和品质?

主要参考文献

郭丁丁,马逾英,吕强,等.2010.不同产地白芷中欧前胡素含量及 HPLC 指纹图谱的对比研究[J].中药材,33(1):22-25.

蒋桂华,张绿明,马逾英,等.2008.白芷综合开发利用研究进展及展望[J].时珍国医国药,19(11):2718-2710.

蒲盛才,张兴翠,丁德蓉.2006.氮、磷、钾施用量及其配比对白芷产量的影响[J].中国生态农业学报,14(1):136-138.

张志梅,郭玉海,翟志席,等.2006.白芷栽培措施研究[J].中药材,29(11):1127-1128.

张志梅,杨太新,翟志席,等.2005.干燥方法对白芷中香豆素类成分含量的影响[J].中国中药杂志,30(21):1703-1704.

张志梅,翟志席,郭玉海,等.2005.白芷干物质积累和异欧前胡素的动态研究[J].中草药,36(6):902.

第六节 当 归

一、当归概述

当归为伞形科当归属植物,以干燥的根入药,生药称为当归(Angelicae Sinensis Radix),是常用名贵中药之一。当归含挥发油(主要成分为藁本内酯,约占47%;正丁烯基酞内酯,约占11.3%)、有机酸(阿魏酸等)、多种氨基酸和胆碱等成分,有补血活血、调经止痛、润肠通便的功能,用于血虚萎黄、眩晕心悸、月经不调、经闭痛经、虚寒腹痛、风湿痹痛、跌打损伤、痈疽疮疡、肠燥便秘等症。

当归商品主要是来自人工栽培,已有1 000多年的栽培历史,目前栽培面积达2×10^4 hm^2。主产于甘肃山区,栽培面积和总产量占全国的95%以上;其次是云南;销全国各地并大量出口。四川、陕西和湖北等地也有栽培。

目前,当归生产上主要存在育苗、连作障碍和麻口病以及早期抽薹问题。熟地育苗技术目前还不成熟,一直沿用传统的开垦生荒地育苗方式,对植被造成较大的破坏。因为适栽地的减少,产区大量连作,个别地块的麻口病发病率高达85%,导致质量下降。早期抽薹则是影响当归产量和品质的重要原因之一,且一直未能彻底解决。

二、当归的植物学特征

当归(又名秦归、云归)[*Angelica sinensis*(Oliv.)Diels]为二年生草本,高40~

100cm，有香气。主根粗短，肥大肉质，下面分为多数粗长支根，外皮黄棕色。茎直立，带紫色，表面有纵沟。基生叶及茎下部叶三角状楔形，长8～18cm，二至三回三出式羽状全裂；最终裂片卵形或卵状披针形，长1～3cm，宽5～15mm，3浅裂，有尖齿，叶脉及边缘有白色细毛；叶柄长3～15cm，基部扩大呈鞘状抱茎；茎上部叶简化成羽状分裂。复伞形花序，无总苞或有2片，伞幅9～14cm；小总苞片2～4，条形；每伞梗上有花12～40枚，密生细柔毛；花白色，萼片5；花瓣5，微2裂，向内凹卷；雄蕊5，花丝内曲；子房下位，2室。双悬果椭圆形，白色，长4～6mm，宽3～4mm，侧棱具翅，翅边缘淡紫色（图9-16）。花期6～7月份，果期8月份。

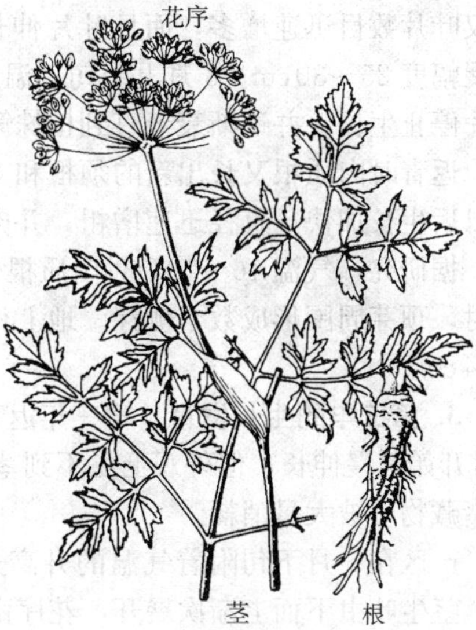

图9-16　当　归

三、当归的生物学特性

（一）当归的生长发育

当归为二年生植物，第一年为营养生长阶段，形成肉质根后休眠；第二年抽薹开花，花后的当归根部木质化，不能入药。但是，由于适合当归生长发育的地方，多数生长期较短，当年播种当年采收入药，其根体小，产量低，商品性状差，经济效益低下。为此，产区通过改春播生产为夏季育苗，控制当归第一年的营养生长，使之在第二年不开花，继续进行营养生长，秋末采收加工。这样生产出的当归由于营养生长期加长，根体变大，商品性和经济效益大大提高。由于这一改变，使当归完成个体发育的时间延长为3年。

1. 第一年的生长发育　当归种子较小，千粒重为1.2～2.2g，种子寿命较短，储存1年发芽率只有15%，因此每年要用新种子播种。当归播种后，在6℃条件下就能萌发，其出苗速度随温度增高而加快，日平均温度10～12℃时，播后5～6d发芽，15～20d出苗；日平均气温20～24℃时，播后4d就发芽，7～15d就出苗。

当主根伸长至3～4cm时，开始形成一级侧根，与此同时，胚轴伸长，使弯曲的子叶带着果皮顶破表土，伸出地面。待子叶把胚乳完全耗尽时，果皮脱落，两片长披针形的子叶展开，形成幼苗，这一阶段约需10d。当子叶长至约2cm时，开始出现第一片单叶，侧根横向伸展，其幅度为3～4cm。随后，第二片初生叶出现，形态逐渐过渡到三出羽状复叶。这时，在第一级侧根上出现第二级侧根，长度为2～3cm。当归幼苗生长缓慢，由萌发到形成第二片初生叶需要30～40 d，株高仅有3～5cm。

育苗当年植株枯萎前一般可长出3～5片真叶，根出叶生长的同时，根部不断伸长并开始增粗，地上部分枯萎后幼根休眠，此时平均株高7～10cm，根粗0.2cm，单根平均鲜重0.3g左右。

2. 第二年的生长发育　第二年4月上旬移栽后的归根，在气温5～8℃时开始发芽，9～10℃时出苗，称为返青，此期需15d左右。

返青后的当归，随着气温升高，生长逐渐加快，平均气温高于14℃后生长最快。此时不仅叶片数目迅速增多，而且叶片伸长长大，面积迅速扩大。7月份叶丛继续扩大并封行，伸展幅度25～30 cm。8月上中旬，温度开始降低，叶片伸展达最大值。当气温低于8℃时，叶片停止生长，并逐渐衰老直到植株第二次枯萎。

返青时肉质根又长出新的须根和支根。肉质根的生长与膨大在7月以前较为缓慢，7月份以后生长加快，直径迅速增粗，并肉质化，天气转冷后生长减慢，但根内物质积累速度加快。据研究，气温16～18℃时肉质根生长很快，8～13℃有利于幼根膨大和物质积累。与此同时，顶芽周围形成数个侧芽。地上枯萎后，肉质根第二次休眠，此时根长30～35 cm，粗3～4 cm。

3. 第三年的生长发育 第三年返青半个月后，生长点开始茎节和花序的分化，分化30 d后开始缓慢伸长，但外观上见不到茎的出现，此时根不再伸长膨大，质地尚未木质化，只是储藏物质被大量消耗。

产区在5月下旬附着气温的升高开始抽薹现蕾，茎叶生长较迅速，随着茎叶的迅速生长，茎生叶由下而上渐次展开，花序由上部茎生叶叶鞘中现出，植株最高达1.5 m。6月上旬开始开花，花期约1个月。抽薹开花后，肉质根渐渐木质化并空心。

当归花凋谢后7～10 d后，即可见果实的生长，果实逐渐灌浆膨大，当种子内乳白色粉浆变硬后，复伞形花序开始弯曲，果实即成熟。

（二）当归生长发育与环境条件的关系

当归性喜冷凉的气候，耐寒冷，怕酷热、高温，在产区多栽培于海拔在1 500～3 000 m之间的高寒山区。海拔低的地区栽培，不易越夏，气温高，易死亡。

当归种子在温度为6℃左右就能萌发，10～20℃时其萌发速度随温度升高而加快，20℃时种胚吸水速度、发芽速度最快。温度高于20℃萌发速度减缓，温度高于35℃就失去发芽力。当归根在5～8℃时开始萌动，9～10℃时出苗，日平均温度达14℃时生长最快。当归最适春化温度为0～5℃，种子在0～5℃条件下储存，3年后发芽率仍有60%左右。

当归在幼苗期、肉质根膨大前期要求较湿润的土壤环境；肉质根膨大后，特别是物质积累时期怕积水，若土壤含水量超过40%，肉质根易腐烂。生长期相对湿度以60%为宜。

当归幼苗怕烈日直接照射，产区6月中旬播种，苗期正值7～8月强光期，强光直射后，小苗易枯萎死亡，不枯萎死亡者，叶片苍老发黄，生长缓慢。所以，人工育苗要搭棚控光。在产区当小苗长出3～5片真叶后，就不怕强光直射，光照充足，生长良好。但在海拔较低的地方，由于气温高光照过强也会引起死亡。

当归对土壤的要求不十分严格，适应范围较广。但是以土层深厚肥沃，富含有机质，土壤pH微酸性或中性的沙壤土、腐殖土为宜。

（三）当归早期抽薹及其防止

虽然产区改当归春播为夏季育苗，控制当归第一年的营养生长，使之在第二年不开花，继续进行营养生长，秋末采收加工。但是，在这种栽培条件下，仍有许多当归在第二年抽薹开花结实，人们把此种现象称为早期抽薹。

当归的提早抽薹是其生产的重要障碍。研究表明，当归早期抽薹率与苗栽重量和大小呈正相关，而与含氮量呈负相关；苗越大，苗龄越长，越具备春化的条件，越易提早抽薹。

当归以干燥的肉质根入药，开花结实后根木质化，失去药用价值。目前生产中，早期抽薹植株占10%～30%，高者达50%～70%，严重影响药材产量，仍是当前生产亟待解决的问题。影响早期抽薹的主要因素有下述几个方面。

1. 种子的遗传特性　当归开花早晚受外界环境和栽培措施的影响，但最根本的是取决于其遗传特性。在相同条件下，先期开花的植株不是具有早熟特性，就是具有易通过春化或光照阶段的特性。用这样的种子育苗，其后代也容易早期抽薹开花。据试验，用火药子（指二年开花所结的种子）育苗抽薹多。

当归种子抽薹率也与种子成熟度有关，成熟度越高，抽薹率也随之提高。在当归种子青熟、适度成熟、老熟3个时期采种，测定其总含糖量和总含氮量，比较抽薹率，结果嫩种子总含糖量低，含氮量高，抽薹率低；随着种子成熟度的提高，种子的总含糖量增加，总含氮量减少，而抽薹率逐渐提高。所以应在种子适度成熟时即种子为粉白色时采收为宜。

2. 苗栽质量与早期抽薹率　苗栽质量直接影响抽薹率的高低。苗栽质量主要指根重和苗龄。一般大苗抽薹率高。据报道，用三年生开花结实种子育苗，根苗重大于0.68g，就有早期抽薹的；单根重大于2.0g的，100%的早期抽薹。根重也与种子的质量有关，特别是用二年生开花结实的种子育苗，其单根重0.4g就能早期抽薹，大于1.5g的根100%抽薹。

苗龄对抽薹的影响也很大，根重相同时，苗龄大的早期抽薹率高。如用三年生采收的种子育苗，苗龄大于150d的100%早期抽薹，苗龄小于70d就没有早期抽薹现象。用二年生采收的种子育苗，苗龄标准还要低。

苗龄小、单根重小，虽然没有早期抽薹现象，但是，由于根苗太小，起苗、储苗、移栽的利用率、存留数、成活率均低，成活的苗长势弱、产量低，商品性状和经济效益也低。因此，必须在保证种苗具有一定长势大小的前提下，缩短苗龄期，降低早期抽薹率，才能获得较好的效益。

3. 储藏温度与早期抽薹率　采用育苗移栽方式生产当归，都是将苗起出，扎捆窖藏保存。一般认为种苗留在地内，在田间越冬（俗称水秧子），早期抽薹率很高。而窖藏温度对早期抽薹影响很大，窖藏在1～3℃条件下抽薹率最高。这是因为1～3℃正是当归春化阶段的最适温度（当归春化阶段最适温度为0～5℃），在长达4个月的时间内，当归已完全通过春化阶段，而移栽后正值长日照条件下，所以当归顺利抽薹开花。而在－10～－13℃条件下储存，虽然也是4个月，但因苗栽是在休眠状态下度过的，没有通过春化阶段，春季移栽后，田间虽有一段自然低温，但不能满足通过春化的要求，所以长日照也不起作用，故没有抽薹开花。传统栽培时，限于条件、技术等原因窖藏温度控制不妥，是早期抽薹率高的一个原因。

4. 起苗的早晚与抽薹的关系　起苗早晚对抽薹也有影响，提早于9月下旬起收的比10月上旬起收的栽子抽薹率高。其原因与苗栽中的C/N有关，如甘肃产区9月下旬起收的苗栽总含糖量为5.24%，总含氮量为1.97%，抽薹率是84%，而10月2日起收的总含糖量是3.16%，总含氮量是2.06%，抽薹率是44%。

5. 植物生长调节剂对当归提早抽薹的影响　试验发现，在增叶期（根出叶不断增加）和盛叶期（根出叶不再增加）叶面喷洒不同浓度的比久（B_9）、PP_{333}及矮壮素（CCC）后，当归早期抽薹都受到抑制，平均抽薹率仅为2.8%～6.2%，而对照平均为22.4%～25.6%。

喷洒生长抑制剂后，还使植株基节缩短，植株矮化，茎节粗度增加，尤以 170 mg/L PP_{333} 的效果最为明显（表 9-33）。

表 9-33 几种植物生长抑制剂对当归生长的影响

处 理		喷洒时期	株高（cm）	茎粗（cm）	基节长（cm）	抽薹率（%）	单个根头体积（cm^3）	单株根重（g）
对照	清水	增叶期	52.8	9.3	24.8	20.4	65.1	218.2
PP_{333}（mg/L）	30	增叶期	48.0	12.5	20.5	3.0	92.5	205.3
	100		38.2	13.1	19.3	2.8	117.1	218.5
	170		36.2	12.3	10.5	2.7	81.3	253.6
	100	盛叶期	53.1	11.4	24.0	15.5	78.9	294.4
	170		47.5	11.8	24.7	12.4	66.6	285.4
CCC（%）	0.2	增叶期	42.0	11.5	22.8	7.5	148.5	261.1
	0.4		41.5	14.8	21.5	3.2	117.3	239.1
	0.1	盛叶期	52.2	11.4	25.5	15.3	81.9	277.2
	0.2		52.0	10.4	23.5	20.2	76.5	287.1
	0.4		54.5	8.7	22.1	19.1	68.2	231.0
B_9（%）	0.25	增叶期	40.5	10.7	22.5	3.1	99.7	247.6
	0.40		32.5	11.9	21.0	0	85.3	256.3
	0.25	盛叶期	44.7	12.5	24.2	15.5	72.7	309.1
	0.40		41.3	10.4	23.5	21.3	70.9	228.0
MH（mg/L）	1 700	增叶期	38.3	13.7	22.0	1.5	95.3	258.2
		盛叶期	45.0	11.1	23.5	21.3	70.9	228.0
0.25%B_9＋100 mg/L PP_{333}		增叶期	37.5	12.7	18.3	2.8	108.4	250.8
		盛叶期	46.3	10.6	22.9	20.4	80.4	233.3
0.25%B_9＋0.2%CCC		增叶期	35.3	11.8	20.3	6.2	98.7	222.7
		盛叶期	48.2	10.2	23.5	23.5	84.3	225.4

四、当归的品种类型

当归商品主要以产地划分，分为秦归及云归两种。秦归又名西归，主产于甘肃南部岷山山脉东支南北两麓。秦归中优质品（“后山归”或“后山货”）个头大而长，腿粗质地坚实且体重，肉色粉白，皮色黄褐纹细皮薄，味甘辛而为上品；“前山货”则头粗身短，须根较多且长，质地较松软，皮色较黑，表面皮纹较粗糙，肉色发黄，油润样（“油归”较多），味较辛，且枯枝较多。

云归主产于云南西部，其性状特点多为头粗短支腿多，体亦饱满质结而重，外形粗犷，表面黄褐，内色黄白，亦有粉性，味辛苦而辣，甘味少。云南丽江所产有“玉当归”之誉。

另外，四川、湖北和陕西等地所产当归多质地空泡，粉性及甜味均次，味常辛麻且苦。

甘肃主产区主要仍以地方品种为主，甘肃省定西市旱农中心选育出了“岷归 1 号”和

“岷归2号”等几个品种。采用系统选择法选育出的“90-02”，平均每公顷产鲜当归1 200kg。

五、当归的栽培技术

（一）选地整地

当归栽培，宜选背阴坡生荒地或熟地，要求土质疏松、结构良好，以壤土或沙壤土为佳。生荒地育苗，一般在4～5月进行开荒，将草皮翻开晒干，然后堆成堆，点火烧制熏肥，然后进行深翻。翻后打碎土块，清除杂物后即可做畦，并将烧制的熏肥撒于畦面，混匀待播种。

若为熟地育苗，在初春解冻后，要进行多次深翻，施入基肥。基肥以腐熟厩肥和熏肥最好，每公顷施30t，均匀撒于地面，再浅翻耙耱一次，使土肥混合均匀，以备做畦。

当归育苗都采用高畦，以利排水。将沟中土均匀地翻到两边的畦面上，然后打碎散开耙平，畦高25cm，宽1.2m，畦间距离30cm，畦长不等，畦的方向与坡向一致。

当归根系较大，入土较深，喜肥，怕积水，忌连作，所以移栽地应选土层深厚、疏松肥沃、腐殖质含量高、排水良好的荒地或休闲地为好。选好的地块，栽前要深翻25cm，结合深翻施入基肥，每公顷施厩肥90～120t、油渣1 500kg。还可施适量的过磷酸钙或其他复合肥。翻后耙细，做成高畦（顺坡）或高垄，畦宽1.5～2.0m，高30cm，畦间距离30～40cm;垄宽40～50cm，高25cm左右。

露地直播时，其整地要求与移栽地相同或再精细些。

（二）播种移栽

1. 播种育苗

（1）**选用良种**　为提高苗栽质量，降低早期抽薹率，必须在三年生采种田中，选采根体大，生长健壮，花期偏晚，种子成熟度适中、均一的种子做播种材料。不用二年生植株采收的种子进行育苗。

在田间多数种子适度成熟时，主茎顶端和上部分枝顶端的花序（或称头穗种子）早已进入完熟时期，又因这些种子在植株上具有生长优势，种子大，子粒充实饱满（千粒重，主茎顶端为2.2～2.5g，上部分枝顶端为1.8～1.9g，一般种子为1.5～1.8g），在采收种子中所占比例较大，所以，育出的苗早期抽薹率仍很高。为解决上述问题，生产上必须在现蕾后，头穗花序开放前，及时摘除头穗花序，促其各分枝较为均一发育，从而使适度采收的种子真正符合生产要求标准。

（2）**播种时期**　为了获得较多的质量较好的根苗，苗田的播期必须适宜。播期早，苗龄长，抽薹率高；播期晚，苗栽小虽然不抽薹，但成活率低。适期播种，苗龄、根重较为适宜时，早期抽薹率低（表9-34）。产区经验认为，苗龄控制在110d以内，单根重控制在0.4g左右为宜。由于各地自然条件的不同，播期也有差异，目前甘肃产区多在6月上中旬播种，云南是6月中下旬播种。露地直播的在8月中旬前后播种。

（3）**播量与播法**　苗栽的抽薹率与密度、播法、播种质量也有关。条播法与撒播相比，条播边行效应多，抽薹率高于撒播；撒播者，播种均匀的最好，即撒播均匀者抽薹率低于撒播不均匀者。因此，当归播种以均匀撒播为最好。播种量，甘肃为 75 kg/hm²，云南为 112.5～150 kg/hm²（云南用的是二年生种子）。

播种前 3～4 d 先将种子用室温水浸 24 h，然后保湿催芽，待种子露白时，均匀撒于床上，覆土 0.5 cm，覆土后床面盖草（5 cm 厚）保湿。

表 9-34　播期对抽薹率的影响

播种期	大苗		中等苗		小苗	
	每株鲜重 (g)	抽薹率 (%)	每株鲜重 (g)	抽薹率 (%)	每株鲜重 (g)	抽薹率 (%)
6月1日	1.28	69.0	0.63	23.8	0.33	0
6月11日	1.26	40.5	0.61	11.5	0.35	0
6月21日	1.24	28.0	0.74	8.7	0.39	11.4

（4）**苗期管理**　播种后的苗床必须保持湿润，以利种子萌发出苗。当种子待要出苗时，挑松盖草，并搭好控光棚架。当小苗出土时，将盖草大部撤出，搭在棚架上遮阴，透光度控制在 25%～33%之间。棚架高 60～70 cm，产区也有用 100～140 cm 的长树枝，人字形插于床两侧进行插枝控光，不仅省工，而且效果较好。幼苗生育期间，及时拔除杂草，并进行适当的间苗，保持株距 1 cm 左右为宜。当归苗期一般不追肥，追肥会提高早期抽薹率。

（5）**起苗与储藏**　当归苗不在田间越冬，产区多在气温降到 5℃左右，地上叶片已枯萎时起苗。起苗时严禁损伤芽和根体，要抖去泥土，摘去残留叶片，保留 1 cm 的叶柄。去除病、残、烂苗后，按大、中、小分开，每 100 株捆成一把，在阴凉通风、干燥处的细碎干土上（土层 5 cm 厚），将苗子一把靠一把（头部外露）地斜向摆好，使其自然散失水分。大约 1 周左右，残留叶柄萎缩，根体开始变软（含水量为 60%～65%）时，放入储藏室储存，切忌晾晒时间过长，苗栽失水过多。储存方法主要有以下两种。

①室内埋苗：产区多在海拔高的地区，选一通风阴凉的房间。先在地面上铺上一层厚 7cm 的生干土，然后把晾好的苗在地面平摆一层，最好是须根朝里，头朝外。摆好后，覆一层厚约 3 cm 的细干土，填满空隙，然后在其上再摆苗覆土，如此摆苗 5～7 层，最后在顶部和周围覆细生干土约 20 cm，这样就形成了一个高约 80 cm 的梯形土堆。采用此法储苗，由于储苗湿度随自然湿度变化，储苗越冬期间易满足适宜春化的温度，因此容易提高储苗的早期抽薹率，只适用于低龄小苗，对高龄苗需增设降温设备，使结冻前的温度控制在 0℃以下。

②冷冻储苗：这是根据当归的阶段发育特性提出的一项储苗新技术，是人工控制当归抽薹的好措施。冷冻储苗可采用在现有苗室内安装冷冻设备的方法，也可在条件许可下，建一个冷藏库。冷冻的适宜温度为－10℃左右，起苗后，经过晾苗装入冷藏筐内，筐底先垫上 7～10 cm 厚的生干土，将苗平摆一层。苗间用干土填满，苗上有厚 1～2 cm 的干土。然后再依此摆至近于满筐，筐周围用干土隔开，厚 5～10 cm，避免苗直接接触筐壁。筐上盖 5～10 cm 厚的干土，最后直接放入－10℃冷藏室储存，至移栽前 2～3 d 取出放置自然条件下。有的地方在筐周围不用隔土而直接装筐，这样的苗筐必须经过预冷处理，逐步降温（2℃、－2℃和－6℃），方能进入冷藏室储存，采用此法冷藏，取出时也应逐步升温解冻。

2. 移栽

（1）**选苗**　移栽前要精细选苗，除去烂苗、病苗、过大或过小苗、叉苗、断苗和已萌芽的苗。选根条顺、叉根少、完好无损和无病的苗子以备栽种。

选出的苗子按大小分 4 个等级，苗径在 0.5 cm 以上的为一级苗，0.3～0.5 cm 为二级苗，0.2～0.3 cm 为三级苗，0.2 cm 以下的为四级苗。其中 0.2～0.3 cm 的为优质苗，栽后抽薹率低，产量高。而一级苗和二级苗虽出苗保苗好，但抽薹率高；四级苗虽不抽薹或抽薹率很低，但出苗保苗差、产量低，多不选用。

(2) **栽植**　当归皆为春栽。栽苗时期要依当地气温和土壤墒情而定。一般多在 4 月上旬，栽苗不宜过迟，否则种苗已萌动，容易伤芽，降低成活率。栽培有穴栽和沟栽两种。

①穴栽：在整好的畦面上，按株行距 30 cm×40 cm 交错开穴，穴深 10～15 cm，每穴大、中、小苗各 1 株分放于穴内，然后填土压实，根头上覆土厚 2～3 cm。

②沟栽：在整好的畦面上，横向开沟，沟距 40 cm，沟深 15 cm，按 3～5 cm 的株距大、中、小苗相间摆于沟内。根头低于畦面 2 cm，盖土 2～3 cm。

当归在移栽的同时，应在地头或畦边栽植一些备用苗，以备缺苗补栽。

（三）田间管理

1. 定苗和补苗　在当归苗高 10 cm 时，即可定苗。穴栽的每穴留 1～2 株，株距 5 cm 左右；沟栽的按株距 10 cm 定苗。如有缺苗，可用备用苗带土移栽补齐。

2. 除草松土　出苗初期，当归幼苗生长缓慢，而杂草生长较快，要及时除草。第一次除草，应在苗高 5 cm 左右时进行，到封垄时应除草 3～4 次。结合除草进行松土，以防土壤板结，改善土壤状况，促进根系发育。

3. 追肥　当归移栽后整个生长期内需肥量较多，除施足底肥外，还应及时追肥。追肥应以油渣和厩肥等为主，同时配以适量速效化肥。追肥分两次进行，第一次在 5 月下旬，以油渣和熏肥为主。若为熏肥，应配合适量氮肥以促进地上叶片充分发育，提高光合效率。第二次在 7 月中下旬，以厩肥为主，配合适量磷钾肥，以促进根系发育，获得高产。甘肃农业大学（1998）研究得出，最佳的当归施肥方案是每公顷施纯氮 150 kg 左右，施纯磷 100～150 kg，N∶P 以 1∶0.7～1 时增产效果最为明显。

4. 灌溉排水　当归苗期需要湿润条件，降雨不足时，应及时适量灌水。灌水增产效果显著。雨季应挖好排水沟，注意排水，以防烂根。

5. 及时拔薹　具有早期抽薹能力的当归植株，生活力强，生长快，对水肥的消耗较大，对正常植株有较大影响，应及时拔除。药用植物种植户经验认为，植株高大，呈暗褐色的将来一定抽薹，应及时拔除；植株蓝绿色，生长矮小的一般不抽薹。

6. 病虫害防治　当归的主要病害有麻口病（*Ditylenchus destructor*）、褐斑病（*Septoria* sp.）、白粉病（*Erysiphe* sp.）、菌核病（*Sclerotinia* sp.）和根腐病（*Fusarium* sp.）等。防治方法：不连作，与小麦和蚕豆等禾谷类实行轮作；做高垄或高畦，防止田间积水；严格选种选苗；药剂保护，一般在常年发病前半个月开始喷药，以后每 10 d 左右一次，连续 3～4 次。常用的药剂有 65%代森锌 500～600 倍液、50%甲基托布津 1 000 倍液或 1∶1∶120～160 波尔多液。根病可用 65%代森锌 200 倍液浇灌病区。

当归的主要虫害是地老虎、蛴螬和金针虫等。可参考其他药用植物栽培中介绍的相应害虫的方法防除。

六、当归的采收与加工

（一）当归的采收

移栽的当年（秋季直播在第二年）10月，当植株枯萎时即可采挖，如采挖过早，根部不充实，产量低，质量差；若过迟，土壤结冻，根易断。在收获前，先割去地上叶片，让太阳晒3～5d。割叶时要留下叶柄3～5cm，以利采挖时识别。挖起全根，抖净泥土，运回加工。

（二）当归加工

1. 晾晒 当归运回后，不能堆置，应放干燥通风处晾晒几日，直至侧根失水变软，残留叶柄干缩为止。

2. 削侧根 当归晾晒期间，将特大的当归侧根用刀从归头上削下，然后分开处理晾晒，而太小的当归可以直接理顺侧根，扎成小把。

3. 串芦头与扎把 将削好的芦头用细绳或铁丝串到一起，一般每串50个，将削下的侧根再按粗细分级，分别晾晒。

4. 扎捆 晾晒好的当归，将其侧根用手捋顺，切除残留叶柄，除去残留泥土，扎成小捆，大的每捆2～3支，小的每捆4～6支，每把鲜重约0.5kg。扎把时，用藤条或树皮从头至尾缠绕数圈，使其成一圆锥体，即可上棚熏烤。

5. 熏烤 当归干燥主要采用烟火熏烤，在设有多层棚架的烤房内进行。熏烤前，先把根把在烤筐底部平放一层，中部再立放一层（头向下），上部再平放3～4层，使其总厚度不超过50cm，然后将此筐摆于烤架上。也可按上述要求直接摆于烤架上。

当归上棚后，即可开始熏烤。加火口位于烤房外的一侧，通过斜形暗火道通入烤房内，按烤房大小在其内均匀设置3～5个出火口，以利加火时，烟火及时进入并均匀布满室内。当归熏烤以暗火为好，忌用明火。生火用的木材不要太干，半干半湿利于形成大量浓烟，这既起到上色作用，还有利于成分转化，减少成分损失。当归熏烤要用慢火徐徐加热，使室内温度控制在60～70℃。温度过高，会大量散失油分，降低质量。在熏烤期间，要定期停火降温，使其回潮，还要上下翻堆，使其干燥一致。同时要定期排潮，使湿气及时排出，这有利于缩短干燥过程，提高加工质量。当归熏烤，一般需10～15d，待根把内外干燥一致，用手折断时清脆有声，外为赤红色，断面呈乳白色时为好。若断面呈赤褐色，即为火力太大，熏烤过度。

为了保证加工质量，要经常检查室内温度，以防过高或过低，适宜的温度范围为30～70℃。因当归加工是在冬季，此时室外较为寒冷，应特别注意由于停火过度和通气不良而形成冷棚，使室内温度急剧下降，水汽因受寒而凝固，结果会导致当归严重损失，因此应及时加火升温。

当归的折干率因栽培方法和产地不同而异，一般鲜干比为3∶1。

当归一般用竹篓或木箱包装，最外层再套以麻袋，能起到良好的保护作用。当归属含挥发油类药材，还含有丰富的糖分，极易走油和吸潮，故必须储于干燥处和凉爽的地方，遇阴雨天严禁开箱，防止潮气进入，并且当归不易储藏的过久。当归在运输的过程中要注意防潮，通风。

复习思考题

1. 当归的活性成分及功效有哪些？
2. 当归生长对外界环境条件有哪些要求？
3. 当归早期抽薹的原因有哪些？如何进行有效抑制？
4. 当归苗栽储藏时应注意哪些问题？
5. 当归如何进行产地加工？

主要参考文献

方子森．1999．甘肃省药用植物资源分布及库容的调查分析［J］．中国野生植物资源，18（3）：70－71．
王文杰．1978．当归栽培［M］．西安：陕西科学技术出版社．
张恩和．1997．氮磷配施对当归产量及品质的影响［J］．耕作与栽培（2）：22－24．
张恩和．1999．生长抑制剂对当归早期抽薹阻抑效应研究［J］．中国中药杂志，24（1）：18－20．
赵亚会．2003．当归柴胡无公害高效栽培与加工［M］．北京：金盾出版社．

第七节　乌头（附子）

一、乌头概述

毛茛科植物乌头可加工成多种药材，其干燥母根入药称为川乌（Aconiti Radix），川乌炮制加工品称为制川乌（Aconiti Radix Cocta）；乌头的子根加工品称为附子（Aconiti Lateralis Radix Praeparata），附子又按加工方法不同分为泥附子、盐附子、黑顺片和白附片。同科植物北乌头的干燥块根则被称为草乌（Aconiti Kusnezoffii Radix），草乌的炮制加工品称为制草乌（Aconiti Kusnezoffii Radix Cocta），干燥叶则是蒙古族的习用药材，生药称为草乌叶（Aconiti Kusnezoffii Folium）。乌头生品含毒性很强的双酯类生物碱，如乌头碱、中乌头碱和次乌头碱，经炮制加工，可将其水解成毒性很小的胺醇类碱，如乌头胺、中乌头胺和次乌头胺等。因此，附子与川乌、草乌的功能差别很大。附子有回阳救逆、补火助阳、散寒止痛的功能，用于亡阳虚脱、肢冷脉微、心阳不足、胸痹心痛、虚寒吐泻、脘腹冷痛、肾阳虚衰、阳痿宫冷、阴寒水肿、阳虚外感、寒湿痹痛。川乌、制川乌、草乌和制草乌均有祛风除湿、温经止痛的功能，用于风寒湿痹、关节疼痛、心腹冷痛、寒疝作痛及麻醉止痛。草乌叶有清热、解毒、止痛的功能，用于热病发热、泄泻腹痛、头痛、牙痛等症。乌头在全国大部分省区都有野生分布。栽培品主产于四川和陕西，以四川江油市栽培历史最悠久，已有400多年的历史，目前全国其他省、自治区也有引种栽培。

乌头属植物的药用种很多，有报道我国约有36种可供药用。除乌头外，目前黄花乌头［*Aconitum coreanum*（Lévl.）Rapaics］在吉林省已经开始建立人工栽培示范基地。

二、乌头的植物学特征

乌头（*Aconitum carmichaelii* Debx.）为多年生草本，高 60～120 cm。块根通常两个连生，纺锤形至倒圆锥形，外皮黑褐色；栽培品的侧根（子块根）甚肥大，直径达 5 cm。茎直立。叶互生，有柄；叶片五角形，长 6～11 cm，宽 9～15 cm，3 全裂，中央裂片宽菱形或菱形，急尖，近羽状分裂，小裂片三角形，侧生裂片斜扇形，不等 2 深裂。总状花序狭长，密生反曲的白色的短柔毛；小苞片狭条形；萼片 5，花瓣状，蓝紫色，外面有短柔毛，上萼片高盔状，高 2～2.6 cm；侧萼片近圆形，长 1.5～2 cm；花瓣 2，有长爪，距内曲或拳卷，长 1～2.5 mm；雄蕊多数；心皮 3～5，被细柔毛；蓇葖果长 1.5～1.8 cm，喙长约 4 mm；种子长约 3 mm，沿腹面生膜质翅（图 9－17）。花期 7～8 月份，果期 9～10 月份。

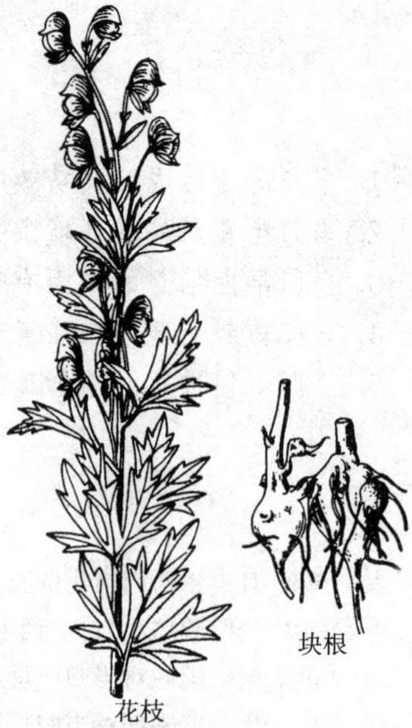

图 9－17　乌　头

三、乌头的生物学特性

（一）乌头的生长发育

乌头从种子播种第一年只进行营养生长，以地下块根宿存越冬。第二年，当地温稳定在 9℃以上时开始出苗，先生出 5～7 片基生叶；气温稳定在 10℃以上时开始抽茎；13℃以上抽茎加快；气温在 18～20℃时，顶生总状花序开始现出绿色花蕾，并逐渐长大。日平均气温 17.5℃左右时，开始开花，小花自花序下部或中部先开放。12 月枯萎休眠。

乌头地下块根的头部可以形成子根，通常情况下，块根脱落痕的对面及两侧形成的子根较大，其余部位形成的子根较小。另外，地下茎节上的叶腋处也可形成块根，但很小。在产区，3 月中旬前后地下块根芽头部开始形成子根，到 3 月下旬至 4 月初，母块根可侧生子根 1～3 个，地下茎叶腋处可生小块根 1～5 个，这些子根（含叶腋处块根）直径 0.5～1.5cm，大小不等。5 月下旬以后，仍产生新子根，原子根生长速度加快，干物质日增重为 0.197 g/株，每株块根干物质重为 10.20 g。当地温为 27℃左右时，块根生长速度最快，干物质日增重 0.65 g/株，每株块根干物质重达 20 g 左右。7 月中旬，子根发育渐趋停顿，不再膨大。从子根萌发到长成附子，一般需 100～120 d。

（二）乌头生长发育与环境条件的关系

乌头适应性强，在年降水量为 850～1 450 mm，年平均气温 13.7～16.3℃，日照 900～1 500 h 的平原或山区均可栽培。

乌头喜凉爽的环境条件，怕高温，有一定的耐寒性。据报道，乌头在地温 9℃以上时萌发出苗，气温 13～14℃时生长最快，地温 27℃左右时块根生长最快。宿存块根在－10℃以下能安全越冬。

湿润的环境利于乌头的生长，干旱时块根的生长发育缓慢，湿度过大或积水易引起烂根或诱发病害。特别是高温多湿环境，烂根和病害严重。

乌头生长要求充足的光照，产区多选向阳地块栽培，阳光充足，病害少、产量高。但高温强光条件不利于植株的生长。

乌头对土壤适应能力较强，野生乌头在多种土类上都有生长分布。人工栽培宜选择土层深厚，疏松肥沃的壤土或沙壤土，以pH中性为好。

在产区平原地带（平坝）温度较高，湿度适宜条件下，乌头子根生长快而大，但因病害较重，用此类子根做播种材料，病害重、保苗率低，严重影响附子产量和品质。所以产区多在凉爽的山区繁殖播种材料。山区生产乌头病害较轻，海拔660m以上乌头块根白绢病发病率不超过3.7%。在平原地区，如果能有效地控制病害的发生，也可就地育苗就地移栽。

四、乌头的品种类型

四川南川药物种植研究所报道，在产区混合群体中，选出以下栽培种。

1.“川药1号”（又名“南瓜叶乌头”）　此品种叶大，近圆形，与南瓜的叶片相似；块根较大，圆锥形，成品率高；耐肥、晚熟、高产，但抗病力较差，在综合防治白绢病的条件下，产量较稳定。其单株乌头产附子平均6.5个，平均63个/m^2，附子平均产量为7 362 kg/hm^2。在推广示范中，“川药1号”比当地混合群体增产23.6%~55.2%，为目前产区推广品种。

2.“川药6号”（又名“莓叶子”）　此品种茎粗壮，节较密，基生叶蓝绿色，茎生叶大而深绿色，薄革质，三全裂，全裂片的间隙大，末回裂片条状披针形；块根纺锤形。其单株乌头产附子6.3个，平均78个/m^2，附子平均产量为6 849kg/hm^2，较“川药1号”乌头抗病，产量较高而稳定。

3.“川药5号”（油叶子又名艾叶乌头）　此品种叶厚，坚纸质，叶面黄绿色，无光泽，叶脉显露而粗糙；叶三深裂，基部截形或楔形，深裂片再深裂，末回裂片披针状椭圆形。其单株乌头产附子仅3.2个，平均42个/m^2，附子平均产量为5 524.5kg/hm^2，产量虽低，但较抗病。

五、乌头的栽培技术

（一）选地与整地

产区栽培乌头，是在凉爽山区建种根田，在平地建商品田，以保证种根无病，商品高产。由于生产目的不同，选地与整地也有区别。

1. 种根田　种根田应选择凉爽山地的阳坡，前4年内没种过附子的地块，前作不是乌头白绢病的寄主植物（如茄科植物）为宜。地块选定后进行翻耕，翻后做1m宽的高畦。结合做畦施基肥，每公顷面积施入熏肥或厩肥30 000kg，过磷酸钙300kg。

2. 商品田　商品田应选择气候温和湿润的平地，要求土层深厚，土质疏松肥沃。产区多与水田实行3年轮作，或旱田6年轮作。前作以水稻和玉米为佳。前作收获后进行耕翻，深度20cm左右。栽种前耙细整平，做畦，畦宽70～80cm，畦间距25cm左右。床边踏实，结合做畦把基肥施入表层，每公顷施腐熟厩肥60 000kg、油饼750～1 500kg、过磷酸钙750 kg。

（二）播种

1. 种根田播种 种根田在产区多于11月上中旬栽种。块根起收后剔除病残块根，然后将种根按大、中、小、分3级，一级每100个块根重2kg，二级100个块根重0.75～1.75 kg，三级100个块根重0.25～0.5kg。一级和三级块根做新种根田的播种材料，二级块根做商品田的播种材料。分级后的块根，先放在背风阴凉的地方摊开（厚约6cm）晾7～15 d，使皮层水分稍干一些就可栽种。

栽种时，一级种根按行株距17cm开穴，穴深14cm左右，相邻两行对空开穴。每穴栽1个块根，每公顷栽191 400个。三级种根按行株距13cm开穴，穴深7～8cm，相邻两行对空开穴，每穴栽1个，每公顷栽300 000个。也可按23cm×17cm行株距开穴，每穴栽2个一级块根或按27 cm×27 cm行株距开穴，每穴栽5～8个三级块根。栽种时在行间多栽10%～15%的种根，以备补苗用。

2. 商品田播种 产区用二级种根做播种材料。12月上中旬栽种，此时栽种先生根，后出苗，幼苗生长发育健壮整齐，块根生长较快，个大产量高。过迟栽种，则先出苗后长根，幼苗发育差，块根生长慢、产量低。

栽种时先用耙子将畦面搂平，然后用木制压印器（又叫印耙子）开穴。压印器齿的行株距均为17cm，齿长5cm，宽厚各3cm，畦宽70～80cm的压印两行，畦宽100cm的压印3行。开穴后将选好的块根栽于穴中，每穴大的块根栽1个，小的栽2个。栽种时，使块根立放于穴中，芽子向上，深度以块根脱落痕与穴面齐平为宜。块根脱落痕一侧朝向畦中心（产区俗称背靠背），这样便于以后修根，因为脱落痕一侧不会形成子根。每隔7～10株，还应在穴外多栽1～2个块根，供补苗用。

块根栽完后，立即将畦沟土覆于床面块根上，芽上土厚约5cm。

栽乌头必须合理密植，以提高土地利用率，增加产量。据江油产区试验，过去均是在畦宽70cm的畦上每穴种单株，每畦两行（行距近25cm），产量低。近年来在合理密植方面取得了显著成效，如江油药材场、河西乡等都在大力推广每穴双株每畦两行和一畦栽三行的高产经验。据江油产区试验，由每穴单株改为双株，每公顷栽种根个数由150 000提高到255 000个，平均单产提高33.6%。

（三）田间管理

1. 清沟补苗及除草 每年乌头出苗前结合清沟用耙子将畦面土块打碎搂平，大的土块应在畦沟打碎，再覆回床面（产区称为耙厢）。清沟时应将沟底铲平，防止灌溉或雨后田间积水，出水口应低于进水口。

2月中下旬幼苗出齐后，如发现有缺苗或病株应及时带土补栽，补苗宜早不宜迟。

生育期间应及时拔除杂草。

2. 追肥 一般追肥3次，三级苗可多施1～2次。第一次追肥在补苗后10d左右进行，每隔两株刨穴1个，每公顷施入腐熟堆肥或厩肥22 500～30 000kg及腐熟菜饼750～1 500 kg于穴内，然后，再施沤好的稀薄猪粪水22 500～30 000kg及含氮化肥75～112.5kg，施后覆土。第二次追肥在第一次修根后，仍在畦边每隔 2 株挖 1 个穴，位置与第一次追肥的穴错开，每公顷施腐熟堆肥或厩肥 15 000～22 500 kg、腐熟菜饼 750 kg、沤好的人畜粪水 37 500 kg。第三次追肥在第二次修根后，施肥方法和位置与第一次相同，肥料用量与第二次相同。每次施肥后，都要覆土盖穴，并将沟内土培到畦面，使成龟背形以防畦面积水。

3. 修根 一般修根两次，第一次在 3 月下旬至 4 月上旬，苗高 15 cm 左右进行；第二次在第一次修根后 1 个月左右，约在 5 月初进行。

第一次修根时，母块根已侧生小附子 1～3 个，茎干基部也萌生有小附子 1～5 个，直径 0.5～1.5 cm，大小不等。此时修根，先去掉脚叶，只留植株地上部叶片，去叶时要横摘，不要顺茎秆向下扯，否则伤口大，易损伤植株。然后把植株附近的泥土扒开，现出块根，刮去茎基叶腋处的小块根，母块根上的小附子只留大的 2～3 个。留附子的位置应在种根两侧及与脱落痕对应一侧，这样才便于第二次修根。应选留较粗大的圆锥状附子。修完一株接着修第二株，第二株扒出的泥土就覆盖到第一株上，如此循环下去。如果扒开泥土发现植株还未萌生小附子，应立即将土覆盖还原，以后再修根。

第二次修根的操作方法与第一次修根一样，这时留的附子直径已达 1.5～2.0 cm，但是茎基叶腋处及母块根上仍然会萌生新的小附子。因此第二次修根主要是去掉新生的小附子，以保证留的 2～3 个附子发育肥大。传统做法在第二次修根时将留附子的须根、支根用附子刀削光，只保留下部较粗大的支根。近年来通过试验证明，这种修根方法不仅费工多，而且对植株损伤大，影响生长发育，产量低。现在修根多不采用附子刀，只用手去掉新生的小附子，留附子的须根，支根全部保留，这样省工，产量高，也不影响产品的品质规格。

修根是一项精细费工的田间作业，要求操作细致。刨土时切忌刨得过深使植株倒伏，影响植株发育，甚至引起死亡。每次修根后，畦面应保持弓背形，以利于排水。

4. 打尖摘芽 于第一次修根后的 7～8 d 摘芽打尖，一般打尖要进行 3～5 次。用铁签或竹签轻轻切去嫩尖，以抑制植株徒长消耗养分，使养分集中于根部，促使附子迅速生长膨大。一般每株留叶 8 片，叶小而密的可留 8～9 片。打尖时，注意勿伤及其他叶片。打尖后，叶腋最易生长腋芽，每周都必须摘芽 1～2 次，立夏后腋芽生长最甚，此时更应注意摘芽。

5. 灌溉与排水 在幼苗出土后，土壤干燥时应及时灌水，以防春旱，一般每半个月灌 1 次水，以灌半沟水为宜。以后气温增高，土壤易干燥，应及时适量灌水。6 月上旬以后，进入雨季应停止灌溉。大雨后要及时排出田中积水，以免造成附子在高温多湿的环境下发生块根腐烂。

6. 间套作 乌头产区习惯于在乌头田里间套种其他作物，乌头栽后在未出苗之前可在畦边适当撒播菠菜，菠菜收后还可栽莴苣（笋）或白菜，一般每隔 5 穴附子间种 1 株，不能过密。春季在乌头畦边的阳面还可间种玉米，每隔 5～6 穴附子种 1 穴玉米，出苗后每穴留苗 2～3 株，施肥 2 次，每次每公顷施沤好的人畜粪尿 15 000～22 500 kg，每公顷可收玉米 2 250～4 500 kg。

7. 病虫害防治 乌头的主要病害有附子白绢病（*Sclerotium rolfsii* Sacc.）、叶斑病（*Septoria aconiti* Bacc）、霜霉病（*Peronospora aconite* Yu）、根腐病［*Fusarium solani*（Mart）App. et Wr］、白粉病（*Erysiphe ranuculi* Grev）、萎蔫病［*Fusarium eguiset*（Corda）Sacc.］、花叶病和根结线虫病（*Meloidogyne hapla* Chitwood）。防治方法：实行轮作、选择无病种栽，控制好田间密度和湿度；药剂防治，对白绢病、根腐病多结合修根在

根际施65%代森锌粉剂10～15g/m²，拌细土施在根周围。对叶斑病、霜霉病、白粉病应在常年发病期前3周开始喷药预防，常用药剂有70%甲基托布津1 000～1 200倍液、65%代森锌500倍液、庆丰霉素60～80U等，每隔7～10d喷1次，一般喷4～5次。

为害乌头的虫害主要有叶蝉、蛀心虫和蚜虫等，应在发生初期喷施40%乐果乳油1 000～1 500倍液或90%敌百虫1 000倍液。

六、乌头的采收与加工

（一）乌头的采收

乌头块根栽种当季即可收获。一般6月下旬至7月上旬为适宜收获期。7月下旬以后，高温多雨，病害易蔓延，块根腐烂严重。采收时，先摘去叶片，然后挖出全株，将子根、母根及茎秆分开。除去子根上的泥土、须根，即成为泥附子。母根抖去泥土、须根，晒干，即成为川乌。一般每公顷可产泥附子3 750～6 000kg，高产的每公顷可产泥附子16 485kg。

（二）乌头的加工

为降低泥附子的毒性，一般还要在产地加工成盐附子、黑顺片、白附片等。

1. 盐附子的加工 选择个大、均匀的泥附子，洗净，浸入食用胆巴的溶液中过夜。再加食盐继续浸泡，每日取出晾晒，并逐渐延长晒晾时间，直至附子表面出现大量结晶盐粒（盐霜）、体质变硬为止。制作配方是：泥附子10份、胆巴4份、清水3份、食盐3份。

2. 黑顺片的加工 黑顺片又称为顺片、黑片和顺黑片。取泥附子，按大小分别洗净，浸入食用胆巴的溶液中数日，连同浸液煮至透心，捞出，水漂。纵切成厚0.5cm的片，再用水浸漂，用调色液使附片染成浓茶色。取出，蒸至出现油面、光泽后，烘至半干，再晒干或继续烘干。调色液为0.5%的红糖汁。蒸的时间一般为11～12h。

3. 白附片的加工 白附片又称白片或天雄片。选择大小均匀的泥附子，洗净，浸入食用胆巴的溶液中数日。连同浸液煮至透心，捞出。剥去外皮，纵切成厚0.3cm的片。用水浸漂，取出，蒸透，晒干。一般每100kg泥附子，用胆巴45kg、清水25kg，浸泡时间5d以上，在浸泡过程中每天要将附子上下翻动1次。浸至附子外皮色泽黄亮，体呈松软状即可。煮的时间约15min左右。蒸的时间一般是圆汽后（蒸汽上顶后）1h左右。

（三）乌头产品性状

川乌呈不规则圆锥形，稍弯曲，顶端常有残茎，中部多向一侧膨大，长2～7.5cm，直径1.2～2.5cm。表面棕褐色或灰棕色，皱缩，有小瘤状侧根及子根脱离后的痕迹。质坚实，断面类白色或浅灰黄色，形成层环纹呈多角形。气微，味辛辣，麻舌。

盐附子要求呈圆锥形，长4～7cm，直径3～5cm，表面灰黑色，被盐霜，顶端有凹陷的芽痕，周围有瘤状突起的支根或支根痕。体重，横切面灰褐色，可见充满盐霜的小空隙和多角形形成层环纹，环纹内侧导管束排列不整齐。气微，味咸而麻，刺舌。

黑顺片要求为纵切片，上宽下窄，长1.7～5cm，宽0.9～3cm，厚0.2～0.5cm。外皮黑褐色，切面暗黄色，油润具光泽，半透明状，并有纵向导管束。质硬而脆，断面角质样。气微，味淡。

白附片要求无外皮，黄白色，半透明，厚0.3cm。

复习思考题

1. 乌头药材都有哪些?
2. 乌头的生长发育有何特点?

主要参考文献

侯大斌，任正隆.2006.川乌（附子）块根质量与摘心留叶数对附子产量的影响［J］.中国中药杂志，31（7）：594-596.
唐莉，梁丽娟，刘天成，等.2005.附子施肥技术研究［J］.中药材，2（6）：447-450.
田孟良，陈艳，刘清华，等.2009.乌头种子的萌发特性研究［J］，中国中药杂志，34（12）：2958-2960.
图雅，张贵君，刘志强，等.2008.蒙药草乌的研究进展［J］.时珍国医国药，19（2）：1581-1582.
徐姗，董必焰.2009.华北地区部分乌头属植物资源调查［J］.江苏农业科学（6）：421-425.
杨春华，张汉杰，刘静涵.2004.黄花乌头中生物碱类化学成分的研究［J］.中草药，35（12）：1328.
杨广民.2001.川乌 草乌 附子［M］.北京：中国中医药出版社.

第八节 龙 胆

一、龙胆概述

龙胆药材来源于龙胆科植物条叶龙胆、龙胆、三花龙胆及滇龙胆的干燥根和根茎，前3种习称龙胆，后1种习称坚龙胆，生药统称龙胆（Gentianae Radix et Rhizoma）。龙胆含龙胆苦苷2%～4.5%、龙胆碱约0.15%、龙胆糖约4%，有清热燥湿、泻肝胆火的功能，用于湿热黄疸、阴肿阴痒、带下、湿疹瘙痒、肝火目赤、耳鸣耳聋、胁痛口苦、强中、惊风抽搐。以龙胆药材的人工栽培面积较大，主产于东北和内蒙古的龙胆，习称关龙胆，品质优良，销全国，并有出口。

二、龙胆的植物学特征

1. 龙胆 龙胆（*Gentiana scabra* Bge.），又名粗糙龙胆，多年生草本，高30～60cm。根状茎短，周围簇生多数土黄色或黄白色、细长、圆柱状、稍肉质的根，长20cm以上。茎直立，常带紫褐色，单一或2～3条，近四棱形，有糙毛。叶对生，卵形或卵状披针形，长3～7cm，宽2～2.5cm，先端尖或渐尖，基部圆形或宽楔形，全缘，边缘粗糙，上面暗绿色，有时带紫色，主脉3～5条；无柄。花簇生于茎端或叶腋，无柄；苞片披针形，与花萼近等长；花萼钟状，长2.5～3cm，裂片条状披针形，与萼筒近等长；花冠筒状钟形，蓝紫色，长4～5cm，裂片5，三角状卵形，顶端尖，裂片间有褶，先端短三角形；雄蕊5，着生于花冠筒中部稍下处，花丝基部有宽翅；子房上位，花柱短，柱头2裂。蒴果短圆形，有柄；种子多数，条形，边缘有翅（图9-18）。花期9～10月，果期10月。

2. 三花龙胆　三花龙胆（*Gentiana triflora* Pall.）的主要特征为叶片条状披针形或披针形，宽约2cm，边缘及叶脉光滑；花簇生于茎端或叶腋，通常3～5朵，长3.5～4cm，有短梗，花萼裂片较萼筒稍长；花冠鲜蓝色，裂片卵圆形，先端钝（图9-19）。花期8～9月，果期9～10月。

图9-18　龙　胆

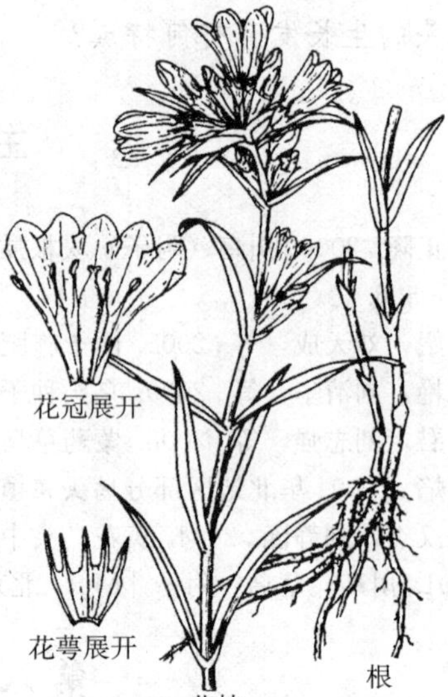

图9-19　三花龙胆

3. 条叶龙胆　条叶龙胆（*Gentiana manshurica* Kitag.）又名东北龙胆，其主要特征为叶条形或条状披针形，宽4～14mm，边缘反卷，不粗糙，有1～3脉；花1～2朵顶生，有短梗，花冠长约5cm，裂片三角卵形，先端急尖（图9-20）。

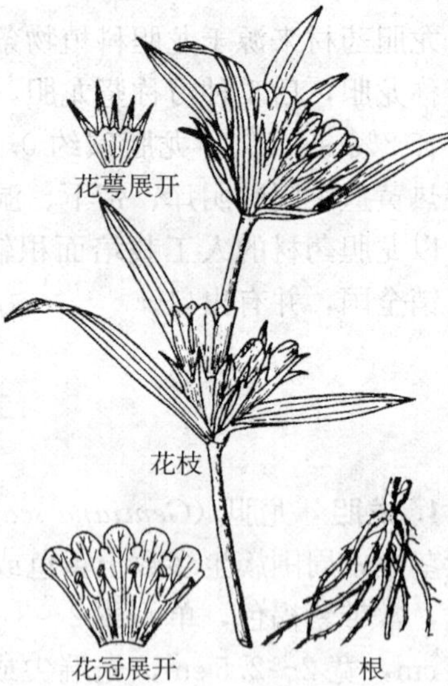

图9-20　条叶龙胆

三、龙胆的生物学特性

（一）龙胆的生长发育

龙胆（泛指上述3种）为多年生宿根性草本植物。种子在适宜条件下，播后4d左右开始萌动，伸出胚根，6～10d子叶出土。由于龙胆种子小，苗也小，所以苗期生长较缓慢。据调查，出苗20d的龙胆幼苗，只有2片子叶和一对真叶，子叶大小为3mm×2.5mm，真叶大小为3.5mm×2mm；55d的小苗最多只有3对真叶和1对子叶，第一对真叶最大，其大小为12mm×6mm。主根生有侧根。到10月枯萎时，一般长有3～6对真叶，根长10～20mm，根上端粗为1～3mm，冬芽很小。冬眠后，4月开始萌动，5月返青出苗。第二年小苗生长较快，5月20日可见到6对小叶，苗高6mm左右，此时生有不定根，不定根根长为2～4mm；6月

20 日长出 8～11 对真叶，不定根大小已与主根相似；7 月份不定根大小已超过主根。8 月 20 日，有叶 11～16 对，大叶片为 80mm×8.0mm，此后茎叶近于停止生长状态。此时不定根长约 300mm，粗为 3mm 上下。枯萎时，最长不定根达 600mm。第三年后，每年都是 4 月萌动，5 月出苗，6 月茎叶快速生长，7 月中旬开始现蕾，8～9 月为花期，果期 9 月，10 月枯萎冬眠。

一般每株根茎顶端有芽 1～4 个，芽的基部生有副芽。根茎节上生有不定根，野生龙胆根茎每节有 1～3 条不定根，人工栽培后，其数目因品种而异，条叶龙胆为 5 条，粗糙龙胆为 10 条。不定根的大小因根龄而异，一年生的不定根简称一龄根，粗为 1.35mm，二龄根粗为 2.05～2.42mm，三龄根粗为 2.35～2.66mm，四龄根粗为 2.75～3.23mm，六龄根粗为 3.03～3.50mm。据测定，四年生粗糙龙胆实生苗，平均单株鲜根重为 33.7g，条叶龙胆单株平均鲜根重为 10.3g。

（二）龙胆种子的生物学特性

龙胆种子为黄褐色，条形，细小，长为 1.6～2.3mm，宽为 0.4mm 左右，千粒重为 3 mg。种皮膜质，向两端延伸成翅状；胚乳椭圆形，位于种子中央。胚条状，位于胚乳中心，与长轴平行，胚率 70%。

3 种龙胆种子可从颜色上区别，条叶龙胆为黄褐色，龙胆为浅黄褐色，三花龙胆为深黄褐色。从形状上看，龙胆为长卵形（长为 1.7～2.1mm，宽为 0.4～0.6mm），翅明显较种子宽；三花龙胆为披针形（长为 1.6～2.5mm，宽为 0.4～0.5mm），翅略宽于种子；条叶龙胆为狭披针形（长为1.9～2.1mm，宽约 0.4mm），翅与种子宽度略相等。

龙胆种子有休眠习性，需经低温（0～5℃）沙藏两周才能打破休眠；也可用 200～500 mg/kg 赤霉素浸种，发芽率可提高 19%左右。此外，研究还发现，龙胆是光萌发种子，无光照条件种子不易萌发。其光萌发特性可用硝酸盐来解除，用 5%KNO_3水溶液于室温下浸种 3h 后，在完全黑暗条件下种子可以正常萌发，发芽率为 82%（光照下发芽率为 90%）。

龙胆种子在 15～30℃条件下均可发芽，以 25～28℃发芽最快，4d 左右即可萌发。

种子萌发要求较高的湿度，土壤含水量在 30%以上，空气湿度为 60%～70%，温度不低于 25℃时，萌发很快。

龙胆种子整齐度和净度不高，自然成熟种子有 20%左右不饱满，且多混有茎叶、花被碎片和果皮等杂物，播种前应注意清选或加大播量。

生产上龙胆播种出苗困难，其原因有：①未经低温沙藏或赤霉素处理；②解除休眠的种子播种后，未有适宜的温湿条件，主要是水分条件；③留种母株生长不良，种子尚未成熟；④种子发芽期未经弱光处理，达不到光敏特性的要求。

还要注意的是，龙胆种子寿命较短，在自然条件（室外）下储存 5 个月，发芽率下降一半，储存一年则完全不能发芽。在室内高温干燥条件下储存 5 个月后，发芽率几乎为 0，采用低温、湿沙埋藏可较大程度上延长种子的寿命。

（三）龙胆的开花结果习性

龙胆种子播种后第二年开始开花结实，以后年年开花结实。每株有花 1～8 朵。高年生植株一般达 10 余朵，最多可达 30 余朵。二年生苗开花稍晚，一般 8 月下旬为初花期，9 月下旬为终花期；三年生以上植株初花期为8月上中旬，终花期为9月中旬，花期约为30 d。每朵花的花期为4～5 d，龙胆小花白天开放，夜间闭合，阴雨天不开放。龙胆果实在闭合的花冠中发育，花后22 d左右果实成熟。龙胆果实成熟后会自然开裂，种子伴随果实开裂散出，每个果实内有种子2 000～4 000粒，每果种子重5～10 mg。

（四）龙胆的有效成分积累

龙胆的主要有效成分是龙胆苦苷，条叶龙胆全株各部位均含有龙胆苦苷。据报道，其各部位含量顺序为：冬芽（12.64%）＞根（9.32%）＞根茎（8.23%）＞茎（1.26%）＞叶（0.23%）＞花（0.08%）。虽然地上部分茎叶中有效成分含量较低，但重量约占全株的36%，而且可以年年收获，因此可作为提取龙胆苦苷的原料，加以综合利用。

据测定，前3年生地下部龙胆苦苷含量无明显差异，第四年含量开始下降。每年内不同生育时期龙胆苦苷含量也不同，萌发期含量为8.74%，叶片展开后为8.56%，花蕾期含量最高为9.74%，花果期含量为9.43%，枯萎期含量为7.64%。就其产量而论，枯萎期最高，全根有效成分总量适中，因此龙胆适宜的采收期为枯萎后至萌发前。比较条叶龙胆种子直播、茎扦插繁殖和根茎繁殖后代植株龙胆苦苷的含量，以种子直播后代含量为高。

（五）龙胆生长发育与环境条件的关系

野生龙胆常生于海拔200～1 700 m的山坡草地、荒地、林缘及灌丛间，喜阳光充足、温暖湿润气候，耐寒冷，可耐－30℃的低温，忌夏季的高温多雨。龙胆对土壤要求不严格，一般土壤均可栽培。龙胆的适宜生长温度为20～25℃，高温干旱季节，叶片常出现灼伤现象。

四、龙胆的栽培技术

（一）选地与整地

龙胆种子细小，又是光萌发种子，直播于田间出苗率低，也不便于生产管理，因此生产上多采用育苗移栽方式。

育苗地多选择地势平坦，背风向阳，气候温暖湿润的地块，土质以富含腐殖质的壤土或沙质壤土为好。育苗地必须精耕细作，通常深翻20 cm，施足基肥（有机肥10 kg/m^2、磷酸二氢铵0.01 kg/m^2），耙细、整平、做床。育苗床可用木板做成长方形的床框，长为200～300 cm，宽为40～50 cm，镶于土床，上沿高出地面5 cm左右，或在床四周做起高于床面6～7 cm的土梗。

移栽地块多选平岗地、山脚下平地或缓坡地，也可利用老参地种植龙胆。土壤以含有丰富腐殖质的沙质壤土为宜。地势高燥、土壤黏重、贫瘠的地方不宜栽培龙胆。移栽前结合翻地，每公顷施厩肥22 500～30 000 kg，深翻，耙碎整平，做成宽60 cm的垄或宽1～1.2 m、长10～30 m、高15 cm的高畦待移栽。

（二）种植

1. 育苗

（1）*种子育苗*　种子育苗多4月中旬到6月上旬播种，适时早播是培育大苗的重要措施，苗大根粗，越冬芽也粗壮。东北地区多在4月下旬至5月中旬播种。播种前用40目、60目分样筛进行种子清选。选择无风天气，先把播种床浇透水，待水渗下后将经清选的种子轻轻放入40目筛内，边敲打边移动，使种子均匀撒落在床面上。播种后用宽20cm左右表面光滑的木板拍打床面，使种子与土壤充分接触，保证出苗整齐。然后撒一层松针，所采用的松针只要长度在10cm左右的任何一种松树的松针都可以，厚度以依稀可见床面为度。床上盖薄膜保湿透光，使其萌发出苗，一般用种量为3g/m²。

产区也可采用控温催芽、液态播种的育苗方法。最好在塑料薄膜大棚内育苗，条件容易控制，出苗率、保苗率可达60%以上。具体做法是将龙胆种子进行室内控温催芽，即将种子喷透水包于布内，再放到平盘上，在25℃左右催芽，经常喷水保持足够湿度，约7d即可发芽。催芽期间，可将布包打开见一定量的光照，并每天漂洗两次。用5%硝酸钾或用500mg/kg赤霉素浸泡种子0.5～1h能代替光敏效应，提高发芽率。当种子有50%露小白芽时，将其放入配制好的保水剂悬浮液或清水中，用大孔喷壶或水泵将种子均匀喷在播种畦上，播种量为2～3g/m²，播后不覆土。然后覆盖一层苇帘、草帘或松针等，以保温、保湿、遮阴，便于种子萌发和幼苗生长。经常用小喷雾器喷水，始终保持土壤湿润。长出一对子叶时将帘架起，长出3～4对真叶后可撤帘。

有的地区将处理好的种子播种时直接拌入过筛的细锯末，1.5g种子拌250g锯末，拌匀后直接用细筛播种，方法同上。因锯末保温保湿作用好，出苗率较高。

总之，播种应做到“浇透水、浅覆土、高覆盖”。在大面积生产中有的不进行种子处理，加强管理也可保证正常出苗。

（2）**扦插育苗** 于6月中下旬至7月初生长旺季，取二年生以上的龙胆枝条，每3～4节为一插条，于下端节下切断，并摘除该节的叶片，将插条基部2～3cm浸入复合激素（GA、BA和NAA各含1mg/L）溶液内，或用ABT生根粉处理后，按行株距10cm×5cm扦插于插床内，深约3cm。插床基质一般是用壤土与等量的过筛细沙混合。扦插后每天用细喷壶浇水2～3次，保持床土湿润并适当遮阴。经3～4周生根，待根系全部形成之后再移栽到田间。

2. 移栽 种子播后，在温度适宜的条件下，7～10d出苗，一年生小苗除一对子叶外只长3～6对基生叶，无明显地上茎。到10月上旬叶枯萎，越冬芽外露，此时苗根端粗为1～3mm，根长为10～20cm，当年秋或第二年春即可移栽。当年生苗秋栽较好，时间在9月下旬至10月中旬。春季移栽时间为4月上中旬，在芽尚未萌动之前进行。移栽时选健壮、无病、无伤的植株，按20cm行距开沟，沟深15cm左右，然后把苗按10～15cm株距摆入沟内，越冬芽向上，覆土3cm左右。土壤过于干旱时栽后应适当浇水。

（三）田间管理

1. 育苗田管理 播种后能否取得育苗成功，关键在于苗期的温度、湿度和光照的控制。应在苗床上覆薄膜，并用竹帘或遮阳网挡光。

（1）**湿度控制** 播种后要经常检查畦面湿度，种子萌发至第一对真叶长出之前，土壤湿度应控制在70%以上；一对真叶至二对真叶期间，土壤湿度控制在60%左右。育苗床应经常用喷壶浇水，忌在床上直接浇水，否则会造成幼苗倒伏死亡。保湿除靠覆盖物外，还要喷雾保持畦内土壤湿度及大棚内空气湿度。

(2) **光照控制** 播种后覆盖草帘等保湿遮阴物，待出苗后应架起来，3～4 对真叶（一般在 8 月上旬左右）时逐渐撤掉，增加光照促进生长。

(3) **除草** 苗床内应经常拔草，保持床内无杂草，使幼苗生长健壮。

2. 移栽田管理

(1) **松土除草** 根据杂草情况，每年松土除草 3 次，用小锄在行株间作业即可。如垄栽的可进行三铲三趟，从 5 月上中旬开始，清除田间杂草。

(2) **浇水追肥** 5～6 月份春旱时要及时浇灌，浇透为好。7～8 月雨季，如发生水涝时应及时排水。三年生和四年生龙胆可在生长期进行适量追肥 2～3 次，每次可施厩肥 15 000 kg/hm^2，并配合施用过磷酸钙 225～300 kg/hm^2 以促进根的发育。

(3) **疏花与摘蕾** 为提高种子充实饱满度，应将花数较多的植株摘除部分小花，每株留 3～5 朵花，使营养集中供应少数果实，提高种子饱满度。非采种田龙胆在现蕾后应将花蕾全部摘除，减少养分消耗，促进根系的发育，可显著提高产量。

(4) **留种** 龙胆果实成熟后易开裂造成种子损失，所以要适时采收。选三年生以上的无病害健壮植株采种，二年生龙胆虽多数能开花结实，但量少质次，多不采收留种。当果皮由绿变黄、果实顶端露出花冠口外时，种子即将成熟。采收时连果柄一齐摘下，使种子有后熟阶段。或在整片种子田内有 30％以上的植株果实裂口时，将所有植株齐地面割下，捆成小把，立放于室内，半个月后将小把倒置，轻轻敲打收取种子。因龙胆种子特别小，采收时易混进茎、叶等碎片，可用 40 目、60 目、80 目筛依次筛选。脱粒后的种子拌湿沙装入塑料袋中，在 0～5℃下储存为好。

(5) **病虫害防治** 龙胆病害较多，需要注意防治。主要病害有斑枯病（*Septoria gentianae* Thue.）和褐斑病（*Septoria microspora* Speg），其他还有叶枯病、黄疸病、立枯病和猝倒病等。防治措施为：生育期喷施波尔多液（1∶1∶160），也可喷施 70％甲基托布津 1 000倍液。

严格选地，地势低洼、易板结地不宜种植，不宜连作；播前采用 50％多菌灵 500 倍液进行土壤、种子、种苗消毒处理；移栽田畦面覆盖稻草或树叶，以利防病；保持田间清洁，秋末应将残株病叶清除至田外烧掉或深埋；控制中心病株，一旦发现病株病叶立即清除，并用药液处理病区。对于经常发生病害的地区，地上部分枯萎后和出苗前，各喷施 1 次 50％多菌灵 500 倍液、25％粉锈宁 200 倍液，进行土壤消毒处理。生育期根据病情发生情况，在田间交替使用下述药剂防治：75％百菌清 500 倍液、25％粉锈宁 100～200 倍液、70％甲基托布津 500 倍液、50％多菌灵 800 倍液等，交替进行叶面喷雾，每 7～10 d 施 1 次药，连续 3 次。对于立枯病易发生地块，育苗地应当用 50％多菌灵 15 g/m^2 进行播前土壤消毒。

主要虫害有蛴螬、蝼蛄、金针虫等，可在整地、做畦或打垄时施入 1 000 倍锌硫磷毒土，或用锌硫磷 1 000 倍液喷洒消毒。

五、龙胆的采收加工

龙胆最佳采收期在其定植后 2～3 年，于枯萎至萌动前采收，这一期间根中有效成分含量高，产量与质量俱佳。一般采用刨翻或挖取方式起收。龙胆根长可达 60 cm，一般只能收到 20 cm，深挖虽可增加产量，但成本也会增加。

挖取根部后，去掉茎、叶，洗尽泥土后阴干，温度保持在18～25℃较好。有条件时，可在25℃环境下烘干。龙胆产地加工应以阴干为宜，晒干品会导致有效成分降低1半以上。烘干温度过高也会导致有效成分的大幅度下降。当龙胆根阴干到七成干时，将根条理直，捆成小把，再阴干到全干即可。干货产量一般为2 250～3 000 kg/hm^2，鲜干比为3～4.5∶1（折干率为22%～33%）。药材以根条粗长、黄色或黄棕色、无碎断者为佳。

复习思考题

1. 简述龙胆种子的萌发特性及其育苗技术。
2. 龙胆的常见病害有哪些？如何进行防治？

主要参考文献

王良信.2002. 黄芪 龙胆 桔梗 苦参［M］. 北京：科学技术文献出版社.
徐良.2000. 中药无公害栽培加工与转基因工程学［M］. 北京：中国医药科技出版社.
赵杨景.2003. 药用植物营养与施肥技术［M］. 北京：中国农业出版社.
中国科学院中国植物志编辑委员会.1988. 中国植物志［M］. 北京：科学出版社.

第九节 黄 芪

一、黄芪概述

黄芪原植物为豆科蒙古黄芪和膜荚黄芪，干燥的根入药，生药称为黄芪（Astragali Radix)。含香豆精、黄酮类化合物、皂苷、胆碱、甜菜碱和多种氨基酸等，有补气升阳、固表止汗、利水消肿、生津养血、行滞通痹、拔毒排脓、敛疮生肌的功能，用于气虚乏力、食少便溏、中气下陷、久泻脱肛、便血崩漏、表虚自汗、气虚水肿、内热消渴、血虚萎黄、半身不遂、痹痛麻木、痈疽难溃、久溃不敛等症。

现代医学研究表明，黄芪具有提高免疫，抗衰老、应激、心肌缺血、肾炎、肝炎、胃溃疡、骨质疏松，及中枢镇静、镇痛，促智及治疗高血压、糖尿病等作用。黄芪药性温和，被称为“补气固表之圣药”，广泛应用于临床配方，年用量超过万吨。黄芪在我国大部分省区均有分布，主产于山西、黑龙江和内蒙古，其次是吉林、甘肃、河北和辽宁等地。以栽培的蒙古黄芪质量最好，销全国，并大量出口。

二、黄芪的植物学特征

1. 蒙古黄芪 蒙古黄芪［*Astragalus membranaceus*（Fisch.）Bge. var. *mongholicus*（Bge.）Hsiao］为多年生草本。主根粗长，顺直。茎直立，高40～100 cm，上部分枝，有棱，具毛。奇数羽状复叶，小叶25～37枚，宽椭圆形或圆形，长5～10 mm，宽3～5 mm，两端近圆形，正面无毛，背面被柔毛；托叶披针形。总状花序腋生，常比叶长，花多数，排列稀疏；花萼钟状，密被短柔毛，萼齿 5；花冠黄色至淡黄色，长 18～20mm，旗瓣长圆状倒卵形，翼瓣及龙骨瓣均有长爪；雄蕊 10，二体；子房光滑无毛。荚果膜质，膨胀，半卵圆形，先端有短喙，基部有长子房柄，均无毛（图 9-21）。花期 6～7 月，果期 7～9 月份。

2. 膜荚黄芪 膜荚黄芪［*Astragalus membranaceus*（Fisch.）Bge.］为多年生草本。主根深长，顺直，粗壮或有少数分支。茎挺直，高 50～150 cm，上部分枝，具细棱，有毛。奇数羽状复叶，小叶 13～31 枚，椭圆形至长圆形或椭圆状卵形至长圆状卵形，长 7～30 mm，宽 3～12 mm，先端钝、圆或微凹，有时具小尖刺，基部圆形，正面近无毛，背面伏生白色柔毛；托叶卵形至披针状条形，长 5～15 mm。总状花序腋生，通常有花 10～20 余朵；花萼钟状，被黑色或白色短毛，萼齿 5；花冠黄色至淡黄色，或有时稍带淡紫色；子房有柄，被柔毛。荚果膜质，膨胀，半卵圆形，被黑色或黑白相间的短伏毛（图 9-22）。花期 6～8 月份，果期 7～9 月份。

图 9-21 蒙古黄芪

图 9-22 膜荚黄芪

三、黄芪的生物学特性

（一）黄芪的生长发育

黄芪是多年生宿根草本植物，从种子播种到新种子形成需要 1～2 年，2 年以后年年开花结实。其生育期可分为幼苗（返青）、现蕾开花、结果和枯萎休眠 4 个时期。

1. 幼苗生长期 从子叶（或冬芽）出土到花形成前为幼苗生长期。此期土壤含水量以 18%～24%对黄芪种子出苗最有利。生产上多在春季地温 5～8℃时播种，播后 12～15 d 就可出苗。也可在伏天地温达 20～25℃时播种，播后仅需 5～8 d 就可出苗。

当幼苗出土后，小苗五出复叶出现前，根系发育还不十分完善，吸收能力差，入土较浅最怕干旱，尤其旱风、高温和强光。小苗五出复叶出现以后，根瘤形成，吸收显著增多，根系的水分、养分供应能力增强，叶面积扩大，光合作用增强，幼苗生长速度显著加快，在生育期短的地方，一般春播当年不开花，均为幼苗生长期。

宿存的黄芪根每年地温 5～8℃开始萌芽，10℃以上陆续出土返青。返青后迅速生长，约 30d 即可长到接近正常株高，其后生长速度又减缓下来。

一年生黄芪仅有一个茎，随着生长年限增加，茎数相应增加，多者达 15～20 个（一般 5～10 个），生长多年的黄芪多呈丛生状态。黄芪茎较粗壮，具棱槽，多分枝，常为绿色，也有粉红色、浅粉红色或紫红色，有密毛、疏毛或无毛。茎色和茸毛的多少作为黄芪栽培品种分类的依据之一。

2. 现蕾开花期　从花蕾由叶腋现出到果实出现前为现蕾开花期。二年生以上植株一般 6 月初在叶腋中出现花蕾，先是中部枝条叶腋现蕾以后陆续向上，蕾期为 20～30d，先期花蕾于 7 月初开放，花期为 20～25d。开花期若遇干旱，会影响授粉结实。在生育期长的地方，春播黄芪于 8 月下旬现蕾开花。

3. 结果期　从小花凋谢至果实成熟为结果期。二年生以上的黄芪每年 7 月中旬进入结果期，果期约 30d；一年生黄芪 9 月为结果期。结果期如遇高温干旱，种皮不透性增强，使硬实率增加，导致种子生产性能降低。黄芪根在开花结果前生长速度最快，此时地上部分光合产物主要输送到根部积累，以后由于开花结果消耗养分，根部生长变缓。

4. 枯萎休眠期　地上部枯萎至第二年返青前为枯萎休眠期。秋季气温降低，光合作用显著减弱后，叶片开始变黄，地上部枯萎，此时地下部越冬芽已形成。黄芪抗寒力很强，不加任何覆盖即可越冬。

（二）黄芪根的特性

黄芪根对土壤水分要求比较严格。黄芪幼根主要功能是吸收水分和养分供地上部分和其本身生长发育。由于自身生长旺盛，一年生和二年生幼根在土壤水分多时仍能良好生长。随着黄芪的生长，老根的储藏功能增强，须根着生位置下移，主根变得肥大，不耐高温和积水。如果水分过多，则易发生烂根。所以栽培黄芪应选择渗水性能好的地块，以保证根部的正常生长。

黄芪根的生长对土壤有很强的适应能力。据调查黄芪生长的土类很多，在不同的土壤质地、颜色及土层厚度上黄芪的产量和质量有很大差异。从土壤质地来看，过黏则根生长慢，主根短，支根多，呈鸡爪形；过沙则根组织木质化程度大，粉质少。从土壤颜色来看，生于黑钙土上根皮呈白色；生于沙质或冲积土中，根色微黄或淡褐色，此色最佳。再从土层厚度来看，土层薄的主根短，分枝多，也呈鸡爪形，商品形状差；深厚冲积土主根垂直生长，长达 1.6～2.0m，须根少，即为商品中的鞭杆芪，其品质最好，产量最高。黄芪生长的土壤 pH 为 7～8。以上表明，要获得优质高产黄芪，以沙壤土、冲积土为佳。

（三）黄芪种子特性

黄芪种子有硬实现象，即有相当一部分种子种皮失去了透性，在适宜的萌发条件下，也不能吸胀萌发。据吉林、黑龙江两省 7 个县份的种子调查均有不同程度的硬实发生（表 9-35）。

表 9-35 黄芪种子硬实率调查

产地	供试数量	膨胀粒数	硬实粒数	硬实率（%）
安图	200	65	135	67.5
汪清	200	76	124	62.0
延吉	200	22	178	89.0
九台	200	104	96	48.0
宁安	200	33	167	83.5
鸡西	200	111	89	44.5
双山	200	33	167	83.5

从表 9-35 看出，黄芪种子的硬实是普遍存在的，其硬实率因各地区气候土壤条件不同而不同。一般硬实率在 40%～80%。

黄芪种皮的栅栏细胞层较厚，栅栏细胞内含有果胶物质。由于果胶物质在高温干旱条件下迅速进行不可逆性脱水，失去了吸水膨胀的能力，使种皮硬化。又因黄芪种子小，种脐小且结构紧密，阻碍种子吸水。这双重因子的作用是黄芪种子成为硬实的根本原因。

黄芪种子的硬实还与成熟度有关，随着种子成熟度提高硬实率增加。

四、黄芪的品种类型

除药典规定的蒙古黄芪和膜荚黄芪正品黄芪外，一些地方还采用黄芪属其他种或非黄芪属的种作为代用品。主要有乌拉特黄芪（*Astragalus hoangtchy*）、弯齿黄芪（*Astragalus camptodontus*）、长小苞黄芪（*Astragalus balfourianus*）、秦岭黄芪（*Astragalus henryi*）、天山黄芪（*Astragalus lepsensis*）、云南黄芪（*Astragalus yunnanensis*）、长果颈黄芪（*Astragalus englerianus*）、斜茎黄芪（*Astragalus adsurgens*）、东俄洛黄芪（*Astragalus tongolensis*）、金翼黄芪（*Astragalus chrysopterus*）、多花黄芪（*Astragalus floridus*）、单蕊黄芪（*Astragalus monadelphus*）、梭果黄芪（*Astragalus ernestii*）、藏新黄芪（*Astragalus tibetanus*）以及多序岩黄芪（*Hedysarum polybotrys*）等（谢小龙等，2005）。目前，后 7 种植物都进行了有效成分含量的比较研究，对合理开发利用黄芪替代品提供了一定的科学依据。

五、黄芪的栽培技术

（一）选地整地

黄芪应选择土层深厚肥沃，排水保水良好的沙质土壤或冲积土。本着黄芪向山区发展，不与粮争地的方针，也可在山区选择土质肥沃疏松的撂荒地，坡地坡度应小于 15°。土壤瘠薄、低洼、黏重或山阳坡跑风地均不宜栽培黄芪。

黄芪是深根性药用植物，所以种植地必须深翻。翻地时期因地而异，翻地深度可根据土层厚度来决定，一般不能浅于 30 cm。试验证明，合理深翻对其根的生长是有益的（表 9-36）。翻后起垄或做畦，待播种。

表 9-36　深翻对黄芪一年生根的影响

翻土深度	主　根			
	长（cm）	粗（cm）	分枝	鲜重（g）
45 cm	80	1.6	无	6.8
15 cm	41	1.0	有	3.8

土壤 pH 以 6.5～8 为宜。整地以秋季翻地为好，结合翻地施足基肥，每公顷施农家肥 37 500～45 0000 kg、饼肥 750 kg、过磷酸钙 375～450 kg，翻耕后耙细整平，做畦或起垄，一般垄宽 40～45 cm，垄高 15～20 cm，排水好的地方可做成宽 1.2～1.5 m 的宽垄。

（二）播种

目前黄芪生产上有种子直播和育苗移栽两种方式，以种子直播为主。

1. 种子直播

（1）**种子处理**　黄芪种子有硬实现象，播前必须先行处理。可采用温汤浸种法、研磨法或硫酸处理法进行种子处理。

①温汤浸种法：取种子置于容器中，加入适量开水，不停搅动约 1 min，然后加入冷水调水温至 40℃，放置 2 h，将水倒出，种子加覆盖物焖 8～10 h，待种子膨大或外皮破裂时播种。

②研磨法：将种子置于石碾上，将其碾至外皮由棕黑色变为灰棕色，然后倒入 30～40℃水中，浸 2～4 h，使其吸水膨胀率达 90%以上后播种。

③硫酸处理：将种子放入 70%～80%浓硫酸液，浸泡 3～5 min，取出种子迅速在流水中冲洗干净（30 min 左右），即可播种。

（2）**播种时期**　黄芪春季、伏天或近冬均可播种。最好选择春季雨后进行，注意抢墒播种，这对黄芪出苗保苗有重要意义。在春旱较重的地方可采用伏播，在 6～7 月雨季到来时播种。近冬播种是当地地温稳定在 0～5 ℃时即可播种。近冬播种应注意适期晚播，以保证种子播后不萌发，以休眠状态越冬。但近冬播种应适当加大播量，以防因气温回升使部分种子萌动发芽，降低出苗率，造成缺苗。

（3）**播种方法**　目前播种黄芪主要采用穴播、条播等方法，其中穴播方法较好。

穴播多按 20～25 cm 穴距开穴，每穴下种 3～10 粒，覆土 1.5 cm，踩平，播种量为 15～22.5 kg/hm^2。

条播是按 20～30 cm 行距开沟并踩底格子，将种子播于沟内，覆土 1.5～2.0 cm，然后用木磙子压一遍，播种量为 22.5～30 kg/hm^2。

目前许多地区结合造林实行林芪间作，林芪同管，林药双收，这种经验值得推广。

2. 育苗移栽　由于黄芪入土较深，起收费工。近年部分地区采用育苗移栽方式栽培黄芪，育苗 1 年，起收后平栽或斜栽，栽后 1～2 年采收。

（1）**育苗**　选土壤肥沃、排灌方便、疏松的沙壤地做育苗地，要求土层厚度 40 cm 以上。如土壤板结，须施足有机肥并深翻。春季可采用撒播或条播，条播行距 15～20 cm，用种量为 30 kg/hm^2。

（2）**移栽**　移栽时间可在秋末初春进行，要求边起边栽，起苗时要深挖保证根长不小于

40 cm 为宜，严防损伤根皮或折断根，将细小、自然分岔苗淘汰。移栽时按行距 40～50 cm 开沟，沟深 10～15 cm，将根顺放于沟内，株距 15～20 cm，摆后覆土、浇水。待土壤墒情适宜时浅锄一次，以防板结。

（三）田间管理

加强田间管理，为黄芪生长发育创造良好条件，对于提高黄芪生长速度，缩短栽培年限，保证药材质量具有重要意义。

1. 松土除草 黄芪苗出齐后即可进行第一次松土除草。这时苗小根浅，应以浅松土为主。切忌过深，特别是整地质量差的地块，松土过深会使土壤透风干旱，常造成小苗死亡。以后视杂草滋生情况再除 1～2 次即可。

2. 间苗定苗 黄芪小苗对不良环境抵抗力弱，不宜过早间苗，一般在苗高 6～10 cm，五出复叶出现后进行疏苗。当苗高 15～20 cm 时，条播按 21～33 cm 株距进行定苗，穴播每穴留 2～3 株。

3. 追肥 黄芪生长需肥量大，每年可结合中耕除草施肥 1～2 次，每次按每公顷沟施厩肥 7 500～15 000 kg。定苗后可追施氮肥和磷肥，一般田块每公顷施硫酸铵 75～150 kg 或尿素 150 kg、过磷酸钙 75～150 kg、硫酸钾 75 kg。花后追施过磷酸钙 75 kg/hm^2，对于提高结实率和种子饱满度有良好效果。

4. 排灌水 黄芪在出苗和返青期需水较多，有条件的地区可在播种后或返青前进行灌水。三年生以上黄芪抗旱性强，但不耐涝，所以雨季要注意排水，以防烂根。

5. 选留良种 选留良种是获得优质高产的种质基础。应从生产田中选留主根粗长、分枝性能弱的、粉性好的植株留种。

黄芪种子成熟时荚果下垂，果皮变白，果内种子呈绿褐色即可采收。因黄芪为腋生的总状花序，开花不齐，种子熟也不一致，应适时分期采收。如采收过晚，不仅硬实率高，而且荚果容易开裂造成损失，在人力不足时也可在 50％种子适宜采收时收割，晾干脱粒。

6. 病虫害防治 黄芪的主要病虫害有根腐病［*Fusarium solani*（Mart.）App.］、白粉病（*Erysiphe pisi* DC.）、锈病［*Uromyces punctatus*（Schw.）Curt.］和紫纹羽病（*Helicobasidinum mompa* Tanaka）等，危害最重的是白粉病、锈病和紫纹羽病。

防治方法：合理密植、注意田间排水、土壤消毒等。化学防治时，对于根腐病，可在发病初期用 50％多菌灵（可湿性粉剂）或 70％甲基托布津 1 000～1 500 倍液灌根或喷洒；对于白粉病，发病初期可轮换使用 0.3 波美度石硫合剂、25％粉锈宁 1 500 倍液、62.25％仙生 600 倍液以及多菌灵、甲基托布津等喷雾防治；对于紫纹羽病，每公顷施石灰 1 500 kg 以中和土壤酸性，防病效果良好；对于锈病，可喷 70％代森锰锌可湿性粉剂 600～800 倍液、25％粉锈宁 600～800 倍液、62.25％仙生 600 倍液防治。喷洒药剂一般每隔 7～10 d 喷 1 次。

黄芪虫害有食心虫（*Etiella zincknella* Treitschke）、黄芪种子小蜂（*Bruchophagus* sp.）和蚜虫等，可用 40％乐果乳油 1 000～1 500 倍液防除。

六、黄芪的采收与加工

栽培黄芪一般应 3～4 年收获，而目前生产中一般都在 1～2 年采挖，影响了黄芪的药材质量。但栽培时间过长内部易成黑心甚至成为朽根，也不能药用。黄芪应在萌动期和休眠期采收，此时黄芪甲苷含量较高。考虑到鲜干比（折干率）因素，一般认为秋季采收较好。

采收时可先割除地上部分，然后将根部挖出。挖掘出的黄芪去净泥土，趁鲜将芦头切去，去掉须根。置烈日下曝晒（边晒边揉）或用火炕烘，至半干时，将根理直，捆成小捆，再晒或炕至全干。一般每公顷产干品 2 250～3 750 kg，高者可达 4 500 kg 以上。

加工后的黄芪干品应放通风干燥处储藏。优质品要求：圆柱形的单条；斩疙瘩头或喇叭头，顶端间有空心；表面灰白色或淡褐色；质硬而韧；断面外层白色，中间淡黄色或黄色，有粉性；味甜，有生豆气；无虫蛀，无霉变。

达到上述合格品要求的黄芪依根的大小分成 4 个等级。特等：根长≥70 cm，上中部直径≥2 cm，末端直径≥0.6 cm，无须根，无老皮；一等：根长≥50 cm，上中部直径≥1.5 cm，末端直径≥0.5 cm，无须根，无老皮；二等：根长≥40 cm，上中部直径≥1 cm，末端直径≥0.4cm，无须根，间有老皮；三等：根不分长短，上中部直径≥0.7 cm，末端直径≥0.3 cm，无须根，间有破短节子。对于修下的侧根，可斩为平头，根据条的粗细，归入相应的等级内。

复习思考题

1. 黄芪有何生长发育特点？
2. 黄芪种子有何习性？如何进行种子处理？

主要参考文献

曹建军，王长如，梁宗锁，等．2006. 不同黄芪品种根中多糖的动态积累及多糖含量比较研究［J］．西北植物学报，26（6）：1263－1266.
段琦梅，梁宗锁，慕小倩，等．2005. 黄芪种子萌发特性的研究［J］．西北植物学报，25（6）：1246.
晋小军，蔺海明，邹林有．2007. 不同处理方法对甘草、柴胡、黄芪种子发芽率的影响［J］．草业科学，24（7）：40－42.
王渭玲，梁宗锁，仇理云，等．2007. 矿质营养元素对黄芪生长发育及抗病性的影响［J］．中国生态农业学报，15（2）：41－43.
王渭玲，梁宗锁，谭勇，等．2008. 黄芪幼苗 N、P、K 营养缺乏症状和生理特性研究［J］．中国中药杂志，33（8）：949－952.
肖连营．2002. 黄芪的栽培与加工［J］．技术与市场（3）：31－32.
杨春清，孙明舒，丁万隆．2004. 黄芪病虫害种类及为害情况调查［J］．中国中药杂志，29（12）：1130.
杨春清，张丽萍，孙明舒，等．2006. 中药材黄芪 GAP 标准操作规程［J］．中国中药杂志，31（3）：191.
尹光红，刘瑞芳．2002. 黄芪栽培技术试验研究［J］．北京农业科学，20（2）：38－40.
张庆芝，吴晓俊，等．2002. 影响黄芪有效成分含量的因子的研究［J］．中草药，33（4）：314－317.
赵永志，尹光红，等．2002. 药用植物黄芪氮磷钾配比试验简报［J］．中国农学通报，18（4）：113－116.

第十节 甘 草

一、甘草概述

甘草原植物为豆科的甘草（乌拉尔甘草）、胀果甘草和光果甘草等，以干燥根及根茎入药，生药称为甘草（Glycyrrhizae Radix et Rhizoma）。甘草含三萜类皂苷（主要为甘草酸和甘草次酸）及黄酮类化合物等，有补脾益气、清热解毒、祛痰止咳、缓急止痛、调和诸药的功能，用于脾胃虚弱、倦怠乏力、心悸气短、咳嗽痰多、脘腹和四肢挛急疼痛、痈肿疮毒、缓解药物毒性、烈性。甘草是最常用的大宗中药材，现代中医处方大多离不开甘草，素有“十方九草，无草不成方”之说。甘草按产地、外观和加工方法的不同，有西草和东草之分。西草主产于甘肃、内蒙古西部、青海、陕西和新疆等地，以野生为主。以内蒙古鄂尔多斯市和巴彦淖尔市、甘肃河西走廊以及宁夏所产的品质最佳。近年，新疆产量最大，内蒙古和宁夏次之。东草主产于内蒙古东部、河北、山西及东北等地。东草和西草并无绝对的界限，皮色好、斩头去尾的东草也可称为西草。

甘草不但具有医药价值，其甘草甜素也是食品中的一种无热量的优良甜味剂，而且甘草植株有良好的防沙固沙作用。多年来，由于无计划盲目采挖，不仅破坏了天然甘草资源，而且使西北沙化加重。目前，甘草短缺已成为一个世界性的问题，美国、前苏联政府为保护本国生态环境制定了严格禁止甘草采挖和出口的保护政策，而美、日、欧等国家的化工、制药、食品等工业均需大量甘草，年需求量 2×10^8 kg 左右。我国已将其列为计划管理品种，明令禁止对甘草的掠夺性采挖。因此，甘草人工栽培受到广泛关注。

二、甘草的植物学特征

1. 甘草 甘草（*Glycyrrhiza uralensis* Fisch.）又名乌拉尔甘草、甜草、甜根草，为多年生草本，株高 30～100 cm。根及根状茎粗壮，无髓，呈圆柱形，长 100～200 cm，皮红褐色或暗褐色，横断面黄色，有甜味。茎直立，基部木质化，被白色短毛和刺毛状腺体。奇数羽状复叶，互生；小叶 7～17 片，宽卵形、卵形或卵状椭圆，长 2～5 cm，宽 1～3 cm，先端急尖或钝，基部圆形，两面有短毛和腺体。总状花序腋生，花密集；花萼钟状，长约 6 mm，被短毛和刺毛状腺体；花冠蝶形，蓝紫色或紫红色，长 1～2.5 cm，旗瓣大，短状椭圆形，基部有短爪，翼瓣和龙骨瓣均有长爪；二体雄蕊。荚果条状长圆形，弯曲成镰状或环形，密生棕色刺毛状腺体；荚果内种子 2～8 粒，扁圆形或肾形

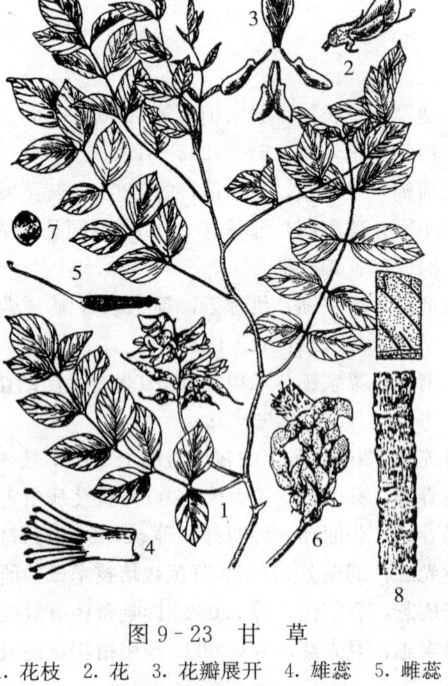

图 9-23 甘 草

1. 花枝 2. 花 3. 花瓣展开 4. 雄蕊 5. 雌蕊 6. 果序 7. 种子 8. 根

(图 9-23)。花期 6～8 月，果期7～9 月。本种是各地主栽种。

2. 光果甘草　光果甘草（*Glycyrrhiza glabra* L.）的主要特征为花较小，长 8～12mm；荚果表面近光滑或被短毛，但无刺状的腺毛，有种子 3～4 粒。主要分布于新疆。

3. 胀果甘草　胀果甘草（*Glycyrrhiza inflata* Bat.）的主要特征为小叶较少，通常3～5 片；荚果短直而肿胀，光滑无毛或偶被短腺状糙毛。分布于新疆及甘肃的西北部。

三、甘草的生物学特性

（一）甘草的生长发育

甘草播种后，胚根发育成主根。甘草为深根性植物，根系发达，主根粗壮，可深达地下 3.5m，如土层深厚，根长可达 10m 以上，对干旱环境的适应能力极强。人工栽培，一般一年生实生苗主根长为 25～80cm，粗为 0.2～0.6cm，单株根重为 2～12g，春播者 7 月以后开始生根茎。二年生主根长为 50～110cm，粗为 0.5～1.0cm，原根茎伸长加粗，并生出新根茎。三年生主根长为 50～120cm，粗 1.2cm，根茎较发达。四年生主根长为 70～140cm，粗为 1～2cm，根茎较粗大。栽培 5 年以内的甘草，其主根长度和株高均随株龄增加而增长，根的增长都大于茎的增长，无论增长量还是增长率，均以三年生的最高。

甘草地下根茎萌发力强，具有连续多年向前延伸生长的特点，在地表下呈水平状向种子根的四周延伸，一株三年生甘草，在远离母株 3～4m 处，可见到分蘖再生的新株（图 9-24）。生产上，可利用这一特性，把根茎用做繁殖材料。

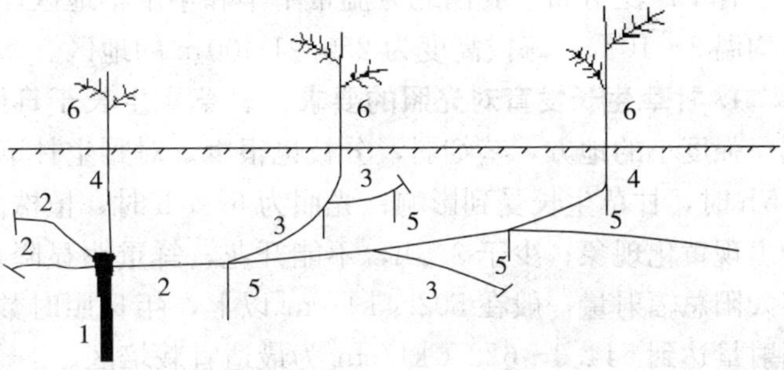

图 9-24　甘草地下部分分布结构图
1. 种子根　2、3、4. 地下根茎　5. 不定根　6. 地上部分
（引自孙志蓉，2004）

甘草的地上部分每年秋末冬初枯萎，以根及地下根茎在土壤中越冬。5 月出苗，6～7 月开花结果，8～9 月荚果成熟，9～10 月随着气温的降低进入枯萎期。

（二）甘草有效成分的积累动态

甘肃农业大学在甘肃民勤的研究表明，甘草酸和甘草苷含量随栽培年限的增长而提高，二年生的甘草其甘草酸和甘草苷含量均达到药典规定的标准（表 9-37）。

表 9-37　不同栽培年限的甘草有效成分积累动态

	成分含量（%）				
	一年生	二年生	三年生	四年生	五年生
甘草酸	1.36	2.33	3.41	4.38	5.01
甘草苷	0.66	1.02	1.23	2.46	2.97

（三）甘草的繁殖与种子硬实问题

甘草种子和根茎都可做播种材料。种子繁殖是生产中常用的方法，多用上年秋季收的种子做播种材料，春夏秋均可播种，以春季抢墒播种最好。甘草种子萌发的三基点温度分别是6℃、25～30℃和45℃。甘草种子具有硬实现象，通常硬实率为70%～90%，如不经处理，播后很难达到苗匀、苗齐。多数人认为，甘草种子的硬实与其他豆科种子的硬实相似，也是因种皮致密，蛋白质脱水变性引起的。因此，生产上采用种子繁殖时，播种前必须进行处理。据报道，通过沸水浸种、浓硫酸浸种、碎玻璃研磨、碾米机碾磨等方法处理，均可收到不同程度的效果，其中以碾米机碾磨效果最好，其次是浓硫酸浸种（表9-38）。

表9-38 甘草种子不同处理方法的发芽率比较

处理方法	浓硫酸浸2h	碎玻璃研磨5min	沸水浸2s	碾米机碾一遍	对照
发芽率（15d）	94.0	63.0	23.0	97.0	18.0
发芽势（5d）	90.0	19.0	20.0	91.0	14.0

（四）甘草生长发育与环境条件的关系

甘草广泛分布于我国北方温带干旱和半干旱地区，位于北纬37°～47°、东经73°～125°、年均温3～10℃、海拔高度为250～1 400m的地区。

1. 甘草生长发育对光照的要求 甘草喜生长于日照长、光照充足的环境。在光照时间短、强度小的地方，茎细弱，分枝也很少。对野生甘草试验观察表明，当平均日照时间少于8.5h时，甘草生长受到影响；光照为6～8h时，植株高生长终止期推迟；少于6h，植株开始出现黄化现象；少于3.5h，不能开花，鲜重明显降低。调查显示，野生甘草分布区域的年太阳总辐射量一般在502.4kJ/cm^{2}以上，年日照时数2 500h以上。因此，认为年太阳总辐射量达到544.3～628.0kJ/cm^{2}为最适宜栽培区。

2. 甘草生长发育对水分的要求 甘草抗旱性能极强。据刘国钧对新疆境内甘草生态习性的考察，甘草能在一些极端缺水地区正常生长，包括南疆年降水量为100mm，甚至如吐鲁番年降水量只有16.6mm、蒸发量高达3 010mm、空气相对湿度30%以下的条件下。其中，胀果甘草耐旱能力最强，而乌拉尔甘草和光果甘草耐旱性稍差些，后者多分布在年降水量为180～500mm的地区、地下水位1～3m的河流漫滩、河谷阶地及地下水位较高的荒漠地带。

相反，甘草耐涝能力则较差，土壤积水或过湿，容易诱发病害，引起植株烂根、死亡。值得注意的是，甘草虽属耐旱植物，但仅仅是在成苗后才耐旱，种子萌发期及幼苗期并不耐旱。土壤含水量低于5%，种子不萌发。适宜种子萌发的土壤含水量为7.5%以上。甘草属节水型药用植物，在甘肃河西干旱区年灌水量3 150～3 600m^3/hm^{2}就能正常生长。

3. 甘草生长发育对盐碱条件的适应 调查发现，甘草耐盐碱能力很强，其耐盐碱能力以胀果甘草最强，能在盐化草甸土上生长，耐盐极限高达20%；乌拉尔甘草及光果甘草耐盐极限为10%。但是，进一步的研究证明，甘草属应划分为轻度耐盐植物。其耐盐能力主要是因为甘草为深根性植物，根系能避开上面盐土层而从地下吸取淡水的缘故。生产上，在盐碱地上种植甘草，一旦进行灌溉，上层盐溶化就会导致甘草成片死亡的现象。一项关于甘草生长与土壤含盐量相关性分析的研究显示，适宜种植甘草的土壤含盐量以0.1%～0.2%以下为宜，这种条件能保持较高的产量和品质。

甘草生长的pH通常在7.8～8.2，最高为8.7。甘草是钙质土壤上的指示植物，一般在含盐较少的生境下生长良好，以微碱性为宜。

4. 甘草生长发育对土壤的要求 甘草对土壤要求不甚严格，在沙壤、轻壤、重壤以及黏土上都能生长，通常多适应腐殖质含量高的沙壤土、沙土条件。在新疆轻壤土、西北黄土高原沙质灰钙土、黑龙江松嫩平原碳酸盐黑钙土上均可生长。在适宜条件下多长成繁盛的群丛，有的植丛被沙丘掩埋后还可继续生长。而在黏性很大的土质上种植甘草，主根生长不深，且上粗下细，毛根很多，商品价值不高。生长地的土壤pH 7.2～8.5为宜，酸性土壤不适宜种植甘草。

四、甘草的栽培技术

（一）选地与整地

在我国西北部广大地区，适宜甘草生长的地方很多，但苗期水分供应是限制甘草繁衍的制约因子。播种地要求地势平坦，土层深厚，地下水位低，不受风沙危害，且杂草少，并有灌溉条件的沙质壤土。此类地块栽培的甘草条顺长、粉质多、纤维少、甜味浓。土层薄、土壤紧实、地下水位高、重碱土地不宜种植甘草，否则甘草主根短且分支多、根茎横生于地表、细而弱，产品体轻粉少、甜味不浓。

由于栽培甘草的地方多干旱，目前多实行平作，极少做高床。一般土层深厚的沙质壤土，只要耕翻30cm左右即可。整地最好是秋翻，春翻必须保墒，否则影响出苗和保苗。结合翻耕季施足基肥，包括每公顷施入熟化的农家肥4 500kg、磷二铵300～600kg、硫酸钾150～450kg。然后整平耙细，灌足底水以备第2年播种。

（二）播种

1. 根茎繁殖 采用根茎繁殖时，多在早春化冻后播种。具体时间因地而异，但不论如何不能迟于4月下旬，否则播后不保墒，影响成活率。繁殖用根茎多选直径1cm左右的幼年根茎，切成10～20cm长的小段，每段至少要有1～2个腋芽。播种时开沟5cm左右，将根茎顺放于沟内，段间距离7～10cm，播后将沟覆平镇压即可。根茎繁殖苗耐旱力比实生苗强，但繁殖系数小。

2. 种子繁殖 利用种子做播种材料，不论什么时期播种，播前都必须进行种子处理。目前种子处理的最好方法是用砂轮碾磨机碾磨。如果种粒大小参差不齐，可先将种子过筛分级，然后分别进行碾磨处理，一般需要碾磨1～2遍，处理效果以用肉眼观察绝大部分种子的种皮失去光泽或轻微擦破，但种子完整，无其他损伤为宜。磨后发芽率可由18%提高到97%。

种子繁殖可在春、夏、秋3季播种。在春季墒情好的地方，多采用春播，不应迟于4月中旬。在春季干旱地区，可实行夏播，多在即将进入雨季之时播种，这样有利于出苗和保苗。夏播应注意适当提早播种，夏季的炎热对保苗率有影响。近年，有许多地方是在秋冬之际播种，播后种子不萌动土壤就结冻，第二年春季土温适宜时就萌动出土。由于春季不动土，土壤墒情好，甘草出苗保苗率较高。

播种多采用条播，行距 30～50cm，沟深 3～5cm，播种后踩底格子，覆土 3cm，每公顷播种量为 30kg。近年人工栽培甘草面积逐渐扩大，为提高生产效率，还可采用机械播种法。可选用 10 行小麦条播机隔行播种，行距为 25cm，播种深度为 2.0～2.5cm，播种量为 45 kg/hm^2。

（三）育苗移栽

由于甘草为深根性植物，为方便采收，近年一些地区将直播栽培改为育苗移栽的栽培方式。具体做法是：选择有灌溉条件、土层深厚、质地疏松较肥沃的沙壤地，施足底肥，作为育苗地。采用宽幅条播方法（幅宽 20cm，幅间距 25cm），沟深 2～3cm，每公顷播种量增加到 75kg。育苗 1 年后的秋季或第二年春季进行移栽，秋季移栽一般在土壤封冻前进行，春季移栽一般在 4～5 月份土壤解冻后进行。研究发现，华北地区秋栽较好，东北地区适宜春季移栽。移栽起苗时，可用犁深翻 50cm 将甘草苗挖出。采挖后，剪去苗子尾部直径 0.2cm 以下部分和整株侧根、毛根及头部干枯茎枝，保留芽头，按粗细长短分级（表 9-39）。根据表 9-39，采用分级栽培比采用不分级的混合苗栽培的产量高。注意边挖边栽。

表 9-39 甘草种苗分级标准及其对甘草产量的影响

（引自孙志蓉等，2003）

种苗规格	种苗长度（cm）	种苗粗度（cm）	收获率（%）	单株平均重量（g）	甘草产量（kg/hm^2）
一级	>40	>1.0	70.5	29.8	3 783.0
二级	30～40	0.6～1.0	61.2	26.3	2 560.5
三级	<30	<0.6	59	19.1	2 544.0
混合苗			53.7	23.3	2 034.0

移栽沟深 8～12cm，沟宽 40cm 左右，沟间距 20cm，将根条水平摆于沟内，株距（根头间的距离）10cm，覆土即可。

（四）田间管理

1. 间苗与定苗 直播地一般间苗两次，第一次在 3 片真叶时进行，以疏散开小苗为好；第二次在 5 片真叶时，株距定在 15cm 左右。育苗地一般不间苗。

2. 中耕除草 一年生幼苗 5～7 片叶片时，进行第一次锄草松土。入伏后进行第二次中耕除草，结合除草进行起垄培土作业。立秋后进行第三次中耕，此次要注意向根部培土，为安全越冬做好准备。第二年以后，每年植株返青，当株高为 10～15cm 时进行第一次中耕除草，结合进行追肥和培土作业；入伏后进行第二次中耕除草；第三次中耕在秋后进行，一般只培土。应当注意的是，第三年以后的植株，根茎较为发达，串走行间，中耕的同时要开展切断根茎的作业，以保证主根生长良好。

3. 灌溉与排水 无论直播还是根茎繁殖的甘草，在出苗前都要保持土壤湿润，特别是直播甘草，如在出苗中途发生土壤水分亏缺会造成发芽停滞，严重缺苗甚至不出苗。因此，在播种前一定要灌足底墒。甘草育苗灌水次数不宜过多，特别是要注意迟浇头水，灌水主要集中在生长前期，但久旱时应注意及时浇水。甘草是深根性植物，在出苗后，主根随着土壤水层的下降，迅速向下延伸生长，形成长长的主根。而如果这时浇水过勤则会导致甘草萌发大量侧根，影响药材根形。一般在苗高10cm以上，出现5片真叶后浇头水，并保证每次浇水浇透，这样有利于根系向下生长。雨季土壤湿度过大会使根部腐烂，所以应及时排除积水。有条件的地方入冬前可灌1次封冻水。

4. 追肥　甘草追肥应以磷肥和钾肥为主，少施氮肥。氮肥过多，会使枝叶徒长，影响根茎的生长。甘草喜碱，若种植地为酸性或中性土壤，可在整地时或在甘草停止生长的冬季或早春，向地里撒施适量熟石灰粉，调节土壤为弱碱性，以促进根系生长。第一年在施足基肥的基础上可不追肥，也可视甘草生长情况在分枝期结合灌水追施尿素150 kg/hm²，以利于茎叶生长。第二年甘草进入快生长期，要注意追施一定量的磷肥和钾肥，避免脱肥而影响甘草产量。追肥可结合中耕除草开沟埋入根系两侧，一般施入300 kg/hm² 磷二铵即可。若出现茎叶生长不良等现象，可根外喷施0.2%磷酸二氢钾。第三年后一般不再追肥。

5. 病虫害防治　甘草病害主要有锈病和褐斑病，其防治方法是及时并彻底清除田间病株体，集中烧毁。锈病可在5月初喷0.3波美度石硫合剂预防；发病初期可轮换喷80%代森锰锌可湿性粉剂600～800倍液、敌锈钠400倍液、25%三唑酮（粉锈宁）乳油1 000倍液，视病情用药1～3次。褐斑病可在发病初期喷1∶1∶120波尔多液或70%甲基托布津可湿性粉剂1 000～1 500倍液防治。

甘草虫害主要有红蜘蛛、食心虫、跗粗角萤叶甲、叶甲、宁夏胭珠蚧等，可用40%乐果乳油1 500～2 000倍液或者50%辛硫磷乳油1 000～2 000倍液喷雾防治。

6. 采种　甘草主要靠种子繁殖，进行人工栽培时必须年年采种。为保证种子成熟度一致，可在开花结实时，摘除靠近分枝梢部的花或果，这样可以获得大而饱满的种子。采种应在荚果内种子由青刚变褐时最好，这样的种子硬实率低，种子处理简便，出苗率高。

五、甘草的采收与加工

（一）甘草的采收

直播甘草第四年、根茎及分株繁殖第三年、育苗移栽者第二年可以采收。研究表明，栽培甘草在开始生长的1～4年间甘草酸积累较快（图9-25），因此，从产量和甘草酸含量的角度出发，播种后第四年采收较为适宜。采收可根据当地气候条件和劳动力资源状况选择在春、秋两季进行。秋季于甘草地上部枯萎时至封冻前进行，春季于萌芽前进行。甘草根深，主根长度为地上部株高的2～3倍，3～4年根龄的主根长度一般在1.5 m左右，因此，直播甘草采收时可以沿行两边先把土挖走20～30 cm后，揪住根头用力拔出，然后再把下一行的土挖出放到前一行的地方，这样不仅可以增加收获量50%～100%，而且不乱土层，不影响下茬作物的生长。育苗移栽采挖比较容易，既可用人工，也可用机械采收。机械采收一般

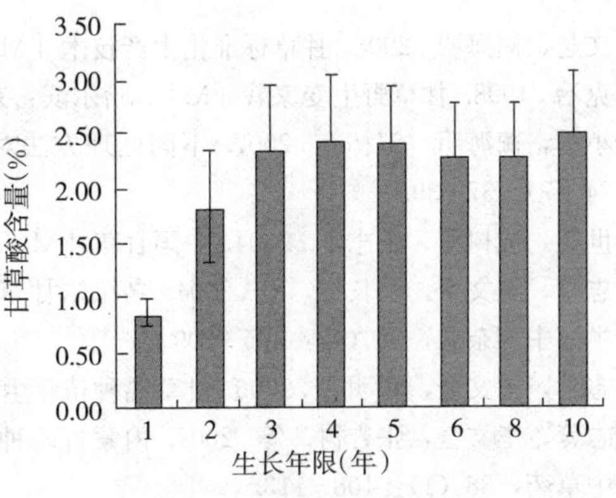

图9-25　生长年限与甘草酸含量

（引自魏胜利，2003）

用犁深切 30～40 cm 将侧根切断，然后用耙将根搂出即可。采挖宜在晴天进行，采挖后将甘草根及根茎理顺，用甘草细毛条直接捆绑打成小捆，趁鲜运至初加工厂，注意防雨、防水，否则易造成甘草腐烂、发霉。

（二）甘草的加工

将采挖回来的鲜混草趁鲜用专用切刀人工切去芦头、侧根、毛根及腐烂变质或损伤严重部分，按等级要求切成 20～40 cm 长的条草，扎成小把，小垛晾晒。5 d 后起大垛继续阴干。按国家口岸出口和内销标准进行分级，分级后打成 8 kg 左右的小捆，按等级起大垛。地面以原木架高，铺席子再放甘草小捆，上盖席子自然风干。甘草的商品规格分大草、条草、毛草、草结和疙瘩头等若干等级。其中条草又分特、甲、乙、丙和丁共 5 级。条草的规格标准为，各级干货长均为 20～40 cm，按顶端切面直径分级，特级为≥2.6 cm，甲级为 1.9～2.6 cm，乙级为 1.3～1.9 cm、丙级为 1.0～1.3 cm、丁级为 0.6～1.0 cm。加工后剩下的长短不等的甘草节，无残茎和须根的芦头还可作为节草、疙瘩头出售。

（三）甘草的药材质量标准

加工好的甘草药材呈圆柱形，以根皮棕红色，质坚实，断面黄白色，粉性足，味甜者为佳。按干燥品计算，含甘草苷不得少于 0.50％；甘草酸以甘草酸铵计不得少于 2.0％。

复习思考题

1. 试述甘草的主要生物学特性。
2. 我国药典规定哪三种甘草可以入药？其质量指标是什么？
3. 栽培甘草主要分布在哪些省区？存在的主要生产问题是什么？
4. 甘草等级如何划分？

主要参考文献

安文芝，蔺海明．2008. 甘草标准化生产技术［M］．北京：金盾出版社．

傅克治．1998. 甘草野生变家栽［M］．哈尔滨：东北林业大学出版社．

晋小军，蔺海明，邹林有．2007. 不同处理方法对甘草、柴胡、黄芪种子发芽率的影响［J］．草业科学，24（7）：37－39.

乔世英，成树春，王志本．2004. 中国甘草［M］．北京：中国农业科学技术出版社．

孙志蓉，王文全，马长华，等．2004. 乌拉尔甘草地下部分生长分布格局及其对甘草酸含量的影响［J］．中国中药杂志，29（4）：305－309.

孙志蓉，王文全，翟明普．2006. 甘草播种苗年生长动态的研究［J］．中草药，37（11）：1711－1715.

孙志蓉，王文全，张吉树，等．2007. 内蒙古两种源甘草种子生物学特性及播种苗生长状况的研究［J］．中草药，38（1）：108－113.

孙志蓉，翟明普，王文全，等．2007. 密度对甘草苗生长及甘草酸含量的影响［J］．中国中药杂志，32（21）：2222－2226.

王立，李家恒．1999. 西北地区甘草人工栽培技术体系研究［J］．林业科学，35（1）：129－132.

王文全.2001. 我国甘草资源与甘草栽培技术［J］. 中药研究与信息，3（12）：18-20.
杨彩霞，高立原.1998. 甘草胭蚧发生危害与防治［J］. 植物保护（1）：72，78.
杨全，王文全，魏胜利，等.2007. 不同变异类型甘草中甘草苷及甘草酸量比较研究［J］. 中草药，38（7）：1087-1090.
杨全，王文全，魏胜利，等.2007. 甘草不同类型间总黄酮、多糖含量比较研究［J］. 中国中药杂志，32（5）：445-446.

第十一节　山　药

一、山药概述

山药原植物为薯蓣科植物薯蓣，以干燥根茎入药，生药称为山药（Dioscoreae Rhizoma）。山药含淀粉、黏液汁、胆碱、糖蛋白、氨基酸、多酚氧化酶、维生素C、多种微量元素及3,4-二羟基苯乙胺等。山药有效成分到目前为止尚未确定，初步认为是山药多糖，目前多以薯蓣皂苷元含量为其质量的衡量标准。山药有补脾养胃、生津益肺、补肾涩精的功能，用于脾虚食少、久泻不止、肺虚喘咳、肾虚遗精、带下、尿频、虚热消渴等症。

山药由于营养丰富，可药、菜兼用，是食品工业的重要原料。山药原产于中国及印度、缅甸一带，日本等国亦有分布。我国栽培山药的时间较长。目前全国大部分地区有栽培，主产于河南、山西、河北和陕西等省，山东、江苏、浙江、湖南和广西等省、自治区亦有栽培。但不同地区品种有差异，栽培目的也不同，有的作为蔬菜生产，有的药食兼用。

二、山药的植物学特征

薯蓣（*Dioscorea opposita* Thunb.）为薯蓣科多年生缠绕草本。块根肉质肥厚，略呈圆柱形，垂直生长，长可达1 m，直径2～7 cm，外皮灰褐色，生有须根。茎细长，蔓性，通常带紫色，有棱，光滑无毛。叶对生或三叶轮生，叶腋间常生珠芽（名为零余子）；叶片形状多变化，三角状卵形至三角状广卵形，长为3.5～7 cm，宽为2～4.5 cm，两侧裂片呈圆耳状，基部戟状心形，两面均光滑无毛；叶脉7～9条基出；叶柄细长，长为1.5～3.5 cm。花单性，雌雄异株；花极小，黄绿色，穗状花序。雄花序直立，2至数个聚生于叶腋，花轴多数成曲折状；花小，近于无柄，苞片三角状卵形；花被6，椭圆形，先端钝；雄蕊6，花丝很短。雌花序下垂，每花的基部各有2枚大小不等的苞片，苞片广卵形，先端长渐尖，花被6；子房下位，长椭圆形，3室，柱头3裂。蒴果有3翅，果翅

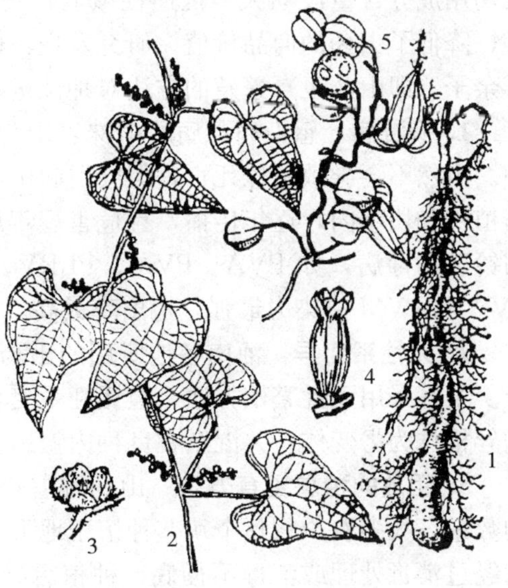

图9-26　山　药
1. 根茎　2. 雄枝　3. 雄花　4. 雌花　5. 果枝

长与宽相近。种子扁卵圆形，有阔翅（图9-26）。花期7～8月，果期9～10月。

三、山药的生物学特性

（一）山药的生长发育

山药的生育期分为发芽期、发棵期、块根生长盛期、块根生长后期和休眠期。

1. 发芽期 从山药栽子的休眠芽萌发到出苗为发芽期，约35d；而山药根段从不定芽开始形成，萌发到出苗则要50d。在抽生芽条的同时，芽基部也向下发块根。同时，芽基内部从各个分散着的维管束外围细胞产生根原基，继而根原基穿出表皮，成为主要的吸收根系。

2. 发棵期或块根生长初期 从出苗到显蕾，并开始生气生块根零余子为发棵期，约经60d。此时，芽基部的主要吸收根系继续向土壤深处伸展；块根不断向下伸长变粗，发生不定根。此期生长以茎叶为主，零余子也伴随生长。

3. 块根生长盛期 从显蕾到茎叶生长基本稳定为块根生长盛期，约经60d。此期茎叶及块根的生长皆旺盛，块根的生长量大于茎叶的生长量，重量增加迅速。此期零余子的大小也基本稳定。

4. 块根生长后期 此期茎叶不再生长，地下块根体积虽不再增大，但重量仍再增长，零余子内部的营养物质得到进一步充实。

5. 休眠期 霜后茎叶渐枯，零余子由下而上渐渐脱落，地下块根和零余子都进入休眠状态，此时收获产量最高，营养物质最丰富，品质最佳。

（二）种性退化现象

近年来，随着山药种植面积的快速扩大，栽培品种出现种性退化现象。主要表现为营养及药用成分含量波动大，抗逆性减弱，食用器官变小或畸形化，肉色发黄，单产低而不稳等，降低了山药的商品价值。研究发现，山药品种退化的原因主要有3类，生产中可以采用零余子（即山药豆）繁殖的方法对种性进行更新。

1. 病毒病 感染病毒病的植株表现为叶扭曲、皱缩，叶绿体变少，叶色异常，株型变小。虽然不会导致植株死亡，但会引起山药产量和品质的下降。病毒病病原体一般潜伏在山药植株和块茎内，逐年传播，且危害逐年加重。据报道，在河南主要山药种植区发现有多种马铃薯病毒病，如PVA、PVM、PLRV、PVS、PVX、PVY和马铃薯卷叶病毒等，其中PVA和PVM侵染力最强，检出率最高。

2. 无性系变异 河南各地所用的山药品种大多为有性杂交一代无性系，遗传上高度杂合。虽然采用无性繁殖方法，但无性系变异大量发生，品种原有优良特性难以保持。大多数变异植株为劣变体，并混杂在良种内繁殖。

3. 粗放的种薯繁育方法 山药种薯一般采用顶芽繁殖。为了提高繁殖系数，增加种薯的数量，大多农户将整个块茎种植于地下，待出芽后进行切割。由于切割后的块茎截段伤口未经过消毒处理或消毒不彻底，种植后导致大量病原物的侵入，从而导致块茎生长速度减慢、外观畸形化、肉色变黄变褐等症状。在大多情况下，土壤病原物一旦成功入侵，便可寄生于块茎内，形成种传性病害，逐年危害。

(三) 山药生长发育与环境条件的关系

山药适应性强，垂直分布于海拔 70～1 600m 的丘陵或高山。在我国南起广西，北到吉林，东起山东，西至云南均有野生分布或栽培。

1. 山药生长发育与温度的关系 在影响山药生长发育的环境条件中，以温度最明显。了解每一个时期山药对温度的要求，及其与生长发育的关系，是安排生产季节，获得高产的重要依据。

山药性喜温暖气候，地下块根 15℃左右开始发芽，20℃左右开始生长，25～28℃生长最适宜。28℃以上时虽发芽很快，新芽迅速产生及生长，但芽细长而瘦弱，20℃以下生长缓慢。块根耐寒，0℃不致受冻，－15℃左右条件下也能越冬。茎叶生长最适温度为 25～28℃。

2. 山药生长发育与光照的关系 山药对光照度要求不严格。即使在弱光条件下，其生长发育也能正常进行，但不利于块根的形成及营养物质的积累，所以高架栽培比矮架增产明显。山东农业大学 1995 年采用高架与甘蓝间作，产量达 80 250kg/hm^2。山药还可以同其他蔬菜及粮食作物间作套种，但必须掌握一条原则：在山药生长前期，在散射光条件下，山药可正常生长，但是在块根形成盛期，其他高秆作物必须能成熟收获。在一定的范围内，日照时间缩短，花期提早。短日照对地下块根的形成和肥大有利，叶腋间零余子也在短日照条件下出现。

3. 山药生长发育与水分的关系 山药耐旱，对水分要求不是很严格，但不同生育时期对水分的要求不同。在发芽期土壤应保持湿润，以保证出苗。出苗后，块根生长前期对水分需求不多，水分多则不利于根系深入土层和形成块根；但在块根生长盛期不能缺水。

4. 山药生长发育与土壤的关系 由于山药为深根性植物，要求土壤深厚、排水良好、疏松肥沃的沙质壤土。沙质壤土栽培山药，地下块根形好，表皮光滑，根痕浅而小，商品质优。黏土也可栽培山药，块根的生长虽然较短，但组织紧密，品质良好，唯块根须根较多，根痕深而大，易发生扁头、叉根的现象。黏土种植山药，应深挖种植沟，多施有机肥，并宜做成高畦。不宜在过分黏重的土壤中栽培。土壤酸碱度以中性为最好，pH 6.5～7.5 的土壤均可种植，过碱土壤上山药块根不能充分向下生长，过酸土壤上则易生支根。

四、山药的品种类型

山药栽培类型较多，药用山药品种主要有“太谷山药”和“铁棍山药”等。

1. “铁棍山药” 该品种植株生长势较弱，茎蔓右旋，细长，具棱，光滑无毛，通常为绿色或绿色略带紫条纹。叶片浅绿色，较薄，戟形，先端尖锐。叶腋间着生零余子球形，体小，量少，深褐色。块根圆柱状，尖端多呈杵状，长为 30～40cm，直径为 2～3cm，表皮黄褐色，毛孔稀疏、浅，须根较细。断面极白，致密，无黏液丝，维管束不明显。“铁棍山药”产量较低，为 10 500～15 000kg/hm^2；折干率高，达 35%～40%。笼头细长。

2. “太谷山药” 此品种原为山西省太古县地方品种，后来引种到河南和山东等地。该品种植株生长势强，茎蔓右旋，细长，紫色或紫红色。叶片深绿色，叶厚，卵状三角形至宽卵形或戟形。叶腋间着生零余子体大，量多，形状不规则，褐色。块根圆柱形，较粗，长为

60～70 cm，直径为 5～6 cm，表皮褐色，较厚；毛孔密而深；须根较粗；断面色白，较细腻，维管束多且明显；黏液质多；质脆易断。产量高，鲜山药产量为 37 500 kg/hm²；但折干率较低，约为 20%。笼头粗壮。

五、山药的栽培技术

（一）选地整地

山药地下块根发达，土地养分消耗大。在选地时宜以土壤肥沃的农田土或菜园土为佳，洼地、黏泥土、碱地均不宜栽种。

秋季整地时应施大量厩肥为 75 000～105 000 kg/hm²，深翻 50～60 cm，经过冬季风化，杀死地下害虫。临种前再耙犁，浅耕 15～20 cm，整平做畦（垄），畦宽 130 cm。

产区采用机械挖深沟，或打洞栽培山药，增产效果显著。

亦可选择土层深在 1 m 以上的中性或微酸性土壤。在播种前对土壤进行深翻，然后垄畦开沟，沟距 60 cm 以上，施足底肥，用 37 500～75 000 kg/hm² 圈肥，拌和 750～1 500 kg/hm² 磷肥（或 4 500 kg/hm² 油饼）施于沟中，覆土 10～20 cm 后待用。此时沟深应在 15 cm 左右。

（二）繁殖方法

目前的繁殖方法有 3 种。一是采用龙头（块根上端有芽的部位，即芦头）繁殖；二是采用零余子（即山药豆）繁殖；三是采用山药块根憋芽繁殖，主要为前两种。龙头繁殖是无性繁殖，收益快，但易引起品种退化，品质较差，产量下降，故不能连续使用。用零余子繁殖出来的龙头（又称为栽子）种植，繁殖速度较慢，但山药产量比用龙头做种增产 12.48%，大栽子较小栽子做种的山药产量增加明显，故最理想的繁殖方法应为：用零余子培育一年获得栽子，用大个的栽子做生产上的繁殖材料。但栽子做种的，前两年产量最高，以后逐年降低，故生产上亦只能连续使用 4～5 年。

1. 龙头栽种（顶芽繁殖） 龙头即块根上端有芽的部位，此部位肉质粗硬，也称为山药尾子。龙头虽然品质不好，但属于块根的芽头部位，具休眠芽，有顶端生长优势，生产上常将此段切下用于繁殖。龙头一般平均重 60～80 g，带肉质块根越多，长出的山药越壮，产量也越高。用龙头繁殖的优点是可直播，发芽快，苗壮，产量高；缺点是繁殖系数小，种 1 个山药龙头收 1 个龙头，面积不能扩大。如连续种植多年，产量逐年下降，因此，用 1～2 年后应进行更新。

在收获山药时，选择茎根短、粗细适中、无分枝和病虫害的山药，将上端芽头部位17～20 cm 切下做种（即龙头）。龙头收后到第二年栽种相隔约半年，故必须妥为储藏，以免腐烂。南方在龙头收后，放室内通风处晾 6～7 d，北方可在室外晾 4～5 d，使表面水分蒸发，断面愈合，然后放入地窖内（北方）或在干燥的屋角（南方），一层龙头一层稍湿润的河沙，约 2～3 层，上盖草防冻保湿。储藏期间常检查，及时调节湿度，直至栽种时取出栽种。

3～4 月，将选好的山药栽子在阳光下晒 5 d 左右，晒至断面干裂，皮发灰色，能划出绿痕为好。然后用 40%多菌灵 300 倍液浸种 15 min，晾干后放入棚内催芽。待 90%以上萌芽时即可播种。播种时，要求地温稳定在10℃以上。1.3m宽的畦内可栽4行，靠畦边2行距畦边缘15cm，行距33cm，株距10～15cm。栽植时，开5～6cm深沟，将芦头平放在沟内，覆土3～5cm并踩实，30d后出苗。

2. 零余子栽种 山药叶腋中侧芽长成的零余子数量很多，可供繁殖。零余子繁殖法虽也属无性繁殖，但零余子属气生薯块，具有种子繁殖相似的特性，能提高山药的生命力，防止退化，可大幅度地提高繁殖系数。由于用零余子繁殖，花工少，占地少，所以是山药生产上不可缺少的繁殖方法，其缺点是生长速度慢。一般在第1年9～10月间零余子成熟后，不等自然脱落即采收，与沙土混合堆储于温暖处过冬，第2年春季播种。一般采用沟播，行距6cm，株距3cm，开4～5cm深沟，将零余子播入沟内，覆土2～3cm，浇水。18～20℃气温条件下，30d左右出苗，后经间苗，株距扩大到13～16cm。在江苏，用零余子播种的山药当年能长到长13～16cm，重200～250g的小块根。储藏过冬，到来年用整块根做种，秋季即可收获充分长大的块根。

3. 山药块根繁殖 将山药块根切成4～5cm长的段，切口涂上草木灰，晾3～5h，伤口愈合后，促其长不定芽，按栽龙头方法进行种植。

（三）田间管理

1. 中耕培土 山药苗高5～10cm时，应结合锄草浅松土、培土1次。苗上架后，只拔草。

2. 搭架 山药茎为缠绕茎，苗高30cm左右用细竹或树枝搭架。在植株旁插好树枝或其他杆状物，一畦插两行，每4根（在上端）捆在一起，顶部横放一根，使其连接起来。

3. 施肥 山药喜肥，施用有机肥时必须充分腐熟。基肥可按每公顷施入有机肥75 000kg，加磷酸二铵750kg、尿素450kg和硫酸钾300kg。将其2/3均匀撒于垄间，并深翻30cm，其余1/3撒于畦面。出苗后，将土肥掺匀的细土覆于山药垄的两边。发棵期视苗情可再施1次提苗肥，可施尿素225kg/hm^2。6月份块根膨大期，再追1次肥，8月上旬根据长势结合病虫害防治用1%的尿素加0.3%磷酸二氢钾进行叶面施肥，10d喷1次，共3～4次。追肥不能过晚，以免秋后茎叶徒长，影响根茎增大。

4. 浇水 山药叶面角质层较厚，根系深，所以比较耐旱，一般不浇水。如过于干旱，只能浇小水，严防大水使沟塌陷，每次浇水渗入土中的深度不应超过块根下扎的深度。立秋后为使山药长粗，可浇一次透水。山药怕涝，夏季多雨季节，应及时排水，切勿积水。

5. 植株调整 一条栽子只出一个苗，如有数苗，应于其蔓长7～8cm时，选留一条健壮的蔓，将其余的去除。零余子自然生成的苗，若不利用，应及早拔除。有的品种侧枝发生过多，为避免消耗养分，促进通风透光，摘去基部侧蔓，保留上部侧蔓。7月以后零余子大量形成，竞争养分过多，影响地下块根生长，可摘去一部分。

（四）病虫害防治

山药成株期地上部病害有炭疽病（*Colletotrichum gloeosporioides*）、红斑病、褐斑病（*Cylindrosporium dioscoreae*）、斑点病（薯蓣叶点霉，*Phyllosticta dioscoreae*）及灰斑病（*Cervispora ubi*）等。地下部有根腐线虫（*Pratylenchus dioscoreae*）引起的红斑病。防治方法：清洁田园，收获后收集病残落叶销毁；合理轮作；根头及零余子用1∶1∶150波尔多液浸渍 10～15 min 消毒；发现病叶及时摘除；喷洒 1：1：150 波尔多液或 50%多菌灵 500 倍液或 50%代森锰锌 600 倍液等药剂防治。尤应加强苗期的防治，及早支架，以利通风降湿。

山药的虫害较严重，主要是地下害虫，如金针虫。可采用综合防治措施预防。深翻土地，把越冬的成虫和幼虫翻至土表冻死；用充分腐熟的有机肥；用 90%敌百虫 0.15kg 加水 30 份，拌炒香的谷物、麦麸或豆饼（棉子饼），于傍晚施于田间诱杀害虫。

六、山药的采收与加工

（一）山药的采收

采收于当年 9～10 月地上部分枯死开始进行采收。过早采收不仅产量低，而且含水量大，易折断。菜用山药收获期长，从 10 月上旬到翌年 4 月中旬山药萌芽前均可收获，一般每公顷可产鲜山药 30 000～45 000 kg。山药收获多在冬闲时间进行，一般先从山药沟的一端挖一段空壕，根据山药块根垂直向地下生长的习性，用窄锨沿着块根先取出前部和两侧的土，直挖到块根最下端，然后用铲切断块根背后侧根，小心取出，尽量保持块根完整。年前收获，块根应多带泥土，可在室内或储藏沟沙藏，将块根垛好，撒上沙土，盖上草毡。以后随上市随晾干去掉泥土，保持山药外表新鲜。如年后收获，冬季可在大田山药垄上覆 20～25 cm 土，以防受冻。逐行挖根，去掉泥土运回。

（二）山药的加工

1. 干制 山药收获后稍微晾干，用竹刀刮去外皮，装入竹筐，每筐 50 kg。放在熏箱内，用硫黄熏 24 h（每 100 kg 鲜山药约用 0.5 kg 硫黄），使体色洁白，干燥快，空心少。将熏后的山药放在竹帘上，早晒晚收，使其干透。也可烘干，但应注意严防温度过高烤焦，或使内部变红、空心等。一般每公顷可产干山药 4 500～7 500 kg。鲜干比为 3.5：1（铁棍山药）。

2. 毛山药 毛山药是加工时不搓圆去皮山药，多为小货或次货制成，外形不一，多为扁圆形、略弯曲的柱状体，灰白色或黄白色，有明显的纵皱及栓皮未除尽的痕迹，或有小疙瘩，两头不齐。质脆易断，断面白色，粉质，显颗粒性。

3. 光山药 光山药则为加工修整搓过的成品，长圆柱形，长为 10～20 cm，直径为 3～4 cm，洁白光滑，粗细均匀。质坚硬，不易折断，断面白色，粉质。臭微，味淡微酸，嚼之发黏。选择支头较粗而均匀的毛山药，用清水浸至柔软，晾至八成干，削去疙瘩，然后用木板搓圆匀挺直，将两头切齐，晒干即可。晒时如日光强烈，则应覆以布单，防止山药被晒崩裂。

4. 寸山、料山和药片 在加工时切下断头长寸许的则称为断山或寸山，碎断次货称为料山，边片则叫山药片。

5. 牛筋山药 牛筋山药为河南的称谓，是经水泡或生于湿地而生虫的山药。加工时，亦将外皮除去，其色为棕黄色或带红色，质坚硬，不易折断或打碎，外形似牛筋，故名。质劣，不宜入药。

山药以去净外皮，条粗，质坚实，粉性足，内白色者为佳。

复习思考题

1. 山药品种退化的原因有哪些？
2. 深沟或打洞栽培山药有哪些优点？

主要参考文献

高国栋，赵冰，李树和.2007. 基质栽培对国内主栽山药品种产量和品质的影响［J］. 北京农学院学报，22（4）：5-7.

刘永清.2005. 山药炭疽病病原鉴定及其药剂筛选研究［J］. 安徽农业科学，33（12）：2327-2339.

王文庆，史清亮，白建军，等.2010. 微生物肥料对山药土壤生态特征及病情指数的影响［J］. 山西农业科学，38（12）：37-39，56.

周志林，唐君，史新敏，等.2010.6个不同类型山药品种引种鉴定及特色品种筛选［J］. 江西农业学报，22（5）：66-67.

第十二节 大 黄

一、大黄概述

大黄，别名将军、蜀大黄、生军、川军，其原植物为蓼科掌叶大黄、唐古特大黄和药用大黄，以干燥根及根茎入药，生药称为大黄（Rhei Radix et Rhizoma)。大黄含蒽醌类衍生物，包括大黄酚、大黄酸、大黄素等，有泻下攻积、清热泻火、凉血解毒、逐瘀通经、利湿退黄的功能，用于实热积滞便秘、血热吐衄、目赤咽肿、痈肿疔疮、肠痈腹痛、淤血经闭、产后淤阻．跌打损伤、湿热痢疾、黄疸尿赤、淋证、水肿、外治烧烫伤。

掌叶大黄和唐古特大黄主产于甘肃、青海、西藏和四川，甘肃礼县产铨水大黄因质量优良上好而享誉药界；药用大黄产于四川、贵州、云南、湖北和陕西，销全国并出口。大黄不仅是许多药方和中成药重要成分，而且也是保健品大黄茶、酒、排毒养颜胶囊等的重要配料。

二、大黄的植物学特征

1. 掌叶大黄 掌叶大黄（*Rheum palmatum* L.）为多年生草本，高 1～2 m。根及根状茎粗壮肉质。茎直立，中空，绿色，有不甚明显的纵纹，无毛。单叶互生；叶柄粗壮；叶片宽卵形或圆形，长宽近相等，约为 35 cm，掌状 5～7 深裂，先端尖，边缘有大的尖裂齿，正面疏生乳头状小突起和白色短刺毛，背面有白色柔毛和黑色腺点；茎生叶较小，有短柄；托叶鞘筒状，绿色，有纵纹，密生

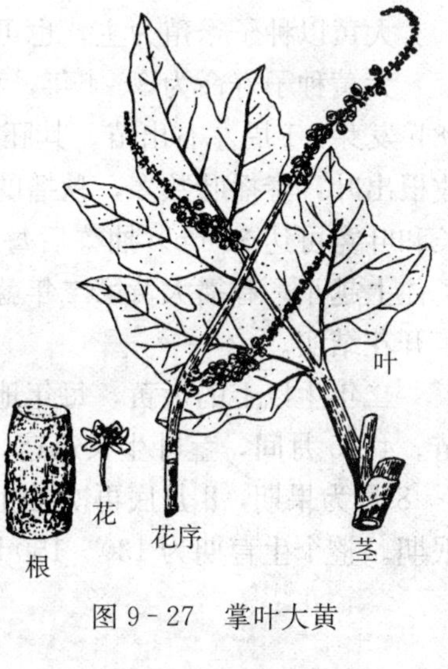

图 9-27 掌叶大黄

白色短柔毛。花序大圆锥状，顶生；花梗细长，中下部有关节；花被片 6，长约 1.5 mm，排列成 2 轮；雄蕊 9；花柱 3。瘦果矩卵圆形，有 3 棱，沿棱生翅，翅边缘半透明，顶端稍凹陷或圆形，基部近心形，暗褐色（图 9-27）。花期 6～7 月，果期 7～8 月。

图 9-28 唐古特大黄

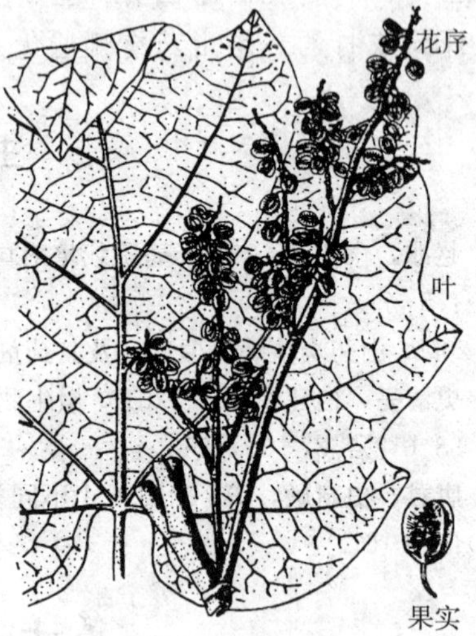

图 9-29 药用大黄

2. 唐古特大黄 唐古特大黄（*Rheum tanguticum* Maxim. ex Balf.）又名鸡爪大黄，与掌叶大黄近似，但本种的叶裂极深，裂片常再二回深裂，裂片窄长；花序分枝紧密，向上直立，紧贴于茎（图 9-28）。

3. 药用大黄 药用大黄（*Rheum officinale* Baill.）与前两种的主要差别是基生叶为 5 浅裂，边缘有粗锯齿；托叶鞘膜质，比较透明；花淡黄绿色，翅果边缘不透明（图 9-29）。

三、大黄的生物学特性

（一）大黄的生长发育

大黄以种子繁殖为主，也可以用根茎上的子芽繁殖。

大黄种子寿命为 3～4 年，种子吸水达到自身重的 100%～120%时，在 15～22℃条件下 48 h 发芽，1 周左右出苗。其胚根可发育成粗大的肉质根。一年生小苗叶片小而少，只有几枚根出叶，春播叶数多，秋播的只有 2～3 片小叶。二年生后叶片数目增多，较大，最大叶长和叶宽可达 35 cm。抽薹后每年都有根出叶和茎生叶生出，一般根出叶大，茎生叶较小，越往上越小。春播大黄第二年就能开花，夏播和秋播大黄要到第三年才能开花结实，以后年年开花结实。

二年生以上的大黄，每年地温稳定在 2℃以上时开始萌动，稳定在 5～6℃以上便返青出苗。4～5 月间，茎叶生长迅速，伴随茎的生长，于 5 月下旬至 6 月初现蕾，6～7 月为花期，7～8 月为果期，8 月底再次抽生根出叶，同时根的生长膨大加快。10 月地上枯萎，进入休眠期。整个生育期为 130～150d。

（二）大黄生长发育与环境条件的关系

大黄野生于我国西北或西南海拔 2 000 m 左右的高山区，人工栽培地区在海拔 1 400 m 以上。大黄喜冷凉的气候条件，耐寒，怕炎热。在湿度适宜时，种子在 2℃条件下就能发芽，15～22℃发芽最快，35℃则发芽受抑制。宿存根茎上的芽，在 2℃下开始萌动，8℃以上出苗较快。植株生长的最适温度为 15～25℃。昼夜温差大时，肉质根生长快。

充足的阳光有利于大黄生长，有利于光合作用的进行和干物质积累，有利于大黄质量的提高。调查显示，目前大黄产区的年日照时数均大于 2 200 h，生长季节太阳辐射总量可达 334.56 kJ/cm^2，生理辐射量达 173.6 kJ/cm^2。

大黄叶片大而多，蒸腾量大，所以需要湿润的土壤条件。土壤干旱时大黄生长发育不良，叶片小而黄，褶皱展不开，茎矮枝短。但雨水多，气候潮湿时，大黄易感病或烂根。掌叶大黄适宜的降水量为 500～620 mm，适宜的大气相对湿度为 55%～80%。

大黄植株较大，入土较深，适宜生长在土层深厚，有机质较多，排水良好的沙壤土或壤土中，土壤 pH 为中性或微碱性。

四、大黄的栽培技术

（一）选地整地

栽培大黄宜选择气候冷凉，雨量较少的环境条件，以地下水位低、排水良好、土层深厚、疏松、肥沃的沙壤土为最好。选好地后要适时深翻，深度为 25 cm。结合翻地施足基肥，每公顷施 18～30 t 厩肥，对大黄产量的提高极其有利（表 9-40）。

表 9-40 有机肥料肥种类对大黄产量的影响

处 理	平均产量（kg/hm^2）
农家肥	31 000
有机无机复混肥	28 000
羊粪	18 000

为降低土壤酸度，一些地方还加入 1 000～3 000 kg/hm^2 石灰。翻后耙细整平，做高畦或平栽。一般产区直播地、子芽栽植地或育苗后移栽地块多不做畦。种子育苗地，要做成 120 cm 宽的高畦。

（二）播种

1. 种子直播 在种植面积大或春季雨水较多的地方，多采用此法，便于机械播种。露地直播分早春播和初秋播两个时期。

条直播时，按 100 cm 距离开沟，沟深 3 cm，沟内撒播种子，覆土 3 cm。每公顷播量为 22.5～30 kg。穴直播时，按 100 cm×65 cm 的穴距开穴，穴深 3～4 cm，每穴播种 6～10 粒，播后覆 3 cm 细土，每公顷用种量为 7.5～15 kg。

2. 育苗移栽 大黄育苗有春播和秋播两个播期，春播育苗的多在 3 月播种，当年秋（9～10 月）或第二年春（3～4 月）移栽。秋播育苗的多在 7 月下旬至 8 月上旬播种，第二年秋移栽。

苗床播种多条播或撒播。条播时，畦面上按20～25cm行距开沟，沟宽10cm，深2～3cm，种子均匀撒于沟内，覆土1cm，每公顷用种量为40kg左右。撒播时，先将床面细土搂下1～2cm厚，堆于床边，然后均匀撒种，播后覆土1cm，每公顷用种量为75～105kg，种子质量好可酌减。播后床面盖草保湿，土壤干旱时，播前应灌水，待土壤湿度适宜时再播种。

播种后一般10d左右出苗，待要出苗时，要撤去盖草。出苗后注意间苗、除草、灌水和追肥。间苗时，条播者株距保持3～4cm，撒播者行株距为5～10cm。苗期一般追肥2～3次。待要入冬时，床面最好盖3cm厚的草或落叶，防止冬旱。春季出苗前及时撤除覆盖物。

移栽时，按65～70cm×50cm行株距开穴，穴径30cm，深20cm，穴内拌施1～2kg土杂肥，每穴栽一株。栽苗时，芽头要低于地面10cm，覆土6cm，使覆土后低于地面3～4cm，便于以后灌水追肥。按产区经验，移栽时可采取曲根定植，即定植时将种苗根尖端向上弯曲呈L形，可大大降低植株的抽薹率。

3. 子芽栽种 在收获大黄时，选择个大健壮，无病虫害的大黄根，从其根茎上割取健壮的子芽或割下健壮的根茎，分成若干块，每块上应有3～4个芽眼，拌草木灰后栽种。栽种时行株距、施肥、覆土同育苗移栽一样，摆栽时芽向上。

4. 间种 春季直播的地块，在播种当年和第二年，应在行间种两行大豆等作物；秋季直播的地块，可下两年间种作物。育苗移栽和栽子芽的地块，栽种当年可于行间间种矮棵作物。

（三）田间管理

1. 间苗 秋季直播的应于第二年春出苗后间苗，秋季定苗。春季直播的于8月前后间苗，第二年春定苗。间苗株距为25cm，定苗株距为50cm。定苗时间出的苗可做补苗用或另选地移栽。

2. 中耕除草 春季直播或移栽的地块，当年6月、8月、9～10月各中耕除草1次，第二年春季和秋季各1次，第三年春1次。秋季直播或移栽的地块，当年内不进行中耕，第二年4月、6月、9～10月各中耕除草1次，第三年春季和秋季各一次，第四年春1次。

3. 追肥 大黄是喜肥的药用植物，需磷、钾较多，生产上多结合中耕除草追肥。第一次在6月初，每公顷施硫酸铵120～150kg、过磷酸钙150kg、氯化钾75～105kg。第二次在8月下旬，施菜子饼750～1 200kg/hm^2，或沤好的稀薄粪液15～22.5t/hm^2。第一年和第二年秋季可施过磷酸钙150kg，或磷矿粉300～375kg。

4. 培土 大黄根茎肥大，又不断向上生长，为防止根头外露，要结合中耕向根部培土，最好是先施肥，然后中耕培土。

5. 摘薹与留种 大黄栽培的第三年和第四年夏秋间抽薹开花结实，耗掉大量营养，影响地下器官膨大，因此要把不留种的花薹摘除。一般在花薹抽出50cm左右时，用刀从近基部割下。

大黄易杂交变异，在留种田中，要注意保护，防止杂交。一般留种是在三年生田块中选种性优良，无病虫危害的植株，成熟后单割单脱粒。优良品系的扩繁应采用子芽繁殖。

6. 病虫害防治 大黄常见的病害有轮纹病（*Ascochyta rhamni* 或 *Phyllosticta rhamni*）、炭

疽病（*Collectotrichum* sp.）、霜霉病（*Peronospora rumicis*）和根腐病（*Fusarium* sp.）。

大黄病害的防治方法是：清理好田园，田间植株残体等杂物要清干净，深埋或烧掉；清园后用1%硫酸铜液消毒；药剂防治，在常年发病时期前半个月开始喷药，每10 d左右1次，连喷3～4次。使用的药剂有1∶1∶100～120波尔多液、40%疫霜灵300倍液、25%瑞毒霉400～500倍液、65%代森锌500～600倍液。根腐病发病后，用65%代森锌200倍液或50%甲基托布津800倍液浇灌病区。

大黄的虫害有蚜虫、金针虫和甘蓝夜蛾。在发生初期用40%乐果1 500倍液、90%敌百虫800倍液防治。

五、大黄的采收与加工

（一）大黄的采收

采收大黄应在三年生或四年生采收，即栽后的2～3年采收。四年生以后采收，根部易出现腐烂现象或萌发出许多侧芽，不仅加工时费工，而且影响商品质量。每年在9～10月地上植株枯萎时采收。试验表明，种子成熟期根中蒽苷含量及药理作用均较高；而种子成熟后，蒽苷含量显著下降。起收时，先割去地上部分，挖开根体四周的泥土，将完整的根体取出，抖净泥土，再用刀削去地上部的残余部分，运回加工。

（二）大黄的加工

甘肃和青海等产区，将挖回的大黄根不经水洗，先用刀削去支根和须根，并将外皮削去，使水分外泄。根体个大的，纵向切成两半，圆形个小的修成蛋形，修后用绳串起来，悬挂在屋檐下或搭木棚吊起，使之慢慢阴干。阴干过程中，不能受冻，否则根体变糠。一般5个月就干透入药，也有许多地方在室内熏干，其做法是：在室内搭高150～200 cm的熏架，架用木条或竹条编成花孔状，其上放置大黄根体，厚度为60～70 cm，根体放好后，在架下慢慢燃烧木柴，使其烟从架棚中穿过，必须设专人看管，烟火昼夜不间断，又不要过大。熏干过程中，要经常上下翻动，熏至大黄外皮无树脂状物，并干透为止。一般2～3个月就能干透入药。

出口的大黄，应将已干透的产品放入“槽笼”内，加入石子来回撞击，使之相互摩擦，撞去刀削的棱角。

有的根体根茎部位较大，干燥后，根茎中心收缩较多，外观下凹，故名蹄黄。

削下的大黄侧根，水洗后刮去粗皮，干燥后也可入药。

复习思考题

1. 描述掌叶大黄、唐古特大黄和药用大黄的植物学特性。
2. 论述大黄的主要生物学特性。
3. 入药大黄如何进行产地初加工？
4. 大黄主产区在我国什么地方？其在生态环境上有何特点？

主要参考文献

刘娟，刘春生，魏胜利 .2010. 大黄药效成分及其药理活性研究进展［C］//中华中医药学会第十届中药鉴定学术会议论文集：374－380.

石有太，陈垣，郭凤霞，等 .2009. 掌叶大黄种子灌浆动态及其发芽特性研究［J］. 草业学报，18（3）：178.

王艳，陈秀蓉，李应东 .2009. 甘肃省大黄病害调查与病原鉴定［J］. 中国中药杂志，34（8）：953－956.

肖苏萍，陈敏，黄璐琦 .2007. 大黄果实形态和种子发芽特性的初步研究［J］. 中国中药杂志，32（3）：195－199.

张海滨，袁立新 .2006. 掌叶大黄栽培技术［J］. 时珍国医国药，17（12）：2652.

第十三节 天　麻

一、天麻概述

天麻为兰科植物干燥的块茎入药，生药称为天麻（Gastrodiae Rhizoma）。含香荚兰醇、香荚兰醛、维生素、苷类、结晶性中性物及微量生物碱、黏液质等。有息风止痉，平抑肝阳，祛风通络的功能。用于小儿惊风，癫痫抽搐，破伤风，头痛眩晕，手足不遂，肢体麻木，风湿痹痛。主产于四川、云南、湖北、陕西、贵州等地，东北及华北部分地区也有少量生产。原为野生，近年各地人工栽培已获成功。

二、天麻的植物学特征

天麻（*Gastrodia elata* Bl.）为多年生异养草本，无绿叶，茎高 50～150 cm。地下块茎横生，长圆形或椭圆形，肉质肥厚，具节，节上轮生膜质鳞片。茎单一，直立，圆柱形，黄褐色。叶退化成鳞片状，淡黄褐色，膜质，长 1～2 cm，基部成鞘状抱茎。总状花序顶生，长 5～30 cm；苞片膜质，披针形，长约 1 cm；花黄赤色，萼片与花瓣合生成壶状，口部歪斜，基部膨大；子房倒卵形，子房柄扭转。蒴果长圆形至长倒卵形，有短柄；种子多而细小，粉尘状。花期 5～7 月，果期 6～8 月（图 9－30）。

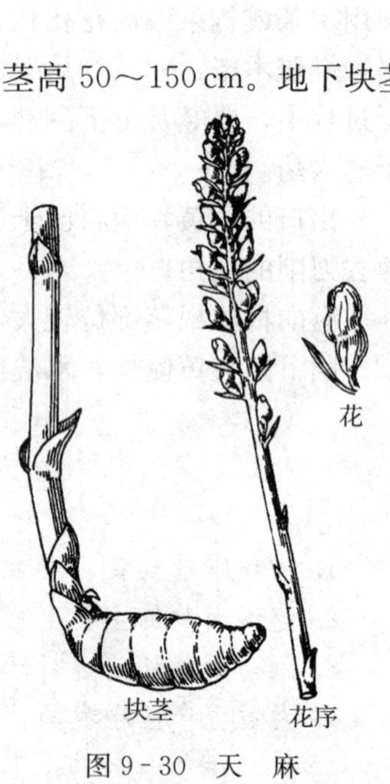

图 9－30　天　麻

三、天麻的生物学特性

（一）天麻的生长发育

天麻是高度退化的植物，无根也无绿叶，一生中除了箭麻抽茎、开花、结实的 60～70 d 在地表上生长发育外，其余全部生长发育都是在地表以下进行的。

从种子萌发到新种子形成一般需要 3～4 年的时间。自然成熟的种子在适宜条件下，胚渐渐膨大呈椭圆形并突破种皮，发育成原球茎（又叫做原生球茎体），随后，原球茎上长出细长的营养繁殖茎（又叫做初生球茎足），原球茎与营养繁殖茎只有被蜜环菌侵入后才能继续发育。发育时，其上可长出许多小块茎，在生育期间块茎渐渐长大，当地温低于 10℃时便停止生长进入冬眠，人们把此时的块茎称为米麻或麻米。冬眠后，米麻顶芽和靠近顶芽的腋芽萌发，生长发育成新的块茎，多数为白麻，少数为箭麻；腋芽形成的块茎多为米麻。伴随新块茎形成，原米麻解体。秋后新块茎（箭麻、白麻、米麻）进入冬眠。第三年时，箭麻顶芽抽茎出土（抽薹），然后开花结实，其腋芽发育成米麻或小白麻；大小不等的白麻的顶芽发育成箭麻和大白麻，腋芽生成米麻或小白麻；米麻发育成箭麻、白麻。伴随新块茎形成，原来的箭麻、白麻、米麻解体（图 9－31）。

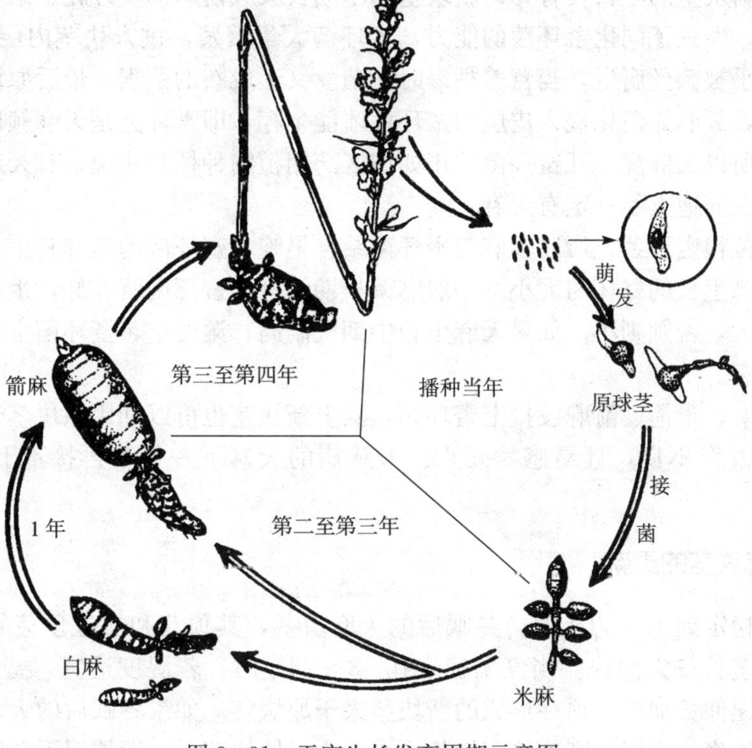

图 9－31 天麻生长发育周期示意图

（二）天麻是异养型的药用植物

在漫长的生物进化过程中，天麻形成完全依赖侵入体内的蜜环菌菌丝提供营养，没有活的蜜环菌菌丝天麻无法生存，所以天麻是异养型的药用植物。1911—1915 年，日本的草野俊助曾对天麻与蜜环菌的关系做过研究，把二者关系称为共生关系。20 世纪 70 年代前很少有人发表新的论点。1973 年，周铉提出天麻是食菌植物，其研究报道指出，蜜环菌以菌丝和根状菌索腐生在枯木或寄生在树根上。当菌索的幼嫩部分靠生到天麻块茎上，与块茎皮层接触时，蜜环菌菌索顶端与天麻接触处便分泌水解酶类，使局部软化，侵入到皮层的最内一层。然后菌索先端的一侧或两侧裂开，大量菌丝侵入延伸到最内 1～2 层皮层细胞的垂周壁，沿淀粉层外围蔓延，此时被侵染细胞受到破坏。在菌丝向外围细胞延伸同时，未被侵染的皮层细胞在菌丝的刺激下，迅速液泡化，胞内储藏的淀粉粒消解，细胞器消失，核也变大并位于中部。此后，入侵到液泡内的菌丝，被浓密的细胞质包裹在细胞中央。天麻细胞分泌分解酶类使菌丝从分隔处断裂，成为一节节的单独菌丝并扭曲变粗，最后失去完整外形，细胞质消失。经电子显微镜定位，天麻皮层细胞的液泡膜内外可观察到酸性酶的少量沉淀物，而大量的呈结晶状态的活性产物则分布在液泡与菌丝之间。在 10 多层至 30 多层片层状结构的周围（这些片层状结构是天麻质膜增生后衍变形成的），入侵在片状结构酶活性部位的菌丝细胞壁也被消化。被消化的蜜环菌细胞物，通过纹孔进入相邻的内部大型细胞内被天麻代谢所利用。成为天麻生长发育的营养成分。

周铉等认为，蜜环菌对天麻的侵入，只能在新块茎生长停止后（即枯萎后），不能在新块茎生长停止之前。

随着天麻新块茎的生长发育，即新块茎的不断长大或箭麻抽茎开花、结实，原块茎（母麻）逐渐衰老，失去了同化蜜环菌的能力，蜜环菌大量繁殖，进入块茎内层组织吸取营养。原块茎组织几乎被菌丝腐生，当营养枯竭时，菌丝又形成新的菌索。最后原块茎腐烂中空。

综上所述，天麻靠消化侵入皮层的蜜环菌才能生存，即蜜环菌是天麻赖以生存的最主要的营养来源，所以天麻离不开蜜环菌。正如产区药用植物种植户所说，有天麻的地方必有蜜环菌，有蜜环菌的地方不一定有天麻。

因为天麻依赖蜜环菌，所以天麻与蜜环菌结合早晚、蜜环菌的营养和生长条件的好与坏直接关系到天麻生长的好坏与大小。一般麻菌早期结合，蜜环菌营养好，生长条件适宜，天麻生长的块茎大，否则则小；如果天麻生长中期气温高、湿度小，蜜环菌生长不良，则天麻块茎呈细腰状态。

有些大白麻、米箭、箭麻没接上蜜环菌，其上新块茎也可以利用原块茎营养生长，但新块茎细长瘦小发育不良，且易感病死亡。未感病的天麻下一年若再接不上蜜环菌就全部死亡。

（三）天麻块茎的更新

春季气温稳定到 12℃以上时，冬眠后的天麻块茎，其顶芽和靠近顶芽的腋芽具有生长优势，其新块茎长得大而快。当气温稳定在 18～23℃时，若湿度适宜，蜜环菌生长旺盛，天麻新块茎迅速伸长加粗，顶芽形成的新块茎大于原块茎。如果冬眠后的天麻没有接上蜜环菌或蜜环菌菌丝生长不好，则新块茎细长瘦小，小于原块茎。一般情况下白麻（大白麻、中白麻、小白麻）顶芽均有发育成箭麻的能力，腋芽多发育成米麻或小白麻。米麻顶芽长成白麻，腋芽形成米麻，而冬眠后的箭麻，其顶芽抽薹开花，部分腋芽发育成米麻或小白麻。当新块茎形成后，原块茎腐烂中空。天麻块茎的这种一年一更新的特点，群众称为天麻的换头。

生产上常把冬眠后待要萌发生长的块茎称为母麻，母麻上长出的块茎凡长度在 2 cm 以内，重量小于 2.5 g 称为米麻（或称为麻米）。块茎体长为 2～7 cm，重为 2.5～30 g，顶芽粗壮钝尖，鳞片灰褐色或褐色，顶芽内无穗的原始体的称为白麻。生产上又将白麻按大、中、小分为 3 级，将鲜重为 20～30 g 的称为大白麻，鲜重为 10～20 g 的称为中白麻，鲜重为 2.5～10 g 的称为小白麻。白麻和米麻都是营养期的块茎。人们把块茎长为 6～15 cm，重量在 30 g 以上，顶芽粗大锐尖，鳞片呈褐色或深褐色（也称红褐色），芽内有穗的原始体的块茎称为箭麻，箭麻是生殖生长阶段的块茎。

天麻块茎增重率以米麻和小白麻为最高，一般增重在 5 倍以上，中白麻增重率为 2～3 倍，大白麻为 1～1.5 倍，箭麻小于 1 倍。

（四）天麻的开花习性

箭麻一般于地温上升到 12℃以上时便抽薹出土。抽薹后生长较快，在 18～22℃条件下，湿度适宜时，日生长长度为 9.5～12 cm。地温 19℃左右时开始开花，从抽茎到开花需 21～30 d，从开花到果实全部成熟需 27～35 d。花期地温低于 20℃或高于 25℃时，则果实发育不良。

天麻朵花期为 3～6 d，同一花序上常有数朵花同时开放，单株花序开放的时间为 7～15 d。开花期的长短与空气相对湿度和温度有密切的关系，如空气湿度降低，开花持续时间就缩短。在一天之内，以 7：00～9：00，和 15：00～17：00 开花数较多，夜间几乎不开花。

（五）蜜环菌的习性

1. 蜜环菌的分类学地位　要种好天麻，必须了解蜜环菌的习性，给两者创造都适合生长的环境是获得种植成功和优质高产的关键。蜜环菌［*Armillaria mellea*（Vahl. ex Fr.）Karst.］属担子菌纲（Basidiomycetes）伞菌目（Hymenomycetes）白蘑科（Tricholomataceae）。

2. 蜜环菌的两个生长阶段　蜜环菌生长发育分菌丝体和子实体两个阶段。

（1）**菌丝体阶段**　菌丝体阶段是以菌丝和菌索两种形态存在，菌丝白色或粉红色，常腐生或寄生在待要腐朽的枯木上或活树根上。菌束多由无数条菌丝网结而成，外面被有棕褐色的有一定韧性的鞘后，称为菌索，菌索衰老前生活力强，衰老后菌索呈黑褐色或黑色。

（2）**子实体阶段**　蜜环菌子实体呈伞状，高 5～10 cm，蜜黄色，中部色泽较深。盖表具有黑褐色的鳞纹，以辐射状向四周散开，中部较密，四周逐渐减稀。菌柄圆柱状，基部稍膨大，有时略弯曲，柄上有环（即菌环），白色。柄长 4～8 cm，粗 0.5～1 cm，外围为纤维质，老熟时中空。菌柄基部有时具有纤细鳞片。菌褶明显延伸，呈辐射状，较整齐，白色，老熟时变暗。孢子无色透明，圆形或椭圆形，8 μm×4～6 μm。孢子印白色。

3. 蜜环菌的营养特性　蜜环菌以腐生为主，兼性寄生。可以生活在待要腐烂的枯木上，树桩和有机质丰富的土壤中，也能寄生在活树根上。其菌丝体能分解纤维素、半纤维素和木质素，并能把它们转化为自身需要的营养。不能利用 CO_2 和碳酸盐等。生长中需要补充氮源（可人为补给麦麸等氮源），还需一定的无机盐类（磷、钙、镁等）和少量维生素等。

4. 蜜环菌的发光特性　蜜环菌能发光，菌丝及菌索幼嫩尖端在暗处可发出荧光。一般来说，温度越高，接触空气面积越大，所发的光越强。在基物含水 40%～70%时，其发光温度为 12～28℃，25℃时发光最强，低于 10℃或高于 28℃不发光。

5. 蜜环菌的生长条件

（1）**温度**　蜜环菌的菌丝体在 6～10℃时便开始生长，6～25℃间随温度升高生长加快，最适生长温度为 18～25℃，超过 28℃时生长受到抑制，当温度超过 30℃时生长停止，菌丝体老化；低于 6℃时则休眠。

（2）**湿度**　蜜环菌菌丝体较天麻更能忍耐较大的湿度。多生活在含水量 40%～70%的基物中，如含水量低于30%时，蜜环菌生长不良，湿度大于70%时，也影响透气，不利于蜜环菌的生长。

（3）氧气和pH　蜜环菌是一种好气性真菌，在透气良好的条件下，生长旺盛。pH在4.5～6.0之间均能生长，以pH5.5～6.0最好。

（六）天麻生长发育与环境条件的关系

1. 天麻生长发育与温度　温度是影响天麻生长发育的主要因子。当栽麻层温度升至12～13℃或以上时，天麻顶芽开始萌动生长。天麻和蜜环菌生长均以18～23℃最为适宜，当温度达到28℃以上时，蜜环菌菌丝体的生长受到抑制，但天麻耐高温能力比蜜环菌强，32～34℃持续10d对天麻影响不大。当土壤温度为－3～－5℃时，天麻能安全越冬，长时间低于－5℃时，则易发生冻害。在北方高寒山区冬季，因积雪覆盖，天麻也能安全越冬。

2. 天麻生长发育与湿度的关系　天麻生长发育不同阶段，对湿度要求也不同，秋季刚栽上的麻，即越冬休眠期的天麻，水分不要太大，培养料或土壤含水量以30%～40%为宜。天麻生长期间，培养料或土壤水分要大些，一般以40%～60%为好，含水量在70%以上对天麻和蜜环菌生长都不利。天麻自然分布产区降水量多在1 700mm左右，空气的相对湿度在70%～80%。

3. 天麻生长发育与土壤的关系　天麻最适宜生长在土壤pH为5.5～6.0、含氮量高于0.2%、含磷量为0.25%、疏松的、含有机质丰富的腐殖土中。野生天麻多生长在半阴半阳的易排水的坡地上。

4. 天麻生长发育与植被的关系　天麻主要的伴生植物有乔木类的青冈（*Quercus* sp.）、竹类、板栗（*Castanea mollissima*）、桦（*Betula* sp.）、色木（*Acer mono*）和柞树（*Quercus mongolica*）等；伴生灌木层有野樱桃（*Prunus* sp.）和榛（*Corylus* sp.）等；伴生草本层多为林下常见草本植物，还有苔藓类和蕨类等。上述各类伴生植物除草本植物外，多数为蜜环菌寄生或腐生的对象，可保证天麻营养的来源。

四、天麻的栽培技术

（一）选地整地

选择排水良好的沙质壤土或富含有机质的腐殖土。稀疏杂木或竹林、烧山后的二荒地、坡地和平地均可。对整地要求不严，一般砍掉地上过密杂林、竹子，便可直接挖穴（窝）栽种。

（二）栽麻

天麻用种子和块茎都能繁殖。当前生产上以块茎繁殖为主，种子繁殖为辅，不论哪种繁殖方法都要首先培养菌材，然后栽天麻或播种。

1. 培养菌材　天麻的生长主要靠活的蜜环菌提供营养。蜜环菌又必须有腐生基物。为保证蜜环菌在天麻整个生育期有充足的养分提供，生产上用营养丰富的木段做基物使蜜环菌腐生在其上，然后栽麻。这种有蜜环菌腐生的木段被称为菌材。栽培天麻必须首先培养蜜环菌菌材，培养菌材是人工栽培天麻的重要环节。

培养接种用的菌材在温室内除夏季高温外一年四季均可培养。在室外培养应于5～8月份即地温20℃左右时进行，此时蜜环菌生长快，可以相对缩短培育时间，保持菌材有充足的养分。不论室内室外，培养用于传菌的菌材必须在栽麻坑培菌前培养好。栽麻坑或播种坑的培菌一般在栽麻前30～40d进行。

(1) **菌种的分离培养**　如果有可靠的蜜环菌二级菌种提供者，这一步工作可不必进行。开展这一工作的第一步是纯菌种的分离（一级菌种的制备），是取蜜环菌菌索、子实体或带有蜜环菌的天麻或新鲜的菌材，在无菌条件下，进行常规消毒，冲洗，然后分离接种在固体培养基上，在20～25℃条件下暗培养，7d后即得纯菌种。

①培养基配方：新鲜的马铃薯200g、葡萄糖20g、蛋白胨5～8g、磷酸二氢钾1.5g、硫酸镁1.5g、琼脂18～20g、清水1 000mL，pH 5.5～6。

②培养二级菌种培养料配方：78%的阔叶木屑、20%的麦麸、1%的蔗糖、1%硫酸钙，或70%阔叶木屑、约20%玉米芯粉、10%麦麸、0.01%磷酸氢二钾或磷酸二氢钾。

③培养方法：先将培养料混匀，调好湿度（含水50%～60%）后装瓶，装至瓶口肩部。装后在瓶中间扎一个直径1cm的深到培养料一半的小孔，扎孔后盖好盖，高压灭菌（12℃，1h)，也可用民间蒸锅灭菌（100℃，4h)。灭菌后冷却。在无菌环境下接种，接菌后在20～24℃以下培养30d左右，当菌丝长满瓶并有棕红色菌索出现时，就可做菌种，培养菌材。

(2) **菌材木料及培养料的准备**　一般阔叶树的木材均可做培养菌材的材料，常用的有青冈、柞树、板栗、桦树、野樱桃、辽东桤木（*Alnus sibirica*)、牛奶子（*Elaeagnus umbellata*)、花楸树（*Sorbus pohuashanensis*)、裂叶榆（*Ulmus laciniata*)、灯台子（*Cornus controversa*)、栓皮栎（*Quercus variabilis*）等。桦木菌材寿命短，后期营养不良；而柞木发菌慢，但长势好，而且耐腐烂。故以柞木和桦木结合为宜。在木材缺乏地区，可用玉米轴和粗棉花秆等做菌材。

①菌枝材：为充分利用木材，许多单位将树木枝丫也截成小段利用，称为菌枝材。有的将砍下的木块用来培菌，菌枝材和碎块做传菌用材最好。一般选2～3cm粗的柞树枝或桦木枝，用砍刀截成长8～15cm的小木段，然后培养，使之接上蜜环菌。

②菌棒材：选粗5～15cm树干或树枝截成长20～70cm的木段，然后在菌棒上砍2～3行的鱼鳞口，深度达木质部，以利蜜环菌侵入生长。

③培养料：生产上将用于培养的基质称为培养料，多用半腐熟落叶或锯末加沙做培养料。培养料应当疏松，透气良好，易于渗水和保温为好。

半腐熟落叶培养料是使用落叶和沙子按3～5∶1混合。此类培养料疏松、质轻并含有多量腐殖质，有利于蜜环菌的生长。一般秋末收集阔叶树的落叶，堆放于湿润处或挖浅坑堆放，至翌年春即可将堆放的树叶打碎，过粗筛后使用。

四川、云南、陕西和吉林等一些栽培地区，还应用辅助培养料，其量是按每100根菌材用2.5～5kg细米糠或10%马铃薯水150～250kg。

(3) **菌材的培养**　接菌前要将菌枝材、菌棒材浸在0.25%～1%的硝酸铵水溶液中，待菌材浸湿后（需24～30h)，控去附水即可培养。目前各产区培养菌材方式主要有地下式、半地下式和地上堆培式3种。

①地下式培养菌材法：地下式培养菌材法也叫做窝培、窖培。在已选好的场地上铲除杂草，清除石块、树根等杂物，挖深为20～30cm、宽为100cm的沟，沟长依地形或需要而定

(10 m 以内为宜)。先将沟底整平后，铺 5～10 cm 培养料，然后在其上铺一层新鲜的待培养蜜环菌的木段，木段间用培养料填好，在填培养料的同时加入蜜环菌二级菌种。一般用 6～10 瓶可培育 15～30 kg 菌枝，或培育 50～100 kg 的菌棒材，以此类推，堆放 4～5 层。也有的将待培菌的木料与已有菌的菌材间隔摆放，最上层盖腐殖土 10～18 cm，再用枯枝落叶封盖好。在 18～24℃，基物含水量为 50%的条件下 2 个月左右即可培好菌。

②半地下培养菌材法：此方式适于气温较低、地下水位较高、湿度较大的地区。菌坑的深度为 15～20 cm，宽为 100 cm，长依地形和需要而定，培菌方法同上。

③地上堆培式培养菌材：此法适于气温较低，地下水位较高，湿度较大的地区。在适宜培菌的地面上，先铺 5～10 cm 培养料，然后按地下式培养菌材法铺菌材和培养料，堆 5 层后用培养料盖好，其上覆 10 cm 落叶，保温、保湿即可。

2. 栽麻与播种 天麻生产上以营养繁殖为主，种子繁殖为辅。

(1) 营养繁殖 天麻的营养繁殖也叫做块茎繁殖，其做法是以天麻块茎作为播种材料，使其直接产生新个体。

露地栽麻在春、夏和秋 3 季均可栽培。能露地越冬的地方，以秋栽为最好，春栽次之，夏栽产量最低（表 9-41）。

表 9-41 不同栽植时期天麻增重情况统计表

不同栽期		调查块茎数	栽前重（g）	栽后重（g）	增重率（%）
秋栽	1 组	15	216	527	144
	2 组	15	167	532	219
春栽	1 组	15	333	656.3	97.09
	2 组	15	333	591.2	77.54
夏栽	1 组	15	144.8	260	79.56
	2 组	15	124.8	159.8	28.05

不能露地越冬的地方，可在 4～5 月栽种。

①种栽选择：一般来说，箭麻、白麻和米麻均可做播种材料，但从收获块茎入药角度讲，白麻好于米麻，米麻好于箭麻。生产上多选择中小白麻做种（重量为 2.5～20 g），因中小白麻生长速度快，繁殖力强，是最好的播种材料。30 g 以下的箭麻也可做种用，但应灭箭（削去顶芽）。不论什么麻种都应选择个体发育完整，色泽正常无破损和无病害者为最佳。

②栽麻方法：栽麻方法有固定菌材栽麻法和活性菌材栽麻法两种，以固定菌材栽麻法（又叫固定菌床栽麻法）最好。

A. 固定菌材栽麻法：其做法是栽麻前先在选好的场地上按计划培菌，培菌后栽麻。栽麻时，在已培养好菌材的坑内（又称为培菌坑）掀起或取出上层菌材，把麻种栽入下层菌材间（图 9-32），然后盖好菌材。这样，坑中下层菌材没有动，菌索受破坏不重，接触天麻快，便于蜜环菌和天麻早期结合，为天麻提供营养，加

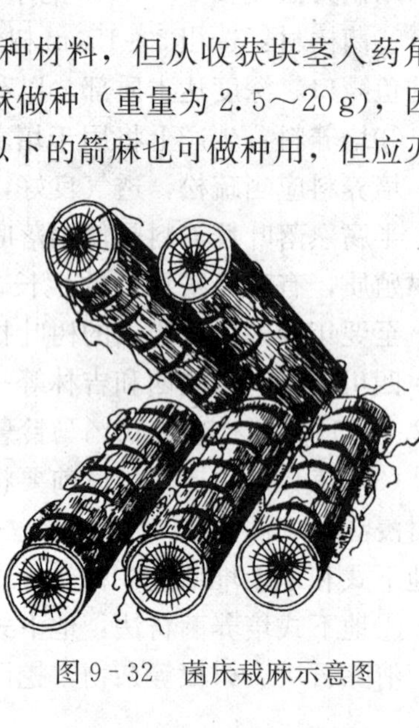

图 9-32 菌床栽麻示意图

快其生长。下层菌材间空隙小时，可间隔取出一个菌材，然后将麻种放在空隙大的一侧。大白麻间距为10～12cm，中白麻间距为7～9cm，小白麻间距为4～6cm，米麻撒播，一定要将麻种靠放在菌材菌索较密集的地方。麻间用培养料填平，然后将上层菌材放回，这是单层栽麻。如果放回上层菌材时，再照上法在第二层菌材空内摆麻种，麻种间用培养料填平后，上面再放一层菌材就成为双层栽麻。以此类推，可有三层、四层等栽麻方法。无论栽几层，最后都要在最上面覆土10～15cm，土上盖落叶，坑周挖好排水沟。单层栽麻用种量，麻米或小白麻为100～150g/m^2，中白麻为200～250g/m^2，大白麻为300～400g/m^2。双层栽麻用种量，米麻和小白麻为200～250g/m^2，中白麻为300～400g/m^2，大白麻为400～500g/m^2。

B. 活动菌材伴栽法：其做法是在选好的地段上，挖栽麻坑。坑深要因地而宜，一般为15～25cm，宽50～60cm，长度1～5m。用腐殖土垫入坑底，然后铺5cm培养料，其上平摆培养好的菌棒4～6条，棒间距3～5cm，然后将麻种贴靠在菌材菌索上。摆后用培养料填平，上面再放一层菌材。菌材间用培养料填平，上面覆10～15cm落叶。也可进行双层或多层栽麻。活动菌材栽麻法是菌材、天麻同时放入，菌材上蜜环菌损伤较大，因此天麻产量较低（表9-42）。

表9-42 不同栽麻方法对天麻产量的影响

处理		调查的块茎数	栽前重（g）	栽后重（g）	增重率（%）	平均增重率（%）
固定菌材	1组	5	36.4	241.7	546.0	468.5
	2组	5	37.2	182.6	390.9	
移动菌材	1组	5	29.1	24.50	−15.8	80.7
	2组	5	35.6	98.7	177.2	

另外，栽麻的层数对产量也有一定的影响，以二层栽麻产量最高（表9-43）。

表9-43 不同栽麻层数对天麻增重的影响

处理		栽种量（g）	收获量（g）	增重率（%）	平均增重率（%）
双层	1组	215.1	1 500	597.35	619.8
	2组	242.5	1 800	642.27	
三层	1组	346.5	3 150	809.09	543.72
	2组	356.8	1 350	278.36	
四层	1组	422.3	2 400	468.32	489.56
	2组	409.3	2 500	510.8	

（2）**种子繁殖** 为防止长期块茎繁殖产生退化，或在种块茎不足时，可采用种子繁殖。天麻种子繁殖系数大，据调查，一株箭麻可着生20～50个果，一个果可产生4万～6万粒种子，这样一株箭麻可产种子80万～300万。即使天麻种子利用率按1%计算，每个果也可产生400～600个米麻，一株则可产生8 000～30 000个米麻。

①建种子园：种子园应建在背风向阳，排水良好的地方。选地后，挖深20cm、宽60cm

的畦沟，在畦沟内按宽度方向摆好菌材，然后摆入箭麻，每20cm一个，并用培养料填平空隙，栽后表面撒些阔叶树树叶即可。

②种子园管理：应选发育完好，无破损的，个体大（50～100g）的箭麻作为种栽。春、秋两季均可栽种。一般室内栽植为11月至次年4月上旬；室外栽植在4月上旬至5月上旬。生产上一般多春栽。在抽薹前搭荫棚，防止强光直接照射损伤花薹。同时，在每一花茎一侧插支柱，以防倒伏，并设防风障。

③授粉：天麻自花授粉结实率低，人工授粉可提高结实率。人工授粉应在天麻开花当天进行，每天8：00～10：00，将着生在合芯柱顶端的药帽轻轻挑出来，再将药帽内的花粉块挑起，把它轻轻地放在同一朵或另一朵花内（最好进行异花授粉），放入已分泌出淡黄色胶质黏液的雌蕊柱头上。授粉后2～3周，种子即可成熟，将果实尚未开裂的成熟种子采收，立即播种。

④种子繁殖：采用固定菌床播种，每年3月份开始做床、培菌。播种时揭开上层菌材，在下层菌材空隙间摆放一层干的阔叶树树叶，叶上均匀撒播天麻种子，撒种后在其上再摆放一层树叶，再撒种，如此摆叶撒种直至把菌材空填平。然后将上层菌材放回，上层菌材空隙也照此法播种。播种后其上再放置些菌枝材或菌棒材，空隙填满培养料，最后上面盖层培养料和树叶。

（三）田间管理

1. 浇水拔草 栽麻后要注意经常浇水，使床内菌材和培养料湿度保持适宜（含水量为50%～60%），使空气相对湿度控制在70%～80%。床面有草就拔，床间杂草可以铲除。

2. 调节床（坑）**内温度** 为调节好床内温度，在生育期短的地方，常采用搭塑料棚或覆地膜，提高床（坑）内温度，使之恒定在18～25℃。在夏季或高温时期，许多单位搭棚遮阴，通过调节荫棚的透光度，使床内温度控制在25℃以下，保证蜜环菌和天麻尽可能在最适宜的温度下生长发育。

3. 排水 进入雨季前要挖好排水沟，严防雨水浸入床（坑）内。

4. 病虫害防治 天麻块茎有腐烂病（病原尚不清）。抽箭后则易受蚜虫危害。防治方法：选择无病块茎做种栽；加强床内水分、温度管理；蚜虫可用乐果1 000倍液防治。

（四）品种类型

目前我国栽培的天麻有一个种，即天麻（*Gastrodia elata* Bl.），有3个变型：绿天麻（*Gastrodia elata* Bl. f. *viridia*）、乌天麻（*Gastrodia elata* Bl. f. *glauca*）和黄天麻（*Gastrodia elata* Bl. f. *flavida*）。

1. 绿天麻 绿天麻的花及花葶淡蓝绿色，植株高1～1.5m。成体块茎长椭圆形，节较短而密，鳞片发达，含水量为70%左右，是我国西南和东北地区驯化栽培的珍稀品种，单个块茎最大者可达700g。我国西南和东北各省区有野生分布，日本和朝鲜也有分布。

2. 乌天麻 乌天麻的花蓝绿色，花葶灰棕色，带白色纵条纹，植株高1.5m左右，个别高达2m以上。成体块茎椭圆形、卵圆形或卵状长椭圆形，节较密，含水量常在70%以内，有的仅为60%。大块茎长达15cm左右，粗为5～6cm，最大块茎重800g左右。乌天麻是我国东北、西北和西南各省区驯化后的主栽品种。

3. 黄天麻 黄天麻的花淡黄绿色，花葶淡黄色，植株高 1.2m 左右，成体块茎卵状长椭圆形，含水量为 80%左右，是我国西南省区驯化后的一个栽培品种，最大块茎重为 500g。

五、天麻的采收、储藏与加工

（一）天麻的采收

天麻应在休眠期采收，即秋季 10～11 月或春季 3～4 月采收。若在生长期或春季萌动抽箭时采收，块茎质地不实，加工后多空心质泡。

采收时要先撤去盖土，接着取出菌材，然后取天麻，将商品麻与米麻分开盛装，箭麻和大白麻及时加工，中小白麻和米麻作播种材料。

一等天麻：鲜麻重为 150g 以上，长度为 8cm 以上，直径为 4～7cm，每千克 2～6 个。

二等天麻：鲜麻重为 70～150g，长度为 6～8cm，直径为 3～4cm，每千克 7～14 个。

三等天麻：鲜麻重为 70g 以下，麻长为 6cm 以下，直径为 2cm 以下，每千克有 15 个以上。

（二）种麻的储藏

保存麻种可在 3℃的窖内或室内，用洁净湿润的细沙或锯末加沙（2：1）与天麻分层堆放，使天麻块茎互不接触为宜。储藏期间经常检查，以防霉烂和鼠害。

种麻储藏的关键在于调节其温湿度，减少种麻失水是取得储麻成功的关键条件之一。采用层积法在 1～3℃温度储藏 6 个月其萌发率为 90%。储藏期覆盖物含水量要适宜，含水量低会使种麻失水，含水量高会造成烂麻，储藏中覆盖物含水量以 20%～24%为适宜。

储存麻种期间严防煤油、油脂类物质以及动物尿便液等渗入覆盖物中，否则会大量腐烂。

（三）天麻的加工

天麻采收后应及时加工，不宜久放。久存块茎呼吸消耗养分，易霉烂，加工后块茎质地松泡，商品等级低下。

天麻加工工艺为洗泥、刮鳞、蒸（煮）、烘干整形等。

1. 洗刷和刮鳞 采收后的天麻用高压水冲洗，洗刷至表面无泥土污物。然后装入洁净稻谷壳的袋内往复串动，使之擦去外表鳞片。亦可用竹片刮去鳞片。

也有用炒炙法去鳞片的，即将洗净的天麻块茎，放在炒热的沙中（沙子与天麻的比例为 5：1），用急火炒炙，不断翻动，使块茎鳞片在短期内被炒焦，然后取出放入冷水中浸泡，并趁热刮去鳞片，冲洗后晾干附水。

2. 蒸或煮 将洗后天麻按大小分级蒸制或煮制，蒸制法较好。

（1）*蒸麻* 蒸制天麻是将洗后刮去鳞片的天麻分级放入锅内蒸制。大天麻圆气后蒸 20min左右，中天麻圆气后蒸 15min 左右，小天麻圆气后蒸 12min 左右，蒸至块茎无生心。

（2）*煮麻* 煮天麻多用较稀的小米米汤煮熟天麻。大天麻（100～150g）煮 25min 左右，中等天麻煮 15～20min，小白麻（80g）煮 15min 左右。煮的过程中，不断搅拌，煮至无生心就可捞出。

也有采用明矾水煮麻法，其具体操作将洗净刮鳞的天麻按大小分别放在1%明矾水中煮熟，熟透而不过即可捞出。

3. 烘干整形 将蒸煮好的天麻放在烘干室内烘干，入室温度为70～80℃，待烘2～3h后再降至50～60℃，烘到七成干时，用木板压扁，最后烘至全干为止。

天麻加工折干率一般为25%左右。

加工后的天麻，以个大肥厚，完整饱满，色黄白，明亮，质坚实，无空心，无虫蛀，无霉变者为佳品。

复习思考题

1. 米麻、白麻、箭麻各是什么？
2. 简述天麻的生长发育周期。
3. 如何理解有天麻的地方必有蜜环菌，但有蜜环菌的地方不一定有天麻？
4. 目前各产区培养菌材方式主要有哪些？各有什么特点？
5. 请整理出栽培天麻的工作日历。

主要参考文献

邵爱华，张西国．2006. 天麻与其伪品的鉴别［J］．时珍国医国药，17（8）：1514.
张大为，赵亮，吴天祥．2007. 正交试验优化添加天麻的黑木耳多糖发酵培养基［J］．贵州工业大学学报（自然科学版），36（6）：40-43.
邹佳宁，宋聚先，常楚瑞．2006. 贵州天麻种质资源的RAPD分析［J］．中药材，29（9）：881-883.
邹宁，柏新富．2008. 蜜环菌液对天麻试管快繁的影响［J］．安徽农业科学，36（33）：14456-14458.

第十四节 地 黄

一、地黄概述

地黄原植物为玄参科地黄，新鲜或干燥的块根入药，前者习称鲜地黄，后者习称生地黄，生药统称为地黄（Rehmanniae Radix）。生地黄再经炮制加工则成为熟地黄（Rehmanniae Radix Praeparata）。地黄要中含环烯醚萜苷类物质（如梓醇），鲜品中含量达0.11%，并含地黄素、维生素、多种糖类和多种氨基酸等。鲜地黄有清热生津、凉血、止血的功能，用于热病伤阴、舌绛烦渴、温毒发斑、吐血衄血、咽喉肿痛。生地黄有清热凉血、养阴生津的功能，用于热入营血、温毒发斑、吐血衄血、热病伤阴、舌绛烦渴、津伤便秘、阴虚发热、骨蒸劳热、内热消渴。熟地黄有补血滋阴、益精填髓的功能，用于血虚萎黄、心悸怔忡、月经不调、崩漏下血、肝肾阴虚、腰膝酸软、骨蒸潮热、盗汗遗精、内热消渴、眩晕、耳鸣、须发早白。

地黄主要为栽培，我国大部分地区都有生产，但以河南的温县、博爱、武陟和孟州等地产量最大，质量最好，行销全国，并有大量出口。

二、地黄的植物学特征

地黄（*Rehmannia glutinosa* Libosch.）为多年生草本，高 10～35 cm，全株密被灰白色长柔毛和腺毛。根纤细；根茎肥厚肉质，呈块状。叶多基生，莲座状，柄长 1～2 cm；叶片倒卵状披针形至长椭圆形，长 3～10 cm，宽 1.5～4 cm，先端钝，基部渐狭成柄，叶面皱缩，边缘有不整齐钝齿；无茎生叶或有 1～2 枚，甚小。总状花序单生或 2～3 枝；花萼钟状，长约 1.5 cm，先端 5 裂，裂片三角形；花冠筒稍弯曲，长 3～4 cm，外面暗紫色，内面杂以黄色，有明显紫纹，先端 5 裂，略呈二唇状，上唇 2 裂片反折，下唇 3 裂片直伸；雄蕊 4，二强；子房上位，卵形，2 室，花后渐变一室；花柱单一，柱头膨大。蒴果卵形，外面有宿存花萼包裹；种子多数（图 9-33）。花期 4～5 月，果期 5～6 月。

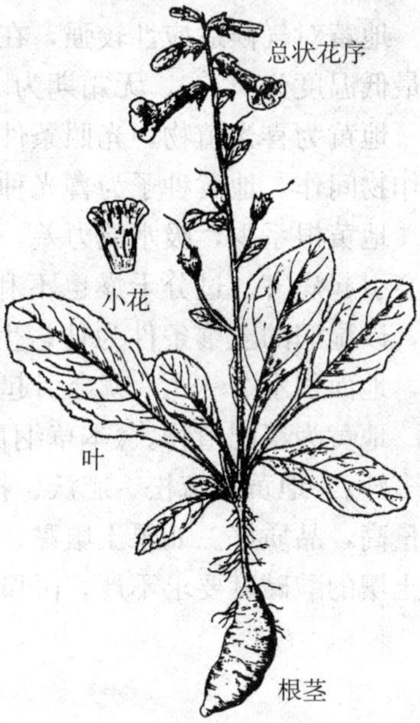

图 9-33　地　黄

三、地黄的生物学特性

（一）地黄的生长发育

地黄实生苗第二年开花结实，以后年年开花结实。地黄种子很小，千粒重约 0.15 g。地黄种子为光萌发种子，在黑暗条件下，温度在 22℃或 30℃，即使湿度适宜，1 个月也不萌发。在弱光、35℃条件下 18 d 可发芽。种子在室内散射光条件下只要温度适宜都能发芽。播于田间在 25～28℃条件下，播后 7～15 d 即可出苗；8℃以下种子不萌发。根茎播于田间，在湿度适宜，温度大于 20℃时 10 d 即可出苗。日平均温度在 20℃以上时发芽快，出苗齐；日平均温度在 11～13℃时出苗需 30～45 d；日平均温度在 8℃以下时，根茎不萌发。夏季高温，老叶枯死较快，新叶生长缓慢。花果期较长，7～10 月为根茎迅速生长期，10～11 月地上枯萎，全生育期为 140～180 d。

地黄根茎繁殖能力强，其根茎分段或纵切均可形成新个体。根茎部位不同，形成新个体的早晚和个体发育状况也不一样，产量也有很大的差异。根茎顶端较细的部位芽眼多，营养少，出苗虽多，但前期生长较慢，根茎小，产量低；根茎上部粗度为 1.5～3 cm 部位芽眼较多，营养也丰富，新苗生长较快，发育良好，能长成大根茎，是良好的繁殖材料；根茎中部及中下部（即根茎膨大部分）营养丰富，出苗较快，幼苗健壮，根茎产量较高，但用其做种栽不经济，经济效益不如上段好；根茎尾部芽眼少，营养虽丰富但出苗慢，成苗率低。

（二）地黄的开花习性

地黄在早春出苗后 20～30 d 即能抽薹开花。从花蕾出现至开放需 6～7 d，花冠平均每天生长 3～5 mm，花冠开放后，雄蕊长的一对花药先开裂，花粉先散出，短的一对花药后开裂，朵花期为 3～4 d。开花 1 个月后果实成熟，每株收 3～7 个果实。每个果实中含种子

22～450粒。开花时期的早晚、开花的数量与地黄的品种、气候因素紧密相关。地黄抽薹开花要消耗根体大量的营养，影响地黄地上部生长及地下部分有效物质的积累，所以在管理上要及早摘除花薹。

(三) 地黄生长发育与环境条件的关系

地黄对气候适应性较强，在阳光充足、年平均气温为15℃、极端最高温度为38℃、极端最低温度为−7℃、无霜期为150d左右的地区均可栽培。

地黄为喜光植物，光照条件好、阳光充足时，生长迅速，因此不宜靠近林缘种植或与高秆作物间作。地黄种子为喜光种子，在黑暗条件下，即使温度、水分适合，也不发芽。

地黄根系少，吸水能力差，潮湿的气候和排水不良的环境，都不利于地黄的生长发育，并会引起病害。过分干燥也不利于地黄的生长发育。幼苗期叶片生长速度快，蒸腾作用较强，以湿润的土壤条件为佳；生长后期土壤含水量要低；当地黄块根接近成熟时，最忌积水，地面积水2～3h，就会引起块根腐烂，植株死亡。

地黄为喜肥植物。《本草纲目》记载："古称地黄宜黄土，今不然，大宜肥壤虚地则根大而多汁。"地黄喜疏松、肥沃、排水良好的土壤条件，沙质壤土、冲积土、油沙土最为适宜，产量高，品质好。如果土壤黏、硬、瘠薄，则块根皮粗、扁圆形或畸形较多，产量低。地黄对土壤的酸碱度要求不严，pH6～8均能生长发育良好。

四、地黄的品种类型

地黄产区已选育出了一些优良品种，主要品种有"金状元"、"小黑英"、"邢疙瘩"、"北京1号"、"北京2号"、"85-5"、"钻地龙"和"红薯王"等。部分品种介绍如下。

1. "金状元" 此品种株形大，生长期长，喜肥，在肥料充足时能高产，可做早地黄栽培。目前该品种在各地区栽培较为广泛。

2. "小黑英" 此品种株形矮小，生育期较短，根茎开始膨大较早，对环境和肥料要求不严，适应性强，产量稍低但稳定，适于密植，可做晚地黄栽培。栽培也较广泛。

3. "邢疙瘩" 此品种株形大，生育期长，抗逆性较差，需肥多，产量和折干率低，宜于在疏松肥沃的沙质壤土上做早地黄栽培。本品种分布不广。

4. "北京1号"和"北京2号" 这两个品种均为杂交品种，株形较小，但整齐，适合密植，适应性强，在一般土质上都能得到较高的产量（每公顷干品产量，"北京1号"为7 500～12 000kg，"北京2号"为7 500～13 500kg）。

5. "85-5" 此为杂交品种，其株形大，出苗早，生长健壮，耐病，耐寒，生长期长，每公顷可产鲜地黄60 000～75 000kg（折干品15 000kg以上），适宜壤土和沙壤土种植。

五、地黄的栽培技术

(一) 选地和整地

1. 选地 选10年内未种过地黄的地块，土壤疏松肥沃，排水良好，向阳的中性或微酸性壤土或沙壤土。地黄不宜连作，连作植株生长不良，病害多。前作以蔬菜、小麦、玉米、谷子和甘薯为佳。花生、豆类、芝麻、棉花、油菜、白菜和萝卜和瓜类等不宜做地黄的前作或邻作，否则，易发生红蜘蛛危害或感染线虫病。

2. 深耕与施肥　地黄种植地于秋季深耕 30 cm，结合深耕施入腐熟的有机肥料60 000 kg/hm²，翌年 3 月下旬施饼肥约 2 250 kg/hm²。视土壤水分含量酌情灌水，灌水后浅耕（约15 cm），并耙细整平做畦，畦宽为 120 cm，畦高为 15 cm，畦间距为 30 cm。在降水少的地区多做平畦，以利灌水。东北习惯垄作，垄宽为 60 cm。

（二）播种

地黄繁殖方法包括种子繁殖、块根繁殖和脱毒种苗繁育。种子繁殖常用于提纯复壮或杂交育种；块根繁殖是地黄生产的主要手段；因地黄病毒病严重，可进行种苗脱毒以获取脱毒种栽。

播种地黄多在地温稳定在 10～12℃以上开始，广西为 2 月上旬至 3 月中旬，河南为 4 月上旬，北京为 4 月中旬，辽宁为 4 月下旬，河南麦茬地黄是在 5 月下至 6 月上旬。播种时，在畦上按 40 cm 行距、25～30 cm 株距开穴，穴深为 3～5 cm，每穴放一段根茎，覆土 3～5 cm。垄作时，垄距为 60 cm，每垄种双行，株距为 30 cm 左右。一般要求保苗 90 000～15 000株/hm²，相当于种栽 450～675 kg。

地黄种栽质量好坏对出苗、保苗及产量影响很大，各地经验认为，种栽直径为 1.5～3 cm，粗细较均匀的为好。为培育好种栽，河南产区是在春地黄长到 7 月下旬时，按种栽需要量刨出一部分新根茎，重新分段选地栽种。由于生长期短，到枯萎时根茎粗度多为 2 cm 左右。翌春栽种地黄时，刨出根茎，分成 3～4 cm 长的小段（每段有 3 个芽眼），拌上草木灰或置阴凉处晾晒 1 d。

近年许多地方采取覆膜栽培，由于地温高，出苗快，延长了生育期（2～3 周），可提高地黄产量 20%以上。

采用种子做播种材料时，一般在地温稳定在 10℃以上开始播种，按 15 cm 行距开沟，沟深 1～2 cm，覆土 0.5 cm 左右为宜。采用种子繁殖时，要注意抢墒保湿管理。一般是当年春播，翌春起出做生产田种栽。

（三）田间管理

1. 间苗补苗　地黄苗高 3～4 cm 即长出 2～3 片叶子时，要及时间苗。由于根茎有 3 个芽眼，可长出 2～3 个幼苗，间苗时从中留优去劣，每穴留 1～2 棵苗，如发现缺苗时可进行补栽。补苗最好选阴天进行，移苗时要尽量多带原土，补苗后要及时浇水，以利幼苗成活。

2. 中耕除草　出苗后到封垄前应经常松土除草，幼苗期浅松土两次。第一次结合间苗除草进行浅中耕，不要松动根茎处。第二次松土在苗高 6～9 cm 时进行可稍深些。地黄茎叶封行（垄）后，只拔草不中耕。

3. 摘花蕾和打底叶　为减少开花结实消耗养分，促进根茎生长，当地黄抽茎时，应结合除草将花薹摘除。8 月份当底叶变黄时也要及时摘除黄叶。

4. 排水和灌水　地黄各个生长发育阶段对水分要求不同。前期，地黄生长发育较快，需水较多；后期块根大，水分不宜过多，最忌积水。生长期间保持地面潮湿，宜勤浇少浇。地黄适宜的含水量为 15%～20%，广大产区的经验是：土壤手握成团，抛地即散。适时适量浇水是地黄生产中的关键技术，产区群众总结为“三浇三不浇”的经验，即施肥后、久旱无雨、夏季暴雨后浇水，地皮不干、中午烈日、天阴欲雨不浇水。田间积水会引起根腐病、枯萎病或疫病发生，要及时排水。

5. 追肥 在产区采用少量多次的追肥方法。齐苗后到封垄前追肥1～2次，前期以氮肥为主，保证旺盛生长，一般每公顷施入农家肥料22 500～30 000kg，或硫酸铵105～150kg。生育后期根茎生长较快，适当增加磷肥和钾肥，生产上多在植株具4～5片叶时追施农家肥料15 000kg/hm^{2}或硫酸铵150～225kg/hm^2、饼肥1 125～1 500kg/hm^2。

6. 病虫害防治 地黄常见病害有斑枯病（*Septoria digitalis* Pass.）、斑点病（*Phyllosticta digitalis* Ball.）、枯萎病（*Fusarium* sp.）、轮纹病（*Ascochyta molleriana* Wint.）和花叶病（*Tobacco mosaic virus*）等。防治方法：选用健康无病种栽；加强田间管理，适当增施钾肥，提高抗病力；与禾本科植物实行轮作；于常年发病前15～20d开始喷药保护，连喷3～4次。常用的药剂有65%代森锌500～600倍液、50%多菌灵800～1 000倍液、1∶1∶140波尔多液。地下病害用50%甲基托布津（可湿性粉剂）800倍液浇注。

地黄常见的虫害有红蜘蛛和蛴螬等，可用80%敌百虫800～1 000倍液喷杀、或用40%乐果乳剂1 000～1 500倍液防除。

六、地黄的采收与加工

（一）采收

1. 地上部位采收 地黄的地上部位未进入药典，一般作为民间药开发利用。

（1）地黄花 在花期结合摘蕾、采花，采后阴干即可。

（2）地黄果实 地黄果实即地黄的种子。其采收期在6月果实成熟期，采收后阴干即可。

（3）地黄叶 地黄叶在生长季节均可采收，晒干即可。

2. 块根采收 四季分明的地区，采收以秋后为好，春季亦可采收。当植株叶片逐渐枯黄，茎发干、萎缩，地黄根变为红黄色时为适宜的采收时期。采收时间因地区、品种、栽植期不同而异。浙江春地黄7月下旬起收，夏地黄在12月收获。广西春种地黄立秋前后采收，秋种地黄在冬末初春采收。北方种植区，一般在秋末的10月上旬至11月上旬收获。

收获时先割去地上植株，在畦的一端采挖，注意减少块根的损伤。每公顷可收鲜地黄15 000～30 000kg，高时产可达45 000kg。

（二）加工

1. 生地黄 生地黄加工方法有烘干和晒干两种。

（1）晒干 此法是根茎去泥土后，直接在太阳下晾晒，晒一段时间后堆闷几天，然后再晒，一直晒到质地柔软，干燥为止。由于秋冬阳光弱，干燥慢，不仅费工，而且产品油性小。

（2）烘干 烘干时，将地黄按大、中、小分等，分别装入烘干槽中（宽为80～90cm，高为60～70cm），上面盖上席或麻袋等物，开始烘干温度为55℃，2d后升至60℃，后期再降到50℃。在烘干过程中，边烘边翻动，当烘到根茎质地柔软无硬芯时，取出堆闷。堆闷

（又称为发汗）至根体发软变潮时，再烘干，直至全干，一般 4～5 d 就能烘干。烘干时，注意温度不要超过 70℃。当 80%地黄根体全部变软，外表皮呈灰褐色或棕灰色，内部呈黑褐色时，就停止加工。通常 4 kg 鲜地黄加工成 1 kg 干地黄。生地以干货，个大柔实，皮灰黑或棕灰色，断面油润，乌黑为好。商品规格规定，无芦头、老母、生心、杂质、虫蛀、霉变、焦枯的生地为佳品。并按大小分 5 等。

2. 熟地 取干生地洗净泥土，并用黄酒浸拌（每 10 kg 生地用 3 kg 黄酒），将浸拌好的生地置于蒸锅内，加热蒸制，蒸至地黄内外黑润，无生芯，有特殊的焦香气味时，停止加热，取出置于竹席或帘子上晒干，即为熟地。

复习思考题

1. 简述地黄的繁殖方法以及繁殖材料的选择。
2. 简述地黄在种植过程中水分的管理。

主要参考文献

陈慧，郝慧荣，熊君．2007. 地黄连作对根际微生物区系及土壤酶活性的影响［J］．应用生态学报，18（12）：2755－2759.

贾媛媛，何玉杰，梁宗锁．2009. 不同水分处理对地黄光合特性的影响［J］．西北农林科技大学学报（自然科学版），37（8）：182－186.

李晓琳，王敏，刘红彦，等．2008. 道地产区地黄不同品种间多糖量的比较［J］．中草药，39（8）：1251.

刘红彦，王飞，王永平，等．2006. 地黄连作障碍因素及解除措施研究［J］. 华北农学报，21（4）：131－132.

牛苗苗，范华敏，李娟．2011. 剪叶对地黄生长及其生理特性的影响［J］. 中国中药杂志，36（2）：107－111.

第十五节 党 参

一、党参概述

党参原植物为桔梗科植物党参、素花党参和川党参，以干燥的根入药，生药称为党参（Codonopsis Radix）。党参有健脾益肺、养血生津的功能，用于脾肺气虚、食少倦怠、咳嗽虚喘、气血不足、面色萎黄、心悸气短、津伤口渴、内热消渴。

我国是世界党参的主产区和分布中心，全世界党参植物 40 余种，我国就有 39 种之多。党参原产于山西省长治市（古称上党郡，后又改名潞州），目前我国北方各省及大多数地区均有栽培，主产于山西、陕西、甘肃和四川等省及东北各地。党参的产品在流通领域分西党、东党、潞党、条党和白党等。西党系甘肃、青海、陕西及四川西北部主产，习称纹党、晶党，其原植物为素花党参。东党主产于东北各省，原植物为党参。潞党系山西、内蒙古、河北和河南等省、自治区栽培的产品；条党系四川、湖北和陕西三省接壤处主产，其原植物均为川党参。白党产于贵州、云南和四川南部，原称为叙党，因质硬糖少内部白色而又称为白党，原植物为管花党参。

党参为常用大宗药材，全国年用量约7 000 t，出口达2 200～2 800 t。

二、党参的植物学特征

1. 党参 党参［*Codonopsis pilosula*（Franch.）Nannf.］为多年生草质藤本。根呈长圆柱形，稍弯曲，表面黄灰色至灰棕色，根头部有多数疣状突起的茎痕与芽，内有菊花心。茎缠绕，长为1～2 m，断面有白色乳汁，长而多分枝，下部有短糙毛，上部光滑。叶对生或互生，有柄，叶片卵形或广卵形，全缘。花单生于叶腋或顶端，花冠广钟形，淡黄绿色，具淡紫色斑点，先端5裂，裂片三角形；雄蕊5枚，花丝中部以下稍大；子房常为半下位，3室。蒴果圆锥形。种子小，褐色有光泽（图9-34）。花期8～10月，果期9～10月。

图9-34 党 参

2. 素花党参 素花党参［*Codonopsis pilosula* Nannf. var. *modesta*（Nannf.）L. T. Shen］与党参的区别为：叶片长成时近于光滑无毛，花萼裂片较小。

3. 川党参 川党参（*Codonopsis tangshen* Oliv.）的茎叶近无毛，或仅叶片上部边缘疏生长柔毛，茎下部叶基部楔形或圆钝，稀心脏形；花萼仅贴生于子房最下部，子房下位。

三、党参的生物学特性

（一）党参的生长发育

党参种子在温度10℃左右即可萌发，18～20℃最适宜种子萌发，种子寿命一般不超过1年。无论春播还是近冬播，甘肃产区党参一般在3～4月出苗，至6月中旬苗可长到10～15 cm高。6月中旬至10月中旬，为党参苗的营养快速生长期，苗高可达60～100 cm。高海拔、高纬度地区一年生党参苗不开花，10月中下旬上部枯萎，进入休眠期。两年或两年以上植株，一般3月中旬出苗，7～8月开花，9～10月为果期，10月下旬至11月初进入休眠状态。党参的根在第一年主要以营养生长为主，长达15～30 cm，粗2～3 mm，第二年至第七年，根以加粗生长为主，8～9年以后进入衰老期，开始木质化，质量变差。

（二）党参生长发育与环境条件的关系

1. 党参生长发育与气候的关系 党参喜温和凉爽气候，根部在土壤中能露地越冬，一般在海拔800 m以上的山区生长良好，海拔1 300～2 100 m最适宜生长。炎热往往会导致病害发生，地上部分枯萎。幼苗喜潮湿，土壤缺水会引起幼苗死亡，但高温潮湿会导致病害发生。党参对光照的要求较为严格，幼苗喜荫蔽，大苗或成株喜光，在半阴半阳处均生长不良。党参生长的地区冬季最低气温在－15℃以内，无霜期为180 d左右，夏季最高气温在30℃以下。野生党参多生长在海拔1 500～3 000 m的山地、林地及灌木丛中。

2. 党参生长发育与土壤的关系　党参是深根性植物，主根长而肥大，适宜在深厚、肥沃和排水良好的腐殖质土和沙质壤土中栽培，适宜 pH 为 6.5～7.5，黏性过大或容易积水的地方不宜栽培。党参忌盐碱，不宜连作。

四、党参的栽培技术

（一）选地与整地

1. 选地　党参栽培宜选土层深厚肥沃、土质疏松、排水良好的沙质壤土。黏土、岗地、涝洼地或排水不良的地块均不适宜种植党参。育苗地应选择土壤较湿润和有灌溉条件的地方。移栽地和直播地应选择排水条件好和较干燥的地方，以免根病蔓延，造成减产。党参忌连作，一般与大田作物进行轮作。

2. 整地与施肥　育苗地畦作为好，畦宽为 1 m，畦长依地势而定，畦高为 15～20 cm，畦间距离为 20～30 cm。移栽地垄作为好，垄宽为 50～60 cm。播种或移栽前结合深耕将基肥翻入土中，一般育苗地和直播地施厩肥和堆肥 22.5～37.5 t/hm^2，移栽地施厩肥或堆肥45～60 t/hm^2，过磷酸钙 450～750 kg/hm^2。移栽地应在秋季进行深耕后种植，次年春季及时镇压保墒。

（二）播种

党参靠种子繁殖，生产上采用种子直播和育苗移栽两种方式。

1. 种子直播法　种子直播在春季、夏季和秋季均可。多数地区采用春播；西北地区常有秋播（又称为近冬播种），秋播以播后种子不能萌发为宜。种子直播多用条播，行距为 33 cm 左右，沟宽为 15 cm，沟深为 15 cm，撒种后覆土镇压即可。每公顷用种量为 18 kg。

2. 育苗移栽　在畦面上按 15 cm 沟距开沟，沟深为 3 cm，条播，覆土 1～2 cm。每公顷用种量为 30～37.5 kg，播后床面覆草保湿。有些地方为保证苗齐、苗全，播种前把种子用 40～50℃温水浸 5 min，捞出后在 15～20℃条件下催芽，4～5 d 后种皮开裂就可播种。

当有 5%种子出苗后，应逐渐撤除覆草。在高温干旱的地区，撤草后应搭简易遮光棚。苗高 5～7 cm 时进行间苗、薅草工作，保持株距 3 cm。

党参育苗 1～2 年后移栽，移栽多在 10 月中旬或 3 月中旬至 4 月初进行。畦作时，可在整地后按行距 25～30 cm 开 15～20 cm 深的沟，按株距 6～10 cm 将苗斜放在沟内，盖土 5 cm 压紧并适量灌水。垄作时，可在已做好的垄上开 15～20 cm 深的沟，株距约 10 cm，覆土后及时耱平保墒。

（三）田间管理

1. 松土与除草　党参播种后，若发现土壤板结，可用树条轻轻打碎表层，使幼苗顺利出土。出苗后，封垄前必须注意勤除草松土，松土宜浅，以防损伤参根，封垄后不再松土。

2. 灌溉与排水　移栽后也要注意及时灌水防旱，成活后可少浇或不灌水，以防止上部徒长。雨季须注意排水，防止烂根。

3. 合理追肥 藤蔓高30cm前，要施1次肥，可每公顷施沤好的人畜粪尿15～22.5t，施后培土。在6月下旬或7月上旬开花前应进行追肥，每公顷施尿素90～150kg、过磷酸钙225～300kg，可施于离根部10cm处后培土。追肥能使茎叶生长繁茂，促进开花结实，提高种子和根的产量。

4. 摘花 党参开花多，对非留种田需及时将花摘掉，以防止消耗养分，促进根部生长。

5. 搭架扶蔓 党参是攀缘性植物，搭架有利于生长发育和防止果实霉烂。在株高约30cm时即需搭架，用树枝或玉米秸秆均可，架高应在1.5m左右。也可与其他高秆作物进行间作，使其缠绕他物生长。

6. 选留良种 党参种子寿命不足1年，生产上必须年年选留良种。一般在二年生至三年生地块留种，当果实变白色，种子刚呈褐色时，采收果实。待果实干燥开裂时，脱粒、过筛，选留充实饱满者做种用。党参种子储存时严防烟熏和受潮。二年生至三年生的党参每公顷可产种子150kg左右。

7. 病虫害防治 党参常见病害有锈病和根腐病。除常规的农业防治外，锈病可用97%敌锈钠200～400倍液或25%粉锈宁可湿性粉剂1 000～1 500倍液喷雾防治，7～10d喷1次，连续2～5次。根腐病可用50%的退菌特600～800倍液或50%多菌灵500～1 000倍液或50%甲基托布津800倍液浇灌。

党参虫害有蚜虫和红蜘蛛等，可喷40%乐果2 000倍液或50%马拉硫磷1 500～2 000倍液防治。对地下害虫可用毒饵诱杀，将麦麸50kg炒香后晾干，掺入2.5%敌百虫粉1～1.5kg或50%辛硫磷乳油0.3～0.5kg，兑15kg水，搅拌后即可使用。每次每公顷使用毒饵45～60kg，于傍晚将毒饵撒到田间。

五、党参的采收与加工

(一) 采收

直播党参以栽后4～5年收获为宜，育苗移栽以栽后3～4年收获为宜，多数地区采用育苗1年，移栽后种植2年采收。在秋季，当地上部分枯萎时挖起，挖时除去藤蔓，小心挖起根部，切勿损伤，以免影响质量。

(二) 产地加工

挖出的党参根，洗去泥土，按粗细大小分别晾晒至半干发软时，再用手或木板搓揉，使皮部与木质部贴紧，饱满柔软，然后再晒再搓，反复3～4次，晒至全干，折干率约为50%。因为党参含有挥发性油类物质，切勿置于烈日下暴晒。也可在60℃条件下烘干。一般每公顷可产干党参3 750～6 000kg，高产时可达7 500kg。

党参以根条粗大，皮肉紧，质柔润，无农残，无污染，无重金属超标，味甜者为佳。

复习思考题

1. 党参药材有哪些种类？
2. 简述党参的栽培技术要点。

主要参考文献

毕红艳，张丽萍，陈震，等.2008.药用党参种质资源研究与开发利用概况[J].中国中药杂志，33（5）：590-594.

何春雨，张延红.2005.党参栽培技术研究进展[J].中国农学通报，21（12）：295-298.

何春雨，张延红，蔺海明.2006.甘肃道地党参生长动态研究[J].中国中药杂志，31（4）：285-289.

马雪梅，吴朝峰.2009.药用植物党参的研究进展[J].安徽农业科学，37（15）：6981-6983，6993.

杨静，王莉，李利改.2005.党参种子品质的研究[J].时珍国医国药，16（7）：687-688.

第十六节 丹 参

一、丹参概述

丹参原植物为唇形科丹参，以干燥根和根茎入药，生药称为丹参（Salviae Miltiorrhizae Radix et Rhizoma）。丹参含丹参酮Ⅰ、丹参酮Ⅱ$_A$、丹参酮Ⅱ$_B$、异丹参酮Ⅰ、异丹参酮Ⅱ$_A$、隐丹参酮、异隐丹参酮、丹参新酮、丹参醇Ⅰ、丹参醇Ⅱ及原儿茶醛等药用成分。丹参有活血祛瘀、通经止痛、清心除烦、凉血消痈的功能，用于胸痹心痛、脘腹胁痛、癥瘕积聚，热痹疼痛，心烦不眠，月经不调，痛经经闭，疮疡肿痛。

丹参为常用大宗药材，主产于四川、陕西、甘肃、河北、山东和江苏等省，我国大部分省、自治区都有分布和栽培。2003年末，陕西一个丹参基地通过了国家GAP认证检查。

二、丹参的植物学特征

丹参（*Salvia miltiorrhiza* Bge.）俗称血参、赤参、紫丹参，为多年生草本植物，高30～100cm，全株密被柔毛。根细长圆柱形，外皮朱红色。茎直立，方形，表面有浅槽。奇数羽状复叶，对生，有柄；小叶3～5（7）片，顶端小叶最大，小叶柄亦最长，侧生小叶具柄或无柄；小叶卵形、广披针形，长2～7.5cm，宽0.8～5cm，先端急尖或渐尖，基部斜圆形、阔楔形或近心形，边缘具圆锯齿，叶两面被白柔毛。总状花序，顶生或腋生，长10～20cm；小花轮生，每轮有花3～10朵，小苞片披针形，长约4mm；花萼带紫色，长钟状，长1～1.3cm，先端二唇裂，上唇阔三角形而先端急尖，下唇三角形而先端二齿裂，萼筒喉部密被白色长毛；花冠蓝紫色，二唇形，长2.5cm，上唇略呈镰刀状，下唇较短而圆形，先端3裂，中央裂片较长且大，先端又作二浅裂；发育雄蕊2，着生于下唇的中下部，退化雄蕊2；子房上位，4深裂，花柱伸出花冠外，

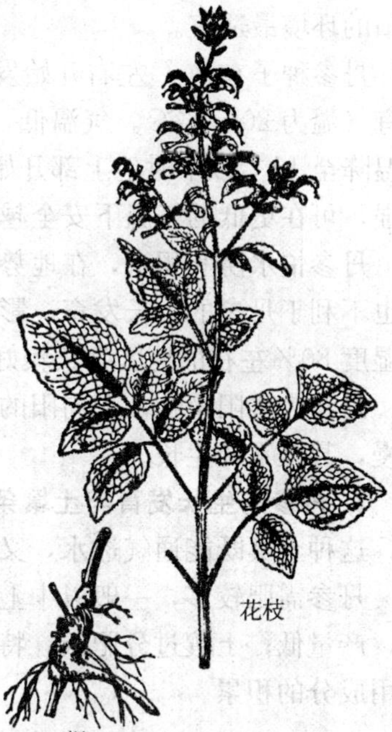

图9-35 丹 参

柱头2裂。小坚果椭圆形，黑色，长3mm（图9-35）。花期6～9月，果期7～10月。

三、丹参的生物学特性

（一）丹参的生长发育

丹参种子小，寿命1年。种子春播当年抽茎生长，多数不开花；二年生以后年年开花结实，种子千粒重为1.4～1.7g。一年生实生苗的根细小，产量低，故实生苗第二年起收加工。

育苗移栽的第一个快速增长时期出现在返青后30～70d。从返青到现蕾开花约需60d，这时种子开始形成。种子成熟后，植株生长从生殖生长再次向营养生长过渡，叶片和茎秆中的营养物质集中向根系转移，因此出现第二个生长高峰。7～10月是根部增长的最快时期。丹参根的分生能力较强，不带芽头的丹参根分段后埋入土中，均能上端长芽，下端生根，发育成新的个体，采用此法繁殖，当年参根即能收获入药。丹参宿根苗在11月地上部分开始枯萎，次年3月开始萌发返青。人工栽培（分根繁殖），长江流域在2～3月播种，4～5月开始萌发出土；黄河流域在3～4月播种，5月出苗；两地均在6月开始抽茎开花，7～8月为盛花期，7～10月为果期，也是根部增长最快的时期。

据报道，隐丹参酮集中分布在根的表皮，含量比皮层高10倍左右，比中柱高40倍以上。细根隐丹参酮的含量比粗根高，因为细根的表皮占根的比例较粗根大，建议生产上栽培应以一年生为主，并适当密植。

（二）丹参的生长发育与环境条件的关系

1. 丹参的生长发育与气候条件的关系 丹参对气候条件的适应性较强，但以温暖湿润向阳的环境最适宜。

丹参种子在20℃左右开始发芽，种根一般在土温15℃以上开始萌芽，植株生长发育的适宜气温为20～26℃。气温低，幼苗出土和植株生长发育缓慢。丹参茎叶不耐寒，一般在气温降至10℃以下时地上部开始枯萎，茎叶只能经受短期-5℃左右的低温；地下部耐寒性较强，可在更低的气温下安全越冬。

丹参怕水涝和积水，在地势低洼、排水不良的情况下易发生黄叶烂根。但过于干燥的环境也不利于丹参的生长发育，影响其发芽出苗、幼苗的生长发育、根的发育膨大。一般以相对湿度80%左右的地区生长较好。

丹参为喜阳植物，在向阳的环境下生长发育较好；在荫蔽的环境下栽培，植株生长发育缓慢，甚至不能生长。

2. 丹参的生长发育与土壤条件的关系 丹参以土层深厚、质地疏松的沙质壤土生长最好，这种土壤既能通气透水，又能保水保肥，宜耕性好。

丹参需肥较多，一般以中上等肥沃的土壤为适宜。土壤瘠薄，肥力过低时，植物生长缓慢，产量低；土壤过分肥沃，特别是氮素过多时，容易出现茎叶徒长，不利于根系的发育和药用成分的积累。

四、丹参的品种类型

四川省中江县栽培的丹参主要是中江大叶型丹参（*Salvia miltiorrhiza* Bunge cv. Sativa）和中江小叶型丹参（*Salvia miltiorrhiza* Bunge cv. Foliola），另外还有中江野丹参（*Salivia miltiorrhiza* Bunge cv. Silvestris）。大叶型丹参根条较短而粗，植株较矮，叶片大而较少，花序1～3支，为当前主栽品种，产量高，但生产上退化较严重，要注意提纯复壮。小叶型丹参根较细长而多，主根不明显，植株较高，叶多而小，花序多见3～7支，目前栽培面积较小。

五、丹参的栽培技术

（一）选地与整地

丹参适宜选择地势向阳、土层深厚、疏松肥沃、排水良好的沙质壤土进行合理轮作。前作收获后每公顷施腐熟农家肥（堆肥或厩肥）22 500～30 000 kg、磷肥750 kg做基肥，深翻入土中，然后整细整平，并做成宽70～150 cm的高畦，北方可做平畦。

（二）栽种方法

丹参可采用分根、分株、扦插或种子繁殖，以分根或种子繁殖为主。

1. 种子繁殖　丹参用种子繁殖时，一般采用育苗移栽方法。

（1）**留种**　留种田的植株于第二年5月开始开花，一直延续到10月份。6月以后种子陆续成熟，可分期分批剪下花序，或于花序上有2/3的萼片转黄未干枯时，将整个花序剪下，晒干脱粒。

（2）**种子育苗移栽**　种子最好随采随播，播种量为22.5 kg/hm^2 左右。种子拌细沙撒播均匀，盖少量细沙土（以盖住种子为度），然后盖草或塑料薄膜，保持土壤湿润。出苗后逐渐揭去盖草。苗高6 cm左右时间苗，10月下旬至封冻前移栽，行株距为25～40 cm×20～30 cm。北方有的地区于2～3月采用阳畦育苗，5～6月移栽。

2. 分根繁殖　分根繁殖为丹参生产上广泛采用的繁殖方法。

（1）**备种**　一般选直径1 cm左右，色红、无病虫害的一年生侧根做种，最好用上段和中段，细根萌芽能力差。留种地当年不挖，到翌年2～3月间随挖随栽（华北地区可在3～4月移栽），也可在11月收挖时选取好种根（可将上段和中段做种，尾段入药），埋于湿润土壤或沙土中，翌年早春取出栽种。

（2）**根段直播**　按行株距25～40 cm×20～30 cm开穴，穴深为5～7 cm，穴内施入充分腐熟的猪粪尿，每公顷22 500～30 000 kg，然后将种根条掰成约5 cm的节段，直立放入穴内，边掰边栽，上下端切勿颠倒。最后覆土3～5 cm左右，稍压实。还可盖地膜以提高地温，改善土壤环境，促进丹参的生长发育，从而提高产量。

（3）**分根育苗移栽**　苗床地施入足够腐熟的农家有机肥，确保其疏松透气。育苗时间早于大田直播，育苗方法是将根条折成5 cm左右的小段，按行株距2～3 cm×3 cm直插入苗床内，覆土以不露根条为度。浇足定根水，插好竹弓后盖膜。出苗后注意膜内温湿度的控制，当幼苗长至3cm左右高时，逐渐揭膜炼苗，然后移栽。育苗移栽既可以提高成苗保苗率，也有利于培育壮苗。一般育苗1m^{2}可移栽45m^{2}生产田。

3. 分株繁殖 分株繁殖也称为芦头繁殖，在丹参收获时，选取健壮植株，剪下粗根作药用，将细小根连芦头带心叶做种苗，视大小分割栽种，随挖随栽。

（三）田间管理

1. 查苗补缺 苗期要进行查苗补苗，苗过密要间苗。

2. 中耕除草 用分根法栽种的，常因盖土太厚，妨碍出苗。因此在3～4月份幼苗开始出土时，要进行查苗，查看有无因表土板结或盖土过厚不出苗的，一旦发现可将穴土掀开。一般中耕除草3次，第一次在返青时或栽种出苗后苗高约6cm时进行；第二次在6月份进行；第三次在7～8月份进行。

3. 追肥 一般追肥3次，第一次在全苗后施提苗肥，每公顷施水肥15t、钾肥150kg；第二次于5～6月植株进入旺长期后施长苗肥，每公顷施水肥15t、饼肥750kg；第三次在7～8月施长根肥，每公顷施水肥15t、过磷酸钙3t、钾肥150kg。追肥常结合中耕进行。

4. 排灌 丹参怕水涝，在多雨地区和多雨季节要注意清沟排水，防止土壤积水烂根。丹参苗期不耐旱，遇干旱应及时浇水抗旱。

5. 摘蕾 除留种地外，丹参花期应分期分批打去花薹，去除花序，使养分集中供应根部的生长发育。

6. 病虫害防治 丹参的主要病害是根腐病［*Fusarium equiseti*（Corda）Sacc.］、根结线虫病（*Meloidogyne incognita* Chitwood）、叶斑病（*Pseudomonas* sp.）、菌核病［*Sclerotinia gladioli*（Massey）Drayton］。防治方法：合理轮作，加强田间管理等；药剂防治，可用50%多菌灵1 000倍液或50%甲基托布津800～1 000倍液，浇灌根部或叶面喷施。

丹参主要虫害有银纹夜蛾和地老虎，可用90%敌百虫800～1 000倍液或40%乐果乳油1 000倍液浇灌。

另外，根结线虫对丹参的品质有较大的影响，注意与禾本科作物进行轮作。

六、丹参的采收与加工

无性繁殖春种的丹参于当年10～11月份地上部枯萎或翌年春萌发前挖收。因丹参根入土深，质脆易断，应选晴天土壤半干半湿时小心将根全部挖起，先放在地里晒去部分水分，使根软化，不易碰断，再抖去泥沙，剪去芦头，运回加工。

北方是直接晾晒，晾晒过程中不断抖去泥土，搓下细根，直至晒干为止。南方有些产区在加工过程中有堆起“发汗”的习惯。据分析，采用堆起“发汗”的加工方法会使隐丹参酮含量降低，因此不宜采用。丹参鲜品产量一般为13 500～18 000kg/hm^2，鲜干比为3.1～4.1∶1。

丹参产品以无芦头，无须根，无泥沙杂质，无霉变，无不足7cm长的碎节为合格；以根条粗壮，外皮紫红色，光洁者为佳。

复习思考题

1. 丹参为什么生产上广泛采用分根繁殖?
2. 简述丹参的栽培技术要点。

主要参考文献

王渭玲，梁宗锁，孙群，等.2005. 不同氮磷施用量对丹参产量及有效成分的影响［J］. 中国农学通报，21（3）：218-221.
闫文蓉，牛世杰，刘燕，等.2009. 丹参有效成分含量与土壤因子的关系研究［J］. 中国农学通报，25（8）：246-249.
张兴国，程方叙，仇有文，等.2008. 丹参土壤肥力的实验研究［J］. 时珍国医国药，19（2）：330-332.
赵杨景，陈四宝，高光耀，等.2004. 不同产地丹参的无机元素含量及其生长土壤的理化性质［J］. 中国中药杂志，29（9）：844-850.
赵群.2009. 不同采收期丹参中丹酚酸 B 的含量测定［J］. 安徽农业科，37（24）：11537，11546.

第十七节 太子参

一、太子参概述

太子参又名孩儿参、童参、异叶假繁缕等，原植物为石竹科孩儿参属植物，以干燥块根入药，生药称为太子参（Pseudostellariae Radix)。太子参含皂苷类、淀粉及果糖等成分，有益气健脾、生津润肺的功能，用于脾虚体倦、食欲不振、病后虚弱、气阴不足、自汗口渴、肺燥干咳。野生太子参主要分布于江苏、河南、湖北、陕西、安徽、河北、四川和山东等省。栽培品主产于华东地区各省，福建和安徽为种植最集中的地区，人工栽培已有近百年的历史。近年来，贵州太子参生产发展较快，已成为重要产区之一。

二、太子参的植物学特征

太子参［*Pseudostellaria heterophylla*（Miq.）Pax ex Pax et Hoffm.］为多年生草本，高 15～20 cm，块根长纺锤形。茎下部紫色，近四方形；上部近圆形，绿色；有 2 列细毛，节略膨大。叶对生，略带肉质，下部叶匙形或倒披针形，先端尖，基部渐狭；上部叶卵状披针形至长卵形；茎端的叶常 4 枚相集较大，成十字形排列，边缘略呈波状。花腋生，二型。闭锁花生于茎下部叶腋，小形，花梗细，被柔毛；萼片 4；无花瓣。普通花 1～3 朵顶生，白色；花梗长 1～2（4）cm，紫色；萼片 5，披针形，背面有毛；花瓣 5，倒卵形，

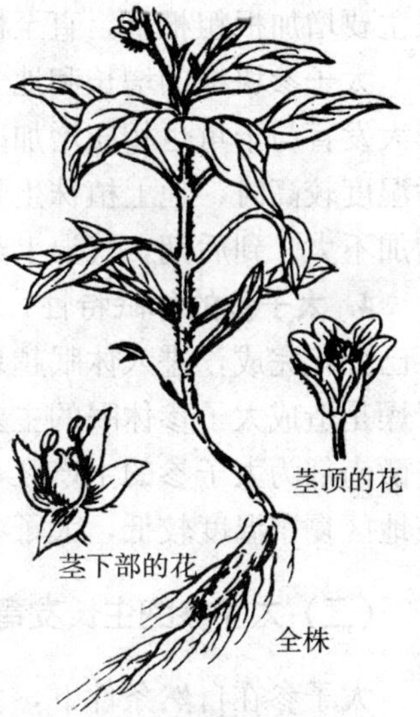

图 9-36 太子参

顶端2齿裂；雄蕊10，花药紫色；雌蕊1，花柱3，柱头头状。蒴果近球形，熟时5瓣裂。种子扁圆形，有疣状突起。花期4～5月。果期5～6月（图9-36）。

三、太子参的生物学特性

（一）太子参的生长发育

生产上，太子参主要用块根进行营养繁殖，全生育期为4个月左右。

1. 太子参的种子、块根特性

（1）**太子参的种子特性** 太子参种子成熟后易脱落，人工不易采收。太子参种子需满足一定低温条件才能萌发，属低温打破休眠的类型，在－5～5℃温度下储存150 d后种子发芽率为65.8%。种子发芽后长出幼苗，其根头上芽基部与地下茎的茎节处产生不定根，形成小块根。种子根（胚根）在生长发育过程中，除了吸收土壤养分和水分，稍有膨大外，自身随着植株当年生育周期的结束而解体腐烂。因此，太子参块根是由不定根发育长大形成的。

（2）**太子参的块根特性** 太子参块根具有低温条件下发芽生长的特性。太子参栽种后34 d，旬平均气温14.5℃、土温10℃时，顶芽开始发芽，并长出须状细根（支根）。随着气温和土温的下降，发芽能力显著增强，细根数量增多。

太子参具有茎节生根而膨大形成块根的特性。从种子苗或种参长出的地下茎节上产生不定根形成子参，在子参根头的新芽基部又能长成新的子参，相继延续长出多级新根。

2. 太子参的茎叶生长特性 太子参春季出苗早，在华东地区1月下旬至2月上旬即可出苗，植株生长逐步加快，并进入现蕾、开花和结果等过程。在此过程中，地上部形成分枝，叶面积增大，到6月上中旬茎叶生长量达高峰，以后由于气温过高，超过30℃，茎叶停止生长而逐渐枯萎。

3. 太子参的块根的生长特性 太子参发根早，在幼苗未出土即开始。植株在生育早期，主要增加根数和根的长度，根粗增长不大，绝大部分根呈纤维状。生育中期块根不仅增加长度，也增加根粗和根数。4月中旬块根已呈纺锤形，5月中旬后植株进入生育后期，新生块根主要增加根粗根重，直至植株枯萎为止。

太子参块根的增长和地上部植株生长程度的关系密切。当地上部干重增加时，地下根的膨大发育与干重也相应增加。在生育早中期，气候温暖，旬平均温度在10～20℃、空气相对湿度较高时，地上植株生长繁茂，光合效率高，干重逐步增长，此时块根形成快，但粗度增加不大。到后期，气温上升，植株缓慢生长，光合物质迅速转入块根，促进块根肥大。

4. 太子参的休眠特性 夏至以后，地上茎叶枯黄，新生块根彼此分开，块根顶端混合芽已分化完成，进入休眠越夏阶段。在荫蔽、湿润条件下，休眠期推迟。因此，夏季高温、干燥是造成太子参休眠的主要原因，也是影响产量的主要因素。生产中也发现，虽然江苏和安徽南部为太子参的主产区，但产量往往低于北部地区。贵州省引种成功的主要原因，就是该地区夏季温度较低，太子参休眠迟，生长期较长，光合积累多。

（二）太子参的生长发育与环境条件的关系

太子参在自然条件下，多半野生于阴湿山坡的岩石缝隙和枯枝落叶层中，喜疏松肥沃、排水良好的沙质壤土。太子参适宜温暖湿润的气候，在旬平均10～20℃气温下生长旺盛，怕炎夏高温和强光。气温超过 30℃时植株生长停止。6 月下旬（夏至）植株开始枯萎，进入休眠越夏。太子参耐寒，块根在北京－17℃气温下可安全越冬。喜湿怕涝，积水容易感染病害而烂根。

四、太子参的品种类型

传统太子参产区，如安徽、江苏和福建等地，最初人工栽培所用种苗多来自当地的野生资源，由于居群差异，以及各地生长条件不同，各地太子参质量差异较大。例如，安徽、江苏和福建产太子参多糖及氨基酸含量较高，河南和贵州产太子参多糖含量较低。近年，各地相继开展太子参品种选育工作，如福建太子参主产区柘荣县选出了“柘参 1 号”和“柘参 2 号”2 个品种。

1. “柘参 1 号” 此品种植株直立无分枝；茎基部近方形，上部圆，节部略膨大，节间有 2 行短柔毛；株高 10～13 cm；叶片卵形，全缘，无波状，叶宽 4.0～5.2 cm，叶长 6.7～10.5 cm。茎下部花腋生，花小，紫色，萼片 4 片，无花冠，雄蕊 2 枚，雌蕊 1 枚；茎顶端花腋生，花大，白色，萼片 5 片，有 5 片花瓣，雄蕊 10 枚，雌蕊 1 枚。蒴果卵形，含种子6～8 粒。种子长椭圆形，褐色，千粒重 5.4 g。块根纺锤形，长 6～10 cm，直径 0.4～0.7 cm，淡黄色。种根芽 1～3 枚，白色。此品种抗病性较弱，但块根性状好，有效成分含量高。

2. “柘参 2 号” 此品种植株直立，分枝 4～6 个；茎近方形，节间有 2 行短柔毛；株高 11～14 cm；叶片卵状，披针形，叶全缘，微波状，叶长 6.0～9.0 cm，宽 2.6～4.3 cm。块根胡萝卜形，淡黄色，长 4～8 cm，宽 0.3～0.5 cm。种根芽 1～3 枚，紫色。此品种叶斑病轻发生，产量较高。

同时，太子参产区已普遍认识到花叶病毒是引起品种退化、产量下降的主要原因，并采取了相应措施进行复壮，如种子育苗、野生太子参做种以及脱毒苗生产等，其中种子育苗措施采用较广泛，而脱毒苗生产由于太子参繁殖系数低等原因，未能得到应用。

五、太子参的栽培技术

（一）选地整地

太子参栽培应选丘陵坡地与地势较高的平地，或新垦过两年的土地。要求土质疏松，肥沃，排水良好。排水不良的低洼积水地、盐碱地、沙土、重黏土都不宜栽培太子参。如在坚实、贫瘠的土壤上生长，则参根细小，分叉多而畸形，产量低。太子参忌重茬，前作物以甘薯和蔬菜等为好。太子参主产区采用参稻二熟耕作制，减轻了太子参病害的发生，取得了较好效益。坡地以向北和向东最适宜。

在早秋作物收获后，将土地翻耕，按肥源情况，施足基肥。然后再行耕耙，耙细耙匀，做成 1.3 m 宽，15～20 cm 高的畦，畦长按地形定，沟宽为 50 cm，沟深为 30 cm，畦面保持弓背形。

（二）繁殖方法

太子参的繁殖方法可分为块根繁殖和种子繁殖。生产中以块根繁殖为主。

1. 块根繁殖

(1) **栽种时间**　一般在10月上旬（寒露）至地面封冻之前均可栽种。但以10月下旬前为宜，过迟则种参因气温逐渐降低而开始萌芽，栽种时易碰伤芽头，影响出苗。另外，因气温过低而土地封冻，操作不便。

(2) **选种**　一般在留种地内边起收，边选种，将芽头完整、参体肥大、整齐无伤、无病虫危害的块根做种用。选后需要集中管理存放，以利栽种。

(3) **栽种深度**　太子参地下茎节数的多少不受栽种深度的影响，但节间长短却因深、浅不同而差异较大。浅栽的（不足6cm）地下茎部短而节密，并近于地面，新参的生长都集中在表土层内，块根体形小而相互交织，不符合产品要求。过于深栽的（沟深超过9cm），节间距离太大，块根虽大，但发根少，产量低，也不利于采收。因此，掌握适宜的深度是栽种中的重要一环，一般控制在7～8cm间为宜。

(4) **栽种方法**

①平栽：在畦面上开直行条沟（在畦面上操作），沟距为13～17cm，沟深为7～10cm。开沟后将腐熟的基肥撒入沟内，用土稍加覆盖。然后将种参平放摆入条沟中，株距为5～7cm，种参间头尾相接。用种量为450～600kg/hm^2。

②竖栽：在畦面上开直行条沟，沟距为13～17cm，沟深为13cm，将种参斜排于沟的外侧边，株距为5～7cm，种参芽头朝上，离畦面7cm，要求芽头位置一齐，习称上齐下不齐。然后再在第二沟内摆种，以此类推。用种量为600～750kg/hm^2。

2. 种子繁殖　在种参缺乏或病毒严重的地区多用种子繁殖。太子参的蒴果易开裂，种子不易收集，因此往往利用自然散落的种子，原地育苗。在原栽培地收获参后，用耙搂平，施1次肥，种一茬萝卜、白菜，收获后再耙平，第二年春太子参种子即可发芽出苗，长出3～4片叶子时即可移栽或到秋季做种之用。种子繁殖，当年仅形成一个圆锥根。

（三）田间管理

太子参生育期短，植株矮小，光合面积有限。因此，加强田间管理，是提高产量的重要保证。

1. 除草　幼苗出土时，生长缓慢。越冬杂草繁生，可用小锄浅锄1次，其余时间都宜手拔。5月上旬后，植株已封行，除了拔除大草外，可停止除草，以免影响生长。

2. 培土　早春刚出苗时，边整理畦沟，边将畦边的土撒至畦面，或用客土培土。培土厚度1cm左右，有利于发根和根的生长。

3. 排灌　太子参怕涝，一旦积水，易发生腐烂死亡。雨季必须清好畦沟，保证排水畅通。在干旱少雨季节，应注意灌溉。畦面踏踩后易造成局部短期积水，使参根腐烂死亡，降低产量，留种田越夏期间也是如此，因此应防止踩踏畦面。

4. 施肥　太子参生长期短，枝叶柔嫩，须施足基肥，以满足植株生育需要。一般用厩肥、堆肥、草木灰和禽粪等，要求发酵腐熟后方能使用。

施肥方法：对于土壤瘠薄的地块，在耕翻前应施入基肥，或将基肥直接施于条栽的沟内，使肥料集中，以提高肥效。但应注意肥料与种参不能直接接触，否则易使种参霉烂。

5. 种栽田及其越夏管理　为保证太子参种参的供应，要建立种栽田。选择优良的种栽在较好的地块上进行种栽的生产。为保证其夏季有适宜的生长环境，产区多采用套种春大豆的方法。是在5月上旬（立夏），在太子参田内套种早熟黄豆，株距为33 cm，行距为40 cm。待太子参植株枯黄倒苗时，大豆已萌芽生长，利用它的茂盛枝叶做荫蔽物，有利于越夏。

但是，田间建立种栽田也有不利的方面，如夏季多雨会造成田间积水、地下害虫危害易于发生等，常造成损失。因此，有的产区采用室内沙藏法保存太子参种根，在此期间应经常检查沙土的湿度，防止过干过湿，并防止鼠害。

6. 病虫害防治 太子参常见病害有叶斑病（*Septoria* sp.）、根腐病（*Fusarium* sp.）和太子参花叶病毒（*Taizishen mosaic virus*）等。其中，太子参花叶病毒是影响太子参生产的主要病害。

防治方法：选无病株留种；轮作；防止田间积水；在春夏季多雨期间，用1∶1∶100波尔多液，每隔10 d喷射1次或用65%代森锌可湿性粉剂500～600倍液喷雾防治。根腐病发病期用50%多菌灵或50%甲基托布津1 000倍液浇灌病穴；重视传播病毒蚜虫的防治。

太子参常见虫害有蛴螬、地老虎、蝼蛄和金针虫等，防治参考其他药材地下害虫的防治方法。

六、太子参的采收与加工

（一）采收

用块根繁殖的太子参在每年的6月下旬（夏至前后），植株枯萎倒苗时即可收获。起收要及时，如若延迟收获，常因雨水过多而造成腐烂。收获时宜选晴天，细心挖起，深度一般为13 cm，不宜过深，要拾净。一般每公顷可产干货750～1 125 kg，高产者达2 250 kg。

（二）加工

太子参产品有2种：烫参和生晒参。

1. 烫参的加工 将收挖的鲜参，放在通风室内摊开晾1～2 d，使根部稍失水发软。再用清水洗净，装入淘米筐内，稍经沥水后即可放入100℃开水锅中。浸烫1～3 min后捞出，摊放在水泥晒场或芦席上晒，晒至含水量到14%为止。但应注意浸烫时间不宜过长，否则会发黄变质，浸烫的检验是以指甲顺利掐入参身内为标准。干燥后的参根装入箩筐，轻轻振摇，去除须根即成商品。此法加工的太子参，习称烫参。烫参面光色泽好，呈淡黄色，质地较柔软。

2. 生晒参的加工 将鲜参用水洗净，薄摊于晒场或晾芦席上，在日光下晒至含水量到14%为止，这称生晒参。生晒参成品光泽较烫参差，质稍硬，但气味较烫参浓厚。加工折干率30%左右。

复习思考题

1. 根据太子参的生物学特性，太子参引种应注意哪些问题？
2. 如何做好太子参留种越夏工作？

主要参考文献

林光美，侯长红，赖应辉，等.2005. 覆盖与遮阴对太子参产量的影响［J］. 中药材，28（4）：261-262.
林茂兹，曹智，王阮萍，等.2009. 太子参光合速率变化特征初探［J］. 草业科学，24（7）：31-38.
林伟群，张旻芳，郑绍兴.2004. 太子参不同播种期、种植密度、施肥量试验［J］. 作物杂志（6）：34.
吴朝峰，林彦铨.2004. 药用植物太子参的研究进展［J］. 福建农林大学学报（自然科学版），33（4）：426-430.
朱艳，周小华，秦民坚.2005. 太子参病毒病及其脱病毒研究进展［J］. 中国野生植物资源，24（2）：31.

第十八节 柴 胡

一、柴胡概述

柴胡原植物为伞形科柴胡和狭叶柴胡，以干燥根入药，分别习称北柴胡和南柴胡，生药统称柴胡（Bupleuri Radix）。柴胡有疏散退热、疏肝解郁、升举阳气的功能，用于感冒发热、寒热往来、胸胁胀痛、月经不调、子宫脱垂、脱肛。柴胡根中含有柴胡皂苷、挥发油、黄酮、多元醇、植物甾醇和香豆素等成分。北柴胡又名硬柴胡，主产于东北、西北和河北、河南等地，内蒙古和山东亦产。南柴胡又名软柴胡、红柴胡、香柴胡，主产于湖北、江苏和四川，安徽、黑龙江和吉林等地亦产。各种柴胡以野生为主，近年，人工栽培比例开始增加，如甘肃栽培柴胡已跻身于当归、黄芪、党参、大黄和甘草的大宗栽培药材之列。随着种植面积的扩大，种植的品种越来越杂，如黑柴胡、红柴胡、野生柴胡、日本三岛柴胡以及诸多变种等，因此品种混杂是今后柴胡生产中应重点解决的问题。

二、柴胡的植物学特征

1. 柴胡 柴胡（*Bupleurum chinense* DC.）为多年生草本，高 40～90 cm。根直生，分支或不分支。茎直立，丛生，上部多分枝，并略作之字形弯曲。单叶互生，广线状披针形，长 3～9 cm，宽 0.6～1.3 cm，先端渐尖，最终呈短芒状，全缘，下面淡绿色，有平行脉 7～9 条。复伞形花序腋生兼顶生；伞梗 4～10，长 1～4 cm，不等长；总苞片缺，或有 1～2 片；小伞梗 5～10，长 2 mm；小总苞片 5；花小，黄色，直径 1.5 mm 左右；萼齿不明显；花瓣 5，先端向内曲折成 2 齿状；雄蕊 5，花药卵形；雌蕊 1，子房下位，光滑无毛，花柱 2，极短。双悬果长圆状椭圆形，左右扁平，长 3 mm 左右，分果有 5 条明显主棱，棱槽中通常有油管 3

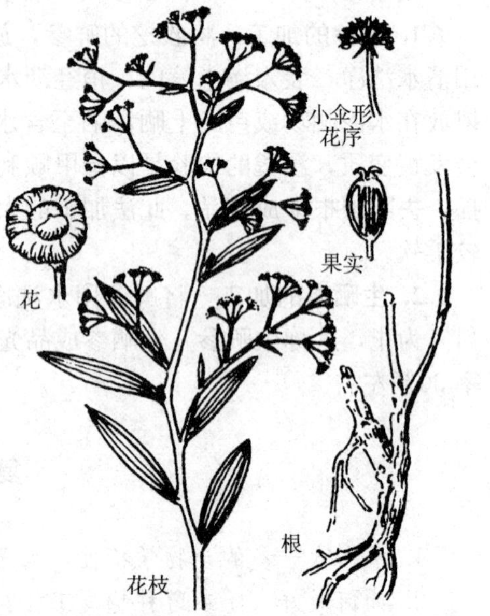

图 9-37 北柴胡

个，接合面有油管 4 个（图 9 - 37）。花期 8～9 月，果期 9～10 月。

2. 狭叶柴胡 狭叶柴胡（*Bupleurum scorzonerifolium* Willd.）与柴胡的主要区别在于，主根较为发达，常不分支，根皮红褐色；根生叶及茎下部叶有长柄；叶长而窄；伞梗较多，伞梗 3～15，小伞梗 10～20 个；成熟果实的棱槽中油管不明显，幼果横切面常见每个棱槽有油管 3 个（图 9 - 38）。花期 7～9 月，果期 8～10 月。

图 9 - 38 狭叶柴胡
1. 根 2. 花枝 3. 小伞形花序 4. 花 5. 果实

3. 其他 同属多种植物也可作柴胡入药，一般多为自产自用，包括膜缘柴胡（*Bupleurum marginatum* Wall. ex DC.）又名竹叶柴胡，主产于湖北和四川等省；黑柴胡（*Bupleurum smithii* Wolff.），主产于山西、陕西和青海等省；小叶黑柴胡（*B. smithii* Wolff. var. *parvifolium* Shan et Y. Li.），主产地与黑柴胡同；秦岭柴胡（*B. longicaule* Wall. ex DC. var. *giraldii* Wolff）主产于陕西、山西和宁夏等省、自治区。

三、柴胡的生物学特性

（一）柴胡的生长发育

柴胡从播种到出苗一般需要 30 d 左右。出苗后进入营养生长期，此期持续时间较长，达 30～60 d。柴胡在营养生长期，叶片数目和大小增长迅速，但根增长缓慢。到抽茎孕蕾期，叶片数目增加较慢，但大小增长迅速，根随即进入稳步快速增长期。开花结果至枯萎之前，地上部分生长量极小，但根生长最快。

第一年的植株除个别情况外，均不抽茎，只有基生叶和母根，10 月中旬逐渐枯萎进入越冬休眠期。第二年抽茎并全部开花、结实，从开花到种子成熟需要 45～55 d，成株年生长期为 185～200 d。

柴胡种子较小，千粒重为 1.3 g，种子寿命为 1 年。柴胡种子一般发芽率较低，有人认为是胚未发育成熟，种子有生理后熟现象。层积处理能促进后熟，但干燥情况下，经 4～5 个月才能完成后熟过程。生产上为提高其发芽率常采用层积处理，或在播种前用 100 mg/L 赤霉素（GA_3）浸种 24 h，可使柴胡的发芽率从 18%提高到 60%以上。发芽适温为 15～25℃，发芽率可达 50%～60%。植株生长的适宜温度为 20～25℃。

（二）柴胡的生态环境

野生柴胡多生于海拔 1 500 m 以下的山区、丘陵等较干燥的荒坡、林缘、林中隙地、草丛及沟旁等处。喜生于壤土、沙壤土上，较耐寒耐旱，忌高温积水。栽培柴胡喜温暖湿润环境，较耐寒，耐干旱，怕水浸。适宜生长在疏松、肥沃、排水良好、pH 5.5～6.5 的沙质壤土中。

四、柴胡的栽培技术

（一）选地整地

宜选择土层深厚，排水良好的壤土、沙质壤土或偏砂性的轻黏土种植柴胡。坡地、平地、荒地均可，但以较干燥的地块为好，避免选择低湿地。柴胡忌连作。农田地种植前茬可选择甘薯、小麦和玉米地等。选好地块后，翻耕 20～30 cm 深，整地前施入充分腐熟的农家肥 45 000～75 000 kg/hm^2，配施少量磷肥和钾肥，整细耙平，做成宽 1.2～1.5 m 的畦。

（二）播种

柴胡用种子繁殖，有直播和育苗移栽两种方法，大面积生产多采用直播。春播、伏播和秋播均可，在春季干旱地区以伏播或秋播为宜。采用春播要在播种前，先浸种 24 h，然后在 15～25℃条件下催芽处理至种子露白后再播，对保证出苗率有利。播种可用散播和条播，以条播为好。条播时，先按 10～20 cm 的行距开沟，沟深 1 cm 左右，将种子均匀撒入沟内，覆土后稍镇压并浇水，播种量为 7.5～22.5 kg/hm^2，播后注意盖草保湿。

由于柴胡多种植在较干旱地区，为提高出苗率，可采用育苗移栽的方式。在较优越的条件下培育柴胡苗，当苗高 10 cm 时挖带土坨的秧苗，定植到大田中，定植后及时浇水。

（三）田间管理

1. 间苗、除草和松土 出苗后要经常松土除草，但要注意勿伤茎秆。当苗高 3～6 cm 时进行间苗；待苗高 10 cm 时，结合松土锄草，按 5～10 cm 株距定苗。一年生柴胡苗茎秆比较细弱，在雨季到来之前应培土，以防止倒伏。

2. 灌溉、排水与施肥 出苗前应保持畦面湿润，干旱季节和雨季应分别做好防旱和防涝工作。苗高 30 cm 时，可酌情每公顷追施过磷酸钙 150 kg、硫酸铵 112.5 kg。

3. 平茬 由于柴胡属无限花序，8 月以后开花所结的种子往往不够饱满，可在这时进行平茬处理，即将花序顶端割除。这不但可以提高所留种子的质量，而且对柴胡根增重有利。据吉林省柴胡无公害规范化生产示范基地的研究发现，完全不留花序可使柴胡根增产 159.86%，平茬可增产 33.22%。

4. 病虫害防治 危害柴胡的主要病害有：柴胡斑枯病（*Septoria dearnessii*）、锈病（*Puccinia* spp.）和根腐病（*Fusarium* spp.）等。防治方法：选地时要避免选低洼湿地；合理密植，避免群体过密造成田间空气温、湿度过高；春秋注意清理田间卫生；发现病株及时清理，拔除销毁；药剂防治时，对锈病可用 25%粉锈宁可湿性粉剂 1 000～1 500 倍液喷洒，对斑枯病可用 50%代森锰锌 600 倍液或 70%甲基托布津 800～1 000 倍液喷洒。

柴胡虫害主要有黄凤蝶和赤条蝽等，可用 80%晶体敌百虫 800 倍液或青虫菌（每克含孢子 100 亿）或 40%乐果乳油 1 000～1 500 倍液防治。

5. 收种 一年生柴胡植株虽能开花结子，但量少质差，故多以二年生植株留种。对留种田应加强肥水管理，当植株开始枯黄，有 70%～80%种子成熟时即可收割（也可把植株顶花序及其以下 4～5 个节的一次分枝的顶花序种子成熟作为判断收种的标志），晾干后抖出种子，筛选后置通风干燥处收藏。采种后的植株根部仍可入药，但质量有所下降。

五、柴胡的采收与加工

（一）采收

柴胡播种后生长 1～2 年均可采挖。日本学者曾做过一年生和二年生柴胡根有效成分的比较研究，结果发现，一年生根中柴胡总皂苷含量较高，为 1.57%±0.25%，二年生为 1.19%±0.16%。单从有效成分上看，以采收一年生柴胡为好，但考虑到二年生根产量可达一年生的 2 倍以上，因此应以采收二年生柴胡为宜。

每年在秋季植株开始枯萎时或春季新梢未长出前采收均可。

（二）加工

采挖后除去残茎，抖去泥土，晒干即可，也可切段后晒干。折干率为 3.7：1 左右。一般一年生植株每公顷产干根为 600～1 350 kg，二年生植株产干根 1 200～2 250 kg/hm^2。

（三）商品要求

北柴胡根不分等级，产品标准：干品，呈圆锥形，上粗下细，顺直或弯曲，多分支；头部膨大，呈疙瘩状，残茎不超过 1 cm；表面灰褐色或土棕色，有纵纹；质硬而韧；断面黄白色，显纤维性；微有香气，味微苦辛；无须毛，无杂质，无虫蛀，无霉变。

南柴胡根也不分等级，产品标准：干品，类圆锥形，少有分支，略弯曲；头部膨大，有残留苗茎，残留苗茎不超过 1.5 cm；表面土棕色或红褐色，有纵纹；质较软；断面淡棕色；微有香气，味微苦辛；大小不分；无须根，无杂质，无虫蛀，无霉变。

复习思考题

1. 生产中栽培的柴胡有哪些种？各主要分布在什么区域？
2. 柴胡的种子千粒重是多少？种子寿命一般多长？
3. 柴胡种子发芽率较低，用什么方法可提高其发芽率？
4. 栽培柴胡常发生病虫害危害，常见的病虫害有哪些？如何防控？

主要参考文献

丁永辉，宋平顺，朱俊儒，等 . 2002. 甘肃柴胡属植物资源及中药柴胡的商品调查 [J] . 中草药（11）：1036 -1038.

晋小军，蔺海明，邹林有 . 2007. 不同处理方法对甘草、柴胡、黄芪种子发芽率的影响 [J] . 草业科学，24（7）：37 - 39.

王玉庆，牛颜冰，秦雪梅 . 2007. 野生柴胡资源调查 [J] . 山西农业大学学报（自然科学版）（1）：103 - 104.

向琼，李修炼，梁宗锁，等 . 2005. 柴胡主要病虫害发生规律及综合防治措施 [J] . 陕西农业科学（2）：39 -41.

于英，王秀全，包玉晓，等．2003．北柴胡生长发育规律的研究［J］．吉林农业大学学报（5）：524-530．
郑亭亭．2010．柴胡选育品系和主要栽培种质的品质及遗传整齐度评价［D］．北京：中国协和医科大学．

第十九节　川　芎

一、川芎概述

川芎原植物为伞形科植物，以干燥根茎入药，生药称为川芎（Chuanxiong Rhizoma）。川芎含阿魏酸、川芎嗪、4-羟基-3-丁基酞内酯、大黄酚、瑟丹酸和川芎内酯等有效成分。川芎有活气行血、祛风止痛的功能，用于胸痹心痛、胸胁刺痛、跌打肿痛、月经不调、经闭痛经、癥瘕腹痛、头痛、风湿痹痛。川芎是四川省地道药材，主产于都江堰市和崇州市等，已有400多年的栽培历史。全国许多省、直辖市、自治区也有种植。

二、川芎的植物学特征

川芎（*Ligusticum chuanxiong* Hort.）为多年生草本植物，株高30～70 cm。根茎呈不规则的拳形团块，常有明显的轮状结节，外皮黄褐色，切面黄白色，表面密生细须根。茎直立，圆柱形；中空，表面有纵向沟纹，上部分枝，中部和基部的节膨大如盘状，基部节上常有气生根。叶互生，叶柄基部扩大成鞘状抱茎；2～3回奇数羽状复叶，小叶3～5对，边缘不整齐羽状全裂或深裂，裂片细小；两面无毛，仅脉上有短柔毛。复伞形花序顶生，伞梗和苞片有短柔毛；花小，白色，萼齿5；花瓣5，椭圆形，顶端短尖突起、向内弯；雄蕊5；子房下位，花柱2，柱头头状；双悬果卵形，有窄翅（图9-39）。花期6～7月，果期7～8月。

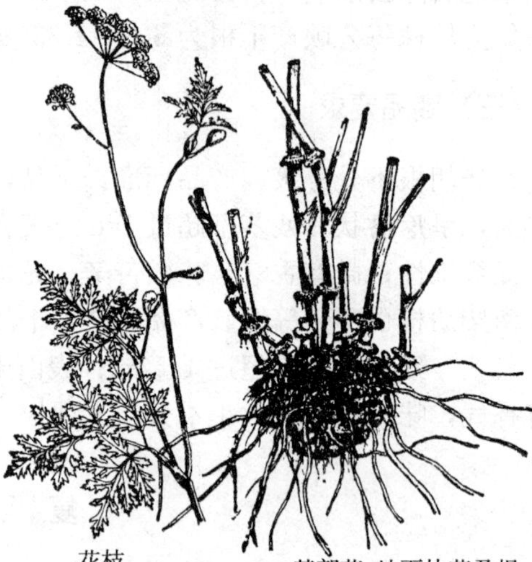

图9-39　川　芎

三、川芎的生物学特性

（一）川芎的生长发育

由于川芎很少开花结实，主要以地上茎的节盘（俗称川芎苓子）进行扦插繁殖。在主产地四川都江堰市，川芎的生长期为280～290 d，以薅冬药为界（1月上中旬中耕培土时，扯除植株地上部分，称为薅冬药），可将生长发育过程分为前期和后期。

1. 前期　8月中旬栽种后，茎节上的腋芽随即萌动，两天后可长出数条纤细白色的不定根，4～5 d后抽出1～2枚幼叶。栽后1个月新的根茎形成，原栽茎节全部或大部分烂掉。地上部分开始生长较慢，新叶发出后，生长速度逐渐加快。9月中旬至11月中旬地上部旺盛生长，12月中旬地上部干物质积累量达最大，以后随茎叶枯萎和干物质转移、转化，干物质有所减少。根茎的生长晚于茎叶生长，在10中旬后开始加快，直至薅冬药时达最大。

2. 后期　薅冬药1～2周后开始萌生新叶，2月中旬后开始大量抽茎，此后茎叶生长随气温增高而日益迅速，3月下旬茎叶数基本稳定。在整个后期，地上部干物质一直在增长，3月中旬至5月上旬是干物质积累速度最快时期，近收获时渐缓。

根茎中干物质在薅冬药后一个月略微增加，随后因抽茎和长叶消耗了储存的养分而不断下降，3月末至4月初达最低，此后根茎迅速生长充实，物质积累日益加快，直至收获。因此根茎干物质积累主要是薅冬药前大约两个月（积累约占40%）和收获前大约一个半月（积累约占50%）两个时期。

（二）川芎生长发育对环境条件的要求

川芎喜气候温和、日照充足、雨量充沛的环境。在四川多栽于海拔500～1 000m的平坝或丘陵地区。主产区都江堰市主要栽培于海拔700m左右地区，年平均气温为15.2℃，绝对最高气温为33℃，绝对最低气温为－2.6℃，无霜期为265～305 d，年平均降水量约为1 200mm,相对湿度为80%左右。

培育苓子（种茎）应在稍冷凉的气候条件为宜，主产区多在海拔1 000～1 200m山区进行。低海拔坝区日照过强，气温过高，容易发生病虫害，培育的苓子质量差。

川芎适宜土层深厚、疏松肥沃、排水良好、有机质含量丰富、中性或微酸性的沙质壤土。过沙的土壤保水保肥性能差，过于黏重的土壤通透性差，排水不良，都不宜栽种。

四、川芎的品种类型

四川地区栽培的川芎均为长期栽培的品种，尚未见到野生类型。其栽培的川芎，从植株形态上观察，仅在植株地上近节部茎有颜色上的差异，或红色或淡红色，少数川芎植株茎纯绿色，除此以外，在植物形态上并无明显差异。

五、川芎的栽培技术

川芎以地上茎的节盘进行无性繁殖，整个生产过程可分为两个环节：培育苓子（繁殖用茎节）和商品药材生产（大田栽种）。

（一）培育苓子

1. 选地整地　最好选荒地培育苓子，也可以用休闲2～3年的熟土，土质可以稍黏。先除净杂草，就地烧灰做基肥，深耕25 cm左右，整细整平，依据地势和排水条件，做成宽1.6m的畦。

2. 繁殖苓子　于12月底至翌年1～2月上旬，从坝区挖取部分川芎根茎（称为抚芎），除去须根泥土，运往培育苓子的山区。栽种期不应迟于2月上旬。栽时在畦上开穴，株行距为24～27 cm×24～27 cm，穴深为6～7 cm，穴内先施腐熟堆厩肥。每穴栽抚芎一个，小抚芎可栽两个，芽向上按紧栽稳，盖土填平。

3. 苓种的管理

（1）**间苗** 3月上旬苓种出苗，约1周出齐，每株有地上茎10～20根，3月底至4月初苗高为10～13cm时间苗。先扒开穴土，露出根茎顶端，每株选留粗细均匀、生长良好的地上茎8～12根，其余的从基部割除。

（2）**中耕除草** 间苗时和4月下旬各中耕除草1次。中耕不宜超过5cm，以免伤根。

（3）**施肥** 一般施肥2次，结合中耕除草进行。每次用腐熟饼肥1 500 kg/hm^2，兑水3～5倍浇穴。

4. 苓种的收获与储藏 7月中下旬当茎节显著膨大，略带紫褐色时为收获适期，选阴天或晴天露水干后收获。收时挖起全株，去除病、虫株，选留健壮植株，去掉叶片，割下根茎（干后供药用，称为山川芎），将茎秆（称苓秆）捆成小束，运至阴凉的山洞或室内储藏。先铺一层茅草，再将苓秆逐层放上，上面用茅草或棕垫盖好。每周上下翻动1次，如堆内或储存处温度升到30℃以上，应立即翻堆检查、降温，防止腐烂。

8月上旬取出苓秆，割成长3～4 cm、中间有一节盘的短节，即成繁殖用的苓子。每100 kg抚芎可产苓子200～250 kg。依据苓秆粗细和着生部位不同，通常把苓子分为大当当、正山系、大山系、细山系和土苓子等。其中以正山系（苓秆中部苓子）和大山系（苓秆中下部苓子）较好，栽后发苗多，长势旺，产量高；细山系（苓秆上部苓子）较纤细，节盘不突出，栽后发苗少，最好不用；土苓子为茎秆近地面茎节，栽后出苗慢，不能做抚芎培育苓子；大当当是苓秆基部的苓子，发苗虽多，但长势弱，也不宜使用（图9-40）。

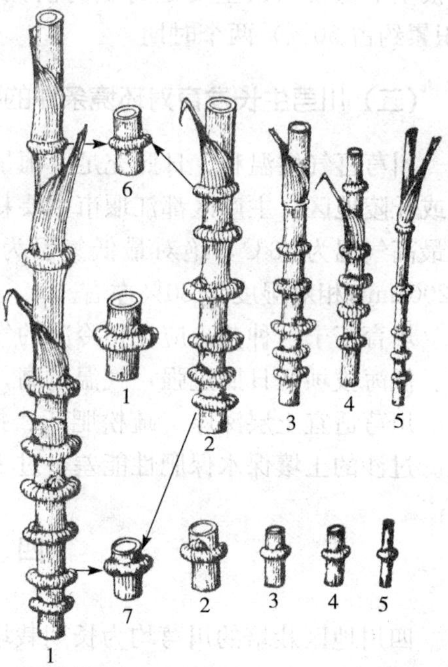

图9-40 川芎苓子
1. 大当当 2. 大山系 3. 正山系 4. 细山系
5. 纤子 6. 软尖子 7. 土苓子

冷凉地区栽培川芎可就地培育苓子，方法同上。有的产区在大田选育苓子，即收获川芎时选取健壮茎秆做苓子，但要注意一定要用正山系做种。采用此法繁殖苓子，收获期适当推迟至6月底至7月上中旬，以缩短苓秆储藏期。

（二）大田栽种

1. 选地整地 川芎不宜连作，主产区多选早稻做前作。若用早稻做前作，须提前排水。前作收后进行深耕、细整，开沟做畦，畦宽为1.6 m左右，沟宽约30 cm，畦面略呈龟背形。用腐熟堆厩肥15 t/hm^{2}做底肥，肥源充足的最好先施，结合整地地翻入土中，肥料少的可施于畦面，并混入土中。

2. 栽种 8月上中旬为栽种适期，最迟不晚于8月下旬。如栽种过迟，当年生长期短，冬前积累的干物质少，影响产量。选健壮饱满、无病虫、芽健全、大小一致的苓子做种。先横畦开浅沟，行距约33cm，沟深为2～3 cm，按株距20 cm左右栽种（每行栽8个苓子），畦两边的行间各加栽两个苓子，每隔6～10行又加种一行，以备补苗。栽时苓子平放沟内，芽向上按入土中，然后用筛细的堆肥或土杂粪盖住苓子，最后在畦面上铺一层稻桩或稻草，以免阳光直射或雨水冲刷。

近年有用中稻做前作，川芎须采取育苗移栽。8月上旬把苓子密植于事先备好的苗床，任其生根出苗，待中稻收割后带土移栽于本田。

3. 田间管理

（1）**中耕除草与补苗** 栽后半月左右，幼苗出齐，揭去盖草，随即中耕除草1次。过20d后进行第二次中耕除草。再过20d进行第三次中耕除草。前两次中耕除草结合查苗补缺，将预备于行间的幼苗带土移栽于缺苗处。中耕时只能浅松表土，以免伤根。1月中下旬地上部分枯黄时，先扯去地上枯黄部分，再中耕除草，并将行间泥土壅在行上，保护根茎越冬。

（2）**施肥** 一般是结合中耕除草进行追肥，以沤好的猪粪水为主，可适量加入速效氮磷钾肥。第三次施肥不宜过迟，须在10月中旬前施下，否则气温降低，肥料施用效果不明显。第二年返青后再增施1次沤好的稀薄粪液15 t/hm²，这次施肥，应根据植株生长情况，酌情施用，尤其是氮肥不能过量，否则易引起茎叶徒长。第一次和第二次可每公顷施入腐熟的猪粪尿15 t，加尿素75～105 kg、腐熟油枯300～750 kg，如肥充足可不加尿素，兑水3倍灌窝。第三次每公顷用腐熟油枯1 500 kg、堆肥4 500 kg、过磷酸钙750 kg，混匀撒于根部。

（3）**灌溉排水** 干旱时可引水入畦沟灌溉，保持表土湿润。阴雨天要注意清沟排水降湿。

（4）**病虫害防治** 川芎的主要病害有根腐病（*Fusarium* sp.）（俗称水冬瓜，导致根茎腐烂，地上部枯萎）、白粉病（*Erysiphe polygoni* DC.）（主要危害叶片和茎秆）。防治方法是：与禾本科作物合理轮作；严格挑选健壮苓秆，剔除已经染病者；收获后清理田间，将残株病叶集中烧毁；用50%多菌灵可湿性粉剂500倍液浸种20min；田间发现根腐病株立即拔除，集中烧毁；白粉病在常年发病前15d可喷施石硫合剂或50%甲基托布津1 000倍液或25%粉锈灵1 000倍液防治，每10d喷1次，连喷3～4次。

川芎的主要虫害是川芎茎节蛾（*Epinotia leucantha* Meyrick.），以幼虫危害茎秆。防治方法：育苓阶段可用80%敌百虫100～150倍液喷雾；平坝（原）地区栽种前严格选择苓子；并可用5∶5∶100的烟筋、枫杨叶（麻柳叶）、水（预先共泡数日）浸提液浸苓子12～24 h。

六、川芎的采收与加工

（一）川芎的采收

小满至小满后10d内，即5月20～30日采挖川芎为佳。不宜在5月上旬或更提前采挖，以免影响川芎质量和产量。收获时选晴天进行，先扯去地上部分，然后用锄挖出川芎，去除大部分根，就地晾晒3～4h后，用竹撞篼碰撞去川芎根茎表面泥土后运回。

（二）川芎的加工

根茎运回后应及时干燥，集中晾晒或烘烤，达到中心部已干即可。放冷后撞去表面残留须根和泥土，装袋储藏。

目前干燥加工首选炕床烘干法。具体做法是：将已经日晒3～4d的川芎，平铺在炕床上，外用鼓风机向炕床下吹入由无烟煤（不能用有烟煤）燃烧的热风，烘干过程注意时常翻动，使受热均匀。烘8～10h后取出，堆积发汗。再放入炕床，改用小火烘5～6h，烘干。烘烤过程严格控制炕床上的温度，火力不宜过大，温度不得超过70℃。有条件时也可采用远红外干燥法或微波干燥法。

炕干率为30%～35%。一般每公顷产干根1 500～2 250kg，高产的可达3 750kg。

（三）川芎的产品质量

川芎成品以无杂质，无枯焦，无虫蛀，无霉变为合格；以个大、饱满、坚实、断面黄白、油性足、香气浓者为佳。

复习思考题

1. 川芎的繁殖材料是什么？如何进行苓种的生产？
2. 川芎的生长发育分为前期和后期，不同时期的生长特性对田间管理有何指导意义？
3. 影响川芎产量和品质的因素有哪些？

主要参考文献

冯茜，黄云，巩春梅，等.2008. 川芎根腐病菌（*Fusarium solani*）的生物学特性［J］. 四川农业大学学报，26（1）：24-27.
胡世林.1997. 中国道地药材论丛［M］. 北京：中医古籍出版社.
蒋桂华，马逾英，侯嘉，等.2008. 川芎种质资源的调查收集与保存研究［J］. 中草药，39（4）：601-604.
刘合刚.2001. 药用植物优质高效栽培技术［M］. 北京：中国医药科技出版社.
刘圆，贾敏如.2001. 川芎品种、产地的历史考证［J］. 中药材，24（5）：364-366.
张世鲜.2008. 川芎各器官的生长动态分析［J］. 安徽农业科学，36（17）：7282-7284，7498.
赵勇，傅体华，范巧佳.2008. 川芎各器官的生长动态分析［J］. 四川农业大学学报，21（4）：1089-1093.
中国医学科学院药用植物资源开发研究所.1991. 中国药用植物栽培学［M］. 北京：农业出版社.

第二十节 延胡索

一、延胡索概述

延胡索（元胡）为罂粟科植物，干燥块茎入药，生药称为延胡索（Corydalis Rhizoma）。延胡索含d-紫堇碱、dl-四氢巴马亭、dl-四氢黄连碱、l-四氢黄连碱、黄连碱、l-四氢非洲防己碱、β-高白屈菜碱、α-别隐品碱、紫堇鳞茎碱、延胡索胺碱、去氢延胡索胺碱、去氢紫堇碱、非洲防己碱、d-海罂粟碱、延胡索辛素、延胡索壬素、延胡索癸素、延胡索子素和延胡索丑素等，有活血、行气、止痛的功能，用于胸胁脘腹疼痛、胸痹心痛、经闭痛经、产后淤阻、跌打肿痛。延胡索是常用中药材，为“浙八味”之一，栽培历史悠久。延胡索主要分布于浙江、江苏、湖北、河南、山东、安徽和陕西等省。主产于浙江省的东阳、磐安、永康和缙云等地，江苏的南通、海门和如东等地。此外，陕西生产发展较快，已成为重要产区。

二、延胡索的植物学特征

延胡索（*Corydalis yanhusuo* W. T. Wang）为多年生草本，高 10～20 cm。块茎球形。地上茎短，纤细，稍带肉质，在基部之上生 1 鳞片。叶有基生叶和茎生叶之分，茎生叶为互生，基生叶和茎生叶同形，有柄，2 回 3 出复叶，第二回往往分裂不完全而成深裂状；小叶片长椭圆形、长卵圆形或线形，长约 2 cm，先端钝或锐尖，全缘。总状花序，顶生或对叶生；苞片阔披针形；花红紫色，横着于纤细的小花梗上，小花梗长约 6 mm；花萼早落；花瓣 4，外轮 2 片稍大，边缘粉红色，中央青紫色；上部 1 片，尾部延伸成长距，距长约占全长的一半；内轮 2 片比外轮 2 片狭小，上端青紫色，愈合，下部粉红色；雄蕊 6，花丝联合成两束，每束具 3 花药；子房扁柱形，花柱细短，柱头 2，似小蝴蝶状。果为蒴果。花期 4 月，果期5～6 月（图 9-41）。

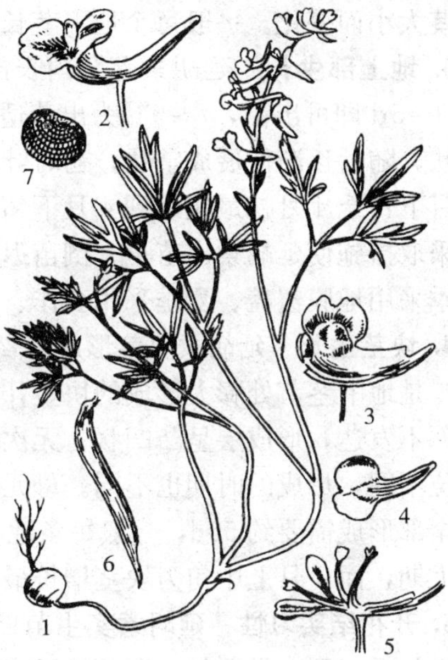

图 9-41　延胡索

1. 植株　2. 花　3. 花冠的后瓣和内瓣　4. 花冠的前瓣　5. 内瓣展开（示二体雄蕊与雌蕊）　6. 蒴果　7. 种子

三、延胡索的生物学特性

（一）延胡索的生长发育规律

延胡索为跨年生长植物，一般于 9 月下旬至 10 月上中旬播种到翌年 5 月植株枯萎进入夏季休眠。

1. 实生苗的生长发育　采集延胡索种子后，沙藏储存至 6 月中旬播于苗圃，至翌年 2 月出苗，子叶 1 片。黑色、发亮的大粒种子出苗率为 45%；黑色小粒种子出苗极少，其萌发的幼苗生长缓慢后死亡；褐色种子不能出苗。出苗 10 d 左右，有极细小的块茎形成，块茎下长有须根，分布于 10 cm 以上的土表层内。4 月下旬，地上部枯死时，块茎呈球形，乳白色，直径为 3 mm 左右。5～9 月，呈休眠状态。10 月初有新的须根生出，10 月中下旬，芽萌动。11 月中旬，块茎顶部有 1～2 条明显、较长的地下茎，沿地表伸展。播后第三年 2 月，地下茎长出地面；3 月，地下块茎重量有所增加；4 月下旬地上部开始枯萎时小叶数为 3～6 片，块茎大小及重量比上一年明显增加。第三年生长的块茎是从第二年块茎中心部长出，三年生块茎可做种栽。

2. 地下茎生长 块茎一般有2个芽（多则3～5个），在9月下旬至10月上中旬萌芽，同时也长出新根。萌芽最适地温（5cm）为18～20℃。在11月上旬芽突破鳞状苞片，基本是横向生长。一般情况下，1个种块茎只萌发1～2个芽，大的块茎有3～4个芽萌发。12月上旬形成地下茎第1个茎节，此后，地下茎生长加快，相继形成第2个节和第3个节，并在茎节上长出分枝，直至2月上旬基本形成整个地下茎。地下茎的长度随栽种深度、土壤质地和块茎大小而变化。一般每个地下茎长5～12 cm。整个地下茎生长期约100 d。

3. 地上部生长 延胡索芽鞘内长出1片或2片叶时就可出苗。日平均气温达4～5℃，持续3～5 d即可出苗，7～9℃为出苗适温。一般1月下旬至2月上旬为出苗期。出苗时，叶呈拳状，随后逐渐伸展成掌状，初时叶色呈淡紫红色，后变成绿色或深绿色。叶片的生长，以3月下旬至4月初最快，到4月下旬至5月初完全枯死。整个地上部生长期约90 d。生产上，采取措施使延胡索出苗早、倒苗迟，可以相对延长地上茎叶的生长期，达到增产目的，如春季采用地膜覆盖、夏季采用套作、行间盖草或沟内灌水降低地温等。

4. 块茎生长 延胡索块茎形成有2个部位。一是种块茎内重新形成的块茎，俗称母元胡；二是地下茎节处膨大形成的块茎，俗称子元胡，其内部结构与茎相似，皮层细胞较少，韧皮部不发达，形成层呈凸凹状，无次生木质部，髓发达，占块茎的大部分。由于形成块茎的部位不同，形成的时期也不同。母元胡于2月底前已全部形成，然后子元胡才开始逐节形成，全部形成需要约50 d，一般每条地下茎可形成2～3个子元胡。3月中旬至4月上旬为块茎膨大期，而4月上中旬为块茎增长最快时期，整个块茎生长期为70～80 d。

5. 开花结实习性 延胡索实生苗四年生开花结实，以后年年开花结实。花期在江浙一带为3月下旬到4月下旬，东北地区为5月。浙江延胡索开花少，自花授粉不结实。

6. 生物碱积累 延胡索生物碱含量在不同生育期、不同部位差别较大，如4月中旬测定花生物碱总含量为1.1%，母元胡生物碱总含量为0.64%，子元胡生物碱总含量为0.51%，地上茎叶生物碱总含量为0.02%，表明花中生物碱含量最高，块茎次之，地上茎叶最少。

（二）延胡索生长发育对环境条件的要求

延胡索适宜生长在温和气候地区，能耐寒。浙江主产区年平均气温为17～17.5℃，1月平均气温为3～3.5℃，4月平均气温为16～18℃，而整个地上部生长期平均气温为11～12.5℃，日夜温差大，有利于物质的积累和转化。当日平均气温为20℃时，叶尖出现焦点；日平均气温为22℃时，中午叶片出现卷缩状，傍晚后才恢复正常；日平均气温为24℃时，叶片发生青枯，以至死亡。特别是生长后期，突然出现高温天气，容易造成延胡索倒苗、减产，由于这一习性，延胡索引种至北方地区产量较高。要求1月份平均温度在0℃以上，极端低温不低于-10℃。

延胡索喜湿润环境，怕积水，怕干旱。产区年降水量为1 350～1 500 mm，而1～4月降水量为300～400 mm，有利其生长。3月下旬至4月中旬，降雨量大，下雨日多，多雾多湿，则易发病。如遇干旱则影响块茎的膨大，容易造成减产。所以，在多雨季节要做好开沟排水工作，降低田间湿度；在干旱严重时，灌跑马水抗旱，但要防止田间长时间积水。

延胡索根系生长较浅，集中分布在表土5～20cm内，故要求表土层土壤质地疏松，利于根系和块茎的生长。过黏、过沙的土壤上延胡索均生长不良，同时，土壤黏重也不利于药材采收。土壤 pH 以中性为好。

四、延胡索的品种类型

目前大面积生产都采用延胡索（$2n=32$）这一种，生产上又可分为大叶型延胡索和小叶型延胡索两种类型。大叶型延胡索的分枝数、叶裂片数略低于小叶型延胡索，而单株叶干重、叶面积、叶绿素总含量、块茎数以及总干物质均优于小叶型延胡索。同时，大叶型延胡索花数比小叶型少。大叶型延胡索利于密植，提高产量；而小叶型延胡索块茎大，产量虽不及大叶延胡索种，但有利于采收（表 9-44）。

表 9-44 延胡索大叶型和小叶型的主要性状特征比较

（引自张渝华等，1996）

类型	茎具叶数（片）	叶片			花序数（个）	花序具花数（朵）	花果期
		形状	长（cm）	宽（cm）			
大叶型	3～4	披针形、卵形或卵状椭圆形	1.8～5.3	0.8～2.2	0 稀 1～2	1～3 (5)	3 月中旬至 4 月上旬
小叶型	2～3	狭披针形	1.3～3.9	0.3～1	1～4 (8)	4～11	3 月初至 3 月下旬

各种延胡索都是虫媒异花授粉植物，自花授粉不结实。浙江延胡索品种内异花授粉也不结实，但与其他延胡索杂交能结实。中国医学科学院药用植物研究所以浙江产延胡索与野生齿瓣延胡索（*Corydalis remota* Fisch. ex Maxim.）为亲本进行杂交，然后利用无性繁殖加以固定其杂交优势，从而选育出综合齿瓣延胡索和浙江延胡索优良性状的延胡索新品系。该品系延胡索兼具齿瓣延胡索块茎大、生长旺盛和浙江延胡索有效成分含量高、繁殖系数大的特点，在很大程度上改变了浙江延胡索块茎小、易染病的不良特性。

据报道，该杂交新品系一年生实生苗块茎大小如绿豆粒，平均粒重为 0.1 g；二年生块茎平均粒重为 3.35 g，大小如黄豆粒；第三年和第四年 1 株可长多个块茎。新品系延胡索比浙江延胡索生长期长 5 d 左右，出苗也早。在染色体方面，新品系延胡索染色体 $2n=24$，是齿瓣延胡索（$2n=16$）与浙江延胡索（$2n=32$）的平均数。在开花结实方面，新品系延胡索开花多，但不结实。新品系延胡索产量比浙江延胡索增产效果最高达 50%～62%。据有效成分分析，虽总生物碱比浙江延胡索低一些，但镇痛作用最强的延胡索乙素高于浙江延胡索。同时药理试验也证明新品系延胡索与浙江延胡索无明显差异。

浙江磐安县中药材研究所从传统地方农家品种中选育出的优质、高产、抗性强的大叶型延胡索新品种“浙胡 1 号”，2007 年 2 月通过浙江省非主要农作物品种认定委员会认定。该品种生育期为 172～177 d；株高为 20～30 cm，地下茎 4～10 条、细软；叶片草绿色、三角形，二回三出全裂，末回裂片披针形、卵形或卵状椭圆形；很少开花，总状花序顶生，长 1～3 cm，具花 1～3 朵，花紫红色，开花期 3 月中旬至 4 月上旬，无盛花期，几乎不结实。商品块茎扁球形，直径为 0.5～2.5 cm，黄棕色或灰黄色，百粒重为 44～66 g，一级品率为 19.1%，延胡索乙素含量为 0.116%；耐肥力中等，适应性广，较抗菌核病，易感霜霉病。

五、延胡索的栽培技术

（一）选地整地

浙江延胡索产区多在丘陵、山谷的水田和坡地上种植。宜选阳光充足，地势高燥且排水好，表土层疏松而富含腐殖质的沙质壤土和冲积土为好。黏性重和沙质重的土地不宜栽培。延胡索忌连作，一般隔3～4年再种。

延胡索为须根系植物，须根纤细集中分布在于5～20 cm的表土中。土质疏松时，根系发达，有利于营养吸收，故对整地十分重视。前作以玉米、水稻、芋头和豆类等作物为好。前作收获后，及时翻耕土地，耕深20～25 cm，精耕细作，使表土充分疏松细碎，达到上松下紧。做畦，分窄畦和宽畦。窄畦宽为50～60 cm，沟宽为40～50 cm，窄畦虽有利于排水，但对土地利用率不高，影响产量的提高；宽畦宽为100～120cm，沟宽为40cm，畦面做成龟背形。挖好排水系统。

（二）繁殖方法

目前延胡索生产上采用块茎繁殖。种子亦可繁殖，但须培育3年后才能提供种用块茎。

1. 种茎选择 选三年生以上的无病虫害、完整无伤、直径1.2～1.6 cm、上有凹芽眼、外皮黄白色的扁平块茎做种茎。过大成本高，过小生长差。

2. 栽种时间 延胡索主产区一般9月中旬至10月栽种，但以9月下旬至10月中旬为栽种适期。随着温度下降，延胡索种茎会萌芽生根，播种时应在萌芽生根前进行，若推迟至11月中旬下种，将明显影响产量。早种早发根，有利于地下茎生长。药用植物种植户有经验“早种胜施一次肥”，充分说明延胡索栽种宜早不宜迟。随着农业生产复种指数的提高，浙江普遍实行三熟制，给延胡索早栽种带来一定的困难。因此，合理安排前作，使延胡索适时栽种是一项十分重要的工作。前作搭配有下列几种：绿肥→早稻→杂交水稻→延胡索；大麦→早稻→杂交玉米→延胡索；小麦→豆类→玉米→延胡索。江苏产区的种植制度为：玉米→延胡索→水稻，或大豆→延胡索→水稻。

3. 种植方法 种植的密度和深度影响延胡索块茎形成子元胡的数量和大小。目前均采用条播，便于操作和管理。条播时，按行距18～22 cm用开沟器开成播种沟，深为6～7 cm。种植前，先在播种沟内施肥，一般每公顷施过磷酸钙600～750 kg，或复合肥750 kg。然后按株距8～10cm，在播沟内交互排栽2行，芽向上，做到边种边覆土。种完后，每公顷盖焦泥灰37 500～45 000 kg、菜饼肥750～1 500 kg或混合肥1 500 kg，再盖腐熟厩肥22 500～30 000 kg，最后覆土6～8cm。另外，产区有用熏土盖种茎的习惯，可减少病害发生，提高土壤肥力。

（三）田间管理

1. 施肥 延胡索整个生长发育过程中合理施肥十分重要。单施氮肥，容易引起植株徒长、嫩弱、茂密、抗病性弱，易遭病害；单施磷钾肥，抗性增强，但由于缺氮肥，植株矮小，叶色发黄。因此，要注意氮、磷、钾均衡施肥，以促进植株生长健壮，增加单株块茎数，提高单位面积产量。麻显清等（1991）认为，最佳施肥配方是 N：P_2O_5：K_2O=1：1.05：0.91。由于延胡索生长期短，在施足基肥的前提下，要重施冬肥，轻施苗肥。冬肥在12月上中旬施入，结合中耕除草，每公顷施入优质厩肥 22 500～30 000 kg、氯化钾 300～600kg 或草木灰 1 500～2 250 kg，有条件地区，在畦面再盖栏草肥 15 000 kg。盖栏草肥既能保持土壤疏松，又能抑制杂草生长。苗肥由基肥和冬肥的施肥量来决定。若基肥、冬肥足，苗肥一般不施；若基肥、冬肥不足，应在2月上旬适当追施苗肥，催苗生长。可每公顷施腐熟厩肥 15 000 kg 或 1%硫酸铵液 30 000 kg。此外，可在3月下旬起在叶面喷 2%磷酸二氢钾 2～3 次。

2. 松土除草 一般松土除草 3～4 次。12月上中旬施肥时，浅锄1次；立春后出苗，不宜松土，以防伤及地下根茎，影响产量。要勤拔草，见草就拔，畦沟杂草也应铲除，保持田间无杂草。近年来，延胡索种后采用除草剂除草，用工少，成本低，效果好。其方法是：待延胡索种植完毕后，用可湿性绿麦隆粉剂 3 750 g/hm^2，加水 1 125 kg/hm^2 或拌细土 375 kg/hm^2，将药剂喷洒或撒于畦面，然后再撒上一层细土即可。

3. 排水和灌水 栽种后遇天气干旱时，要及时灌水，促进早发根。在苗期，南方雨水多、湿度大，要做好排水工作，做到沟平不积水，减少病害发生。北方冬季冻前要灌1次防冻水。

4. 植物生长调节剂的应用 据马全民、卢立兴等报道，在延胡索生长期喷施植宝素（一种含有植物生长调节剂的高效液体肥料）3次能促进植株生长，增加株高、单株分枝数、单株干物重、叶绿素含量及叶面积，同时增强植株生理机能，减轻病害，促进干物质向根运输，从而使产量、折干率、一级品量显著提高，增产幅度最高可达 15.55%，而且不降低生物碱含量。生产上应用 4 000～6 000 倍稀释液较适宜。

陈玉华进行的多种生长调节物质处理试验显示了生长调节物质的明显增产效果，增产幅度达 10.34%～25.43%；多数处理的生物碱含量都有提高，幅度为 33.83%～39.11%（表 9-45）。

表 9-45 不同生长调节剂对延胡索产量和质量的影响

处 理	药液浓度	块茎鲜重（g）	块茎数（个）	单产（kg/hm^2）	生物碱含量（%）
赤霉素	50 mg/kg	6.92	9.1	2 183.40	1.213
丰收素	5 000 倍	5.24	7.1	1 920.00	0.996
植物生长健生素	500 倍	5.32	8.2	1 680.00	0.955
叶面宝	100 mg/kg	4.63	7.0	1 663.35	0.850
增产宝	500 倍	5.59	9.5	1 960.05	1.771
多效唑	200 mg/kg	6.78	9.9	2 020.05	1.167
清水对照	—	4.95	7.4	1 740.00	0.972

5. 病虫害防治 生产上延胡索病害危害严重，主要有霜霉病（*Peronospora corydalis* de Bary）、菌核病［*Sclerotinia sclerotiorum*（Lib.）de Bary］、锈病（*Puccinia brandegei* Peck）。多在3～4月发生，田间湿度大时病害危重，常造成毁灭性的危害。防治方法：避免连茬，实行 3～5 年的轮作；选择排水良好的沙壤土稻麦田或山地，并应注意播种不宜过密。

霜霉病药剂防治可用波尔多液、代森锌等，每隔5～7d喷1次。链霉素对霜霉病菌也有抑制作用，可以单用或与代森锌混用。或喷40%霜疫灵200～300倍液或50%瑞毒霉500倍液防治，一般每隔10～15d喷1次，共喷2～3次。锈病发病初期用0.2波美度石硫合剂加0.2%洗衣粉，或用25%粉锈宁可湿性粉剂1000倍液喷雾。发现菌核病时，应将病株及时铲除，并撒上石灰粉，也可用1∶3石灰水或草木灰撒施防治。

延胡索地下害主要有地老虎、蝼蛄和种蝇等，一般危害较轻。

六、延胡索的采收与加工

(一) 留种

在延胡索植株枯死前选择生长健壮、无病虫害的地块做留种地。采收后，挑选当年新生的块茎做种。以无破伤，直径在1.2～1.6cm的中等块茎为好。选好的块茎，在室内摊放2～3d就可进行室内沙藏。

(二) 采收

延胡索三年生以上块茎移栽种植，生长1年就可收获，一般是在5月上中旬延胡索地上茎叶完全枯萎时挖取，选晴天土壤稍干时进行，此时块茎和土壤容易分离，操作方便，省工又易收干净。一般每公顷可产鲜货4500～6000kg，高产的可达7500kg。

(三) 加工

延胡索产地加工方法有水煮法和蒸制法等。

1. 水煮法 留种用块茎选好后，其余的分级过筛，分成大、小2档，分别装入筐内撞去表皮，洗净泥土，除去老皮和杂质，沥干待煮。待锅水烧至80～90℃时，将洗净的块茎倒入锅中，煮时上下翻动，使其受热均匀。一般大块茎煮4～6min，小块茎煮3～4min。用小刀把块茎纵切开，如切面呈黄白两色，表示块茎尚未煮透；若块茎切面色泽完全一致，成黄色，即可捞出，送晒场堆晒，晒时要勤翻动。晒3～4d后，在室内堆放2～3d，使内部水分外渗，促进干燥。如此反复堆晒2～3次，即可干燥。一般鲜干比为3∶1。产品以身干，无杂质，无虫蛀，无霉变为合格；以个大、饱满、质坚、断面黄亮者为佳。

2. 蒸制法 延胡索块茎采收后洗去泥土，在锅里加入足量的水，上边放置竹制的蒸屉(也可用不锈钢的容器)，然后加热。待锅里的水煮沸后，将洗净的延胡索块茎放入蒸屉内，大块茎约蒸8min，小块茎约蒸6min。将延胡索块茎横切，至切面四周呈黄色，中心还有如米粒大小白心即可，然后晒干。

复习思考题

1. 延胡索块茎的形成有何特点？
2. 如何防止延胡索病虫害？
3. 延胡索加工应注意哪些问题？

主要参考文献

陈昊，李思锋，黎斌，等．2009．延胡索不同水分条件下盆栽实验［J］．中国农学通报，25（19）：167-169．
刘合刚，刘国杜．2001．提高延胡索产量的几项措施［J］．中草药，32（6）：557-558．
肖宁，陈剑波，包玮鸳．2001．一年生与两年生延胡索生物碱含量比较［J］．中药材，24（6）：393-394．
许翔鸿，王峥涛，余国奠．2004．光照对延胡索生长及生物碱积累影响的初步研究［J］．中药材，27（11）：804-805．
许翔鸿，余国奠，王峥涛．2004．野生延胡索种质资源现状及其质量评价［J］．中国中药杂志，27（5）：804-805．

第二十一节　贝　　母

一、贝母概述

贝母为百合科贝母属植物，原植物有多种，以干燥的鳞茎供药用。按产地和原植物的不同，生药划分为浙贝、川贝、平贝和伊贝 4 类。传统医学认为，川贝母与浙贝母的功效有区别，而平贝母、伊贝母与川贝母功效接近。古代医书论述：“浙贝今名象贝”，“象贝苦寒解毒，利痰开宣肺气，凡挟风火有痰者宜此，川贝味甘而补肺矣，治风火痰咳以象贝为佳，若虚寒咳嗽以川贝为宜。”又论：“川者味甘最佳，西者味薄次之，象山者微苦又次之。”几种贝母药材中，川贝母主要来自野生品，较为稀缺，价格昂贵。

（一）浙贝母

浙贝（Fritillariae Thunbergii Bulbus）原植物为浙贝母，主含甾醇类生物碱（贝母碱、去氢贝母碱）以及微量的贝母新碱、贝母芬碱、贝母定碱和贝母替碱，有清热化痰止咳、解毒散结消痈的功能，用于风热咳嗽、痰火咳嗽、肺痈、乳痈、瘰疬、疮毒。浙贝主产于浙江宁波和杭州等地，江苏也有栽培，行销全国并出口。

（二）川贝母

川贝母（Fritillariae Cirrhosae Bulbus）原植物主要有暗紫贝母、川贝母（又名卷叶贝母）、甘肃贝母、梭砂贝母、太白贝母或瓦布贝母。由不同川贝中分离出川贝碱、西贝碱、炉贝碱、白炉贝碱、青贝碱和松贝碱等。川贝母有清热润肺、化痰止咳、散结消痈的功能，用于肺热燥咳、干咳少痰、阴虚劳嗽、痰中带血、瘰疬、乳痈、肺痈。川贝药材按性状不同分别习称松贝、青贝、炉贝和栽培品，主产于四川、青海、云南、西藏和甘肃等地。

（三）平贝母

平贝母（Fritillariae Ussuriensis Bulbus）原植物为平贝母。平贝母鳞茎含生物碱，为无色细针晶，称为贝母素甲。平贝母有清热润肺、化痰止咳的功能，用于肺热燥咳、干咳少痰、阴虚劳嗽、咳痰带血。平贝母主产于东北三省，以吉林、黑龙江省山区、半山区栽培面积较大。

(四) 伊贝母

伊贝母（Fritillariae Pallidiflorae Bulbus）原植物为伊贝母和新疆贝母，其鳞茎含西贝母素。伊贝母有清热润肺、化痰止咳的功能，用于肺热燥咳、干咳少痰、阴虚劳嗽、咳痰带血。伊犁贝母主产于新疆西北部的伊宁和霍城一带；新疆贝母主产于天山地区。

二、贝母的植物学特征

1. 浙贝母 浙贝母（*Fritillaria thunbergii* Miq.）为多年生草本，高 30～80 cm，全株光滑无毛。鳞茎扁球形，通常由 2～3 片白色肥厚的鳞叶对合而成，直径 2～6 cm，有 2 个心芽。茎单一，直立，绿色或稍带紫色。下部叶对生，中部叶轮生，上部叶互生，均无柄。叶片条形至披针形，长 6～17 cm，宽 0.5～2.5 cm，先端卷须状。花单生于茎顶或上部叶腋，每株有 1～6 朵，钟状，下垂；花被 6 片，2 轮排列，淡黄绿色，有时稍带淡紫色；雄蕊 6，花药基部着生，外向；雌蕊 1，子房 3 室，每室有多数胚珠，柱头 3 歧。蒴果卵圆形，直径 2.5cm，具 6 条较宽的纵翅；种子多数，扁平，边缘有翅，千粒重约 3 g（图 9-42）。花期3～4 月，果期 4～5 月。

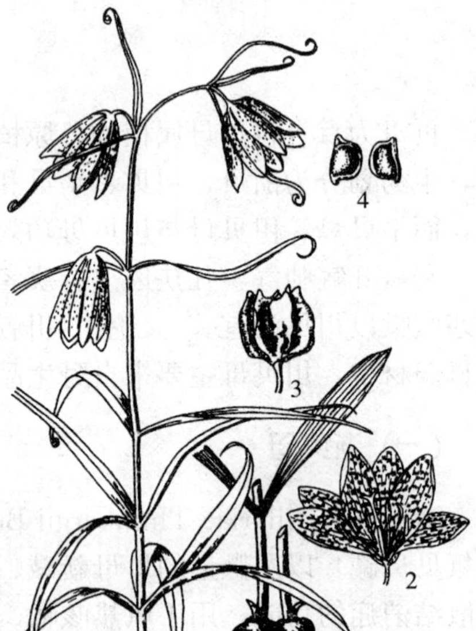

图 9-42 浙贝母
1. 植株 2. 花展开（示花被、雄蕊和雌蕊） 3. 果实 4. 种子 5. 鳞茎

2. 暗紫贝母 暗紫贝母（*Fritillaria unibracteata* Hisao et K. C. Hisa）的形态特征与浙贝母相似，不同之处有：植株较矮，高 15～30 cm；鳞茎圆锥形，直径 0.6～1.2 cm；叶片较小，长 3.6～6.5 cm，宽 0.3～0.7 mm，先端急尖，不卷曲；花单生于茎顶，深紫色，有黄褐色方格状斑纹（图 9-43）。花期 6 月，果期 8 月。

3. 川贝母 川贝母（*Fritillaria cirrhosa* D. Don）植株高 15～50 cm；鳞茎圆锥形，直径 1～1.5 cm；叶先端不卷曲，或稍卷曲。花单生于茎顶，紫红色至黄绿色，有浅绿色的小方格斑纹（图 9-44）。花期 5～6 月，果期 7～8 月。

4. 甘肃贝母 甘肃贝母（*Fritillaria przewalskii* Maxim.）植株高 20～40 cm；鳞茎圆锥形，直径 0.6～1.3 cm；茎最下部的 2 片叶对生，向上渐为互生，先端不卷曲；花单生于茎顶，浅黄色，有黑紫色斑点。花期 6～7 月，果期 8 月。

5. 梭砂贝母 梭砂贝母（*Fritillaria delavayi* Franch.）植株高 20～35 cm；鳞茎长卵圆形，直径 1～2 cm；叶互生，先端不卷曲；花单生于茎顶，浅黄色，具红褐色斑点或方格状斑纹。花期 6 月，果期 7～8 月。

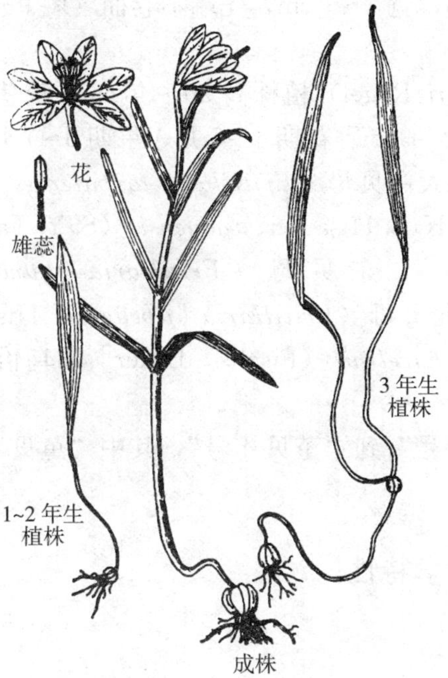

图 9-43　暗紫贝母

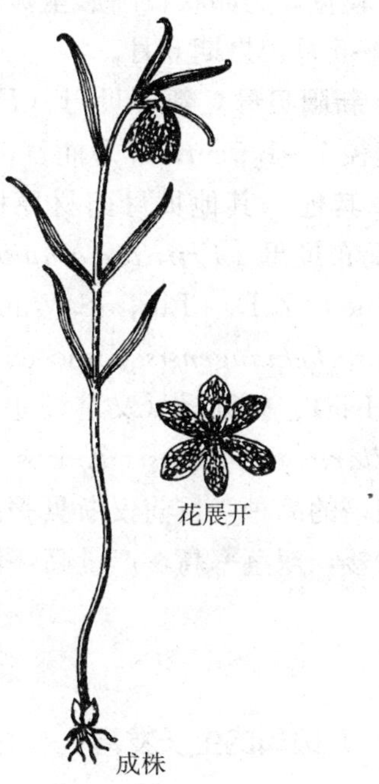

图 9-44　川贝母

6. 平贝母　平贝母（*Fritillaria ussuriensis* Maxim.）植株高 40～60cm；鳞茎扁圆形，直径 1～1.5cm；下部叶轮生或互生，中上部的叶常互生，先端卷须状；花单生于茎顶或上部叶腋，每株有 1～3 朵，紫色，具黄色格状斑纹（图 9-45）。花期 4～5 月，果期 5～6 月。

图 9-45　平贝母

图 9-46　伊犁贝母

7. 伊犁贝母（又名伊贝母）　伊犁贝母（*Fritillaria pallidiflora* Schrenk）植株高 20～60 cm；鳞茎扁球形，直径 1.5～6.5 cm，外皮较厚；叶通常互生，有时近对生或近轮生，叶较宽，为卵状长圆形至披针形，长5～12cm，宽1～3cm，先端不卷曲（图9-46）。花期4～5月，果期6月。

8. 新疆贝母 新疆贝母（*Fritillaria walujewii* Regel）植株高20～40cm；鳞茎宽卵形，直径1～1.5cm；叶短而宽，长5～10cm，宽2～9cm。花期4～5月，果期6～7月。

9. 其他 其他贝母药材原植物还有多种，如太白贝母（*Fritillaria taipaiensis* P. Y. Li）、瓦布贝母［*Fritillaria unibracteata* Hisao et K. C. Hisa var. *wabuensis*（S. Y. Tang et S. C. Yue）Z. D. Liu，S. Wang et S. C. Chen］、东贝母（*Fritillaria thunbergii* Miq. var. *chekiangensis* Hisao et K. C. Hisa）、湖北贝母（*Fritillaria hupehensis* Hisao et K. C. Hsia）、砂贝母（又名滩贝母）［*Fritillaria karelinii*（Fisch.）Baker］和乌恰贝母（*Fritillaria ferganensis* A. Los.）等。

栽培的品种，目前仅浙贝报道选育了"堇贝1号"到"堇贝4号"，其中"堇贝4号"植株较矮，双茎率高，产量高，但鳞茎小。

三、贝母的生物学特性

（一）贝母的生长发育

贝母生长发育较为缓慢，种子播种到新种子形成需5～6年，用鳞茎繁殖也需3～5年才能开花结实。

贝母种子成熟（浙贝母在5月，伊贝母和平贝母在6月，川贝母在7～8月）后播种，播后1～2个月开始发芽，首先生出胚根，胚根生长较快。胚根生长时，胚芽渐渐分化长大，胚芽发育成越冬芽后进入冬眠期。一年生实生苗均为1片披针形小叶，但浙贝母、伊贝母的叶片比平贝母、川贝母宽大。二年生小苗（平贝母和川贝母为二年生至三年生）多数也为1片披针形小叶，但叶片较大，少数（川贝母较多）为2片披针形小叶，俗称鸡舌头、双飘带。三年生至四年生（平贝母和川贝母四至五年生）小苗开始抽茎，茎上有叶4～12片，无花，俗称四平头、树枝儿。五年生至六年生鳞茎较大（图9-47）。

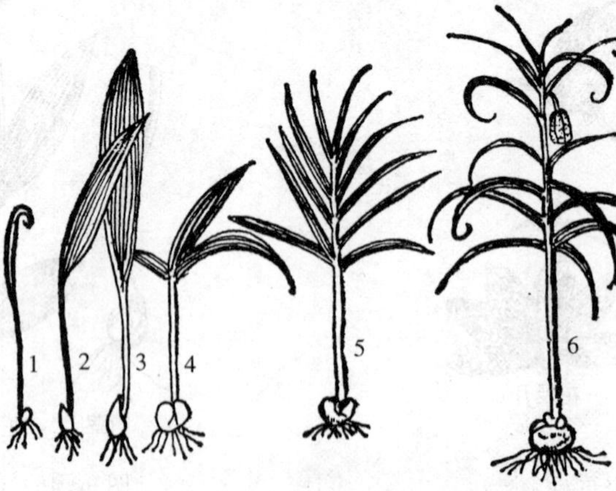

图9-47 平贝母各生长发育阶段形态

1. 一年生实生苗(俗称线形叶) 2～4. 二年生和三年生苗(俗称鸡舌头)
5. 四年生和五年生植株(俗称四平头) 6. 五年生和六年生植株(俗称灯笼杆)

每年贝母春季（浙贝母在1～2月，川贝母和平贝母在3～4月，伊贝母在4月）出苗后，茎叶伸长并现蕾（浙贝母在2～3月，川贝母、平贝母和伊贝母在4月），花期（浙贝母在4～5月，平贝母和伊贝母在5～6月，川贝母在5～7月）后便枯萎进入夏眠期，全生育期为60～120d（平贝母为60d，浙贝母和伊贝母为100d，川贝母为120d）。夏眠后期根、芽分化，8～9月后须根生长，越冬芽逐渐长大，10～12月为冬眠期。

（二）贝母种胚后熟和上胚轴的休眠

贝母的种子具有形态后熟和生理后熟的特性，在13～14℃条件下需50～60d才能萌发生根。胚根生出后，胚芽渐渐分化并长大，胚芽长到一定长度就停止生长，待胚轴经过生理低温后才能萌发。据报道，浙贝母种子在8～10℃条件下60d可完成生理后熟，伊贝母则在5～15℃条件下需要90d左右才能完成生理后熟。贝母种子很薄而近扁平半圆形，千粒重，浙贝母为3g，平贝母和川贝母为5g，伊贝母为6～7g，自然条件下存放1年，生活力显著降低。

（三）贝母鳞茎和芽的更新

贝母鳞茎的生长不是鳞片数目增多或鳞片加厚而是年年更新，即老鳞茎腐烂，重新形成一个或几个新鳞茎。新鳞茎是由更新芽芽鞘内部2～5个鳞片基部膨大而成的。夏眠后，根、芽生长的后期，芽鞘基部开始膨大，形成鳞片。冬眠后伴随茎叶生长，新鳞茎逐渐长大，开花后鳞茎生长最快，到枯萎时，新鳞茎停止生长。新鳞茎的大小与老鳞茎的大小和环境条件有密切关系。在疏松肥沃的土壤和凉爽湿润的条件下，鳞茎大；在贫瘠的板结土壤或干旱、高温条件下，鳞茎小。通常条件下，一个浙贝母鳞茎更新后形成两个新鳞茎；60%的伊贝母鳞茎，一个更新生成2个；平贝母和川贝母一个老鳞茎更新为1个新鳞茎。平贝母与另外3种贝母不同，虽然更新芽只能产生一个新鳞茎，但老鳞茎片上能形成许多小鳞茎，待老鳞茎腐烂后，小鳞茎脱离母体便形成了新的独立的小鳞茎，产区把此类鳞茎称为子贝。

贝母的芽也是年年更新，每年芽的更新都是在新鳞茎进入夏眠后开始的。贝母枯萎后，鳞茎中心的生长点在适宜的条件下分化出3～7枚鳞片原基和茎、叶、花原基，夏眠后，分化的鳞片原基渐渐长大形成芽鞘，与此同时，分化的茎、叶、花原基在芽鞘内渐渐长大，最后发育成茎、叶、花的雏体——越冬芽。越冬芽形成后，在秋季进入生理后熟阶段，接着进入冬眠，翌春萌发出土生长。

（四）贝母的夏眠与冬眠

贝母生长发育需要凉爽湿润的环境条件，生育期间遇到高温（30℃以上）时其生长受到抑制，便枯萎进入夏眠。温度高不仅抑制生长也抑制分化。由于我国多数贝母产区夏季温度较高，不利于贝母的分化与生长，所以栽培贝母夏季要适当遮阴。夏眠后的贝母在22℃气温条件下就开始生根，鳞茎上的芽也渐渐长大。当芽长到一定程度时，由于生理低温没有得到满足，便再次停止生长，随后进入冬眠。

（五）贝母的营养繁殖

贝母可以进行种子有性繁殖和营养繁殖，其营养繁殖能力较强。如贝母的鳞茎分瓣或鳞片纵切若干块，在适宜的条件下都可以形成新个体。由于种子繁殖和鳞茎分瓣或鳞片切条繁殖形成的新个体较小，作货年限较长，生产上多采用整鳞茎栽种。平贝母和川贝母1个种鳞茎栽种后可形成1个新的鳞茎，1个浙贝或伊贝种鳞茎栽种后可形成2个新鳞茎（浙贝双鳞茎率在90%以上，伊贝双鳞茎率为70%左右）。川贝母中有的有珠芽，珠芽可以繁殖成新个体。平贝母的营养生殖能力很强，除了整个鳞茎、鳞茎分瓣、鳞片纵切能够形成新个体外，鳞片上还可形成许多小的鳞茎，产区俗称子贝。一般三年生贝母鳞茎就能产生子贝，一个直径为1cm以上的鳞茎每年可形成20～50个子贝，子贝的生长发育与种子相似。

四、贝母的栽培技术

（一）平贝母的栽培技术

1. 选地、整地 选地是平贝母生产的关键环节之一，因为平贝母一经播种就要连续生长多年，长的可达数十年。如果选地不当，贝母生长不良，会给生产造成重大损失。

栽培平贝母最好选用疏松、肥沃，富含有机质，排水良好并靠近水源的壤土、沙壤土，土壤微酸为宜。前作以大豆、玉米或肥沃蔬菜地为好，忌用烟草、麻、茄子、大蒜、甘蓝及有小根蒜生长的地块。新开垦的林地或山脚下排水良好的冲积土，其坡度不超过10°，并在4～6月间能保持土壤湿润、气候凉爽的条件为宜。应当注意，有的地区虽然土质良好，但由于春季气温高，气候干旱，引种的平贝母提前枯萎休眠，鳞茎小，产量低。

产区栽培贝母重视栽前改土，一般在栽种前2～3年就在作物田内增施有机肥，提高土壤肥力，待土壤发暄时再收获前作并再进行施肥后栽种。

栽培贝母的地方，在早春化冻后耕翻。耕翻15cm左右，耕后耙细整平，待播种时边做床边播种。一般床宽为120cm，床间距为30～50cm，畦高为20cm左右，长度依地形而定。平贝母是喜肥的药用植物，施足底肥是增产的关键。据报道，施肥比不施肥增产50%左右。施肥以腐熟的鹿粪、羊粪、马粪、猪粪为最好。其次是绿肥、堆肥等，切勿施生肥和粪块。施肥量为10～15kg/m^2，其中还要添加尿素和过磷酸钙各50g/m^2，这样可以提高贝母生物碱的含量10%。

2. 播种 平贝母以鳞茎繁殖为主，种子繁殖只用于种栽缺乏时或育种时采用。

产区6月上旬至6月下旬栽种鳞茎，最晚不能晚于7月末。栽种时先将鳞茎按大小分级，特级鳞茎直径为1.5cm以上，除繁殖材料缺乏外，都用于加工；一级鳞茎直径为1.1～1.4cm，栽植后1～2年可采收；三级鳞茎直径为0.6～1.0cm，栽植后2～3年收获；四级鳞茎直径在0.5cm以下，栽植后3～4年收获。不论何级别，用做种栽的平贝母鳞茎都要求来源于无发病区的地区或地块，鳞茎本身完整、饱满、无损伤、无病虫疤痕。栽种前一般要进行消毒，50%的多菌灵可湿性粉剂100g，兑水3kg，可用于100kg种栽的拌种消毒。

栽种一般采用横畦条播。一级鳞茎，栽植行株距为6～8cm×5～6cm，播种量为0.8kg/m^2；二级鳞茎，栽植行株距为5cm×5cm，播种量为0.5kg/m^2；三级鳞茎采用条播或撒播，播种量为0.25kg/m^2。栽种时，先把划定好的畦床内的表土起出5～6cm，放于作业道上，使畦面形成一浅的平底槽。接着在床内施入3cm厚充分腐熟的农家肥料做底肥，在底肥上面覆盖2～3cm厚的细土，然后条播或撒播，一级、二级和三级鳞茎的覆土厚度分别为4cm、3cm和2cm。播后床面搂平，中间略高些，避免积水。最后在床面上盖一层2～3

cm 厚的腐熟有机肥或粉碎的草炭、落叶，产区称为盖头粪。

3. 田间管理

（1）**除草松土** 每年要在出苗前清理田园，搂出杂物，生长期间见草就拔，休眠期间结合管理间套种作物，清除杂草。注意除草不宜超过 3 cm，否则会损伤地下鳞茎。

（2）**灌溉与排水** 出苗后可采用沟灌或喷灌，春灌 1～2 次。夏眠枯萎后进入雨季时，要清理好排水沟，严防田间积水。

（3）**追肥** 追肥以速效性肥料为宜，生育期内进行 1～2 次，第一次在出苗后茎叶伸展时追施硫酸铵或尿素 150～225 kg/hm^2；第二次在摘蕾后或开花前追施硝酸铵 150 kg/hm^2 和过磷酸钙 75～112.5 kg/hm^2 或磷酸二氢钾 75 kg/hm^2。每年秋季清园后床面要施 2～3cm 厚的盖头粪。

（4）**留种和摘蕾** 对留种田，应选健壮植株或具有某种特性的植株留种，在留种株旁插棍，使卷须叶攀棍生长以防止倒伏。留种植株每株留 1～2 个果，当果实由绿变黄或植株枯萎时，连茎秆收回阴干后搓出褐色成熟种子。

非留种田，应进行摘蕾工作，摘蕾应及早进行，一般在苗高 20cm 左右即可摘蕾，以晴天摘蕾为好。

（5）**种植遮阴植物** 对当年不起收的地块，可按大田播种期或稍推迟一些时间种植遮阴作物。一般是在床上按床的走向每床种 2～3 列大豆，穴播，行距为 25～30 cm。在床边或作业道上种玉米，株距为 30～40 cm。对当年起收的地块春季只种玉米，待平贝母收获后可在床面上种晚菜豆等。

（6）**病虫害防治** 平贝母主要病虫害有锈病（*Uromyces ussuriensis* Maxim.）、菌核病［*Stromatinia rupurum*（Bull.）Boud.］和黑斑病［*Alternaria alternata*（Friss.）Keissler.］。主要虫害有金针虫、蛴螬和蝼蛄等。应采取预防为主，采取综合防治策略（integrated pest management，IPM）。

病害防治措施：建立无病留种田；外地引种时做好检疫工作，种植后还要经常检查；严格按生产技术要求操作，加强田间管理；对零星发病地块应立即剔除病株后换新土，对重病地块则应与大田作物进行轮作几年后再种平贝母。对菌核病，一旦发病可用 50%多菌灵或 50%甲基托布津 800～1 000 倍液灌根防治；对锈病，可选用 25%的粉锈宁粉剂 300～500 倍液或 70%甲基托布津可湿性粉剂 800 倍液喷雾防治，每 7～10 d 一次，连续 2～3 次。

虫害防治：对金针虫可采用毒饵诱杀（80%敌百虫粉剂 1 kg，加麦麸或其他饵料 50 kg，加入适量水拌匀，黄昏或雨后撒于被害田间）、毒土闷杀（将 80%敌百虫粉剂拌入土内或粪内，用量为 22.5～30 kg/hm^2，兑细土或粪肥 300～450 kg/hm^2 拌匀，做床时撒在底肥层）、农艺措施防治（栽种前多次翻耕土壤，以利机械杀灭和天敌取食）、人工捕杀（可使用半熟马铃薯埋于床边等处，每隔 2～3 d 取出检查 1 次）。对蛴螬，除上面的方法可参考外，还要特别注意不能使用生粪。对蝼蛄还可用毒粪诱杀（生马粪、鹿粪等粪肥，每 30～40kg 掺 80%敌百虫粉剂 0.5kg，在作业道上堆成小堆，并用草覆盖）、灯光诱杀、农药防治（对虫口率较高地块，栽种后可用 50%辛硫磷 1 000 倍液或 80%敌百虫粉剂 800～1 000 倍液，畦面喷洒或浇灌）。

（二）川贝母的栽培技术

1. 种子培育 川贝母鳞茎繁殖能力差，只有用种子繁殖。

（1）**种子田的选择与整地**　在川贝母生产区选择肥沃平整、管理方便的地块做种子培育田。

先清除地面杂草，深翻土地，仔细捡除草根、树根和石块，整细整平，开 1.3 m 宽的厢，厢沟宽约 33 cm，厢沟深为 5 cm～8 cm。将腐熟的厩肥或堆肥撒于厢面，每公顷用量为 15 000～22 500 kg，配合施入过磷酸钙 750 kg、油饼 1 500 kg。施用底肥后隔天再将肥料浅翻入土中，畦面整成龟背形。

（2）**种茎选择**　每年 6～7 月采挖鳞茎时，选直径在 1 cm 以上的无病虫害鳞茎做种茎，鳞茎大，结果多。随挖随栽，栽后每年只须田间管理，不必翻栽，逐年都可采收种子。

（3）**栽种**　栽种茎时要将种茎分成 3 级栽种，直径 2 cm 以上为一级，直径为 1.5～2 cm 者为二级，直径为 1～1.5 cm 者为三级。采用沟栽，沟深为 10 cm，一级、二级、三级种茎的行距分别为 13 cm、12 cm 和 10 cm，株距均 7 cm。栽时芽尖向上，不能倒栽，栽后覆土 10 cm。最后将畦沟的土拌碎提盖畦面，整成龟背形。种茎用量约为 1 500 kg/hm^2。

（4）**种子田的田间管理**　种子田的田间管理主要包括除草与施肥。4 月中旬出苗后，及时进行人工拔除杂草。出齐苗并进行除草后，可进行施肥提苗作业。每公顷可施用尿素 150～225 kg，稀释 100 倍后泼施。4 月下旬至 5 月下旬可再施肥 1～2 次，每公顷可施用尿素 75 kg 和磷酸二氢钾 75 kg，加水 100 倍泼施。

（5）**种子采收与储藏**　6～8 月，果壳呈褐色，种子已干浆即可采收，过老过嫩均影响发芽。采收时将成熟果实剪下，并注意保持果实完整，以便储藏处理。

川贝母种子必须经过催芽处理才能使用。用筛过的腐殖质土，含水量低于 10%，一层果实一层土，储藏于底部及四周均有孔眼的木箱内，放置在低温、冷凉、潮湿的屋角或岩洞中。在储藏过程中，应经常检查，干燥时及时加湿土调剂湿度，不能用水淋。注意当年种子当年用，也不能晒干存放。

2. 生产田的选地与整地　选择海拔 2 500～3 000 m、肥沃平整的地块种植川贝母，以坡向朝南的地块为好。

一些作业与种子田相同。地整平后，开 1.3～1.5 m 宽的厢，厢沟宽为 33 cm，厢沟深为 8～10 cm。每公顷腐熟的厩肥用量提高到 22 500～30 000 kg，畦面也整成龟背形。

3. 播种　收种当年 9～10 月下雪前播种。播种前，将储藏的果实取出，轻轻弄开果壳，抖出种子，与 10～20 倍过筛细土或火灰拌和均匀。每公顷播种用果量为 120 000～180 000 个（净种子 30～60 kg）。条播，播种时，在畦面用 10 cm 宽的木方压成行距 5 cm 的横沟，沟深为 1.5 cm，将种子均匀撒于沟中，然后盖过筛的细腐殖质土约 1 cm，最后用不带种子的草覆盖畦面，于早春出苗前揭去。

4. 田间管理

（1）**搭棚荫蔽**　川贝母生长的前两年，幼苗比较纤弱，怕暴晒和冰雹，应适当荫蔽才能成活保苗，在播种后的第二年 3 月出苗前，先揭去盖草，分畦搭荫棚，棚高约 1 m，荫蔽度约 50%。荫棚不宜过高，以免大雨滴注损坏小苗，平时注意荫棚检修。

（2）**除草**　川贝母生产地处高山草场，草种传播快，而川贝母苗子纤细，易受到草害，除草是保苗的关键。贝母出苗后，采取人工除草，应按“除小、除早、除好、除了”的原则，不失时机地做好除草工作，可减少工作量。除草时操作要小心，不伤苗，如翻出小贝母，应立即用手指栽下去。

(3) 施肥培土 川贝母生产过程中，每年追肥 3 次。4 月中旬除草后，进行第一次追肥提苗，每公顷施尿素 90～105kg，按 200 倍兑水浇或泼施；5 月上旬进行第二次追肥，尿素用量增加到 120～150 kg/hm²；夏季贝母倒苗后，进行第三次追肥，可撒施农家肥 30 000～37 500 kg/hm²，施肥后培土 1 cm。

(4) 灌溉和排水 一年生和二年生贝母苗不耐干旱，遇干旱要及时灌溉。雨后，要注意排水防涝。

5. 病虫害防治 川贝母病虫害的防治参考平贝母病虫害的防治方法。

(三) 浙贝母的栽培技术

1. 选地整地 栽培浙贝多选择海拔稍高的山地。按常规耕翻整地，结合耕翻施入基肥，每公顷施用厩肥 45 000～75 000 kg。耕翻后做畦，畦宽为 150～200cm，畦高为 15cm，畦面做成龟背形，畦间距为 30 cm。黏性稍大的地块畦宽以 150 cm 为宜，沟要加深，以利排水。

2. 播种 浙贝母生产上都用鳞茎繁殖。浙贝母繁殖系数较低，鳞茎增殖倍数通常为 1.6～1.8，即每平方米种子地收获后全部留种，最多只能扩大至 1.8m²。

为确保种用鳞茎的质量，产区单独建立种用鳞茎繁殖田，称为种子田。种子田的鳞茎按大小、每千克的个数分为 5 级（产地称为号）。鳞茎直径在 5 cm 以上，30 个/kg 以内的为 1 号贝母；鳞茎直径为 4～5 cm，31～40 个/kg 的为 2 号；直径为 3～4 cm，41～60 个/kg 的为 3 号；直径为 2～3 cm，61～80 个/kg 的为 4 号；80 个/kg 以上的为 5 号。一般 2 号鳞茎做种子田的播种材料，余者均为商品田的播种材料。如用种子繁殖，栽培 4～5 年才能达到种用鳞茎标准。

种用鳞茎分级时，同样必须严格掌握质量标准，除去残病和腐烂鳞茎。

栽种浙贝多在旬平均气温低于 25℃时开始，也就是在贝母鳞茎待要生根时栽种。产区多在 9 月中旬至 10 月上旬，先栽种子田，后栽商品田。栽种不能过晚，若 11 月后栽种，多因根系生长差，植株矮小，叶片少，发育不良，减产达 10%左右。

浙贝母种植密度因鳞茎大小而异，一般 1 号贝母（俗称土贝母）株距为 20 cm，行距为 23 cm，每公顷保苗株数为 195 000～210 000 株，用种栽 6 750～7 500 kg。2 号鳞茎株距为 15～17 cm，行距为 18 cm，每公顷保苗株数为 30 000 株，用种栽 5 250～6 750 kg。3 号鳞茎株距为 14～17 cm，行距为 18 cm，每公顷保苗株数为 30 000 株，用种栽 3 750～4 500 kg。最后剩下的鳞茎应开沟条播，但要均匀，使种栽间有一定的距离，这样有利于生长，提高产量。

栽种时，在畦床上按规定行距开沟，按要求株距在沟内摆放鳞茎（芽向上），然后覆土。1 号和 2 号鳞茎覆土厚度为 6～7 cm，3 号以上的鳞茎覆土 5 cm 左右；留种田覆土较厚，为 9 cm左右，加厚覆土有利于鳞片紧密抱合和度过夏眠。

浙贝母从下种到出苗要经过 3～4 个月。为了充分利用土地，可以在留种地上套种一季浅根蔬菜（如萝卜）。一般留种地下种后立即播种套种作物。

3. 田间管理

(1) 除草 除草重点放在浙贝母出苗前和植株生长的前期，一般中耕除草大都与施肥相结合进行。在施肥前先中耕除草，使土壤疏松，容易吸收肥料，增加保水、保肥能力。套种蔬菜收获后，要将菜根除净。一般栽种后至冬肥前要除草 3 次，植株旁的草最好拔除，以免伤及贝母根部。植株长大后仍需人工拔草，拔草时勿损伤贝母茎叶，否则会影响鳞茎生长。

（2）**摘蕾** 为培育大鳞茎，减少贝母开花结实时消耗营养，产区多在3月中下旬摘蕾，即植株有1～2朵花蕾现出时进行。摘蕾过早会影响抽梢，减少光合作用面积；过迟，花蕾消耗养分多，影响贝母鳞茎的发育。

（3）**追肥** 浙江产区一般每年追肥3次。第一次追肥在12月下旬进行，这时尚未出苗，称为冬肥，也叫做苗前肥。第二次追肥在立春后进行，此时苗已基本出齐时，称为苗肥。第三次追肥在3月下旬，摘花以后进行，称为花肥。

施冬肥是浙贝母几次施肥（包括基肥、种肥）中最重要、用量最大的一次。浙贝母地上部分的生长期只有3个月左右，需肥期较集中，单是出苗后追肥不能满足其需要。冬肥应以迟效性肥料为主，一般用圈肥、油饼等，并适当配合施一些速效性肥料，如沤好的稀薄粪液等。施肥时先在畦上顺开或横开浅沟，沟深为3 cm，不可过深（以免损伤芽头），沟距为18～21 cm。一般每公顷施入沤好的稀薄粪液11 250～22 500 kg，再施入打碎的油饼1 125～1 500 kg，覆土盖住肥料。最后在畦面上铺撒一层圈肥等22 500～37 500kg。

苗肥以速效氮肥为主，一般每公顷施入沤好的稀薄粪液22 500～37 500kg或硫酸铵150～225kg，可以一次施入，也可以分两次施。每次施肥时都要施均匀，以免影响生长。

花肥要施速效肥，肥料种类和数量与苗肥基本相同。花肥要看植株生长状况，种植密度大、生长茂盛的种子地，不宜多施或不施花肥，因氮肥过多会引起灰霉菌发生，造成迅速枯死而减产，老产区的经验是“清明后不再追肥”。

（4）**灌溉排水** 浙贝母需水不多，但又不能缺水，所以生育期间要勤灌水，防止出现干旱，浇水时严防田间积水。不起收的地块在进入雨季前，要疏通好畦沟，防止雨季田间积水。

（5）**套种遮阴植物** 一般浙贝母套种遮阴作物以大豆、棉花和甘薯为好。有些产区把清理床沟的土覆在床面上，既增加床面覆土厚度，降低地温，也可使其安全越夏。

（6）**病虫害防治** 浙贝母常见病害有灰霉病［*Botrytis elliptuca*（Berk）Gke.］、干腐病［*Fusarium avenceum*（Fr.）Sacc.］和软腐病［*Erwinia carotovora*（Jones）Holland.］，防治方法参见平贝母病害的防治方法，对灰霉病还可在发病前喷洒1∶1∶100波尔多液或75%百菌清700倍液防治。

浙贝母虫害有豆芫菁（*Epicauta gorhami* Marseu.）、葱螨（*Rhizoglyphus echinopus* Keavn.）、蛴螬、蝼蛄和金针虫等。防治方法除参考平贝母外，还可用40%乐果乳油1 000倍液喷防。

（四）伊贝母的栽培技术

伊贝母原为野生种，生长在高寒山区，在海拔1 000～1 800 m的山地、草原、灌溉林下、林间空地。新中国成立后开始人工栽培。

1. 选地整地 伊贝母栽培的选地参照平贝母和川贝母。整地时，结合翻地每公顷施腐熟有机肥60 000～75 000 kg，有条件的地方可再施600～750 kg腐熟的饼肥，整平后做成1.2 m宽的畦。

2. 播种 伊贝母用种子和鳞茎都能繁殖，生产上两种方式都采用。

（1）**种子繁殖** 伊贝母种子6月上中旬成熟，当蒴果由绿色变为棕黄色时，割下果枝，晒干脱粒备用。多于8～9月播种，播后种子在田间发育到结冻前完成形态后熟。种子繁殖生产方式有两种：直播和育苗移栽方式。

①直播：直播是在120cm的畦床上，顺床开沟，宽幅条播，每床3行，播幅宽为12cm左右，覆土0.5cm，每公顷用种量60～75kg，播后床面盖草。

②育苗移栽：育苗移栽多采用撒播，覆土厚0.5cm。每公顷用种量为225kg，播后床面盖草保湿。萌发时及时撤除覆草。有的地方4月以后，搭棚遮阴，棚的高矮不限（一般高为0.9～1.2m），透光度为40%～50%。注意苗期拔草和追肥。2～3年后移栽。

（2）**鳞茎繁殖**　鳞茎多在8～9月播种。在做好的畦床上按20cm行距开沟，沟深为种茎高的两倍，大鳞茎株距为8～9cm，中鳞茎株距为5～6cm，小鳞茎株距为3～4cm。每公顷大鳞茎用量为3 750kg左右，其他的酌减。播好覆土6～7cm。

五、贝母的采收与加工

（一）采收

1. 平贝母的采收　用鳞茎繁殖的平贝母，一般栽种2～3年后即可采收加工。每年5月下旬至6月下旬为采收期，以6月上中旬采收最为适宜，此时采收的鲜重、折干率和生物碱含量都较高。

由于平贝母鳞茎能形成大量子贝，生长2～3年后，田间的子贝数量就会接近播种量，因此平贝母的起收还兼有栽种任务。其做法是：在起收时，只将适合加工作货的鳞茎捡出，同时把过密子贝均匀铺开，就可完成了下一个生产周期的栽种工作，但盖头粪一定要施足。当然，也可把所有的鳞茎起出，然后按正常的种植方式栽种。一般每公顷可产鲜货7 500kg。

2. 川贝母的采收　川贝母用种子繁殖，种植4～5年后采收，于6～8月收获。选晴天挖出，用筛子筛出泥土，及时运回干燥。在挖掘过程中避免损伤。一般每公顷可产鲜货4 500～7 500kg。

3. 浙贝母的采收　浙贝母鳞茎栽后8个月就收获，一般在5月上中旬，即地上部分枯萎时采收。若收获过早，地上部分还未完全枯萎，产量低，品质差。若收获过迟，鳞茎皮厚，加工费工，折干率低。收获时，选晴天从畦一端顺次采挖，切勿损伤鳞茎。一般产量为鲜品9 000～13 500kg/hm^2，折干货3 000～4 500kg，高产田干货可超过7 500kg/hm^2。

4. 伊贝母采收　种子繁殖的伊贝母4～5年收获，鳞茎繁殖的伊贝母栽后2～3年收获。6月茎叶枯萎后收获。

（二）加工

1. 平贝母的加工　平贝母收获后，可按大小分级直接烘干或晒干。

（1）**烘干**　在密闭的土炕上，筛上一层草木灰（亦可用熟石灰），将贝母按大小分级铺好，其上再筛上一层草木灰，随即开始加火升温，使炕温达40℃左右，经过一昼夜，即可全部干透，筛去草木灰（或石灰）再行日晒驱除潮气，即得干货。烘干温度不可过高，否则烘焦鳞茎，降低品质。

（2）**晒干**　选晴天将平贝母薄薄地铺放在席子上（亦可拌撒熟石灰），直到晒干为止，需3～4d。

最后将干货装于麻袋内，拖住四角，来回串动撞去须根和鳞片上附着的泥土和石灰，再扬出杂质，即得色泽乳白的成品。

2. 川贝母和伊贝母的加工

（1）**加工过程** 将运回的鲜贝母薄摊于木板上或者竹帘上，在日光下曝晒。曝晒时不要翻动，争取一天晒至半干，次日再晒使其变为乳白色为好。晒前不能水洗，晒时不用手直接翻动，已经曝晒过，但还未干的鳞茎不能堆存，否则泛油发黄，品质变劣。晒后搓去泥沙，即为成品。如遇雨天，可将挖起的鳞茎窖藏于水分较少的沙土内，待天晴时抓紧时间晒干。也可采用烘干的方法，烘时温度控制在50℃以内。

（2）**川贝母商品质量特征**

①松贝：呈类圆锥形或近球形，高为0.3～0.8cm，直径为0.3～0.9cm。表面类白色。外层鳞叶2瓣，大小悬殊，大瓣紧抱小瓣，未抱部分呈新月形，习称怀中抱月；顶部闭合，内有类圆柱形、顶端稍尖的心芽和小鳞叶1～2枚；先端钝圆或稍尖，底部平，微凹入，中心有1灰褐色的鳞茎盘，偶有残存须根。质硬而脆，断面白色，富粉性。气微，味微苦。

②青贝：呈类扁球形，高为0.4～1.4cm，直径为0.4～1.6cm。外层鳞叶2瓣，大小相近，相对抱合，顶部开裂，内有心芽和小鳞叶2～3枚及细圆柱形的残茎。

③炉贝：呈长圆锥形，高为0.7～2.5cm，直径为0.5～2.5cm。表面类白色或浅棕黄色，有的具棕色斑点。外层鳞叶2瓣，大小相近，顶部开裂而略尖，基部稍尖或较钝。

④栽培品：呈类扁球形或短圆柱形，高为0.5～2cm，直径为1～2.5cm。表面类白色或浅棕黄色，稍粗糙，有的具浅黄色斑点。外层鳞叶2瓣，大小相近，顶部多开裂而较平。

3. 浙贝母的加工

（1）**加工工艺** 浙贝母的加工工艺流程包括洗泥、分瓣挖心、去皮和干燥几个步骤。

①洗泥：将待加工的鳞茎放入水中，迅速洗去泥土。

②分瓣挖心：加工浙贝母时，把大鳞茎鳞片逐瓣掰下，加工后称为元宝贝；分瓣后的心芽整个加工，加工后称为贝芯，此工作称为分瓣挖心。小鳞茎不分瓣，也不去心芽，是整个鳞茎加工，加工后称为珠贝。一般在浙贝母出成品中，珠贝占10%～15%，贝芯占5%～10%，绝大多数为元宝贝。初加工品要分别放置，以便分别去皮、干燥。

③去皮：将鳞茎、鳞片或心芽分别装入浙贝母加工专用木桶中，使之转动，让贝母相互冲撞摩擦10～25min，擦脱表皮，当液浆渗出时，向桶内加贝壳粉或熟石灰（每100kg贝母加3～5kg石灰或贝壳粉）再转动15min，使贝母表面黏满石灰或贝壳粉，倒入竹箩内放置一夜，然后晒干或烘干。

④干燥：去皮后贝母在阳光下连续曝晒3～4d后于室内堆放1～3d，最后再晒1～2d即可。遇阴雨不能晒干时可烘干，入室时烘干温度为65℃左右为宜，当达七八成干时，温度降为50℃左右，直至烘干为止。烘干后，把贝壳粉或石灰等杂质扬去即可。

（2）**商品质量要求**

①元宝贝：为鳞茎外层的单瓣鳞片，呈半圆形，干燥，完整，不重叠，不带贝芯，表面白色或黄白色，质坚实，断面粉白色。味甘微苦，无僵个，无杂质，无虫蛀，无霉变为佳品。

②珠贝：为完整鳞茎，呈扁圆形，表面白色或黄白色，质坚实。断面粉白色，味甘微苦。大小不分，间有松块、僵个、次贝，无杂质为佳。

复习思考题

1. 简述贝母种胚后熟和上胚轴的休眠现象。
2. 简述贝母的夏眠现象。
3. 绘图说明贝母的分层栽培方法。
4. 贝母如何与大田作物间套作?
5. 试进行各种贝母的鳞茎更新能力比较。
6. 川贝母生产面积较小、产量低的主要原因有哪些?

主要参考文献

陈铁柱，张连学，周先建，等 . 2009. 施肥方法对平贝母产量和质量的影响［J］. 中国中药杂志，34（5）：544-546.
龚伯奇，罗桂花，王伟 . 2009. 贝母鉴别方法研究进展［J］. 安徽农业科学，37（4）：1603-1604.
何先元 . 2009. 贝母类药材资源分布及性状特点研究［J］. 中国药房，20（6）：479-480.
刘晶，胡恺，李珊，等 . 2008. 贝母类药材鉴定的研究进展［J］. 中药材，31（8）：1279-1282.
刘兴权 . 2003. 平贝母细辛［M］. 北京：金盾出版社 .
宋廷杰，陈兴福 . 2003. 川贝母、川芎无公害高产栽培与加工［M］. 北京：金盾出版社 .
王虹，穆卫东，丁天保，等 . 2009. 不同产地贝母多糖与微量元素对比分析［J］. 辽宁中医药大学学报，11（3）：177-178.
肖永梅 . 2001. 贝母［M］. 北京：中国中医药出版社 .

第二十二节 桔 梗

一、桔梗概述

桔梗的原植物为桔梗科植物桔梗，干燥的根入药，生药称为桔梗（Platycodonis Radix）。桔梗含桔梗皂苷、α-菠菜甾醇、远志酸、菊糖和桔梗多糖等成分，有宣肺、利咽、祛痰、排脓的功能，用于咳嗽痰多、胸闷不畅、咽痛音哑、肺痈吐脓。桔梗在我国大部分省、自治区均有分布，野生桔梗以东北三省和内蒙古产量最大；栽培桔梗以河北、河南、山东、安徽、湖北、江苏、浙江和四川等省产量较大。野生桔梗以东北的质量最佳，栽培桔梗以华东地区的质量较好。桔梗为药食兼用，需求量较大，估算国内年需求量达 6 000～10 000 t。制约桔梗种植的瓶颈因素之一是缺乏优良品种。

二、桔梗的植物学特征

桔梗［*Platycodon grandiflorus*（Jacq.）A. DC.］为多年生草本植物，高 30～120cm，茎内含有白色乳汁，全株光滑无毛。根肉质粗壮，长达 20 cm 以上，长圆柱形或有分支，外皮淡褐色或灰褐色，折断面白色或淡黄色，味苦或稍带甜味。茎直立，通常单一生长，上部稍有分枝。叶近无柄，着生在茎中下部为对生或3～4片轮生，茎上部为互生叶。叶片卵状披针形，边缘有不整齐的锐锯齿。花单生于茎的顶端或数朵呈疏生的总状花序；花大，直径为2～5cm，花柄短，花萼钟形，宿存；花冠为开阔的钟形，鲜蓝紫色，有些为白色，上部5裂。蒴果近球形或倒卵圆形，顶部裂为5瓣，熟时棕褐色，内含种子多数。种子倒卵形或长倒卵形，一侧有褐色狭窄的薄翼，成熟时为褐色、黑色、棕色、棕黑色或棕褐色，表面光滑，密被黑的条纹，解剖镜下可见深色纵行短线纹。种脐位于基部，小凹窝状，种翼宽0.2～0.4mm，颜色常稍浅。胚乳白色半透明，含油分，胚细小，直生，子叶2枚。千粒重0.83～1.4g（图9-48）。花期7～9月，果实成熟期8～9月。

图9-48 桔 梗

三、桔梗的生物学特性

（一）桔梗的生长发育

桔梗的幼苗出土至抽茎6cm以前，茎的生长缓慢，茎高6cm至开花前生长加快，开花后减慢。至秋冬气温10℃以下时倒苗，根在地下越冬。当年主根长可达15cm以上；第二年的7～9月为根的旺盛生长期，根长可达50cm。

种子细小，10～15℃即可萌发。在20～25℃时，7～8d萌发，15d左右出苗，出苗率为50%～70%。种子寿命为1年，5℃以下低温储藏，可以延长种子寿命，活力可保持2年以上。

（二）桔梗的生长发育对环境条件的要求

桔梗喜温、喜光、耐寒、怕积水、忌大风。野生桔梗多生长在沙石质的向阳山坡、草地、稀疏灌丛及林缘，适宜生长的温度范围是10～20℃，生长的最适温度为20℃。各地生长的桔梗均能适应当地的气候条件，可自然越冬，外地引种则要注意冬季低温问题。

桔梗根为肉质根，在土壤深厚、疏松肥沃、排水良好的沙质壤土中生长良好。土壤水分过大或积水易引起根部腐烂。

四、桔梗的品种类型

现代植物分类学研究认为，桔梗在全世界仅有1种1变种。变种为白花桔梗［*Platycodon grandiflorus*（Jacq.）A. DC. var. *album* Hort］。此外，温学森发现了桔梗一新变种—重瓣桔梗［*Platycodon grandiflorus*（Jacq.）A. DC. cv. *plenus* X. S. Wen］。

也有人认为，桔梗的变种很多，有白花变种、早花种、秋花种和大花种等。也有把桔梗分为高秆、矮生、半重瓣和斑纹等品种。目前，有报道桔梗花色有5种：紫色、白色、黄色、粉红色和浅绿色。王志芬等（2006）根据其分枝特性，将桔梗分为主根少枝型、主根多枝型、分根型和半主根型4种类型。

但是，一般生产中只有紫花和白花桔梗，其他类型主要是观赏品种。一般认为，用于蔬菜栽培以白花桔梗为优，而作为药材栽培则以紫花类型质量为佳。严一字等（2008，2010）和薛均诚（2009）的研究发现，紫花桔梗与白花桔梗在种子性状和部分地上部性状以及有效成分含量上有明显差异，而在根部性状上无明显差异；紫花的总皂苷含量高于白花，5种桔梗皂苷（桔梗皂苷D、桔梗皂苷E、桔梗皂苷D_2、桔梗皂苷D_3、去芹菜糖桔梗皂苷E）含量平均值均高于白花桔梗。

五、桔梗的栽培技术

（一）选地整地

1. 选地 桔梗为深根植物，根常在30cm以上，宜选择阳光充足、上层深厚、疏松肥沃、排水良好的地块种植。土质宜选沙质壤土、壤土或腐殖土。前茬以豆科、禾本科作物为宜。

2. 整地 深耕30～40cm，拾净石块，除净草根等杂物。结合翻耕，可每公顷施腐熟农家肥52 500kg、草木灰2 250kg、过磷酸钙450kg。然后再犁耙1次，整平做畦或打垄。畦宽为1.2～1.5m，高为15～20cm。土壤干旱时，先向畦内浇水，待水渗下，表土稍松散时再播种。

（二）播种

目前生产上有种子直播和育苗移栽两种方式，以种子直播为主。

桔梗繁殖方法有种子繁殖、扦插繁殖、切根繁殖和芦头繁殖等，生产中以种子繁殖为主，其他方法应用较少。

1. 种子繁殖

（1）**种子选择** 药用桔梗宜选紫花类型。一年生桔梗有部分植株可结果，但种子瘦小，成熟度差，发芽率为50%～60%，俗称娃娃种，不宜选用。二年生以上植株留种，种子饱满，发芽率在85%以上。桔梗种子寿命只有1年，注意避免使用陈种。

（2）**浸种催芽** 将种子放在40～50℃温水中搅拌，并将泥土、瘪子及其他杂质捞出，待水凉后，再浸12h捞出。将种子用湿布包好，放置于25～30℃的地方，上面用湿麻袋盖好，每天早晚用温水淋浇1次，4～5d种子萌动，即可播种。播种前亦可将种子用0.3%～0.5%高锰酸钾溶液浸24h，冲去药液，以提高发芽率。50～250mg/L赤霉素（GA_3）处理能够提高桔梗种子的发芽率。

（3）**播种时期** 南方一年四季均可播种，北方则可春季和秋季播种。春播一般在3月下旬至4月中旬进行，华北及东北地区在4月上旬至5月下旬进行。夏播于6月上旬小麦收割完之后进行，夏播种子易出苗。秋播于10月中旬以前进行。冬播于11月初土壤封冻前进行。北方秋播为宜。

（4）**播种** 种子繁殖在生产上有直播和育苗移栽两种方式，因直播产量高于移栽，且根条直，分叉少，便于刮皮加工，质量好，生产上多用。

种子直播有条播和撒播两种方式，生产上多采用条播。条播按沟心距 15～25 cm 开播沟，沟深为 2.5～4.5 cm，条幅为 10～15 cm，将种子均匀撒于沟内，也可用 2～3 倍的细土或细沙拌匀播种，或用草木灰拌种撒于沟内。播后覆盖火灰或细土 0.5～1 cm 厚，以不见种子为度。条播每公顷用种量为 7.5～22.5 kg，撒播用种量为 22.5～37.5 kg/hm^2。播后，在畦面上盖草保温保湿。

2. 扦插繁殖 从地里发出的当年生枝条茎的中下部取小段插条，长约 10 cm，去掉下半部叶，以 100 mg/kg 萘乙酸（NAA）处理 3 h，插入基质约 1/2 长，插后及时浇透水，以后经常喷水保湿。

3. 切根繁殖 在收获桔梗时，选取中等大小、无病虫害、健康饱满植株，距顶芽 2～3cm 横切，然后根据芽的分布进行纵切，每个切块上有芽 2～3 个，切面要求平滑整齐。切口用生根粉处理后，即可进行栽种。栽植地选择沙土地，床面宽为 1 m，高为 20 cm，按照株行距 14 cm×10 cm 开沟栽植，栽后上覆 4～5 cm 细土。

4. 根头（根茎或芦头）**繁殖** 这种繁殖材料可进行春栽或秋栽，以秋栽较好。在收获桔梗时，选择个体发育良好、无病虫害的植株，于采挖的根头部（芦头）以下 1 cm 处切下芦头，用细火灰拌一下。在畦面上按行距 20 cm 开横沟，沟深为 10 cm 左右，依株距 10 cm 放置芦头。向种沟内施入腐熟有机肥，每公顷施 45 000 kg，既做肥源，又可防冻保温。最后覆土，以盖没芦头为度，浇水定根。

（三）田间管理

1. 间苗和定苗 桔梗出苗后，应及时撤去盖草，苗高 4 cm 时间苗，苗高 8 cm 时按苗距 10 cm 定苗。

2. 中耕除草 桔梗除草一般需要进行 3 次，第一次在苗高 7～10 cm 时进行，1 个月之后进行第二次，再过 1 个月进行第三次。

3. 合理追肥 一般施肥 3～4 次，分别在苗期、花期和结实期进行。苗期进行 1～2 次，可每公顷施充分腐熟的稀薄猪粪水 15 000 kg。花期和果期可施磷酸二铵 150～225 kg，沟施；并根据生长情况，配合根外追施磷酸二氢钾 45 kg 左右，喷施浓度为 0.2%～0.3%。

4. 抗旱和排涝 桔梗播种后至苗期，要保持土壤湿润，以利出苗和幼苗生长。之后，除土壤特别干旱时浇水外，一般不再浇水。桔梗生长后期要注意排涝。

5. 摘除花蕾 桔梗花期长达 3 个月，会消耗大量养分，影响根部生长。除留种田外，其余需要及时除去花蕾，以提高根的产量和品质。生产上多采用人工摘除花蕾，但是，桔梗花期长，而且摘除花蕾以后又迅速萌发侧枝，形成新的花蕾。十多天就要摘 1 次，整个花期需摘蕾 5～6 次，费工费时，而且易损伤枝叶。

（四）病虫害防治

桔梗主要病害有炭疽病、轮纹病和斑枯病，主要虫害有蚜虫和红蜘蛛等。病害，可在幼苗出土前，用 50%退菌特可湿性粉剂 500 倍液预防；发病初期用 65%代森锌 500 倍液喷雾防治。蚜虫和红蜘蛛一般在干旱天气易发生，可用 10%吡虫啉可湿性粉剂 1 000 倍液喷雾防治。为确保不造成农药残留，在桔梗采收前 40 d，停止使用任何农药。

六、桔梗的采收与加工

（一）采收

桔梗收获年限一般为两年。采收时间可在秋季地上茎叶枯萎后至次年春萌芽前进行，以秋季9～10月采收为好。过早采挖，根不充实，折干率低，产量低，品质不佳；二年生的采收后，大小不合规格者，可以再栽植一年后收获。采收时，先将茎叶割去，从地的一端起挖，依次深挖取出，或用犁翻起，将根拾出，去净泥土，运回加工。要防止伤根，以免汁液外流；更不要挖断主根，影响桔梗的等级和品质。

（二）加工

采收回的鲜根，清洗后浸于清水中，去芦头，趁鲜用竹刀或瓷片等刮去栓皮，洗净，并及时晒干或烘干。来不及加工的桔梗，可用沙埋，防止外皮干燥收缩而不易刮去，但不要长时间放置，以免根皮难刮。刮皮时不要刮破中皮，以免内心黄水流出影响品质。刮皮后应及时晒干或烘干，以免发霉变质和生锈色。晒干时经常翻动，晒至全干。桔梗折干率为30%，干货以体实、头部直径0.5cm以上、长度不短于7cm、表面白色、无须根、无杂质、无虫蛀、无霉变为合格。以根条肥大、色白、体实、味苦者为佳。每公顷可产干货4 500～6 000kg，高产者达9 000kg。

复习思考题

1. 桔梗生长发育有何特点？
2. 桔梗对环境条件有何要求？
3. 栽培桔梗的品种类型有哪些？
4. 简述桔梗栽培技术的主要内容。
5. 简述桔梗采收需要的注意事项。
6. 桔梗产地初加工包括哪些内容？

主要参考文献

郭巧生，赵荣梅，刘丽，等．2007. 桔梗种子品质检验及质量标准研究［J］．中国中药杂志，32（5）：377.

刘清香，崔堂兵，程方叙．2009. 土壤微生物对桔梗产量与品质的影响［J］．广东农业科学（2）：36－38.

孟祥才，王喜军，孙晖．2006. 桔梗种子不同成熟度对播种品质、贮藏及生长的影响［J］．现代中药研究与实践，20（4）：22－23.

石俊英，董其亭，巩丽丽，等．2006. 不同产地桔梗中总皂苷成分与质量的相关性研究［J］．山东中医药大学学报，30（3）：247－250.

王颖，石俊英．2006. 近十年中药桔梗研究进展［J］．食品与药品，8（12）：22－24.

王志芬，单成钢，苏学合，等．2009. 不同年限栽培桔梗生长发育差异的比较研究［J］．现代中药研究与实践，23（4）：10－13.

王志芬，苏学合，闫树林．2006. 不同产区桔梗生长发育特性的比较研究［J］．山东农业科学（6）：26.

薛均诚．2009．紫花与白花桔梗种质资源的比较分析［D］．延吉：延边大学．
严一字．2007．桔梗种质资源及种子生物学特性研究［D］．延吉：延边大学．
赵斌，杨静伟，景倩．2005．不同年限桔梗皂苷含量的测定［J］．黑龙江医药，18（2）：16．
朱飞，冯继承．2007．开花结果对桔梗产量和总皂普含量影响的对比研究［J］．黑龙江医药，20（5）：421-422．

第二十三节　黄　　芩

一、黄芩概述

黄芩原植物为唇形科植物黄芩，干燥的根入药，生药称为黄芩（Scutellariae Radix）。黄芩含黄芩苷、汉黄芩苷、黄芩素、汉黄芩素、黄芩新素、黄芩黄酮Ⅰ和黄芩黄酮Ⅱ等成分，有清热燥湿、泻火解毒、止血、安胎的功能，用于湿温、暑湿、胸闷呕恶、湿热痞满、泻痢、黄疸、肺热咳嗽、高热烦渴、血热吐衄、痈肿疮毒、胎动不安。黄芩主产于河北、山东、陕西、内蒙古、辽宁和黑龙江等省、自治区，以河北承德一带产者为佳，质地坚实，色泽金黄纯正，俗称热河黄芩。近年来，由于黄芩提取物用量的增加，以及向日本、韩国、欧美及我国港台地区出口量的增加，黄芩的年需求量在 1.5×10^7～2.0×10^7 kg。目前，黄芩药材中的90％以上为栽培品，已逐渐形成了山西、山东、陕西和甘肃四大栽培产区，2006年全国的种植面积达 4 000 hm² 左右。

二、黄芩的植物学特征

黄芩（*Scutellaria baicalensis* Georgi）为多年生草本植物，高 30～80 cm。主根粗壮，略呈圆锥形，外皮褐色，断面黄色。茎钝四棱形，具细条纹，近无毛或被上曲至开展的微柔毛，绿色或常带紫色，自基部分枝，多而细。单叶对生，无柄或几乎无柄，叶片披针形至线状披针形，长 1.5～4.5 cm，宽 0.3～1.2 cm，先端钝，基部近圆形，全缘，正面深绿色而无毛或微有毛，背面淡绿色而无毛或沿中脉被柔毛，密被黑色下陷的腺点。总状花序顶生或腋生，偏向一侧，长 7～15 cm，常生于茎顶聚成圆锥花序；苞片叶状，卵圆状披针形至披针形，长 4～11 mm，近无毛；花萼二唇形，紫绿色，上唇背部有盾状附属物，膜质；花冠二唇形，蓝紫色或紫红色，上唇盔状而先端微缺，下唇宽，中裂片三角状卵圆形，宽 0.75 cm，两侧裂片向上唇靠合；雄蕊 4，稍露出；子房褐色，无毛，生于环状花盘上；花柱细长，先端锐尖，微裂。小坚果 4，三棱状椭圆形，长 1.8～2.4 mm，宽 1.1～1.6 mm，表面粗糙，黑褐色，具瘤，着生于宿存花萼中，果内含种子 1 枚（图 9-49）。花期 7～8 月，

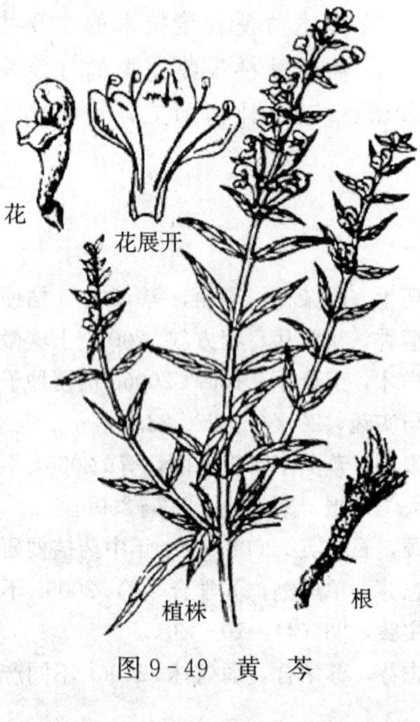

图 9-49　黄　芩

果期 8～9 月。

三、黄芩的生物学特性

（一）黄芩的生长发育

1. 种子习性 黄芩种子较小，千粒重为 1.49～2.25g，发芽率为 80%左右，寿命为 1～3 年。黄芩种子发芽的温度范围较宽，15～30℃均可正常发芽，但以 20℃为最适发芽温度。播种后如环境条件适宜，7～10d 即可出苗，温度较低时常需 20～30d 才能出苗。

2. 地上部生长习性 黄芩播种出苗后，地上部主茎逐渐伸长。一年生黄芩主茎约可着生 30 对叶片。二年生以上的黄芩茎数成倍增加，主茎上可长出 40～50 对叶片，其中前 1～15 对叶的功能期较短；15 对以后叶的功能期较长，寿命为 50～60d。黄芩播种后前 3 年地上部分生长较快，第四年以后生长逐渐减缓。

3. 开花习性 播种黄芩一般出苗后 2 个月开始现蕾；二年生及其以后的黄芩，多于返青出苗后 70～80d 开始现蕾。现蕾后 10d 左右开始开花，40d 左右果实开始成熟，如环境条件适宜，黄芩开花结实可持续到霜枯期。黄芩每花序有 4～30 朵小花，从下到上陆续开放，花序开放时间为 3～8d，授粉结实率为 50%左右。在河北承德中部地区，用种子繁殖的黄芩，在 5 月下旬之前播种且适时出苗的，当年均可开花结实，并能收获成熟的种子；播种或出苗较晚的，种子一般不能成熟。

4. 根的生长习性 黄芩以根在土壤中越冬，二年生以上植株春季 4 月开始返青，5～6 月为茎叶生长期，10 月地上部分枯萎进入休眠期，年生长期为 140～170d。黄芩根为直根系，其主根长度、粗度、鲜重和干重均逐年增加。播种后第一年主根以伸长生长为主，根粗、根重增加较慢；第二年和第三年，主根以增粗生长为主，7～8 月为根增重高峰期，根长增加较少；第四年以后，根系生长速度开始减慢，部分主根开始出现枯心，以后逐年加重；八年生的栽培黄芩几乎所有主根及较粗的侧根全部枯心，黄芩苷的含量也大幅度降低。

（二）黄芩的生长发育对环境条件的要求

1. 黄芩的生长发育对温度的要求 黄芩喜温暖凉爽气候，耐寒，耐旱，不耐涝。野生黄芩多分布于干旱的向阳山坡、林缘和稀疏的草丛中，成年植株的地下部分在－35℃低温下仍能安全越冬，在山东、山西和河北中南部等炎热的夏季，气温高达 35℃以上时也可正常生长。

2. 黄芩的生长发育对水分的要求 黄芩对水分要求不严格，幼苗喜湿润，怕干旱；成株耐旱怕涝，生长期如土壤水分过多，会影响正常生长，严重者会导致烂根死亡。

3. 黄芩的生长发育对土壤的要求 黄芩对土壤要求不甚严格，但若土壤过于黏重，既不利于播种出苗和保苗，也会影响根系生长，重者导致根系发黑腐烂；过沙的土壤则肥力不足，不易获得高产。以土层深厚、疏松肥沃、排水良好的中性或近中性的壤土、沙壤土等最为适宜。

四、黄芩的品种类型

黄芩为异花授粉植物，其栽培群体中的变异类型丰富。徐昭玺等根据生育期不同将黄芩分为早熟、中熟和晚熟3个类型。早熟类型6月初开花，7月上中旬进入开花高峰期；晚熟类型则在7月中旬开始开花，8月上中旬大量开花，其物候期与早熟类型相差20～30d；中熟类型介于两者之间。其中，以晚熟类型生育性状最好，叶片大，叶色浓绿，枝条粗壮，生长茂盛，且单根重和黄酮类成分含量最高。陈柏君等经组织培养人工诱导获得了30多个黄芩同源四倍体株系。杜弢等采用田间调查与实验室测定相结合的方法考察了四倍体黄芩D20在西部干旱地区的表现，结果发现其生长势旺，抗逆性强，产量和黄芩苷含量高，优于当地主栽品系。

但总的来说，目前还没有适合大面积推广的黄芩优良品种。

五、黄芩的栽培技术

（一）选地整地

黄芩栽培，选择土层深厚，排水渗水良好，疏松肥沃，阳光充足，中性或近中性的壤土、沙壤土。平地、缓坡地、山坡梯田均可，宜单作种植。

结合整地，每公顷均匀撒施腐熟的农家肥30 000～60 000kg、磷酸二铵等复合肥2 250～3 375kg。施后适时深耕25cm以上，随后整平耙细，去除石块、杂草和根茬，达到土壤细碎、地面平整。并视当地降雨及地块特点做成宽2m的平畦或高畦。春季采用地膜覆盖种植的，做成畦面宽为60～70cm、畦沟宽为30～40cm、高为10cm的小高畦更为适宜。

（二）繁殖方法

黄芩主要采用种子繁殖；用茎段扦插和分株繁殖亦可，但生产实践中意义不大。

1. 采种 应选择二年生至三年生发育良好的植株采种。黄芩一般不单独建立留种田，多选择生长健壮、无病虫害的地块留种。由于黄芩花期长，种子成熟期不一致，极容易脱落，因此应随熟随收，分批采收。当整个花枝中下部宿萼变为黑褐色，上部宿萼呈黄色时采收，手捋花枝或将整个花枝剪下，稍晾晒后，及时脱粒、清选，放阴凉干燥处备用。使用前如按照种子粒径大小进行分级再播种利用，能够保证出苗整齐，方便苗期管理，确保播种苗的数量和质量。

2. 直播 直播黄芩省工，根直、分叉少，商品外观质量好，所以种子繁殖多以直播为主。多于春季播种，一般在土壤水分充足或有灌溉条件的情况下，以地下5cm地温稳定在12～15℃时播种为宜，北方各地多在4月上中旬前后。对于春季土壤水分不足，又无灌溉条件的旱地，应视当地土壤水分的变化规律，采用早春地膜或碎草、树叶覆盖种植。

直播黄芩，可采用普通条播或大行距宽播幅的播种方式。普通条播一般按行距30～35cm开沟条播。大行距宽播幅播种，按行距40～50cm开平底播种沟，沟深为3cm左右，宽为8～10cm。随后将种子均匀地撒入沟内，覆湿土1～2cm，适时镇压。土壤水分不足时，应开沟坐水播种。山区退耕还林地的林果行间，亦可采用宽幅条播的方式。干旱地区或干旱季节，播种后应适时覆盖地膜或秸秆，保持土壤湿润。一般播种量，普通条播为 15 kg/hm^2，宽幅条播为 22.5～30 kg/hm^2。

为加快黄芩出苗，播种前可进行种子催芽处理。催芽时可用 40～45℃的温水将种子浸泡 5～6 h 或冷水浸泡 10 h 左右，捞出放在 20～25℃的条件下保湿催芽，待部分种子萌芽后即可播种。但催芽的种子应播在水分充足的土壤中，否则反而影响出苗。

3. 育苗移栽 在灌溉困难的旱地或退耕的山坡地栽培黄芩，可采用育苗移栽法。

选择疏松肥沃、背风向阳、靠近水源的地块为育苗地。要施足基肥，均匀撒施 7.5～15 kg/m^2 充分腐熟的优质农家肥和 25～30 g/m^2 磷酸二铵。将基肥与地表 10～15 cm 的土壤拌匀，捡净石块、根茬，搂平耙细，做成宽为 120～150 cm 的畦，畦埂宽为 50～60 cm。在 3 月底 4 月初，在做好的畦内灌足水，水渗后按 60～75 kg/hm^2 播种量将干种子均匀撒播，播后覆盖 0.5～1cm 厚的过筛粪土或细表土，并适时覆盖薄膜或碎草保温保湿。

苗田管理工作主要有：出苗后及时通风去膜或去除盖草；苗高 5 cm 时按行株距 10 cm×10 cm，并拔除杂草；视具体情况适当浇水和追肥。

当苗高 7～10 cm 时即可移栽定植，按行株距 40 cm×10 cm 栽植，栽后覆土压实并适时浇水。旱地无灌水条件者应在雨季栽植。育苗面积和移栽面积之比一般为 1∶20～30。

（三）田间管理

1. 中耕除草 黄芩幼苗生长缓慢，出苗后应结合间苗、定苗、追肥，视杂草生长和降雨、灌水情况，经常进行松土除草，直至封垄。第一年通常要松土除草 3～4 次；第二年以后每年春季返青出苗前，搂地松土、清洁田园，返青后视情况中耕除草 1～2 遍至黄芩封垄即可。生长后期，发现大草可人工拔除。另外，7～8 月份套播农作物可有效减轻杂草防除工作。

2. 间苗、定苗与补苗 黄芩齐苗后，应视保苗难易分别采用 1 次或 2 次的方式进行间苗、定苗。易保苗的地块，可于苗高 5～7 cm 时，按株距 6～8 cm 交错定苗，每平方米留苗 60 株左右。地下害虫严重，难保苗的地块，应于苗高 3～5 cm 时对过密处进行疏苗；苗高 7～10 cm 时，按计划留苗密度定苗。结合间苗、定苗，对严重缺苗部位进行移栽补苗。补苗时要带土移栽，栽前或栽后浇水，以确保成活。

3. 追肥 科学追肥是实现黄芩高产、优质的重要措施。氮肥、磷肥和钾肥，无论是单独施用还是配合施用，均有极显著或显著的增产效果，同时也能促进根部黄芩苷含量的提高。3 种肥料配合使用优于其中任何两种合用，两种肥料配合施用又都优于单一肥料使用，单独施用肥料时以氮最佳、钾次之、磷最次。但追施化肥用量不宜过大，特别是氮肥不宜单独过多施用。生长两年收获的黄芩，两年每公顷追肥总量以纯氮 90～150 kg、P_2O_5 60～90 kg、K_2O 90～120 kg 为宜，每年分别于定苗后和返青后各追施 1 次，其中氮肥两次分别为 40%和 60%，磷肥和钾肥两次分别为 50%，3 种肥料混合，开沟施入，施后覆土。土壤水分不足时应结合追肥适时灌水。

4. 灌水与排水 黄芩在出苗前及幼苗初期应保持土壤湿润，定苗后土壤水分含量不宜过高，适当干旱有利于蹲苗和促根深扎。黄芩成株以后，遇严重干旱或追肥时土壤水分不足，应适时适量灌水。黄芩怕涝，雨季应注意及时松土和排水防涝，以减轻病害发生，防止烂根、死亡，降低产量和品质。

5. 剪花枝 对于不采收种子的黄芩地块，于黄芩现蕾后开花前，选择晴天上午分批将所有花枝剪去，可减少黄芩地上部的养分消耗，促进根部生长，提高药材产量。

(四) 病虫害防治

黄芩病害有叶枯病（*Septoria chrysanthemella* Sacc.）、白粉病（*Erysiphe polygoni* DC.）和根腐病等，虫害有蛴螬、地老虎和黄芩舞蛾（*Prochoreutis* sp.）等。病害防治方法：冬季处理病残株，消灭越冬菌源；加强田间管理，注意田间通风透光，防止氮肥过多或脱肥早衰；及时拔除病株，并用5%石灰水消毒病穴；用50%多菌灵可湿性粉剂1 000倍液，或1∶1∶120波尔多液或50%代森铵1 000倍液，或0.1%～0.2%可湿性硫黄粉轮换喷雾，每7～10 d喷1次，连续2～3次。虫害可喷90%敌百虫800～1 500倍液杀灭。

六、黄芩的采收与加工

(一) 采收

近年来，有日本商人收购一年生黄芩，做生产饮料的原料。但我国黄芩药用一般在二年生时采挖，一年生黄芩的有效成分含量较低，二年以后可达到一年生的2倍左右，但二年生与三年生差别不大（图9-50）。因此，温暖地区可生长2年收获，冷凉地区二年生至三年生均可采收。从产量的角度看，三年生采收经济效益较高。第四年后，由于主根开始出现枯心，药材产量和质量反而会下降。

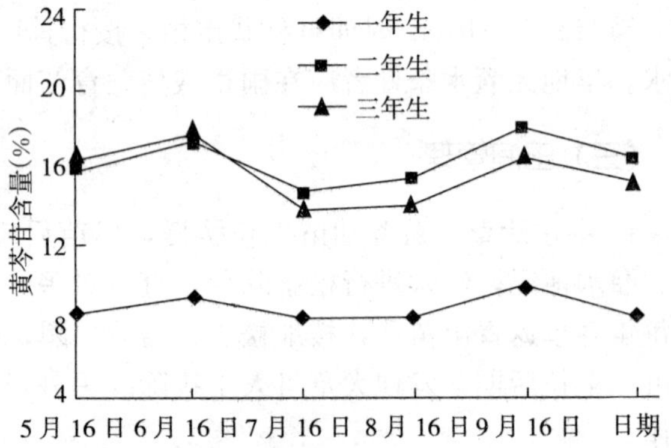

图9-50 不同年生黄芩苷的含量

（引自王秀敏等，2005）

一般于秋末茎叶枯黄至春季发芽前均可采收，但以春季收刨更为适宜。此时收获，易于加工晾晒，品质较好。收刨时应尽量避免或减少伤根。选晴天将根挖出，去掉茎叶，抖净泥土，运至晒场进行晾晒。

(二) 产地加工

黄芩宜选通风向阳干燥处进行晾晒。一年生的黄芩由于根外无老皮，所以直接晾晒干燥即可。二年生以上的黄芩则要在晒至半干时，每隔3～5 d，用铁丝筛、竹筛、竹筐或撞皮机撞一遍老皮，连撞2～3遍。撞至黄芩根形体光滑，外皮黄白色或黄色时为宜。晾晒时应避免在强光下暴晒，否则黄芩根易由黄变红；同时还要防止水洗或雨淋，否则根变绿变黑，失去药用价值。黄芩鲜根折干率为30%～40%。撞下的根尖及细侧根可干燥用做投料，其黄芩苷含量较主根高。

(三) 药材质量标准

加工好的药材呈圆锥形，稍有扭曲，以条粗长、质坚实、色黄者为佳品。按干燥品计算，黄芩苷（$C_{21}H_{18}O_{11}$）的含量不得少于9.0%。

复习思考题

1. 黄芩的生长发育有何特点？
2. 黄芩对环境条件有何要求？
3. 简述黄芩栽培技术主要内容。
4. 黄芩采收有哪些注意事项？

主要参考文献

李世，郭学鉴，徐琴芳，等.1991.黄芩野生变家种栽培技术的研究[J].中药材，14(10)：4-7.
李世，苏淑欣，黄荣利.1993.黄芩施肥试验报告[J].中国中药杂志，18(3)：142-144.
李世，苏淑欣，姜淑霞，等.2007.一年生黄芩地上地下干物质积累与分配规律研究[J].河北旅游职业学院学报，12(2)：146-148.
苏淑欣，李世，刘海光，等.2005.黄芩病虫害调查报告[J].承德职业学院学报，10(4)：82-85.
苏淑欣，李世，尚文艳，等.2003.黄芩生长发育规律的研究[J].中国中药杂志，28(11)：1018-1021.
孙志蓉，阎永红，武继红，等.2007.黄芩种子分级标准的研究[J].湖南中医药大学学报，27(S1)：193-194.
王秀敏，邓英杰，钟海军，等.2005.河北怀柔栽培黄芩最佳采收期研究[J].中药材，28(1)：5-7.
赵婷.2006.黄芩质量及栽培技术研究[D].北京：北京中医药大学.

第二十四节　玉　竹

一、玉竹概述

玉竹原植物为百合科植物玉竹，干燥根茎入药，生药称为玉竹（Polygonati Odorati Rhizoma）。玉竹含甾体皂苷（尤其是甾体螺旋皂苷和五环甾醇的糖苷）、多糖、黄酮及其糖苷以及多种蒽醌类化合物，有养阴润燥、生津止渴的功能，用于肺胃阴伤、燥热咳嗽、咽干口渴、内热消渴。玉竹在我国大部分省、自治区均有分布，人工栽培品主产于湖南和广东，以湖南邵东县为湘玉竹的代表性产地，已有200多年的种植历史，产量高质量好。东北所产玉竹多为野生来源，称为关玉竹。玉竹可药食兼用，需求量较大，估算国内年需求量达$5\times10^4\sim8\times10^4$ t。

二、玉竹的植物学特征

玉竹[*Polygonatum odoratum*（Mill.）Druce]为多年生草本植物，株高20～70 cm，单叶，互生于茎中部以上，呈2列，叶片通常7～12枚，叶柄短或几乎无柄，叶片椭圆形、长圆形至卵状长圆形，先端钝尖，基部楔形，全缘，正面绿色，背面粉绿色，长6～12 cm，宽3～5 cm。根状茎地下横生，呈压扁状圆柱形，有分支，直径0.5～2.6 cm，节明显，节间距4～15 mm，表皮黄白色，断面粉黄色，气微，味甘，有黏性。在显微镜下，表皮细胞1列，外被角质层。皮层由薄壁细胞组成，内皮层不明显，中柱维管束散列，为有限维管束，大部分为周木维管束，薄壁细胞中含有较大的黏液细胞，黏液细胞内含有草酸钙针晶束。根茎上有须根，节处可生出芽而形成地上茎，一般每隔2～3根茎节就可生出一个地上茎枝。茎单一，向一边倾斜，具纵棱，光滑无毛，绿色，有时稍带紫红色，基部具有数片膜质叶鞘。花1～3朵，腋生，花梗俯垂，长12～15 mm，无苞片，绿白色；花被筒状钟形，顶端6裂，裂片卵圆形；雄蕊6，花丝白色，不外露。子房上位，3室；花柱单一，线形，着生于花被筒中部；略有香气。浆果球形，直径5～7 mm，成熟时暗紫色，具有7～13颗种子，熟时自行脱落。种子卵圆形，黄褐色，无光泽（图9-51）。花期5～7月，果期7～9月。

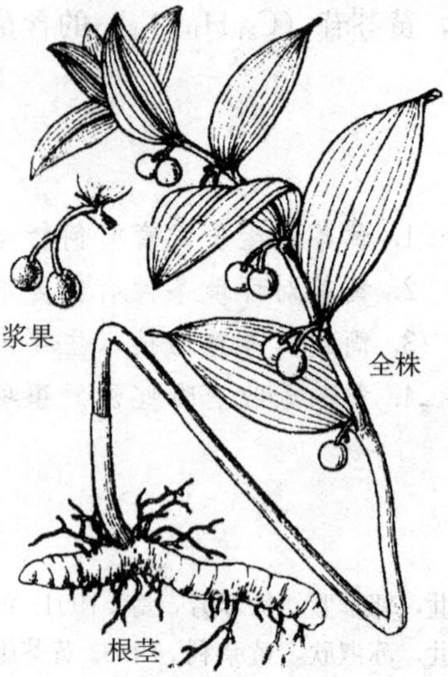

图9-51　玉　竹

三、玉竹的生物学特性

（一）玉竹的生长发育

玉竹种子寿命为2年，种皮厚，为上胚轴休眠类型，胚后熟在25℃下需80 d以上才能完成，自然条件下，用种子繁育非常困难，生产上多以地下根茎营养繁殖。在湖南，玉竹在1年内的生长期为200 d左右，一般3月萌芽出土，4月植株长成，4～6月开花，6～9月果实成熟，霜降前后地上部分枯萎，以地下根茎越冬。采用根茎繁殖的玉竹，其生产周期一般为2～3年，最多不超过4年。若生产周期过短，产量低，成本高，效益低；若生产周期过长，老的地下根茎腐烂，影响产量。据试验，人工栽培的玉竹，在一般情况下1年收获的产量是用种量的4倍，2年收获的产量是用种量的8～10倍。

（二）玉竹的生长发育对环境条件的要求

玉竹对环境条件适应性较强，喜湿润、凉爽环境，耐寒，耐阴湿，忌强光直射、渍水与多风。一般气温平均在9～13℃时根茎出苗；18～22℃时植株现蕾开花；19～25℃时地下根茎增粗，生长最旺，为养分积累盛期；待入秋气温下降到20℃以下时，果实成熟，地上部分生长减缓。玉竹的物候期因地区不同、年份不同、品种不同而有差异。水分对玉竹生长较为重要，一般全月平均降水量在150～200 mm时地下根茎发育最旺；降水在25～50 mm以下时，生长缓慢。海拔超过1 000 m时，生长不良。

玉竹对土壤条件要求不严，以土层深厚、疏松、排水良好、有机质含量高的黄壤、红壤、紫色沙质壤土为宜。玉竹不宜选用黑色土壤种植，否则地下根茎表皮带黑色而大大降低其经济价值。黏土、排水不良、地势低洼、易积水的地方不宜种植玉竹。pH在5～7.5的土壤均生长良好。玉竹忌连作，前作最好是禾本科和豆科作物，如水稻、玉米、小麦、大豆和花生等。

四、玉竹的品种类型

1. 品种 湖南栽培玉竹历史较长，已经选育出一些当地适宜品种，主要有“猪屎尾”、“同尾”、“姜尾”、“竹节尾”和“米尾”等，在当地广泛应用。

2. 商品类型 在市场流通领域则多按产地分成多种商品类型，其药材特点如下。

（1）**湘玉竹** 其主产于湖南邵东、邵阳和莱阳等地，为栽培品，其特点为条较粗壮，表面淡黄色，味甜糖质重。

（2）**海门玉竹** 其产于江苏海门南通等地为栽培品，其质量近似于湘玉竹，其条干亦挺直整齐肥壮，呈扁平形，色嫩黄。

（3）**西玉竹** 其主产于广东连县等地，不及湘玉竹及海门玉竹糖分足，味甜略淡。

（4）**东玉竹** 其为浙江新昌等地所产，有人将其与江苏栽培品一同称之。

（5）**关玉竹** 其多系东北及内蒙古、河北一带野生品，常较细长，淡黄色，表面纵纹明显，体轻质硬，味甜淡。

（6）**江北玉竹** 其主要指江苏和安徽一带野生品，品质似关玉竹，但色较浅，体质较松。

五、玉竹的栽培技术

（一）选地整地

玉竹栽培，选择背风向阳、排水良好、土质肥沃疏松、土层深厚的微酸性沙质壤土地或壤土。玉竹忌连作，轮作年限要超过3～4年。前茬作物以豆科为好，不宜辣椒茬。种植前40～50 d翻地使土壤充分风化，要求深翻30～50 cm，同时每公顷施农家肥30 000～45 000 kg，平整后做宽为1.2～1.5 m、高为15～25 cm、畦距为30 cm的畦。

（二）繁育

1. 根茎繁殖 目前玉竹生产上多采用根状茎繁殖，因其遗传性比种子稳定，能确保丰产，生长周期短。

（1）**选种** 要选当年生、种茎肥大，具有粗壮顶芽，顶端饱满，须根较多，皮色黄白无黑色斑点，无损伤，无病虫伤害症状的根茎做种。依大小分级，分开栽种。种茎瘦弱细小和芽端尖锐向外突出的分枝及老的分枝不能发芽，不宜留种；不能用二年生种茎段做种。每公顷用种茎量为3 750～4 500 kg。若不能及时下种，必须将根芽摊放在室内背风阴凉处；若时间较长，采用地窖或室内沙藏，1层种茎1层河沙或细土堆高3 cm，每10 d检查1次，剔除烂种。

（2）**播种期** 玉竹从7月中下旬到12月份都可播种，各地播种玉竹的时期很不一致，而不同播种期对玉竹产量影响较大。若播种过早，高温干燥，易引起烂种；若播种过迟，种茎根系发育不充分，不利于高产栽培。一般以日均气温25℃左右播种为宜，在此范围内，海拔较高山区等早秋气温较低的地方可以适当早播种，采用稻草等作物秸秆覆盖的可适当早播种。

（3）播种

①条栽：将玉竹根状茎切成长 3～7 cm 的小段，在畦面上按行距 15～30 cm 开深 6～15 cm 的沟，在沟底按株距 7～17 cm 纵向排列，芽朝同一方向放好后覆盖猪粪或土杂肥 3 cm，再覆土 3 cm。

②穴栽：畦面栽种 3～4 行，行距为 30～40 cm，株距为 30～40 cm，穴深为 8～10 cm。每穴交叉放种栽 3～4 个，芽头向四周交叉，不可同一方向。

2. 种子繁殖 9 月份果实成熟时采摘，放在水中浸泡 2～3 d，搓去果皮和果肉，进行秋播；或与湿沙混拌进行沙藏处理至第 2 年春季取出播种。

（1）床播　在准备好的床上，按 20 cm 行距顺床开 4～5 cm 深的浅沟，把沟底整平，将种子均匀地播入沟内，覆土 2 cm，稍镇压即可。

（2）穴播　在清理好的林地上按株距 20～30 cm 刨穴，每穴播种 3～5 粒，覆土 2～3 cm,用脚踏实。

（三）田间管理

1. 遮阳 适度遮光可削弱光强，降低生长环境中的气温、土温，使玉竹幼苗在良好的小气候内生长发育。如无遮阳，温度过高，则植株细弱、矮黄，生长势弱，地下茎生长缓慢，产量可比遮阳者低 20%以上。大田栽植可在苗床间种玉米等高棵作物进行庇阴；或在疏林地栽植，利用自然树木遮阳。

2. 中耕除草 玉竹栽后当年不出苗。第二年春季出苗后，及时除草，第 1 次可用手拔除杂草或浅锄，避免锄伤嫩芽。到第三年根茎已密布地表层时，只宜用手拔除杂草。土壤干旱时用手拔除，切勿用锄，以免伤根，导致腐烂。雨后或土壤过湿时不宜拔草。

3. 施肥培土 每年施肥 2 次，以有机肥料为主，亦可辅以少量化肥，如尿素、复合肥和磷肥，但不宜用碳酸氢铵。第一次施肥要在春季萌芽前进行，每公顷用腐熟猪粪 22 500～37 500 kg/hm^2 和 150～225 kg 尿素，促进茎、叶生长。第二次在玉竹进入休眠时，每公顷用腐熟猪粪 15 000 kg 加过磷酸钙 750 kg，施后培土 5～7 cm。玉竹生长 2 年后，根状茎分枝多，纵横交错，易裸露于地表而变绿，影响商品外观和质量，亦易受冻害，因此，要及时培土。第三年春季出苗后，施入腐熟猪粪水，每公顷用量为 15 t，然后培土，到秋季即可收获。

4. 排水 玉竹最忌积水，在多雨季节到来前，要疏通畦沟，以利排水。

（四）病虫害防治

危害玉竹叶片的有褐斑病、紫轮病和锈病，危害根茎的有根腐病和曲霉病。防治方法：对褐斑病和紫轮病，春季返青前用硫酸铜 300～400 倍液浇洒地面，发病初期用 65%代森锌 800 倍液或用 70%甲基托布津 800～1 000 倍液喷雾防治。锈病发病初期用 50%二硝散400～500 倍液或 15%粉锈宁 800 倍液喷施防治。

多雨季节最易发生根腐病，地下根茎部分或全部变色腐烂，茎叶因根茎无法供应水分而下垂乃至枯萎。注意排水，保持土壤通透性良好。拔除病株后的病穴要消毒，用 70%甲基托布津 1 000 倍液喷雾，连喷 2～3 次。

玉竹主要虫害有蛴螬和地老虎，幼虫咬断幼苗或根茎，造成断苗或根茎残缺。可行人工捕捉，用敌百虫拌青菜叶诱杀，或用20%速灭杀丁15～20g兑水50kg喷雾。

六、玉竹的采收与加工

（一）采收

玉竹应在早春或晚秋季节采收。具体采收时间与药材的种类及温度等有关。温度低时，玉竹地上部枯萎较早，应早采收。二年生至三年生的玉竹收获较好，产量高，质量好。四年生的产量更高，但质量下降，纤维素增多，有效成分下降。南方于秋季、北方于春季采收，以便与栽种时间衔接。秋季地上部分枯萎后或在春季萌动前，选晴天、土壤比较干燥时收获。采挖时，先割去地上茎秆，用锄挖起根状茎，抖去泥土，防止折断。留种的根茎选出后，另行堆放。

（二）加工

1. 晒毛坯　将收获的分级玉竹放在干净的水泥地上，在阳光下曝晒3～4d，晒到较柔软开始出现皱纹即可。晒的时间过长就会使玉竹条有皱纹不饱满，影响质量。但晒的时间过短，玉竹不够柔软，揉不出糖汁。

2. 去须根　玉竹须根很多，晒干后容易折断。采用麻袋装起来，用手揉、用脚踩去掉须根，或用竹篮子、竹箩筐来回摇动去掉须根，反复几次，直到去完为止。

3. 揉糖汁　用揉糖机把玉竹揉软，要揉出糖汁，揉到透明黏手为宜。如果未揉好，则玉竹条晒干后有皱纹，不饱满，玉竹片色泽不白，影响质量。如果揉得过度，则糖汁流失太多，玉竹条易黏灰，色泽较深，难晒干，也影响质量。揉的时间长短因毛坯晒的程度、揉的方法而异。

4. 晒条子　揉出糖汁后要及时摊开晒干，不能耽搁时间，不能堆在一起，不能沾水淋雨。否则，稍不注意，两夜之间就会长满白霉、黑霉。一定要等天气好再揉。若揉后遇雨则要迅速放到通风干燥处用鼓风机或电风扇吹。若遇连阴天气就要放烤房中烘烤。玉竹条的晒场必须清洁平整，玉竹要晒透晒干。

复习思考题

1. 玉竹的生长发育有何特点？
2. 玉竹对环境条件有何要求？
3. 玉竹有哪些品种类型？
4. 简述玉竹栽培技术主要内容。
5. 玉竹的采收有哪些注意的事项？
6. 玉竹产地初加工包括哪些内容？

主要参考文献

崔红，平洪学．2009．立地条件及繁殖材料对林下玉竹产量的影响［J］．林业实用技术（6）：45－46．

谷兴杰，于跃东，刘玉良．2005．野生玉竹驯化栽培新技术的研究［J］．中国野生植物资源，24（3）：66．
李一平．2004．玉竹规范化生产技术［J］．湖南农业科学（3）：59－62．
梁超全，钟灿，肖深根．2010．发展湖南玉竹产业的几点思考［J］．湖南农业科学（14）：31－33．
秦海林，李志宏，王鹏，等．2004．中药玉竹中新的次生代谢产物［J］．中国中药杂志，29（1）：42－44．
王春兰，杨丽娟．2009．不同采收期对玉竹产量和质量的影响研究［J］．安徽农业科学，37（5）：2032－2048．
王琴，张虹，王洪泉．2003．黄精及玉竹中甾体甙成分的研究［J］．中国临床医药，4（2）：75－77．
徐践．2003．玉竹光合生理特性研究［D］．北京：北京林业大学．
晏春耕，曹瑞芳．2007．玉竹的研究进展与开发利用［J］．中国现代中药，9（4）：33－35．
周晔，唐铖，高翔，等．2005．中药玉竹的研究进展［J］．天津医科大学学报，11（2）：328．

第二十五节　泽　泻

一、泽泻概述

泽泻原植物为泽泻科植物，干燥的块茎供药用，生药称为泽泻（Alismatis Rhizoma）。泽泻主要含三萜类泽泻醇泽泻醇A、泽泻醇B、泽泻醇C、泽泻醇E及其乙酸酯、泽泻醇G以及大量淀粉、蛋白质、氨基酸等成分，有利水渗湿、泄热、化浊降脂的功能，用于小便不利、水肿胀满、泄泻尿少、痰饮眩晕、热淋涩痛、高脂血症。泽泻是大宗药材，目前以四川产量最大，广西次之，江西、福建、湖南、湖北和广东等地亦有栽培。福建建瓯、建阳和浦城及四川都江堰等地栽培历史悠久，产量大，质量好，素有建泽泻和川泽泻之称。目前，全国常年栽培面积约15 000 hm^2，年产量为4 500～6 000 t，其中80%的面积在四川。全国常年平均用量为6 000 t。长期以来，种质不佳，品种退化，是泽泻可持续发展的主要制约因素。

二、泽泻的植物学特征

泽泻［*Alisma orientalis*（Sam.）Juzep.］为多年生水生草本植物，高50～100 cm，具地下块茎，块茎呈球形或卵圆形，外皮黄褐色，密生多数须根。单叶基生，叶基部重叠呈3束，具长柄，下部略呈鞘状，叶片椭圆形或卵状椭圆形，先端短尖，绿色，有光泽，全缘，有明显的弧形脉5～7条，长13～18 cm，宽5～9 cm，叶鞘边缘膜质。花茎自叶丛中生出，高达1 m，为大型轮生状，花集成轮生状圆锥花序；花小，白色，花瓣3，倒卵形；膜质萼片3，广卵形，绿色或稍带紫色，宿存；雄蕊6；心皮多数，离生。瘦果环状排列，倒卵形，扁平，褐色（图9－52）。花期6～7月，果期7～8月。

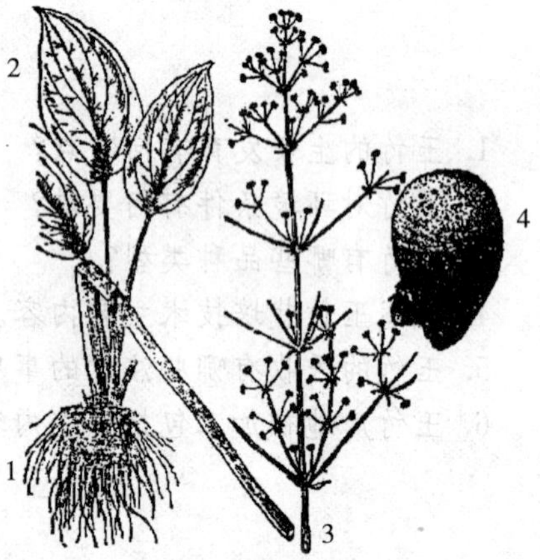

图9－52　泽　泻
1．根　2．叶　3．花葶　4．块茎

三、泽泻的生物学特性

（一）泽泻的生长发育

1. 种子培育阶段　泽泻采收时，将经过单株选择的种茎挖出，除去残叶，栽于种子培育田。泽泻种子培育阶段经过块茎休眠期、出苗期、苗期、抽薹期、开花期和种子成熟期等生长阶段。

12月至2月下旬为块茎休眠期。翌年2月底3月初块茎发出新芽，出苗期持续15～20 d，从块茎发出叶片，植株以叶片生长为主，根发生量较少，出苗期单个块茎叶片可达8～10片。3月下旬至5月上旬为苗期，泽泻植株以叶片、须根生长为主，株高可达70 cm，单株叶片数为20～25片，新生须根达到50条以上，块茎干重迅速下降。4月下旬至6月上旬为抽薹期，从泽泻块茎上发出3～5个不等的花薹，泽泻植株开始进入生殖生长，处于营养生长与生殖生长并进时期，叶片和须根生长速度减缓。5月中旬至6月下旬为泽泻开花期，随着花薹的生长，依次出现花蕾和开花的生长过程，植株叶片和须根的生长处于动态平衡状态，植株生长消耗掉了母块茎干物质，有新的块茎形成。6月中旬至7月底为种子成熟期，以开花、结实、种子干物质积累为主，种子由绿色依次变成黄绿色、黄色、黄褐色，种子变成黄褐色时已发育成熟。

2. 大田生长阶段　大田生产中泽泻生长经历苗期、移栽与返青期、叶片生长期、块茎膨大期、倒苗期等生长时期。泽泻生产上多在6月中下旬播种，从播种至移栽为苗期，苗期为45 d左右。播种3 d左右，泽泻发芽，4 d左右长出子叶，6～8 d长出第一片真叶。苗期的前20 d叶片、根的发生数量少、生长缓慢。进入7月中旬，泽泻苗生长较快，叶片迅速发生与生长，根数增多，植株高度达到15 cm以上，单株叶片数为10片左右，单株须根数达30条以上。8月中旬至9月上旬为泽泻移栽与返青期，前作采收后移栽泽泻，不晚于9月中旬，移栽后1周内泽泻返青。9月下旬至10月下旬为泽泻叶片生长期，此时气温较高，叶片、须根发生与生长快，单株叶片数可达25片以上，须根可达80条以上，此时生长情况直接影响泽泻块茎产量。从11月至12月中旬为泽泻块茎膨大期，植株叶片、须根数量增长缓慢，块茎干物质积累加快。12月下旬泽泻生长进入倒苗期，随着气温降低，叶片开始枯黄，根系生长停止，块茎干物质增长量少，至泽泻大部分叶片枯黄时开始采收。

（二）泽泻的生长发育与环境条件的关系

1. 泽泻的生长发育与阳光的关系　泽泻喜光，阳光充足、日照充分对其生长发育有利。

2. 泽泻的生长发育与温度的关系　泽泻喜温暖的气候环境，怕寒。泽泻种子发芽适宜温度为20～30℃，低于20℃随着温度降低发芽率降低，高于30℃随着温度升高发芽率降低。泽泻植株生长的最适温度为25～30℃，适宜种植在年均气温15～18℃的地区。

3. 泽泻的生长发育与水分的关系　泽泻为水生药用植物，生长过程中需水量大。播种后要求苗床保持3～4 cm深的浅水，随着幼苗的生长要求田间的灌水深度逐渐增加。移栽后至9月下旬，田水深度保持2～3cm的浅水，随着泽泻的生长灌水深度增加，泽泻块茎膨大期逐渐减少田间水量，采收前排干田水。因此种植泽泻要求具有灌溉条件或具有能灌能排的环境，适合种植在年降水量为800～1 200mm，海拔高度为400～800m的水田区。

4. 泽泻的生长发育与土壤的关系 泽泻以块茎供药用，生长土壤对药材质量有显著影响。泽泻适宜种植于肥沃而稍带黏性的土质为宜，如潮田、潮泥田和紫泥土等。

四、泽泻的栽培技术

（一）选地整地

泽泻的栽培，应选择阳光充足、日照充分、雨水充足的地块，土壤以肥沃而稍带黏性的土质为宜，如潮田、潮泥田和紫泥土。

前作收获后，排水或灌水至田间保持浅水状态。每公顷施入腐熟堆肥30 000kg、饼肥3 000kg。犁耙2～3次，充分耙细至土细，田平。

泽泻免耕栽培时，待前作收获后，清除田间杂草，可以把稻草铺在大田中，让其腐烂作为泽泻的肥料，灌水保持水深10cm左右，泡田5d可栽苗。

（二）种子培育与育苗

1. 种子培育 泽泻生产上采用种子繁殖，育苗移栽，需专门培育种子，可用分芽繁殖、块茎繁殖和本田留种3种方法繁殖种子。

（1）**分芽繁殖** 在泽泻收获前，选留生长健壮，无病虫害，基生叶聚集成3束的植株做种株（俗称三棱子）。边选边做好标记，收获时，拔取种株，割掉枯萎残叶，在比较潮湿的地块里，开10cm左右深的沟，将其斜插入土，假植起来，第二年立春后，天气变暖，每一块茎发出10余个新苗，待其长到17～20cm高时，将整个老株挖起，按已形成新苗，分切成单株，栽于阳光充足，土壤肥沃的水田中。行株距为30～40cm。栽植成活后进行施肥、除草等管理，7～8月种子成熟，呈谷黄色时，便可分批采收。用镰刀将带种子枝秆割断，扎成小把，悬挂在没有烟熏的通风干燥处阴干或晒干后脱粒，除去枝秆，储藏备用。这种方法能以少量的种株繁殖较多的种子，且种子经过选择，品种较纯，但种子成熟较晚，不能供当年使用，需储藏待次年才能使用。

（2）**块茎繁殖** 收获泽泻时，按照分芽繁殖所述方法，把经过单株选择的种株挖出，除去残叶，栽于次年拟种水稻的肥沃田边，春季不再分芽移栽，待萌发后摘除侧芽，留下主薹结子。待种子成熟后，割回后熟脱粒，除去枝秆后备用。这种方法，亦能保持种子质量，夏至前种子即能成熟，能赶上当年播种之用，而且种子新鲜，萌芽率高，育成的秧苗比较健壮。但耗用种株数量稍多。

（3）**本田留种** 在泽泻生产田中，留下一定面积不摘除花薹，任其抽薹开花，至11月中下旬种子成熟时采收，晒干储藏，次年用来播种。这种方法比较节省人工，能获得较多种子，但种株未经选择，种子品质较差。此法很少采用。

2. 整地与播种

（1）**整地做床** 选择阳光充足，土壤肥沃，能灌能排的水田，把水排浅，施腐熟堆肥或牲畜粪水22 500～30 000kg/hm^2，反复犁耙，达到田泥细绒。平整田面，开1.3m宽的畦，畦面要平，泥烂如绒，畦沟宽为30cm左右，较畦面略低，以利于排水。整好的田干半天或一夜之后，待畦面表土收水紧皮后进行播种。

(2) **种子处理** 为了促使种子发芽，播种前用布袋将种子包好，放入清水中浸泡24～48h，取出晾干水汽后播种。

(3) **播种时间** 泽泻苗期一般为45d左右，各地可根据气候特点和前作收获时间的衔接来定播种时间。泽泻栽种季节性较强，过早移栽生长期长，易形成大量分蘖和抽薹开花，消耗养分，降低产量和质量；过迟移栽则生长期短，产品个小，产量不高。

(4) **播种方法** 用种量为3 750kg/hm^{2}与100倍的火灰充分拌和，均匀撒播后，轻轻拍压畦面，使种子与泥土黏结，待畦面表土略有裂纹时，即灌浅水，称为旱播。此法播种较为均匀。

也有将浸种以后的种子，拌30～40倍的细土，混合均匀，用喷雾器喷水，边喷边搅拌，使种子与泥黏结、种粒间又互不黏结为止。然后撒于3～4cm深的浑水苗床，这样水中泥尘下沉，就可把种子盖于表土泥中，称为水播。

3. 苗期管理

(1) **灌溉与排水** 泽泻播种育苗时期，正是暴雨季节，需注意防止暴雨冲刷苗床，把着泥尚不稳固的种子冲走。故播种后4d以内，要保持3～4cm深的浅水。5d后，大部分萌芽后，每天晚上灌浅水，早上排水晒苗，使之生长迅速健壮。如遇大雨，应立即灌水护苗，如遇久雨，应把水排尽晒田炼苗。苗高5～7cm时，应经常保持浅水，水深不能超过苗尖。以后随着幼苗长高，可保持5cm左右深的水。

(2) **间苗** 苗高3～4cm时，进行匀苗，扯去密集细弱苗。保留健壮苗。苗间距离为2～3cm，过稀无苗之处，可拔密苗补植。

(3) **追肥** 一般进行2次除草追肥。第一次于间苗时进行，每公顷施清淡猪粪水15 000kg左右，或硫酸铵60～70kg兑水15 000kg，淋浸苗床，不能施于苗的叶上，以免肥害。第二次用肥数量比第一次适当增加，施法如第一次相同。每次施肥前先排尽田水，施肥后1～2d，肥料入泥后再进行灌水。如成苗率高，管理好，苗田与本田比例可达1∶25。

(三) 整地移栽

1. 整地 泽泻前作物为早稻。前作收获后，把过深的田水排除，至部分现泥为止。施厩肥或绿肥22 500～30 000kg/hm^2，瘦瘠田块适当增施，肥田酌情减施。然后犁耙2～3次，达到泥细、田平、水浅，泥细有利于根的分布生长，水浅方便栽植，田平方便排水灌水。

2. 移栽 苗高17～20cm时进行移栽。栽苗选择阴天阳光不甚强烈的天气进行。将幼苗连根拔起，摘去萎黄叶子，用稻草绑成小把，如有蚜虫，可将叶片浸入40%乐果乳油2 000倍水溶液中杀虫。

移栽密度，一般行距为30～33cm，株距为24～27cm，密度为120 000～150 000株/hm^2。苗要浅栽，入泥中3～4cm，栽正，栽稳。每栽8～10行，留一条40cm的宽行，以便管理。

(四) 田间管理

1. 补苗 泽泻移栽后，3～5d内应及时检查，若有被风吹倒浮于水面的，应重新栽下，并取苗补栽缺株。

2. 中耕除草 泽泻栽培中进行3～4次中耕除草。每次进行前，先排出田水，再行中耕除草。9月中旬和下旬进行第一次和第二次中耕除草，此时植株较小，直接用手把植株四周表土抓松，并将杂草拔除。10月中旬和下旬分别进行第三次和第四次中耕除草，用脚捣，拔除杂草，尽量不要损伤叶片。残叶和杂草可以摘除踩入泥中，但病残叶子应拿出田外集中处理，以免扩散病原。

3. 施肥 移栽之后两个月泽泻生长变化快，是根和叶生长旺盛时期，此时的生长是增产的基础。9月下旬施返青肥，每公顷施畜粪水11 250～22 500kg，可加尿素60～75kg，以促进泽泻根与叶片的生长。10月中旬，根据长势追施磷钾肥，施用过磷酸钙1 500～2 250 kg/hm^2、硫酸钾120～180 kg/hm^2，以促进块茎膨大。施肥在中耕除草后进行，无机肥料可溶解在有机肥中施用，也可均匀洒施后浇少量清粪水。施肥之后1～2d，待肥料溶入泥中，方能灌水。

4. 灌溉与排水 泽泻宜浅水灌溉，不同的生长阶段，掌握不同的灌水深度。移栽之后，田水深度保持在2～3cm；第二次中耕后，地上部分生长旺盛，需水较多，水深可加至3～5cm；第三次中耕后，进入块茎逐渐膨大的阶段，应减少田水，让田内呈"花花水面"，并于立冬前逐渐排干。如系冬水田栽培，必须蓄水，也应尽量排为浅水。

5. 摘芽摘薹 第二次中耕后，泽泻渐渐抽出花薹和侧芽，应随时摘除。摘除时必须从基部折断，不留残基。如任其开花结实，就会使块茎枯瘦；如任侧芽萌发生长，块茎上钉包很多而不便于加工，都会影响质量和产量。而且若不摘除花薹和侧芽，会造成田间叶、薹密集，容易遭病虫害。摘下的花薹与侧芽，可做绿肥、猪饲料。

（五）病虫害防治

危害泽泻的病害主要有白斑病，虫害主要有蚜虫和银纹夜蛾幼虫。白斑病防治：选抗病品种；播种前种子用40%福尔马林80倍液浸5min，洗净晾干后播种；发病初期用1∶1∶100波尔多液或65%代森锌可湿性粉剂400～500倍液喷射，每7～10d 1次，连续2～3次。对缢管蚜防治，应着重在苗期喷乐果或烟草石灰水防治；还可在拔苗移栽时，将叶片浸入乐果溶液中做灭蚜处理。对银纹夜蛾防治，可用90%晶体敌百虫1 000倍液或者2.5%溴氰菊酯可湿性粉剂3 000倍液。

五、泽泻的采收与加工

（一）采收

11月下旬随着气温下降，泽泻进入倒苗期，到12月下旬，大部叶片枯黄时，泽泻生长停止，即可收获。采收时，一只手拿镰刀划开周围的泥土，另一只手提起植株，削去泥土，扯掉残叶。但块茎中心的小叶必须留下，否则烘烤时会流出汁液，降低品质，减少产量。

（二）加工

将收回的块茎用无烟煤火烘干。烘时火力不可过大，否则块茎容易变黄。上炕后，每隔1昼夜翻动1次，约3昼夜即可全干。干后趁热放入撞笼内，撞掉须根及粗皮即成。产品储藏于干燥处，防蛀，防霉变。

复习思考题

1. 泽泻的生长发育有何特点?
2. 泽泻对环境条件有何要求?
3. 简述泽泻栽培技术主要内容。育苗中为什么要求将地整成"泥烂如绒"的状态?
4. 泽泻的采收有哪些注意事项?

主要参考文献

褚必海，毛善国，丁小余，等.2007. 泽泻有效成分与生态因子的关系［J］. 南京师大学报（自然科学版），30（2）：98-103.

刘爱霞，陈兴福，杨文钰.2008. 氮肥运筹对川泽泻干物质积累和分配的影响［J］. 时珍国医国药，19（3）：632-634.

刘红昌，杨文钰，陈兴福.2007. 不同采收期泽泻化学成分动态变化的研究［J］. 中国中药杂志，32（17）：1807-1809.

刘红昌，杨文钰，陈兴福.2007. 不同育苗期、移栽期和采收期川泽泻质量变化研究［J］. 中草药，38（5）：754-758.

第二十六节 细 辛

一、细辛概述

细辛原植物为马兜铃科植物北细辛、汉城细辛和华细辛的干燥根和根茎，生药称为细辛（Asari Radix et Rhizoma），前二种习称辽细辛。细辛含挥发油，其主要成分为甲基丁香酚、优香片酮、蒎烯、龙脑、异茴香醚酮和左旋细辛素等，有祛风散寒、祛风止痛、通窍、温肺化饮的功能，用于风寒感冒、头痛、牙痛、鼻塞流涕、鼻鼽、鼻渊、风湿痹痛、痰饮喘咳。辽细辛主产于东北三省的东部山区，销全国并有出口。华细辛主产于陕西中南部、四川东部和湖北西部山区以及江西、浙江和安徽等省，多为自产自销。2005 年前的《中华人民共和国药典》均规定，细辛以干燥全草入药。从 2005 到 2010 版《中华人民共和国药典》则开始规定细辛以干燥根和根茎入药，原因是有学者认为茎叶含有肾毒性物质马兜铃酸。目前，虽然市场上仍有全草销售，只是为鉴定方便而已。

二、细辛的植物学特征

1. 北细辛 北细辛［*Asarum heterotropoides* Fr. Schmidt var. *mandshuricum*（Maxim.）Kitag.］又名东北细辛、辽细辛，为多年生草本。根状茎横走，茎粗约 3 mm，下面着生黄白色须根，有辛香。叶通常 1～2 枚，基生，叶柄长 5～18 cm，常无毛；叶片卵状心形或近肾形，长 4～9 cm，宽 5～12 cm，先端圆钝或短尖，基部心形或深心形，两侧圆耳状，全缘，两面疏生短柔毛或近无毛。花单生，从两叶间抽出，花梗长 2～5 cm；花被筒部壶形，紫褐色，顶端 3 裂，裂片向外反卷，宽卵形，长 7～9mm，宽 10mm；雄蕊 12，花药与花丝近等长；子房半下位，近球形，花柱 6，顶端 2 裂。蒴果浆果状，半球形，长约 10mm，直径 12mm。种子多数，种皮坚硬，被黑色肉质的附属物。花期 5 月，果期 6 月（图 9-53）。

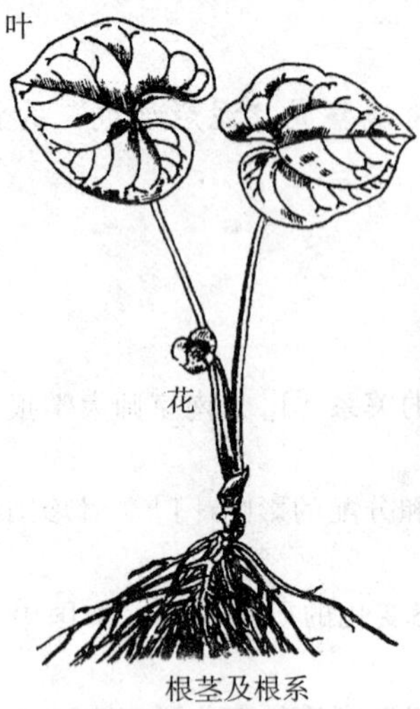

图 9-53　北细辛

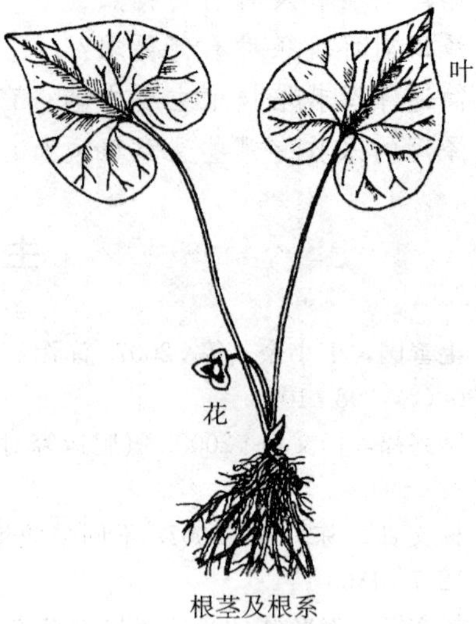

图 9-54　华细辛

2. 汉城细辛　汉城细辛（*Asarum sieboldii* Miq. var. *seoulense* Nakai）与东北细辛相近，其不同点是叶片均为卵状心形，先端急尖，叶柄基部有糙毛；花被筒缢缩成圆形，裂片三角状，不向外翻卷，斜向上伸展。

3. 华细辛　华细辛（*Asarum sieboldii* Miq.）根状茎较长，节间密。叶片卵状心形，先端渐尖；花被筒裂片与汉城细辛相似；花丝略长于花药；其他性状与北细辛相近（图 9-54）。

三、细辛的生物学特性

（一）细辛的生长发育

细辛为多年生须根性草本药用植物。通常从播种到新种子形成需 6～7 年，以后年年开花结实。

细辛在 6～7 月播种后，当年并不出苗（上胚轴休眠），只长胚根。8 月中旬胚根长出，10 月下旬（越冬前）胚根长约 8mm，其上生有 1～3 条支根，以此在土壤中越冬。第二年春天出苗，只生两片子叶，直到秋季枯萎休眠。第三年至第四年早春出苗后，可长出 1 片真叶，其叶片随着生长年限的增加而增大，第五年和第六年以后可长出 2 片真叶，并能开花结实。

细辛每年 4 月下旬出苗，出苗后展叶，伴随展叶现蕾开花。花期为 5 月中、下旬果期为 5 月下旬至 6 月中旬，6～9 月上中旬为果后生长期，9 月下旬地上部枯萎，随之进入休眠。一年中细辛早春花叶开放，5 月地上部分基本长成，不再生长，也不抽出新叶，7 月芽胞分化，到秋季形成完整的越冬芽，来年再重新生长发育。

据产区调查，林间栽培细辛从增重方面看，一年生全株干重为0.011g，二年生干重为0.013g，三年生干重为0.02g，十年生干重为0.10g，说明细辛生长非常缓慢。

（二）细辛种子的生物学特性

1. 细辛种子寿命短 细辛鲜种子千粒重为17g左右，自然成熟的种子（发芽率为99%），在室温干燥条件下存放20d后发芽率为81%，40d后降为29%，60d后则只有2%。可见细辛种子采收后在室内干储，发芽率随储藏期延长而降低，储藏期超过60d就会完全丧失生活力，因此采种后应立即播种。因某种原因不能及时播种者，可拌湿沙（1∶3～5）储存，湿沙保存30～60d后发芽率仍在90%以上，采用此法也可长途运输。另据报道，将种子放在4℃、密闭、干燥条件下储存260d的种子，其发芽率仍可达75%。

2. 种子和上胚轴具有休眠特性 自然成熟的种子，其胚尚未完全成熟，解剖观察胚长为37.5～55.5μm，胚率为1%～1.5%，种胚处于胚原基或心形胚初级阶段。所以播种后，在适宜条件下也不能萌发，需要经过一段时间完成形态后熟。自然成熟种子播种后在19℃条件下，30d就能裂口；在地温20～24℃，土壤含水量为30%～35%，通气良好时，46～57d就能完成后熟露出胚根。胚根伸长突破种皮后，经50～60d其长度可达6～8cm，并具有2～3条支根。已生根的种子当年并不出土生长，还需要一个低温阶段解除上胚轴休眠，一般在0～5℃条件下，约50d即可完成上胚轴休眠阶段，此时种子在适宜条件下即可出苗。

（三）芽胞的形成与休眠

细辛的越冬芽，每年都在7月分化完毕，8～9月长大，到枯萎时芽胞内具有翌年地上的各个器官雏形。细辛芽胞具有休眠特性，冬季休眠的芽胞给予适宜的生长条件也不能出土，用50～300mg/mL赤霉素（GA_3）处理8h可打破休眠（表9-46）。越冬芽经赤霉素处理后2～3d开始萌动，7～8d幼苗出土，10～15d展叶，13～29d开花，而对照仍处于休眠状态。此外，赤霉素处理后对细辛越冬芽、新根的形成及生长也有一定的促进作用。50～300mg/mL范围内，赤霉素处理形成越冬芽和新根的数量及根的长度随赤霉素浓度的提高而增加。

表9-46 不同浓度赤霉素对细辛生长发育的影响

处理浓度（mg/L）	处理方式	处理至各生育时期所需平均时间（d）		
		出 苗	展 叶	开 花
50	浸渍	7.3	15.0	17.4
	涂抹	13.1	15.0	29.0
100	浸渍	7.5	12.0	19.5
	涂抹	10.0	14.5	25.0
200	浸渍	7.3	12.0	13.0
	涂抹	11.0	15.5	22.0
300	浸渍	7.2	11.0	17.0
	涂抹	10.0	14.0	20.0
对照		未解除休眠		

细辛的根茎分割后栽植，可独立成活，发育成新的个体。细辛根茎顶部的节间很短，将其截成1cm长的小段栽植后，就可形成独立个体。根茎分割的成活率与根茎上中下的部位、分段的长短、顶芽的有无、潜伏芽的大小及栽植时期有密切关系。一般根茎上有越冬芽的、潜伏芽大的、根茎上段或者根茎中段的成活率高，秋栽的成活率比夏栽的高。

（四）细辛的开花习性

细辛野生植株，每株只有1～3朵花，果实数量也少。人工栽培5～6年植株，每株开花几十朵，结果数量也多。花期在5月，果实一般在6月中下旬成熟。果熟后破裂，种子自然落地。因此，必须及时分批采收并及时播种。细辛出苗后7～16d进入花期，花期约为15d，细辛开花集中在11：00～17：00，这段时间开花数可占日开花数的70%～80%。细辛开花适宜温度为20～25℃，温度低于6℃或高于28℃均不能开花。细辛开花所需空气相对湿度为70%左右。

（五）细辛生长发育与环境条件的关系

1. 细辛生长发育与温度的关系 细辛种子在20～24℃条件下，湿度适宜，46～57d完全形态成熟，在17～21℃萌发生根。生根后的细辛种子在4℃条件下放置50d后给予适宜条件即可萌发。田间细辛在地温8℃开始萌动，10～12℃时出苗，17℃开始开花，休眠期能耐－40℃严寒。

2. 细辛生长发育与水和土壤的关系 细辛为须根系的药用植物，种子萌发时的土壤含水量以30%～40%为宜，生育期间怕积水。小苗怕干旱，出苗前后若遇干旱，不仅出苗率低，而且保苗率也低。由于土质不同其含水量也不同，含沙量大的土壤，含水量可低些，腐殖土含水量可大些。

细辛喜生于土壤肥沃的环境中，栽培在肥沃地块中，细辛芽胞大，生育健壮，每株叶片数目多。适当增施磷肥，不仅植株健壮而且种子千粒重也能提高15%～20%。增施氮肥后，叶色浓绿，生育期延长，种子千粒重可提高10%左右。

3. 细辛生长发育与光照的关系 细辛是阴性药用植物，多生长于荒山灌木草丛中或疏林下，6月中旬前可耐自然强光的照射，6月下旬到9月中旬适宜透光率为40%～50%，如低于30%，植株生长缓慢。烈日长时间的直接照射，易灼伤叶片，造成全株死亡。根据产地观察，生育期间在适宜的光照范围内，光越充足，植株生长越繁茂，开花植株所占比例越高，种子千粒重也大，芽胞数目多，植株增重快。据透光率比较试验发现，当透光率分别为80%～90%、50%和10%～20%时，细辛开花所占比例分别为49%、79%和8%，以50%为最好。同样，单株根茎上芽胞数也以透光率为50%时最多（2～3个），其余均为1～2个。

（六）有效成分积累动态

细辛含挥发油，含油率约为3%，华细辛含油率低于2.75%。据分析测定，挥发油含有70余种成分，主要成分为甲基丁香酚、优香芹酮、蒎烯、龙脑、异茴香醚酮和左旋细辛素等。据分析，人工栽培条件下的细辛比野生细辛有效物质含量高，以野生品的相对含量为100%计算，人工栽培相对含量为131.4%。

四、细辛的栽培技术

目前细辛生产上大致有山地种植、林下种植、农田地种植、参后地种植、果园行间种植、庭院地种植和退耕还林林间种植等多种栽培方式。各地可因地制宜地选择相应的种植方式，利用细辛喜阴习性，开展间作和套作，增加收入。

（一）选地整地

细辛喜温凉、湿润的环境和含腐殖质丰富的排水良好的壤土或沙壤土，所以栽培细辛应选地势平坦的阔叶林的林缘、林间空地、山脚下溪流两岸平地，也可选择撂荒地、种过人参的参床或农田。其地块的土层要深厚，土壤要疏松、肥沃、湿润。山地的坡度应在15°以下，以利水土保持。最好是利用林间的空地、山脚排水良好的林缘或灌木丛生的荒地、平坦的老参地。采取林下育苗时，应选择地势平坦的树木稀疏的阔叶林地。

利用林地、林缘栽培细辛或林下育苗，应把畦床上的树木砍掉，床间距适当放宽，床间树木要保留，过密的地方要适当疏整树冠。灌木丛生的荒地，床间的灌木丛也应当全部保留。这样既能节省人工遮阴的人力、财力和物力，又有利于水土保持。畦床应斜山走向，尽可能避开正南正北走向。选地后耕翻，翻地深度为20 cm左右，碎土后捡出树根、杂草和石块，然后做床。一般床宽为1.2 m，床高为15～20 cm。床面要求平整，床间距为50～80 cm。

利用林间空地、撂荒地、农田地栽培细辛，多结合耕翻施入基肥，一般每平方米施腐熟的猪粪40 kg、过磷酸钙0.25 kg。

（二）播种移栽

目前人工栽培细辛有种子直播和育苗移栽两种方式。

1. 种子直播 采用种子繁殖细辛，不仅繁殖系数大，而且节省大量供药用的根茎。在种子来源充足的情况下，采用直播是最好的方法。种子直播是将采收的细辛种子，趁鲜直接播种，小苗生长3～4年后，直接收获入药。

（1）**采种** 细辛果实6月中下旬成熟，要随熟随采。分别品种和性状，单收单放，分别脱粒播种。各地采种多在果实由红紫色变为粉白或青白色时采收，剥开种皮检查，果肉粉质，种子黄褐色，无乳浆。由于细辛果实成熟期不一致，必须分批采收，防止果实成熟破裂，种子自然脱落。一般阴雨天果实成熟快，要及时采收。采收的果实要在阴凉处放置2～3 d，待果皮变软成粉状，即可搓去果皮果肉，用水将种子冲洗出来，控干水在阴凉处晾干附水后趁鲜播种，不能及时播种的种子，必须拌埋在湿润的细粉沙中保存，且不可风干或裸露久放，也不能放在水里保存，否则影响出苗率。一般可采收鲜子600～1 500 kg/hm²。

必须注意，即使采用湿沙保存种子，也必须在8月上旬前播种完毕，否则，细辛种子裂口生根后，再进行播种，既不便播种，又不利于细辛的发育。

（2）**播种** 细辛种子要趁鲜播种，播期一般是7月上中旬，最迟不宜超过8月上旬。常用播种方法有撒播和条播两种。

①撒播：在床面上挖3～5 cm的浅槽，用筛过的细腐殖土把槽底铺平，然后播种。播种时，应将种子混拌上5～10倍的细沙或细腐殖土，均匀撒播。播后用筛过的细腐殖土覆盖，

厚度为 0.5～1cm，覆土后床面上再覆盖一层落叶或草，以保持土壤水分，防止床面板结和雨水冲刷。翌春出苗前撤去覆盖物，以利出苗，鲜子用量为 120～150 g/m²。

②条播：在整好的床面上横床开沟，行距为 10 cm，沟宽为 5～6 cm，沟深为 3～5 cm，沟底整平并稍压实，然后在宽沟内播种。种子间距离为 2 cm，覆土 0.5～1 cm 最后覆盖落叶或草保湿，翌春出苗前撤去覆盖物。播量为 100 g/m²kg 左右。

（3）苗田管理

①浇水：细辛播种覆土浅，播种当年萌发生根，但不出苗。虽然床面覆盖落叶，有保湿作用，但遇干旱时，床土发干，会影响种子和胚根生长，所以要及时浇水，保持床内适宜湿度。

②撤出覆盖物：播种后第二年春季，当床土解冻，快要出苗时，撤去覆盖物，使床面通风透光，以防止或减少出苗后立枯病的危害。如果床土湿润，地温低，可适当提早撤出覆盖物，以提高床温，促进早出苗。

③除草与灌溉排水：细辛直播田块多采用撒播，不能锄草，所以，每年应视杂草情况及时拔除。细辛幼苗不耐旱，如遇干旱，可直接于床面浇灌或床间沟灌。每年雨季要挖好排水沟，防止田间积水。

④调节光照：细辛虽是喜阴植物，但生长发育期间仍需要有一定强度的光照，否则生长发育缓慢，产量低，病害也多。由于细辛生长年限不同，抗强光力不一样，因此各年生的调光水平也不一样。一般一年生和二年生抗强光力弱，遮阴可稍大些，郁闭度以 0.6～0.7 为宜。三年生和四年生抗强光力增强，遮阴适当小些，郁闭度以 0.4 为宜。林间或林下栽培的，可适当疏整树冠；利用荒地、参地栽培的，可搭棚遮阴，也可种植玉米、向日葵等作物遮阴，透光度同上。

⑤追肥与覆盖越冬：细辛在肥沃地块上生长发育良好，人工栽培时，除播种前施足基肥外，从生长的第三年开始，每年应追肥 1 次。一般结合越冬覆盖，于土壤结冻前在畦面上追施腐熟的过筛厩肥，厚度为 1.5～2 cm，既起到追肥的作用，又能起到防寒保护越冬芽、保水的作用，也可以防止早春出现冻拔现象。三年生至四年生的北细辛多数是 1 片真叶，四年生有少数开花。为了培育壮苗和加速幼苗生长，5 月下旬和 7 月下旬各追肥 1 次，每次每公顷施氮肥 75 kg、过磷酸钙 225 kg；或者进行叶面喷肥，喷肥应在叶片全部展后进行。喷肥为 2%的过磷酸钙澄清液，或者 0.3%的磷酸二氢钾的水溶液。

2. 育苗移栽 细辛是多年生植物，生长发育周期长，一般林间播种后 6～8 年才能大量开花结果，为了合理生产，多数地方都采用育苗移栽方式，即先播种育苗 3 年，然后移栽，移栽后生长 3～4 年收获加工。

（1）种子育苗 种子育苗的选地、整地、播种、管理等措施与种子直播方法相同，只是播量大，种子间距为 1 cm，到第三年秋起收移栽。

（2）移栽

①选地：细辛栽培田（作货田）选地并不十分严格。由于各地的栽培条件不同，对栽培田的要求也不一致。如林下栽植细辛，选阔叶杂木林，只要土层深厚、肥沃、湿润，无论阳坡还是阴坡都可利用，林木疏密均可，林木过密可适当间伐。若利用老参地或撂荒地，则要选择坡度较缓的地块或山的下半坡。

②整地做畦：栽细辛的地块要深耕，深度为 15～20 cm，翻后耙细，拣出树根、杂草和

石块等，然后施肥做床。一般施入猪粪、鹿粪或腐熟的枯枝落叶 8～10 kg/m²，外加过磷酸钙 0.2kg/m²。顺山斜向做畦，畦宽为 120cm，畦高为 15～20cm，畦长视地形而定，一般长为 100～150m，作业道宽为 50～80 cm。

③移栽方法：细辛移栽方法随种苗来源不同略有区别，分种子育苗移栽和根茎先端移栽。

种子育苗移栽以秋季 10 月份进行为宜，春季可在 5 月进行。先将二年生和三年生的细辛苗挖出，按大、中、小 3 类分别栽种，要求尽量挖全根系，随挖随栽，不可长时间裸露放置，并要把病弱苗剔除。为防止和减少病害的发生，栽种前可将小苗用 50%代森锌 800 倍+10%多菌灵 200 倍混合液浸苗 2～4 h 进行消毒。栽植时横床开沟，行距为 15～20 cm，沟深为 10 cm，沟内按 5～10 cm 株距摆苗，使须根舒展，覆土 3～5 cm。春天移栽，应在芽胞未萌动前进行，如果移栽时细辛已出苗展叶，则需要大量浇水，并需要较长时间缓苗，细辛的生长发育会受到影响。一般每公顷需用苗 60 万株左右。

根茎先端移栽一般在种苗不足的情况下使用，是把细辛根茎的先端同须根剪下做播种材料。一般根茎长为 2～3 cm，其上有须根 10 条左右，有芽胞 1～2 个。栽法同前。

（三）田间管理

1. 除草、松土和培土 细辛移栽地块每年要进行 3 次松土除草，第一次在春季齐苗时进行，第二次在 6 月上中旬进行，第三次在 7 月上中旬进行。松土可提高床土温度，还有保湿蓄水的功能，对防止菌核，促进生长发育有益。在行间松土要深些（约 3 cm），根际要浅些（约 2 cm）。结合除草、松土作业，进行培土工作，有利于根部的生长，其中重点是畦帮部位，以防止雨水冲刷畦帮而露出越冬芽、根茎及须根。

2. 施肥 移栽的北细辛到采收需要 2～3 年，而细辛是喜肥植物，因此，每年生长期间应适当追肥，补充土壤中肥力的不足，对增加植株的抗性提供有力保障，尤其是农田栽植更应当注意。厩肥以施腐熟的猪圈粪和羊、兔、鸡粪为最好，配合施用含磷、钾的化肥效果更佳。每年于 5 月和 7 月初进行 1 次追肥，一般以磷肥和钾肥为主，每公顷施 225～300 kg。第三次在初冬结合防寒越冬，上一次“盖头粪”，可每公顷施厩肥 60 000 kg、过磷酸钙 600 kg，既可提高土壤肥力，又可保护芽苞安全越冬。

3. 浇水 细辛根系浅，不耐干旱，特别是育苗地，种子细小，覆土浅，必须经常检查土壤湿度，土壤干时及时浇水，以保证苗全、苗壮。

4. 调节光照 关于调节光照，参照种子直播管理。

5. 摘除花蕾 多年生植株每年开花结实，消耗大量养料，影响产量，因此除留种地以外，当花蕾从地面抽出时全部摘除。

6. 病虫害防治 细辛病害较重，苗田主要病害有立枯病（*Rhizoctonia solani* Kühn），成株主要病害有细辛菌核病（*Sclerotinia* sp.）、叶枯病（*Mycocentrospora acerina*）和疫病（*Phytophthora cactorum*）等。其中菌核病危害最大，多因长期不移栽，土壤湿度过大而发病较多，初期零星发生，严重时成片死亡。

细辛病害防治方法：加强田间管理，适当加大通风透光，及时松土，保持土壤通气良好。多施磷肥和钾肥，使植株生长健壮，增加抗病力。一旦发现病株立即拔除烧毁。对于立枯病，除在播前进行种子消毒外，出苗后可选用 65%代森锰锌 600～800 倍液与 50%甲基托布津 600～800 倍液交替喷雾 1～2 次；幼苗发病初期，用恶霉灵 2 000 倍液或 15％立枯灵乳剂 500～1 000 倍液浇灌土壤处理。对于菌核病，要对病区用 5％的石灰乳等消毒处理，也可用 50％多菌灵 1 000 倍液加 50％代森锌 800 倍液喷雾或向根际浇灌。严重的病区，可在秋季枯萎或春季萌发前用 1％硫酸铜进行田间消毒。对叶枯病还可在发病初期用 50％扑海因 800 倍液、50％速克灵 1 200 倍液或 50％万霉灵 500 倍液喷雾，每 10～15 d 喷 1 次，连喷 3～5 次。疫病则可参考菌核病的防治方法，并可在雨季前每 7～10 d 可用 1∶1∶120 波尔多液、80％代森锌 600 倍液或 45％代森铵 1 000 倍液喷洒。

细辛的害虫有小地老虎（*Agrotis ypsilon* Rottemberg）和细辛凤蝶（*Luchodorfia puziloi* Ersh.）的幼虫黑毛虫。黑毛虫主要咬食叶片，地老虎咬食芽胞。另外还有蚂蚁搬食种子。主要防治的方法，每公顷用 15～22.5 kg 2.5％敌百虫粉撒施，也可用 80％敌百虫可湿性粉剂 1 000 倍液喷雾。

7. 覆盖越冬 细辛不论是直播还是育苗移栽，在结冻前，均需用枯枝、落叶或不带草子的茅草覆盖床面，待来年春季萌动前撤去即可。

五、细辛的采收与加工

（一）采收

传统的细辛采收年限，一般为种子直播，播后 3～5 年收获入药；育苗移栽地块，多在移栽后 3～4 收获入药。但近年由于开始采用根部入药，采收时间已有变化。

1. 采收年限 为确定出细辛合理采收年限，蔡少青等对北细辛地下根部总挥发油含量进行测试分析，结果见表 9-47。从表 9-47 中可以看出，四年生细辛根中的挥发油含量就达到 2010 版《中华人民共和国药典》规定的 2.0％（mL/g）的要求，六年生比四年生和五年生增加量不大，因此北细辛四年生后就采收为宜。

表 9-47 不同生长年限北细辛地下根部总挥发油含量变化情况［％（mL/g）］

采收时间	生长年限		
	4 年	5 年	6 年
5 月 24 日	3.40	3.40	3.80
7 月 23 日	2.80	3.16	3.16

刘兴权等对有代表性的山地栽培细辛一年生至六年生植株生长发育状况做了调查。发现，各年生全株鲜重分别为 0.14 g、0.95 g、4.88 g、15.39 g、28.59 g、32.21 g。从产量来看，北细辛五年生以后采收，经济效益好于四年生采收。

2. 采收时间 蔡少青等对六年生北细辛根部采收时间的研究显示，以总挥发油含量为指标，每年可在 4 月、5 月和 9 月采收，见表 9-48。考虑到细辛在 4 月刚出苗，5 月时地下根系不够发达，地下部分产量较低，因此认为辽细辛的最佳采收时期为 9 月。

表 9-48 不同采集时间的东北细辛地下部分总挥发油含量（六年生）

采集时间（月/日）	4/11	4/23	5/10	5/24	6/10	6/25	7/23	8/10	8/26	9/9	9/23
含量％（mL/g）	4.60	3.83	4.33	3.80	2.50	2.33	3.16	2.66	2.83	4.00	4.00

3. 采收方法　用洁净的锹或镐，或用四齿叉子挖出全草，抖去泥土，装入容器内运至加工厂。运回加工厂后应在阴凉通风处摊开堆放，不可堆成大堆，以免伤热造成叶片变黄，甚至霉烂。并及时进行加工。一般直播地块可产全草鲜货 27 000～30 000 kg/hm^2，移栽地块可产 30 000～37 500 kg/hm^2。

(二) 加工

目前细辛加工有阴干和水洗烘干 2 种。其中水洗细辛是近年新兴起的加工方法。此法加工出的细辛药材商品深受国内外消费者欢迎，日本等国需求量大，价格也高于不洗阴干细辛。魏云洁等人的研究发现，水洗阴干加工细辛总挥发油含量为 2.66%，比不洗阴干高 (2.50%)；但水洗阴干折干率为 29.93%，比对照 36.17%低。虽然水洗阴干折干率比对照低，但产品卫生、杂质少，总挥发油含量高，有应用开发前景。

1. 传统加工　不洗阴干是传统的加工方法，是将采挖后的细辛，去掉杂物和枯叶，捆把吊挂，自然阴干 1 周。当达到七成干时，将须根和叶柄捋直装盘继续阴干即可。

2. 水洗细辛加工　此法又分为水洗细辛根、水洗细辛全草加工两种。

(1) 水洗细辛根的加工　此法是将细辛采挖后抖净泥土运回加工厂，如果采挖全株，清洗前先剪掉地上茎叶，将细辛根部用洁净水清洗干净装入烘干盘，装盘时将细辛须根捋直平放，于室外晾干附水，然后进烘干室上架升温烘干，烘干室温度保持在 25～30℃，最高不能超过 35℃，烘干过程中进行多次排潮，24～48 h 即可干透。

(2) 水洗细辛全草的加工　多在于 8 月下旬采挖，清洗后去掉枯叶和杂物，捋直须根和叶柄装盘晾晒，晾至细辛根、叶柄和叶片无附水后进烘干室升温烘干，其他同水洗细辛根的加工。

3. 药材质量标准　目前国家尚未重新制订细辛药材的商品规格标准，因此引用《中华人民共和国药典》2010 年版一部中的细辛药材规格如下。

(1) 北细辛　常卷缩成团。根茎横生呈不规则圆柱形，具短分枝，长为 1～10 cm，直径为 0.2～0.4 cm。表面灰棕色，粗糙，有环形的节，节间长为 0.2～0.3 cm，分支顶端有碗状的茎痕。根细长，密生于节上，长为 10～20 cm，直径为 0.1 cm；表面灰黄色，平滑或具纵皱纹；有须根及须根痕；质脆，易折断，断面平坦，黄白色或白色。气辛香，味辛辣、麻舌。

(2) 汉城细辛　根茎直径为 0.1～0.5 cm，节间长为 0.1～1 cm。

(3) 华细辛　根茎长为 5～20 cm，直径为 0.1～0.2 cm，节间长为 0.2～1 cm。气味较弱。

复习思考题

1. 简述细辛的生长习性及其相应的栽培措施。
2. 细辛的常见病虫害有哪些？如何进行防治？

主要参考文献

蔡少青，陈世忠，谢丽华，等. 1997. 不同生长年限及不同采集时间对北细辛根挥发油的影响 [J]. 北京医科大学学报，29（4）：336－338，371.
董力，王海洋，马立辉，等.2010. 细辛属植物资源开发应用［J］. 黑龙江农业科学（1）：55－58.
刘海燕，范婧，高微微，等.2007. 细辛挥发油对植物病原真菌的抑制作用研究［J］. 中草药，38（12）：1878－1881.
刘兴权.2003. 平贝母细辛无公害高效栽培与加工［M］. 北京：金盾出版社.
魏云洁，刘兴权，李志宝，等.2003. 东北细辛适宜加工方法的研究［J］. 特产研究（3）：28－30.
张亚玉，王英平，赵兰坡.2004. 北细辛的研究现状［J］. 特产研究（4）：50－54.

第二十七节　知　　母

一、知母概述

知母为百合科多年生草本植物，以干燥根茎入药，药材名为知母（Anemarrhenae Rhizoma）。知母主要含有皂苷类成分，包括知母皂苷 AⅠ、知母皂苷 AⅡ、知母皂苷 AⅢ、知母皂苷 AⅣ、知母皂苷 BⅠ、知母皂苷 BⅡ、知母皂苷 BⅢ、知母皂苷 BⅣ、知母皂苷 BⅤ、知母皂苷 BⅥ、知母皂苷 C 和知母皂苷 D 等，其皂苷元包括菝葜皂苷元、马尔可皂苷元和新吉托皂苷元等。此外，还含有一定量的黄酮类化合物，如芒果苷、新芒果苷等。知母有清热泻火、滋阴润燥的功能，用于外感热病、高热烦渴、肺热燥咳、骨蒸潮热、内热消渴、肠燥便秘，是中药中清热泻火药的重要代表。传统上知母有两种商品规格，东北、西北、华北和华东地区习用的去皮知母即光知母，西南和中南地区习用的带皮知母即毛知母。知母主产于河北、山西、陕西和内蒙古等地。河北易县、涞源一带产者品质较佳，习称西陵知母。目前，知母商品药材购销基本平衡，栽培品所占比例逐年提高。

二、知母的植物学特征

知母（*Anemarrhena asphodeloides* Bge.）为多年生草本，根状茎横生，粗壮，被黄褐色纤维。叶基生，条形，长 30～50 cm，宽 3～6 mm。花葶圆柱形，连同花序长 50～100 cm 或更长；苞片状退化叶从花葶下部向上部很稀疏地散生，下部的卵状三角形，顶端长狭尖，上部的逐渐变短；总状花序长 20～40 cm，2～6 朵花成一簇散生在花序轴上，每簇花具 1 苞片；花淡紫红色，具短梗；花被片 6，距圆状条形，长 7～8 mm，宽 1～1.5 mm，具 3～5 脉，内轮 3 片略宽；雄蕊 3 枚，与内轮花被片对生；花丝长为花被片的 3/5～2/3，与内轮花被片贴生，仅有极短的顶端分离；子房卵形，长约 1.5 mm，宽约 1 mm，向上渐狭成花柱。蒴果长卵形，具 6 纵棱，花期 5～7 月，果期 8～9 月；种子新月形或长椭圆形，表面黑色，具 3～4 翅状棱，种子千粒重 7.6 g 左右（图 9－55）。

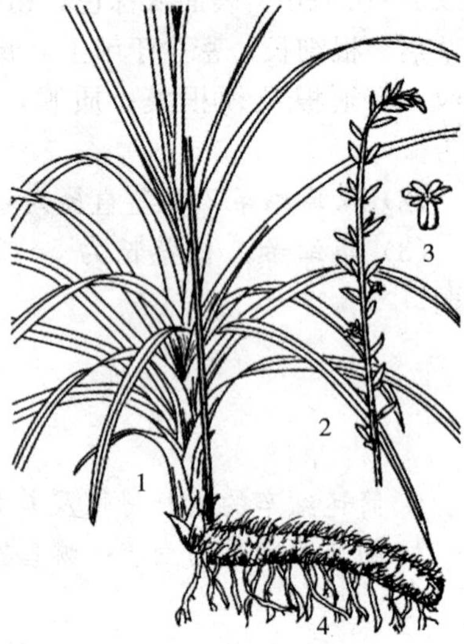

图 9－55　知　母
1. 植株　2. 花葶　3. 花　4. 根状茎

三、知母的生物学特性

（一）知母的生长发育

知母以根及根茎在土壤中越冬，春季3月下旬至4月上旬，平均气温7～8℃时开始发芽，7～8月份进入旺盛生长期，9月中旬以后地上部分逐渐停止生长，11月上中旬茎叶全部枯竭进入休眠期。知母播种后，当年地下部分只生长出一个球茎，并不分出横生的根状茎，到第二年春天生长季开始时，开始产生分蘖，通常为3个，分蘖的产生导致球茎分枝。各分枝从球茎发出，向外水平延伸生长。生长季中持续的顶端生长使横走的根状茎不断伸长，以后每年每个根茎顶端又会产生分枝，一般为2个分枝。多年生知母的根茎大体上是从一个中心辐射状逐级伸展出许多分枝状的根状茎。

（二）知母的开花结实习性

知母播种后第二年开始抽花茎，一般于5～6月开花。二年生植株只抽生1支花薹，三年生植株可抽生5～6支花茎，每支茎穗上的花数为150～180朵。知母为无限花序，花由花葶基部向顶部逐渐开放，并随花序轴伸长，种子陆续成熟。一般开花后60d左右，蒴果开始由绿色转为黄绿色，种子逐渐成熟。知母果实和种子成熟期从7月上旬开始至9月中旬，时间长达近3个月。种子容易萌发，发芽适宜温度为20～30℃，种子寿命为1～2年。当年采收的种子发芽率为80%～90%，第二年发芽率仅为40%～50%。

（三）知母的生长发育对环境条件的要求

知母是喜光植物，野生多分布于向阳山坡、地边、草原和杂草丛中。知母喜温暖，适应性很强，耐寒，耐旱，不耐涝。北方可在田间越冬，除幼苗期对水分要求较高外，生长期间土壤水分不宜过多，特别在高温季节，如土壤水分过多，植株生长不良，且根茎容易腐烂。知母对土壤要求不严格，但以土质疏松、肥沃、排水性良好的腐殖质壤土和沙质壤土栽培为宜，pH 6.5～8。知母在阴坡地、黏土地、低洼地及盐碱地生长不良。

四、知母的栽培技术

（一）选地和整地

集约栽培知母宜选择排水良好、疏松的腐殖质壤土或沙质壤土种植。作为育苗地一般要求具有灌溉条件，对易发生积水的地块应设置排水设施。半野生栽培可利用荒坡、梯田、地边、路旁等零散土地栽培。育苗地和集约栽培地，于前一年秋季深翻晒土，深度为30cm左右，结合整地每公顷施腐熟的农家肥50 000kg作为基肥。育苗地细耙整平后做平畦，畦宽为100～150cm。半野生栽培一般随地势变化采用直径30cm左右的穴状整地或不整地。山区、丘陵区退耕还林地可采用林果与知母间作的种植模式，采用沿等高线水平阶地整地。

（二）繁殖方法

知母繁殖主要有种子繁殖和分株繁殖。过去多采用种子繁殖，近年来为了缩短生长周期，大力推广分株繁殖方法。

1. 种子繁殖

（1）**选种** 选留三年生至四年生无病虫害、健壮的植株作为采种株。以8月中旬成熟的知母果序中部的种子质量最好。选用当年收获的、千粒重为7.5～8.1g的种子为宜。

（2）**种子催芽** 在播种前（3月中旬前后），将种子用60℃温水浸泡8～12h，捞出晾干，并与种子2倍量的湿沙拌匀。在背风向阳温暖之处挖深20～30cm深的催芽坑，大小视种子多少而定，将种子平铺于坑内，上面覆土5～6cm，再用塑料薄膜覆盖，周围用土压好。一般平均气温13～15℃时，种子萌发一般需要20d左右；气温在18～20℃时，1周左右开始萌发。待有1/3的种子刚刚露白时即可进行播种。

（3）**播种** 种子繁殖分直播法和育苗移栽法两种，直播法多用于半野生化栽培。春、秋播种均可，春播适用于土壤墒情良好的地块，一般在4月初进行；秋播在10～11月进行。直播法播种行距为20～25cm，开沟深度为2～3cm，播种量为7.5～12kg/hm²。将种子均匀撒入沟内，覆土镇压，为保持土壤湿润，最好在地面覆盖一层杂草或秸秆。出苗前保持湿润，播种后10～20d出苗，待苗高4～6cm时，按计划留苗密度间苗、定苗。育苗移栽法的播种方法与直播法基本一致，但播种密度较大，行距为20～25cm，沟深为2cm左右，播种量增加到22.5～45kg/hm²。

（4）**移栽** 春季、雨季和秋季均可进行移栽。集约栽培一般采用春季移栽，半野生栽培以雨季移栽为主。龄苗1年的苗就可用于移栽。春季移栽是在整好的土地上按行距25～30cm开沟，沟深为5～6cm，按株距10～20cm进行栽植，覆土压紧，覆土深度以超过种苗原覆土位置2cm左右为宜，移栽后应浇一次透水。雨季和秋季栽植，将待移栽植株叶片保留10cm左右，多余部分用剪子剪掉，其他技术要求和春季移栽相同。

2. 分株繁殖 秋季植株枯萎时或翌春解冻后返青前，刨出二年生以上根茎（野生植株或人工种植株），分段切开，每段长为5～8cm，每段带有2～3个芽，作为种栽。为了节省繁殖材料，在收获时也可把根茎的芽头切下来作为繁殖材料。集约栽培按行距25cm开沟，沟深为6cm，将种栽按株距10cm平放在沟内，覆土后压实，浇一次透水即可。每公顷用种栽1 500～3 000kg。仿野生栽培，可按行距25～30cm、株距15～20cm进行穴植。

（三）田间管理

1. 间苗 对于知母育苗地，在苗长到4～5cm时进行间苗，去弱留强，株距为5～6cm。如土质肥沃，肥水充足，株距可扩到6～7cm。

2. 中耕除草 知母幼苗出土3片真叶时，浅锄松土，以后一般每年除草松土2～3次。生长期内保持土壤疏松无杂草。由于根茎多生长在表土层，因此，雨后和秋末要注意培土。

3. 浇水施肥 苗期若气候干旱，应适当浇水，生长期间则不宜过多浇水。

春季发芽前可每公顷追施腐熟的农家肥15 000kg，可同时混施复合肥750kg，行间开沟施入，施肥后应浇水1～2次。在播种后苗高16cm时，直播地第二年，或分株栽种的当年，每公顷可追施过磷酸钙300kg、硫酸铵195kg。半野生栽培一般不进行追肥，可以采用覆盖有机物的方式增加土壤肥力。7～8月份，知母进入旺盛生长期，这时可每公顷喷1%的硫酸钾15kg或0.3%的磷酸二氢钾4.5～6.0kg，15d左右喷1次，连喷2次。喷施钾肥能增强植株的抗病能力，并能促进地下根茎的生长膨大，可增产20%左右。

4. 覆盖 知母生长1年的苗在松土除草后或生长1～3年的苗在春季追肥后，顺垄覆盖麦糠、麦秸等柴草1 200～1 800 kg/hm²。每年1次，连续覆盖2～3年，中间不需要翻动。覆盖柴草有增加土壤有机质、保持土壤水分、减少杂草的作用。

5. 花前剪薹 知母播种后翌年夏季开始抽花茎，高达60～90 cm，在生育过程中消耗大量的养分。为了保存养分，使根茎发育良好，除留种者外，在开花之前一律剪掉花薹。试验表明，采用这种方法可使药材产量增加15%～20%。

（四）病虫害防治

知母的抗病能力较强，一般不需要采用农药防治。主要害虫为蛴螬，危害幼苗及根茎，可参照其他药材的地下害虫防治方法进行防治。

五、知母的采收与加工

（一）采收

采收年限和采收时期不同，知母药材的质量也有所不同（表9-49）。育苗移栽或根茎分株繁殖的知母宜2～3年采收；种子直播则需要生长3～4年收获。一般每公顷可产干品4 500～6 000 kg。采收可在春、秋两季进行，春季宜在3～4月植株未发芽之前进行，秋季宜在10月至11月上旬植株生长停止后进行。春季采收的知母芒果苷的含量较高。半野生栽培的知母，采挖时以每平方米留下6株植株为宜。留下的知母可以继续生长，1～2年内可恢复到原来知母覆盖度的25%以上，能减少对资源和环境的破坏。

表9-49 不同栽培年限知母根茎中有效成分含量比较（$\bar{x}\pm s$，$n=3$）

（引自陈千良，2006）

生长年限	芒果苷含量（%）	新芒果苷含量（%）	知母皂苷AⅢ含量（%）	知母皂苷C含量（%）	菝葜皂苷元含量（%）	总多糖含量（%）
二年生	1.35±0.29	1.49±0.23	0	1.26±0.07	0.76±0.03	19.34±3.18
三年生	1.03±0.04	1.40±0.13	0	1.42±0.11	1.06±0.03	24.35±1.86
四年生	1.07±0.12	1.53±0.36	0.22±0.09	1.54±0.27	1.10±0.12	22.33±1.71
多年生	1.12±0.13	1.40±0.03	0.29±0.08	1.56±0.43	1.09±0.11	21.69±2.67

注：分析样品均采自河北易县知母种植试验示范基地，采用育苗移栽方法。

（二）加工

将根状茎挖出后去掉芦头，洗净泥土，摊开晾晒在阳光充足的晒台上，每周翻倒摔打一次，直至晒干，一般需要60～70 d。干后去掉须根，即为毛知母。一般3～4 kg鲜根可加工1 kg干货。或者趁鲜剥去外皮，再干燥，即为光知母，也叫做知母肉。

不同的加工方法对知母的有效成分含量均有一定的影响（表9-50）。

表 9-50　不同加工方法知母有效成分含量的比较（$\bar{x}\pm s$，$n=3$）

加工方法	芒果苷含量（%）	新芒果苷含量（%）	菝葜皂苷元含量（%）	知母皂苷 AⅢ含量（%）
晒干	0.48±0.02	1.31±0.76	0.90±0.35	0.21±0.11
阴干	0.46±0.07	1.30±0.52	0.89±0.23	0.20±0.17
80℃烘干	0.70±0.36	1.08±0.21	1.08±0.73	0.26±0.14
60℃烘干	0.57±0.24	1.21±0.32	0.98±0.26	0.22±0.18
40℃烘干	0.59±0.10	1.09±0.58	0.98±0.36	0.24±0.09
远红外干燥	0.86±0.33	1.07±0.44	1.02±0.12	0.28±0.11
微波干燥	0.96±0.25	1.21±0.33	1.02±0.46	0.22±0.15

从表 9-50 中可以看出，远红外干燥及微波干燥方法，能有效防止知母皂苷类、黄酮苷类成分的流失，是值得采用的方法。晒干和阴干的成本最低，但干燥需要的时间较长，有效成分损失大，且容易受天气的影响。

复习思考题

1. 知母的生长发育有何特点？
2. 知母对环境条件有何要求？
3. 知母品种类型是如何划分的？
4. 知母田间管理有哪些主要内容？
5. 知母采收有哪些注意事项？
6. 知母产地初加工包括哪些内容？

主要参考文献

陈千良．2006．“西陵知母”质量特征及其影响因素研究［D］．北京：北京中医药大学．

韩桂茹，徐韧柳，戴敬，等．1993．不同栽培年限和采收季节的知母质量考察［J］．中国中药杂志，18（8）：467-468．

李秋静．2009．知母种质资源类型与遗传多样性研究［D］．北京：北京中医药大学．

孟祥才，申志英，等．2005．知母种子不同成熟度对播种品质、贮藏及生长的影响［J］．种子，24（3）：64．

孙小明，陈千良，王文全．2008．知母野生资源调查及其种质分析收集［J］．时珍国医国药，19（9）：2091．

孙志蓉，张燕，王文全，等．2007．采种时期和采种部位对知母种子质量影响的研究［J］．湖南中医药大学学报，27（S1）：121-123．

徐爱娟，韩丽萍，蒋琳兰．2008．知母的研究进展［J］．中药材，31（4）：624-628．

第二十八节　防　风

一、防风概述

防风为伞形科防风属多年生草本，以未抽花茎植株的干燥根入药，药材名为防风（Saposhnikoviae Radix）。防风含挥发油、色原酮类、有机酸、香豆素类、聚炔类、多糖类、谷甾醇、胡萝卜、甘露醇、蔗糖以及微量元素等成分，有祛风解表、胜湿、止痉功能，用于感冒头痛、风湿痹痛、风疹瘙痒、破伤风等症。古代医药典籍多记载防风出自山东、山西、陕西和云南，近年人们多以主产于黑龙江西部、内蒙古东部的关防风为佳。近年，国际市场上对我国防风提取物升麻素和升麻苷的需求量不断增加，有资料显示，我国每年用于提取升麻素、升麻苷的防风用量已突破 4 000t，加上中药配方用药的用量，估计我国防风的市场需求量可达 8 000t。由于过量采挖，防风的野生资源遭到严重破坏。因此，开展防风人工栽培，生产优质防风药材商品，是保护野生防风资源的有效途径。应当注意的是，目前防风有大量混淆品，如竹叶防风、田葛缕子和水防风等，虽然来源为伞形科植物，但是其饮片性状与防风有明显区别，且功能主治也有所不同，故不能当防风使用。

二、防风的植物学特征

防风［*Saposhnikovia divaricata*（Turcz.）Schischk.］为多年生草本植物，株高 30～80cm。根粗壮，有分支，根茎处密被纤维状叶残基。茎单生，两歧分枝，分枝斜上升，与主茎近等长，有细棱。基生叶有长叶柄，基部鞘状，稍抱茎；叶片卵形或长圆形，2～3 回羽状分裂，第一次裂片卵形，有小叶柄，第二次裂片在顶部的无柄，在下部的有短柄，又分裂成狭窄的裂片，顶端锐尖；茎生叶较小，有较宽的叶鞘。复伞形花序多数，顶生，形成聚伞状圆锥花序，伞辐 5～7，不等长，无总苞片，小总苞数片，披针形；萼齿三角状卵形；花瓣 5 枚，白色，先端钝截；子房下位，2 室，花柱 2 个，花柱基部圆锥形。双悬果卵形，幼嫩时有疣状突起，成熟时渐平滑，每棱槽中，通常有油管 1 条，合生面有油管 2 条（图 9-56）。花期 8～9 月，果期 9～10 月。

图 9-56　防　风

三、防风的生物学特性

（一）防风的生长发育

野生防风，由于土地瘠薄，一般 10 年左右才开花结实；而人工栽培的防风，因土壤肥沃，2～4 年可开花结实。种子在 20℃时约 1 周出苗，15～17℃时需 2 周出苗。干旱时需 1 个多月才能出苗。人工栽培时，第一年地上部位只长基生叶，生长缓慢；第二年基生叶长大，个别植株抽薹开花结果；第三年全部抽薹开花结果。返青期为 5 月上旬，茎叶生长期为 5 月至 6 月中旬，开花期为 6 月至 7 月中旬，结果期为 7 月中旬至 8 月下旬，果熟期为 8 月上旬至 9 月上旬，枯萎期为 9 月下旬至 10 月上旬。

防风为深根性植物，一年生根长 13～17 cm，二年生根长 50～66 cm。根具有萌生新芽和产生不定根、繁殖新个体的能力。植株早春不耐干旱，以地上茎叶生长为主，根部生长缓慢。当夏季植株进入营养生长旺盛期时，根部生长也随着加快，长度增加，秋季根部才以增粗为主，并且蓄存丰富的养分。植株开花后根部木质化、中空，甚至全株枯死。种子千粒重为 3.1～5.05 g，发芽率较低，寿命较短。新鲜种子发芽率一般为 50%～75%，储藏 1 年以上的种子，发芽率显著降低，甚至丧失发芽能力。

（二）防风生长发育对环境条件的要求

防风适应性较强，喜充足阳光和凉爽气候，耐寒性强，可耐受－30℃以下的低温，适宜生长的温度为 20～25℃，高于 30℃或光照不足，会使叶片枯黄或生长停滞。苗期耐旱性差，成株期耐旱性强而怕水涝，土壤过湿或雨涝，易导致根部和基生叶腐烂。在排水良好、质地疏松的沙土、黑钙型沙土的草原、草甸草原均能生长。以沙壤土和含石灰质壤土为好，酸性大、黏重土壤不宜种植防风。土层深厚、土质疏松、排水性能好的地块所产防风主根发达。防风有一定抗盐碱能力，pH 6.5～7.5 生长良好，固沙能力强。黏土及白浆土种植，根短支根多，质量差，故不宜做防风种植地。

四、防风的栽培技术

（一）选地整地

防风栽培，应选地势高燥、向阳、排水良好、土层深厚的沙质土壤。土地过湿过涝易导致防风根部或基生叶腐烂。轻黏壤土或碱土地亦可种植防风，黏土或白浆土不宜种植。播栽前对耕地要进行深松深耕。每公顷施厩肥 45 000～60 000 kg 及过磷酸钙 225～300 kg。深耕 30 cm 以上，耕细耙平，做 60 cm 的垄，最好秋翻秋起垄。或做成高畦，宽为 1.2 m，高为 15 cm，长为 10～20 m。

（二）繁殖方法

防风繁殖方法有种子繁殖和插根繁殖等。

1. 种子繁殖 防风栽培，春、秋均可播种，以秋播为好，此时播种出苗早而整齐，到翌年开花前即可收获。

选二至三年生以上、生长健壮、无病虫害的植株留做种株。收获的种子，播种前要进行清选工作。播种时间，秋播为 9～10 月，春播为 3～4 月。春播需将种子放入 35℃的温水中浸泡 24 h，使其充分吸水，捞出晾干再进行播种。条播，按行距 26～30 cm 开浅沟，沟深为 2～3 cm，播幅为 7～10 cm。穴播，按 26～30 cm 距离挖穴，将种子均匀播于沟中或穴中，薄盖细土，并稍加镇压。每公顷播种量为 30～75 kg。如遇干旱，要盖草保湿，浇透水。播后一般 20～25 d 即可出苗。

2. 插根繁殖　在收获时，取 0.7 cm 以上的根条，截成 3～5 cm 长的根段作为插穗，按行距 30 cm、株距 15 cm 开穴栽种，穴深为 6～8 cm，每穴垂直或倾斜栽入一个根段，栽后覆土 3～5 cm。栽种时应注意根的形态学上端向上，不能倒栽。用根量为 750 kg/hm^2。

（三）田间管理

1. 间苗　出苗后苗高 5 cm 时，按株距 7 cm 间苗；待苗高 10～13 cm 时，按 13～16 cm 株距定苗。

2. 除草培土　定苗时进行第一次中耕，在夏秋季视杂草滋生情况各进行 1 次中耕除草，保持田间清洁无杂草。栽培当年中耕宜浅，植株封行时，为防止倒伏，保持通风透气，可先摘除老叶，后培土壅根，入冬时结合场地清理，再次培土保护根部越冬。

3. 追肥　6 月上旬和 8 月下旬是防风地上部分和地下部分生长旺盛时期，应适时追肥。6 月上旬追肥应以氮肥为主，可每公顷施尿素 300 kg。8 月下旬追肥，应以磷肥为主，每公顷施磷酸二铵 300 kg 或过磷酸钙 450 kg。

4. 打薹促根　防风抽薹，严重影响产量和质量。两年以上植株，除留种外，均应采取措施防止抽薹。可于秋季 9 月 20 日后，割去地上部分，或第二年早春割去根茎可防止抽薹。

5. 排灌　播种或栽种后至出苗前，需保持土壤湿润，出苗前如遇干旱应及时灌水，促使出苗整齐。雨季要注意排水，防止烂根。防风成株抗旱力强，成株一般不浇水。雨季应注意及时排水，防止积水烂根。

（四）病虫害防治

人工大规模栽培防风，田间常见病害有白粉病（*Erysiphe heraelei* DC.）、斑枯病（*Septoria* sp.）。防治方法：冬前清除病残体，集中烧毁；喷洒 50%多菌灵可湿性粉剂 500～1 000 倍液或 70%甲基托布津 800～1 000 倍液。

防风种子田现蕾开花期常被黄翅茴香螟危害，可在清晨或傍晚喷施 80%敌敌畏乳油 1 000倍液进行防治。

五、防风的采收与加工

（一）采收

野生防风一般 8～10 年采收，种植的防风 2～3 年即可采收，管理不当或土壤贫瘠地块 3～4 年采收，河北以南地区分根繁殖的当年即可采收。春、夏、秋三季均可采收，但以春季萌发前和秋季落叶后为最佳采收期，这一时期药材的有效成分含量高，含水量低，药材质量好，折干率高，一般 2.2～2.5 kg 鲜货可出 1 kg 干货。在根长和直径分别达到 30 cm 和 1.7 cm 以上时采挖较好，过早产量不高，过晚根部木质化，影响质量。防风根入土较深，质脆易断，采收时可从畦的一端挖深沟，沟深视药材的根入土深度而定，然后顺序采收。挖出的根去掉残留茎叶和泥土，运回加工。

（二）加工

防风可烘干或晒干，晒至半干时去掉须毛，按根的粗细分级，扎成小捆，每捆 1 kg，晒干即可。干货产量可达250～350 kg/hm²，折干率为25%～30%。质量以根条肥大、平直、皮细质油、断面有菊花心者为佳。

复习思考题

1. 防风的生长发育有何特点？
2. 防风对环境条件有何要求？
3. 防风田间管理有哪些主要内容？
4. 防风采收有哪些注意事项？

主要参考文献

关一鸣，王英平，吴连举，等.2010. 防风斑枯病的发生规律及杀菌剂对病原菌的抑制作用［J］. 中国林副特产（4）：9-11.

刘华，罗强，田嘉铭.2008. 不同产地防风多糖含量比较［J］. 时珍国医国药，19（10）：2465-2466.

庞兴寿，黎晓萍，植达诗.2009. 不同产地栽培防风含量比较［J］. 中国药师，12（4）：445-446.

佟伟霜，常缨，樊锐锋.2009. 不同种植密度对防风根系形态学的影响［J］. 安徽农业科学，37（33）：16346-16348.

王成章，张崇禧.2008. 防风国内外研究进展［J］. 人参研究（1）：35-40.

张震.2010. 防风病虫害综合防治技术［J］. 现代农业（9）：26-27.

第二十九节 白 术

一、白术概述

白术为菊科多年生草本植物，以干燥根茎入药，药材名为白术（Atractylodis Macrocephalae Rhizoma）。白术主要成分为挥发油和多糖等，油中主要成分为苍术醇和苍术酮，有健脾益气、燥湿利水、止汗、安胎功效，用于脾虚食少、腹胀泄泻、痰饮眩悸、水肿、自汗、胎动不安等症。传统上白术药材又有于术和平术之称。于术根茎肥大成块状，为浙江特产，现福建和江苏等省皆有栽培。平术又名冬术，盛产于湖南省平江县三阳、安定、嘉义、长寿、金龙和钟洞等地，在平江县已有400多年人工栽培历史，久负盛名，被称为南方人参。白术用量较大，且有出口。栽培上存在的主要问题是病虫害严重。

二、白术的植物学特征

白术（*Atractylodes macrocephala* Koidz.）为多年生草本，高30～80 cm。根茎粗大，略呈拳状。茎直立，上部分枝，基部木质化，具不明显纵槽。单叶互生；茎下部叶有长柄，叶片3深裂，偶为5深裂，中间裂片较大，椭圆形或卵状披针形，两侧裂片较小，通常为卵状披针形，基部不对称；茎上部叶的叶柄较短，叶片不分裂，椭圆形或卵状披针形，长4～10 cm，宽1.5～4 cm，先端渐尖，基部渐狭下延呈柄状，叶缘均有刺状齿，正面绿色，背面淡绿色，叶脉突起显著。头状花序顶生，直径 2～4 cm；总苞钟状，总苞片 7～8 列，膜质，覆瓦状排列。基部叶状苞片 1 轮，羽状深裂，包围总苞；花多数，着生于平坦的花托上；花冠管状，下部细，淡黄色，上部稍膨大，紫色，先端 5 裂，裂片披针状，外展或反卷；雄蕊 5，花药线形，花丝离生；雌蕊 1，子房下位，密被淡褐色茸毛，花柱细长，柱头头状，顶端中央有 1 浅裂缝。瘦果长圆状椭圆形，微扁，长约 8 mm，径约 2.5 mm，被黄白色茸毛，顶端有冠毛残留的圆形痕迹（图 9－57）。花期 9～10 月，果期 10～11 月。

图 9－57　白　术

1. 花枝　2. 管状花　3. 花冠剖开（示雄蕊）　4. 雌蕊　5. 瘦果　6. 根茎

三、白术的生物学特性

（一）白术的生长发育

白术种子在 15℃以上即能萌发，3～4 月植株生长较快。6～7 月生长较慢，播种当年植株可开花，但果实不饱满，11 月以后进入休眠期。次年春季再次萌动发芽，3～5 月生长较快，茎叶茂盛，分枝较多。9～10 月为花期，10～11 月为果期。二年生白术开花多，种子饱满。茎叶枯萎后，即可收获。

白术根茎生长可分为 3 个阶段。第一阶段为根茎增长始期，从 5 月中旬孕蕾初期至 8 月中旬，根茎发育较慢，营养物质的运输中心为有性器官，所以生产上多摘除花蕾以提高地下部根茎的产量。第二阶段为根茎生长盛期，从 8 月中下旬花蕾采摘以后到 10 月中旬，根茎生长逐渐加快，据观察，平均每天增重达 6.4%，8 月下旬至 9 月下旬为膨大最快时期。第三阶段为根茎生长末期，10 月中旬以后根茎生长速度下降，12 月以后进入休眠期。

（二）白术生长发育对环境条件的要求

白术喜凉爽气候，怕高温多湿。年平均气温 17℃左右、年平均日照 2 000 h、年平均降水量 1 500 mm 的自然环境较适合白术生长。温度是影响白术生长发育的决定因素，顶芽萌发生长至出苗为 10～15℃，地上部生长的适宜温度为 20～25℃，地下部根茎生长的适宜温度为 24～26℃。白术怕干旱，忌水涝，对土壤要求不严，以土层深厚、质地疏松、透气性好、有机质含量高的沙质壤土种植为宜。白术忌连作。

四、白术的栽培技术

（一）选地整地

白术育苗地选择高燥、疏松肥沃的沙壤土。翻耕深度为 30 cm，翻耕时每公顷施入充分腐熟的厩肥 22 500 kg。精耕细耙后，做成高 20～30 cm、宽 120～130 cm 的畦。开好排水沟。

种植地的选择与育苗地相似，但对土壤的肥力要求较高，在整地时可每公顷施入45 000 kg充分腐熟的厩肥或堆肥，如果缺乏农家肥，也可在移栽前每公顷施尿素112.5 kg、过磷酸钙360 kg、硫酸钾105 kg，或施复合肥525 kg。

（二）育苗

白术用种子繁殖，生产上主要采用育苗移栽法。

于3月中旬前后，精选色泽发亮、颗粒饱满的当年收获的种子。选晴天将种子晒2～3 d后用50%多菌灵可湿性粉剂500倍液浸种30 min。取出用清水冲洗干净，晾干后将种子放入25～30℃的温水中浸泡12 h，捞出种子，置于25～30℃的室内，每天早晚用温水冲淋1次，经4～5 d后，种子开始萌动即可播种。在整好的畦面上开横沟进行条播，行距为15～20 cm，播幅为7～10 cm，沟深为3～5 cm，播种量为75～120 kg/hm^2。未施用基肥的地块，在播种时应在播种沟撒入钙镁磷肥600～750 kg/hm^2，并配合加入适量焦泥灰，再覆1 cm细土，保持种子与肥不直接接触。然后再播种，播种后覆细土3 cm，畦面盖稻草保温保湿。

育苗当年秋就可收获种栽，产区一般是在10月中下旬至11月下旬收获，选晴天挖取根茎，把尾部须根剪去，离根茎2～3 cm处剪去茎叶。在修剪时，切勿伤害主芽和根茎表皮。在修剪的同时，应按大小分级，并剔除感病和破损根茎，以减少储藏损失。将种栽摊放于阴凉通风处2～3 d，待表皮发白，水汽干后进行储藏。

储藏方法各地不同，应有专人管理。南方采用层积法沙藏：选通风凉爽的室内或干燥阴凉的地方，在地上先铺5 cm左右厚的细沙，上面铺10～15 cm厚的种栽，再铺一层细沙，上面再放一层种栽，如此堆至约40 cm高，最上面盖一层约5 cm厚的沙或细土，并在堆上间隔树立一束秸秆或稻草以利散热透气，防止腐烂。沙土要干湿适中。在北方一般选背阴处挖1个深宽各约1 m的坑，长度视种栽多少而定，将种栽放坑内，10～15 cm厚，覆盖土5 cm左右，随气温下降，逐渐加厚盖土，让其自然越冬，到第二年春天边挖边栽。

（三）移栽

南方多是在12月下旬至翌年1月上旬进行移栽。为了减轻病害的发生，需进行术栽处理。方法是：取出储藏的术栽，用清水淋洗，再将种栽浸入40%多菌灵胶悬剂300～400倍或80%甲基托布津500～600倍液中1 h，然后捞出沥干，如不立即栽种应摊开晾干表面水分。

多采用宽窄行栽种方式，畦宽为1.2 m，沟宽为25 cm，畦面栽种4行白术，中间宽行距为40 cm，两边窄行距为25 cm，株距为23～27 cm。栽种时，使术栽芽头向上，栽后覆土10 cm。也有采用穴栽方式，用中等大小（200个/kg）根茎做种栽，每穴放术栽1～2个。种栽用量平均为600～675 kg/hm^2。

（四）田间管理

1. 中耕除草 生长期间要勤除草，浅松土，做到田无杂草，土壤不板结。5月中旬植株封行后，只除草不中耕。

2. 摘蕾 在6月中旬至7月上中旬分次进行摘蕾。摘蕾在晴天露水干后进行，摘蕾后应施摘蕾肥。

3. 灌溉和排水 白术怕涝，土壤湿度过大，容易发病，因此雨季要清理畦沟，排水防涝。8月以后根茎迅速膨大，需水量增加，若遇干旱，应适当浇水抗旱。

4. 施肥　未施用基肥的地块，在白术移栽后，应在畦面施用15 000～22 500kg/hm^2 充分腐熟的厩肥，并取沟泥均匀盖铺于厩肥上，泥土覆盖厚度为3cm；并在齐苗后，每公顷施尿素112.5kg、过磷酸钙540kg、硫酸钾105kg或施稀薄粪尿肥11 250～15 000kg作为苗肥。摘蕾后，还应施入摘蕾肥，以氮肥为主。摘蕾后5～7d，每公顷施尿素375kg或施稀薄粪尿15 000～18 750kg或复合肥225kg。后期叶面施肥，8月底至9月上旬，视白术生长情况，可每公顷施尿素75kg或喷施磷酸二氢钾15kg，兑水7 500～15 000kg喷施于叶面。研究发现，微肥锌对白术的生长发育、产量以及商品质量有明显的影响。苗期施用98%硫酸锌15kg/hm^2 可增产19%～27.7%，一级品率提高7.4%～24.9%，根茎单个重提高1.1%～14.7%。

5. 覆盖　白术喜凉爽怕高温，夏季可在白术的植株行间覆盖一层草，以调节温度、湿度，覆盖厚度一般以5～6cm为宜。

（五）病虫害防治

白术主要病害有根腐病（*Fusarium oxysporum* Schl.）和白绢病（*Sclerotium rolfsii* Sacc.）。防治方法：与禾本科作物轮作，但不可与易感此病的附子、玄参、地黄、芍药、花生和黄豆等轮作；加强田间管理，雨季及时排水，避免土壤湿度过大；选用无病健栽做种，并在下种时进行消毒；及时挖除病株及周围病土，并用石灰消毒；发病时用50%多菌灵可湿性粉剂1 000倍液或50%甲基托布津500倍液喷洒浇植株基部或浇灌病区。

白术虫害主要是白术长管蚜（*Macrosiphum* sp.），其防治方法：铲除杂草，减少越冬虫害；为害盛期的4～6月，用40%乐果1 000～1 500倍液或2.5%鱼藤精600～800倍液进行防治。

（六）留种技术

白术为虫媒花植物，自然异交率高达95.1%。

宜选茎秆健壮、叶片较大、分枝少而花蕾大的无病植株留种。植株顶端生长的花蕾，开花早，结子多而饱满；侧枝的花蕾，开花晚，结子少而瘦小。因此可将侧枝花蕾剪除，每枝只留顶端5～6个花蕾，使养分集中于枝顶，子粒饱满，有利于培育壮苗。对留种植株要加强管理，增施磷肥和钾肥，并从初花期开始，每隔7d喷1次50%敌敌畏800倍液，以防治虫害。

1月上旬白术种子成熟，当头状花序（也称为蒲头）外壳变紫时及时采种，否则容易腐烂或生芽。采种要在晴天露水干后进行。将采收的花序放室内阴干后即可进行种子脱粒、晒干，晒干的种子置通风阴凉处储藏。

五、白术的采收与加工

1. 收获　于栽种当年的10月下旬至11月上旬，当白术茎秆变黄褐色，叶片枯黄时及时采收。选晴天土壤干燥时挖起全株，抖去泥土，剪去茎秆。

2. 加工　白术的加工方法有晒干和烘干两种。晒干时，先晒3～5d，然后在室内堆放

1～2 d，再晒干。

烘干时，先将白术在 80～100℃下烘 1 h 左右，再将温度降至 60℃烘 2 h。将白术上下翻动使细根脱落，继续烘 5～6 h。再堆放 6～7 d，再用文火（60℃）烘 24～36 h，直至干燥为止。

3. 药材质量要求 白术为不规则的肥厚团块，长为 3～13 cm，直径为 1.5～7 cm。表面灰黄色或灰棕色，有瘤状突起及断续的纵皱和沟纹，并有须根痕，顶端有残留茎基和芽痕。质坚硬不易折断，断面不平坦，黄白色至淡棕色，有棕黄色的点状油室散在。烘干者断面角质样，色较深或有裂隙。气清香，味甘、微辛，嚼之略带黏性。

复习思考题

1. 简述白术的栽培全过程。
2. 白术栽培的关键技术是什么？

主要参考文献

白岩 . 2009. 浙江白术生产现状和优化农艺措施研究［D］. 保定：河北农业大学 .
潘秋祥 . 2005. 白术摘蕾与剪蕾效果对比研究［J］. 安徽农业科学，33（5）：848.
薛琴芬，陈丽霞，陆国敏 . 2008. 白术的栽培与病虫害防治［J］. 特种经济动植物（8）：37-39.
王宁，左坚 . 2010. 不同产地白术中主要化学成分的含量比较［J］. 中国中医药现代远程教育，8（18）：239-240.

第三十节 何首乌

一、何首乌概述

何首乌为蓼科植物，干燥块根入药称为何首乌（Polygoni Multiflori Radix）；干燥藤茎入药称为首乌藤（Polygoni Multiflori Caulis），又称为夜交藤。何首乌有解毒、消痈、截疟、润肠通便功能；用于疮痈瘰疬、风疹瘙痒、久疟体虚、肠燥便秘等症。首乌藤有养血安神、祛风通络功效，用于失眠多梦、血虚身痛、风湿痹痛、皮肤瘙痒等症。何首乌含蒽醌类、黄酮类、酰胺类、葡萄糖苷类（主要是 2,3,5,4′-四羟基二苯乙烯-2-O-β-D-葡萄糖苷）、氨基酸、卵磷脂、粗脂肪、淀粉、鞣质及多种微量元素等成分。何首乌主产于贵州、四川、广西和广东等地，生于海拔 500～2 200 m 的山坡路旁、山谷水边或灌丛中。何首乌是大宗常用药材之一，20 世纪 90 年代初，何首乌由野生变人工栽培获得成功。但优良品种选育是何首乌生产中亟待解决的问题。

二、何首乌的植物学特征

何首乌（*Polygonum multiflorum* Thunb.）为多年生草本，块根肥厚，长椭圆形，黑褐色。茎缠绕，长2～4m，多分枝，具纵棱，无毛，微粗糙，下部木质化。单叶互生，卵形或长卵形，长3～7cm，宽2～5cm，顶端渐尖，基部心形或近心形，两面粗糙，边缘全缘；叶柄长1.5～3cm；托叶鞘膜质，抱茎，无毛，长3～5mm。花序圆锥状，顶生或腋生，长10～20cm，分枝开展，具细纵棱，沿棱密被小突起；苞片三角状卵形，具小突起，顶端尖，每苞内具2～4花；花梗细弱，长2～3mm；花被5深裂，白色或淡绿色，花被片椭圆形，大小不相等，外面3片较大，背部具翅，结果时增大，花被果时外形近圆形，直径6～7mm；雄蕊8，花丝下部较宽；花柱3，极短，柱头头状。瘦果卵形，具3棱，长2.5～3mm，黑褐色，有光泽，包于宿存花被内(图9-58)。花期8～9月，果期9～10月。

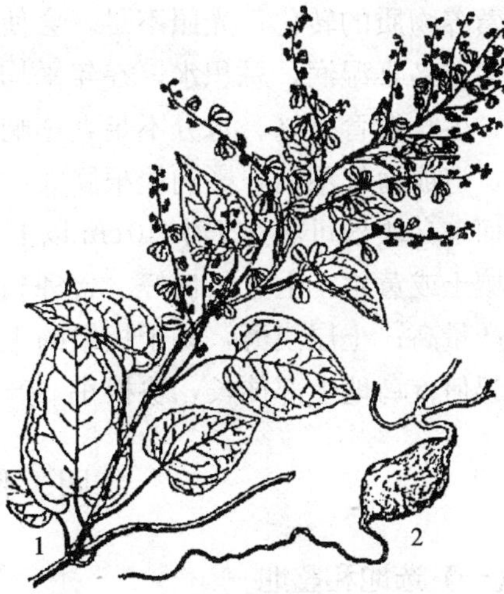

图9-58　何首乌
1. 花枝　2. 块根

三、何首乌的生物学特性

(一) 何首乌的生长发育

何首乌的根系发达，主根、侧根和不定根都可膨大成块根。块根的膨大主要是由于中柱鞘及次生韧皮部的薄壁细胞恢复分生能力，形成异型的形成层环，继而形成多个异常微管束。此过程一般在根的中部发生，逐渐向两端发展，因此，块根成纺锤状。

何首乌在南方早春3月份，当气温回升到14～16℃时，藤蔓开始生长，随着气温上升和雨季到来，茎蔓生长进入高峰期。高温干旱季节生长变得缓慢，秋雨季节到来时茎蔓生长进入第二个高峰期。到冬季后，地上茎蔓开始枯萎落叶，进入休眠期。茎具有分枝特性，定植后第一年地上部分生长主藤蔓，第二年后主藤蔓继续生长，并从茎基部和主茎藤的节间抽生新枝藤蔓。茎还具有易生根的特性，在适当的湿度和土壤条件下，茎节处很容易生根，并能长成独立的植株。扦插的何首乌当年只在节上生出数条较粗的根，到次年才能形成块根。

何首乌地上部和地下块根具有生长正相关性，何首乌的藤蔓条数与根数大致呈正比，一般茎藤生长茂盛，块根数量多，块根重量大。

何首乌一年生植株即可开花结果，以后年年都可开花结果。每果含1粒种子，种子细小，千粒重只有2～3g，成熟后为黑褐色，常温下能保存1年。

(二) 何首乌生长发育对环境条件的要求

何首乌喜温好光，怕严寒。温度低于8℃时，块根上的潜伏芽处于休眠状态，温度高于8℃，休眠芽开始萌发；低于12.5℃时生长不良，气温在14.6℃以上，生长旺盛。块根膨大期间要求温度在25～30℃，低于10℃时，块根停止膨大。种子发芽适宜温度为22～25℃。

光照充足，有利于苗期形成较大的营养体，合成积累较多的营养物质，有利于块根膨大期间营养物质的转化。光照不足，会使下部叶片早衰。

何首乌喜湿润，忌积水，在年平均降水量为1 200 mm左右，相对湿度为75%～85%的地区，生长发育良好。水分不足，影响幼苗生长，发棵缓慢；水分过多，特别是在块根膨大期间，造成通气不良，影响块根膨大，严重时烂根。

何首乌块根可深达土中40 cm以上，在排水良好、结构疏松、土层深厚的腐殖质丰富的沙质壤土或黄壤土上生长良好。含钾和有机质较多的微酸性至中性土壤有利于何首乌块根生长，产量高；土层浅薄，易于板结的土壤，块根生长不正常，产量低。过于肥沃的稻田土容易引起何首乌地上部徒长，块根小，产量不高。

四、何首乌的栽培技术

(一) 选地和整地

何首乌的育苗地应选择地势平坦，水源方便的壤土或沙壤土，也可选人工搭建的温室大棚作为育苗棚。定植田应选择土质疏松，耕层深厚，肥力条件良好的土地。丘陵地区一般所选坡度小于15°，地势平坦的地块种植。若春季种植，在前一年冬天深耕1次；若秋季种植，在种植前半个月深耕1次，耕深要达30 cm以上。深耕的同时每公顷施入腐熟好的厩肥37 500～60 000 kg、有机复合肥1 500 kg、磷肥525～750 kg。然后耙碎整平，开厢，厢面高为20～30 cm，宽为70 cm。

(二) 繁殖方法

何首乌繁殖方法可分为种子繁殖、扦插繁殖和压条繁殖。由于种子细小，不易采收，而且从播种到收获块根年限较长，生产上一般不采用。压条繁殖与扦插繁殖相比，压条繁殖育苗量较少，生产上也很少采用。目前，生产上广泛使用的是扦插繁殖。

1. 种子繁殖 在3月上旬至4月上旬播种，条播行距为30～45 cm，开5～10 cm深的浅沟，将种子均匀的撒在沟中，然后覆土3 cm，稍加镇压，保持湿润，20 d左右就可出苗。每公顷需种子15～30 kg。也可撒播，种子用量增加到22.5～45 kg/hm^2。

育苗1年后就可移栽，春、秋均可。选雨后晴天或阴天起苗，在整好的厢面上按株距30 cm、行距35 cm开穴，每穴1株，将苗根系伸展在穴内，回填土，压实，并浇透定根水。

2. 扦插繁殖 一般在春季3～5月份或秋季9～10月份扦插育苗。采集生长健壮的何首乌植株一年生木质化或半木质化枝条，剔除嫩枝、细小的分枝和病枝。然后，把选好的枝条剪成15～20 cm的小段，每个小段上保持2～3个节，上切口距上节5 cm，剪成平面；下切口距下节3 cm，剪成斜面。扦插条用50%可湿性多菌灵750倍液消毒。为促进其生根可用生根剂溶液浸泡处理。扦插时，在整好的厢面上按行距10 cm开深8～10 cm的浅沟，将处理好的扦插条按株距3 cm，芽头朝上，往下插紧，并斜靠在沟壁上。然后填平，压实，浇透水，并保持苗床湿润。也可在夏季6～8月间选择生长健壮无病虫害的茎蔓，剪成长20 cm长的茎段，芽端向上，斜插于苗床育苗。

3. 压条繁殖 在雨季，选择一年生的健壮何首乌藤蔓拉于地下，在茎节上压土，每节压一堆土，待其生根成活后，将节剪断，加强管理，促发新枝。次年春天即可进行定植。

（三）田间管理

1. 间苗和定苗 何首乌种子播种出苗后，当苗高5cm的时候，趁阴天进行间苗和补苗。疏去过密苗、病弱苗。缺苗的地方要补苗，定苗株距以4～5cm为宜。

2. 中耕除草 间苗时都应结合中耕除草。扦插育苗地在扦插后第二个月就要开始中耕除草，每半个月除草1次，做到见草就除。移栽后，为避免伤根，要浅锄，植株周围杂草要用手拔掉。一般生长期间每2个月除草1次，冬季休眠期不用除草。

3. 追肥 何首乌生长年限长，耗肥多，每年应根据其生长特点和需肥规律，进行追肥，保证其正常生长。一年生何首乌在8～9月份结合中耕除草追施1次有机复合肥，每公顷用肥量为1 500kg左右。两年生何首乌应在春季和秋季其生长高峰期各追肥1次，每公顷可施有机复合肥1 500kg。施肥方法可沟施、穴施或结合灌水撒施。

4. 排灌 何首乌定植成活后，应根据土壤和天气状况，及时灌水和排水。若天气连续干旱，要及时的灌水。当雨季来临，如遇雨天，应检查排水沟是否清理疏通，保证田间不积水。

5. 搭架 当何首乌定植成活，长至20cm高时，在两棵何首乌苗之间插一根长2m，直径1.5～3cm的直竹竿，然后行间上端用绳子捆住，搭成类似豆角栽培的支架。当何首乌藤长高至40cm时，人工将茎蔓顺时针方向缠绕到搭好竹竿上。

6. 修剪 当何首乌茎蔓长至2m高时，要打去茎蔓顶芽，促进地下块根生长。同时抹去下部不见光的老叶，能够改善田间通风透光条件。当侧枝生长过旺过密时，要适当剪除侧枝。由于开花结果消耗大量营养物质，所以，除留种田外，何首乌生产田在何现花蕾时要用枝剪去掉花蕾，防止其消耗营养，保障高产。

（四）病虫害防治

何首乌主要有叶斑病、锈病和根腐病。防治方法：及时剪除过密茎蔓和老叶、病叶，改善田间通风透光条件；雨季及时排水，防止田间积水；增施磷肥和钾肥，提高植株抗病力；清洁田园，减少田间病原菌的积累和传播；发病时，可轮换使用1∶1∶120波尔多液、或65%代森锌500～800倍液、25%粉锈宁1 500倍液、50%多菌灵1 000倍液、50%甲基托布津800倍液喷洒或浇灌根部防治。

何首乌虫害主要有蚜虫等。防治方法：保持何首乌地的土壤湿润，干旱时适当灌水；保护蚜虫天敌，如瓢虫、草蛉等；用10%吡虫啉2 000倍液喷雾，每周1次，连续数次。

五、何首乌的留种技术

何首乌的留种有种子留种和茎蔓留种两种方法。

（一）种子留种法

在秋季种子成熟时，选择生长健壮的何首乌植株，用剪刀将其整个果序轻轻剪下，在阳光下晒干或在25℃下的通风干燥箱中烘干，然后搓去果皮，筛净，得到的种子储藏在纸箱中，置通风干燥处，储藏期间要经常检查，防鼠害，防发霉，防虫蛀等。于次年春天进行播种。

（二）茎蔓留种法

选择生长健壮的何首乌植株，在生长期打顶，促进分枝产生。花期将花蕾全部摘除，减少植株营养消耗，促进枝条增粗。供扦插用的枝条可以在当年秋冬季用剪刀剪成长 25 cm 左右的茎段，然后按上下端分好，每 100 根捆成 1 把，让芽端朝上，埋于深 35 cm 的湿沙中，来年春天扦插。

六、何首乌的采收与加工

（一）采收

1. 何首乌 何首乌定植生长两年后就可收获，在秋季落叶后或早春萌发前采挖，以秋季落叶后采收最好。采收时先拆除藤架，剪断茎藤做首乌藤。然后从离根际较远的地方开始采挖，不要损伤块根。完整挖出后，抖去泥土，去掉根须和芦头，按大小分级后运回待加工。

2. 首乌藤 在采挖块根时，用镰刀割下地上茎，除去未木质化的枝条和细小茎藤，选 4～7 mm 粗的木质化茎藤做首乌藤，截成长 45～60 cm 小段，捆扎成把，运回晒干。何首乌自栽后第二年起，每年秋季都可以收割 1 次茎藤。

（二）加工

采收后的何首乌，清除带有损伤的块根，除净残叶、茎藤及其他杂物，按个体大小进行分级。分级后，洗净其黏附的泥沙等，去掉块根两端的细根和须根。晒干或在 50～60℃下烘干。当含水量为 40%～50%时，回汗 1～2 d，再晒至或烘烤至含水量 14%以下。大个何首乌可在回汗后横切成厚 1.3～1.5 cm 的片，然后再晒至或烘烤至含水量 14%以下。

（三）药材质量标准

1. 何首乌 块根呈团块状或不规则纺锤形，长为 6～15 cm，直径为 4～12 cm。表面红棕色或棕褐色，皱缩不平，有浅沟，并有横长皮孔及细根痕。体重，质坚实，不易折断，断面浅黄棕色或浅红棕色，显粉性，皮部有 4～11 个类圆形异形维管束环列，形成云锦花纹，中央木部较大，有的呈木心。气微，味微苦而甘涩。以具粉性，无尾蒂，无虫蛀，无霉变者为合格；以个大，体重，质坚，粉性足，中心无空裂者为佳。同时按干燥品计算，2,3,5,4′-四羟基二苯乙烯-2-O-β-D-葡萄糖苷含量不得少于 1.0%。

2. 首乌藤 呈长圆柱形，稍扭曲，具分枝，长短不一，直径为 3～7 mm。表面紫红色或紫褐色，粗糙，有明显扭曲的纵皱纹，节部略膨大，有侧枝痕，外皮薄，可剥离。质脆，断面皮部紫红色，木质部黄白色或淡棕色，导管孔明显；髓部疏松，类白色。切段者呈圆柱形的段，外表紫红色或紫褐色，切面皮部紫红色，木质部黄白色或淡棕色，导管孔明显，髓部疏松而类白色。气微，味微苦涩。以无粗老藤，无杂质，无霉变为合格；以粗细均匀，表皮色紫红为佳。

复习思考题

1. 何首乌为什么怕积水?
2. 何首乌搭架有什么作用?

主要参考文献

陈菊，陈国惠．2006. 何首乌生根培养因子的优选研究［J］．西南农业大学学报（自然科学版），28（5）：756.

杜勤，徐鸿华．2003. 何首乌规范化栽培技术［M］．广州：广东科学技术出版社．

傅军，严寒静，梁从庆，等．2006. 不同采集地何首乌的质量评价［J］．广东药学院学报，22（3）：253-254.

何燕，罗关兴，陈艳琼，等．2008. 不同浓度吲哚丁酸对何首乌扦插苗生根的影响［J］．现代园艺，7：8.

星玉秀，许传梅，胡凤祖．2008. 青海栽培何首乌不同部位中蒽醌类成分的测定［J］．分析试验室，27（2）：88-90.

中国科学院植物研究所．1994. 中国高等植物图鉴（第一册）［M］．北京：科学出版社．

第十章　花类药材

在众多的药用植物中，花类药材占的比例较小，目前市场流通的这类药材有30余种。本章介绍的4种花类药材也是从地道性、生产量、栽培范围、栽培技术的代表性和特殊特点来考虑选择的。其中番红花是稀缺药材；红花是一年生草本；菊花是多年生草本；金银花是灌木。

花类药材收获的是植物体的繁殖器官，其生产管理有一定的相似之处，如在营养生长期，氮肥不宜施入过多，以免茎叶徒长，影响从营养生长向生殖生长的转换。其次，花对生长条件要求较高，要有适宜的温度、湿度及光照条件，才能保证花的产量和质量。此外，药用植物开花持续时间较短，及时采收才能保证药材的质量。常用的花类药材有：代代花、夏枯球、金银花、蒲黄、玉米须、菊花、野菊花、金银花、公丁香、旋复花、西红花、辛夷花、红花、合欢花、槐花、鸡冠花、冬花和玫瑰花等。

第一节　番红花（西红花）

一、番红花概述

西红花原植物为鸢尾科植物番红花，干燥柱头入药，生药称为西红花（Croci Stigma）。番红花含藏红花素约2%、藏红花二甲酯和藏红花苦素2%、挥发油0.4%～1.3%及丰富的维生素B_2，有活血化瘀、凉血解毒、解郁安神的功能，用于经闭癥瘕、产后淤阻、温毒发斑、忧郁痞闷、惊悸发狂。番红花原产于西班牙、希腊等地，近年我国上海、江苏、浙江和北京等地有引种栽培。2003年末，上海崇明西红花基地已通过国家GAP认证审查。

二、番红花的植物学特征

番红花（*Crocus sativus* L.）为多年生草本；无地上茎；地下球茎扁圆，外被褐色的膜质鳞叶。叶基生，9～15片，无柄，狭长条形，长15～25 cm，宽3～4 mm；叶丛基部由4～5片膜质鞘状叶包围。花1～2朵顶生或腋生，直径2.5～3.0 cm；花被6，淡紫色，倒卵圆形，筒部长4～6 cm，细管状；雄蕊3，花药大，基部箭形；子房下位，心皮3，花柱细长，黄色，顶端3深裂，深红色，柱头略膨大，有一呈漏斗状的开口。蒴果长约3 cm，宽1.5 cm，有3钝棱；种子多数，圆球形，种皮革质（图10-1）。花期10～11月。

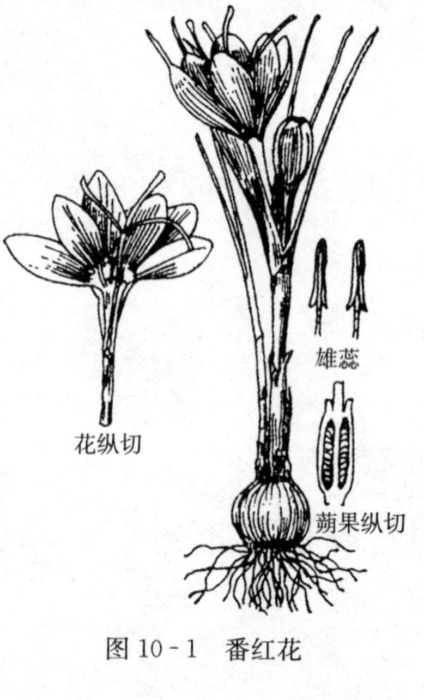

图10-1　番红花

三、番红花的生物学特性

(一) 番红花的生长发育

番红花每年秋季栽种，春末枯萎休眠，全生育期为180～210d。用球茎栽于田间后，10d左右开始生根，幼根都是从球茎基部几个节上发出，并相继伸长。栽种20d后，开始出苗。出苗时，球茎顶部的顶芽和靠近顶芽的1～2个较大的腋芽芽鞘先出土，接着叶片从芽鞘中伸出。此时其他腋芽芽鞘相继出土并抽生叶片，腋芽中的叶片伸出芽鞘的时间较为集中，伸出后渐渐长大。与此同时，地下根系逐步形成，根长15cm左右，粗约0.1cm，一个球茎有须根30～80条。球茎上的主芽和腋芽出土后，其基部茎节开始膨大，形成新的球茎。这时原来的球茎因营养物质的消耗和转移，重量迅速下降，质地松软。出苗20d左右，上部开始现蕾开花，花期为20d，花后叶片生长速度加快，新球茎继续长大，次年2～4月为球茎迅速膨大期，物质积累转化也较快，4月中旬地上部枯萎，球茎进入夏眠期。

(二) 番红花球茎的生长与更新

番红花的球茎上有多条棕色环节，节上有芽，最上端的为顶芽，其余为腋芽，多数。每年栽种后，母球茎上的顶芽和腋芽可利用母球茎的营养萌动出苗，出苗后的顶芽和腋芽随着叶片的伸长、长大，其基部渐渐膨大形成新的子球茎。每年2～4月子球茎生长迅速，5月地上枯萎后，子球茎大小定型，完成了其球茎的更新。由于新球茎多数无根，靠母球茎供给水分和养分，所以顶芽和靠近顶芽的1～2个较大的腋芽具有生长优势，形成的新球茎较大，而靠近茎盘处的腋芽生长势较弱，形成的新球茎较小。母球茎在新球茎的形成过程中，渐渐萎缩，当新球茎地上部分接近枯萎时，母球茎干瘪死亡，若此时土壤湿度大，母球茎就腐烂解体。在自然条件下，母球茎腋芽多的形成新球茎个数多，虽然新球茎总重量大，但单个新球茎重量小，栽种后开花比例小，开花数目少。母球茎同等大小，腋芽多的单个新球茎重量小，腋芽少的单个球茎重量大。所以，生产上采取疏腋芽的措施来提高新球茎的重量。从繁殖角度看，母球茎大的，繁殖系数也高（表10-1）。

表10-1　母球茎大小与子球茎增殖关系

母球茎重 (g)	形成不同子球数所占的比例（%）									平均子球数
	1	2	3	4	5	6	7	8	9	
<2	94.3	3.8	1.9							1.1
2～3	50.0	19.4	13.9	11.1	2.8	2.8				2.1
4～6	68.1	19.2	12.7							1.5
6～8	45.1	38.0	11.3	1.4	4.2					1.8
8～10	25.0	44.4	16.7	11.1	2.8					2.2
10～12	8.3	45.8	33.3	12.6						2.5
12～14	7.7	38.4	46.2	7.7						3.0
30	0	1.4	0	9.5	15.1	16.4	24.7	15.7	17.2	6.7

（三）番红花花芽的形成与开花习性

许多报道指出，小于5g的番红花球茎，由于营养体小，不能进入生殖生长。当球茎重量为5～6g，其顶芽可能有混合芽，但花芽的分化晚于叶芽。一般6～8月花芽开始分化，到9月，10～15g的球茎中，第一朵和第二朵花的雌蕊已形成。球茎上花芽形成的多少与营养体大小有关（表10-2）。从叶片多少看，球茎叶片数多的开花比例大，单个球茎开花朵数也多，叶片不足8片的基本不开花，具有11片叶的球茎90%都能开花。

番红花从现蕾到开花需1～3d，花期为20d以上，株花期为3～10d，朵花期为3d。小花每天8:00～9:00开放，开放后1～2.5h花被片全部展开，夜间合拢（一般16:00前后合拢），开花后48h花粉散出。一般在开花后36h采摘，其鲜柱头产量最高，质量最好。虽然36h采摘的柱头折干率不及花后56h的高，但干品总产量及柱头质量均以花后36h采摘者为最好。在高温干旱条件下（特别是室内），番红花的花先于叶片抽出，温度偏低时（特别是露地栽培）叶先于花抽出芽鞘。

表10-2 番红花球茎大小与开花能力、花柱产量的关系

（引自丁赢，2001）

球茎重（g）	观察球茎数（颗）	每颗留芽数（个）	开花比率（%）	总开花数（朵）	平均每球开花朵数（朵）	单朵花花柱重（mg）	每球花柱产量（mg）
<5	20	1	0	0	0	0	0
5～10	20	1	5	1	0.05	3.4	0.17
11～15	20	1	95	30	1.5	4.0	6.0
16～20	20	1	100	60	3.0	5.6	16.8
21～25	20	2	100	100	5.0	5.8	29.0
26～30	20	2	100	105	5.25	6.3	31.0
31～35	20	2	100	110	5.5	6.5	35.75
36～40	20	3	100	142	7.1	6.7	47.6
41～45	20	3	100	149	7.45	7.1	53.0

（四）番红花生长发育与环境条件的关系

番红花生长喜较低温度，其中冬前11～12月的温度为5～12℃，翌年新球茎生长期间（2～4月）温度为5～14℃。一般番红花能耐－7～－8℃的低温，寒冷的年份，温度低于－10℃，植株生长不良，新球茎变小。在生长后期，平均气温稳定在20℃以上，当气温高于25℃后，番红花生长显著减缓，并提早进入休眠期。

番红花的花芽分化和开花过程对温度较为敏感，研究证明，花芽分化的适宜温度为24～28℃，开花期间的最适温度为15℃左右。

番红花的生长需要充足的阳光，长日照和适宜的温度条件，能促进新球茎的形成。

番红花喜稍湿润的气候条件，怕积水，在疏松肥沃的土壤条件上生长，球茎产量高；土壤过于黏重或阴湿，生长发育不良，子球茎少，而且也小。土壤pH以6.5～7.5为宜。

番红花在室内开花阶段，需要较高的空气湿度，一般相对湿度保持在80%为宜，湿度太低则开花数减少，相反，如湿度超过90%则会使球茎生根，不利于收花后移入田间。

四、番红花的栽培技术

番红花引入我国后，根据我国的气候特点，目前成型的栽培技术是采用跨年度栽培方式，可分为两个阶段。第一阶段为露地越冬繁殖球茎阶段，是在11月中下旬把在室内开花结束后的球茎种植到大田，让其在土壤中完成生根、长叶和子球茎形成、膨大过程，翌年5月中下旬收获球茎，此阶段约180d。第二阶段是生殖生长阶段，是将收获的球茎放于室内，在适当的条件下储存，让其完成叶芽和花芽的分化，以及完成开花前所需的内在生理变化过程。到9月上旬花芽开始露出，10月底始花并可开始采收花柱，11月中下旬结束，此阶段也有约180d。因此，栽培技术的内容主要是指第一阶段。

（一）选地整地

番红花栽培，应选择疏松、肥沃、排水良好的壤土、沙壤土。前作以玉米和大豆为宜，也可套种在桑园内。番红花忌连作，一般采用与其他作物实行4～5年轮作的方式。

前作收获后，施入基肥，每公顷腐熟堆肥75 000kg、过磷酸钙750kg、饼肥3 000kg，然后耕翻、耙细、整平做畦，畦宽为130cm，畦间距离为30～40cm，畦高为15～30cm。

（二）栽种

番红花在长江中下游地区多在11月中旬栽种，北京地区在10月底栽培。如采用田间收花的栽培方式，则是在8月下旬至10月中旬栽种。

番红花的球茎上着生许多芽，每个芽都可能形成一个新的子球茎。为了保证新球茎重量，栽种前要进行除腋芽工作。采用的原则是，留大去小，留壮去弱。一般球茎重15～20g及以下的留1个芽，25～35g的留2个芽，40g以上的留3个芽。

栽种前的另一项工作是药剂消毒，以防病虫危害。可用25%多菌灵500倍液与40%乐果乳油1 500倍液混合，浸种球茎20min后，立即栽种。

从表10-2可以看出，小球茎（<5g）不开花，大于15g的球茎100%开花。所以，播种番红花应选择球茎大的做播种材料，大球茎开花多，总产量也高。一般生产上是把小于8g的球茎单独栽培或者淘汰，如果栽培则要待其重量大于8g后，再作为播种材料。大于8g的球茎按大小分类栽种，通常8～25g的为一类，25g以上的为一类。

播种番红花的密度因球茎大小而异，球茎8～10g的，行株距为8cm×8cm；11～25g的行株距为10cm×10cm，大于25g的为12cm×12cm。播种密度与新球茎产量及大于8g球茎所占比例密切相关。以8～15g球茎为例，行株距12cm×9cm时，其花和新球茎的产量均比行株距为18cm×9cm或18cm×12cm为高（表10-3）。

播种时，覆土厚度对花和新球茎的产量也有影响。经验认为，覆土厚度为球茎高度的3倍为宜。过深或过浅均对单球茎重量的增加不利，如有研究发现，8～15g的球茎，覆土3cm（过浅）时，新球茎数量多，但单个球茎小（球茎平均重仅为7.7g），能开花球茎比例小（31.5%）；覆土过深（10cm）时，球茎较少，单个球茎稍大，但是，能开花球茎比例也不高（只有38.5%）；覆土5～6cm时，虽然新球茎个数少，但单球茎重量较高（为9.1g），能开花植株的比例高（为45.7%）。球茎重大于25g的播后覆土7cm为宜。

表10-3 种植密度与产量关系

行株距（cm）	10m² 用种球数	开花总数	新球茎重（g）	>8g球茎		<8g球茎	
				重量（g）	比率（%）	重量（g）	比率（%）
18×12	463	294	7 715	4 165	53.99	3 550	46.01
18×9	617	387	11 200	6 750	60.27	4 450	39.73
12×9	926	581	24 400	16 300	66.80	8 100	33.20

球茎用量，大于25g球茎为19 500～22 500kg/hm²，20g左右的为15 000～19 500kg/hm²，15g左右的为15 000kg/hm²，10g以下的为15 000kg/hm²以下。

（三）田间管理

1. 除草松土 番红花播种后，春季应及时除草，并同时进行松土工作。运用除草地膜是近年来的一项除草有效措施。一般是在12月施苗肥后，或第二年2月中旬施过返青肥后，覆盖以杜耳为主要成分的除草地膜，除草效果可达90%以上，且可节省用工45～75个/hm²，并有明显的防冻和土壤增温保墒作用。

2. 疏腋芽 虽然在球茎栽种时已剔除了多余侧芽，但也会有剔除不彻底的，因此在田间还要进行疏腋芽的工作。对田间收花的种植方式则必须进行这一管理，应注意适时早疏，并从腋芽基部除掉，一般整个田间可分2～3次疏完。

3. 追肥 栽培番红花除施足基肥外，还应追肥2～3次。第一次在12月，追腐熟的厩肥60 000kg/hm²，均匀铺于畦面即可。第二次在2月，追施厩肥22 500kg/hm²或一定量速效性混合肥料。第三次可在3月，可每隔10d喷1次0.2%磷酸二氢钾，连喷2～3次。叶面肥中加少量硼砂（按0.1%的浓度）效果更好。

4. 灌溉与排水 秋栽后，如遇干旱应浇水保持土壤湿度，浇水后，待墒情适宜时，还应松一遍土。每年3～4月江浙一带常有春雨，应挖好排水沟，防止田间积水，否则烂球死亡，或出现提早枯萎。

5. 病虫害防治 番红花常见的有腐烂病（*Erwinia* sp.）和枯萎病［*Fusarium oxysporum* Schl. var. *redolens*（Wr.）Gordon］。防治措施：严格选择种球，剔除带病球茎；栽种前，进行种球消毒；生育期间发病后，50%退菌特用1 000倍液或50%托布津800倍液浇灌病株或病区。

6. 种球的收获与储藏 4月底5月上旬，番红花叶片完全枯萎后，选晴天起收。收获时从畦的一端挖掘，逐行连土翻起，拣起球茎，去掉泥土和干瘪的母球茎，装入筐内运回，摊放在室内阴凉处，1周后分级储藏。分大、中、小3级，结合分级挑出有病的、机械损伤的种球。

分级后的种球装入篮（竹箩）内，吊在阴凉通风处储藏（避免阳光直接照射）。也可以采用沙藏方法保存，即在库房内选择较干燥阴凉的地方，先在地上铺约3cm厚的半干燥的细沙，其上放一层厚6～9cm的球茎，球茎上再覆沙3cm，沙上再铺放球茎，依次层放，直至50cm高为止，最后堆上再盖6cm厚干沙就可以了。一般堆放时，堆宽为60～100cm，高为 50 cm，堆长视种球数量而定。

储藏期要有专人管理，定时检查，沙子偏湿要及时更换。注意防止鼠害。

五、番红花的采收与加工

对于室内采收方式，是在每年的 8 月底把能开花的球茎摆于专用的木盘等容器内，木盘的规格一般为长 90 cm、宽 60 cm、高 5～6 cm。然后将其摆放在室内分层架子上，一般在 9 月份番红花种球开始萌芽，10 月中旬开始抽薹开花，持续到 11 月中旬结束。以 9：00～11：00采收为宜。花朵在开的第一天将花摘下，剥开花瓣，取下柱头。采晚了易粘上花粉，影响质量。

对于田间采收，是在番红花进入花期后，每天中午或下午采花 1 次，采花应在花药成熟前进行，否则花药开裂，花粉贴附在柱头上，影响商品质量。采花时，将整个花朵连同花冠筒部一起摘下，运回室内加工。

采收的番红花，要及时轻轻地剥开花瓣，取其三裂柱头，薄薄地摊在白纸上晒干，或置于45℃左右烘箱内，烘 3～5 h，然后取出晒至符合商品要求为止。产品应装入瓶内或盒子中遮光密闭储藏。

复 习 思 考 题

1. 番红花的生长发育有何特点？
2. 番红花球茎如何进行生长与更新？球茎大小与开花能力的关系如何？
3. 番红花栽培技术要点是什么？

主 要 参 考 文 献

丁赢．2001．射干 番红花［M］．北京：中国中医药出版社．

第二节 红 花

一、红花概述

红花为菊科植物，干燥花冠入药，生药称为红花（Carthami Flos）。红花主含二氢黄酮衍生物：红花苷，红花醌苷及新红花苷，有活血通经、散瘀止痛的功能，用于经闭、痛经、恶露不行、癥瘕痞块、胸痹心痛、瘀滞腹痛、胸胁刺痛、跌打损伤、疮疡肿痛。除药用外，红花也是一种很好的油料作物，种子中的不饱和脂肪亚油酸的含量高达 73%～85%，对心血管疾病等有很好的预防作用。红花还含有大量天然红色素和黄色素，是提取染料、食用色素和化妆品配色的重要原料。目前，国外种植红花主要作为油料作物和提取色素；国内主要是药用，部分油药兼用。全国各地多有栽培，主要集中在新疆，其次是四川、云南、河南、河北、山东、浙江和江苏等省。

二、红花的植物学特征

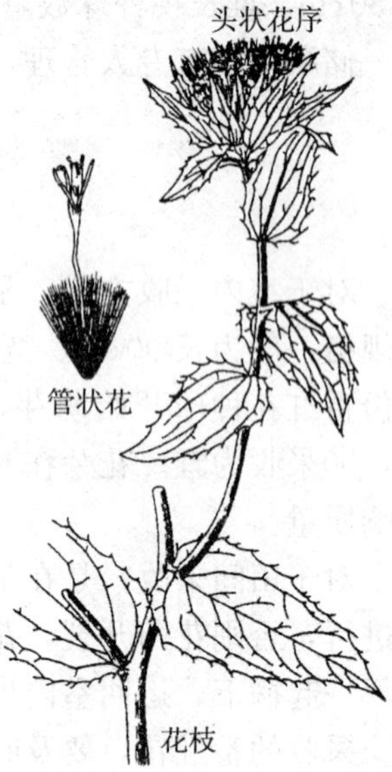

图 10-2 红 花

红花（*Carthamus tinctorius* L.）（又名红蓝花）为一年生草本植物，高 50～100 cm。茎直立，上部分枝。叶互生，无柄，长椭圆形或卵状披针形，长 4～12 cm，宽 1～3 cm，顶端尖，基部楔形或圆形，微抱茎，边缘羽状齿裂，齿端有针刺或无刺，两面均无毛；上部叶渐小，成苞片状，围绕着头状花序。头状花序直径 2～4 cm，有柄，再排列成伞房状；总苞近球形，总苞片多层，外层叶状，卵状披针形，绿色，边缘具针刺或无刺，先端有长尖或圆形；花管状，橘黄色，5 裂；花丝中部有毛，花药聚合，基部箭头形。瘦果椭圆形或倒卵形，长约 5mm，基部稍歪斜，有 4 棱，无冠毛（图 10-2）。花期 7～8 月，果期 8～9 月。

三、红花的生物学特性

（一）红花器官的特征特性

1. 根 红花种子萌发伸出胚根，胚根生长较快，逐渐生长发育为直根系。营养生长期，特别是茎节生长期，根系生长较快，花期根系生长近于停止状态。红花根系发达，主根入土深可达 213 cm，侧根伸展达 60～90 cm。

2. 茎和分枝 茎直立，有分枝，茎高因品种和来源地区不同而差异较大，其变化范围为 25～160 cm。据报道，印度和巴基斯坦的品系较矮，伊朗和阿富汗栽培的品系较高；我国新疆栽培的红花较高（165 cm），“福建霞浦”红花较矮（65 cm）；“墨西哥矮”株高只有 45 cm左右。

分枝的多少与花头数目成正相关，分枝的多少、分枝的角度（分枝与主茎之间的夹角）是确定栽培技术的依据之一。据一项研究，在 1 953 个品系中，有 1 790 个品系从基部开始一直到茎顶均有分枝，有 70 个品系是从植株上半部开始分枝。其分枝角度是，1 788 个品系的角度为 20°～60°，有 120 个品系为 15°～20°，大于 60°的仅有 33 个品系。我国栽培的红花中，杜红花、草红花是从基部至顶部均有分枝，淮红花、“新疆有刺红花”和“新疆无刺红花”是茎中上部分枝。红花分枝还可有多级，通常有 2～3 级分枝，少数可见到 4 级分枝。

3. 叶 红花有基生叶和茎生叶之分，叶片质地较硬，多数品种近于无柄，少数有柄。茎生叶抱茎互生，茎中部的叶片最大，长 9～25 cm，宽 3～8 cm。品种不同，叶片大小也有区别，其中新疆红花叶片最大，墨西哥红花矮最小。叶片形状有卵圆形、长卵圆形、披针形与条形 4 种；叶缘有全缘、锯齿缘、浅裂和深裂（特别是基生叶）4 种；又有有刺、少刺、无刺之别，刺还可分长、中、短 3 类，多着生于叶间或锯齿缘顶端。总苞苞片长（0.6～2.5 cm），其中埃及和约旦的品种最宽，日本的品种最窄。

4. 花 头状花序（又称为花球）最外 2～3 列苞片成叶状（圆形、椭圆形、披针形），内部苞片窄小，覆瓦状排列。有刺种内部苞片伸长，尖端成刺状（多为长刺）；无刺种苞片短小，先端圆，花序托扁平或稍下凹，并有许多刚毛。每个头状花序有小花15～175朵。据Ashri报道，在调查的900个油用红花品系中，主茎顶端花头直径较大，通常为1.9～4.1cm。伊朗、伊拉克和埃及品系花头较大，孟加拉和埃塞俄比亚品种的花头较小。

药用红花中，“淮红花”花头直径较大，新疆红花（包括有刺种和无刺种）花头直径较小。

红花的花色有白色、浅黄色、黄色、橙色、红色乃至深红色，因品种不同而异，少数红花品种的花色在初开、盛开、凋零各个阶段不断变化。

药用红花初开均为黄色，随着开放时间的延长，逐渐的变为橘红色、红色、深红色。在高温高湿的条件下，红花的颜色变化速度较快。油用红花中的白色花和部分黄色花品种，自开放到凋谢，颜色不变。

5. 种子 红花的种子（植物学上称为瘦果）多呈白色，也有灰色、黑褐色及带紫色纵向条纹者。种子形状为倒卵圆形，有的外形上具四条显著棱脊，使种子断面成菱形。种子的大小因品种而异。种子千粒重为24.7～75.5g。多数品种无冠毛。种子寿命为2～3年。

（二）红花的生长发育

1. 出苗期 红花种子在4℃条件下就能萌发，25～30℃下萌发最快，在5℃、9℃、15℃和30℃的温度条件下，发芽所需时间分别为16.2d、8.7d、3.7d和1d。播种在地温10～12℃田中，6～7d就能出苗。刚出土的小苗只有两枚绿色的子叶，半个月后才能长出第一片真叶。此期小苗能耐－4℃或更低的低温。

2. 营养生长期 营养生长期又分为莲座叶丛期（简称莲座期）和茎节伸长期两个阶段。通常把从第一片真叶长出到基部茎节伸长作为莲座期；从基部茎节明显伸长到花蕾显露作为茎节伸长期。

（1）**莲座期** 红花为长日照植物，幼苗得不到长日照条件，茎节就不能明显伸长，而长出的叶片集中成簇，状如莲座。通常莲座期长，则幼苗生长好，以后产量高。春播红花此期为15～60d，秋播红花多在此期越冬，一般为80～140d。

莲座期的长短与品种、日照长短和温度条件有关。一般温度低，日照时间短的地区，红花莲座期长，反之则短。红花在莲座期生长较慢，能耐低温，在－4～－6℃条件下可安全越冬。

（2）**茎节伸长期** 红花进入茎节伸长期后，生长速度加快，在30～50d内植株由10cm左右速度长到正常高度（如150cm），叶片数目也由15片左右增至最高水平。红花进入茎节伸长期后，不耐低温，0℃条件下就会出现冻害。此期所需肥水较多，应加强肥水管理。

3. 现蕾开花期 当二级分枝开始形成时，主茎顶端和上部一级分枝便开始现蕾，在平均气温21～24℃时，田间现蕾期约1个月。花蕾在初期生长较慢，后期膨大较快，当花蕾直径大于2cm后，苞片逐渐开裂，露出小花。头状花序小花由外向内渐次开放，朵花期为2～3d，序花期为7d左右，株花期约20d。管状小花多在晚上伸长长大，到次日早6:00充分长大并开放。小花开放时，柱头穿过联合成管状的花药并同时授粉。Claassen报道，红花异交率为13.3%～28.8%，平均为18.6%。一株红花中，主茎顶端的花蕾最先形成并先开放，然后是近主茎顶部的一级分枝开放，即分枝上花蕾是由上而下渐次开放。三级乃至四级分枝上的花蕾开花较晚。生产上为使花果期集中一致，通常采用密植方法，适当抑制分枝级数和数量。

4. 果实成熟期 小花开放后5～6 d，果实便明显膨大，初期灰白色，继后渐渐变白。头状花序的果实是由内向外渐次膨大，花后20 d种仁充实饱满，此时种子含油量最高，发芽率接近成熟的种子，其后发育是果皮的生长完成。果实成熟期的早晚和长短与品种、播期和密度等条件有关，早熟品种播期早的，播后气温高、日照时间长的开花早，密植田块的花期较稀植者短。通常情况下，果实成熟期约为30 d。

春播红花全生育期为100～130 d，秋播红花为180～250 d。

（三）红花的生长发育与环境条件的关系

1. 红花的生长发育与水分的关系 红花根系较发达，抗旱能力较强，但怕涝，尤其是在高温季节，即使短暂积水，也会使红花死亡。开花期遇雨，花粉发育不良；果实成熟阶段，若遇连续阴雨，会使种子发芽，影响种子和油的产量，发芽率也低。

红花虽然耐旱，但在干旱的气候环境中，进行适量的灌溉，也是获得高产的措施之一。

2. 红花的生长发育与温度的关系 红花对温度的适应范围较宽，在4～35℃的范围内均能萌发和生长。种子发芽的最适温度为25～30℃，植株生长的最适温度为20～25℃，多数品种莲座期能耐－4℃低温。但在茎节伸长期怕低温，0℃条件就会出现冻害。孕蕾开花期若遇10℃左右低温，花器官发育不良，严重时，头状花序不能正常开放，开放的小花也不能结实。

3. 红花的生长发育与光照的关系 红花为长日照植物，日照长短不仅影响莲座期的长短，更重要的是影响其开花结实。一般在短日照条件下，莲座期较长，开花较晚，个别品种甚至不能开花。在生长期，特别是在抽茎到成熟阶段，充足的光照，可使红花发育良好，子粒充实饱满。

4. 红花的生长发育与肥的关系 红花在不同肥力的土壤上均能生长，栽培在瘠薄土壤上，仍能获得一定的产量。但在一般肥力条件下栽培红花，施肥仍是提高产量的重要措施之一（表10-4）。另有报道指出，将氮、磷、钾混合施用，特别是氮与磷混合（N与P_2O_5按1∶2～3混合）增产效果较为理想。

表10-4 氮肥用量对红花生育、产量及品质的影响

施N量（kg/hm^2）	株高（cm）	每株花头数（个）	每头种子数（粒）	千粒重（g）	种子产量（kg/hm^2）	含油率（%）	产油量（kg/hm^2）	蛋白质含量（%）
0	59.6	10	30.0	38.4	1 989	32.4	644.6	16.5
75	204.9	11.2	31.7	40.0	2 533.5	33.0	836.1	16.7
150	108.3	13.4	28.4	41.4	2 631	32.9	865.6	16.9
300	111.0	13.2	29.0	42.3	2 590.5	33.2	860.0	18.0
450	111.8	12.6	28.7	40.3	2 571	31.4	807.3	18.3

5. 红花的生长发育与土壤的关系 红花虽然能生长在各个土壤类型上，但是仍以土层深厚、排渗水良好、肥沃的中性壤土为最好。

红花是一种比较耐盐碱的植物。研究证明，红花的耐盐碱的能力比油菜强，与大麦相似。

四、红花的品种类型

红花属（*Carthamus*）约有25种，目前，红花属中仅有红花一种在世界各地栽培。红花在世界各地栽培广泛，品种类型众多，按其应用目的可分为两大类：花用红花和油用红花。

（一）花用红花

花用红花是以花入药或做染料等种类，我国栽培红花以采花入药为主，其中有些是油药兼用型品种，现将主要品种介绍如下。

1.“杜红花”“杜红花”是江苏、浙江一带栽培的品种。株高80～120cm；分枝27～30个；花球30～120个；花瓣长；叶片狭小，缺刻深，刺多硬而尖锐；子叶顶端稍尖。秋播，生育期为220d。

2.“草红花”　“草红花”主要在四川、新疆一带栽培。株高100～130cm；分枝30～50个；花瓣长；种子大；叶缘多刺，缺刻有深有浅；子叶较宽。春播或秋播，生育期为130～150d。

3.“淮红花”　“淮红花”主要栽培在河南一带。株高80～120cm；分枝6～10个；花球7～13个；花瓣短；花头大；叶片缺刻浅，刺少不尖锐；子叶顶端圆形。春播或秋播，生育期为130～210d。

4.“新疆无刺红花”　“新疆无刺红花”主要栽培在新疆。植株茎光滑；叶缘无刺；分枝4～6个；种子千粒重26g，含油率高达30%；可产种子1 125kg/hm²。春季或临冬播种，生育期为131d。

5.“新疆有刺红花”　“新疆有刺红花”主要在新疆一带栽培。全株叶缘有刺；分枝5～8个；种子千粒重30g，含油率24%；产种子900kg/hm²。春季或临冬播种，生育期为128d。

6.“大红袍”　“大红袍”为河南省延津县品种。株高约88cm；叶缘无刺；第一个花球直径为2.21cm；花鲜红色。

7.“UC-26”　此品种由北京植物园于1978年从美国引进。该品种分枝和与主茎形成的角度很小，只有15°～20°，因而可以密植；单位面积花球数较多，花的产量较高。植株高约110cm；叶缘无刺；花球较大；第一个花球平均直径为2.26cm；每花球小花数也较多，因而产量较高。

近年，四川省中药研究所，收集四川产区的红花品种类型，通过系统选育培育出“川红1号”花用品种，每100m² 产干花2.6kg。

花用红花中，“大红袍”、“川红1号”、“新疆无刺红花”和“UC-26”为优良品种。

（二）油用红花

油用红花是以收种子榨油为主要目的类型，这是国外应用最多的种类。目前在印度、墨西哥和美国种植最多。油用红花品种相当多，其特点是含油率高。

1.“李德”（Leed）　此品种从“U-1421”×“吉拉”（Gila）后代选育而成，1977年

从美国引进我国。株高 110 cm；花橘红色；千粒重 40 g，壳的比例为 39.13%，含油率 35.79%。该品种产量比“犹特”、“吉拉”、“夫里奥”等品种高 7.0%～24.5%，抗锈病、根腐病能力较强。

2. “犹特”（Ute） 此品种 1977 年从美国引进我国。株高 93 cm，分枝多，花球和种子较小，花初开黄色，后来变为橙色，千粒重 31.5g，壳的比例为 37.7%，含油率 35.8%。我国一些省区栽培后，产量较高，适合有灌溉条件地区栽培，对锈病、根腐病抵抗力较强。

3. “UC-1” 此品种株高 110 cm 左右；为早熟有刺种；花黄色；千粒重 45g，壳的比例为 38.2%，含油率 36.72%。其红花油的油酸、亚油酸比例与一般红花截然不同，一般红花亚油酸含量为 78.1%、油酸 13.5%、硬脂酸 1.8%、软脂酸 6.6%，而“UC-1”分别为 15.2%、78.3%、1.2%、5.3%，这与橄榄油相似。该品种对水涝有一定抗性，可望成为我国的一种重要食用油油料作物。

4. “墨西哥矮”（Mexicandwarf） 此品种是墨西哥推广品种，1978 年引入我国。株高 45～50cm；花初开黄色，凋零时橘红色；是无刺种；花球小；种子大，千粒重 69g，含油率低（26.31%）；对日照长短反应不敏感，每天日照 9.5～15 h 条件对其开花、结实影响不大；全生育期 110 d。在我国南方特别是三熟地区，可作为一茬轮作作物。

5. “AC-1” 此品种株高 100 cm 左右；为有刺种；花初开黄色，后变橘红色；壳的比例低（33.6%），含油率高达 42.05%；产量高。适合我国西北地区栽培。

此外，世界各国还有许多优良品种，如“吉拉”、“夫里奥”、“油酸李德”和“达特”等。

五、红花的栽培技术

（一）选地整地

一般农田地均可栽培红花，但以地势高燥、肥力中等、排水良好的壤土和沙壤土为最好。地下水位高、土壤黏重的地区，不宜栽培红花。

红花病虫害严重，生产上多与禾本科、豆科或蔬菜实行 2～3 年的轮作。在北方，红花的前作有玉米、小麦、地黄、马铃薯和蔬菜等；黄河以南的前作是玉米、水稻、小麦和棉花等。前作收获后，要及时翻耕，每公顷施基肥 30 000～45 000 kg。整平耙细，按当地习惯做畦或起垄，畦宽为 80～150 cm，畦高为 15～25 cm，雨水多的地区四周挖好排水沟，以利排水。垄作时垄宽为 50～60 cm。

（二）播种

1. 播期 红花是一种对播期很敏感的植物，一般提早播种的红花，生长发育良好，生育期长，产量高，品质优（表 10-5）。

我国长江流域及其以南各省，播种红花多在秋季。但不宜过早，否则易使红花提早进入茎节伸长，这样寒冷冬季来临时会出现冻害，致使因大量缺苗而减产。同样，也不宜过晚，否则幼苗很小，越冬保苗率也会降低。一般以冬前小苗有 6～7 片真叶为宜。

综上所述，春播红花应适时早播，而秋播红花以适时晚播为宜。我国新疆地区较为干旱，春播墒情不好，当地改为临冬播种，即在土壤即将结冻时播种（播后种子不萌动），翌春温湿度适宜时，种子就萌芽出苗，实际也是一种适时早播的好方法。

表 10-5　播期对红花生育产量及品质的影响

播　期	株高 (cm)	千粒重 (kg)	种壳占比例 (%)	种子产量 (kg/hm^2)	蛋白质含量 (%)	含油率 (%)	产油量 (kg/hm^2)	碘值
1月6日	81.3	42.1	41.3	2 112	24.8	33.6	709.6	14.4
2月3日	78.7	42.8	41.1	1 833	25.1	34.4	630.5	14.3
3月27日	85.4	40.0	40.4	1 509	25.4	35.6	537.2	14.2
4月23日	43.2	38.2	36.0	1 323	25.9	36.1	486.0	14.2

2. 播法与播量　红花有条播和穴播两种方法，花用红花多穴播。条播时按 30～50 cm 行距开沟播种（机播行距为 30 cm），每公顷播种量，机播为 45～60 kg，人工为 30～37.5 kg。穴播时按 45 cm×5～10 cm、50 cm×5 cm 或 60 cm×5 cm 开穴播种，每公顷用种量为 22.5～30 kg，播后覆土 3～5 cm。一般每公顷有苗 30 万～45 万株为宜，以 45 万株为最佳。

有些地区红花病害严重，播前还进行温汤浸种或药剂拌种。拌种多用种子重量的 0.2%～0.4%的代森锌或粉锈宁。温汤浸种是将种子放在 10～12℃水中浸 12 h 左右，捞出后放入 48℃的水中浸 2 min，然后捞入 53～54℃水中浸烫 10 min，再转入凉水中冷却，冷却后捞出晾干附水就可拌种。

（三）田间管理

1. 间苗和定苗　春播红花苗高 10 cm 时开始间苗，高 20 cm 时进行定苗。秋播红花，一般入冬前间苗，翌春定苗。间苗定苗要根据所栽品种保证合理密植，择优汰劣。

2. 中耕除草与培土　春播红花一般进行 3 次中耕除草，第一次在幼苗期，第二次在茎节伸长初期，第三次在植株封垄前完成。秋播红花则应适当增加中耕除草次数。成株红花，花头位于枝顶，重量较大，易于倒伏，除草后要及时进行中耕培土。

3. 追肥　在红花待要现蕾时进行追肥，每公顷用过磷酸钙 150 kg、尿素 60 kg。现蕾后根外追肥，每公顷用尿素 7.5 kg 加过磷酸钙 15 kg，兑水 22 500 kg 喷施，4～5 d 喷 1 次，连续喷 2～3 次。

4. 灌水和排水　我国红花多在干旱地区或干旱季节栽培，在出苗前至现蕾开花期应适当浇水，要少量多次，严禁漫灌。雨季来临时，要疏通好排水沟，保证田间不积水。

5. 病虫害防治　红花病害种类较多，我国有锈病［*Puccinia carthami*（Hutz.）Corda.］、炭疽病［*Gloeosporium carthami*（Fukui）Hori et Hemmi］、褐斑病（*Alternaria chowdhury*］、花腐病（*Botrytis cinerea*）和轮纹病（*Ascochyta* sp.）等十余种，其中锈病、炭疽病、褐斑病危害较重。国外报道，黄萎病（*Verticillium albo-atrum*）和枯萎病［*Fusarium oxysporum*（Schl.）Snyder et Hansen］较重。

红花病害防治方法：选用抗病品种，如有刺红花比无刺红花抗病；选地势高燥、排水良好的地块；轮作；发病前喷药保护，可选药剂有 1∶1∶100 波尔多液、50%甲基托布津 1 000倍液、65%代森锌 500～600 倍液，应轮换使用，7～10 d 喷 1 次，连续喷 3～4 次。

红花虫害有红花长须蚜（*Macrosiphum gobonis* Matsumura）、菊蚜（*Pyrethromyzus sanborni* Gilletti）和红花实蝇（*Acanthiophilus hetinthi*）等十余种，可用40%乐果乳油1 500倍液防治。

六、红花的采收与加工

（一）采收

1. 收花 红花采花期的早晚，对药材的产量和品质影响较大。采收过早时，花冠黄色或浅橘红色时，花冠尚未长开，质地轻泡，不仅鲜花产量低，花的折干率也低，干后花为黄色。采收过晚（红色或深红色），花冠变软，产量低，干后花成暗红色，油性甚小。只有头状花序中2/3小花成橘红色、花冠基部成红色时，采收的鲜花产量高，质量好，干花呈鲜红色，有韧性，油性大。一般头状花序开放3～4 d就可达到适宜采收标准，应立即采收。每天花冠露水干后即可采摘。初开期两天采收1次，盛花期每天采收1次。采花时应向上提拉，摘取花冠，不要侧向提拉花冠，否则花头撕裂，影响种子产量。由于雨季空气湿度大，花冠色泽变化较快，连雨天采花时，以花冠中2/3小花呈橘红色，花冠基部刚变红为宜，雨停后即可采收。

2. 收种 留种的药用红花，待采花后3周左右，种子含水量降为10%左右时，即可割取优良植株（花头大、花冠长、色泽好、苞片无刺、抗性强等），晾干脱粒做种。其余部分待种子含水量降至8%时，就可收割脱粒。油用红花也是此时收割。

（二）加工

1. 花的加工 采收的红花要及时摊在凉席上（2～3 cm厚）晾干或烘干。晾花时严禁在强光下日晒，否则有效成分易转化，降低药效。烘干时，温度为40～45℃。干燥的花具特异香气，味微苦，以花长、色鲜红、质地柔软者为佳。

2. 种子的加工 收割后稍晾晒就脱粒，经清选晾晒后入库。

复习思考题

1. 红花的功效与作用有哪些？
2. 红花生长对外界环境条件有哪些要求？
3. 简述红花生长发育的几个阶段。
4. 简述红花的播种方式与要求。

主要参考文献

郭美丽. 2000. 不同产地红花药材的质量评价［J］. 中国中药杂志，25（8）：469-471.

郭美丽. 1993. 地膜覆盖对红花生育的影响及增产机理分析［J］. 中药材，16（19）：3-5.

李隆云. 1995. 药用红花经济施肥量研究［J］. 中国中药杂志，20（3）：143-145.

袁国弼. 1989. 红花种质资源及其开发利用［M］. 北京：科学出版社.

第三节　菊（菊花）

一、菊花概述

菊花原植物为菊科的菊，干燥头状花序入药，生药称为菊花（Chrysanthemi Flos）。菊花有散风清热、平肝明目、清热解毒的功能，用于风热感冒、头痛眩晕、目赤肿痛、眼目昏花、疮痈肿毒。菊花含挥发油、腺嘌呤、胆碱和水苏碱等。花又含菊苷、氨茶酸、黄酮类及微量维生素 B_1。挥发油主要含龙脑、樟脑、菊油环酮等。菊花在全国各地均有栽培，药材按产地和加工方法不同，分为亳菊、滁菊、贡菊和杭菊等。亳菊主产于安徽亳州；滁菊主产于安徽滁州；贡菊主产于安徽歙县，也称为徽菊，浙江德清也产，另称德菊；杭菊主产于浙江，有杭白菊和杭黄菊之分。此外，还有产自四川的川菊和产自河南的怀菊等。其中，以杭白菊和贡菊栽培面积大。菊花出口主要销往我国港澳以及东南亚各国，被誉为药用和饮料的佳品。

二、菊的植物学特征

菊（*Chrysanthemum morifolium* Ramat）为多年生草本，高 50～150 cm。茎直立，具纵沟棱，下部木质，上部多分枝，密被白色短柔毛。叶互生，有柄；叶片卵形、长圆形至披针形，长 3.5～15 cm，宽 2～8 cm，羽状深裂或浅裂，边缘有锯齿或缺刻，基部宽楔形至心形，正面绿色，背面浅绿色，两面均有白色短毛。头状花序大小不等，直径 2.5～5 cm（观赏的品种直径可达 15～20 cm），单生于茎顶或枝端，常排列成伞房状花序；总苞片外层呈条形，绿色，有白色绒毛，边缘膜质，内层长圆形，有宽阔的膜质边缘；舌状花白色、黄色，管状花黄色。瘦果柱状，无冠毛，通常不发育（图 10-3）。花期 9～11 月。

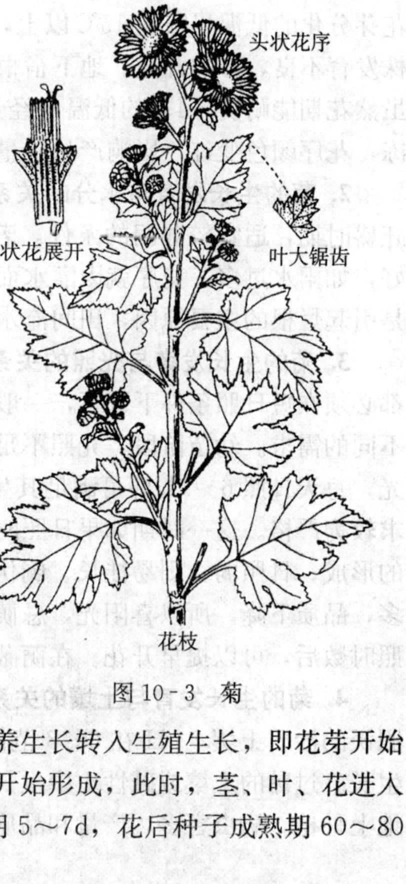

图 10-3　菊

三、菊的生物学特性

（一）菊的生长发育

菊在每年春季气温稳定在 10℃以上时，宿根隐芽开始萌发，在 25℃范围内，随温度的升高，生长速度加快，生长最适温度为 20～25℃。在日照短于 13.5 h，夜间温度降至 15℃，昼夜温差大于 10℃时，开始从营养生长转入生殖生长，即花芽开始分化。当日照短于 12.5h，夜间温度降到 10℃左右，花蕾开始形成，此时，茎、叶、花进入旺盛生长时期。9～10 月进入花期，花期 40～50d，朵花期 5～7d，花后种子成熟期 60～80

d，2～3 月份种子成熟。

种子无胚乳，寿命不长，通常 2～3 月采种后，3～5 月进行播种，其发芽率较高。自然条件下存放半年就会丧失发芽力。

菊营养繁殖能力较强，通常越冬后的菊，根际周围发出许多蘖芽，形成丛生小苗，分割后，形成独立个体；茎、叶再生能力强，扦插均可形成独立个体；菊的茎压条或嫁接，也能形成新的个体。

（二）菊的开花习性

菊头状花序由许多无柄的小花聚集而成，具体小花总数和组成因栽培类型或栽培条件不同而有很大的差异，一般由 200～400 朵小花组成，花序被总苞包围，这些小花着生在托盘上。外缘小花舌状，一般有 5～10 层，有 50～300 朵，雌性；中央的盘花管状，数量 5～200 朵，两性。从外到内逐层开放，每隔 1～2 d 开放 1 层，由于管状小花开放时雄蕊先熟，故不能自花授粉，杂交时也不用去雄。小花开放后 15 h 左右，雄蕊花粉最盛，花粉寿命为 1～2 d，雄蕊散粉后 2～3 d，雌蕊柱头开始展开，一般 9:00～10:00 开始展开，展开后 2～3 d 凋萎。

（三）菊的生长发育与环境条件的关系

1. 菊的生长发育与温度的关系 菊喜温暖，又耐寒冷。在 0～10℃下能生长，并且能忍受霜冻。最适生长温度为 20～25℃。在幼苗生育期间，分枝至孕蕾期要求较高的气温条件。花芽分化的低温界限在 15℃以上，温度升高也不会使花芽分化受到抑制。若气温过低，植株发育不良，影响开花。地下宿根能耐忍受－17℃的低温，但低于－23℃时，根会受冻害。虽然花期能耐受－4℃的低温，经受微霜，而不致受害，但在生产中发现，菊在花期如遇霜冻，花序颜色变红，影响产品质量，同时，也影响未开放的花序正常生长，影响产量。

2. 菊的生长发育与水分的关系 菊稍耐旱，但不耐涝。苗期至孕蕾前，是植株发育最旺盛时期，适宜较湿润的条件，若遇到干旱，发育慢，分枝少。花期则以较干燥的条件为好，如雨水过多，花序就因灌水而腐烂，造成减产。而长江流域夏季土壤水分过多或积水，是引起烂根的主要原因，田间淹水超过 2 d，即可造成菊花大部分烂根死亡。

3. 菊的生长发育与光照的关系 菊为短日喜光植物，从花芽分化到花蕾生长直至开花都必须在短日照条件下进行，一般要求每天光照 10 h。在菊的不同生育阶段，对光照时数有不同的需求。幼苗阶段，光照不足易造成弱苗。栽后至花芽分化前，一般不需要强烈的直射光，每天日照 6～9 h 即可满足其生长需求。进入花芽分化阶段，对日照时数与光照度的要求较为严格。这一时期如果日照时数过长，容易引起菊株无限伸长，阻碍花芽的分化和花蕾的形成；日照弱，则易徒长、倒伏，抗逆能力减弱，易发生病害，并造成花期推迟，泥花增多，品质下降。所以喜阳光，忌荫蔽，通风透光是菊高产的重要因素之一。人工遮光减少日照时数后，可以提早开花。在荫蔽条件下，植株生长发育差，分枝及花朵减少。

4. 菊的生长发育与土壤的关系 菊对土壤要求不严格，但宜种于阳光充足、排水良好、肥沃的沙质土壤，pH 在 6～8 范围内。菊花较为耐盐，土壤盐分含量在 0.15%以下能正常生长。过黏的土壤或碱性土中生长发育差。低洼积水地不宜栽培。忌连作，连年在同一块土地上种植，病虫害多，产量和品质大幅度下降。

四、菊的品种类型

菊因产地和品种不同，其商品名称也有所不同。调查发现，怀菊花、杭菊花等在花序大小、形态上均有变异发生，分为小白菊、大白菊、小黄菊等栽培类型。据初步统计，目前栽培品种至少有 20 多种，其产量及品质比较见表 10-6。

表 10-6 不同栽培类型药用菊花药材中绿原酸、总黄酮和总挥发油含量比较（$n=3$）

（引自徐文斌等，2005）

产地	栽培类型	绿原酸含量（g/kg）	总黄酮含量（%）	挥发油	
				含量（mL/kg）	颜色
浙江桐乡	早小洋菊	2.074 0±0.052 5	2.792 3±0.040 2	1.756 1±0.056 7	黄绿色
	晚小洋菊	4.163 5±0.029 1	2.070 0±0.076 4	1.349 9±0.056 3	浅黄绿色
	大洋菊	1.588 0±0.024 7	1.946 0±0.063 0	1.178 6±0.065 9	浅黄绿色
	异种大白菊	2.035 9±0.026 4	3.230 7±0.024 5	0.328 9±0.067 0	绿色
	小汤黄	1.847 9±0.008 8	1.888 3±0.092 2	1.186 3±0.056 5	金黄色
安徽歙县	早贡菊	5.937 9±0.017 0	3.380 0±0.069 1	1.135 5±0.085 3	黄色
	晚贡菊	6.294 9±0.023 7	3.519 0±0.091 0	1.416 5±0.032 3	浅黄色
	黄药菊	3.633 3±0.017 0	3.066 7±0.096 4	4.162 8±0.137 2	黄色
安徽全椒	滁菊	4.172 7±0.105 4	4.189 7±0.013 6	3.827 3±0.147 4	绿色
安徽亳州	小亳菊	1.530 6±0.007 2	1.317 3±0.025 5	3.403 9±0.087 6	深绿色
	大亳菊	5.711 4±0.041 4	4.696 0±0.051 3	1.110 2±0.086 2	棕黄色
河南武陟	怀小白菊	3.401 7±0.060 7	3.219 7±0.068 8	4.239 4±0.034 8	深蓝色
	怀小黄菊	5.365 4±0.009 0	3.081 0±0.187 1	2.949 7±0.069 0	蓝色
山东嘉祥	济菊	2.217 1±0.054 8	2.764 3±0.090 2	10.088 8±0.872 3	深蓝色
河北安国	祁菊	4.032 5±0.038 9	3.710 7±0.180 9	3.841 1±0.085 5	蓝色
江苏射阳	小白菊	1.915 6±0.023 0	2.625 7±0.110 7	1.178 5±0.033 5	棕黄色
	红心菊	2.968 7±0.055 1	2.605 7±0.211 5	1.158 4±0.087 0	金黄色
	大白菊	2.992 7±0.113 8	3.811 7±0.014 4	1.102 2±0.118 7	蓝绿色
	长瓣菊	2.533 4±0.035 3	3.275 7±0.080 8	1.213 9±0.086 9	蓝绿色
	黄菊	3.706 1±0.055 3	2.940 3±0.106 6	0.778 1±0.089 1	黄色

五、菊的栽培技术

（一）选地与整地

菊对土壤要求不严，一般排水良好的农田均可栽培，以肥沃疏松、排水良好的壤土、沙质壤土 、黏壤土为好。菊连作病害较重，生产上多与其他作物轮作，前作以小麦、水稻、油菜和蚕豆等作物为好 。如选冬闲地栽培菊，冬前应进行耕翻，耕深在 20 cm 以上，保证立垡过冬。

前作收获后，土壤要耕翻1次，耕翻深度为20～25cm，结合耕翻，施入基肥，施厩肥或堆肥30 000～37 500kg/hm²，并加过磷酸钙300kg/hm²做基肥。研究表明，在祁菊栽培过程中，随着底肥施用量的逐渐增加，产量表现为先升后降，同时氮、磷、钾肥三者的比例也是影响单株菊生产能力的因素，见图10-4。有条件的地区，栽培前再锄一遍，破碎土块，整平耙细。南方栽培要做高畦，并按南北向做成高30cm、宽2m左右的宽畦，沟深为20cm。整个田块沟系要求做到三沟配套，即应有畦沟、腰沟和田头沟，保证地下水位离畦面0.6m以下。北方要做平畦，畦宽为1.2～1.5m，畦间距为30cm左右，沟深为20cm。

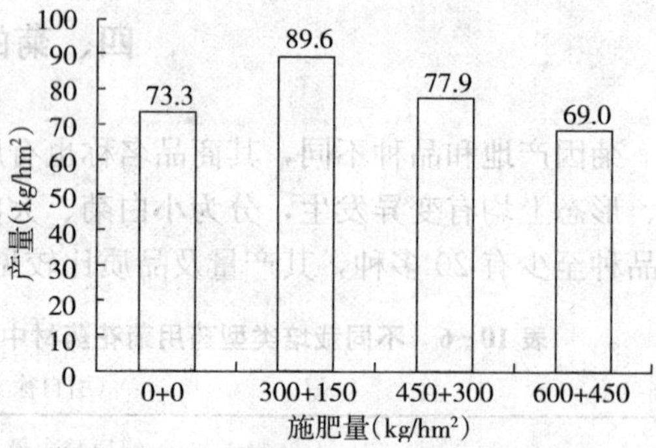

图10-4 不同施肥量的祁菊花产量比较

（肥料为磷酸二铵和硫磷酸钾）

（引自杨太新等，2005）

（二）繁殖方法

在生产中，菊繁殖方法主要有分根（也叫做分株）繁殖和扦插繁殖。

1. 分根繁殖 分株繁殖根系不太发达，易早衰，进入花期时，叶片大半枯萎，对开花有一定影响，花少而小，还易引起品种退化。此种繁殖方法多用于远距离引种。育苗田与生产田的比例为1∶10～20。

分根繁殖有2种做法。一种是在菊花收获后，将选好的菊留种田的种根上用肥料盖好，以保暖过冬，利于壮苗。到翌年4月下旬至5月上旬，发出新芽时，便可进行分株移栽。分株时，将菊全棵挖出，轻轻抖落泥土，将菊苗分开。每株苗应带有白根，将过长的根以及苗的顶端切掉，根保留6～7cm长，地上部保留15cm长左右。按穴距40cm×30cm挖穴，每穴栽1～2株。

另一种分根繁殖方法是菊花收获后，挖出部分根，放在一处或放在沟内摆开，上盖细土6cm，以保护过冬。翌春4月上旬后取出，按行株距40cm×30cm栽种。

2. 扦插繁殖 扦插繁殖的根系发达，生命力强，生长期长，进入花期后，叶片枯萎较少，开花大而多。扦插时间根据品种特性和各地的气候条件确定。当留种田菊苗高20cm以上时即可进行扦插。一般在3月下旬至4月上旬，日平均地温在10℃以上时进行。

（1）**插条准备** 菊收获后，选择植株健壮、发育良好、无病虫害的田块，作为留种田，用肥土覆盖上面，以防冻害。第二年，从越冬宿根发出的新苗中剪取粗壮、无病虫害的枝条作为插条，插条长为10～15cm，随剪随扦插。

（2）**苗床准备** 苗床地应平坦，适温15～18℃，土壤不宜过干或过湿。

（3）**扦插** 扦插时，先将插条下端5～7cm内的叶片全部摘去，上部叶片保留，将插条插入土中2/3，行株距为10cm×5cm。每天浇水1次，保持土壤湿润，有条件的采用遮阴措施。约20d生根。

（4）**苗期管理** 当苗龄40d左右时，应移栽到大田。产区多在5月下旬至6月上旬移栽。亳菊于5月下旬至7月下旬移栽。采用两次扦插时，于7月上中旬移栽最适宜，但移栽过晚对菊花的产量影响很大，因生育期太短，寒潮较早的年份，采收时往往花蕾尚未开放。

移栽前一天，要先将苗床浇透水。由于大田栽培时，带土移栽困难较大，目前，许多产区采用将扦插苗基部蘸泥浆，进行移栽，效果较好。栽植时按 30 cm×30 cm 穴距开穴，穴深为 10～17 cm，每穴栽 1 株，栽后覆土浇水。

（三）田间管理

1. 中耕除草 菊移栽后经 7～10 d 的缓苗期，要及时中耕除草，中耕不宜过深，只宜浅松表土 3～5 cm，使表土干松，底下稍湿润，促使根向下扎，并控制水肥，使地上部生长缓慢，俗称蹲苗，有利于菊苗生长。否则，若生长过于茂盛，伏天通风透光不良，易发生叶枯病。一般中耕 2～3 次，第一次在移植后 10 d 左右；第二次在 7 月下旬；第三次在 9 月上旬。入伏后，根部已发达，宜浅锄，以免伤根，清除杂草即可。此外，每次大雨后，为防止土壤板结，可适当进行一次浅中耕。封行后停止中耕。

2. 排水与灌水 菊喜湿润、怕涝，春季要少浇水，防止幼苗徒长。6 月下旬以后若遇天旱，要浇水，特别在孕蕾期（9 月下旬）前后，要保持土壤湿润。菊浇水一般采用沟灌，防止田间长时间积水。追肥以后也要及时浇水。夏季大雨后，要注意排水，防止烂根。

3. 打顶 打顶是菊花的一项重要管理措施，可以抑制植株徒长，使主茎粗壮，减少倒伏；打顶还可以增加分枝，从而增加花蕾数目，提高花的产量。在菊生长期中，一般要打顶 3 次，宜在晴天进行。第一次打顶在移栽前或移栽时进行；第二次于 7 月上，中旬，植株抽出 3～4 个 30 cm 左右长的新枝时，打去分枝顶梢；第三次打顶在 8 月上旬进行。打顶不宜过迟，否则影响菊花产量。打顶宜在晴天植株上露水干后进行。此外，还要摘除徒长枝条。每次打顶或摘除的菊头应集中后带到田外处理。

4. 追肥 菊根系发达，需肥量大，产区一般追肥 3 次。栽植时施入农家肥 22 500～30 000 kg/hm^2、复合肥 50 kg/hm^2 做基肥。第二次追肥打顶时进行，施硫酸铵 10 kg/hm^2，结合培土。第三次追肥在花蕾形成时，施入硫酸铵或尿素 150 kg/hm^2，促使结大花蕾，多开大花，提高产量和品质。施肥时不要将肥洒在植株茎叶上，以免灼伤。

5. 培土 可结合中耕除草进行培土，培土可保持土壤水分，增强抗旱能力。同时可增强根系，防止倒伏。在菊生长过程中，一般在第一次打顶后，结合中耕除草，在根际培土 15～18 cm，促使植株多生根，抗倒伏。

（四）病虫害防治

菊主要病害有斑枯病（又名叶枯病、黑斑病、褐斑病）（*Septoria chrysanthemella* Sacc.）、枯萎病［*Fusarium solani*（Mart.）App. et Wollenw.］和霜霉病（*Peronospora danica* Goumann）等 10 余种病害。防治方法：选择无病植株留种；轮作，前茬以禾本科作物为好；及时清除并集中烧毁病残体，在最后一次采摘菊花之后割去植株地上部分，彻底清除并集中烧毁地面病残体、落叶，减少越冬菌源及翌年田间病害初侵染源；合理密植，确保株间通风透光。植株发病前喷 1∶1∶100 波尔多液、50%多菌灵 1 000 倍液、40%甲基托布津 800 倍液等防治。

菊虫害主要有菊天牛（*Phytoecia rufiventris* Gautier）、菊蚜（*Pyrethromyzus sanborni*

Gilletti）和棉蚜（*Aphis gossypii* Gautier）等。防治方法：清理田园，减少越冬虫源，加强田间管理。使用腐熟的肥料，不选用有害虫危害的枝条或种根育苗移栽。药剂喷杀，可喷 90%敌百虫 1 000 倍液或 40%乐果乳油 1 000 倍液，每 7～10 d 喷 1 次，连喷 2 次即可。

六、菊的采收与加工

（一）留种

菊靠宿根繁殖，必须留好种根，选无病虫危害或危害轻的田块留种。当菊花收完后，及时割除地上部分，清除杂草后即在根部覆杂肥，培土防冻促使翌年春季发苗多而粗壮。如需调入种苗，应在菊花采收后调入老根。种根运到后立即栽种，翌春可发出新苗，继续繁殖。

（二）采花

由于产地及品种不同，花蕾形成及开花各有先后，采收时期略有差异，但不论什么地区、什么品种，依其商品规格，均应分期采收。采花应在花瓣平直、花心散开 1/3、花色洁白时进行。不要采露水花，以防腐烂。一般可分 3 次采收，安徽地区 10 月下旬起采收，浙江地区在 11 月上旬采摘，约占产量 50%；二花须隔 5 d 后采摘，约占产量的 30%；三花在第二次采收后 7 d 采摘，约占产量的 20%。在采收中，如果天气变化很大，有早霜时，应争取多采收二花，少采三花，这样可以减少损失、提高品质。采花要边采收边分级，鲜花不堆放，应置通风处摊开，并及时加工。

（三）加工

商品菊花有亳菊、滁菊、杭菊、怀菊和黄菊之分。不同商品规格，其加工工艺有差异。

1. 杭菊和黄菊的加工

（1）**工艺流程** 杭菊和黄菊的工艺流程为：鲜花→选花晾晒→蒸花→晒干。

（2）**技术要点**

①选花晾晒：选花时要剔除烂花，摊在帘子上，晾晒半天至 1 天，这样可以减少花中水分，蒸花时容易蒸透，蒸后易于晒干。

②蒸花：将鲜花松散地摆在蒸笼里，厚度为 3～4 朵花，不要过厚，以免影响花色，为了美观，上层和下层菊花摆放时，花心向外。将蒸锅水烧开，然后将蒸笼置锅上蒸 4～5 min，以舌状花瓣平伏，呈饼状即可。若蒸的时间过长，花熟过头，就成湿腐状，不易晒干，而且花色发黄；若时间过短，则出现生花，刚出笼时花瓣不贴伏，颜色灰白，晾晒时成红褐色，影响质量。蒸花时锅内要及时添水，并要常换水，保持清洁。蒸锅水不要过多或过少。水过少，蒸汽不足，蒸花时间长，花色差；水过多，沸水易溅着花，成汤花，质量不好。要保持火力均匀，使笼内温度恒定。

③晒干：将蒸好的花置晒具上晾晒 2～3 d 后，花六七成干时，轻轻翻动一次，再晒 2～3 d，晒至全干。此时花心完全发硬。花未晒干时，切忌手捏、叠压和卷拢，以免影响花展平，影响质量。晒花要在清洁的场地上晾晒，以保持清洁卫生。

2. 亳菊和滁菊的加工

（1）***工艺流程***　亳菊和滁菊的加工工艺流程为：鲜花→选花→阴干或晾晒→熏花→晒花。

（2）***技术要点***　选花同杭菊和黄菊所述。亳菊应阴干，将花摊在帘子上置通风干燥的空房中阴干，也可将菊花枝一把一把捆好，倒挂在屋檐及廊下通风处阴干，干透即可。滁菊应摊晾，将鲜花薄薄地摊在花帘上晾干。

传统的加工方法是花干燥后用硫黄熏花，既防虫蛀，又能使花色鲜白。熏花时间的长短及硫黄用量多少与熏房的大小、花的多少及花色的深浅程度等因素有关，应灵活运用。熏花时，硫黄用量，每15kg花用硫黄1kg为宜，亳菊熏24～36h。熏蒸亳菊时，一般熏6h，再闷1～2h。

将熏白的花薄薄地摊在晒具上晾晒，并应每天轻轻翻动1～2次。亳菊1～2d就可晒干，滁菊6～7d可晒干。

干燥头状花序，外层为舌状花，呈扁平花瓣状，中心由多数管状花聚合而成，基部有总苞，系由3～4层苞片组成。气清香，味淡微苦，花朵完整，颜色鲜艳，无杂质者为佳。

3. 贡菊的加工　将采回的菊花，置烘房内烘焙干燥。以木炭或无烟煤在无烟的状态下进行，烘房内温度控制在45～50℃，烘至九成干时，温度降至30～40℃，当花色呈象牙白时，从烘房移出，再阴干至全干。

4. 怀菊的加工　将采回的菊花置搭好的架子上经1～2个月阴干下架，下架时轻拿轻放，防止散花。将收起的菊花，用清水喷洒均匀，每100kg用水3～4kg，使花湿润，用2kg硫黄熏8h左右，花色洁白即可。

近年来，各菊花产区除采用传统加工技术外，还采用了烘房、干燥机械加工菊花，取得较好效果，避免了采收季节阴雨天气对菊花加工的影响，产品质量好。也有采用微波干燥技术，加工的产品质量好，但设备投入大、耗电量高。

菊花以朵大，花洁白或鲜黄，花瓣肥厚或瓣多而紧密，气清香为优。

复习思考题

1. 叙述菊花常见的病害及其防治方法。
2. 比较不同产地品种的菊花的加工方法。

主要参考文献

梁迎暖，郭巧生，张重义，等．2007. 不同加工方法对怀菊花品质的影响［J］．中国中药杂志，32（21）：2314-2316.

徐文斌，郭巧生，张重义，等．2005. 药用菊花不同栽培类型内在质量的比较研究［J］．中国中药杂志，30（21）：1645-1648.

杨太新，欧阳云燕，郭玉海，等．2005. 栽培技术对道地药材祁菊花产量和黄酮含量的影响［J］．中国中药杂志，30（18）：1420-1423.

第四节　忍冬（金银花）

一、金银花概述

金银花原植物为忍冬科植物忍冬，以花蕾或带初开的花入药，花蕾生药称为金银花（双花）（Lonicerae Japonicae Flos）；藤也可入药，生药称为忍冬藤（Lonicerae Japonicae Caulis）。金银花和藤中抗菌有效成分以氯原酸和异氯原酸为主，药理试验表明对多种细菌有抑制作用。金银花有清热解毒、疏散风热的功能，用于痈肿疔疮、喉痹、丹毒、热毒血痢、风热感冒、温病发热。忍冬藤有清热解毒、疏风通络的功能，用于温病发热、热毒血痢、痈肿疮疡、风湿热痹、关节红肿热痛。全国大部分地区均产，栽培历史有200年以上，其中以河南省新密市的密银花及山东省平邑和费县的东银花最著名。同属植物灰毡毛红忍冬（*Lonicera macranthoides* Hand.-Mazz.）、红腺忍冬（*Lonicera hypoglauca* Miq.）或黄褐毛忍冬（*Lonicera fulvotomentosa* Hsu et S.C. Cheng）的花蕾或带初开的花入药称为山银花（Lonicerae Flos），药典中另有专条。

二、忍冬的植物学特征

忍冬（*Lonicera japonica* Thunb.）为多年生半常绿缠绕灌木，高达9m，茎中空，幼枝密生短柔毛。叶对生；叶柄长4～10mm，密被短柔毛；叶片卵圆形，或长卵形，长2.5～8cm，宽1～5.5cm，先端短尖，罕钝圆，基部圆形或近于心形，全缘，两面和边缘均被短柔毛。花成对腋生；花梗密被短柔毛；苞片2枚，叶状，广卵形，长约1mm；花萼短小，5裂，裂片三角形，先端急尖；合瓣花冠左右对称，长达5cm，唇形，上唇4浅裂，花冠筒细长，均与唇部等长，外面被短柔毛，花初开时为白色，2～3d后其变金黄色；雄蕊5，着生在花冠管口附近；子房下位，花柱细长，和雄蕊皆伸出花冠外。浆果球形，直径约6mm，熟时黑色（图10-5）。花期5～7月，果期7～10月。

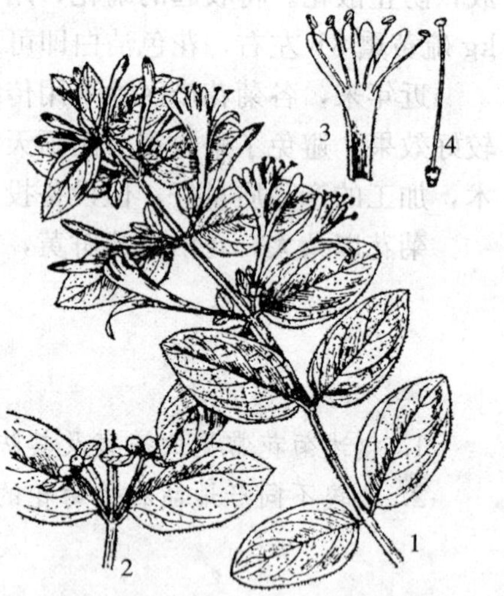

图10-5　忍　冬

1. 花枝　2. 果枝　3. 花冠纵剖　4. 雌蕊

三、忍冬的生物学特性

（一）忍冬的生长发育

忍冬根系发达，生根力强。插枝和下垂触地枝，也很易生根。十年生植株，根冠直径可达300～500cm，根深150～200cm，主要根系分布在10～50cm的表土层。根以4月上旬至8月下旬生长最快。

忍冬枝条萌芽力、成枝力强，春季芽萌发数最多。五年生花墩一般有200个枝条，在修剪中应多疏少截，防止冠内郁闭。一年生和二年生枝条扦插成活率高，发育快，一般三年生以上开花。三年生以上枝条扦插成活率低，发育缓慢，一般2～3年就可开花。忍冬盛花期为5～20年，老花墩寿命大约可达30年，管理好的忍冬寿命可达40年。

在自然条件下，忍冬常攀附于其他植物或物体上，人工栽培时多通过修剪使其直立生长成为墩状，具有每年数次开花的习性。但只有当年新生枝条才能分化花芽，属于多级枝先后多次分化花芽的类型。

忍冬的生长发育可分为以下3个阶段。

1. 萌动展叶期 山东产区3月萌动，4月展叶萌发新枝。

2. 孕蕾开花期 5月初现蕾，15d后开花，始花后4～6d是盛花期，此时花的数量占总量2/3。5月下旬采头茬花，此茬花产量占全年90%左右。以后隔月采1茬花，1年采3～4茬花，头茬花后所采的花均称为二茬花，二茬花仅占总量的10%。花多在16:00～17:00开放。

3. 生长停滞期 11月上中旬，霜降后，部分叶片枯落进入越冬阶段。

（二）忍冬生长发育与环境条件的关系

忍冬是适应性较强的植物，农谚说："涝死庄稼旱死草，冻死石榴晒伤瓜，不会影响金银花。"这非常形象地说明了金银花（忍冬）顽强的生命力。忍冬分布广，北起辽宁，南至广东，东从山东半岛，西到青藏高原均有分布。

1. 忍冬生长发育与温度的关系 忍冬喜温暖湿润的气候，夏季20～30℃时新稍生长最快。忍冬耐寒，在山东产区，只要背风向阳，枝叶隆冬不凋，晚秋萌发的芽可抗寒越冬，来年继续生长。

2. 忍冬生长发育与水分的关系 忍冬耐旱，耐涝。喜湿润，但土壤湿度过大，会影响生长，叶易发黄脱落。

3. 忍冬生长发育与光照的关系 忍冬喜光，光照不足会影响植株的光合作用，枝嫩细长，叶小，缠绕性更强，花蕾分化减少。因此忍冬不宜和林木间作。花多着生于新生枝条上，且枝叶茂盛，易造成郁闭，栽培上必须通过整形修剪等管理才能获得高产。

4. 忍冬生长发育与土壤的关系 忍冬对土壤要求不严，但以土质疏松、肥沃、排水良好的沙质壤土为好。忍冬能耐盐碱，适宜偏碱性土壤。

四、忍冬的品种类型

（一）农家品种

目前，山东省平邑县栽培的忍冬基本上有2个主要的农家品种："大毛花"和"鸡爪花"，在山东金银花产区栽培，产量高、质量好。

1. "大毛花" 该品种生长旺盛，墩形大而松散，发枝壮旺，枝条较长，容易相互缠绕，枝条顶端不着生花蕾，茎节长4～10cm；叶片肥大，椭圆形，先端钝圆，具长柔毛。开花期较晚，花蕾肥大，花蕾平均长4.3cm，千蕾鲜重120g。根系发达，抗干旱，耐瘠薄，适于山地栽培。

另外，还有“大麻叶”、“鹅翎筒”、“对花子”、“叶里藏”和“叶里齐”等品种，它们的枝、叶、花虽各有小异，但花枝顶端均不着生花蕾，均属“大毛花”系。2004 年，由山东省平邑县九间棚农业科技园有限公司和中国科学院植物研究所联合培育的“九丰 1 号”，是“大毛花”的四倍体品种。2005 年，该品种通过了山东省林木品种审定委员会的审定。该品种耐旱、耐寒、耐瘠薄，抗逆性和适应性强。

2. “鸡爪花” “鸡爪花”包括“大鸡爪花”和“小鸡爪花”。

（1）**“大鸡爪花”** 此品种墩形紧凑，发枝多，枝条粗短直立，节间长 2.5～7 cm；叶较小，长椭圆形，先端稍尖，柔毛稀短；花蕾较短小，平均长 4.1 cm，千蕾鲜重 107 g；现蕾早，花蕾簇生于花枝顶端，呈鸡爪状。该品种喜肥水，丰产性较好，适于平地密植栽培。

（2）**“小鸡爪花”** 此品种枝条细弱成簇，叶片密而小，长势弱，墩形小；开花早，花较小，花蕾细小弯曲，花枝丛生于母枝上端，便于采集；节间短，拖秧少，适合密植。

（二）推广品种

山东金银花按枝型可长枝型和短枝型。其中长枝型品种有“蒙花 1 号”、“小毛花”、“线花子”、“大针花”和“秧花”等；短枝型鸡爪系列品种有“蒙花 2 号”、“小鸡爪花”、“叶里藏”和“叶里齐”等。目前，平邑县在生产上推广的优良丰产品种主要有长枝型的“蒙花 1 号”、短枝型的“蒙花 2 号”和高秆品种“蒙花 3 号”。

1. “蒙花 1 号” 该品种生长旺盛，枝条长而粗壮，易拖秧；枝蔓大部分斜向水平生长，墩形矮大松散，花枝顶端不生花蕾，节间长 3.5～11.5 cm；叶长肥大，椭圆形，叶钝，深绿色，平均单叶面积 8.62 cm^2；全身密被长毛；花蕾呈棒状，着生于母枝中下端。根系发达，抗寒抗旱、耐瘠薄，适宜于山岭薄地、河坝沙滩等地栽培。

2. “蒙花 2 号” 该品种枝条粗短直立，发枝多，拖秧短；叶长卵形，头部稍尖，棕绿色；花蕾呈棒状，绿白或黄白色，花多而含苞期长。墩形紧凑，有效枝多，花蕾集中，直至花枝顶端，便于采摘。花枝丛生于母枝上端，状如鸡爪，现蕾比“蒙花一号”早，丰产性能好。该品种根系发达，抗旱耐涝，抗寒耐高温，适于密植。

3. “蒙花 3 号” 该品种秆性较强，易培养成高秆型，所以也叫做高秆银花。为便于采摘，主干高度可控制在 1.3 m，冠幅控制在 1.5 m 左右。枝条节间短粗壮，发枝多，在枝条向前延伸的同时，后部腋芽易发枝；成熟枝紫绿色，有糙毛；叶卵形，有糙毛；花多且含苞期长，易采摘。由于易发多次枝，花期可延续到 10 月份，产量高。该品种适宜在较肥沃的大田栽植。

河南忍冬栽培品种分“小白花”与“毛花”2 个品种，“小白花”含水分少且品质好。

五、忍冬的栽培技术

（一）选地整地

1. 育苗地的选择 忍冬育苗，宜选择地势平坦，便于排灌，耕作层深厚，较肥沃的沙壤土或壤土，pH 稍低于 7.5 为好。深翻后，做成宽 1 m 的平畦。

2. 栽培田的选择 可利用荒山、路边等进行栽培忍冬，以地势平坦、土层深厚、肥沃、排水良好的沙壤土为好。深翻土地，施足基肥。然后做成高畦。

（二）繁殖方法

忍冬的繁殖以扦插繁殖为主，亦可种子繁殖和分根繁殖、压条繁殖。

1. 扦插繁殖

（1）**扦插时期**　一般在雨季进行扦插，春、夏、秋均可。春季宜在新芽萌发前扦插，秋季于9月初至10月中旬扦插。长江以南宜在夏季6～7月高温多湿的梅雨季节进行。

（2）**插条的选择与处理**　选择生长健壮、无病虫危害的一年生和二年生枝条，截成30 cm左右，摘去下部叶片作为插条，每根至少具3个节位，上部留2～4片叶，将下端近节处削成平滑斜面。每50根扎成1小捆，用500 mg/L吲哚丁酸（IBA）溶液快速浸蘸下斜面5～10 s，稍晾干后立即进行扦插。

（3）**扦插方法**　大田直接扦插繁殖，是在整好的土地上，按行株距165 cm×150 cm挖穴，穴径和深度均为40 cm，挖松底土，每穴施入腐熟厩肥或堆肥5 kg，每穴插入3～5根。入土深度为插条的1/3～1/2，地上露出7～10 cm。栽后填土压实，浇1次透水，保持土壤湿润，15 d左右即可生根发芽。

扦插育苗是在插床上按行距15～20 cm、株距3～5 cm扦插，将插条1/3～1/2斜插入土壤中，浇1次水。若早春低温时则要搭棚保温保湿。生根发芽后，随即拆棚，进行苗期管理。春插的于当年冬季或翌年春季出土定植；夏、秋扦插的于翌年春季移栽。移栽时可按大田直接扦插法进行，也可按行株距120 cm×120 cm挖穴，穴深和穴径均为30 cm，每穴3株呈品字形栽种。成活后，通过整形修剪，培育成直立单株的矮小灌木。

2. 种子繁殖　忍冬种子繁殖多在育种时采用。

霜降前后，当忍冬浆果变黑时采收，及时放到水中搓洗，去净果肉和秕粒，取成熟种子晾干备用。储藏方法有干藏法和沙藏法。干藏法适于冬播种子的储藏。沙藏法适于春播种子的储藏，种子露白即可播种。

冬播应在土壤封冻之前进行，春播多在3月中旬进行。早春播种后覆盖地膜，效果较好。冬播的优点是发芽早，扎根深，幼苗抗旱力强，生长旺盛。整畦后放水浇透待表土稍松干时，按行距20～22 cm开沟，将种子均匀撒在沟里，覆细土1 cm。播种后，保持地面湿润，畦面上可盖一层草帘，每隔2 d喷1次水，约10 d即可出土。秋后或第二年春季移栽，用种量约为15 kg/hm^2。未经沙藏的种子可在3月上旬将其放入35～40 ℃的温水中浸泡24 h，捞出拌入2～3倍的湿沙，覆塑料薄膜置温暖处催芽。待种子裂口达50%即可播种。但出芽率比沙藏法要低20%～30%。

出苗30%左右即要揭开草帘等覆盖物。齐苗后应间苗，每公顷苗数保持225万～240万株即可。此期还应经常除草、松土、浇水。并根据生长情况进行追肥。每次施尿素112.5～150 kg/hm^2。一般追肥2～3次即可。待苗高15～20 cm时，应及时摘心，以促发新枝。如此再连续2～3次。到7月份，每株就有4～8个分枝。雨季及时移栽。

（三）田间管理

1. 中耕除草　每年中耕除草3～4次，第一次在春季萌发出新芽时；第二次在6月；第三次在7～8月；第四次在秋末冬初进行，结合中耕除草进行根际培土，以利越冬。中耕时，在植株根际周围宜浅，远处可稍深，避免伤根，否则影响植株根系的生长。

2. 追肥 每年早春萌芽和第一批花蕾收获后，开环沟施厩肥、化肥等。在入冬前最后1次除草后，施腐熟的有机肥或堆肥（饼肥）于花墩基部，然后培土。产区试验，对三年生以上的花墩，于清明前后每墩追施尿素100g，立夏前后每墩追施磷酸二铵50g，产量可提高50%～60%，增产效果显著。

忍冬的萌芽力和成枝力强，枝叶生长量大，营养生长往往过于旺盛，第一茬花期，长于60cm的长花枝占到总枝量的50%左右，即使到了第三茬花期，长枝的比例仍然占到20%左右。这些长枝节间较长，容易缠绕，造成枝叶发育不良，给花蕾采摘带来困难。为解决这一问题，徐迎春等（2002年）采用较低浓度（10～30mg/kg）多效唑（PP_{333}）处理，发现可以有效控制忍冬的枝条旺长，减少长花枝的比例，缩短长枝的节间长度，并有增产和提高花蕾绿原酸含量的效果。

3. 整形修剪 忍冬是一种喜光的多年生植物，生长旺盛期，只有加强管理，使枝条疏密合理，才能达到高产、稳产的目的。

（1）*墩形* 产区认为，忍冬丰产墩形主要有自然圆头形和伞形2种。但这两种墩形及留枝数量仅是一个理想的丰产结构，在实际修剪中可灵活掌握，不能生搬硬套。

①自然圆头形：主干1个，高20cm左右，一级骨干枝2～3个，二级骨干枝7～11个，三级骨干枝18～25个，开花母枝80～100个。枝条自然、均匀地分布在主干上，无一定格局，以通风透光为原则，墩高1～1.2m，冠径0.8～1m。其优点是，空间利用率高，通风透光，病虫害少，丰产性能好，适于密植；缺点是整形难，开花晚。

②伞形：主干3个，高15～20cm，一级骨干枝6～7个，二级骨干枝12～15个，三级骨干枝20～30个，开花母枝80～120个。枝条上下、左右均匀排列，以充分利用光能为原则，墩高0.8～1m，冠径1.2～1.4m，上大下小像一把伞。优点是成形早，收效快。缺点是花秧易着地，常有捂秧现象。

（2）*修剪时期与方法* 分两个时期进行，一是休眠期的修剪，从12月至翌年3月均可进行；二是生长期修剪，从5～8月中旬均可进行。

①幼龄墩的修剪方法：一年生至五年生幼龄墩的修剪主要是以整形为主，开花为辅。重点培养好一级骨干枝、二级骨干枝和三级骨干枝，培育成牢固的骨干架，为以后丰产打下基础。第一年冬季，根据选好的墩形，选出健壮的枝条，自然圆头形留1个，伞形留3个，每个枝留3～5节剪去上部，其他枝条全部剪去。在以后的管理中，经常注意把根部生出的枝条及时去掉，以防分蘖过多，影响主干的生长。第二年冬季，此期修剪的任务主要是培养一级骨干枝。自然圆头形在主干枝上选留2～3个，伞形选留6～7个新枝做一级骨干枝，每个枝条留3～5节剪去上部。选留标准是枝条基部直径0.5cm以上，角度30°～40°，分布均匀，错落着生，其他枝条一律去掉。第三年冬季，主要任务是选留二级骨干枝，更好地利用空间。忍冬枝条基部的芽饱满，抽生的枝条健壮，可利用其调整更换二级骨干枝的角度，延伸方向。自然圆头形留7～11个，伞形选留12～15个，留3～5节剪去梢上部，作为二级骨干枝，方法、标准同一级骨干枝，其余全部去掉。第四年冬季，一是选留三级骨干枝，二是利用新生枝条调整二级骨干枝。自然圆头形留18～25个，伞形留20～30个，作为三级骨干枝。方法、标准同一级骨干枝。第五年冬季，骨干架已基本形成，修剪的目的是提高花蕾产

量。一是选留足够的开花母枝，二是利用新生枝条调整骨干枝的角度、方向，分清有效枝和无效枝，去弱留强。选留的开花母枝2～3个，每个三级骨干枝最多留4～5个，全墩留80～120个，母枝间距离8～10 cm，不能过密，对开花母枝仍留2～5节剪去上部，其他全部疏除。

②成龄墩的修剪方法：5年以后，忍冬进入开花盛期，整形已基本完成，转向丰产稳产阶段。这时的修剪主要选留健壮的开花母枝，80%来源于一次枝，20%来源于二次枝，开花母枝需年年更新，越健壮越好。其次是调整更新二级骨干枝和三级骨干枝，去弱留强，复壮墩势。修剪步骤为，先下后上，先里后外，先大枝后小枝，先疏枝后短截。疏除交叉枝、下垂枝、枯弱枝、病虫枝及全部无效枝。留下的开花母枝短截，旺者轻截留4～5节，中者重截留2～3节。枝枝都截，分布均匀，布局合理，枝间距仍保持在8～10 cm。土地肥沃、水肥条件好的可轻截，反之重截。一般墩势健壮的可留80～100个开花母枝，每墩可产干花约0.5 kg，每公顷产量达1 650～2 250 kg。

20年以后的忍冬，修剪除留下足够的开花母枝外，主要是进行骨干枝更新复壮，多生新枝，保持产量。其方法是疏截并重，抑前促后。

③生长期修剪的方法：由于金银花自然更新能力很强，新生分枝多，已结过花的枝条当年虽能继续生长，但不再开花，只有在原开花母枝上萌发的新梢，才能再开花结果，因此生长期修剪是在每次采花后进行，剪去枝条顶端，使侧芽很快萌发成新的枝条，促进形成多茬花，提高产量。第一次剪春梢在5月下旬（头茬花后）；第二次剪夏梢在7月中旬（二茬花后）；第三次剪秋梢在8月中旬。要求疏去全部无效枝，壮枝留4～5节，中等枝留2～3节短截，枝间距仍保持8～10 cm。

山东平邑县试验，经1次冬剪和3次生长期剪枝后，平均每墩鲜花总产969.25 g，不剪的平均每墩鲜花总产684.58 g，修剪的增产率为41.58%。

4. 越冬保护 在北方寒冷地区种植忍冬，要保护老枝条越冬。老枝条若被冻死，次年重新发枝，开花少，产量低。

5. 排水与灌溉 花期若遇干旱或雨水过多时，均会造成大量落花、沤花、幼花破裂等现象。因此，要及时做好灌溉和排涝工作。

6. 病虫害防治 忍冬主要病害为褐斑病（*Cercospora rhamni* Fuck.）、白粉病（*Microsphaera lonicerae*）。防治方法：清除病枝落叶，减少病菌来源；加强栽培管理，增施有机肥，增强抗病力。对于褐斑病可用30%井冈霉素50 mg/L或1∶1.5∶200波尔多液在发病初期喷雾，7～10 d喷1次，连续2～3次。对于白粉病可用50%胶体硫100 g，加90%敌百虫100 g，加50%乐果15 g，兑水20 kg进行喷雾，还可兼治蚜虫。白粉病发病严重时可喷25%粉锈宁1 500倍液或50%甲基托布津1 000倍液，7 d喷1次，连喷3～4次。

忍冬主要虫害有咖啡虎天牛（*Xylotrechus grayii* White）、中华忍冬圆尾蚜（*Amphicercidus sinilonicericola* Zhang）、胡萝卜微管蚜（*Semiaphis heraclei* Takahashi）、豹纹木蠹蛾（*Zeuzera* sp.）和金银花尺蠖（*Heterolocha jinyinhuaphaga* Chu）等。防治方法：用80%晶体敌百虫1 000倍液或40%乐果乳油1 000～1 500倍液喷雾，或利用灯光诱杀、机械捕捉等措施防除。

六、忍冬的采收与加工

(一) 采收

1. 采收次数 适时采摘是提高忍冬产量和质量的关键。栽后第二年开始采花，在管理粗放或高海拔、温度偏低的山区，1年仅收1茬或2茬花；在光热水肥条件优越、管理精细、夏剪摘心打顶适时、生长势好的情况下，1年可采收3茬或4茬。采摘期一直延续到10月，头茬花的集中采摘期一般在4月上中旬至5月中下旬，以后每隔30～40 d采收1茬花。

2. 采收标准 必须在花蕾尚未开放之前采收。当花蕾由绿变白、上白下青绿、上部膨大时，采摘的花蕾称为二白针；花蕾完全变白色时采摘的花蕾称大白针。二白针绿原酸含量最高。

3. 采收时间 一天之内，以9：00左右采摘的花蕾质量最好，16：00～17：00花蕾开放，影响质量。但也不能过早采摘，否则花蕾嫩小且呈青绿色，产量低，质量差。

4. 采收方法 金银花开放时间集中，花期（即从孕蕾到开放凋谢的时期）为10～15d。当花期达到二白期，即花蕾淡绿色、逐渐转白色、长为3～5 cm时采收为最佳，先外后内、自下而上进行采摘。采摘时注意不要折断枝条，以免影响下茬花的产量，做到“轻摘、轻握、轻放”，对不同成熟度的花要分别采摘、分别盛放。二白期和大白期（即花蕾白色、长为4～6 cm时）的花放在一起，开头花（即没有适时采摘的刚开放的白色花、花瓣已变黄色的花和逐渐枯萎凋谢的棕黄色花）另外放置。盛花器具必须透气，一般使用干净的竹筐、竹篮，不得使用不透气的布袋和塑料袋。

(二) 加工

目前产区干燥金银花的方法有晾晒法和自然循环烘干法。近年来，有人采用微波干燥技术干燥金银花，效果较好，但由于机器成本高、耗电量大等原因，未能广泛使用。

1. 晾晒 将当天采回的鲜花用手均匀地撒在苇席或打扫干净的场地上晾晒，在花七八成干之前不宜翻动，否则会变黑或烂花。日晒2 d达到八九成干时即可收起，这时的花蕾表层虽干，但花心尚未完全干燥。待3～5 d后需重新摊出晾晒1 d，即可装入干净无毒的塑料袋并扎紧袋口或其他盛具内储藏。

2. 烘干 遇阴天要及时烘干，初烘时温度不宜过高，一般为30～35℃；烘2 h后温度可提高到40℃左右，将鲜花排出水汽；经5～10 h后室内保持45～50℃，再烘10 h后鲜花水分大部分排出。再把温度升至55℃，使花迅速干燥。一般烘12～20 h可全部烘干。烘干过程中不能用手或其他东西翻动，否则易变黑，未干时不能停烘，停烘会使花发热变质。当用手抓感觉干后即可出炉，降至常温后储藏。

山东平邑县试验，烘干一等花率高达95%以上，晒盘晾晒的一等花只有23%。认为烘干加工是金银花生产中提高产品质量的一项有效措施。经晾晒或烘干的金银花置阴凉干燥处保存，防潮防蛀。

忍冬藤的收获加工，是结合冬秋修剪，将带叶嫩枝扎成捆，晒干即可。

复习思考题

1. 忍冬生长习性主要有哪些?
2. 忍冬修剪技术及注意事项有哪些?

主要参考文献

姜会飞.2001. 金银花［M］. 北京：中国中医药出版社.

第十一章　果实种子类药材

在众多的药用植物中，除地下根及根茎类药材外，果实种子类药材也很多，目前市场流通的这类药材有百种以上。本章介绍的6种果实种子类药材是从地道性、生产量、栽培范围、栽培技术的代表性和有特殊特点来考虑选择的。

果实种子类药材收获的也是植物体的储藏器官，其生产管理也很相似。在营养生长期，氮肥施入量不宜过多，以免地上茎叶徒长，影响药用植物的结实能力；适当增施磷肥和钾肥，对提高结实率和坐果率有利；采收要及时，以防落粒。

常见的果实种子类药材有：王不留行、腹毛、木瓜、胡椒、丝瓜络、橘络、枣仁、连翘、陈皮、韭菜子、沙苑子、莲子肉、石榴皮、香圆、甜瓜子、草果、砂仁、葶苈子、诃子、蔓荆子、枳壳、枳实、白果、路路通、莱菔子、冬瓜子、苏子、覆盆子、青皮、白扁豆、栀子、五味子、麦芽、佛手、地肤子、大乌豆、桑葚子、金樱子、薏米、苍耳子、鸦胆子、车前子、芡石米、巴豆、吴茱萸、栝楼皮、枸杞、栝楼仁、山楂、柏子仁、胡卢巴、皂角、马兜铃、苦杏仁、莲须、桃仁、大力子、芥子、荜拨、小茴香、大茴香、冬瓜皮、白蔻、草寇、乌梅、黑芝麻、白花菜子、川楝子、补骨脂（黑故子）、决明子、苦丁香、蛇床子、玉果、锦灯笼、二丑、元肉、硬蒺藜、益智仁、火麻仁、槟榔、橘核、西青果、川椒、使君子、菟丝子、柿蒂、胖大海、郁李仁、山萸肉、女贞子、冬葵子、茺蔚子、荔枝核和青葙子等。

第一节　薏　　苡

一、薏苡概述

薏苡为禾本科植物，干燥的成熟种仁入药，生药称为薏苡仁（Coicis Semen）。薏苡含碳水化合物、蛋白质、脂肪油及钙、磷、铁等，脂肪油的主要成分为薏苡仁酯、薏苡内酯等。薏苡仁有利水渗湿、健脾止泻、除痹、排脓、解毒散结的功能，用于水肿、脚气、小便不利、脾虚泄泻、湿痹拘挛、肺痈、肠痈、赘疣、癌肿。薏苡均为栽培，主产于福建、江苏、河北和辽宁，其次为四川、江西、湖南、湖北、广东、广西、贵州、云南、浙江和陕西等省、自治区。

二、薏苡的植物学特征

薏苡［*Coix lachryma-jobi* L. var. *mayuen*（Roman.）Stapf］为一年生草本植物，高1～2.5m。秆直立，丛生，多分枝，基部节上生根。叶互生，二列排列，叶片长披针形，长20～40cm，宽1.5～3cm，先端渐尖，中脉明显，边缘粗糙。总状花序成束腋生，小穗单性；雄小穗覆瓦状排列于总状花序上部，自球形或卵形的总苞中抽出，常2～3枚生于各节，1无柄，其余1～2有柄；雌小穗位于总状花的基部，包藏于总苞内，2～3枚生于一节，只1枚发育结实。果实成熟时总苞坚硬而光滑，内含1颖果（图11-1）。花期7～9月，果期8～10月。

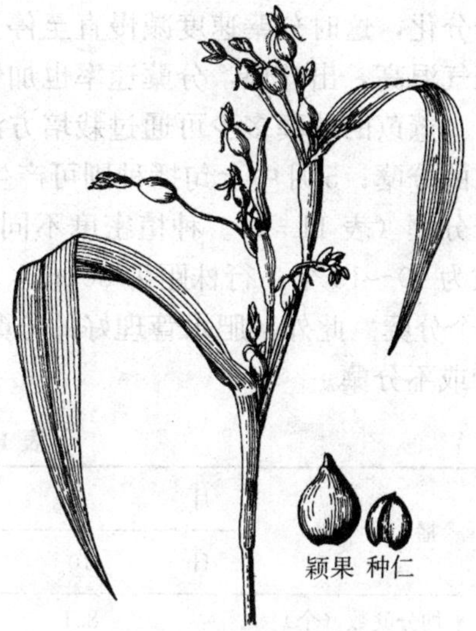

图11-1　薏　苡

三、薏苡的生物学特性

（一）薏苡的生长发育

1. 种子的萌发　薏苡种粒较大，胚乳多（千粒重为70～100g），具较坚硬的外壳。种子萌发需较湿润的条件。在4～6℃时开始吸水膨胀，35℃吸水最快。当种子吸水达自身干重的50%～70%时即开始萌发，胚根首先伸出种壳。发芽的最低温度为9～10℃，最适温度为25～30℃，最高温度为35～40℃。

2. 根系的生长　薏苡根系属须根系，由初生根（胚根、种子根）和次生根（节根、不定根）所组成。初生根4条，在种子萌发时，首先自种脐孔伸出一条胚根，随后伸出另3条种根（图11-2）。初生根陆续生出许多侧根，形成密集的初生根系。

第一层次生根是在薏苡鞘叶伸出时，由其基部的节上产生的（称为鞘叶节根）。鞘叶节根多为8条，垂直向下延伸，以后随着茎节的形成与茎的增粗，节根不断发生。节根由下而上出现，在茎节上呈现一层层的次生根层。地上部的根系，初期在空气中生长而后入土，入土角度陡，形如支柱，故又称为支持根。

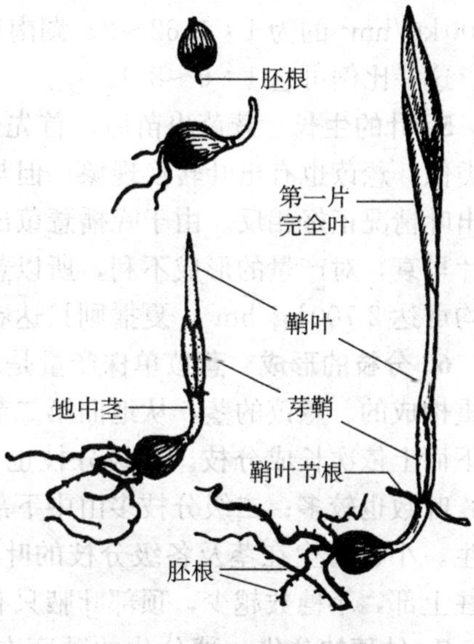

图11-2　薏苡种子的萌发过程

3. 茎的生长　种子萌发后，芽鞘自种壳顶部的孔口伸出。薏苡中茎与芽鞘对光线很敏感，在暗处发芽时，二者同时进行不正常伸长；在亮处因受光线强烈抑制而不伸长。播种时，盖土越深，地中茎越长，所消耗的养分就越多，出苗也就越瘦弱，故播种时应以适当浅覆土为宜。

薏苡茎的伸长，8叶前生长缓慢。8.5叶前后，即第9片叶出现时，主茎生长点开始幼穗分化，茎的生长速度转快，而进入拔节期。由于节间伸长，节部明显外露，此时在基部可见到1～2个明显的外露节。12片叶左右，植株进入穗分化盛期，可见到4个左右的外露节。14叶期分枝开始抽出时，可见到6～7个外露节。一般生产上，可根据外露节的数目，判断叶龄和幼穗分化进度，以便掌握田间管理的时机。

4. 分蘖的发生　薏苡在4片真叶展开后开始进入分蘖期。一般早播，出苗后30～40d

即进入分蘖期，35～45 d 为分蘖盛期，此时植株一般具 6～8 片真叶。9～10 叶后，小穗开始分化，这时分蘖速度减慢直至停止，10 叶期以后形成的分蘖为无效分蘖。晚播则由于苗期气温高，出叶快，分蘖速率也加快，分蘖的时间也相应缩短。

薏苡的分蘖多少可通过栽培方法来控制。据调查，4 月份播种的薏苡平均可产生 8 个左右的分蘖；5 月中上旬播种则可产生 7.5 个分蘖；5 月末播种产生 6 个；6 月上旬播种产生 5 个分蘖（表 11-1）。种植密度不同，分蘖数目也不一样，行株距为 60 cm×40 cm 时，分蘖数为 10～15 个；行株距为 30 cm×20 cm 时分蘖数为 5～10 个；行株距为 15 cm×10 cm 时为 3 个分蘖。此外，肥水管理好的分蘖就多；肥水不足，尤其是在分蘖期缺乏磷和氮，则分蘖少或不分蘖。

表 11-1　不同播种期分蘖数比较

播种期	月	4			5			6
	日	10	20	30	10	20	30	10
平均分蘖数（个）		8.1	8.6	7.8	7.6	7.5	5.9	5.1

薏苡的分蘖多少对薏苡产量影响较大，生产中高产的地块，分蘖穗在总穗数中所占的比例较高，反之则低。例如，贵州银屏地区的调查发现，当地产量 525 kg/hm² 的地块，植株基本无分蘖；产量为 1 425 kg/hm² 的地块，主茎上的穗与分蘖穗的比例为 1∶0.81；产量 3 000 kg/hm² 的为 1∶1.62～2。湖南和江苏的资料表明，产量为 4 500～6 000 kg/hm² 的地块，这一比例可达 1∶6～8.1。

5. 叶的生长　薏苡出苗后，首先伸出的是鞘叶，从鞘叶伸出的才是第一片真叶。与水稻类似，薏苡也有出叶转换现象。但与水稻不同的是，薏苡出叶是前期慢而后期快，与水稻的出叶情况正好相反。由于晚播薏苡出叶速度快，植株的营养生长期缩短，加以高温易造成叶片早衰，对产量的形成不利，所以薏苡应适时早播。徐祖阴调查，平金地区春播薏苡产量平均可达 2 700 kg/hm²，夏播则只达春播产量的 42.7%。

6. 分枝的形成　薏苡单株产量是由各个茎秆上分枝数和每个分枝上的结实小穗数及小穗重构成的。薏苡的茎，从地面第二节位起，至第八（乃至第十）节位止，其上的腋芽均可自下而上依次长成分枝。一级分枝也可产生二级分枝，甚至有三级分枝产生。下部分枝较长，叶数也较多；二级分枝多由中下部的一级分枝产生，三级分枝则主要由中部的二级分枝产生。小穗着生在茎及各级分枝的叶腋处，一般基部 3～4 个较大分枝上着生的小穗较多，越往上部，小穗数越少，顶部叶腋只有 5～7 个小穗。

7. 幼穗的分化　穗分化的顺序在同一株中，主茎先分化，分蘖后分化；在同一茎上，先顶芽，后腋芽，自上而下地进行穗分化；在同一叶位的分枝和小穗则是由下而上进行分化。通常主茎顶芽在 8.5 叶期开始幼穗分化，分蘖的顶芽晚 3～4 d 分化，下部腋芽多在 14 叶期开始幼穗分化。整个幼穗分化期可持续 40 d（日均温 26.9℃）左右。全株的穗分化盛期出现在 12 叶期，因此，穗肥的施用，一般应掌握在主茎 11～12 叶期时施入为宜。

在主茎顶芽将进行穗分化时，全株各节的腋芽仍处于分枝分化阶段；雌雄蕊分化时（叶龄约在 9.5 叶），植株的生长比前后期均显著减慢，叶色常由绿转黄，田间出现落黄现象，表明植株的生长中心已开始向生殖生长迅速过渡；花粉母细胞形成时，其他部位的幼穗分化非常迅速，平均每天每茎中就可有 10 个以上的芽进入穗分化阶段。

8. 抽穗开花 薏苡幼穗分化完成后即进入抽穗开花阶段，每一小穗从分枝的叶鞘中露出，到全部抽出经历3～5d。同一分枝内，一般有小穗3～5个，着生在下面的小穗先抽出，穗轴较上面的都长，前后两小穗相继抽出的间隔一般为3～4d。单株整个抽穗时间可持续30～40d，抽穗开始后的第15天左右为抽穗盛期。

薏苡雄小穗位于雌小穗之上，雄穗开花先于雌穗3～4d。雄小穗从抽出到开花，需7～11d，每一雄穗的花期可持续3～7d。抽穗后的19～27d为扬花盛期。扬花时整个小穗或小分枝倒垂。夏季晴天一般9：00～10：00前后开颖，掉出花药，而后花药两侧的圆形裂孔处散出花粉，12：00左右结束。散粉时遇雾、露、阵雨等会推迟扬花，一般多风、晴天、阵雨天气对扬花授粉有利，长期阴雨则不利。

9. 灌浆结实 一般情况下授粉后2d左右，雌蕊柱头即萎蔫，5d后子房迅速膨大，13d后胚已经形成，胚乳开始充实，此时长、宽已达成熟子粒的一半左右。20d后颖壳由绿转黄，子粒充实完毕。30d后种子颖壳变褐色，子粒成熟，水分减少。在灌浆结实期间，茎下部的弱生枝条及二级分蘖上的部分小穗仍处在穗分化阶段，这些花序为无效花序，已不能正常抽穗、结实。

（二）薏苡生育阶段的划分

薏苡的一生可划分为前期（包括苗期、分蘖期）、中期（拔节期、孕穗期）和后期（抽穗扬花期、灌浆成熟期）3个时期和6个生育期。前期为薏苡的营养生长期；中期为营养生长阶段向生殖生长阶段转化；后期为生殖生长期。

6个生育期划分是：从出苗到4叶期为苗期；4叶后分蘖发生，到10叶期分蘖结束为分蘖期；从主茎近地面处出现1～2个外露节即9叶期起，到14叶分枝开始抽出止为拔节期；从14叶到开始抽穗时止为孕穗期；抽穗始至果实开始膨大止为抽穗开花期；从果实开始膨大到80%子粒变褐（或变黑）时为灌浆成熟期。

（三）薏苡生长发育对环境条件的要求

薏苡在生育期间，以日均温不超过26℃为宜，尤其是抽穗、灌浆期，气温在25℃左右利于抽穗扬花、子粒的灌浆成熟。在上述气温条件下，功能叶功能期长，有利于物质积累，提高产量。

过去人们一直把薏苡视为旱生作物，丁家宜等经多年的研究，论证了它的湿生习性，认为薏苡是与水稻相似的沼泽作物，干旱条件不利于生长，尤其在孕穗到灌浆阶段，水分不足可使产量大幅度降低。

光照是薏苡植株健壮生长的重要条件之一，充足的阳光均有利于各生育期的生长。生产上可以通过调整播种密度，来满足薏苡植株对光照的要求。生产上一般控制每公顷苗数15万～30万株，分蘖后植株总数达75万～90万株，以此来满足其对光的要求。

薏苡喜肥，分蘖期、幼穗分化期和抽穗开花期是薏苡需肥关键期。分蘖开始产生时，充足的氮肥和磷肥，对其分蘖的产生和健壮生长极为有利，对保持田间的有效密度，夺取稳产高产打下基础。幼穗分化盛期，植株已基本定型，这时适量施肥对促进穗的分化、增加粒数、提高产量有利。抽穗开花期追施磷肥和钾肥对授粉后的果实灌浆、营养物质的积累，增加粒重甚为有利。

四、薏苡的品种类型

薏苡适应性强，全国大多数省、自治区均有栽培，地方品种较多。多数地方是根据薏苡生育期的长短将其分成早熟、中熟和晚熟品种。

1. 早熟种 早熟种又称为矮秆种，生育期为110～120 d，株高为0.8～1.0 m，分蘖强，分枝多，茎粗为0.5～0.7cm，果壳呈黑褐色，质坚硬。植株的耐寒、耐旱、抗倒伏能力强。一般每公顷产1 500～2 250 kg，高的可达3 00 kg，出米率为55.4%～60.0%。

2. 中熟种 中熟种又分白壳、黑壳两种，黑壳种较白壳种稍早熟。生育期为150～160 d左右，株高为1.4～1.7 m，分蘖能力较强，茎粗为1.0～1.2 cm，抗风、抗旱能力较弱。一般每公顷产2 250～3 000 kg，高的可达5 250 kg，出米率为64.0%～66.0%。

3. 晚熟种 晚熟种又称为高秆种，主要栽培于福建等省。生育期为210～230 d，株高为1.8～2.5 m，茎粗为1.2～1.4 cm，分蘖强，但耐寒、耐旱、抗风能力差。种子大而圆，一般每公顷产2 250～3 000 kg，高的可达6 000 kg，出米率为64.5%～73.0%。

根据植株高矮及果实的颜色，贵州某些地区又将薏苡分成白壳高秆、白壳矮秆、黑壳高秆、黑壳矮秆等品种。生育期均为175 d左右，高秆种株高为1.7 m左右，矮秆种株高为1.3 m左右，茎粗均为0.8 cm以上。其中黑壳种抗虫害能力较强，但产量较低；白壳种（尤其是白壳矮秆种）壳薄，易加工脱壳，出米率高，产量也较高，是比较优良的品种。

此外，辽宁在20世纪70年代育成的“5号薏苡”是生产中比较优良的品种，但未推广开。它具有结实密，仁大壳薄产量高等优点。其种壳厚度是普通薏苡的2/3，而且质地脆，用手即可捻碎，出米率很高。

五、薏苡的栽培技术

（一）选地与整地

薏苡的适应性较强，对土壤要求不严格。传统选地，以向阳、肥沃的壤土或黏壤土为宜。发现薏苡的湿生习性后，选地趋于选择稍低洼不积水平坦的土地。薏苡黑穗病较重，因此不宜连作。前茬以豆科、十字花科及根茎类作物为宜，以豆茬最好。

前作收获后应及时进行耕翻，耕深为20～25 cm，结合耕翻施入基肥，以有机肥为主，根据土壤肥力情况决定施肥种类和施肥量。翻耕后，整平粗细，做畦或做垄，畦宽为1.5～2 m，并挖20～30 cm深的灌水沟。东北地区多用垄作，垄宽为50～60 cm。

（二）播种

薏苡用种子繁殖，由于其黑穗病较重，所以播前要进行种子处理。种子经60℃温水浸泡10～15 min，捞出后包好沉压在预先配制的1%～2%的生石灰水中，浸泡48 h（不要损坏水面上的薄膜），也可用1∶1∶100波尔多液浸泡24～48 h。消毒后，用清水漂洗，选下沉的种子播种。此外，也可在播种前用药剂拌种，可选用50%多菌灵、80%粉锈宁、50%甲基托布津等农药，按种子重量的0.4%～0.5%进行拌种。

播种时间与品种、气候等有关，黄河流域及其以南地区，早熟种3月上中旬播种，中熟种 3 月下旬到 4 月上旬播种，晚熟种 4 月下旬到 5 月上旬播种。东北则由于生育期短，只种早熟或中熟品种，多在 4 月中下旬播种。

薏苡生产多采取种子直播，条播、穴播均可。条播时，早熟种按行距 30～40 cm 开沟，中晚熟种按行距 40～50 cm 开沟，沟深均为 3～7 cm。播种时，将种子均匀撒于沟内，然后覆土至畦平，播种量为 45～60 kg/hm²。穴播时，早熟种按株行距 20 cm×30 cm 开穴，中熟种按 20 cm×40 cm 开穴，晚熟种按 20 cm×50 cm 开穴，穴底要平，土要细，穴深为 3～7 cm，每穴播种 4～5 粒，播种量为 37.5～52.5 kg/hm²。

在复种生育期稍感不足时，可采用育苗移栽的方法。一般在定植前 50 d 左右育苗，当苗高为 15 cm 左右，苗龄为 30～40 d 时即可移栽定植。按穴播法的株行距每穴栽苗 2～3 株，栽后施适量的农家肥，保持土壤湿润，促进成活和生长。

（三）田间管理

1. 间苗定苗 幼苗长出 2～3 片真叶时，结合除草拔除密生苗、病弱苗，使条播苗株距保持在 5～7 cm。当苗具 5～6 片真叶时定苗，保持株距 10～15 cm。定苗后使田间密度保持在每公顷有 22.5～30 万株，这样可控制分蘖的数量，保持田间植株数的恒定，减少无效分蘖的发生。

2. 中耕除草 薏苡生育期间，中耕除草 2～3 次。第一次在苗高 7 cm 左右时进行，并同时进行间苗工作；第二次在苗高 15～20 cm 时，结合定苗一起进行；第三次在苗高 30 cm 左右时结合施肥进行，此次中耕应注意培土，以防止薏苡倒伏。

3. 排水和灌水 薏苡湿生栽培能获得较高产量，因此为保证薏苡生长发育有充足的水分条件，推荐的做法如下。

（1）*湿润促苗* 播种后保持土壤湿润，有利于出苗，使苗齐、苗壮，增强分蘖能力。但在田间总茎数达到预期数目时，应排水干田，尤其在大雨后应及时排水，控制无效分蘖的发生。

（2）*有水孕穗* 进入孕穗阶段，应逐步提高田间湿度，增大灌水量直至田间有浅水层（2 cm 左右）。

（3）*足水抽穗* 抽穗期，气温高，植株茎叶大，是需水量最多的时期。此时应勤灌、灌足，最好使田间保持 3～6 cm 深的水层。

（4）*灌浆结实期要以湿为主，干湿结合* 灌浆结实期的前半个月湿润可保持植株生长势，防止早衰，而且可增加粒重，减少自然落粒。后半个月则应放水干田，以利收获。在薏苡的整个生育期里，抽穗期水分充足与否对产量影响最大，抽穗期干旱会导致产量大幅度下降，其他时期干旱的影响较小。

4. 施肥 薏苡整个生育期进行 2～3 次追肥。第一次在分蘖初期进行，可施硫酸铵 75～150 kg/hm²；第二次追肥多结合第三次中耕除草进行，可施硫酸铵或氯化铵 150～225 kg/hm²。有报道，第二次追肥的增产效果较为明显，每千克氯化铵可使薏苡产量增加 24～30 kg，而苗期及灌浆成熟期则分别只能增产 6～8 kg。第三次追肥在抽穗后进行，可施速效性肥料 75～150 kg/hm²，对粒重增加有利。此次追肥，若能结合根外追肥，每隔 10d 喷施磷钾肥（浓度为 1%～2%），连续 3 次，粒重增加更为明显。

5. 病虫害防治 薏苡病害有黑穗病（黑粉病）（*Ustilago coicis* Bref.）、腥黑穗病

［*Tilletia okudairae*（Miyabe）Ling］和叶斑病［*Mycosphaerella tassiana*（de Not.）Johans.］等。

薏苡病害防治方法：除种子消毒处理外，还要注意实行轮作，发现病株及时拔除烧毁，以及建立无病留种田等。叶斑病可用50％多菌灵400～500倍液喷防，10d喷1次，连喷2～3次。

薏苡的虫害有黏虫（*Leucania separata* Wallker）和玉米螟［*Ostrinia palustralis*（Hubner）］等。防治方法：用糖醋液（糖3份、醋4份、白酒1份、水2份拌匀而成）诱集捕杀成虫；虫口密度较小的地块，可在清晨人工捕杀；在幼虫低龄阶段喷药，用80％敌百虫1 000倍液防治。

六、薏苡的采收与加工

成熟薏苡种子果柄易折断而造成落粒，所以生产上必须适时采收。采收期的选择，因品种、播期、当地气候条件不同而不同。生产上，一般在植株下部叶片转黄，有80％果实成熟变色时开始采收。若采收过早，青秕粒多，种子不饱满，影响药材的产量和品质；若采收过晚，落粒增多，会造成丰产不丰收。

选晴天收割，收后在田间或场院放置3～4 d，用打谷机脱粒。脱粒后的种子晒干风选后，用碾米机碾去外壳和种皮，筛净即可入药。

苡仁不分等级，以干燥、无壳、色白、无杂质、无破碎粒、无虫蛀霉变者为佳。

复习思考题

1. 薏苡分蘖以多少为宜？
2. 薏苡湿生栽培的根据与栽培方法各是什么？

主要参考文献

陈美玲，杨栓群．2004．射干、薏苡、白附子高效栽培技术［M］．郑州：河南科学技术出版社．
李共欣，郭伟，孙忠义．2009．薏苡栽培技术［J］．吉林林业科技，38（2）：58-59．
乐巍，王贞，吴德康，等．2008．不同居群薏苡在南京的引种栽培研究［J］．江苏中医药，40（6）：66．
邱国富．2007．薏苡高产栽培技术［J］．安徽农学通报，13（23）：166．
伍兴兵．2010．薏苡栽培管理技术［J］．现代农业科技（14）：310-313．

第二节 罗汉果

一、罗汉果概述

罗汉果为葫芦科植物，干燥果实入药，生药称为罗汉果（Siraitiae Fructus）。罗汉果含罗汉果苷（其苷元属三萜类）、果糖及多种氨基酸，有清热润肺、利咽开音、滑肠通便的功能，用于肺热燥咳、咽痛失音、肠燥便秘。罗汉果主产于广西的永福和临桂等地，销欧美、日本及东南亚各国。

二、罗汉果的植物学特征

罗汉果［*Siraitia grosvenorii*（Swingle）C. Jeffrey ex A. M. Lu et Z. Y. Zhang］又名光果木鳖，为多年生攀缘藤本，长达5m。茎暗紫色，有纵棱，被白色和红色腺毛；卷须2歧分叉。叶互生；叶柄长4～7cm，稍扭曲；叶片卵形或心状卵形，长10～20cm，宽10～15cm，先端急尖或渐尖，基部宽心形或耳状心形，全缘，两面被短柔毛，背面常混生黑色毛。雌雄异株；雄花序总状，腋生，被白色柔毛和红色腺毛。花柄长3cm，有时有细小苞片；花萼漏斗状，上部5裂，被灰黄色柔毛，先端有尾尖；花冠黄白色，5全裂，先端渐尖，外被黑柔毛；雄蕊3，被白色腺毛。雌花单生或成短总状；子房下位，花柱3，柱头2分叉，有3个黄色的退化雄蕊。果实圆球形、长圆形或倒卵形，被黄色茸毛；种子淡黄色，扁平，边缘有不规则圆齿状缺刻（图11-3）。花期6～8月，果期6～8月。

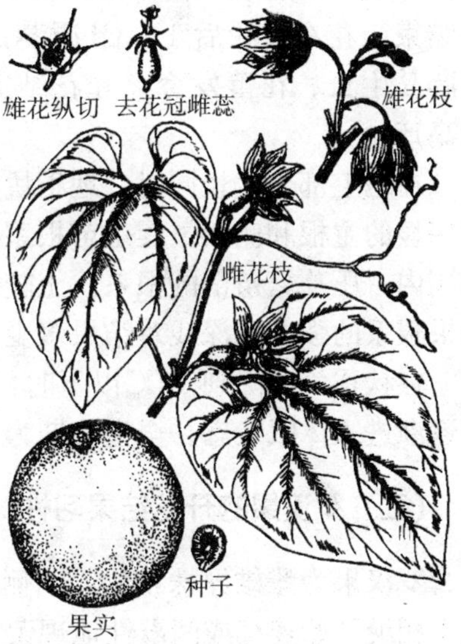

图11-3　罗汉果

三、罗汉果的生物学特性

（一）罗汉果的生长发育

罗汉果是多年生草质藤本植物，实生苗、压蔓苗2～3年开花结实，嫁接苗当年开花结实。管理良好、发育正常的罗汉果结果年龄超过20年。

根据罗汉果年生长发育特点，每年从出苗到枯萎可分为幼苗、抽蔓现蕾和开花结实3个生育期。幼苗期是指罗汉果萌发出苗到主蔓上架之前的时期；抽蔓现蕾期是主蔓上架后侧蔓形成到花蕾开放前的时期；开花结实期是指开花到果实完熟的时期。

1. 幼苗期　罗汉果种子的种壳半木质化，透水性较差，种子萌发较慢，出苗也不整齐。产区一般在春季气温稳定在20℃以上时播种，30～40d即可出苗。种子发芽的适宜温度是25～28℃，在此温度条件下保持适宜湿度，种子20d左右发芽；若能将种壳剥去，在同样的温度和湿度条件下，5～7d即可发芽，且出苗整齐。

实生苗长出4～6片真叶后，下胚轴即开始膨大，上胚轴也随之增粗，形成梨形、椭圆形、圆形或圆柱形的地下块茎。一般实生苗第一年只进行营养生长，当年秋季块茎长达4～6cm，直径3～6mm，具4～6条粗壮的根。

每年春，罗汉果地下块茎的越冬芽，在气温15℃以上时开始萌动。每个块茎一般可有3～5个越冬芽（多者10个），能抽生出3～5条或更多的地上茎。为了集中营养，生产上只选留一条健壮的地上茎做主蔓，其余的剪除。主蔓在气温25～28℃时生长迅速，每昼夜可伸长 3.3～10.3cm。自然条件下，主蔓年生长长度可达 4～7m。

2. 抽蔓现蕾期 当主蔓生长到 60～70cm 长时，其茎节叶腋处开始抽生侧枝，并形成卷须，攀缘在支架上。一般主蔓 90cm 以下部位形成的侧蔓结果很少，应当去除。罗汉果主蔓上棚后，其中上部茎节的腋芽生长发育成一级侧蔓，一级侧蔓腋芽又可发育成二级侧蔓，随后再形成三级侧蔓，甚至四级侧蔓。罗汉果的藤蔓有很强的生根能力，空压条繁殖容易成苗。

3. 开花结实期 伴随着藤蔓的生长，花蕾渐渐长大，6 月初开始开花，到 10 月份开花结束。花在授粉后 1～3d 凋萎，子房开始膨大，进入结果期。在 6～10 月间，罗汉果的藤蔓生长、花蕾发育，开花结实并行，养分消耗大，因此，应注意适时灌水施肥，争取高产。

在地上部分生长同时，地下块茎也逐渐膨大，根系也随之扩大。罗汉果的根系较发达，有明显的主根和侧根。实生苗根系入土较深，一般为 70～85cm，水平分布在 120～150cm 范围内。压蔓繁殖苗的根系入土较浅，一般为 30～40cm，水平分布范围为 130～200cm。罗汉果根系的强弱和深浅对结果多少、植株抗旱力的强弱和寿命的长短均有较大影响。

在秋季气温降到 10℃以下时，地上部分开始枯萎倒苗，地下根系及块茎的生长也停止，并逐渐进入休眠状态。全生育期为 240～260d。

（二）罗汉果的开花结果习性

罗汉果为雌雄异株植物，当侧蔓形成后，气温达 25～30℃的 6～10 月份，在其各级侧蔓上相继开始连续或间歇性地现蕾、开花。7 月份为盛花期，花期持续 105～125d，在 7～8 月气温较高月份，花多在 6:00～7:00 开始开放；7:00～8:30 开放最多，占每天开花数的 70.0%～73.3%。在气温略低的 6 月和 9 月，开花时间略延后。花期遇低温、阴雨或多雾天气，开花起始时间可推迟到 9:00～10:00。

罗汉果小花寿命较短，早上开的花在当天下午几乎全部萎缩，第二天脱落。夏季高温、干旱的晴天闭花快，低温、阴雨天闭花慢。

罗汉果雄花的花药开裂时间与开花时间大体一致或稍迟，花药开裂后，花粉在夏季高温干燥时撒落快，故人工授粉时采集雄花以在 5:00～7:00 为宜。

罗汉果的花粉在自然条件下存放 48h，全部丧失生活力；在干燥中低温保存 30d，萌发率可维持在 34.6%。

罗汉果雄株虽不结实，但具有不断开花的习性，生产上为节约用地，采取每百株雌株配置 3～5 株健壮雄株的办法，采用人工授粉来满足雌株开花结实对花粉的需要。

罗汉果的一级到三级侧蔓都能发育成结果蔓，二级和三级侧蔓结果能力较强。据调查，二级和三级侧蔓发育成结果蔓的比例较大，二级和三级侧蔓的坐果率也高（表 11-2）。

表 11-2 拉江果不同结果侧蔓结果与坐果能力

侧 蔓	调查蔓数（条）	结果蔓数（条）	结果蔓百分率（%）	坐果率（%）
一 级	166	9	5.4	5.4
二 级	166	42	25.3	15
三 级	166	115	69.3	13.82

应当指出，侧蔓上各节位着生花果的能力和坐果率也有差别。通常一级侧蔓果实主要着生于11～15节，二级侧蔓果实集中于1～20节，三级侧蔓在1～30节较多（表11-3）。

表11-3 “拉江果”各种结果蔓花蕾、果实着生节位比较

节位	一级侧蔓			二级侧蔓			三级侧蔓		
	花蕾数（朵）	着果数（个）	着果率（%）	花蕾数（朵）	着果数（个）	着果率（%）	花蕾数（朵）	着果数（个）	着果率（%）
1～5	0	0	0	25	5	20.0	86	18	20.9
6～10	0	0	0	51	12	23.5	256	49	19.1
11～15	7	2	28.6	75	9	12.0	250	32	12.8
16～20	24	0	0	47	13	27.7	210	20	9.5
21～25	3	0	0	38	4	10.5	165	18	10.9
26～30	0	0	0	25	1	4.0	95	10	10.5
31～35	0	0	0	21	3	14.3	52	7	13.5
36～40	0	0	0	20	1	5.0	35	5	14.3
41～45	0	0	0	5	0	0	24	2	8.3
46～50	0	0	0	7	0	0	14	3	21.4
51～55	0	0	0	3	0	0	0	0	0
56～60	0	0	0	2	0	0	0	0	0

罗汉果授粉后第三天子房开始膨大，15 d内为幼果迅速生长期，21 d以后体积的增长进入缓慢期，1个月左右果形稳定，种子逐渐饱满和硬化。当果面转黄，果柄枯干时，果实进入成熟期，一般从谢花至果实成熟需60～75 d。由于罗汉果开花时间不一致，果熟时间可从8月延续到10月，因此，生产上要分批采果。

罗汉果进入结果年龄的迟早，因品种、栽培技术、生态环境不同而异。青皮果定植后2～3年开始结果，3～6年为结果盛期，一般单株产果30～50个，高产单株可达120～180个。“长滩果”与“拉江果”栽后3～4年结果。“拉江果”如在适宜的环境和科学栽培管理的条件下，有部分二年生植株开始结果，盛果期长达8～10年，15年以后植株衰老，管理良好可延长结果年限。

（三）罗汉果营养物质的积累动态

新鲜果实干物质含量的高低是判断罗汉果果实品质的一项重要指标。罗汉果开花授粉后30 d内，果实含水量较高，干物质含量较低。伴随果实的发育，含水量下降，干物质逐渐增加，授粉后60 d干物质含量达17.59%。果实近于完熟时，干物质含量达26.78%（表11-4）。从表11-4中看出，总糖、还原糖、非还原糖、可溶性固形物含量随着果实的发育不断增加，但维生素C的含量与上述物质不同，它是随着成熟度的提高而减少。

从上述物质积累变化中看出，采收罗汉果应以充分成熟，即果皮变黄，果柄干枯时采摘最佳，产量高，甜味浓。

表 11-4 果实生长发育期间部分内含物含量变化

果实发育天数 (d)	含水量 (%)	干物质含量 (%)	总糖含量 (%)	还原糖含量 (%)	非还原糖含量 (%)	可溶性固形物含量 (%)	维生素 C (mg/100g，鲜果)
1	—	—	1.088 6	1.067 8	0.020 8	—	—
10	90.62	9.38	2.391 3	2.382 8	0.036 6	3.00	629.48
20	90.29	9.71	2.575 4	2.532 6	0.040 6	4.00	522.72
30	89.37	10.63	2.951 3	2.817 9	0.075 4	4.80	418.00
40	87.57	12.43	3.382 8	3.281 9	0.100 9	5.10	408.32
50	85.59	14.41	4.666 7	4.180 7	0.466 0	7.00	404.41
60	82.41	17.59	5.530 9	4.242 4	1.288 5	11.30	401.28
70	73.22	26.78	8.269 8	6.321 0	1.949 3	14.00	394.24

(四) 罗汉果生长发育与环境条件的关系

我国的罗汉果主要分布在北纬 19°25′～29°25′，东经 109°32′～115°39′，包括广东、广西、湖南和江西等省自治区的山区。

罗汉果喜温暖、昼夜温差大的气候，不耐高温、怕霜冻。其生长的最适温度为 20～30℃，气温低于 13℃会导致新梢梢端枯死（产区称为黑头）。秋季气温降到 10℃时，植株开始枯萎倒苗。5℃以下需覆盖防寒。

罗汉果喜多雾、湿润环境，但忌积水，积水会导致块茎及根系腐烂，连阴雨气候也对开花授粉不利。常年生长适宜的相对湿度为 80%以上，土壤含水量以 20%～35%为宜。

罗汉果是喜光植物，但幼苗期怕强光直射。

种植罗汉果以土层深厚肥沃、富含腐殖质、排水良好的微酸性黄壤土或黄红壤土为好。沙土或排水不良的黏土，植株发育不良，且易感染根结线虫病。

四、罗汉果的品种类型

罗汉果品种类型很多。在生产上主要栽培品种根据果形和果面所被柔毛不同分为长果形与圆果形两类。凡果实椭圆、卵状椭圆、梨形、长圆柱形均属长果类；凡果实圆形、扁圆形、梨状圆形均属圆果类。

1. “长滩果” 此品种因产于广西永福县长滩而得名，其植株长势中等，花期稍晚。果实椭圆形或卵状椭圆形，果面被稀柔毛，具脉纹 9～11 条，鲜果重 44.1～91.4g，最大果重 112g。一般成年植株单产 30～40 个果实。果实内含物丰富，是目前栽培品种中，品质最佳的一种。但要求的生态条件较高，栽培管理严格。

2. “拉江果” “拉江果”又名“拉江子”，是从长滩果中选育而来的品种，植株适应性较强。果实椭圆形或梨形，果面被锈色毛。鲜果重 52.2～97.6%g，品质好，是山区、丘陵地带栽培的优良品种。

3. “冬瓜汉” 此品种植株健壮；果实长圆柱形，两端平截，果面被短柔毛，具六棱。鲜果重 71.6～85.0g，果大而整齐，优质高产，适宜山区栽培。

4. “青皮果”　此品种植株健壮；果圆形较大，果柄短粗，子房、幼果密被白柔毛。鲜果重59.4～97.7g。结果早，产量高，适应性强，品质中等，是目前产区的主栽品种，产量约占总产的75%。

5. “茶山果”　此品种果实小，圆形，子房、幼果时密被红腺毛，鲜果重37～62g，果味清甜，品质中等，适应性强，产量高。多做培育抗逆性强的品种的原始材料。

6. “红毛果”　此品种植株生长健壮，适应性强，果实较小，梨状短圆形，子房、幼果、嫩蔓密被红腺毛。味甜，产量高，是杂交育种的好材料。

五、罗汉果的栽培技术

（一）选地与整地

选择适宜的生态环境建立罗汉果园，是获得优质高产的经济有效的技术措施之一。宜选土层深厚肥沃、腐殖质丰富、排水良好的阔叶杂木林地。产区多在海拔300～500m的山区种植。产区认为，背风向阳的面坡或东南坡的山冈或山麓为宜。果园四周应保留生长良好的竹林或阔叶次生林，同时背后应有更高的山林遮挡。

林地选好后，于当年7～8月砍树，并将地面上的灌木、杂草割除，然后清除树根、草根并烧毁，接着深翻土地，深25～30cm，使其曝晒越冬。翌春2～3月耙细后，按等高线开130～200cm宽的等高畦，同时安排好排水沟的位置，待播种定植。

（二）繁殖方法

罗汉果的繁殖方法有种子繁殖、压蔓繁殖和嫁接繁殖。

1. 种子繁殖　种子繁殖方法简便，繁殖系数高，育成的苗适应性较强。但是，种子苗雄株比例大（达70%左右），早期也不易识别性别，目前生产上采用不多。

2. 压蔓繁殖　压蔓繁殖是罗汉果生产上常用的繁殖方法，具有保持母本优良性状、成活率高、便于计划繁殖等特点。但是，长期的营养繁殖，会使罗汉果的种性退化或感病严重，致使品质和产量下降。

3. 嫁接繁殖　嫁接繁殖能保持母本优良性状，有计划地改造果园雌雄株比例，并能提早结果。而且还可通过对抗逆性强的砧木选择，提高优良品种的适应性，达到扩大优良品种的种植面积和改造低产园的目的。另外也可提供优良雄株的花粉，是罗汉果良种化生产的重要手段之一。因此，这种繁殖是一种很有发展前途的方法。

（三）育苗移栽

1. 育苗

（1）种子育苗

①种子选择与处理：选择生长健壮、品质优良、丰产的单株作为采种母株。当果实充分成熟时，将果实采下，选无病虫害的果实留种。春播和秋播均可。秋播可将种子从果实中取出，用清水洗净，即可播种。如采用春播，可将采回的果实，置室内通风处晾干后，用麻袋装好，置于通风干燥处储存，这样储藏的种子寿命可达1年。也可将种子从果实中取出，用清水洗净，晾干，然后与清洁河沙混拌均匀，置阴凉处保湿储存。

②播种：生产上多用春播。气温 20℃以上时即可播种，可点播或条播。条播按行距 20～25 cm 开沟播种，沟深为 1～2 cm。点播按株行距 10 cm×20 cm 开穴，穴深为 1～2 cm。播后用细土覆盖，再用稻草覆盖畦面，以保持土壤湿润。有条件的地方，可将种子去壳，然后用 70%甲基托布津 600 倍液消毒 10min，水洗后在 25～28℃条件下催芽，种仁萌动时再播种。这样可使种子提早发芽，而且苗齐、苗壮。

③苗期管理：苗期管理主要有搭棚遮阴、少量勤施氮肥、注意地下害虫的防治等工作。

（2）**压蔓育苗**　产区多在 9 月中下旬进行压蔓（此时气温多为 25～28℃）。选用棚上下垂的徒长蔓，以先端圆形、粗壮的最好，可就地压蔓或空中压蔓。

①就地压蔓：此法是在蔓条下垂处的畦上挖一小坑，坑径为 15～18 cm，深为 12～15 cm，然后将选好的藤蔓平放于坑内，也可使 2～3 个藤蔓同埋于一个坑内，藤蔓间间隔以 2～3 cm 为宜。摆放藤蔓后用湿润细土覆盖并压实。干旱时节注意浇水保湿，压后不久，藤蔓就膨大形成块茎，11 月与母体分离，在排水良好，温暖的地方培土越冬。

②空中压蔓：此法是培育壮苗及无病苗的简便方法。空中压蔓成活率高，尤其适用于根结线虫发病严重的地区。以青苔做基质，放在长 24 cm、宽 20 cm 的塑料薄膜上，再把藤蔓先端 3～5 节放在青苔中间，然后将薄膜卷成长圆筒形，两端用麻绳扎紧，放在畦上或可依附的地方。一般压蔓 4～5 d 藤蔓即开始转白增粗，7～10 d 节上露出白色根点，13～15 d 不定根长达 3～5 cm，40 d 后块茎粗达 1.3～1.6 cm 以上。11 月上旬（立冬前后）将块茎从基部下一节处剪断，储藏越冬，第二年即可定植。

（3）**嫁接繁殖**

①砧木与接穗的选择：供嫁接用的砧木，宜选择适应性强的植株，如“青皮果”、“红毛果”和“茶山果”。接穗宜选择优质高产、无病虫害的母株的营养蔓，在 8：00～10：00 剪下，只留芽眼饱满的藤蔓中部 8～10 节，每 10 条为一扎（捆），用湿润青苔覆盖或将接穗插入盛有清水的瓶中备用。接穗应现采现用，隔天使用成活率低。

②嫁接方法：嫁接有镶接、嵌合接、劈接和腹接等方法。镶接成活率最高，可达68%～80%，最高可达 94%。镶接是采用单芽接穗，削穗方法：以藤蔓节上的芽为中心，在距芽上、下各 1.5 cm 处截断，并将芽的两侧用刀片从皮层向髓部斜向削去，使之削成楔状，然后从芽的两侧削面处向两端中心处斜向削去，也削成楔状。剖砧：选主蔓基部弯曲程度与接穗相似的节，以节为中心，用刀片自上而下纵切一刀，切口与接穗等长，其深度视接穗而定，以接穗镶入并与砧木皮层能对准为宜。然后拉开切口，镶接穗，并对准皮层（使皮层吻合），绑扎牢固即可（图 11-4）。

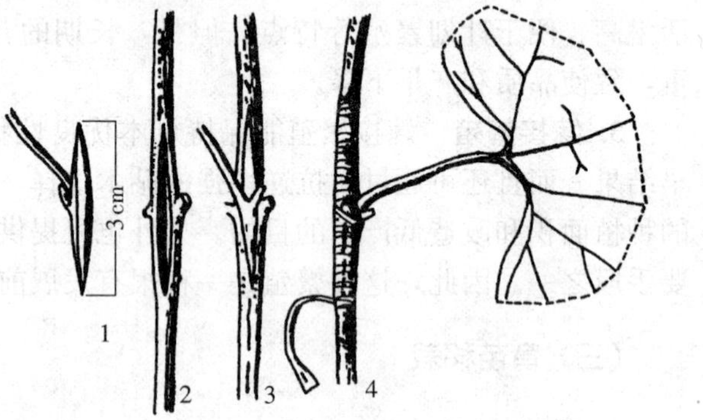

图 11-4　镶接法示意图
1. 削穗　2. 剖砧　3. 插穗　4. 绑扎

2. 移栽（定植）　产区在 4 月上旬前后，温度稳定在 15℃以上时，选择暖和的晴天种植块茎。一年生块茎要选择肥大健壮的（茎粗 1.3～1.5 cm 或以上），顶芽与基节完整，块茎皮色新鲜幼嫩，无损伤和病虫害的；二年生以上的块茎应选择颈部完好无损伤，并带有2～3条10cm长的侧根。

山地定植可按1.7～2.0m×1.7m的行株距开穴，穴径为30cm，穴深为6～10cm。栽前穴内施基肥与土拌匀，栽时将块茎平放，顶芽朝上，基部位于坡上一侧稍低，覆土3～6cm。如遇大雨将覆土冲走时，应及时覆土，以免块茎受旱。平地定植不挖穴，是按1.7～2.0m×1.7m行株距，直接于畦面做一略高于畦面，直径为50cm的小土堆，然后在土堆上挖坑种植，方法同上。注意，100株雌株需配置3～5株雄株。

（四）田间管理

1. 搭棚（架） 罗汉果生长期间需攀缘在棚架上才能正常开花结实。棚架在下种后、块茎出苗前要搭好。棚高为1.65～1.80m以便于田间管理为原则。雄株的棚架可稍低，便于采花粉。棚架的大小视种植而定。棚架材料可就地取材，最好用杉木做桩，竹竿做梁，在棚上再铺一些小竹竿或树枝。搭好的棚架一般可连续使用多年。旧棚应及时修复扩大，以保证藤蔓有充分生长的面积，能多结果，结大果。

2. 撤除防寒物 春季气温在15℃以上时应及时撤除防寒土并使块茎上面的1/3～1/2部位露出土面（产区称此项工作为开蔸），可促进越冬块茎适时萌发，抽生健壮主蔓，争取主蔓早上棚，早开花早结果。开蔸时间的选择需根据果园的立地条件即海拔高度、坡向和晚霜情况而定。一般果园气温回升快、稳定早，可早进行；中高山地区、晚霜频繁宜晚开蔸。开蔸过早，气温不稳定，抽生出的新梢易受寒害；开蔸过晚，主蔓抽生晚，开花结果时间延后，降低产量。

开蔸时要注意勿伤块茎颈部越冬芽。雨水多的地区，开蔸时，块茎露出地面部分要少，以1/3为宜。

3. 除萌定苗，培养健壮主蔓 春季每个块茎可萌发3～5条地上茎，为了集中养分，当地上茎长到15cm以上时，只留最粗的一条做主蔓，其余的应及时去除。主蔓长至30cm以上时，用稻草或麻绳将其绑在株旁的小竹竿上，帮助其攀缘上棚。棚架下的主蔓所萌发的叶芽应及时抹除，以利于主蔓健壮生长。

4. 选留侧蔓，培养健壮植株骨架 当主蔓上棚后，在10～15节摘心，使其长出6～8条一级侧蔓，向两侧伸展；一级侧蔓也在10～15节摘心，让每侧蔓抽生3～4条二级侧蔓；二级侧蔓仍如法摘心，并让每侧蔓生长2～3条三级侧蔓。这些藤蔓均匀分布棚架上，形成理想的单主蔓多侧蔓的自然扇形骨架。

5. 施肥 一般每年追肥5～6次。第一次追肥在开蔸时，在离块茎基部40～50cm处开半圆形的施肥沟，深为15～20cm，施腐熟圈粪2～2.5kg/株，拌过磷酸钙100～150g。第二次追肥在4月下旬至5月上旬、主蔓长30～40cm时进行，每株可施沤熟粪液0.7kg，加水1.0～1.5kg。第三次追肥在主蔓上棚后进行，用沤熟粪液1.0kg，加水一倍。第四次追肥在7月初进入盛花期进行，以沤熟粪液、饼肥为主，辅加磷肥和钾肥。第五次和第六次追肥在8月进行，这两次追肥量同第一次一样操作。这几次追肥的作用不同，第一次和第二次追肥旨在促进主蔓生长健壮；第三次追肥旨在促进侧蔓的形成和花蕾的呈现；第四次追肥在花期，可提高坐果率；第五次和第六次追肥的是大批果实迅速发育阶段，追肥可加速果实的生长发育和和营养物质的积累，对果实产量和品质的提高非常有利。不过，每次追肥都要根据根系的生长情况适当调节用量，并逐渐远离块茎开沟施入。

对于用于繁育新植株、扩大栽培面积的母株，一般不分时期地采取多施、勤施的办法，促进植株的营养生长。每次每株可施腐熟圈粪 1kg、沤熟粪液 2kg 左右。

6. 人工授粉 在清晨 5：00～7：00，采摘含苞待放的雄花，放置阴凉处备用。待雌花开放时用竹签刮取花粉，轻轻地抹到雌花的柱头上，一朵雄花可授粉 10～12 朵雌花。另外，也可用毛笔来取花粉给雌花传粉，操作也很简便。授粉时间与坐果率的关系密切，晴天上午 7：00～10：00 授粉坐果率较高，可达 73.3%；14：30～17：00 授粉坐果率较低，仅为 35.7%～41.3%。

如果雌雄花花期不遇或雄株不足，可采取如下措施：①配置早、中、晚开花的雄株，保证雌株整个花期都有足够的雄花授粉；②部分雄株留长蔓过冬，可提早开花；③雄株不足时，可利用健壮的雌株块茎抽出的藤蔓做砧木，于早春嫁接雄株接穗，加强管理，当年即可开花提供花粉。

7. 防寒越冬 罗汉果以地下块茎越冬。在冷凉地区，如不采取防寒措施，常引起块茎冻伤，腐烂。防寒方法是在立冬前后，将主蔓在离地面 30cm 处剪断，轻轻压至地面，连同块茎一起培土防寒。培土厚 15～20cm，再在上面盖一层稻草。这样，当气温降到 -6℃左右时，块茎也不会受冻害。

8. 病虫害防治 罗汉果病害主要有根结线虫病［*Meloidogyne jacaica*（Trenb）Chitwood］和疱叶丛枝病（为罗汉果花叶病毒和类菌原体复合感染所致）。防治方法：建立无病苗园；采用空中压蔓育苗；选生荒地建园，并提前一年翻晒土地；高温多雨季节及时排水；开蔸亮薯抑制线虫病的发生；块茎定植前进行消毒处理；早春开蔸时，检查块茎及根系，对发病块茎应及时采取措施，并对病穴进行封闭消毒。

罗汉果的虫害主要有白蚁、黄守瓜、红蜘蛛和罗汉果实蝇，可按常规方法防治。

六、罗汉果的采收与加工

（一）采收

罗汉果要分批采果。一般 8～10 月，见果柄枯黄，果皮青硬即可采收。不可偏早，否则果实内含物不充实，糖分少，加工出的果实外观质量差，多为响果（果囊与果壳脱离）和苦果（糖分少）。采收时可用剪刀将果实剪下，要把花柱与果柄剪平，以免互相刺伤果皮，造成空洞。

（二）加工

刚收的果实水汽大，应排放在楼板或竹垫上，不可铺放过厚。每隔 2～3d 应翻动 1 次，待果皮转黄时（7～15d）即可干燥。

罗汉果的干燥多用烘烤的方法，烤果的温度是加工罗汉果质量好坏的关键。一般烤果的温度要求两头低，中间高，即前两天温度控制在 35～40℃；第三天和第四天火力要大，温度逐步升高，从 45℃到 60℃左右；第五天和第六天及以后，温度控制在 50℃以下。前期果实水分多，逐步升温，使水分慢慢蒸发，否则，水汽大的果实会爆裂形成爆果。中期，果实快干透，适当降温可减少响果、焦果。烤果过程中，每天早晚都应上下翻果 1 次，使受热均匀，尤其在后期，更要勤翻动，以免烤焦。一般7～8d即可干透。

烘干的罗汉果刷去果皮绒毛，即为正品，凡品种纯正、果形端正而大、干爽、黄褐色、摇不响、壳不破、果不焦、味甜不苦的为上等。

复习思考题

1. 罗汉果的生长发育有何特性?
2. 罗汉果的开花结果有何习性?
3. 罗汉果的品种有哪些?
4. 罗汉果的栽培技术要点有哪些?

主要参考文献

白隆华.2006.罗汉果规范化高产栽培技术［J］.广西医学，28（6）：943-944.
郭文场.2005.罗汉果的价值与栽培［J］.特种经济动植物（7）：34-35.
朱保民.2004.罗汉果平地栽培技术探讨［J］.广西园艺，15（3）：13-14.

第三节　砂　　仁

一、砂仁概述

砂仁为姜科植物阳春砂仁和缩砂蜜的成熟干燥的果实入药，生药称为砂仁（Amomi Fructus）。砂仁含挥发油，其主要成分为右旋樟脑、龙脑、乙酸龙脑酯、茅樟醇、橙花椒醇等，有化湿开胃、温脾止泻、理气安胎的功能，用于湿浊中阻、脘痞不饥、脾胃虚寒、呕吐泄泻、妊娠恶阻、胎动不安。阳春砂仁主产于广东的阳春、阳江、罗定、信宜、茂名、恩平和徐闻，广西的东兴、龙津、宁明和龙州，福建和云南的南部等地，均为栽培品，销全国并有出口。缩砂蜜主产于云南南部的临沧、文山和景洪等地，栽培或野生，销全国。

二、砂仁的植物学特征

1. 阳春砂仁　阳春砂仁（*Amomum villosum* Lour.）又名砂仁、春砂仁，为多年生草本，高1～2m。根状茎柱形，横走。茎直立。叶互生，二列排列；叶片披针形或矩圆状披针形，长可达50cm，先端渐尖呈尾状，基部渐狭，无柄；叶梢开放，有凹陷的开放格状网纹；叶舌短小，长2～5mm，边缘有疏短毛，淡棕色。穗状花序球形，花葶从根状茎上生出，长4～6cm，被鳞叶；花萼管状，长约1.6cm，先端3裂，白色；花冠管细长，长约1.8cm，裂片卵状矩圆形，长约1.6cm，亦为白色；唇瓣圆匙形，紫红色，宽约1.6cm，顶端具突出，2裂反卷，具黄色的小尖头，中脉凸起；雄蕊1，药隔附属物3裂；子房下位，球形，有细毛。蒴果椭圆形、球形或扁圆形，熟时鲜红色，果皮具软刺；种子多角形，黑褐色（图11-5）。花期4～6月，果期6～9月。

2. 缩砂蜜 缩砂蜜［*Amomum villosum* Lour. var. *xanthioides* T. L. Wu et Senjen］又名绿壳砂仁、缩砂，与阳春砂仁形态极为相似，但本变种根茎先端的芽、叶舌多绿色，果实成熟时亦为绿色。

图 11-5 阳春砂仁

三、砂仁的生物学特性

（一）砂仁的生长发育

砂仁是多年生常绿草本植物。种子春播后 20 d 即可出苗，当年可长 10 片叶左右，苗高达 30～40 cm。伴随茎叶的生长，茎基生出 1～2 条根状茎（俗称匍匐茎、横走茎）。冬季全株生长缓慢。春季随气温升高，植株生长加快，根状茎先端膨大，芽向上生长形成笋苗。膨大处（产地称为头状茎）基部着生支持根，支持根产生后，笋苗生长加快。伴随笋苗的生长，头状茎产生 2～4 条根状茎，继续横向生长，秋季又膨大形成新的笋苗和根状茎，此时形成的根状茎，下一年又可继续形成笋苗和新根状茎。砂仁按此方式不断繁衍生长，迅速形成群体。一个地上植株从笋苗到枯苗死亡历时 160～240 d。一个地下根状茎不断抽笋、生出新根状茎，历时 560～750 d 后死亡。砂仁根系较浅，但数量较多，根状茎每节上都可产生不定根。

由于砂仁根状茎自身发育不同步，加上田间营养条件和管理水平的影响，田间各根状茎的生长发育进度也有差异，所以，田间抽笋有先有后，甚至年内各个时期都有笋苗出现。这样，砂仁田里就呈现出笋苗、幼苗、壮苗、老苗、枯苗同时并存的局面。年年笋苗不断抽生长大，发育成壮苗，而壮苗渐渐长为老苗，老苗衰退成枯苗，直到死亡，这就是砂仁的自然更替。调节田间各类苗保持适宜的比例是保证砂仁年年高产稳产的重要环节。通常条件下，砂仁一年抽笋两次，春季为 2～4 月，秋季为 8～10 月。

砂仁实生苗 3 年开花结实，分株苗 2 年就可开花结实。每年冬春季节，特别是 1～2 月，砂仁进行花芽分化，2 月下旬开始抽生笋苗，2～4 月是笋苗、幼苗旺盛生长期，伴随笋苗幼苗生长，光合积累增加，砂仁开始现蕾。通常 3 月中旬现蕾，4～6 月开花，6～9 月为结果期。结果后期（即 8 月），砂仁又抽生新的笋苗，笋苗、幼苗再次进入旺盛生长阶段。11 月后生长逐渐减缓，进入 1～2 月后又开始花芽分化。

（二）砂仁的开花结果习性

砂仁的花芽只着生在根状茎及头状茎上，以根状茎为主。由于老苗、壮苗光合能力强，营养充足，因此着生于老苗和壮苗的根状茎抽生花序的比例较高，约占总开花数的 70%以上；幼苗营养生长旺盛，枯苗光合能力差，根状茎营养不足，因此着生于幼苗和枯苗的根状茎抽生花序的比例只有 20%左右。笋苗的根状茎一般不能抽生花序，只有受到某种刺激后（机械损伤、虫害及逆境条件）才能抽生花序，抽生花序的比例通常低于 10%。通常两苗间每条根状茎上可抽生 1～2 个花序，多者可达 3～4 个。每个花序上有小花 7～13 朵，小花自下而上开放。一般朵花期为1d，多在清晨5：00～6：00开放，9：00花粉囊开始开裂，散出花粉。平均每天每个花序开花2～3朵，序花期4～5d。砂仁花是典型的虫媒花，蜜腺位于大小唇瓣分叉处，剥开可见蜜盘，雌蕊柱头、雄蕊花药扣在大唇瓣上，柱头高于花药。在没有授粉昆虫和人工授粉的情况下，砂仁的结实率低，仅5%～8%。

小花授粉3d后，子房开始膨大，形成幼果。幼果前期生长迅速，授粉50d左右果实大小基本定形，此后仍需50～60d果实才能完全成熟。在果实成熟过程中，阳春砂仁果实的颜色变化为：绿白色→鲜红色→紫红色→紫色，完全成熟时为深紫色。

砂仁落果现象较重，一般落果率在30%左右。落果多发生在幼果期，果径在0.3～1.0cm时落果最重，其中又以着生笋苗、幼苗、枯苗根状茎抽生的花序落果较多。割苗定苗不当部位的根状茎上抽生的花序落果最多。

虽然笋苗和幼苗的结果能力较差，但它们对于种群更新和下一年的开花结果起着重要作用，因此不能忽视笋苗、幼苗的管理。但笋苗、幼苗过多，营养生长和生殖生长失去平衡，会减少开花结实数量。

（三）砂仁的生长发育与环境条件的关系

1. 砂仁的生长发育与温度的关系 砂仁属亚热带植物，喜高温。当气温稳定在15℃以上时开始缓慢生长，花期气温在22～25℃以上时，才有利于授粉结实；气温低于20℃时，授粉结实率明显降低；17℃以下花蕾不能开放或开花也不散粉。气温低，传粉昆虫少，也间接影响传粉和结实。冬季能耐受短期1～3℃低温，怕霜冻。

2. 砂仁的生长发育与湿度的关系 砂仁为喜湿怕旱的中生植物，生长发育要求空气相对湿度在75%以上，开花结果期要求在90%以上。据云南西双版纳产区调查，土壤含水量，花芽分化期以15%～20%、孕蕾期至开花结果期以22%～27%、植株生长期以25%较为适宜。花期水分不足，花序易枯萎，大唇瓣易被小花瓣钩住而不能展开，此种条件下人工授粉也不能结实。多雨、土壤温度过大则会造成根茎腐烂，或加重落花落果。

3. 砂仁的生长发育与光照的关系 砂仁为半阴性植物，需栽培在荫蔽环境中。一年生实生苗以荫蔽度为70%左右为宜，成株砂仁荫蔽度以50%～60%为宜。

四、砂仁的栽培技术

（一）选地与整地

1. 育苗地 砂仁育苗地宜选背风、排灌方便、土壤肥沃的阴坡。播前翻耕，细致整地，做成高15cm、宽100cm左右的畦。结合整地施入过磷酸钙与牛栏粪混合沤制的腐熟肥料37 500kg/hm²。

2. 定植地 砂仁定植地宜选避风、空气湿度大、排灌方便、土壤疏松肥沃，长有荫蔽林木的低山缓坡或山间平地（海拔500m以下）。土质以中性或微酸性的壤土、沙壤土为宜。定植前，清除地内杂草灌木，砍去过多的荫蔽树，深翻25～30cm，并把树根、石块等清除，挖好环山排水沟。如人力充足，可筑梯田，以利水土保持。

（二）育苗移栽

砂仁可用种子繁殖和分株繁殖。利用种子繁殖时，采用育苗移栽方式进行生产。由于砂仁根茎多，抽笋能力强，割取带根茎的幼苗（分株繁殖）定植即可成活，扩繁能力为1：10。因此这两种繁殖方式在生产上均被广泛采用。

1. 种子育苗

（1）**选种及种子处理** 8～9月种子成熟后，选个大、无病虫害的、成熟饱满的果实，剥去果皮取其种子。也可将果实放入竹篓内，置于30～35℃的室内沤3～4 d，洗出种子。将新种子与3～4倍（体积）的河沙混合搓揉，待种子外层胶质除净后，筛去河沙，取洁净种子播种。不能及时播种的，应在通风处阴干，并与3倍的草木灰混匀，置坛罐内暂存。

（2）**播种时间和方法** 多数栽培砂仁的地方都是秋季播种，即在果实收获后，及时播种。秋播种子发芽快，出苗整齐，播后20 d出苗率可达60%～70%。因特殊原因春播的，多在3月上中旬播完。

砂仁多采用开沟点播，其做法是先按13～17 cm行距开沟，在沟内按5～7 cm株距点播，覆土1 cm左右，播后床面盖草保湿。每公顷播种湿子37.5～45 kg，相当于鲜果60～75 kg。

（3）**苗期管理** 待小苗快出土时，及时撤去盖草，并搭好荫棚，荫棚郁闭度控制在70%～80%。当小苗长出7～8片真叶时，郁闭度控制在60%左右。越冬前床上施有机肥，以保护小苗安全度过低温期。在寒潮到来前，可在风口一侧设防风障，或在床面的棚上覆塑料薄膜保温。

为了加快幼苗的生长，当苗具2片真叶时进行第一次追肥，幼苗具5片和10片真叶时，分别进行第二次和第三次追肥。以后视苗情，每隔20～30 d追肥1次，入冬后追最后1次肥。追肥多以氮肥为主，常用的有尿素、沤熟的粪液等。每次每公顷施粪液4 500～7 500 kg，加150 kg尿素，沟施或泼洒均可。

2. 移栽 当苗高30 cm以上时，就可以移栽定植。春秋移栽均可，但春季移栽为最好。选阴雨天，将苗起出，注意勿弄伤苗及状茎，每株苗带1～2条根茎，除上部2～3片叶不剪外，其余叶片应剪去2/3，以减少蒸发，利于成活。定植时，按100 cm×100 cm株行距挖穴，穴深为15 cm，穴径为30～35 cm，每穴施农家混合肥（厩肥、堆肥和熏肥混合）5～10 kg，与土拌匀后栽苗。每穴栽苗1株，栽时使其根茎自然舒展开。覆土以盖过头状茎为度，将土稍压紧，及时浇水保湿。

分株苗要带1～2条根茎，直接从母体上割下栽植，定植方法与上述相同。

（三）田间管理

1. 中耕除草 定植后第一年，植株分布稀疏，易滋生杂草，应进行2～3次中耕除草，将地内杂草除净，并铲松土壤，但要注意勿伤根茎。砂仁进入开花结果阶段，植株生长茂盛，不再进行中耕，有草及时拔除。

2. 割苗定苗 为了控制群体数目，维持田间植株的合理密度，使营养生长与生殖生长基本平衡，应进行割苗定苗工作。割苗定苗工作一般在2月和8～9月进行，割去枯、弱、病、残苗和过密的笋苗，使田间苗数控制在450 000株/hm^2左右。

3. 追肥培土 追肥是砂仁丰产的重要措施之一。砂仁定植，除施磷肥和钾肥外，应适当多施氮肥，每年追肥3～4次。进入开花结果的植株，追肥以有机肥为主，速效肥为辅。2月份主要追施磷肥、钾肥和适量氮肥（堆肥或熏肥）22 500～30 000 kg/hm^2、碳酸铵75 kg/

hm^2。对冬季较冷地区，立冬前后还应追施热性肥料 15 000 kg/hm^2，以利防寒保暖。为提高砂仁坐果率，在开花盛期和幼果期还可根外追肥，如用 0.2%磷酸二氢钾配合 0.5%尿素等溶液喷洒叶片，对减少落花落果，提高产量有益。

由于砂仁根状茎在地表蔓延，纵横交错，常年的雨水冲刷，常造成根状茎裸露，影响生根、抽笋和抽生花序。生产上，在收果后常结合秋季施肥用客土进行培土，一般每公顷培客土 22 500～30 000 kg，培土以掩埋根状茎 2/3 为度。

4. 调整荫蔽度 随着砂仁的生长，荫蔽树也在生长，致使砂仁生境荫蔽度逐渐增大，光照不足，光合能力下降，生长减慢，开花结果能力降低。所以要及时疏去过密的树枝树叶，使荫蔽度趋于合理。

5. 灌溉与排水 花果期若遇干旱，会造成干花、落果，降低产量；生育期间若缺水，会影响植株生长发育。因此干旱时应及时灌溉；雨季要及时排除积水，以免烂花、烂果、烂根茎。

6. 授粉 砂仁自然结实率很低，在缺乏昆虫传粉的情况下，采用人工辅助授粉，是砂仁增产的又一项重要措施。人工授粉是在砂仁花期每天 6：00～16：00 进行，方法有推拉法和抹粉法两种。

（1）**推拉法** 是用中指和拇指夹住大唇瓣和雄蕊，进行反复推拉，使花粉进入柱头孔。

（2）**抹粉法** 用一小竹片将雄蕊挑起，用食指或拇指将雄蕊上的花粉抹在柱头上，再往下斜擦，使大量花粉进到柱头孔上。

推拉法操作简单，可双手同时操作，效率高。抹粉法节省花粉，一个雄蕊的花粉可为几个雌蕊传粉。

彩带蜂、青条花蜂、排蜂等昆虫是砂仁最好的传粉媒介，在自然条件下，此类昆虫多的地段自然结实率一般可达 30%～40%，高的可达 60%～80%。为提高砂仁的授粉率，近年，许多产区采用人工饲养放蜂技术或有意识地保护授粉昆虫，提高坐果率。据广东产区调查，授粉效果较好的昆虫是彩带蜂，其次是芦蜂、红腹蜂及切叶蜂等。广西产区的青条蜂授粉效果较好。而云南产区调查发现，当地排蜂授粉效果最好，其次是彩带蜂，再次是中蜂。

7. 预防落果 在花末期和幼果期，喷 5mg/L 2，4-D 水溶液，或者 5mg/L 2，4-D 加 0.5%磷酸二氢钾，保果率可提高 14%～40%；用 0.5%尿素喷施花、果、叶，或 0.5%尿素加 3%过磷酸钙溶液喷施花、果，保果率可提高 52%～55%。

8. 病虫害防治 砂仁病害有炭疽病包括幼苗炭疽病（*Colletotrichum zingideris*）和成株炭疽病（*Colletotrichum gloeosporioides*）、纹枯病（*Rhizoctonia* sp.）、叶斑病（*Gonatapyricularia amomi*）及果腐病等。防治方法：选择适宜砂仁生长的生态环境，并注意挖好排水沟，保证土壤湿润而不积水；加强田间管理，合理施肥并及时调整荫蔽度；防止病菌传播，及时将田间病、老、枯、残植株及植株上的病叶等清除，集中埋掉或烧毁；药剂防治，可根据病情，用 70%甲基托布津 800～1 000 倍液喷防 2～3 次，叶斑病也可用 75%百菌清可湿粉剂 700 倍液喷洒防治。

砂仁虫害主要有幼笋钻心虫，可用 40%乐果乳油 1 000 倍液或 90%敌百虫 800 倍液喷雾。

五、砂仁的采收与加工

(一) 采收

在8月中下旬，当阳春砂仁果实由鲜红转为紫红色，缩砂蜜果实由绿色变为淡黄色，种子呈黑褐色而坚实，有强烈香辣味时，便可带果序采收，一般可产鲜果1 500 kg/hm^2。

(二) 加工

采收后的果实及时干燥，以免腐烂。果实干燥多用炉灰焙干，焙干温度为40℃左右。要经常翻动使果实干燥均匀。焙至六七成干时，可将果壳剥去，然后在35℃温度下焙至全干即可入药。

药材商品中带果皮的砂仁被称为壳砂；剥去果皮，种子团晒干后即为砂仁。剥下的果皮干燥后也可入药，功用与砂仁相同。砂仁药材均以个大、坚实、饱满、气味浓厚、无杂质、无虫蛀、无霉变者为佳。

复习思考题

1. 砂仁的生长发育有何特性?
2. 砂仁的开花结果有何习性?
3. 砂仁的栽培技术要点有哪些?

主要参考文献

刘波，刘红斌，王京昆，等 . 2008. 阳春砂仁药材质量标准研究［J］. 云南大学学报（自然科学版），30（3）：286.

欧阳霄妮 . 2010. 阳春砂资源调查与品质评价研究［D］. 广州：广州中医药大学 .

颜艳 . 2007. 中药砂仁的研究进展［J］. 中国中医药科技，14（4）：304 - 305.

张丹雁，刘军民，徐鸿华 . 2005. 阳春砂的病虫害调查与防治［J］. 现代中药研究与实践，19（4）：15 - 17.

张丽霞，彭建明，马洁，等 . 2009. 砂仁种质资源研究概况［J］. 时珍国医国药，20（4）：788 - 789.

第四节　山茱萸

一、山茱萸概述

山茱萸为山茱萸科植物，干燥成熟的果肉入药，生药称为山茱萸（Corni Fructus）。山茱萸含山茱萸苷、皂苷、鞣质、维生素、没食子酸、苹果酸及酒石酸等，有补益肝肾、收涩固脱的功能，用于眩晕耳鸣、腰膝酸痛、阳痿遗精、遗尿尿频、崩漏带下、大汗虚脱、内热消渴。山茱萸主产于浙江、河南和安徽，陕西、山西和四川也有栽培和野生。2003年末，河南省的一个基地通过国家GAP认证审查。

二、山茱萸的植物学特征

山茱萸（*Cornus officinalis* Sieb. et Zucc.）为落叶灌木或小乔木，高约4m。树皮淡褐色，枝皮灰棕色，小枝无毛。单叶对生，柄短；叶片卵形至椭圆形，长5～12cm，宽3～4.5cm，先端渐尖，基部楔形或圆形，全缘，正面近光滑，背面白色伏毛较密，侧脉6～8对，脉腋有黄褐色毛丛。伞形花序先叶开放，多为腋生，基部具4个小苞片，卵形，褐色；花黄色；花萼4裂，裂片宽三角形；花瓣4，卵形，长约3mm；雄蕊4，与花瓣互生；花盘环状，肉质；子房下位，2室，花柱1。核果椭圆形，熟时红色（图11-6）。花期2～4月，果期4～10月。

图11-6　山茱萸

三、山茱萸的生物学特性

（一）山茱萸的生长发育

山茱萸实生苗6年开始开花结实，20年左右进入盛果期，树形稳定，50年后树势衰弱，结果能力下降。山茱萸树寿命较长，一般可生长百年以上。

山茱萸每年花先叶开放，2月初花芽萌动膨大，从萌动到开花约需20d。初花期在3月初，此时日均气温高于5℃，花期25～30d。4月上旬果实明显膨大，4月下旬到5月中旬果实迅速生长。5月下旬果核硬化，8月中下旬开始部分变色，10月上旬大部分果实成熟，晚熟类型可延至11月上中旬成熟，果实成熟期为170d。

3月下旬至4月上旬开始展叶抽梢，4月中下旬至5月上旬叶片、新梢迅速生长，7月中下旬部分枝梢延续生长出现秋梢。每年4月中下旬到5月中旬，既是叶片、新梢、果实旺盛生长时期，又是下一年花芽分化的关键时期，到6月下旬，下一年花芽已形成。因此，加强田间管理，适时追肥，是提高产量和平衡大小年的重要措施之一。

（二）山茱萸种子的休眠特性

山茱萸种子具有休眠特性，自然成熟的种子采后播于田间，需6～18个月才能出苗。据陈瑛报道，自然成熟的种子胚已分化出胚根、胚芽和子叶，胚长度达种子的1/2～2/3，但生理上尚未成熟。另有报道，种皮坚硬木质化，内含树脂类物质，障碍透水、透气，属综合休眠类型。

（三）山茱萸的开花结果习性

山茱萸每年5月间花芽开始分化，6月下旬就可见到分化花芽。分化后的花芽需经生理低温后才能开放。一般从花芽分化开始至花粉形成，约需130d，至开花需350d左右。

山茱萸有3种结果枝：短果枝（<10 cm）、中果枝（10～30 cm）和长果枝（>30 cm）。据调查，不同树龄的3种结果枝中，均以短果枝结果为主，可占总结果枝的90%～97%（表11-5）。虽然短果枝平均每枝的坐果数少于中果枝，但由于所占的比例高而成为山茱萸的主要结果枝（表11-6）。

表11-5 不同树龄各类结果枝的比例

树　龄（年）	各结果枝类型所占的比例（%）		
	长果枝	中果枝	短果枝
8	2.1	7.5	90.4
40～50	1.2	2.2	96.6
100～200	0.8	1.9	97.3

山茱萸的枝多数当年不抽生二次枝，少数生长旺盛的枝能抽生二次枝，并在二次枝上形成花芽。生长枝在第二年顶芽萌发后，顶芽下各节的腋芽均能抽生中短枝条。这些中短枝条的顶芽一般都能形成芽，于次年开花结果。未形成花芽的中短枝条，第三年又继续抽枝，形成花芽，于第四年开花结实。

表11-6 山茱萸短果枝、中果枝坐果率比较

结果枝类型	结果枝数（条）	结果数（个）	平均每果枝结果数（个）
短果枝	220	641	2.9
中果枝	21	110	5.2

山茱萸的花芽属混合芽，花谢后，花序轴上可发1～2片叶，花序顶端在结果后略膨大，果树栽培学称为果台。果台腋芽具有早熟性，部分腋芽当年即可萌发抽生出果台副梢（又称为果台枝）。果台副梢多为2个（少数1个），一般发育为短枝，少数形成中枝和长枝。果台副梢的顶芽可分化为花芽或叶芽，有的一个为花芽，另一个为叶芽（图11-7）。果台副梢能否形成花芽与施肥有关，施肥对花芽的形成有促进作用（表11-7）。

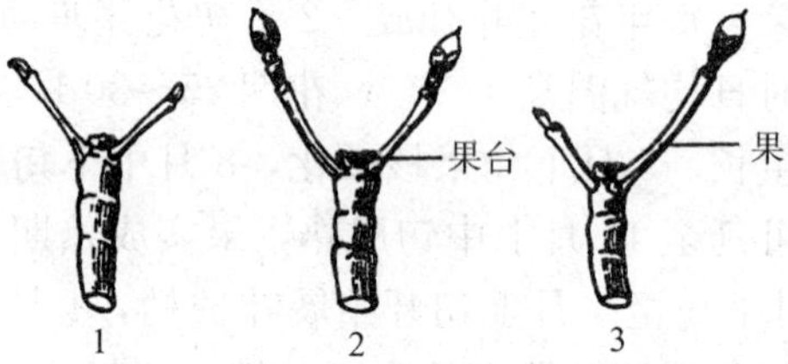

图11-7 山茱萸果台副梢
1. 抽生2个叶芽 2. 抽生2个花芽
3. 抽生1叶芽1花芽

表11-7 施肥对果台副梢形成花芽的影响

处　理	结果枝总数（个）	抽生的果台枝		
		具花芽		果台枝总数（个）
		数量（个）	所占比例（%）	
施　肥	490	526	73.3	718
对　照	385	161	25.7	626

据安徽产区调查，具有花芽的果台副梢在山茱萸总结果枝中占有很大比例，占50%以上（表11-8）。因此，如何促进果台副梢连年均衡生长，对克服山茱萸结果大小年，保证稳

产具有重要的作用。此外，由于果台副梢位于果柄两侧，采收果实时，很容易被损伤，从而影响到次年开花结果数目，生产上需要特别注意。

表 11-8　果台副梢结果在山茱萸结果枝中的比例

产　地	结果枝总数（个）	中长果枝所占比例（%）	短果枝所占比例（%）	具花芽果台枝所占比例（%）
石　台	794	7.6	26.1	66.3
歙　县	580	5.2	41.3	53.5

山茱萸各种类型的结果枝结果后，均能抽生果台副梢。果台副梢当年或第二年形成花芽，开花结果后又可形成果台副梢。这样数年后就形成了鸡爪状的结果枝群。结果枝群是山茱萸重要的结果部位，能连续结果 7～8 年，甚至 10 年以上。结果枝群的寿命和结果能力与其在树冠内所处的位置及栽培管理水平，尤其是与修剪技术有直接关系。因此，栽培时要注意结果枝群的培养，特别是外围生长枝的疏剪，以保证树冠内通风透光良好，这是延长结果年限的重要措施之一。

（四）山茱萸的生长发育与环境条件的关系

山茱萸分布在亚热带及温带地区，在海拔 200～1 400 m 的山坡上均能生长，以海拔 600～1 200 m 分布最多。光照充足、温暖湿润环境有利于其生长。在气温 7～40 ℃条件均可生长，适宜生长温度为 15～25 ℃。花期怕低温，适宜温度为 20～25 ℃。其花梗、花蕾需经 −7～3 ℃低温 60～75 d 才能现蕾开花。

山茱萸根系比较发达，支根粗壮，因此抗旱能力较强。加之其叶片表皮较厚，被有蜡质，有光泽，更增强了其抗旱能力。

山茱萸喜肥，种植在肥沃、湿润的土壤或沙壤土中产量高，土壤 pH 以 6.5～7.5 为宜。在瘠薄的土地上栽培必须注意施足肥料。地势以背风向阳为佳，既有充足光照，又有暖湿气流吹拂，且不易受冬季、早春寒冷空气的侵袭，最适宜山茱萸的生长。

四、山茱萸的栽培技术

（一）选地与整地

1. 选地　山茱萸栽培宜选土层深厚肥沃、排水良好的微酸性或中性壤土的山坡地。

2. 整地　山茱萸的育苗地一般翻耕深度为 25 cm 左右，耕后耙细，播前做成 1.3 m 宽的畦，并挖好排水沟。定植园一般翻耕深度为 20～30 cm，整平耙细后，按 3～4 m 株行距挖穴（窝），穴径为 50 cm 左右。每穴施有机肥 5 kg，与土混匀待定植。

（二）育苗移栽

山茱萸可用种子繁殖，也可进行扦插、压条、分株繁殖，生产上以种子繁殖为主，扦插繁殖为辅。

1. 育苗

（1）种子育苗　秋季果实成熟时，从结果多、产量高的植株上采摘皮厚粒大、充实饱满、无病虫害的果实做种。除去果皮，水洗后用湿沙层积处理。选向阳、排灌方便的场地做处理场，视种子多少挖一个相应规格的长方形土坑，坑深为25cm，坑底捣实整平，铺5～7cm厚湿沙，然后将待处理种子与3倍量湿沙混匀，放入坑内。也可将种子与2倍量的鲜马粪或牛粪混匀，装入坑内，其上覆盖10cm厚湿沙，经常保温保湿。冬季再盖草并覆土30cm左右，防止受冻。翌春当种子有30%～40%萌芽时，即可取出播种育苗。

每年3～4月播种育苗，在床面上按30cm行距开沟条播。沟深为3～5cm，撒种后覆土至沟平，播后床面盖草保湿。当种子待要出土时，撤去覆草，并注意拔除杂草。苗高15cm以上时定苗，按10～15cm株距定苗。定苗后可追肥，炎热夏季应注意防止强光暴晒。冬季床面上要盖草，或盖其他防寒物保湿、保温。第二年和第三年都要及时进行除草和追肥管理。一般育苗2～3年移栽。

（2）**扦插育苗** 陕西报道，扦插育苗以5月间进行为最好，此期扦插成活率高。从优良母株上剪取二年生枝条，剪成15～20cm长的插条，插条上部保留2～4片叶，其余叶片、叶柄全剪掉。插床用腐殖土和细沙按等量混合，宽为100cm，高为25～30cm。扦插时按20cm行距开沟，沟深为14～16cm，在沟内按8～10cm株距扦插，边插边覆土。插后浇透水，扣上农用薄膜，保持温度26～30℃，相对湿度60%～80%，透光度25%～30%。6月中旬撤去农用薄膜，经90～100d即能成活。育苗2～3年即可移栽。

2. 移栽 当苗高50～100cm时，即可起苗移栽，春季和秋季移栽均可。通常按3～4m行株距开穴，施肥后与土混匀，按常规方法栽苗，栽后浇水保湿。

（三）田间管理

1. 中耕除草 山茱萸行株距较大，幼苗生长缓慢。为充分发挥地力，各地多于行间间种矮棵作物，山茱萸田间的中耕除草，多结合管理间种作物同时进行，每年中耕除草3～4次。以后随着树冠扩大，中耕除草次数减少。成年园每年春季或秋进行一次中耕除草。

2. 施肥 幼树定植后，一般结合中耕除草采取根侧开环形沟施肥，可促进幼树早开花结实。成龄树一般在幼果期，追施速效肥1～2次，每株可用尿素0.3～0.5kg或粪水10～40kg。如有条件，在花期及幼果期，根外喷施0.5%尿素或1%～2%过磷酸钙及0.1%～0.2%硼酸，可提高坐果率。10～11月采果后，落叶前，每株施入农家肥25kg或混合肥料(按每株用绿肥或圈肥10～30kg、油饼及磷肥各0.5～1.5kg，混匀腐熟后施用)。

3. 灌溉与排水 开花前、幼果期及采果后应及时灌水。地势平坦地块，雨季应注意排水。

4. 培土 山茱萸根常由于山坡地的水土流失，造成根体裸露，因此常需进行培土工作。一般前4年生定植树，每年培土1次，四年生以后两年培土1次。

5. 整形修剪 一般定植当年或次年，干高80cm左右时定干。定的目的是保留主枝，使其均衡分布。当主枝长到50cm以上时，可摘心。这样在肥水管理较好情况下，3年初步形成树形，4年即可初次挂果。

（1）**整形** 山茱萸的整形，生产上一般有3种方式。

①自然开心形：此树形没有中央主干，只有3～4个强壮主枝，主枝着生角度一般为40°～60°。主枝上的副主枝数应视树形大小和主枝间距离而定，各枝条应均衡地分布于主枝的外侧。这样的树形，树冠比较开张，树膛内通风透光良好，并可充分利用立地空间，结果

面积较大，产量较高。

②自然圆头形：此树形一般在主干上有主枝4个以上，着生位部均衡，各主枝长势相近，适当抑制中央主干的生长，形成半圆头形树冠。一般主枝间保持20～30 cm距离，各向一方发展，相互间不重叠。主枝只留顶部侧枝，使其斜向向外生长。这样的树形，外层结果面积较大。但是，如果修剪、管理不当，树冠内比较荫蔽，结果偏少。

③主干疏层形：此树形有明显的中央主干做领导枝，在领导枝四周留2～3个分布相称、长势较均衡的枝条做第一层主枝。随着植株的生长，在适宜高度接着培养出第二层和第三层主枝，注意主枝的生长不应超过领导枝。这样的树形，树体高大，在主枝角度搭配合理的情况下，树膛内通风透光条件较好，能较充分地利用空间和光照，结果部位多，单株产量高。此树形最适合坡地及房前屋后栽培时采用。

这3种整形方式均可使幼树增产。但在缓解其结果大小年方面，自然开心形最好，其次是主干疏层形。

(2) **常年修剪**　树冠定形后，每年的修剪以疏除过密枝、徒长枝、枯梢和病枝等为主，不断调配好结果枝群、其他结果枝与营养枝的分布与比例，尽可能防止结果枝群、结果枝过早外移，保持树冠的均衡和优势，保证稳产高产。

(3) **老树复壮**　老龄树或管理不良的树，会出现焦顶、干枝、结果少、果皮薄等树势衰退现象。复壮更新为办法是，在收果后冬季，砍去树冠上方枯枝及部分焦顶枝，但不要一次将树冠砍光，选留1/4～1/3生长梢好的营养枝。管理不好的园地，还要清除地面杂草、杂树，改善植地条件，清理好排水沟，大量施入有机肥料。这样才能使树势恢复，结果增多。

6. 病虫害防治　山茱萸主要病害为灰色膏药病（*Septobasidium bogoriense* Pat.）。防治方法：用刀割去菌丝膜，然后在病部涂5波美度的石硫合剂；用石硫合剂（冬季用8波美度，夏季用4波美度）喷雾，消灭病原及传染媒介；发病初期，用1∶1∶100波尔多液喷洒，每10 d一次，连喷多次。

山茱萸虫害主要为木橑尺蠖（*Culcula panterinaria* Bremer et Grey）。防治方法：早春在植株周围1 m范围内挖土灭蛹；7月初幼虫盛发期，对一龄和二龄幼虫及时喷90%敌百虫800倍液防治。

此外，果实转红时，鸟兽很喜啄食，应设专人看管。

五、山茱萸的采收与加工

（一）采收

秋季霜降后，当果实外表鲜红时即可采收。采收时防止伤枝，切忌折枝采果，亦不能用手捋，以免损伤花芽和果台副梢，影响下年产量。

（二）加工

采回的果实除去果柄及夹带的少量枝叶，即可加工，常见的加工方法有下述两种。

1. 水煮法　将鲜山茱萸果实放入沸水中煮5～10 min，煮至手能捏出种子为度。然后将果实捞出，放入冷水中稍冷却，趁热将果核捏出，然后将果皮晒干或用低温烘干。此加工方法的优点是，加工耗时较少，缺点是加工的萸肉色泽较差，损耗也大，因此实际中采用较少。

2. 烘干法 将鲜果放入竹篮内，用文火烘至果实膨胀；待温度上升到30～40℃时，保持10～20min，即取出果摊开稍晾后，挤出果核，干燥。此方法的缺点是耗时较多，但加工出的萸肉色泽鲜红、损失少、质量好。鲜干比为8∶1。

近年，采用了脱皮机去果核。用脱皮机脱皮的果实不能用充分成熟的，水煎或火烘的时间应适当缩短。

产品不分等级，干品呈不规则的片状或囊状，外观皱缩，色鲜红、紫红至暗红色，味酸涩。产品以光泽油润，果核不超过3%，无杂质，无虫蛀，无霉变者为佳。

复习思考题

1. 山茱萸的生长发育有何特性？
2. 山茱萸的开花结果有何习性？
3. 山茱萸的整形修剪技术有哪些？

主要参考文献

杨兴香，马晓，李方平，等.2008. 山茱萸早产栽培技术［J］. 河北农业科学，12（3）：49.
周生海，吴志新，闫龙民.2004. 山茱萸的药用及栽培［J］. 特种经济动植物（6）：29.

第五节 枸杞

一、枸杞概述

枸杞为茄科植物，宁夏枸杞和枸杞的干燥成熟果实入药，生药称为枸杞子（Lycii Fructus)。枸杞含甜菜碱、酸浆红素、抗坏血酸、多种维生素、氨基酸及钙、磷、铁等，有滋补肝肾、益精明目的功能，用于虚劳精亏、腰膝酸痛、眩晕耳鸣、阳痿遗精、内热消渴、血虚萎黄、目昏不明。主产于宁夏的枸杞称为宁夏枸杞，产于河北和天津等地的枸杞称为津枸杞。枸杞根皮干燥后入药，生药称为地骨皮（Lycii Cortex)，其含甜菜碱和皂苷，有凉血除蒸、清肺降火的功能，用于阴虚潮热、骨蒸盗汗、肺热咳嗽、咯血、衄血、内热消渴。因枸杞可药食两用，近年已开发出了大量的保健食品，生产面积扩大很快。全国枸杞栽培面积已达9×10^4～10×10^4hm²，年产枸杞干果67 500～75 000t。一些新产区（如甘肃）将枸杞作为改良盐碱地的主体作物来种植；新疆将枸杞作为其农业的三大支柱产业。枸杞产业的发展中也存在一些技术问题，给安全生产带来了较大困难，包括病虫害、水肥管理、初加工中硫黄熏蒸等问题，有待于进一步研究解决。

二、枸杞的植物学特征

1. 宁夏枸杞 宁夏枸杞（*Lycium barbarum* L.）又名中宁枸杞、山枸杞，为落叶灌木，高达2.5m。分枝较密，多呈灰白色或灰黄色，有棘刺。叶互生或簇生于短枝上，叶片长椭圆状披针形或卵状矩圆形，长2～3cm，基部楔形并下延成柄，全缘。花腋生，常1～2朵或多达6朵（在短枝上）同叶簇生，花梗长5～15mm；花萼钟状，长4～5mm，通常2中裂，稀3～5裂；花冠漏斗状，粉红色或紫红色，5裂，裂片无缘毛；雄蕊5，花丝基部密生绒毛。浆果宽椭圆形，长10～20mm，径5～10mm，红色；种子多数，肾形，棕黄色（图11-8）。花期5～10月，果期6～11月。

2. 枸杞 枸杞（*Lycium chinense* Mill.）株型较小；枝条细长，常弯曲下垂；花冠筒短于或等于上部裂片，裂片有缘毛；果实较小。花期6～9月，果期8～11月。

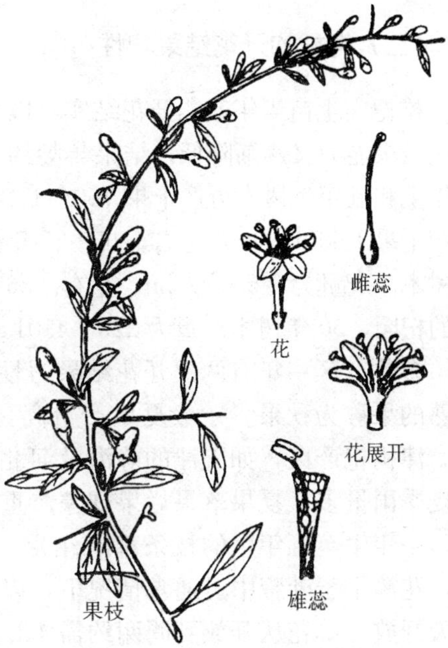

图11-8 宁夏枸杞

三、枸杞的生物学特性

（一）枸杞的生长发育

枸杞种子小，千粒重为0.83～1.0g，种子寿命长，在常规保存条件下，保存4年时发芽率仍在90%以上。种子发芽的最适温度为20～25℃，在此种条件下7d就能发芽。

枸杞根系较发达，其根系沿耕层横向伸展较快，纵向伸展较慢。每年3月中下旬根系开始活动，3月底新生吸收根生长，4月上中旬出现第一次生长高峰，5月后生长减缓，7月下旬至8月中旬根系出现第二次生长高峰，9月生长再次减缓，到10月底或11月初根系停止生长。

枸杞的枝条和叶也有两次生长习性。每年4月上旬，休眠芽萌动放叶，4月中下旬春梢开始生长，到6月中旬春梢生长停止。7月下旬至8月上旬，春叶脱落，8月上旬枝条再次放叶并抽生秋梢，9月中旬秋梢停止生长，10月下旬再次落叶进入冬眠。

伴随根、茎、叶的两次生长，开花结果也有两次高峰，春季现蕾开花期是4月下旬至6月下旬，果期是5月上旬至7月底，秋季现蕾开花多集中在9月上中旬，果期在9月中旬至11月上旬。

枸杞树干基部的萌蘖能力较强，任其自然生长，则多形成多干丛生的灌木状，人工修剪后呈单干果树状。一株枸杞正常生长发育，其寿命可超过百年，前5年为幼龄期，株体随树龄增加而长大，树干增粗，树体长高，树冠扩大，此期根颈处平均年增长量达0.7cm。6～10年树体进一步扩大，树冠充实，根颈平均年增长量为0.4cm。11～25年树体增长明显减缓，树冠幅度与枝干基本稳定，根颈年增长量为0.1cm。26～35年与11～25年相似，只是根颈年增长量为0.15cm。树龄进入36～55年后，树体长势衰弱，树冠出现脱顶，严重的树干出现心腐。56年后进入衰亡期，生长势显著衰退，树冠枝干减少树形变态，树干、主根都会出现心腐。

枸杞的品种类型不同，其枝条性状差异较大，通常按枝条分为硬条型（白条枸杞等）、软条型（“尖头黄叶”枸杞）和半软条型（“麻叶”枸杞等）。软条型和半软条型品种，其枝条常常下垂，整形定干较费工。

（二）枸杞的开花结果习性

枸杞实生苗当年就能开花结实，以后随着树龄的增长，开花结果能力逐渐提高，36 年后开花结果能力又逐渐降低，结果年龄约 30 年。一般把 1～5 年称为初果期，管理良好的杞园，四年生和五年生树木可产干果 750～1 125 kg/hm²。6～35 年为盛果期，其中 6～10 年的树木，可产干果 1 500 kg/hm² 左右；11～25 年树木，产量稳定，产量为 1 800～2 250 kg/hm²；26～35 年树木，产量为 1 500 kg/hm² 左右。36～55 年的树木，由于长势衰弱，产量显著下降，管理好的杞园，50 年树木产量为 225～450 kg/hm²。55 年以后，基本没有经济价值。

多数产区一年有两次开花结果习性，宁夏产区将 6～8 月成熟的果称为夏果，9～10 月成熟的果称为秋果。一般夏果产量高，质量好；秋果气候条件差，产量低，品质也不及夏果。津枸杞产区，如天津的静海及河北的大城和青县等地，则有春果、夏果和秋果之分，由于夏季雨量多，夏果落果烂果现象严重，生产上通过管理措施保春果和秋果。

一年生至五年生的枝条都能结果。一年生枝条上，花单生于叶腋；二年生至五年生枝条，花簇生于叶腋中。通常情况下，以二年生至四年生的结果枝着花的数量最多。小花多在白天开放，单花从开放到凋谢约需 4 d。开放的时间与气温有关，气温在 18 ℃以上时，上午开花多；气温低于 18 ℃，中午开花较多。

授粉后 4 d 左右，子房开始迅速膨大，在果实成熟期间，红果类型品种的果色变化较大，颜色变化的顺序是：绿白色→绿色→淡黄绿色→黄绿色→橘黄色→橘红色，成熟时则变成鲜红色，单个果实的发育需 30 d 左右。枸杞的落果率较高，一般可达 30%左右，尤其幼果期落果最多，因此在结果期应加强保果管理。

枸杞的结果枝有 3 种。①两年生以上的结果枝，产区称为老眼枝，这种枝开花结果早，开花能力强，坐果率高，果熟早（多为春果或夏果），是枸杞的主要结果枝之一。②当年春季抽生的结果枝，产地称为七寸枝，这种枝条开花结果时间稍晚，边抽生、边孕蕾、开花、结实，花果期较长，也是一种主要结果枝，但坐果率较低。两种结果枝开花结实特点见图 11-9。③当年秋季抽生的结果枝，当年也开花结实，但产量较低。虽然秋果枝与前两种结

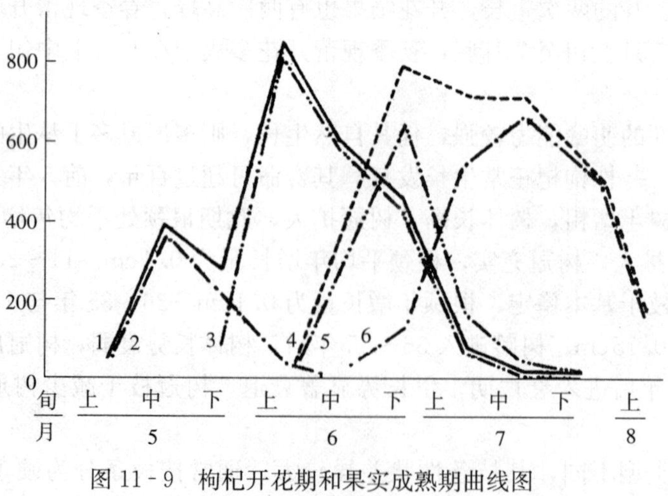

图 11-9 枸杞开花期和果实成熟期曲线图

1. 整个开花期 2. 老眼枝开花期 3. 七寸枝开花期 4. 整个果熟期 5. 老眼枝果熟期 6. 七寸枝果熟期

果枝相比，结果所占比重不大，但它可以在第二年转变为老眼枝，增加结果枝的数目，对产量的稳定和增加有较大作用，所以生产上要保持一定数量的秋果枝。

开花、结果时间随树龄不同而异，一般五年生以内的幼树，花果期稍晚，随着树龄的增加，花果期逐渐提前，产量也逐步提高（图 11-10）。

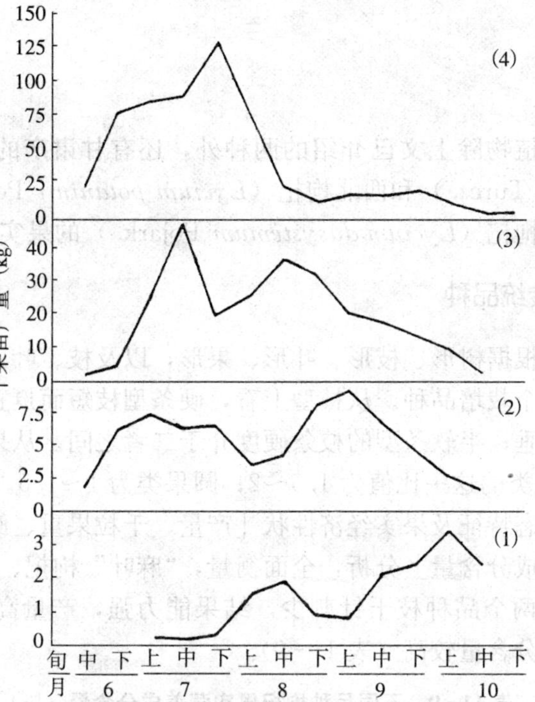

图 11-10 幼龄枸杞果实成熟期的变化曲线图

（1）二年生枸杞果实成熟期主要集中在后期

（2）、（3）三年生和四年生枸杞果实成熟期向前推移

（4）五年生枸杞果实成熟期主要集中在前期

（1 亩=1/15 hm²）

（三）枸杞的生长发育与环境条件的关系

枸杞具有较强的适应性，对温度、光照和土壤等条件的要求不太严格。

从主要分布区的气温看，一般年平均在 5.6～12.6℃的地方均可栽培。当气温稳定在 7℃左右时，种子即可萌发，幼苗可抵抗短期－2～－3℃低温。春季根系在 8～14℃时生长迅速，夏季根系在 20～23℃时生长迅速。气温达 6℃以上时，春芽开始萌动；茎叶生长的适宜温度是 16～18℃；气温 21～24℃，有利于秋季芽的萌发和茎叶的生长；开花期温度以 16～23℃较好；结果期以 20～25℃为宜。

枸杞喜光，光照充分，则植株发育良好，结果多，产量高。

枸杞喜湿润条件，怕积水。产区认为，生长季节土壤含水量以保持在 20%～25%为宜。果期怕干旱，缺水会导致落果、干果，降低产量。积水会诱发根腐病，所以雨季应及时排涝。

枸杞在一般的土壤上都能生长，但以壤土、沙壤土和冲积土上枸杞产量高、质量好。过沙或过黏的土壤不利于枸杞的生长。枸杞耐盐碱能力强，即使含盐量达 0.5%～1.0%的土壤也能生长，但 0.2%以下的含盐量有利于枸杞的高产。

四、枸杞的品种类型

（一）其他原植物

现今入药枸杞的原植物除上文已介绍的两种外，还有甘肃产的甘州子，为土库曼枸杞（*Lycium turcomanicum* Turcz.）和西北枸杞（*Lycium potaninii* Pojark.）的果实；以及新疆产的古城子，为毛蕊枸杞（*Lycium dasystemum* Pojark.）的果实，当地都做枸杞子使用。

（二）宁夏枸杞的传统品种

宁夏枸杞的品种，根据树形、枝形、叶形、果形，以及枝、叶、果的颜色等，可分成 3 个枝型、3 个果类、12 个栽培品种。从枝型上看，硬条型枝短而挺直，斜伸或平展；软条型枝长而软，几乎直接下垂；半软条型的枝条硬度介于二者之间。从果型看，长果的果长与果径比值为 2～2.5；短果类的这一比值为 1.5～2；圆果类为 1～1.5。

对这些品种植物形态特征及果实经济性状［产量、千粒果重、鲜干比、优质果率（一等和二等果比率）和营养成分含量］分析，全面衡量，“麻叶”枸杞、“大麻叶”枸杞是宁夏枸杞中较优良的品种。这两个品种枝干针刺少，结果能力强，产量高，千粒果重大，优质果多，果实中各种营养成分含量较高（表 11-9）。

表 11-9　不同品种枸杞果实营养成分含量（%）

品种名称	水　分	灰　分	蛋白质	粗脂肪	还原糖	总糖量
“白　　条”	11.25	5.34	15.39	10.59	12.75	24.24
“尖头黄叶”	12.22	4.46	13.64	9.23	17.99	42.82
“麻　　叶”	11.35	6.62	20.79	9.99	21.50	24.20
“大麻叶”	11.84	4.84	9.31	7.93	24.65	36.56
“圆　　果”	12.16	4.06	17.48	5.41	21.51	30.38
“黄　　果”	10.81	4.86	12.29	9.36	27.86	52.28

（三）新育成的品种

近年来，人们从“大麻叶”枸杞中又选育出“宁杞 1 号”和“宁杞 2 号”两个优良品种，其中“宁杞 1 号”推广面积较大。此外，还选育出了 1 个菜用品种。2 个种植面积较大的品种介绍于下。

1. “宁杞 1 号”　“宁杞 1 号”是宁夏农林科学院从当地传统品种“大麻叶”中通过单株选优培育而成的优良品种，是宁夏、新疆、甘肃和内蒙古等枸杞主产区近年来的主栽品种。栽培 4 年即进入盛果期。成龄期株高 1.4～1.6 m，根茎粗 4.4～12.5 cm，株冠直径 1.5～1.7 m。树皮灰褐色，当年生枝条灰白色，嫩枝梢端淡绿色。结果枝细长而软，棘刺少。熟果鲜红，果身度椭圆柱状，鲜果纵径 1.5～1.9 cm，横径 0.7～0.9 cm，鲜果千粒重 505～582 g，最高株产鲜果 7.6 kg，盛果期单产 5 250～6 000 kg/hm²。果实鲜干比为 4.17：1。甲级果占 33%～37.7%。抗旱、抗盐碱。

2. "宁杞菜 1 号" "宁杞菜 1 号"是菜用型枸杞，系野生枸杞与宁夏果用枸杞人工杂交获得的菜用型新品种上。该品种对土壤要求不严格，沙壤、轻壤、重壤和盐碱地均可种植，且抗旱、抗湿、抗病。其主要营养成分维生素、氨基酸、蛋白质、总糖和碳水化合物均高于常规蔬菜。二年生主根长 30～50 cm，粗 0.5～1.5 cm；侧根长 16～25 cm，粗 0.2～0.5 cm。栽培园嫩茎高 15 cm 左右，在生产季节每 6～8 d 采摘 1 次；叶脉明显，主脉紫红色，叶厚。

五、枸杞的栽培技术

(一) 选地与整地

枸杞的育苗田以土壤肥沃、排灌方便、pH8 左右的沙壤土为宜。选好地后，有条件的地区最好采用秋季翻地，结合施足基肥，可每公顷施厩肥或堆肥 37 500 kg，或施磷二铵 375～525 kg。翻地深度 30 cm 以上为宜，做成 1.0～1.5 m 宽的畦，播种前 3～4 d 要灌好坐水。

定植地可选壤土、沙壤土或冲积土，要有充足的水源，以便灌溉。土壤 pH8 左右，含盐量应低于 0.2%。定植地多进行秋耕，翌春耙平后，按 170～230 cm 距离挖穴，穴径为 40～50 cm，穴深为 40 cm，备好基肥，移栽前 3～4 d 灌好坐水待用。

(二) 育苗移栽

枸杞可用种子、扦插、分株、压条繁殖，生产以种子和扦插育苗为主。

1. 育苗

(1) 种子育苗

①种子处理：播前将干果在水中浸泡 1～2 d，搓除果皮和果肉，在清水中漂洗出种子，捞出稍晾干，然后 1 份种子与 3 份细沙拌匀，在 20 ℃条件下催芽，待种子有 30%露白时，再行播种。

②育苗方法：育苗时以春播为好（表 11-10），当年即可移栽定植。多用条播，按行距 30～40 cm 开沟，将催芽后种子拌细土或细沙撒于沟内，覆土 1 cm 左右，播后稍镇压并覆草保墒。在西北干旱多风地区，播种可采用深开沟，浅覆土的方法。播种量为 7.5 kg/hm²。

表 11-10 播期与苗木生育调查

播 期	苗 高 (cm)	根 颈 粗 (cm)	苗木成熟度
5 月中旬	67	0.50	基本木化
7 月上旬	28	0.45	苗顶 5～10 cm 未木化

③苗期管理：一般播后 7～10 d 出苗，待出苗时及时撤除覆草。当苗高 3～6 cm 时，可进行间苗；苗高 20～30 cm 时，按株距 15 cm 定苗。结合间苗、定苗，进行除草松土，以后及时拔除杂草。一般 7 月份以前注意保持苗床湿润，以利幼苗生长；8 月份以后要降低土壤

湿度，以利幼苗木质化。苗期一般追肥两次，每次施入尿素 75～150 kg/hm²，视苗情配合适量磷肥和钾肥。

（2）**扦插育苗** 在树液流动前，选一年生的徒长枝或七寸枝，截成 15～20 cm 长的插条，插条上端剪成平口，下端削成斜口，按行株距 30 cm×15 cm 斜插于苗床中，保持土壤湿润。插条成活率：徒长枝高于七寸枝，粗枝高于细枝，枝条中下部高于上部，一般成活率可达 80%以上。苗期管理同种子育苗。

2. 移栽 应选择健壮、无病虫害的苗移栽，要求移栽苗株高达到 60～80 cm、根颈部直径 0.7 cm 以上。枸杞移栽（定植）有两种方式，一种是按穴距 230 cm 挖 40 cm×40 cm×40 cm的大穴，每穴种 3 株，穴内株间距 35 cm，呈三角形；另一种是按 170 cm 距离挖穴（直径为 20 cm，穴深为 30 cm），每穴种 1 株。第一种定植方式适用于风沙大地区，当植株生长比较强壮后，还要挖出 1～2 株移走；第二种定植方法造用于风沙小的地区，单株定植，有利于枝条的伸展，生长发育良好。

枸杞移栽，春季和秋季均可，春季在 3 月下旬至 4 月上旬进行，秋季 10 月中下旬进行。定植不宜过深，定植时应开大穴而浅平，把根系横盘于穴内，覆土 10～15 cm，然后踏实灌水。

（三）田间管理

1. 翻晒园地、中耕除草 翻晒园地，每年一次，春季或秋季进行。春季多在 3 月下旬到 4 月上旬进行，俗称挖春园。挖春园不宜过深，一般为 12～15 cm。挖春园的主要目的是保墒，促进春季根系延伸和芽的萌发。秋季翻晒园地在 10 月上中旬进行（俗称挖秋园），此次挖园可适当深挖，为 20 cm 左右。挖秋园除可增加土壤蓄水能力外，还可有效地改善土壤理化性能，并能消灭部分有害病原菌和虫卵。

一般幼龄枸杞，树冠未定形，杂草易滋生，中耕除草要勤。树冠定形后，中耕除草次数可酌减。中耕除草一般每年进行 3～4 次，多在 5～8 月间进行。由于枸杞的萌蘖能力强，结合中耕除草，应将无用的萌蘖及蘖芽去除，以保证母株良好发育。

2. 施肥 追肥分生长期追肥和休眠期追肥。休眠期追肥以有机肥为主，三年生至四年生一般单株追施圈肥等 10 kg 左右，五年生至六年生增加到 15～20 kg，七年生以上 25 kg 左右。可在 10 月中旬到 11 月中旬施入，可用对称开沟或开环状沟施肥，也可在行间靠近树冠边缘顺行开沟施肥，施肥深度以 20～25 cm 为宜。生育期追肥多用速效性肥料，常用硝酸铵、硫酸铵、尿素、过磷酸钙等。一般每年追肥 2～3 次，二年生至四年生于 6～8 月追肥，五年生以后于 5～7 月进行。二年生每次每株用肥量为 25 g，三年生至四年生为 50 g，五年生以后为 50～100 g。可直接撒施在树盘范围内，施后浅锄灌水。许多单位或地区在花果期，为提高坐果率还进行根外追肥，用硫酸钾、磷酸二氢钾等用水配成 0.1%～0.5%的浓度进行叶面喷施，每公顷用肥量为 15 kg。

3. 灌溉与排水 二年生至三年生的幼龄枸杞应适当少灌，以利于根系向土壤深层延伸，为成龄枸杞根深叶茂打下基础。一般每年灌水 5～6 次，多在 5～9 月及 11 月每月灌水 1 次。四年生以后，在 6～8 月每月还要增加 1 次灌水，使每年灌水次数达到 7～8 次。一般幼果期，需水较多，此期不可缺水。在雨水较大的年份，可酌情减少灌水，并在积水时注意排水。

4. 并杆　枸杞幼树枝嫩柔软，难直立，因此在建园第一年开始就要并杆。方法是选择直径为 1.5～2.0cm、长为 1.5～2.0m 的竹竿或树干，插在枸杞树边，用布条或其他绳子捆绑枸杞树干和并杆，以提高其抗倒伏能力。

5. 整形修剪　定植后的枸杞在大量结果前，必须加以人工整形修剪，才能培养成树形好、结果多的丰产树。幼龄枸杞的整形需要 5～6 年，分 3 个阶段。

(1) **剪枝定干**　定植当年春季，在幼树高 50～60 cm 处剪顶定干，剪口下选留 3～5 个长 10～20 cm 的强壮侧枝，侧枝应均衡分布，做树冠的骨干枝。

(2) **培养基层**　定植后第二年至第四年，分别在上年的每个骨干枝上选留 3～4 个枝条，于 30 cm 处剪口，以延长骨干枝。经过这 3 年培养，使树冠不断增高、扩大、充实，第四年树高可达 120 cm，冠幅达 120～150 cm。

(3) **放顶成型**　第五年至第六年以主干为中心，选留徒长枝，继续充实树冠，使树体高为 160 cm 左右，上层冠幅约 150 cm，下层冠幅约 200 cm，枝干分布均匀，受光良好，呈半圆形。对多年未整形的幼树，要因树制宜，疏掉过密枝条，逐步用新代旧。

成龄树则主要进行修剪，维持原有树形。修剪以果枝更新为主，随时剪去枯老枝、病枝、过密枝及刺。注意剪顶、截底、清膛、修围，去旧留新，去高补空，保持原有树形，保证高产稳定。修剪多在每年春季、夏季和秋季进行。春季在植株萌芽后，新梢生长前进行，剪除枯枝、交叉枝和根部萌蘖枝。夏季在 5～8 月，植株生长期进行，剪除无用的徒长枝、过密枝和纤弱枝，并适当剪去老的结果枝，以利培育新的结果枝。秋季适当剪短秋果枝，剪除刺枝。对老果枝修剪，应视新果枝的多少而定，如新果枝多，老果枝可多剪。

6. 搭网　枸杞果含糖量高，极易被鸟类啄食，造成鸟害。鸟害严重地区，可在枸杞园建造 2 m 左右高的网架，网目为 1.5～2.0 cm，可有效防止鸟害。

7. 病虫害防治　枸杞病害有炭疽病（黑果病）[*Glomerella cingulata*（Stonem）Spauld et Sch.]、灰斑病（*Cercospora lycii* Ell. et Halst.）和根腐病（*Fusarium* sp.）等。防病措施：实施检疫，严禁使用有病种苗；秋后清洁田园，及时剪去病枝、病叶及病果，减少越冬菌源；加强肥水管理，提高植株的抗病能力，减轻病害发生。药剂防治可在发病前 20 d 用 65%代森锌 400 倍液或 50%托布津 1 000 倍液，每隔 7～10 d 喷 1 次，连续 2～3 次。雨季前，喷洒 1：1：120 波尔多液，每隔 7～10 d 喷 1 次，连续 3～4 次。

枸杞虫害有负泥虫（*Lema decempunctata* Scopoli）、实蝇 [*Neoceratitia asiatica*（Becker）] 和蚜虫等。防治方法：忌与茄科作物间作或套作；随时摘除虫果，集中烧埋；根据发病情况，可在展叶、抽稍期使用 2.5%扑虱蚜 3 500 倍液喷树冠；开花坐果期使用 1.5%苦参素喷施，严重时可用 40%乐果乳剂 1 500 倍液或 80%敌百虫 1 000 倍液喷雾，每 7～10 d 喷 1 次，连续 3 次。

六、枸杞的采收与加工

（一）采收

1. 果实采收　当枸杞果实变红，果蒂松软时即可采摘。采果宜在每天早晨露水干后进行。采果时要注意轻摘、轻拿、轻放，否则果汁流出晒干后果实会变成黑色（俗称油子），降低药材品质。留种用果实，应选“宁杞1号”、“宁杞2号、“麻叶”、“大麻叶”等品种。

2. 根皮采收 根皮采收，以野生枸杞为主，春季采收为宜，此时浆气足，皮黄而厚易剥落，质量最好。一般都是直接将根从地内挖出，然后剥皮。

（二）加工

1. 果实加工 采下的鲜果及时放在干燥盘上，先在阴凉处放置2d，然后放在较弱日光下晾晒，10d左右即可晒干。注意不能在烈日下暴晒或用手翻动，以免果实起泡变黑。

也可采用烘干法。烘干分3个阶段，首先在40～45℃条件下烘烤24～36h，使果皮略皱；然后在45～50℃条件下烘36～48h，至果实全部收缩起皱；最后在50～55℃烘24h即可干透。

干透的果实除净果柄、杂质即可入药。

产品规格：以果实干燥，含水量为10%～12%，果皮柔软滋润，多糖质，色红一致，个大肉厚，无油果，无杂质，无虫蛀，无霉变者为优。

2. 根皮加工 将挖出的根，洗净泥土，然后用刀切成6～10cm长的段，剥下根皮。也可用木棒敲打树根，使根皮与木质部分离，然后去掉木心。根皮晒干后即可入药。

复习思考题

1. 简述枸杞的生物学特性。
2. 简述枸杞的扦插育苗技术要点。
3. 枸杞栽培中为什么要拼杆和搭网？
4. 枸杞生产中存在的主要问题是什么？如何解决？
5. 枸杞有哪些主要病虫害，其防治方法各是什么？

主要参考文献

安巍.2005. 枸杞规范化栽培及加工技术［M］. 北京：金盾出版社.

李共欣，郭伟，孙忠义.2009. 枸杞的丰产栽培技术［J］. 吉林林业科技，38（5）：49-51.

施仕胜.2004. 枸杞无公害栽培技术［J］. 湖北植保（3）：22，24.

周斌，蔺海明，薛福祥，等.2009. 高海拔区覆盖栽培对幼龄枸杞生长的影响［J］. 甘肃农业大学学报，44（6）：97-101.

第六节 五味子

一、五味子概述

五味子原植物为木兰科植物五味子，以干燥成熟果实供药用，习称北五味子，生药称为五味子（Schisandrae Chinensis Fructus）。五味子含挥发油、木脂素等，主要成分有五味子素、去羟基五味子素、γ五味子素和五味子醇等，还含糖类、苹果酸、枸橼酸、酒石酸、精氨酸、树脂状物质、维生素C、鞣质等，有收敛固涩、益气生津、补肾宁心的功能，用于久嗽虚喘、梦遗滑精、遗尿尿频、久泻不止、自汗盗汗、津伤口渴、内热消渴、心悸失眠等症。五味子主产于东北三省，其次是河北和内蒙古，销全国，并出口。五味子是常用名贵中药材，药食兼用，需求量大，平均每年为3 500～4 000 t。多年以来，五味子一直来自野生，无计划过量地掠夺式采摘，使五味子资源遭到严重破坏。因此，辽宁率先开展了规模化引种，并带动了吉林和黑龙江省，经过20多年的努力，大规模的生产量已经基本可以满足市场需求。

同科的华中五味子的干燥成熟果实入药则是另一种药材南五味子（Schisandrae Sphenantherae Fructus），主产于河南、陕西、甘肃、四川和云南等地，功能主治同北五味子。

二、五味子的植物学特征

1. 五味子 五味子［*Schisandra chinensis* (Turcz.) Baill.］又名北五味子、辽五味子，为多年生落叶木质藤本，长达8 m。茎皮灰褐色，皮孔明显；小枝褐色，稍具棱角。叶互生，叶柄长1.5～4.5 cm；叶片纸质或近膜质，宽椭圆形、倒卵形或卵形，长5～11 cm，宽3～7 cm，先端急尖或渐尖，基部楔形或宽楔形，边缘疏生有腺的细齿，正面无毛，背面脉上嫩时有短柔毛。花单性，雌雄同株，单生或簇生于叶腋；花梗细长而柔弱；花被片6～9，黄白色或带粉红色，芳香；雄花有5个雄蕊，花药有较宽的药隔，花粉囊两侧着生；雌花心皮多数，分离，螺旋状排列。花后花托逐渐伸长，至果成熟时呈长穗状，其上生长球形、肉质、深红色的浆果（图11-11）。花期5～6月，果期7～9月。

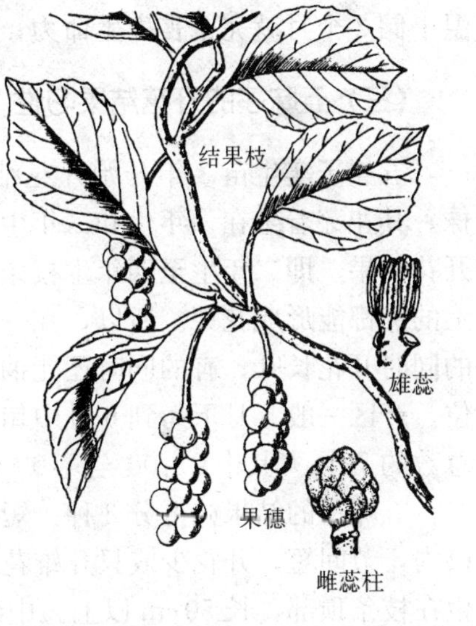

图11-11 五味子

2. 华中五味子 华中五味子［*Schisandra sphenanthera* Rehd. et Wils.］又名南五味子，其植物学特征近似五味子，主要区别是雄花雄蕊为10～15个，花丝短。

三、五味子的生物学特性

（一）五味子的生长发育

五味子是多年生落叶木质藤本植物。处理后的种子春播当年出苗，种子萌发时先伸出胚根，逐渐发育成主根。随后，侧根开始发育，当年秋季，主根与侧根根粗相近，并在小苗根颈部开始形成根茎。一年生小苗的根系入土较浅，伸展幅度较窄，所以其地上部生长缓慢，当年只形成10片叶左右。二年生小苗生长较快，地上茎开始分枝，根茎渐渐伸长，其上疏生较短的须根。三年生以后开始开花结实。五年生以后进入盛果期。产区五味子一般每年5月上中旬开始放叶，放叶后随即现蕾开花，6 月上旬为盛花期，花后枝叶繁茂。新梢年生长量因枝条不同而不同，短结果枝发出的新梢生长缓慢，一般年生长量在 15 cm 以下，着生5～6 片叶；长结果枝发出的新梢年生长量达 50～100 cm；中结果枝发出的新梢年生长量介于上二者之间。9 月底果实成熟。随着气温降低，叶片开始枯黄脱落。全生育期为 100～120 d。

五味子根茎发达，二年生实生苗根茎开始快速生长，3 年后根茎开始分枝，根茎可形成多级分枝，沿耕层横生于田间，有时露出地面，形成地上植株。根茎上的腋芽也可萌蘖出土形成地上植株。野生五味子根茎特别发达，萌蘖植株特别多。有人挖取百米长地下根茎，其上生有 90 余个地上植株，野生五味子借此特性，在自然环境下多年生长发育形成较大的无性系群体。野生五味子根茎上的 1～3 年新生萌蘖苗分割后（约 1m 长根茎）可形成独立个体。

（二）五味子种子的生物学特性

五味子 8 月末至 9 月中旬果实成熟，采集的果实搓去果皮果肉，漂除瘪粒，晾干后湿砂保存。干种子千粒重为 17～25 g。五味子种子具休眠特性，种皮坚硬光滑，皮下具油层，不易透水，透气；自然成熟的种子，种胚细小，具后熟特性。一般去果肉的种子寿命较短，室温干储 2 个月就完全丧失生命力；带果肉储存 1 年发芽率仍很高。

（三）五味子的开花结果习性

五味子实生苗 3 年开始开花结果，以后年年开花结实。五味子的花为单性花，雌雄同株。其花芽着生在一年生和二年生枝条上，常与叶芽着生于同一叶腋，也有混合芽，第二年开花结果，即二年生至四年生枝条结果。由于受各种条件影响，在一个枝条上不是所有节位上的芽都能形成花芽。所以，在一个中长果枝上，有的节位上的芽能开花；有的只长叶；有的同时开花长叶；有的同时还能抽生新梢。一个花芽开花 2～5 朵不等，雌雄花生于不同节位。产区一般 5 月下旬到 6 月中旬开花，单花花期 6～8 d，每天 17:00 到次日 1:00 开放占总数的 72%（其中 21:00 至 1:00 开放的占 42%）。

五味子的结果枝可分 3 种：短结果枝、中结果枝和长结果枝。短结果枝长度多在 10 cm 以内，节间短，开花少或只开雄花。中结果枝着生在枝条中部，长 10～50 cm；长结果枝着生在枝条顶部，长 50 cm 以上。中结果枝和长结果枝一般雌花较多，开花能力强，是主要结果枝。据调查，短结果枝的结果率为 6%，中结果枝和长结果枝结果率高达 94%。此外，每年夏季从五味子地下茎可发出数量较多的基生枝，在条件适宜时，它们也可少量开花结果。但多数枝条，由于生长不良，枝条细弱，不能开花结果，分散母株营养。

五味子结果枝的枝龄不同，结果能力也不同，以二年生结果枝结果最多，三年生至四年生结果很少（表 11-11）。

表 11-11　不同年龄枝条着果情况比较

调查株数	枝条年龄	枝条总数	着果数量	着果率（%）
	2	40	507	98.1
5	3	3	9	1.8
	4	1	1	0.1

(四) 五味子的生长发育与环境条件的关系

1. 五味子的生长发育与温度的关系　五味子喜凉爽避风环境，此环境中生长的五味子，枝条舒展，结实率高。五味子抗寒能力很强，产区－35℃气温下可不加防寒物自然越冬；－40℃条件也只能使幼苗顶端和新梢略有冻伤，基本不影响次年的生长。

2. 五味子的生长发育与光照的关系　五味子是喜光植物，除一年生小苗在夏季怕烈日暴晒外，均喜充足阳光，光照不足虽能正常生长，但结实率显著下降。据调查，生长在阳坡林缘的五味子比阴坡或林内的五味子结果多，生于林内的五味子只有攀生于支架顶部，接受到充足光照后，才能开花结果。

五味子虽是喜光植物，但却具有耐阴特性，这是因为五味子有发达的横走根茎，林内根茎生出的小苗和成株除自身具有同化作用积累营养外，还可从根茎中获得其他植株的营养，所以植株可以在林内弱光条件下长期生长，尽管生长缓慢甚至停止生长，但不会死亡。

有人认为，五味子在强光高温、水分不足条件下生长，开花结实较少，因此栽培五味子，在干旱地区不宜在强光下裸露栽培，并以此为据，提出栽培五味子要选阴坡。

五味子是藤本植物，又喜光，所以只有攀缘在支架或树木上，才有利于枝叶正常生长发育，提高叶面积指数，增强光合同化能力，有利于开花结实。攀缘在枝繁叶茂树上的五味子，由于受光较少，通风不良，雄花比例大，开花结实少。生产上，采用自然树木做支架，应注意支架树荫蔽度的调整，生长期间适宜的荫蔽度为20%左右。

3. 五味子的生长发育与水分的关系　五味子喜生于湿润肥沃的环境。据测定，生长在溪流两岸和林缘的五味子，根系长而粗，分布也较广，林内五味子的根系既浅又细（表11-12）。

表11-12　不同生境五味子根系发育比较

生长环境	土层内根系深度（cm）	根系长（cm）	直径（cm）
溪流两岸地点一	30.0	37.0	0.59
溪流两岸地点二	107.0	46.0	2.1
林缘	23.7	42.0	0.40
林内	12.3	37.0	0.32

所以，人工栽培时，应选溪流两岸或有灌溉条件的地方。

四、五味子的品种类型

北五味子人工规模化栽培时间只有10多年，总体上看，在品种选育和品种推广方面还处于初级阶段。目前选育出的优良品种不多，品系有多个，其主要特征介绍于下。

1. "红珍珠"　"红珍珠"由中国农业科学院特产研究所从野生北五味子中选育而成。2000年4月通过吉林省农作物品种审定委员会审定。果穗平均重12.5g，果粒近圆形，平均重0.6g，成熟果深红色，有柠檬香气，总糖含量为2.74%，总酸含量为5.87%，维生素C含量为18.4mg/100g（鲜果），出汁率为54.5%，适于药用、酿酒或制汁。三年生至五年生树平均株产分别为0.50kg、1.30kg和2.20kg，丰产性强，适宜在无霜期120d、≥10℃年活动积温 2 300℃以上的地区大面积栽培。

2.“长白红”（“大串红”） 此品种果穗平均重 14.5g，果粒类圆形，果粒平均重 0.66g，成熟果暗红色。植株抗寒性强，对黑斑病抗性强，对白粉病抗性中等。

3.“早红” 此品种果穗平均重 23.2g，果粒球形，鲜红色，果粒平均重 0.97g。枝条坚硬、角度大，叶色浓绿，通风透光性好，光合效率高，抗病性强，果实早熟，丰产稳产性好。

4.“巨红” 此品种果穗平均重 30.4g，浆果肾形，直径达 1.2cm，果粒平均重 1.2g。果穗、果粒大，树势强，丰产稳产性好。

5.“优红” 此品种果穗平均重 14.4g，果粒球形，红色，果粒平均重 0.7g。抗病，丰产稳产，但树体通风透光性较差。

6.“凤选 1 号” 此品种平均每果穗有 20～28 粒果，果粒重 0.7g。中熟，树势健壮，抗病性强，结果能力强，果穗整齐，果粒均匀。

7.“凤选 2 号” 此品种平均每果穗有果 20～30 粒，果粒重 0.7～0.8g。中晚熟，树势健壮，抗病性、丰产性较好，结果能力强。

8.“凤选 3 号” 此品种果粒颜色不如“凤选 1 号”和“凤选 2 号”鲜艳，每穗有果 20～25 粒，果粒重 0.7～0.9g。晚熟，树势健壮，抗病性、丰产性较好。

9.“凤选 4 号” 此品种平均每果穗有果 20 粒，果粒重 1g。早熟，树势健壮，抗病性、丰产性较好。

此外，还发现有“白五味子”类型，主要特征是果实成熟时为白色；种子较大，种脐白色；新鲜叶搓烂后略具芳香气味。

五、五味子的栽培技术

（一）选地整地

1. 育苗地 五味子的育苗地以土壤疏松肥沃、排水良好、靠近水源的土地为宜。耕翻 25～30cm，翻耕后耙细，做成高 15cm、宽 120～150cm 的畦。结合整地每公顷施腐熟厩肥 60 000～75 000kg。

2. 定植地 根据五味子喜肥的特点，选择土壤肥沃、土层深厚、排水良好、靠近水源的林缘地、撂荒地或老参地栽培五味子。山坡地的坡度要小于 15°，利用林缘地、撂荒地栽植，可按 0.8m×1.5m 距离挖穴。采用半人工栽培时，应选择有支架植物的地块，必要时可提前植树。

（二）育苗移栽

现阶段五味子用种子繁殖为主，分株扦插为辅。

1. 育苗

（1）种子育苗

①种子处理：五味子种子具休眠特性，播前将当年收获的果实在室温下用温水浸种 2～3d 后，搓去果肉，洗出种子，漂去瘪粒，与 3 倍湿沙混匀后放室外自然条件下层积处理。翌春解冻后，移入室内继续层积，待 70%左右种子胚发育成熟后，即可播种。为提高出苗

率，也可将处理好的五味子种子在播种前在20℃左右温度下催芽，处理10 d左右，待种皮开裂露出胚根时播种。

②播种时间与方法：处理的种子多在5月上中旬播种。常按行距15 cm开沟，条播，覆土2 cm左右，稍加镇压后盖草保湿，播种量为75 kg/hm^{2}左右。

③苗期管理：一般播种后3～4周即可出苗，待出苗时及时撤去盖草，并搭设简易荫棚（到8月下旬拆除）。幼苗期要勤松土除草，结合除草进行疏苗，当小苗具3～4片真叶时，按株距5～7 cm定苗。当苗长到高10～15 cm，具5～10片叶时，即可移栽定植。

（2）**硬枝扦插育苗** 早春植株萌动前，剪取二年生枝条做插条，插条截成15 cm长，每条有2～3个节，然后按15 cm×7～10 cm行株距插入苗床，在27～31℃条件下，促其生根。也可于7月间剪取嫩枝，截成10 cm长的插条，按15 cm×7～10 cm行株距插入插床。注意保湿和搭棚遮阴，第二年秋移栽。

（3）**绿枝扦插育苗** 在6月上中旬，采集半木质化新梢，剪成8～10 cm长，插条上留一片叶，用1 000 mg/L ABT 1号生根粉液浸蘸插条基部15/s或用300 mg/L α-萘乙酸浸蘸3 min，其他同硬枝扦插育苗。

（4）**根蘖苗移栽** 在栽培园中，三年生以上五味子可产生大量横走茎，分布于地表以下10～15 cm的土层中，5～7月份横走茎上的不定芽萌发产生大量根蘖。待嫩梢高10～15 cm时，用平镐将横走茎刨出，用剪子剪出带根系的"幼苗"，按10 cm的株距破垄栽植于准备好的苗圃地中。如是晴天栽植，覆土后对幼苗应适度遮阴，2～3 d后撤除遮阴物进入正常管理。

2. 移栽 移栽应在春秋季五味子处于休眠期进行。按株行距70～90 cm×100～120 cm挖穴，穴深为30～35 cm，直径为60 cm。每穴施入腐熟圈肥2～3 kg，与土拌匀后栽苗。栽时要使根系舒展，栽后踏实，浇透水。

（三）田间管理

1. 搭架 移栽定植后，五味子主蔓生长迅速，应搭架供其攀缘。支架分天然支架和人工支架两种，天然支架是利用田间选留的木本植物的活体做支架，它的优点是利用时间长，其树叶枝条还能为五味子适当遮阴，是比较理想的支架。作为自然支架的树木要有适当的高度和稀疏的树冠。实践中发现，天然支架以山里红和山丁子树等较好。

人工支架，用水泥柱（规格为10 cm×10 cm×250 cm或10 cm×15 cm×270 cm）搭设，每隔4～6 m设一立柱，立柱埋入地下50～70 cm，每50 cm高拉一道横向镀锌铁线，成为高单篱架。将五味子藤蔓绑在木架杆上，使其充分利用空间生长。

2. 除草、追肥和灌水 移栽后应根据田间情况进行除草。追肥是增产的重要措施，一般每年追肥两次，第一次为5月中下旬花蕾开放前施入，以提高坐果率，可用硫酸铵和过磷酸钙每株各25 g；第二次在7月上中旬，施过磷酸钙，每株50 g，以利花芽分化。五味子花期正处于干旱季节，应及时灌水保持土壤湿润，以促进开花结果，减少落花落果。

3. 修剪 合理修剪能调节植株体内营养，改善结构，并可对植株有更新复壮作用，使五味子高产稳定，延长结果年龄。一般移栽第一年春可将五味子苗进行打顶处理，然后选留2～3条基生枝，随着枝条的生长，及时引蔓上架。第二年后则可在春、夏、秋三季进行修剪。

（1）**春剪** 一般在枝条萌动前进行。剪掉过密果枝和枯枝，使枝条疏密适度，互不干扰。超过立架的可去顶，使之矮化，促进侧枝生长。

（2）**夏剪** 6月中旬至7月中旬进行夏剪。主要剪掉基生枝、膛枝、重叠枝、基部蘖生枝和病虫细软枝等。同时，对过密的新生枝也应进行疏剪或短剪。

（3）**秋剪** 在落叶后进行秋剪。主要剪掉夏剪后的基生枝和病虫枝。由于短果枝结果能力差，应少留，尤其是不开花或只开雄花的短果枝应全部剪除。

4. 病虫害防治 五味子病害主要有叶枯病（*Septoria* sp.）和白粉病（*Microsphaera schizandrae* Sawada），5～7月发生，初期由叶尖和叶缘开始发病，逐渐扩大到整个叶面，使之枯黄脱落。严重时，果穗脱落，甚至完全无收。

防治方法：加强田间管理，注意通风透光。发现叶上有黑褐色斑点，立即摘除集中烧毁；发病前15～20d喷药保护，喷1∶1∶100波尔多液，每隔7～10d喷1次，连续3～4次。

六、五味子的采收与加工

9～10月果实呈鲜红色时采摘五味子，从果梗基部剪下。剪下的果穗放在阳光下晒干，晴天的夜晚可任其受露水润湿，这样加工的五味子油性大，质量好。采收后如遇阴雨天，可于室内在35℃条件下烘干，注意温度不能过高，以防挥发油损失，降低品质。当干燥到手攥有弹性，松手能恢复原状时，即为干好。去除果柄、杂质、灰屑，即可入库或销售。五味子干果以紫红色，粒大，肉厚，质柔软，有油性及光泽，种子有香气，干瘪粒少，无枝梗，无杂质，无虫蛀，无霉变者为佳。

复习思考题

1. 简述五味子的品种类型、生长习性及其繁殖方式。
2. 简述北五味子栽培的关键技术。

主要参考文献

陈茂华．2009. 北五味子栽培技术操作规程［M］．北京：中国医药科技出版社．
李庆典．2006. 药用植物规范化生产与产业化开发新技术［M］．北京：中国农业出版社．
刘海龙．2008. 五味子病害的病原菌鉴定及室内药剂筛选［D］．长春：吉林农业大学．
刘清玮，高延辉．2010. 北五味子育种研究现状与展望［J］．人参研究（3）：43-46.
裕载勋．1985. 药用树木栽培与利用［M］．北京：中国林业出版社．

第十二章　皮类药材

药用植物中，以皮类入药的种类较少，目前市场流通的这类药材有20余种。其有共性的方面主要有，采收多在春季，当树液开始流动时易于剥皮；对于一些生育时间长的树木，则应研究其活树剥皮技术，以保证其可持续利用。本章介绍的3种皮类药材，杜仲是落叶乔木；肉桂则是常绿乔木，种植面积较大，产品也较为名贵；牡丹则是小灌木。常见的皮类药材有：丹皮、白鲜皮、厚朴、丹皮、桂皮、五加皮、秦皮、杜仲、姜朴、桑白皮、合欢皮、地骨皮、陈皮、黄柏和肉桂等。

第一节　杜　　仲

一、杜仲概述

杜仲为杜仲科植物，以干燥的树皮和叶入药，生药分别称为杜仲（Eucommiae Cortex）和杜仲叶（Eucommiae Folium）。杜仲含杜仲胶、杜仲醇、绿原酸和生物碱等，有补肝肾、强筋骨、安胎的功能，用于肝肾不足、腰膝酸痛、筋骨无力、头晕目眩、妊娠漏血、胎动不安。杜仲主产于四川、陕西、湖北、贵州、湖南和云南等省。此外，甘肃、江西、浙江、广东、广西和河南等省、自治区亦有栽培。近年来，杜仲的叶、枝等也被橡胶工业、保健食品工业所看好。

二、杜仲的植物学特征

杜仲（*Eucommia ulmoides* Oliv.）为多年生落叶乔木，树高10～20m。树干通直，枝条斜向上伸。全株含橡胶，折断后有银白色胶丝。树皮灰色；小枝淡褐色至黄褐色，无毛，有小而明显的皮孔。根为浅黄色，直根系且非常发达。单叶，互生，卵状椭圆形或长圆状卵形，长6～15cm，宽3～7cm，先端锐尖，基部宽楔形或圆形，边缘有锯齿，正面无毛，背面脉上有长柔毛；叶柄长1～2cm。雌雄异株，无花被；花常先于叶开放，着生于小枝基部，有短梗；雄花有雄蕊4～10枚，常为8枚，花药条形，花丝极短；雌花子房狭长，顶端有2叉状花柱，1室，有胚珠2枚。果实为具翅的小坚果，扁平，长3～4cm，宽约1cm，先端有凹口（图12-1）。花期3～4月，果期9～10月。

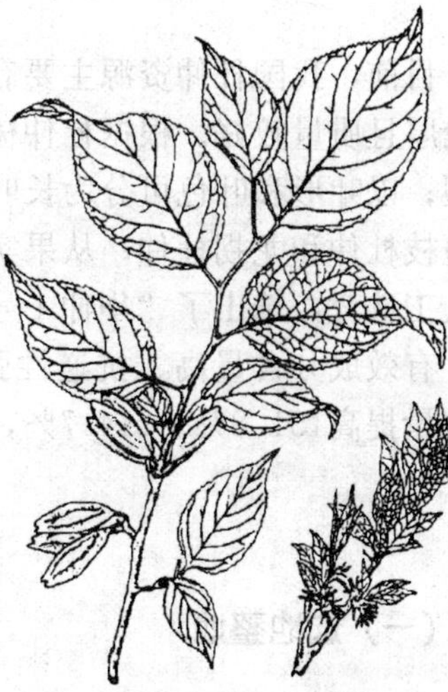

图12-1　杜　仲

三、杜仲的生物学特性

(一) 杜仲的生长发育

杜仲种子较大，千粒重80g左右，种子寿命为0.5～1年。杜仲种子果皮含有胶质，阻碍吸水，沙藏处理后的种子在地温9℃时开始萌动，在13～17℃条件下发芽最快，2～3周可出苗。温度上升到32℃以上发芽缓慢，甚至不发芽。实生苗8～10年开花结实，以后年年开花结实。幼龄期结实少，易落花落果。树龄15年以上的雌株做采种树较好，其种子子粒饱满。

产区杜仲成株，每年3月萌动，4月出叶同时现蕾开花，10月果实成熟，10月后开始落叶休眠，11月进入休眠期，年生育期为160～170d。

杜仲再生能力较强，其根砍伤后便可萌发新根蘖，茎枝扦插和压条都很容易形成新个体。在不损伤木质部的前提下，环剥茎皮，3年便可恢复正常生长。

(二) 杜仲的生长发育与环境条件的关系

杜仲的适应性很强，可生长于海拔200～2 500m的地区，性喜温暖湿润、阳光充足的环境，在荫蔽环境中树势较弱，甚至死亡。

杜仲在气温稳定在10℃以上时发芽，11～17℃时发芽较快，25℃左右为最适生长温度。成株可耐－21℃低温（国外报道能耐－40℃低温）。一般认为，1月最低温不低于－19℃；7月最高温不高于43℃的广大地区都能种植杜仲。

杜仲喜湿润气候，年降水量为600mm，相对湿度70%以上的地区适合种植。杜仲对土壤的适应性较强，可生长于pH 5.5～8.5的土壤，土壤含盐量即使高达1.62%也能成活。但仍以土层深厚、肥沃、疏松、排水良好的沙壤土最适合杜仲生长。

四、杜仲的品种类型

目前，我国杜仲资源主要有光皮杜仲和糙皮杜仲两大类，其中光皮杜仲生长速度快，树皮较厚且质量较好。根据杜仲树皮的特征分为4个变种：深纵裂型、浅纵裂型、龟裂型和光皮型；以叶形和叶色可分为长叶杜仲、小叶杜仲、大叶杜仲和紫红叶杜仲；按枝条变异划分为短枝杜仲和龙拐杜仲；从果实上分为大果型和小果型。此外，河南洛阳林业科学研究所通过人工选育，选出了“华仲1号”至“华仲5号”，这5个品种具有生长迅速、遗传增益明显、有效成分含量高、抗逆性强的特点，与普通杜仲相比，产叶量提高42.6%～62.7%，产皮量提高151.8%～214.7%，且树皮和树叶的有效成分也明显高于普通杜仲。

五、杜仲的栽培技术

(一) 选地整地

杜仲育苗地以选择地势向阳、土质疏松肥沃、排灌方便、富含腐殖质的壤土或沙壤土为宜，pH 5.5～8.5均可。播种前深耕细耙，结合深耕施足基肥，然后做成高15cm左右、宽

100～130 cm 的苗床，以待播种。

杜仲移栽地对选地整地要求不严，只要是阳光充足、不过于瘠薄、黏重和低洼积水、土壤含盐量低于 0.4%的土地均可种植。

（二）育苗

杜仲以种子繁殖为主，枝条扦插和压条繁殖为辅，采用育苗移栽的方式进行大面积栽培。杜仲的无性繁殖主要是用于繁殖优良雌株，以建立优良品种采种田。

1. 种子育苗

（1）**采种**　选用树龄在 15 年以上，生长在向阳、肥沃环境中的健壮杜仲树做采种母株，采收当年成熟饱满的种子用于育苗。以果皮呈淡褐色或黄褐色、有光泽、种仁乳白色、富含油脂者为佳。凡果皮暗褐色、无光泽、子粒不丰满、种仁褐色或暗灰色者，均无发芽力。采回的种子除杂后，置于阴凉通风处晾干，种子不宜堆放过厚，切勿用塑料制品或不透气的容器装存，注意防潮防霉，亦不能在烈日下暴晒。另外，一年以上的陈种子不能做播种材料。

（2）**种子处理**　杜仲种皮含有胶质，妨碍种子吸水，自然成熟的种子秋季直接播于田间，任其自然慢慢腐烂吸水，翌春可正常发芽出苗。如果秋冬采种，不能及时播种，春播前不经种子处理，播后发芽率低。所以，生产上在播种前要进行种子处理，种子处理一般有温汤浸种、层积处理和赤霉素处理。其中最简单的为温汤处理，其方法是：将种子放入 60℃的热水中浸烫，边浸烫边搅拌，当水温降至 20℃时，使其在 20℃下浸泡 2～3 d。浸泡期间每天早晚都要换一次水。当种子膨胀、果皮软化后捞出，拌以草木灰或细干土，即可播种。湿沙层积处理种子时，先将种子用冷水浸泡 2～3 d，捞出稍晾干后，混拌 2～3 倍湿沙，放入木箱等容器中，保持湿润，经 15～20 d，待大多数种子露白时，即可取出播种。

（3）**播种**　因各地地理位置、气候条件不同，播种期也不一致。秦岭、黄河以北和高寒山区，适宜春播；长江以南，适宜冬播。冬播在 11～12 月，即随采种随播种。春播南方在 2～3 月进行，北方在 4 月进行。当地温稳定在 10℃以上时播种。杜仲幼苗怕高温，地温达 32℃时，幼苗出土后容易死亡。所以，在南方高温地区，春播应适当提前。

播种多采用条播，在畦面按 20～25 cm 的行距开沟，沟深为 3～4 cm，按 6～10 cm 播幅撒种，播后覆盖细土 2～3 cm，用种量为 60～75 kg/hm^2。播种后应浇透水，床面用稻草覆盖。

（4）**苗田管理**　杜仲种子出苗较慢，用温水浸泡处理的种子，播种后 1 个月左右出苗；湿沙层积处理的种子，播后半个月左右出苗。播种后出苗前要保持土壤湿润，出苗时逐渐撤去覆盖的稻草。刚出土的幼苗怕烈日、干旱，仍需适当遮阴并及时灌溉，干旱时须在10：00 前或 16：00 后浇水，浇水次数视旱情而定。

幼苗长出 3～5 片真叶时进行间苗，将弱苗、病苗全部拔除，保持株距 5～8cm，每公顷留苗 45 万～60 万株。如果种苗缺乏，可将间出的幼苗扩圃移栽，随间随栽，阴天进行。

幼苗进入生长期，除进行松土除草外，特别要注意立枯病的防治。为使幼苗生长迅速、健壮，苗期应追肥 3 次。第一次在苗高 6～7 cm 时进行，以后每月追肥 1 次。每次每公顷施稀释水肥 37.5 t，或尿素 75 kg，加过磷酸钙 75～120 kg。肥料必须施在行间，不可直接施在幼苗上，以免产生肥害。每次施肥，结合进行松土除草。秋季不再追肥，以免幼苗顶部徒长，未木质化即进入冬季，造成干尖。第二年春季，苗高 60～70 cm 以上即可移栽定植。

2. 扦插育苗 于早春芽未萌发前，选取一年生枝条中段，截成15 cm的插条，每条应具3个节，雌雄株分开扦插。将插条下端在500 mol/L 吲哚乙酸（IAA）溶液或500 mol/L 萘乙酸（NAA）溶液中快速浸蘸一下，按行株距20 cm×10 cm斜插入插床，上面搭拱形塑料薄膜矮棚，再在棚上盖草帘遮阴。控制适宜的棚内温度和湿度，约经1个月即可生根发芽。发芽后撤掉塑料棚，加强松土、除草、灌水、追肥等苗期管理。移栽到苗圃培育1～2年，当苗高1 m左右便可于早春定植。

根插于早春苗木定植时，结合修剪苗根选取径粗1～2 cm的根，截成10～15 cm根段进行扦插。在插床上按行株距30 cm×20 cm将根段细的一端斜插入插床，粗的一端微露地表，在断面下方可萌发新梢。与枝插法同样管理，当苗高1m左右进行定植。

3. 分株繁殖 于早春未萌芽时，将植株根际的表土扒开，露出侧根，分段砍伤根皮，覆盖细肥土，可萌发数株根蘖苗。培育1年后，与母体分离，带根挖取，进行定植。

（三）移栽

1. 移栽时间 杜仲苗从秋季落叶时起至次年春季新叶萌发前均可进行移栽，移栽时间宜早不宜迟，务必赶在发芽前移栽完毕。如果在发芽后移栽，因地上茎叶失水严重而致成活率低。我国南方习惯于秋季移栽造林，而北方习惯于春栽。但由于北方干旱严重，气温回升快，不利于幼苗生长。如果采取高培土的方法，解决冻害问题，秋季成活率高于春栽。

2. 整地 大面积种植杜仲，最好在栽植前全面深翻，然后备好肥料，挖坑栽种。坑径和坑深均为70 cm左右。行株距根据造林目的及林地条件而定，以剥皮为主的乔木林应按2.5～3 m挖穴，以采叶为主的穴距应为1.5～2 m。

3. 起苗选苗 产区多顺畦起挖幼苗，做到不损伤幼苗的根、皮和芽，严禁用手拔苗。一般在起苗前浇1次水，使土壤变疏松而便于起苗。起苗后选苗高在60 cm以上无病伤苗及时栽植，苗高不足60 cm的小苗要留在苗床中继续培育。要边起苗边移栽，当天定植不完的幼苗，假植在苗床中，以防幼苗脱水。要特别注意保护幼苗顶芽，顶芽损伤苗移栽后，主干不能正常发育，影响树皮的产量、质量和树木成材。

4. 定植 定植时，先在坑内施入基肥，然后垫入部分表土。将杜仲苗放入坑内扶正，使根部舒展，分次填土并稍踏实。栽后浇透定根水，待水渗入后，再盖少许松土，使根基培土略高于地面。

（四）幼林抚育

移栽后要及时查苗补栽。补栽工作要在两年之内完成。按原种植密度用同龄树苗进行补栽，使幼树生长高度接近，便于管理。

杜仲移栽后4～5年内，树冠小，行间空隙较大，可间种豆类作物、薯类、蔬菜等矮秆、浅根作物，这可充分利用地力和光能，增加收益，以短养长。但不宜间作高秆或藤蔓作物。5年后幼树长高，行间逐渐郁闭，可酌情间种耐阴药材。

定植后4～5年内，结合管理间种作物，应及时进行3～4次中耕除草。每年春夏两季结合中耕除草进行追肥，每公顷用厩肥15～22.5 t、过磷酸钙75～120 kg。

幼树抗旱能力差，在生长旺盛的季节要保持土壤湿润。遇干旱时，要适当灌水，以利生长。

杜仲的萌蘖能力较强，要十分重视修枝整形，保证主干生长高大健壮，这是提高杜仲树皮产量和质量、使树木成材的重要措施。

主干发育正常的杜仲树，要适当疏剪侧枝，使其通风透光，分布均匀。修剪工作多在休眠期进行。侧枝保留多少，要根据生长年限和主干高度而定。应逐年向上修剪，一般成树在5m以下不保留侧枝，并随时打去树身上的新枝，使主干高大，树木成材，杜仲皮质量好。

如果是以收获杜仲皮为目的，平茬（生产上常叫做换身）是必要的。它是利用杜仲萌芽能力强的特点，将幼树从贴地处（一般离地2～4 cm）截断的一种修剪技术。生产上对主干低矮的幼树，也采取换身措施，从基部培育一棵新芽，使养分集中到一个新株上。换身时间要正确掌握，过早，气温低，锯口不易愈合；过迟，杜仲树液已开始流动，锯口容易造成浆液流失，影响新株生长。对换身后的幼树要加强管理，注意灌水、施肥和修枝整形。

如果以采叶为主要目的，一般在定植后3年，在离地面50～100 cm处截干培育成灌木状树形，以后每隔3年截干1次。

修剪工作一般在休眠期进行，北方在11月下旬，南方从入冬一直到3～4月份。

（五）病虫害防治

危害杜仲的病害主要发生在苗期，有猝倒病（*Rhizoctonia solani*）、根腐病（*Fusarium* sp.）等；成株时有叶枯病（*Septoria* sp.）发生，但危害不大。防治方法：选排水良好的沙壤土做苗床；高床育苗；药剂防治。可在育苗地整地时每公顷喷洒40%甲醛溶液45～60 kg，进行土壤消毒预防；也可在发病初期用50%甲基托布津1 000倍液或65%的代森锌500～600倍液喷雾防治。拔除感染根腐病的植株，并用50%甲基托布津1 000倍液浇灌根部。成年树发生叶枯病时，可用1∶1∶100波尔多液喷雾，隔7～10 d喷1次，连续2～3次。

杜仲虫害有地老虎、刺蛾、象鼻虫和蚜虫等。防治方法：发生期用90%敌百虫800倍液或青虫菌粉500倍液喷雾。在树干上发现有新鲜木蠹蛾虫粪时，找出虫道，用蘸80%敌敌畏乳油原液的棉球塞入虫道，并用泥封口，毒杀幼虫。

六、杜仲的采收与加工

（一）皮的采收

定植10～15年后的杜仲树，其皮可采收入药。剥皮方法有两类，一是砍树剥皮，二是活树剥皮。

1. 砍树剥皮 砍树剥皮又叫做全部剥皮法，是传统的剥皮方法。每年春季4～5月间树汁液开始流动时进行，此时树皮易于剥下。剥皮时，于齐地面处绕树干锯一环状切口，按商品规格向上1m再锯第二道切口，在两切口之间纵割一刀后环剥树皮。然后将树砍倒，如法剥取树干和树枝上的皮，不合长度的做碎皮供药用。砍伐后在树桩上能很快萌发新梢，选留1～2个新萌条，生长7～8年后就可达采收要求，又可砍树剥皮。

2. 活树剥皮法 传统的砍树剥皮使杜仲资源日益减少。为了缩短树皮生长利用周期，保护和增加药材资源，应推广活树剥皮法。但要注意的是，这种新方法技术性很强，掌握不好容易导致植株罹病或死亡。这种剥皮方法又分为环剥和轮剥两种。

（1）**环剥再生法** 先在杜仲树干分枝处的下面和树干基部离地面 20 cm 处分别环割一刀，然后在两环割处之间纵向割一刀，剥下树皮。环割、纵割时，要准确入刀，深度以不伤木质部为宜。剥皮后，树皮暂不取下，待新皮开始生长时取皮加工。

（2）**轮换剥离再生法** 此法又称为侧剥再生法。它是将枝干分枝处以下的干部纵向分成两部分，先割取 1/2，待新皮长好后，可再剥另 1/2 的皮。因此每次横向不是环割，只是横割到要剥离的部位，其他操作与环剥类似。因为这种剥皮方法每次都有一半的树皮仍保留着正常的生理功能，对杜仲的生长影响相对较小，而且，操作中如刀法不好，也不易出现太大的问题，因此这是杜仲的一种最好和最稳妥的剥皮方法。

（3）**活树剥皮的注意事项**

①剥皮时间以春夏 4～6 月，气温较高，空气湿度较大时最为理想。

②剥皮入刀手法要准，动作要快。既要把树皮割下，又不要伤及形成层和木质部。不能让工具等碰伤木质部表面幼嫩部分，也不能用手触摸。新鲜幼嫩部分稍受损伤，就会影响新皮的生长。

③采用环剥的杜仲树，宜选用树干挺直，长势较强，生长旺盛的植株，便于操作，易于新皮的生长。剥皮前 3～4 d 适度浇水，以增加树液，使树皮易于剥取，剥后成活率高。

④避免雨天剥皮，否则不能形成新皮，最好选阴天进行。

⑤避免烈日暴晒。剥皮后，应将原皮轻轻复原盖上，并用麻线松松捆扎好，隔一段时间再将树皮取下加工。也可以用塑料布遮盖，防止水分过量蒸发或淋雨，注意在 24 h 内避免日光直射，不要喷洒化学药物。一般在剥皮后 4～5 d 观察，若表面呈淡黄绿色，表明已开始形成再生新皮；若呈现黑色，则预示不能形成新皮，树木将死亡。杜仲新皮长出后，大部分植株生长正常，极少数有叶片颜色变深，凸凹不平的现象，第二年可恢复正常。

（二）皮的加工

剥下的树皮用沸水烫后展平，将皮的内面相对，层层重叠压紧，加盖木板，上面压石头、铁器等重物，使其平整，并在四周围草，使其“发汗”。经 7 d 后，内皮呈暗紫色时可取出晒干，将表面粗皮剥去，修切整齐即可。

15 年以上杜仲，每公顷可产干货 2 250～3 000 kg，折干率为 50%左右。杜仲皮以皮厚、块大、去净粗皮、断面丝多、内表面暗紫色者为佳。

（三）叶的采收加工

一般定植 3～4 年的杜仲树即可开始手工采收树叶。采收时间因用途的不同而略有不同。药用者可在 10～11 月份落叶前进行，采后晾干或晒干即可。用于提取杜仲胶者，一般在 11 月份落叶之后收集。一般每公顷每年可产干叶 1 200～1 500 kg，折干率为 30%左右。

复习思考题

1. 杜仲的功效与作用有哪些？
2. 杜仲生长对外界环境条件有哪些要求？
3. 简述杜仲生长发育的特点。

4. 简述杜仲的栽培技术。

5. 简述杜仲平茬的原理与技术。

6. 简述杜仲剥皮再生机理与剥皮技术。杜仲剥皮的注意事项有哪些?

主要参考文献

李伟，王丽楠，覃洁萍，等.2009. 高效液相色谱法测定不同生长年限杜仲皮中桃叶珊瑚苷的含量[J]. 中国药业，18(21)：5-6.

刘会芳，庄绪华，赵军太.2004. 杜仲采收期的实验研究[J]. 齐鲁药事，23(8)：49-51.

王丽楠，李伟，覃洁萍，等.2009. 不同采收期杜仲不同部位主要有效成分的动态研究[J]. 中国药业，18(18)：29-31.

钟世红，古锐，李羿，等.2010. 杜仲叶HPLC指纹图谱及成分积累规律的研究[J]. 华西药学杂志，25(4)：464-466.

第二节 肉 桂

一、肉桂概述

肉桂为樟科植物，干燥的树皮入药，生药称为肉桂(Cinnamomi Cortex)。肉桂含挥发油(桂皮油)1%～2%、鞣质、黏液和树脂等，油的主要成分为桂皮醛(占75%～90%)，并含少量乙酸桂皮酯、乙酸苯丙酯等。肉桂有补火助阳、引火归元、散寒止痛、温通经脉的功能，用于阳痿宫冷、腰膝冷痛、肾虚作喘、虚阳上浮、眩晕目赤、心腹冷痛、虚寒吐泻、寒疝腹痛、痛经经闭。肉桂主产于广西和广东，其次是云南和福建。目前全国肉桂产量为30 000～40 000t，出口与内销约各占一半。

二、肉桂的植物学特征

肉桂(*Cinnamomum cassia* Presl.)为常绿乔木，高10～15m。树皮灰褐色，有细皱纹及小裂纹，皮孔椭圆形，内皮红棕色，具芳香，味甜辛；枝多有四棱，被褐色茸毛。叶互生或近对生，革质，矩圆形至近披针形，长8～20cm，宽4～5.5cm，全缘，近于基生三出脉，正面绿色有光泽，背面灰绿色，微被柔毛；叶柄长1.5～2cm。圆锥花序腋生或近顶生，花小，绿白色；花被片6，与花被管部等长，约2mm；能孕雄蕊9，花药4室，第3轮雄蕊花药外向瓣裂，有退化雄蕊3枚；子房上位，1室，1胚珠。果实椭圆形，长约10mm，径约9mm，黑紫色；花被片脱落，边缘截形或略有齿裂；果托浅杯状(图12-2)。花期5～7月，果熟期翌年2～3月。

图12-2 肉 桂

三、肉桂的生物学特性

（一）肉桂的生长发育

肉桂为多年生常绿乔木。种子寿命较短，采收后应及时趁鲜（不能干燥）播种，不能及时播种的应用湿沙保存，但保存时间不宜超过20d，否则会影响田间出苗能力。播种在20～30℃条件下，1个月就可萌发。

实生苗6～8年开花结实。成株肉桂每年4月抽生新芽并现蕾，4～6月青枝生长较快，5～7月为花期，8～10月秋枝生长，果期是从开花当年的7月至次年的2～3月。

（二）肉桂生长发育对环境条件的要求

肉桂喜温暖湿润的气候，目前我国种植的肉桂多在北纬18°～22°间，年平均温度为22～25℃，年降水量为1 200～2 000 mm。0～5℃低温未见冻害，能耐－2℃低温。肉桂幼苗喜阴，怕烈日直接照射，幼树常野生于疏林中；超过2 m高的幼树就能耐受强光，成龄肉桂树在阳光充足条件下生长，桂皮油充足，质量好。

肉桂在黄壤、黄红壤、沙壤土上均可生长，生境土壤pH为4.5～5.5。在肥沃、湿润酸性土壤上生长良好，在壤土上生长的桂皮质软，有油分，在沙砾土生长的桂皮质硬。

四、肉桂的栽培技术

（一）选地整地

肉桂的育苗地多择荫蔽度为50%～60%的林间平地或缓坡地，土层深厚、肥沃、酸性的壤土，土地湿润，排水良好或靠近水源的为宜。

施足基肥（施有机肥30 000 kg/hm^2），耕翻25 cm，耙细整平后做畦，畦宽为120 cm，高为20 cm，畦间距离为30 cm。

定植地块，尽可能利用荒山坡地，产区多选山的东坡或东南坡，清种肉桂地坡度不宜太大，间生于灌木林中的肉桂，其坡度可大些。梯田地定植肉桂时，应先翻耕20 cm深。然后按一定的行株距开穴，穴径为70 cm，穴深为50 cm，每穴施入10 kg有机肥，与土混匀后待栽。

（二）育苗

1. 种子育苗 应从龄树为10～15年或以上的成龄树采种，当果实变紫黑色，果肉变软时采收。除去果皮，洗净果肉，及时播种。如不能及时播种，可将种子和湿沙按1∶3～4的比例混均匀，放入木箱内，置于室外阳光下，要求在20 d内取出播种。

播种时，在床上横床开沟，行距为15 cm左右，沟深为2 cm，在沟内撒种，株距为4 cm，然后覆土、盖草、浇水。播种量375～450 kg/hm^2。

出苗后将盖草拨向行间，注意保湿和控光，苗田无荫蔽树木的应搭棚，使棚的透光率为40%～50%。苗高6 cm时进行分苗，分苗时，按20 cm×15 cm行株距分植在其他苗床上，一般1块播种床可扩栽5倍面积的分苗床，1块分苗床可供80～100倍面积肉桂园用苗。育苗地切忌强光直接照射，否则幼苗生长缓慢，叶发黄，叶斑病多。分苗后20d追肥，每公顷施3kg尿素，以后每月施1次，半年后2～3月施1次，并在行间或株间撒一层熏土或堆肥，注意及时松土除草，适当修去下部侧枝及叶片，以利于通风防病，提高耐旱和耐光能力。

2. 扦插育苗 每年3～4月，新梢尚未长出时，结合修枝整形，剪取组织充实，无病虫害的青褐色枝条（粗以0.3～0.5cm为好）做插条。扦插前，将枝条剪成长15cm左右的插条，每段有2～3个节，插条上端在节上2cm处剪断（平口），下端在节下0.5cm斜剪，剪口要平滑，皮层与木质部不要松动脱出，剪口不能干燥，剪后用湿布保湿，若剪口干燥会影响生根。扦插时，按15cm×5～6cm行株距斜向插入插床内，插条1/3插入床内，插后压实床土并整平，然后浇透水。以后经常保湿遮阴，最好是罩上农用薄膜，保湿保温。40～50d就能生根。当插条生根较多时，按种子分苗做法栽于苗床内，或栽于竹制的营养箩内，营养箩内的泥土要压实，浇透水，成排放置在荫蔽处，经常施肥、淋水、拔草、防病防虫。

3. 压条育苗 压条育苗是在3～4月新梢未长出时，在待要剪除的枝条基部，离树干15cm处，用芽接刀环状剥皮（长1.5～4cm），切口要整齐干净，不要过深伤及木质部，也不能弄裂皮层或使皮层与木质部松动，并要用刀轻轻刮去环剥部分的残留皮层。环剥后，立即用湿椰糠或湿苔藓敷于切口处，使之贴紧无空隙，再用塑料薄膜包好，并将底部扎紧，上端稍留点孔隙，以便浇水保湿。一般30～40d可生出新根，待新根长满包扎物时，贴枝基部锯下，除去薄膜，栽于苗床或营养箩内。苗床管理参照扦插育苗。

（三）移栽

一般苗高50～100cm时定植。定植时期因地区而异，海南为秋季定植，广西和云南为6～7月定植。定植后地温高、湿润时，成活率高。行株距有2m×2m、2m×3m、3m×3m等。一般山区坡度大可密些，平原应稀些。易受风害地方也应密些，多数地方行距为2～3m，株距为2m。密植时，树干生长挺直，便于采收。

起苗前应浇水，剪去幼树下部侧枝、叶片，上部枝条上的叶剪去2/3。带土移栽，桂苗放入穴内要左右对正，然后用土填满空隙，踏实，浇透水。

（四）间种

定植后的幼龄桂树，需要阴凉的环境，在缺少荫蔽的情况下，应于行间种植高秆杂粮、绿肥或灌木类药用植物，如芝麻、黄麻、山毛豆、木薯、山栀子和催吐萝芙木等。当桂树成林后，可间种益智、魔芋或千年健等。

（五）田间管理

1. 中耕除草 幼树定植后，每年要进行3～4次中耕除草，多结合追肥进行。中耕时注意不要碰伤树干茎皮，否则促成大量萌生枝，影响植株健壮生长。

2. 追肥和灌水 肉桂定植后的2～3个月内，必须定期淋水，保持湿润环境，促其早日成活。以后浇水多与施肥结合进行。每年追肥3次，第一次是促芽催花肥，在2～3月抽芽现蕾前施入，追施稀粪水（1∶8）或0.1%～0.2%硫酸铵水溶液，最好每株再施5kg有机肥。第二次在7～8月即青果期，每株追5～10kg有机肥和50～100g过磷酸钙。第三次追肥是在11～12月，每株施有机肥10～15kg和磷矿粉300g。有机肥与磷矿粉应沤制后使用。

3. 修剪 每年修剪1～2次，把靠近地面的侧枝剪掉，使树干挺直生长。采果后的成龄树，要剪去过密枝，同时要去掉病枝、弱枝。

4. 病虫害防治 肉桂有炭疽病（*Colletotrichum gloeosporuoides* Penz.），可用65%的代森锌500倍液或1∶1∶100波尔多液喷雾防治，每7～10d喷1次，连喷3次。

肉桂虫害有红蜘蛛、潜叶甲和天牛等，可用0.2～0.3波美度石硫合剂，或40%的乐果1 500倍液，或者90%敌百虫800倍液防除。

五、肉桂的采收与加工

1. 桂皮采收 肉桂生长10年后，其皮就可采收加工。每年以7～8月采收的质量最好，2～3月采收的质量较差。采收时，先在树干距地面20～25cm处环割一刀，然后在其上每间隔30～40cm环割一刀，在两环割刀口间再纵割一刀，然后沿纵割处慢慢掀动，使皮层与木质部分离干净，并成完整的皮层。主干剥完后，砍倒树体，割取侧枝的皮（桂通）和细枝，晒干就可入药。

2. 桂枝采收 桂树砍倒后，上部不能剥皮的细枝，可剪成35cm长的枝段，枝条直径0.5cm左右，晒干后即可入药。桂枝也可结合修剪采收。

3. 采收后桂林园的管理 肉桂成树采收后2～3个月，在树桩基部萌芽长出新枝，从中选留1个挺直粗壮的新枝，将其余的枝条贴基剪除，然后追肥，种植荫蔽植物，使小苗尽快生长。以后按定植后常规管理，10年后再次收获。

复习思考题

1. 肉桂的生长发育有何特性?
2. 肉桂的栽培技术有何要点?
3. 肉桂的采收与采收后的管理技术如何?

主要参考文献

方琴.2005.肉桂规范化种植（GAP）研究［D］.广州：广州中医药大学.
梁仰贞.2005.肉桂的栽培与加工［J］.特种经济动植物（10）：24-25.
苏锦强.2008.肉桂丰产栽培技术［J］.广东林业科技，24（1）：101-102.

第三节　牡丹（丹皮）

一、牡丹概述

牡丹为毛茛科芍药属落叶小灌木牡丹，干燥的根皮入药，生药称为牡丹皮（Moutan Cortex）。牡丹含有丹皮酚（含量为0.20%～3.65%）、丹皮酚苷（含量为0.04%～0.2%）、丹皮酚原苷（含量为0.04%～0.94%）、丹皮酚新、芍药苷、苯甲酰芍药苷、氧化芍药苷、2，3-二羟基-4-甲氧基苯乙酮、2，5-二羟基-4-甲氧基苯乙酮、3-羟基-4-甲氧基苯乙酮、挥发油及植物甾醇等成分，有清热凉血、活血化瘀的功能，用于热入营血、温毒发斑、吐血衄血、夜热早凉、无汗骨蒸、经闭痛经、跌打伤痛、痈肿疮毒。牡丹皮主产于安徽、四川、甘肃、陕西、湖南、山东和贵州等地，以安徽和四川产量最大。丹皮作为生产六味地黄丸的主要原料之一，有北京同仁堂、河南宛西等多家知名制药企业使用，加上向日本和韩国等国出口的数量，年需求量在4 000 t左右。

二、牡丹的植物学特征

牡丹（*Paeonia suffruticosa* Andr.）为多年生落叶小灌木，株高多为1～2 m。根圆柱形，肉质，粗而长，中心木质化，长度一般为0.5～0.8 m，极少数根长度可达2 m，外皮灰褐或紫棕色，有香气，根皮和根肉的色泽因品种而异。茎皮黑灰色，分枝短而粗。叶互生，叶通常为二回三出复叶，枝上部常为单叶，小叶片有披针形、卵圆、椭圆等形状，顶生小叶常为2～3裂，长达10 cm，侧生叶较小，斜卵形，不等2浅裂，叶正面深绿色或黄绿色，背为灰绿色，光滑或有毛；总叶柄长8～20 cm，表面有凹槽。花单生于茎顶，直径15～20 cm；萼片5，宿存；花瓣5，或重花瓣，花的颜色有白色、黄色、粉色、红色、紫红色、紫色、墨紫（黑）色、雪青（粉蓝）色、绿色和复色十大色；雄蕊多数；心皮5，少有8枚，密生细毛，各有瓶状子房一室，边缘胎座，多数胚珠，花盘完全包被心皮。蓇葖果卵圆形，密生褐色短毛，每个果角结子7～13粒；种子近圆形，成熟时为蟹黄色，外果皮始为绿色，有毛，种子为黄绿色；过熟时果角开裂，种子为黑褐色，成熟种子直径0.6～0.9 cm，千粒重约400 g（图12-3）。花期5～7月，果期7～8月。

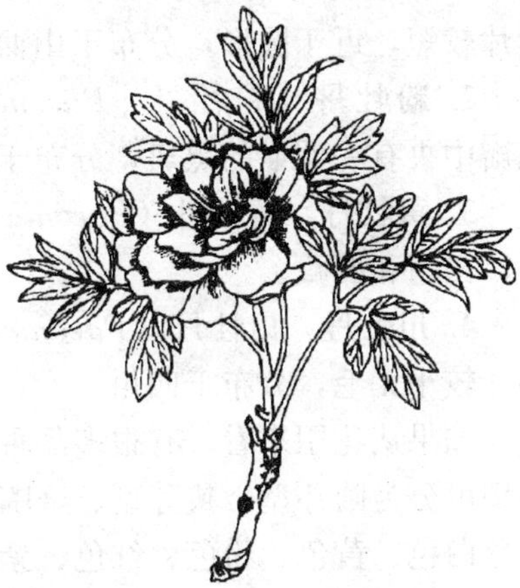

图12-3　牡　丹

三、牡丹的生物学特性

（一）牡丹的生长发育

当春季气温升高并稳定在3.6℃以上时，牡丹植株上包有鳞片的芽开始萌动膨大，顶端开裂，露出叶尖和出现花蕾。随着温度升高，叶芽抽茎放叶，花芽萌动抽出花茎，茎上长叶，顶端开花。花谢后在叶腋处又重新开始分化出花芽，花芽分化一般从4月底或5月初开始，9～11月基本形成。

花茎为一年生枝，其长度即为枝条的年生长量。年生长量因品种或栽培地带的不同而有差异。一般来说，牡丹的年生长量为10～30 cm，花茎当年不能全部木质化，冬季到来之前从上向下干枯一段，余下的当年生枝实际长度仅为年生长量的1/3或1/2，即所谓“年长一尺缩八寸”。牡丹芽萌发后，鳞片开始脱落留下鳞芽痕，可根据鳞芽痕来鉴定牡丹株龄的大小。

（二）牡丹生长对环境条件的要求

牡丹喜温和气候，较耐寒，耐旱，怕高温、酷日烈风和积水涝渍，宜种在土层深厚、排水良好、土质疏松肥沃的沙质壤土或粉沙土上，盐碱地不宜栽种。在选好地以后，最好在夏天深翻晒土。如杂草严重，可用农达除草，待草死根烂以后再深翻。栽种过丹皮的地块，要隔 3～5 年再种。

四、牡丹的品种类型

药用牡丹主要有一些地方习用种或变种，包括下述几种。

1. 矮牡丹 矮牡丹（*Paeonia suffruticosa* Andr. var. *spontanea* Rehd.）植株矮小，小叶片较短，近于圆形，分布于山西、陕西和甘肃等地。

2. 粉牡丹 粉牡丹［*Paeonia suffruticosa* Andr. var. *papaveracea*（Andr.）Kerner］花瓣中央有一明显的黑斑，分布于四川和陕西一带。

3. 黄牡丹 黄牡丹（*Paeonia lutca* Franch.）花盘发育成肉质盘状，花黄色，分布于四川、云南和西藏。

4. 川牡丹 川牡丹（*Paeonia szechnaica* Fang.）心皮无毛，仅下半部为花盘所包围，小叶较小无毛，分布于四川。

如果从花用来看，有很多品种或类型。如按株型可分为直立型、开展型和半开张型；按芽型可分为圆芽型、狭芽型、鹰嘴型和露嘴型；按分枝习性可分为单枝型和丛枝型；按花色可分白色、黄色、粉色、红色、紫色、墨紫（黑）色、雪青（粉蓝）色、绿色和复色；按花期可分为早花型、中花型、晚花型和秋冬型（有些品种有二次开花的习性，春天开花后，秋冬可再次自然开花，即称为秋冬型）；按花型可分为系、类、组和型 4 级，有 4 个系即牡丹系、紫斑牡丹系、黄牡丹系和紫牡丹系，2 个类即单花类和台阁花类，2 个组即千层组和楼子组，组以下根据花的形状分为若干型，如单瓣型、荷花型、托桂型和皇冠型等。

五、牡丹的栽培技术

（一）选地整地

选择阳光充足、深厚、疏松、富含有机质、排水良好及地下水位较低的土壤种植牡丹。前作以芝麻、花生和大豆为好，忌与玉米迎茬，要间隔 3～5 年再种。整地要求深耕细作，耕翻 3 次，耕深为 60～75 cm，注意翻地时要保证平整，以防积水腐烂。播种前，施足底肥，山东每公顷施干粪或厩肥 75 000 kg 以上。深耕后精细整地，使土壤松碎、平实，以利于牡丹根系下扎。做成 1.33～1.65 m 宽的平畦，或高 16.5～20 cm 的小高畦，畦间距离为 33 cm。

（二）繁殖方法

1. 种子繁殖

（1）**选种** 7月底8月初种子陆续成熟，分批采收，果实呈蟹黄色时摘下，放室内阴凉潮湿地上，使种子在壳内后熟，经常翻动，以免发热，待大部分果实开裂，种子脱出，即可进行播种，或在湿沙中储藏。晒干的种子不易发芽。

（2）**播种** 安徽在8月上旬至10月下旬播种，山东在8月下旬至9月上旬播种，不可晚于9月下旬。过晚播种当年发根少而短，第二年出苗率底，生长差。选当年采收的新种子，用湿草木灰拌后播下，条播或散播，条播行距为6.7～10 cm，播种沟深为3～4 cm，将种子每隔2～3 cm一粒，均匀播于沟内，然后覆土盖平，稍加镇压，每公顷用种量375～525 kg。撒播时先将畦表面土扒去3～4 cm后，再将种子均匀地撒入畦面，然后用湿土覆盖3～4 cm，稍加镇压，每公顷用种量750 kg左右。

2. 分株繁殖 牡丹的传统栽培方法是直栽或斜栽。新的栽植方法——平栽法，不仅能提高牡丹成活率，缩短栽培周期，而且根多皮厚，产量和质量大幅度提高。

分株育苗种株大，芽梢多，生根快而多，一般在栽培2～3个月后就能从芽梢上长出新根。于9月下旬至10月上旬收获牡丹皮时，将刨出的根，大的切下做药，选部分生长健壮无病害的小根，根据其生长情况，从根状茎处劈开，分成树棵，每棵留芽2～3个。在整好的地上，按行株距67 cm×67 cm刨坑，坑深为33 cm左右，坑径为20～25 cm。分株育苗时，先扒开牡丹蔸部周围的土，然后将牡丹整蔸取出，轻轻抖落根部附土，并用手顺其自然生长情况把种株从其根颈部劈开。一般可分出4～6个种株。注意分出的种株要带有2～3条根，才能栽植成活。同时，要把根系和芽苞保护好，切勿折断和碰伤。剔下的余根可加工成丹皮。最后封上土堆，堆高15 cm左右。

栽好后，浇足定根水，并用作物秸秆覆盖保墒，待大地回暖后即可揭去覆盖物。为提高栽植成活率，一般应在牡丹的休眠期进行栽植，即深秋落叶后到次年早春为宜栽期。

（三）栽后管理

1. 松土除草 每年4月、7月、9月各除一次草，雨后及时划锄，保持土表不板结，地内无杂草。第二年春季牡丹出苗后，结合除草，扒开根周土壤，亮出根蔸，接受阳光照射。晒3～4 d后再培土，可促多发分枝，多发新根。除草时切忌用锄头，应用手工拔草，做到勤除草。

2. 追施 每年春季和秋季各追肥1次，每次每公顷可施土杂肥37 500～45 000 kg，也可施饼肥2 250～3 750 kg，在行间开15 cm左右的沟，将肥料撒在沟内，覆土盖好。如天旱，施肥后应浇水，浇水在傍晚进行。雨季注意及时排除积水。

3. 摘花蕾 每年春季现蕾后，除留种子者外，及时摘除花蕾，使养分供根系生长发育。应在晴天上午进行，以利伤口愈合。每年冬季3～4月初，修剪残枝、病枝，摘除黄叶病叶，将其集中烧毁。可减少来年病虫危害，使植株生长健壮。

4. 越冬 秋后封冻前可培土15 cm左右或盖茅草，防寒过冬。

（四）病虫害防治

牡丹主要应防治好叶斑病、灰霉病、白绢病和锈病等。防治丹皮病虫害的方法，首先是实行轮作。种了牡丹以后要隔3年以上才能再种牡丹。有的地方不轮作，栽后2～3年发病严重导致死苗。其次，要控制氮肥用量。做到不单施氮肥，多施用三元复合肥、有机肥、农家肥、饼肥等，以增强植株抵抗力。第三是及时清沟沥水。第四是药剂防治。发病初期可用50%多菌灵800倍液、50%甲基托布津1 000倍液、75%百菌清600倍液、40%扑病佳500～1 000倍液、1：1：100波尔多液防治。

六、牡丹的采收与加工

（一）采收

分株繁殖生长3～4年，种子播种4～6年即可收获。丹皮以秋季落叶后至次年早春出芽前采收最为适宜。此时采收，根部储存了大量养分，药用价值高，质量好，还有利于繁殖培育。采收时，扒土范围要大些，做到整蔸起挖，切勿挖断而影响质量。挖起后，用锋利的刀从蔸部将根削下，也可用手将根从蔸部扳下，切勿弄断。削下的根按长短、粗细扎成小把，放在阴凉潮湿处，待加工。

（二）加工

鲜根堆放1～2d，稍失水变软后摘去须根（即丹须），除去木心。按粗细、整碎分别出晒。晒时应趁其柔软把根条理直，严防雨淋、夜露和触水，以免发红甚至变质。晒干后即为商品药材。一般每公顷产350～400kg，折干率为35%～40%。若用水洗去鲜泥土，用竹片或玻璃片刮去外表栓皮，再抽去木心，晒干后称为刮皮丹皮，简称刮丹，操作繁琐，且常刮去部分含有效成分的组织，多用于外销，一般内销不刮皮。

（三）形状鉴别

1. 连丹皮 呈圆筒状或半圆筒状，稍弯曲，长为6～9cm，直径为0.3～1.2cm，厚约0.3cm。外表皮棕褐色或灰褐色，栓皮脱落处呈粉棕色，内表面淡棕色或灰黄色，显细纵纹理，并有白色小亮星（丹皮酚）。折断面粉白色，显粉质，有特殊香气，味辛微苦。

2. 刮丹皮 选与连丹皮规格相同的鲜丹皮用竹刀或瓦片刮去表皮，即成刮丹皮（粗丹皮）。以条粗长、无木心、皮厚、断面粉白色、粉性足、香气浓、亮银星多者为佳。条细、带根须及木心，断面粉性小，无亮星者质次。

复习思考题

1. 牡丹的生长发育有何特点？
2. 牡丹对环境条件有何要求？
3. 牡丹的田间管理有哪些主要内容？
4. 丹皮采收有哪些注意事项？
5. 丹皮产地初加工包括哪些内容？

主要参考文献

陈华玉，盛习锋，谭健兵，等．2005. 不同产地丹皮药材中丹皮酚含量的比较［J］．中南药学，3（6）：

333-335.
郭宝林，巴桑德吉，肖培根，等.2002. 中药牡丹皮原植物及药材的质量研究［J］. 中国中药杂志，27（9）：654-657.
刘汉珍，许媛媛，代艳华，等.2008. 丹皮和芍药根皮的生药学研究［J］. 生物学杂志，25（2）：50-51.
杨雪娇.2000. 传统中药丹皮活性成分的研究［D］. 广州：广东工业大学.
张艳，范俊安.2008. 中药材牡丹皮研究概况Ⅰ：牡丹皮的历史考证与药用牡丹的分类地位［J］. 重庆中草药研究（1）：24-27.

第十三章　全草类药材

药用植物中，以全草或茎叶类入药的种类不多，目前市场流通的这类药材有 50 余种。本章介绍的 4 种全草类药材，薄荷在我国种植面积很大，在生产上有一定的代表性；鱼腥草则是菜药兼用植物，近年发展很快；石斛是近年引种成功的药材，开发力度较大；肉苁蓉为沙生药材，属寄生植物，特色明显。对于这类药材，可适当多施一些氮肥，以增加其生物量。常见的全草类药材有：泽兰、大芸（肉苁蓉）、荆芥、老鹳草、半边莲、淫羊藿、辽细辛、藿香、龙葵、透骨草、穿心莲、白花蛇舌草、浮萍草、卷柏、翻白草、佩兰、茵陈、竹叶、瞿麦、石苇、仙鹤草、薄荷、石斛、鱼腥草、旱莲草、金钱草、刘寄奴、徐长卿、麻黄、青蒿、绞股蓝、马齿苋、灯心草、紫花地丁、苦地丁、蒲公英、瓦松、益母草、锁阳、扁蓄、半枝莲、伸筋草、败酱草等。

第一节　薄　　荷

一、薄荷概述

薄荷为唇形科植物，干燥的地上部分入药，生药称为薄荷（Menthae Haplocalycis Herba）。薄荷含挥发油类物质（称为薄荷油），有疏散风热、清利头目、利咽、透疹、疏肝行气的功能，用于风热感冒、风温初起、头痛、目赤、喉痹、口疮、风疹、麻疹、胸胁胀闷。薄荷油是医药、日用化工、食品工业等的原料，国内外市场需求量均较大。薄荷产区主要在江苏和安徽，所产薄荷称为苏薄荷。此外，江西、四川、河南和云南也有栽培。近年来，新疆地区也开始了薄荷的引种试验，生产面积增加较快。由于受国际市场的影响，各地种植面积略有减少，但是，我国仍为世界薄荷的三大主产地之一。

图 13-1　薄　荷

二、薄荷的植物学特征

薄荷（*Mentha haplocalyx* Briq.）为多年生草本植物，高 50～130 cm。根状茎细长，白色或浅绿色，横向伸展在土中；地上茎方形，直立，具分枝，被倒生柔毛和腺点。单叶对生，叶柄 2～15 mm；叶片长卵形至椭圆状披针形，长 2～7 cm，宽 1～3 cm，先端锐尖或渐尖，基部楔形，边缘具细锯齿。轮伞花序腋生，球形，有梗或无梗；苞片1至数枚，条状披针形；花萼钟状，5裂，裂片近三角形，具明显的5条纵脉，外被白色柔毛及腺点；花冠二唇形，淡紫色或白色，长3～5 mm，上唇1片较大，下唇3裂片较小，花冠外面光滑或上面裂片被毛，内侧喉部被一圈细柔毛；雄蕊4，花药黄色，花丝着生于花冠筒中部，伸出花冠筒外；子房4深裂，花柱伸出花冠筒外，柱头2歧。小坚果长卵球形（图13-1）。花期7～10月，果期8～11月。

三、薄荷的生物学特性

（一）薄荷的生长发育

1. 薄荷的生长发育概述 由于生产上多采用根茎繁殖，薄荷根系主要是地下根茎上的须根。实生苗能看到生长缓慢的主根和侧根，其垂直分布较浅。

薄荷生长过程中，在田间湿度大的情况下，地上直立茎离地面0～20 cm高的节上和节间会生出气生根，气生根长2 cm左右，在天气干旱的情况下，气生根会自行枯死，它对薄荷生长发育也不起主要作用。

薄荷须根的产生主要有以下3种方式：①地下茎播种后，在温度和水分等条件适宜时，其顶端或节上的芽向上长出幼苗，中柱鞘及薄壁组织分裂，向下长出许多须根；②植株生长到一定时期产生新的地下茎，在地下茎上也产生较多的须根；③地上直立茎基部入土部分，在适宜的条件下也能长出许多须根。这3种须根均是从茎节上产生的，均为不定根。在一般的栽培条件下，这些须根集中分布在表土层15 cm范围内。

薄荷茎主要有3种：地上直立茎、地面匍匐茎和地下根茎。

薄荷直立茎又称为主茎，高80～130 cm，有30节左右，基部和顶部节间较短，中部节间较长。二刀薄荷（即第1次收获后留下的地下茎又长出的植株），主茎高50～70 cm，有20节左右。直立茎表皮颜色因品种而异，有青色与紫色之分。茎表面有茸毛，茸毛多少因品种而异。茎上有少量的油腺细胞，其精油含量少。直立茎的粗细和茎基部长短是衡量苗势和抗倒伏能力的形态指标，与产量密切相关。

当地上直立茎长20 cm左右，具7～9节时，茎基部和表土层节上的腋芽萌发，并形成横向匍匐生长的茎，较直立茎细、软、质脆，髓部较充实。匍匐茎沿地面生长，有时其顶端钻入土中，生长一段时间后，顶芽又钻出地面长成新苗，也有的匍匐茎顶芽直接萌发并向上生长。

地下茎呈白色或黄白色，是主要播种材料，产区习称为种根。通常地上部生长到一定高度时（具8节左右），在土壤浅层的茎基部开始长出地下茎，并逐渐伸长，也可长分枝，形成数目较多的地下茎，集中分布在土壤表层15 cm内。地下茎上的腋芽，在温湿度适宜时均能萌发。

薄荷的分枝是由叶腋内潜伏芽长出来的。当植株营养满足潜伏芽发育时，潜伏芽萌发并逐渐发育成分枝。可长出3～4级分枝，分枝一般两侧对称。不同的品种分枝能力和分枝节位不同，有的品种分枝着地，有的品种分枝节位较高。密度高的田块，薄荷分枝节位较高，单株分枝能力弱；反之，分枝节位低，单株分枝能力强。土壤肥力水平高的分枝多。

薄荷的叶没有托叶，只有叶片和较短的叶柄，上下对生叶片垂直排列。幼苗期生长的叶片为圆形、卵圆形，全缘，中期生长的叶片为椭圆形，后期生长的叶片为长椭圆形，衰老期的叶片为披针形。薄荷收割时有叶片 30 对左右。薄荷叶片通常前期生长缓慢，中期最快，后期又较慢。中后期开始落叶，到收割时只有 10～15 对叶片。所以必须适时采收。二刀薄荷一般只有 20 对左右的叶片，前期生长较快。由于叶片的多少与产油量有关，因此，在生产上增加叶片数，减少或延缓叶片的脱落，防止病虫危害，提高叶片质量是薄荷增产的重要措施。

薄荷主茎和分枝生长到一定阶段后，其顶部叶腋间逐渐分化出对生的花序，随着顶端的继续生长，自第 1 对花序依次向上的每一个节位的叶腋间均可产生对生的花序。薄荷主茎的开花规律是自下而上逐渐开放，同一层的花蕾第一天开花较少，第二至第四天开花势最旺。每天开花数量的多少，与当天的气候有关。单株主茎花序的开花时间为 60 d 左右，前 30 d 的开花数占总数的 70%～80%，单朵花从开花到花冠脱落约 3d。

薄荷是风媒、虫媒异花授粉植物，从现蕾至开花需 10～15 d，每朵花从开放到种子成熟需 20 d 左右，其结实率的高低因品种和环境条件而异。果实为小坚果，长圆卵形，种子很小，淡褐色，千粒重为 0.1 g 左右，种子休眠期较短，但寿命较长。

薄荷的再生能力较强，其地上茎叶收割后，又能抽生新的枝叶，并开花结实。我国多数地区 1 年收割 2 次，广东、广西和海南可收割 3 次。

2. 薄荷的生育期 在江苏和安徽产区，第一次收获的薄荷通常称为头刀，第二次收获的称为二刀。无论头刀还是二刀薄荷，其生育期都可分为苗期、分枝期和现蕾开花期 3 个生育时期。

(1) **苗期** 从出苗到分枝出现称为苗期。头刀薄荷在 2 月下旬开始陆续出苗，3 月为出苗高峰期。头刀薄荷的苗期，由于气温较低，生长速度缓慢，苗期长。而二刀薄荷的苗期，由于气温较高，在水肥条件好的情况下，其生长速度快，苗期较短。

(2) **分枝期** 薄荷自出现第 1 对分枝到开始现蕾的阶段为分枝期。薄荷在此期处于生长适宜温度阶段，生长迅速，分枝大量出现，尤其在稀植或打顶的田块，分枝更为明显。二刀薄荷自然萌发出苗，由于密度较大，一般田块中较头刀薄荷密度高 4～5 倍，故二刀单株分枝显著减少。

(3) **现蕾开花期** 薄荷每年 6 月现蕾，7～10 月开花。现蕾开花标志植株进入生殖生长阶段，薄荷油、薄荷脑也在这个时期大量积累，是收取薄荷油、薄荷脑的最佳时期。故头刀薄荷在 6 月下旬至 7 月中下旬收获，二刀薄荷在 10 月上中旬收获。

（二）薄荷油的积累

薄荷油主要储藏在油腺内，它占植株全部含油量的 80%。油腺由油细胞、分泌细胞和柄细胞构成。油腺主要分布在叶、茎和花萼、花梗的表面。由于叶片油腺分布多，故叶片的含油率最高，一般叶片含油量占植株总含油量的 98%以上。叶片的含油率与收获期、叶位和油腺密度有关，一般春季和夏季生长的头刀薄荷植株油腺密度低，含油率及出薄荷脑量也低，但鲜草产量大，原油总产量高。夏季和秋季生长的二刀薄荷植株油腺密度大，含油率及出薄荷脑量也高，但鲜草产量较低，原油总产量低。不同叶位含油率不同，一般以顶叶下第五对至第九对叶出油率、含薄荷脑量较高，上部嫩叶和下部老叶出油率较低。因此，增加成熟健壮叶片数、叶片重量、叶片油细胞密度，是提高原油产量和质量的重要措施。

阎先喜等人（1997）对薄荷盾状腺毛的超微结构研究结果表明，薄荷叶上存在2类腺毛，一类为头状腺毛，由1个基细胞、1个柄细胞和1个头细胞组成；一类为盾状腺毛，由1个基细胞、1个柄细胞和16个头部细胞组成。盾状腺毛是产生和分泌挥发油的腺毛。薄荷腺毛在形态上发育完成后，其头部细胞的超微结构接着发生一系列变化，从而导致分泌活动的开始。

（三）薄荷生长发育对环境条件的要求

薄荷对环境条件适应能力较强，在海拔2 100 m以下地区均可生长，但以海拔300～1 000 m地区最适宜。

1. 薄荷生长发育对温度的要求 薄荷对温度适应能力较强，地下根茎宿存越冬，能耐－15℃低温。春季地温稳定在2～3℃时，薄荷根茎开始萌动，地温稳定在8℃时出苗，早春刚出土的幼苗能耐－5℃的低温。薄荷生长最适宜温度为25～30℃。气温低于15℃时薄荷生长缓慢，高于20℃时生长加快，在20～30℃时，只要水肥适宜，温度愈高生长愈快。秋季气温降到4℃以下时，地上茎叶枯萎死亡。生长期间昼夜温差大，有利于薄荷油和薄荷脑的积累。

2. 薄荷生长发育对光照的要求 薄荷为长日照作物，喜光。在整个生长期间，光照强，叶片脱落少，精油含量也愈高。尤其在生长后期，连续晴天，强烈光照，更有利于薄荷高产。薄荷生产后期遇雨水多，光照不足，是造成减产的主要原因。

3. 薄荷生长发育对水分的要求 薄荷喜湿润的环境，不同生育期对水分要求不同。头刀薄荷的苗期和分枝期要求土壤保持一定的湿度。到生长后期，特别是现蕾开花期，对水分的要求减少，收割时以干旱天气为好。二刀薄荷的苗期由于气温高，蒸发量大，生产上又要促进薄荷快速生长，所以需水量大，伏旱和秋旱是影响二刀薄荷出苗和生长的主要因素。二刀薄荷封行后对水分的要求也逐渐减少，尤其在收割前要求无雨，才有利于高产。

据朱明华等报道，收割期间降雨对薄荷原油产量影响显著，降雨持续天数越多，对薄荷原油产量影响越大，下降幅度一般为20%～40%，连续大雨之后甚至可达70%左右。日降雨量为11.3～25.8 mm时，薄荷原油产量下降17.02%～47.50%；日降雨量在70.2～108.9mm时，原油产量下降53.52%～71.83%。雨后晴天，原油产量将逐步回升，一般经3～5 d后可回升到雨前的水平。

4. 薄荷生长发育对土壤的要求 薄荷适应性较强，对土壤的要求不十分严格，除过沙、过黏、酸碱度过重以及低洼排水不良的土壤外，一般土壤均能种植。土壤pH以6～7.5为宜。在薄荷栽培中，以沙质壤土和冲积土为好。据试验，青椒样薄荷耐盐性最强，能在含盐0.25%的土壤上正常生长，“73-8”薄荷次之，能在含盐0.17%左右的土壤上正常生长。苏格兰（80-1）留兰香不耐盐，只能在含盐0.15%以下的土壤上生长。

5. 薄荷生长发育对养分的要求 在氮、磷、钾三要素中，氮素营养对薄荷产量和品质影响最大。适量的氮可使薄荷生长繁茂，收获量增加，出油率正常。氮肥过多，会造成茎叶徒长，节间变长，通风透气不良，植株下部叶片脱落，甚至全株倒伏，出油量减少。缺氮时，叶片小，色变黄，叶脉和茎变紫，地下茎发育不良，产油量低，油中游离薄荷脑含量低。钾对薄荷根茎影响最大，钾缺乏时，叶边缘向内卷曲，叶脉呈浅绿色，地下茎短而细弱，但对薄荷油和薄荷脑含量影响不大，因此，培育种根的田块要适当增施钾肥，使根茎粗壮、质量好。

四、薄荷的品种类型

(一) 类型

亚洲薄荷原产于我国，在长期的栽培过程中，先后培育出许多优良品种，迄今为止，已培育出 60 多个品种在生产上应用，分布于我国各个产区。薄荷品种主要有紫茎、青茎 2 种类型。薄荷属植物染色体基数 $x=12$，多倍化现象普遍。薄荷品种“39”、“687”和“Fu-1”，$2n=6x=96$；“73-8”为非整倍体，$2n=90$。

1. 紫茎类型 此种类型的主要特点是：幼苗期茎为紫色，中后期茎秆中下部为紫色或淡紫色，上部茎为青色。该类型的品种大部分生长势和分枝能力较弱，地下茎及须根入土浅，暴露在地面的匍匐茎较多，抗逆性差，原油产量不稳定，但质量好，原油含薄荷脑量高，一般含薄荷脑 80%～85%，旋光度一般在－35°以上。

2. 青茎类型 此种类型的主要特点是：幼苗期茎基部紫色，上部绿色，中后期茎基部淡紫色，中上部绿色。地下茎和须根入土深，暴露在地表的匍匐茎较少，分枝能力和抗逆性强，原油产量较稳定，但质量不如紫茎类型。

(二) 国内品种

薄荷品种较多，但许多品种存在退化现象。目前江苏和安徽薄荷主产区采用的品种主要为“73-8”、“上海 39 号”和“阜油 1 号”薄荷品系。

1. “409”薄荷 此品种是从紫茎紫脉薄荷的实生苗中选择出优良单株培育而成的，其根系较深，茎断面方形，基部紫色，中上部绿色。叶片开花前为长椭圆形，叶缘锯齿浅而稀，叶脉黄绿色，叶面暗绿色带灰，下垂。匍匐茎紫色，细而长。花淡紫色，雄蕊不露，能结实。头刀薄荷在 7 月上旬现蕾，7 月中旬开花；二刀薄荷在 10 月初现蕾，10 月中旬开花。“409”薄荷适合密植，每公顷基本苗以 30 万株为宜，二刀薄荷则以 90 万～120 万株为宜。本品种需肥量大，施肥要适当提早。该品种薄荷油质量较好，但产量低。原油含薄荷脑量为 80%～85%，旋光度为－37°～－38°，含酯及香味符合我国出口标准。

2. “68-7”薄荷 此品种从“409”×“C-119”的杂交后代的单株中，经选择比较而育成。与“409”品种不同之处是不太适合密植，每公顷基本苗控制在 15 万株左右，二刀薄荷基本苗 75 万株左右。该品种产量较高，原油含脑量 80%～87%，含酯量较高，旋光度偏低，香味不及“409”薄荷。

3. “海香 1 号”薄荷 此品种是“68-7”和“409”2 个品种嫁接后，将变异接穗进行扦插成活后收获种子，再从实生苗中选择优良单株而育成。栽培时要合理密植，每公顷基本苗控制在 22.5 万株左右，二刀薄荷为 90 万株左右。该品种长势旺盛，产量较高，原油含薄荷脑为 80%～85%，旋光度为－38°，含酯量在 2.5%以下，香味好。

4. “73-8”薄荷 此品种属人工选育的青茎高产品种，其栽培密度不宜太大，每公顷基本苗为 30 万株，二刀为 90 万株。该品种生长旺盛，抗逆性强，叶片油腺密度大，原油产量较高，一般头刀 7 月中旬现蕾，7 月下旬开花；二刀 10 月中旬现蕾，10 月下旬开花。一般每公顷原油产量头刀为150kg左右，二刀为30kg左右。原油品质较好，香味好，含薄荷脑量为80%～87%，含脂量为1.45%～0.65%，旋光度为−36°～−37°，是目前尚在普遍种植的当家品种之一。

5. "上海39号"薄荷（也叫"亚洲39"）　该品种是继"73-8"薄荷后选育出的又一薄荷新品种，属于紫茎类型。每公顷基本苗约18万株，密度不宜过大。据沈海、郝立勤等报道，"上海39号"在云南宾川引种获得成功，并且其精油得率比江苏种植的高1倍，精油中薄荷脑含量比上海和江苏地区分别高出2.9%和2.72%。

该品种生长旺盛，头刀株高为90～120cm，二刀株高为70～80cm，分枝多，抗逆性、适应性强，鲜草产量高。每公顷头刀鲜草产量可达37 500kg左右，二刀鲜草产量可达11 250kg/hm^{2}左右。鲜草出油率高，头刀鲜草出油率为0.5%左右，二刀鲜草出油率在0.6%以上。每公顷原油产量头刀可达180kg，二刀可达45kg左右。原油品质好，香气纯正，含薄荷脑量为81%～87%，旋光度为−35°～−38°。

6. "淮阴83-1"薄荷　该品种适应强，播种期幅度大，从小雪到第二年3月均可种植。适宜行株距为25cm×20cm。播种时每公顷撒施30 000～45 000kg有机肥、225～300kg磷肥、75kg尿素，生育期间追施尿素300kg。二刀薄荷应在头刀薄荷收割后及时追施尿素300kg/hm^{2}和浇水。该品种农艺性状好，生长健壮，抗倒性、分枝性好，头刀鲜草产量为33 000～40 500kg/hm^2，鲜草出油率为0.5%～0.6%，原油产量为195kg左右。原油质量优，含薄荷脑量为80%～88%，旋光度在−36°以上，油白色透明，近似无色。

7. "阜油1号"薄荷品系　此品系是用"上海39号"薄荷地下茎，经钴-60射线处理后播种产生变异单株，再进行株系比较鉴定选育成功，属于青茎类型。此品系头刀密度不宜过高，单作每公顷基本苗为15万株左右，行距为33cm，株距为20～22cm，栽培中应轻施氮肥，重施磷钾肥，增施有机肥。夏播以6月下旬播种为宜（江苏和安徽等地），播种密度应大，每公顷以45万株为宜。该品系生长健壮，抗倒性、抗逆性强，头刀主茎长100～140cm，二刀主茎长50～70cm；具有早熟性，比一般品种早开花7～10d。每公顷头刀鲜草产量达33 750～37 500kg，鲜草出油率为0.5%左右；二刀鲜草产量为500～11 250kg，鲜草出油率为0.7%～0.8%。每公顷原油产量头刀为180～195kg，二刀为45～60kg。夏播鲜草产量为15 000kg/hm^2，鲜草出油率为0.6%～0.7%，原油产量为90～105kg/hm^2，原油质量好，香味纯正，含薄荷脑量为82%～88%，旋光度为−36°～−38°。

（三）印度的优良品种

印度栽培薄荷起步虽然较晚，但近年来发展迅速，已成为世界第二大生产、出口国。印度对新品种的选育和推广十分重视，现将该国选育成功的几个优良品种介绍如下。

1. "MAS-1"　此品种系从泰国引入的薄荷芽插条中选择所得。植株矮壮，叶/茎比高，成熟期比现有栽培品种提早10d。鲜草含油量为0.8%～1.0%，每公顷产油量为289.5～292.95kg（对照品种为216.45kg）含脑量为81%（对照品种为68.3%），原油的冻点低，可分离出65%薄荷脑（对照品种为40%～50%）。

2. "Hybrid-77"　此品种是从"MAS-1"与"MAS-2"的杂交后代中选得的。植株高大，生长旺盛，对叶斑病和锈病的抗性强。每公顷产草量52 803kg，产油量为31.23kg，含脑量为81.5%。

3. "EC-41911" 从 *Mentha arvensis*×*Mentha piperita* 种间杂交后代中选得。植株直立，受雨季、根腐病和蚜虫的影响小。每公顷产草量15 803kg，产油量为124.5kg，含脑量为70%。

4. "Shivalik" 由S.K.Palta从中国引进，并定名为"Shivalik"。植株长势旺，叶片大而厚，阔卵形，分枝密集。年收三次，产油量为105～135kg/hm^2，含脑量为84%，游离脑含量为82%。1990年种植面积已占其全国薄荷总面积的90%以上。

五、薄荷的栽培技术

（一）选地整地

薄荷对土壤要求不严，生产上以选择土质肥沃，保水、保肥力强的壤土、沙壤土，土壤pH以6～7为好。土壤过黏、过沙，以及低洼排水不良的土壤不宜种植。薄荷不宜连作，前茬也不宜选留兰香，宜选玉米和大豆等为前茬作物。

薄荷种植地块应在前茬收获后及时翻耕、做畦，一般畦宽为1.2m左右，整成龟背形。

（二）栽培制度

目前生产上，各地根据当地条件，结合薄荷的生物学特性，建立起了一些栽培制度，包括有轮作和套种的栽培方式。

1. 轮作 良好的轮作制度，是夺取薄荷优质高产的重要措施之一。我国南北薄荷产区跨度大，各地耕作制度和气候、水肥条件差异也大，所以薄荷的轮作方式也多种多样。在黄淮薄荷主产区，薄荷轮作周期一般以3年为多，也有实行2年轮作。薄荷面积在不超过总耕地面积的30%时有利于调茬轮作。

（1）**3年5作制** 薄荷→小麦→大豆（或夏玉米、夏甘薯）→小麦→大豆，这是黄淮薄荷产区主要轮作方式，夏作大豆，也可以采用夏棉、夏玉米、水稻等作物。

（2）**2年3作制** 薄荷→小麦→大豆（夏作物）。

（3）**2年4作制** 小麦→夏薄荷→小麦→大豆，这种方式有利于高效生产，夏薄荷种植管理好能获得较好收成。目前，在薄荷良种繁育田块和水肥条件好的地方已广为应用。

（4）**3年4作制** 薄荷→春甘薯（玉米＋棉花）→小麦→大豆（夏玉米、棉花、水稻），这种方式适合于春作面积大的地区。

2. 套种 薄荷套种主要是头刀田，薄荷从秋季栽种到第二年出苗，长达3个多月，出苗到封垄又有40～50d。冬春期间套种一些作物，可充分利用地力和利用空间资源，增加复种指数，提高经济效益。与头刀薄荷套种的作物主要有：油菜、蚕豆、大麦和豌豆等。二刀薄荷则只有与芝麻套种一种方式。

（1）**薄荷与油菜套种** 江苏薄荷产区多采用此种模式。先栽种薄荷，后栽种油菜。薄荷在11月栽种，适当增加栽种根量，一般每公顷栽种根茎900kg左右。油菜采用育苗移栽方式，选用茎秆粗壮，株形紧凑，抗倒伏，尤其是早熟的高产品种，一般在9月上旬进行育苗，薄荷栽种后，油菜按行距130cm、株距25cm栽入预留行。油菜春季施肥管理要合理，氮肥不宜施用过多，否则油菜倒伏，影响产量，并对薄荷造成不利影响。油菜收后要及时清除田间的残茬落叶，同时平整油菜茬，以便于收扫薄荷落叶。油菜收后，要对薄荷加强施肥管理，促苗生长，可每公顷施磷酸二铵225～300kg，并注意田间水分管理。

(2) *薄荷和榨菜、冬季蔬菜套种*　这种套种方式也是先栽种薄荷，后栽种榨菜。榨菜在9月下旬到10月上旬育苗，11月移栽入栽种后的薄荷田内，行距为33cm左右，株距为21cm。冬季薄荷不出苗，有利于榨菜的生长。榨菜能忍耐－10℃左右的严寒而安全越冬，且生育期短，收获时间在4月上旬左右。薄荷初春2月下旬至3月陆续出苗，两者互相影响不大。由于薄荷和榨菜根系均集中土壤表层，抗旱能力差，应注意保持土壤湿润，若遇冬旱应适当浇水。施肥应考虑薄荷对肥分的要求，以免薄荷因氮肥施入过多而徒长。第一次施肥在栽后60～70d进行，每公顷施尿素75kg左右；第二次施肥在栽后90～100d进行，每公顷施尿素150kg，以促进菜头迅速膨大。

(3) *薄荷与蚕豆套种*　这种套种方式应先播蚕豆后栽薄荷，蚕豆选用早熟、株形紧凑品种。一般在10月中旬播种，要求行距在160cm以上，株距为50cm左右。蚕豆播种时，要适当增施磷肥和钾肥，增强蚕豆的固氮能力，有利于蚕豆高产，也有利于薄荷增产。薄荷套种在蚕豆行间，每行蚕豆间可套4行薄荷。蚕豆生长后期要将蚕豆顶梢松松扎起，减少对薄荷的遮阴。蚕豆地里蜗牛比较多，要及时防治。蚕豆收获后，及时对薄荷田进行管理，靠近蚕豆边的薄荷，要进行摘心、重施肥，并清除田间蚕豆茎叶和平整蚕豆茬，否则，难以扫起薄荷叶或薄荷叶中混有蚕豆残株，影响薄荷原油香气和质量，原油杂色加重。

薄荷不宜与葱、蒜和洋葱之类有气味作物间套种，否则易致油中含有异味，影响质量。另外，棉花是高秆作物，枝叶茂盛，影响薄荷生长，也不宜与薄荷套种。

(三) 播种方法

薄荷繁殖方法有根茎繁殖、扦插繁殖和种子繁殖3种。生产上一般只采用根茎繁殖，扦插繁殖多在新产区扩大生产中使用，种子繁殖在育种中使用。

1. 种子繁殖　种子繁殖在育苗中常用。种子繁殖的做法是，每年3～4月间把种子与少量干土或草木灰掺匀，播到预先准备好的苗床里，覆土1～2cm，上面再覆盖稻草，播后浇水，2～3周出苗。种子繁殖，幼苗生长缓慢，容易发生变异，生产多不采用。

2. 根茎繁殖　播种材料为地下根茎。播种材料的好坏直接影响播种用量和出苗的质量。种茎的来源，一是通过夏插繁殖的种茎，粗壮发达，白嫩多汁，黄白根、褐色根少，无老根和黑根，质量好；二是薄荷收获后遗留在地下的地下茎，剔除老根、黑根、褐色根，把黄白嫩种根和白根选出来，做播种材料。

种茎用量除受种根质量左右外，还与播种茬口、季节、栽培方式有关。一般秋播每公顷用白色根茎750～1 050kg为宜；夏种则以2 250kg为宜。

在生产上，播种应尽量采用条播或开沟撒播。按25～33cm的行距开沟，播种沟深度为5～7cm，天气干旱时宜深，土壤黏重、易板结的土壤要浅。为了保证出苗质量，必须做到播种时随开沟、随播种、随覆土。秋种薄荷在播种后，要经过冬季低温和雨雪。管理不当会伤害种根，影响第二年薄荷出苗和全苗。一般可采取镇压防冻，有条件的地方实行冬灌，在寒流来前灌水护苗，但要注意随灌随排。

3. 播种适期　若播种期不适宜，秋季播种薄荷过早或过迟都会因冻害、早苗或迟发影响产量。夏季播种薄荷会因生育期不够、播种早或提前达到积温而早花，产量降低。所以，薄荷要适期播种，秋季播种比冬季播种好，更比春季播种好。各地播种的具体时间可掌握在冬前不早苗，春季播种不过晚，在不影响苗质的情况下进行。黄淮薄荷产区在10月上中旬到12月中旬播种较合适。春季播种在4月上旬进行，采用地膜覆盖的可提到3月下旬播种。黄淮地区小麦是主要粮食作物，薄荷生产有与小麦争地现象，采用改秋扩夏栽培技术，播种时期在6月下旬到7月上旬。

4. 秧苗移栽 部分产区采用秧苗移栽方式生产。选择品种优良纯度高而无病虫害的田块做留种田，在秋季收割后，立即中耕除草，铲除薄荷地上横走茎和残茬，待第二年4～5月苗高10～15cm时，选取健苗移栽。按25cm×12～15cm的行株距开穴，穴深为10cm左右，每穴栽1～2株，覆土后浇水、追肥。江西产区是提早挖出根茎，栽于育苗床内，精细管理，待4月上中旬苗高10～15cm时起苗移栽。移栽期也以4月上中旬为好。江苏、浙江和江西等地认为，迟于5月移栽，其茎叶产量比4月低10%左右，产油量低30%～40%。

近年长江流域及其以南省、自治区推广一季春薄荷生产模式。为保证完成预订产量，将春薄荷面积扩大1倍或增加4/5。春薄荷收割后，除留种田外均耕翻栽种水稻。这种栽培模式，相对提高了薄荷产量，水稻产量也未变化。

（四）田间管理

1. 补苗 播种移栽后要及时查苗，断垄长度在50cm以上就要移栽补苗。补苗可以采取育苗移栽方法，也可以采取本块田内的移稠补稀方法。要根据当地自然条件、土壤肥力、播种时期、种植方式、薄荷品种等因素确定合适的种植密度。头刀薄荷密度一般在每公顷30万株左右，二刀薄荷适宜密度在每公顷60万～105万株。

2. 去杂去劣 薄荷田间若混有野杂薄荷，将严重影响薄荷油的品质和产量，必须除去田间混有的野杂薄荷。

除去野杂薄荷首先要掌握良种薄荷的主要形态特征，然后对照野杂薄荷的形态特征，从植株的株形、叶形、叶片大小、叶色、茎色、气味等加以区别，凡与良种薄荷不同者即为野杂薄荷。去杂宜早不宜迟，若在后期去杂，地下茎难以除净，须在早春植株有8对叶以前进行。

3. 中耕除草 夏秋温度高、雨水多时，土壤易板结，杂草容易生长，影响薄荷的产量和质量。田间杂草主要以一年生杂草为主，如狗尾草、马唐、牛筋草、苍耳和小蓟等。

薄荷田中耕除草要早，开春苗齐后到封行前要进行2～3次。封行后要在田间拔除大草。二刀薄荷田间中耕除草困难，应在头刀收后，结合锄残茬，捡拾残留茎茬和杂草植株，清沟理墒，出苗后多次拔草。

4. 摘心 薄荷在种植密度不足或与其他作物套种或间种的情况下，可采用摘心的方法增加分枝及叶片数，弥补群体的不足，增加产量。但是，单种薄荷田密度较高的不宜摘心，因为薄荷不摘心，植株到成熟时的叶片大部分为主茎叶片，主茎叶片较分枝叶片大而肥厚，鲜草出油率高，原油产量高。主茎叶片的成熟期要比分枝早，不摘心的田块要比摘心的田块提早5～7d成熟。头刀薄荷可提早收割，更有利于二刀薄荷早苗、壮苗，为二刀薄荷的丰产打好基础。

5. 追肥 薄荷施肥的目的是增加植株的分枝和叶片数，并造成良好的田间环境，减少落叶。所以施肥要了解植株生长特性，确定合理的施肥技术。

薄荷叶片生长特点是施肥的重要依据。收割时植株上部主茎和分枝的叶片小而嫩，油腺细胞形成少，含油少，鲜草含油率低。中部主茎和分枝上的叶片成熟老健，叶片内油腺细胞形成多，含油量高，鲜草出油率高。下部主茎和分枝上的叶片逐渐衰老变薄，到收割时期大部分脱落或霉烂，含油量下降。施肥要促进中上部多成叶，并提高叶片质量。施肥过早或前期施肥过重，苗期生长旺盛，促使植株下部和中下部分枝多、长叶片，基部节间长，不仅中后期有发生倒伏的危险，收割时还增加无效叶片数。如果在肥力中上等的田块，前期可不施肥；土壤肥力较差的田块，前期可施一定的基肥或少施肥，早期释放的养分，能满足苗期生长的需要，到中后期施肥，促进中上部分枝和叶片生长，植株旺而不倒，叶片厚而多，降低落叶率，提高鲜草出油率和原油产量。在施肥技术上，采取前控后促的施肥方法，轻施苗肥和分枝肥，重视中后期施肥。

薄荷施肥应注重氮、磷、钾平衡施用。据朱培立等报道，在氮、磷、钾肥料三要素中，钾肥能明显提高薄荷的总叶节数、存叶数以及降低落叶率，施用钾肥与不施用钾肥的相比，每株薄荷总叶节数增加 3.6 个，存叶数增加 3.8 对，黄叶数少 5.9 片，落叶率下降 11.2 个百分点，每 10 株薄荷叶重增加 22.1g。磷对薄荷的生长的影响比氮和钾要小。在产量方面，钾肥增产最多，为 28.6%；氮肥增产其次，为 9.83%；磷肥的增产效果最小，仅有 2.2%。薄荷虽然需钾肥较多，且对钾肥较敏感，在缺钾或钾素不足的土壤施用钾肥，均能显著增产，但过量施用钾肥，虽在一定程度上能增加薄荷原油产量，效益却下降，产量也会有所下降。乐存忠等认为，头刀薄荷生长发育所需土壤速效钾的含量为 136.2～197.4mg/kg，尤以 159.6mg/kg 最佳，低于 136.2mg/kg 或高于 197.4mg/kg 都会制约薄荷原油产量和质量的提高。

一般在中等地力基础上，每公顷施过磷酸钙 900kg、尿素 150～225kg，配合土杂肥 37 500kg 做基肥施入，苗肥、分枝肥可施尿素 75～150kg。后期刹车肥，每公顷施尿素 150～225kg，施用时间以收前 35～40d 为宜。

二刀薄荷生育期短，只有 80～90d。施肥原则与头刀不同，应重施苗肥，在头刀薄荷收割后，每公顷施尿素 300kg，促苗发、苗壮。轻施刹车肥，提前在 9 月上旬施用，每公顷施尿素 60～75kg。二刀薄荷也有用饼肥做基肥的，饼肥养分全，肥效长，可防早衰，但要在头刀薄荷收后把腐熟饼肥与土拌和撒施，并结合刨根平茬施入土中。

薄荷叶面喷施锰、镁、锌、铜等微量元素，均有不同程度的增产作用，其中锰、镁参与薄荷的精油生物合成过程，增产幅度较大，喷施锰、锌还能使薄荷提早成熟，增强植株的抗倒能力。微量元素宜在薄荷生长的旺盛期施用，宜在晴天的下午进行喷施，每公顷喷液量 1 500kg，以叶片的正反面喷湿为度。

6. 排水灌溉　薄荷枝大叶多，耗水量多，但是薄荷的地下茎和须根入土较浅，大部分集中在表土层 15cm 范围内，耐旱性和抗涝性较弱。薄荷田间湿度过大过小不但对植株性状有影响，而且也会影响薄荷鲜草产量、原油产量和出油率。薄荷在生长前期遇干旱时要及时灌水，灌水时切勿让水在地里停留时间太长，否则会造成烂根。收割前 20～30d 应停止灌水，防止植株贪青返嫩，影响产量和质量。二刀薄荷前期正值伏旱、早秋旱常发生的季节，灌水尤为重要。薄荷生长后期，要注意排水，降低土壤湿度。

7. 薄荷倒伏和落叶及其预防　薄荷倒伏和落叶是目前薄荷生产中减产的主要原因之一。

（1）倒伏　薄荷倒伏主要发生在头刀，倒伏使薄荷大量叶片霉烂，降低鲜草产量，也降低原油品质。有报道认为，薄荷倒伏可造成 10%～60%的减产，旋光度下降 1°左右，含脑量也要下降 2～3 个百分点，同时，倒伏植株炼油，油色变深，有异味。薄荷倒伏原因主要有以下几方面：①施肥不当，前期施用氮素肥料过多，造成植株旺长，茎秆软弱而倒伏。②密度过小、单株分枝多，单株个体负重过大，形成头重脚轻现象，尤其是雨后刮风更易倒伏。③过分密植，群体过大通风透光条件差，光照不足，植株个体茎秆发育细弱，支持能力减弱而倒伏。④阴雨连绵或灌水过多、地势低洼、排水不良、根系受损或植株根系不发达，扎根不深，抵抗外力差而倒伏。⑤病虫杂草的危害，薄荷黑茎病的严重为害，使茎秆的基部或中部发黑腐烂。⑥杂草造成植株生长不良，影响下部通风透光，使茎秆细弱，茎秆支撑能力变差而发生倒伏。

（2）**落叶** 薄荷叶片脱落是由下而上逐渐脱落的。主茎叶片脱落率在50%左右，高于分枝叶片脱落率，下部分枝叶片脱落率又高于上部分枝。造成薄荷叶片脱落的原因主要有：①肥、水管理不当，薄荷前、中期生长过旺，到生长后期，群体密度过大，中、下部叶片受光条件差。②病虫危害后，叶片生长受到抑制，尤其是蚜虫、锈病为害，会造成大量脱落。紫茎类型品种的落叶多数高于青茎型。

（3）**预防倒伏和落叶的措施** 应注意合理施肥，采取前控后促的施肥技术，适当控制氮肥，增施磷肥和钾肥。合理密植，不宜过稀，以防分枝过多，形成头重脚轻，过密则通风透光不良，防止茎秆细弱而倒伏。开好排水沟，生长后期，降低田间湿度。重视病虫害的防治。

8. 病虫害防治 薄荷主要病害有薄荷锈病（*Puccinia menthae* Pers.）和薄荷斑枯病（*Septoria menthicola* Sacc. et Let.）。防治方法：发病前喷洒1∶1∶200波尔多液预防；发病初用25%粉锈宁1 200倍液、65%代森锌可湿性粉剂500倍液、30%固体石硫合剂150倍液交替喷施。酌情隔10～15 d喷1次，连喷2～3次。

薄荷主要虫害有小地老虎（*Agrotis ypsilon* Rottemberg）、银纹夜蛾（*Plusia agnata* Staudinger）和斜纹夜蛾（*Prodenia litura* Fabricius）。防治方法用1 000～1 500倍的90%敌百虫或1 000～1 500倍液的40%乐果防治。

六、薄荷的采收与加工

（一）薄荷留种

薄荷在生产上是以无性繁殖为主，品种退化现象严重。同时，实生苗的混入以及人为造成的品种间的机械混杂，也是引起退化的原因。因此，必须有计划按种植比例建立留种田，通过去杂、去劣、提纯复壮，保持品种特性。

一般选择良种纯度较高的地块作为留种田。在头刀薄荷出苗后的苗期反复进行多次去杂，二刀薄荷也要提早去杂1～2次。一般二刀薄荷可产毛种根11 250～18 750 kg/hm^2 或纯白根4 500～7 500 kg/hm^2。在生产中，留种田与生产田的比例为1∶5～6。

为了防止实生苗引起的混杂，采用夏繁育苗措施比较有效。在头刀薄荷收割前，现蕾至始花期，选择良种植株，整棵挖出，地上茎、地下茎均可栽插。繁殖系数可达30左右。

（二）采收

影响薄荷产量、出油率和含脑量的因素，除品种优劣和栽培技术以外，收获时期影响较大。

目前，薄荷产区主要产品是薄荷油。植株的含油率受多种因素影响，植株不同部位含油率也不一样，了解植株含油率变化规律，有利于采取相应措施，创造最有利形成植株总含油量高的条件，夺取高产。

同一品种不同生育期植株含油量不同，营养生长期和蕾期，由于叶片没有完全成熟，精油转化少，植株原油含量低。始花至盛花期，植株生命力最旺盛，叶片成熟老健，薄荷油和薄荷脑转化率高，植株薄荷油和薄荷脑含量达到高峰，原油产量最高。盛花后，叶片逐渐老化变薄，植株含油量又下降，原油产量也又下降。如“海选”薄荷原油中左旋薄荷醇是花期（主茎第一轮伞花序开花的植株达50%）高于蕾期（主茎叶腋内出现花蕾的植株达50%），蕾期又高于营养盛期（分枝盛期到现蕾前）。营养期原油的薄荷酮、柠烯含量明显高于蕾期，更高于花期（表13-1）。

表13-1 不同生育期原油成分的含量（%）

生育期	柠烯	薄荷酮	异薄荷酮	乙酸薄荷酯	新薄荷醇	左旋薄荷醇
营养期	0.54	7.46	1.09	0.24	2.10	85.54
蕾期	0.39	5.74	1.09	0.44	2.30	86.06
花期	0.32	3.37	1.00	0.47	2.42	88.50

收获薄荷应在晴天中午进行。据报道，在晴天里，10：00～15：00收割出油最多（表13-2）。雨后转晴收割，由于下雨影响，植株含油量大幅度下降，植株体内含油量有一个回升过程，第三天之后，植株含油量接近晴天水平。

表13-2 薄荷油含量（%）的日变化

测定日期	6：00	8：00	10：00	12：00	14：00	16：00	18：00
8月20日至9月4日	2.19	2.22	2.39	2.37	2.72	2.50	2.29
9月7日至9月30日	1.70	1.90	1.98	2.40	1.97	2.07	1.90

薄荷收割后到入锅吊油要经过多个环节，每个环节都会影响出油率，如收后到吊油的时间长短、堆沤、遇雨等。收割量的大小，要以吊油能力来决定，如果收割过多，长时间不能吊油，薄荷在田间暴晒或在家里堆捂都影响出油。经验认为，头刀薄荷可以在第一天收割，第二天上午7：00即可入锅蒸馏，二刀可提前两天收割。薄荷收割后如果遇雨，尽量把收割的薄荷运至灶前待加工吊油。如来不及运回的并已被雨淋，要就地摊开放在田里。切不可在田间收堆、捂盖，但不能长期被雨淋。检测油得知，雨水冲淋1次，出油量将减少10%左右。

收割薄荷后的鲜秸秆切忌打捆成堆，防止薄荷草叶片发热，降低出油率。田间脱落的叶片里含有一定量的原油，要注意扫集。

（三）薄荷的加工

1. 干燥 干燥薄荷主要作为药材。收割后的薄荷运回摊开阴干2d，然后扎成小把，继续阴干或晒干。晒时经常翻动，防止雨淋着露。折干率为25%。

薄荷干药材储藏挥发油也会发生较大变化。据王云萍等报道，薄荷的挥发油含量在储藏期间变化较大，每经过一个高温季节，仓库的自然温度升高，药材中的挥发油就大量自然挥发，因此薄荷药材不宜久存。

干薄荷草以具香气，无脱叶光杆，亮脚不超过30cm，无沤坏，无霉变为合格。以叶多，色深绿，气味浓者为佳。

2. 薄荷油提取 薄荷是以原油销售为主的，因此，薄荷在收割后要经过产地加工，即吊油。目前用于薄荷蒸馏方法有2种类型：水中蒸馏和水蒸气蒸馏，后者是目前生产上普遍采用的方法。

（1）**水中蒸馏** 水中蒸馏又叫做水蒸。蒸馏锅内预先放好清水，为蒸锅容积的1/3～1/2，然后将蒸馏材料装入蒸馏锅中，蒸馏材料要装均匀，周围压紧，盖好锅盖，先大火使锅内水分沸腾，然后稳火蒸馏，待蒸出的油分已极少，油花芝麻大小时停止蒸馏。

（2）**水蒸气蒸馏** 水蒸气蒸馏有2种方式，一种是直接水蒸气蒸馏，即应用开口水蒸气管直接喷出水蒸气进行蒸馏。另一种是间接水蒸气蒸馏，即应用水蒸气闷管也就是闭口管，使蒸锅底部的水层加热生成水蒸气后进行蒸馏。后一种方式在民间改进后叫做水上蒸馏，其蒸馏过程大体与水中蒸馏相同，不同之处在于薄荷秸秆不浸在水中，而是在锅内水面上16.5～17.8cm处，放一蒸垫，即有孔隙的筛板，使之与水隔开，利用锅中生成的水蒸气进行蒸馏。这种蒸馏类型优点多，简便、易行，适合于广大农村使用。

薄荷鲜草吊油、半干草吊油、干草吊油在5d内植株含油量无变化，但薄荷草的干湿影响含醇量和旋光度。据报道，半干薄荷草蒸馏的原油含醇量一般比新鲜的薄荷草高1%～2%，旋光度高0.3°～0.7°。认为新鲜薄荷草通过阳光干燥后，薄荷酮转化为薄荷醇。干草储放5～20d，植株含油量略有下降，20d以后植株含油量基本稳定。

复习思考题

1. 我国薄荷生产现状如何？
2. 薄荷繁殖方法有哪些？在生产上主要采用哪种方式？
3. 薄荷人工种植的技术要点是什么？
4. 简述薄荷的主要品种及其特点。
5. 薄荷采收以及薄荷油提取过程中应注意哪些问题？

主要参考文献

安秋荣，等 . 2000. 夏、秋薄荷挥发油成分的对比研究［J］. 河北大学学报，20（4）：35.
臧玉琦 . 2000. 薄荷高效栽培新技术［M］. 北京：北京出版社 .
朱培立等 . 2000. 磷、钾肥对薄荷产量的影响及其残留效应［J］. 江苏农业科学（1）：48.

第二节 鱼 腥 草

一、鱼腥草概述

鱼腥草为三白草科植物，新鲜全草或干燥地上部分入药，生药称为鱼腥草（Houttuyniae Herba）。鱼腥草全草含挥发油及蕺菜碱、阿福豆苷、金丝桃苷、槲皮苷和芦丁等成分，挥发油含量为0.05%左右，有清热解毒、消痈排脓、利尿通淋的功能，用于肺痈吐脓、痰热喘咳、热痢、热淋、痈肿疮毒。现代药理实验证明，鱼腥草有抗菌、抗病毒、抗炎镇痛作用及增强肌体免疫功能。鱼腥草又可兼做蔬菜，以嫩茎叶和根茎供食用，每100g鱼腥草干品中，含蛋白质约5.3g、脂肪2.4g、碳水化合物67.5g、钙7 530.9mg、磷43.0mg、铁12.6mg，还含大量维生素PP、维生素C、维生素B_2、维生素E等以及天冬氨酸、谷氨酸等多种氨基酸。

鱼腥草原产于亚洲和北美，以尼泊尔为多。常见于田埂、路边、沟旁、河边潮湿之地。原多为野生，现在我国的四川、云南、贵州、湖北、浙江和福建等省已广泛栽培，特别是云南、贵州和四川种植面积较大。2003年末，四川一个基地通过国家GAP认证审查。

二、鱼腥草的植物学特征

鱼腥草（*Houttuynia cordata* Thunb.）又名蕺菜、蕺儿根、侧耳根、狗贴耳，为多年生草本，株高30～80cm，具鱼腥味。茎圆形，下部伏地，节上生根，多为紫红色；地下茎白色，多横向生长，上生不定根，腋芽萌发出土形成地上茎。单叶互生，心脏形或卵形，长3～10cm，宽3～6cm，先端渐尖，全缘，叶深绿色，光滑而平展，叶背紫红色，叶脉呈放射状；叶柄长1～4cm，托叶膜质条形，下部常与叶柄合成鞘状。穗状或总状花序生于茎上端，与叶对生，序梗基部有白色花总苞片4枚；花小而密集，淡紫色，两性，无花被，雄蕊3枚，子房1室，侧膜胎座；蒴果卵圆形，顶端开裂；种子多数，卵形（图13-2）。

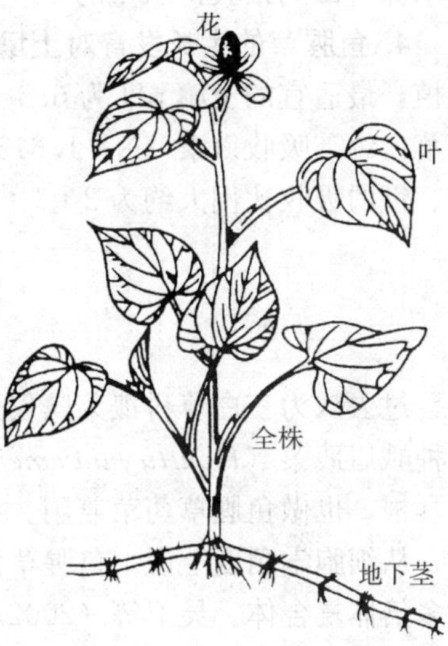

图13-2 鱼腥草

三、鱼腥草的生物学特性

（一）鱼腥草的生长发育

人工栽培鱼腥草一般在10～3月播种，2～3月出苗，6～8月为旺长期，9月后地上部茎叶生长逐渐减缓，11月后茎叶开始枯黄，花期5～6月，果期10～11月。栽培于黏质壤土上的鱼腥草在进入8月后生长减缓，栽培于沙质壤土上9月份还在旺盛生长。

鱼腥草茎叶甲基正壬酮的含量在4～5月即花期前高，花期后含量较低，并稳定；但甲基正壬酮的田间总产量则以7～8月最高（图13-3），地下茎的

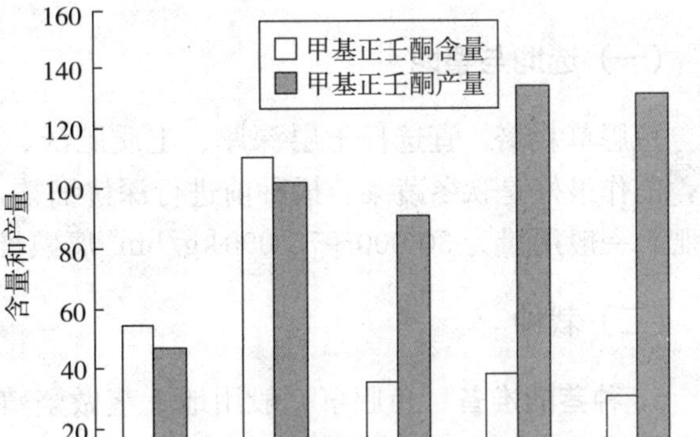

图13-3 鱼腥草甲基正壬酮的含量（μg/g）和产量（mg/m^2）变化情况

含量远远高于地上茎叶。

（二）鱼腥草生长发育对环境条件的要求

1. 鱼腥草的生长发育对温度的要求 鱼腥草喜温和的气候条件，地下部在南方地区可正常越冬，一般在12℃以上地下茎上的休眠芽开始萌发，生长前期的适宜温度为15～25℃，后期是20～25℃，能耐短时间的35℃高温。

2. 鱼腥草的生长发育对光照的要求 鱼腥草对光照要求不严格，喜弱光照，比较耐阴。

3. 鱼腥草的生长发育对水分的要求 鱼腥草根系分布浅而不发达，喜潮湿的土壤环境，要求保持田间最大持水量的80%左右，空气相对湿度为50%～80%都能正常生长。

4. 鱼腥草的生长发育对土壤和养分的要求 鱼腥草对土壤要求不严，沙土和壤土均可种植，最适宜的土壤pH为6.5～7.0。鱼腥草对钾的吸收量较多，每生产100kg干鱼腥草全草，约需吸收氮素（N）1.615kg、磷素（P_2O_5）0.712kg和钾素（K_2O）3.486kg，氮、磷、钾的吸收比例大约为2∶1∶5。

四、鱼腥草的品种类型

过去认为三白草科蕺菜属仅蕺菜一种，祝正银等2001年在四川省峨眉山发现蕺菜属一新种峨眉蕺菜（*Houttuynia emeiensis* Z. Y. Zhu et S. L. Zhang），在产地称为白鱼腥草或青侧耳根，也做鱼腥草药菜兼用。

从细胞学角度上说，鱼腥草的类型很多，染色体数从36～126不等，共十多种，属典型的多倍体复合体。吴卫等（2002年）通过RAPD、ISSR、PCR-RFLP等分析表明，鱼腥草种质资源在分子水平上存在较大遗传差异，并进一步试验表明，不同居群间产量、质量有差异。由于鱼腥草的居群类型多，其产质量变异及其适宜生态条件还有待深入而系统地研究。

从食用角度上说，鱼腥草按主要食用部分不同可分为食用嫩茎叶和食用浆果两个类型。在我国多栽培食用嫩茎类型的鱼腥草，尼泊尔等国多栽培食用浆果类型的鱼腥草。

五、鱼腥草的栽培技术

（一）选地与整地

鱼腥草栽培，宜选择土层深厚、土质肥沃、有机质含量高、保水和透气性好的土壤种植，前作最好是秋冬蔬菜。播种前进行深耕细整，并按170～200cm宽做畦。结合整地施入底肥，一般用量为30 000～75 000kg/hm² 腐熟堆（厩）肥。

（二）栽种

1. 种茎的准备 鱼腥草一般用地下茎做繁殖材料。秋冬季下种的，在收获时选粗壮肥大、根系发达的地下茎做种；（早）春播的在头年秋冬季地上部枯萎时挖取种茎，埋于地下自然越冬。播种前将种茎从节间剪成4～20cm长的段，种茎数量多的可长些，反之则短些，但每段至少保证有2～3个芽。

2. 播期 鱼腥草一年四季均可栽培，四川多在9月下旬至12月下种，四川雅安市进行的分期播种试验表明最适期为10月中旬。10月前下种的，冬前可发芽出苗，但遇霜冻易冻死。各地的最适下种期因气候条件不同而有一定差异。菜用鱼腥草种植面积大时，可适当错开下种期，以调节收获上市时间。

3. 栽种 在畦面上横向开沟，沟深为8～10 cm，宽为13～15 cm，沟间距（行距）为20～30 cm。为了提高地力，满足鱼腥草生长对养分的需要，可在下种时沟施750 kg/hm^2 复合肥或150～300 kg/hm^2 尿素、300～450 kg/hm^2 过磷酸钙、200～300 kg/hm^2 硫酸钾作种肥。底肥需与土壤混合后浇施稀薄肥水，然后播种，每7～10 cm摆放一种茎，播后覆土。用种量为2 000～7 500 kg/hm^2。

（三）田间管理

1. 浇水与排涝 栽后出苗前要保持土壤湿润。出苗后如遇旱也要注意浇水。土壤干燥时，植株生长缓慢，地下茎纤细，须根多，产量低，质量差。最好采取沟灌，水不上畦面。大雨之后注意清沟排水防涝。

2. 追肥 一般追肥2～4次。苗出齐后，适量浇施腐熟人畜清粪尿提苗；4～6月地上部茎叶旺盛生长期间，再追2～3次，以腐熟人畜粪尿为主，适当加入无机氮肥和钾肥。

3. 中耕除草 由于栽培地湿润、肥沃，杂草极易滋生，应及时拔除。大雨、灌水和追肥后土壤易板结，应进行浅中耕松土，中耕结合除草。

4. 摘花与覆盖 作药用收全草者，不必摘花；作菜用，如有开花植株应及时摘除花序，以减少茎叶养分消耗，降低菜用价值。另外，新鲜的嫩芽（茎叶）较受欢迎，价格高，栽种后可用稻草等覆盖，以增加嫩茎产量。

5. 病虫害防治 鱼腥草的主要病害是白绢病（危害地下茎，典型症状是白色绢丝状菌丝，茎逐渐软腐）和紫斑病（危害叶片，典型症状为淡紫色小斑点）。化学防治方法是喷洒1∶1∶100波尔多液或15％三唑酮1 000倍液或70％代森锰锌可湿性粉剂300～500倍液2～3次。

六、鱼腥草的采收与加工

作药用的鱼腥草茎叶的适宜采收期是在生长旺盛的开花期（即5～6月份）采收，此时挥发油含量较高，但此时产量不高，特别是地下茎（地下茎的有效成分最高）。从全草甲基正壬酮等有效成分总产量看，以8～9月采收为宜，此时产量高（特别是地下茎），质量优。因此，可以在5～6月先收一次地上茎叶（但会对后期地下茎产量产生影响），9～10月再收获全草（包括地下茎）。采收时，先用刀割取地上部茎叶，或将全草连根挖起。

作菜用茎叶的可在5～9月分期采收，菜用地下茎的可在9月后至第二年3月前采收。

药用鱼腥草收割后，应及时晒干或烘干（有研究认为，提取挥发油的最好用鲜草），避免堆沤和雨淋受潮霉变。干草以淡红紫色、茎叶完整、无泥土等杂质者为佳。

复习思考题

1. 鱼腥草有何用途？其分布在什么地方？

2. 鱼腥草生长发育有何特点？对环境条件有何要求？

主要参考文献

陈远学，吴卫，陈光辉，等．2002. 雅安严桥鱼腥草种植基地的土宜与肥宜研究［J］．四川农业大学学报，20（3）：235-238.

黄吉美，夏林，杨万斌，等．2004. 鱼腥草无公害丰产栽培技术［J］．云南农业科技（5）：15.

刘春香，刘金波，陈海英．2002. 鱼腥草的人工栽培技术［J］．湖北农业科学（5）：119-120.

吴佩颖．2006. 鱼腥草的研究进展［J］．上海中医药杂志，40（3）：62-64.

吴卫，郑有良，马勇，等．2003. 鱼腥草不同居群产量和质量分析［J］．中国中药杂志，28（8）：718-720.

吴卫，郑有良，杨瑞武，等．2001. 鱼腥草氮磷钾营养吸收和累积特性初探［J］．中国中药杂志，26（10）：676-678.

第三节 石 斛

一、石斛概述

石斛原植物为兰科石斛属的金钗石斛、鼓槌石斛或流苏石斛的栽培品及其同属植物近似种，以新鲜或干燥茎入药，药材名为石斛（Dendrobii Caulis）。石斛含有生物碱、倍半萜、联苄、菲类、多糖等多种类型的化学成分，具有益胃生津、滋阴清热的功能，用于热病津伤、口干烦渴、胃阴不足、食少干呕、病后虚热不退、阴虚火旺、骨蒸劳热、目暗不明、筋骨痿软。石斛素有千金草之称，用药历史悠久，是数十种中成药及保健品的必要原料。长期以来主要依赖采挖野生资源供应，由于石斛自然繁殖率低，野生资源已濒临灭绝，属世界二类保护植物，我国为三级珍稀濒危保护植物。石斛主产于贵州西南部至北部、云南东南部至西北部、湖北南部、香港、海南、广西西部、四川南部和西藏东南部等地。人工栽培以贵州赤水面积最大、质量较好，现种植金钗石斛700 hm^2 左右，是国内最大的种植基地。

除药用外，石斛还被广泛用于食品、美容和保健等领域，全国以石斛为原料生产相关产品的企业不少。据调查，国内石斛需求量为8 000 t左右，而资源储量不到2 000 t，市场缺口高达75%以上。

二、石斛的植物学特征

金钗石斛（*Dendrobium nobile* Lindl.）为多年生草本，高10～60 cm。茎丛生，直立，粗壮，基部圆柱形，中部以上为稍扁的圆柱形，黄绿色，三年生茎上端腋芽处常生长具有白色气生根的侧枝。叶近革质，单叶互生，宽线形至矩圆形，长6～12 cm，宽1～3 cm，先端不等的2圆裂，叶鞘紧抱于节间。总状花序生于具叶或无叶的茎上，长2～4 cm，具1～4朵花；苞片膜质，小；花序柄长5～15 cm；花大，直径7～8 cm；萼片及花瓣通常白色带淡紫色，先端紫红色；萼片3，中央一片离生，两侧一对基部斜生于蕊柱足上，长圆形，先端急尖或钝，萼囊短而钝；花瓣椭圆形，与萼片几乎等长；唇瓣宽倒卵形，生于蕊柱足前方，略短于萼片，先端圆形，基部有爪，下半部向上反卷包围蕊柱，两面均被茸毛，唇盘上有1个深紫红色斑块；雄蕊呈圆锥状，花药2室。蒴果，长椭圆形；种子多而细小，粉末状（图13-4）。花期4～6月，果期8～10月。

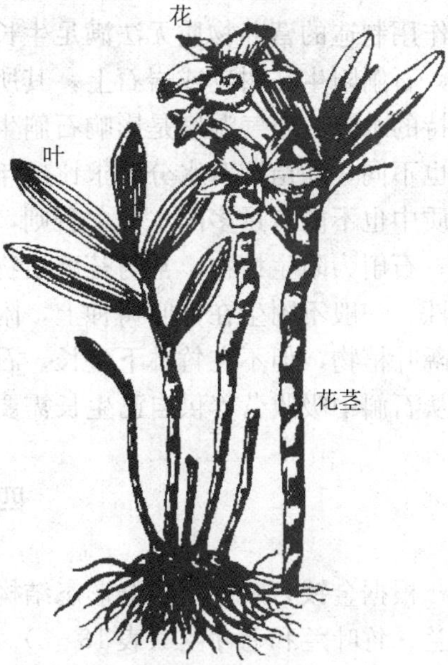

全株(示丛生茎)

图13-4 金钗石斛

三、石斛的生物学特性

（一）石斛的生长发育

石斛为附生植物，根分为附着根和气生根。附生在树上或岩边石坎起支撑、固定和吸收作用的根称为附着根（营养根）；裸露于空气中，从空气中吸收水分和养分的根称为气生根。在一年中根有两次明显的生长旺盛期，第一次在2～4月，第二次在9～10月。根生长旺盛时，生长部位相当明显，为嫩绿色，吸附树上，甚至一些根在表面可再分生出根。当环境条件良好时，尤其在春季，石斛假鳞茎上部的芽在萌发同时，会大量产生不定根（气生根）。随着根的生长伸长，一旦遇到树干或岩石，气生根能很快吸附在其表面成为附着根。

石斛假鳞茎的基部通常备有2个休眠芽，一般情况下，每年都会从上年的假鳞茎基部抽发新芽，新芽从4月下旬开始进入旺盛生长期，长成新的假鳞茎。当新生假鳞茎顶部生出1枚顶生叶，生长点呈圆弧形时，生长变缓慢，至停止。

石斛的叶片较厚，外有蜡质，是石斛光合器官，当外界环境适宜时，其功能期可持续到次年夏天。

石斛生长3年后，植株可开花结实。3月下旬，花蕾开始膨大，10 d左右开始开花。3月底进入始花期，4月初进入盛花期。4月中下旬，陆续进入末花期。金钗石斛从花芽出现到开始开花，需要40 d左右。当石斛果皮变黄，但还未开列时可采收种子。石斛每个果实含有上万粒细小种子，种子细如粉尘，粒重为0.3～0.4 μg。种子随风飞扬，在适宜生长的附主植物树皮或岩石上可萌发成生一片叶片的原球茎，并逐步生长成苗。由于种子无胚乳，必须飘落到非常适宜的环境与真菌共生才能萌发，故自然条件下种子萌发率仅1%～5%。

（二）石斛生长发育与环境条件的关系

石斛常生于的林中树干或岩石上，海拔为480～1 700 m，年降水量在1 000 mm以上，空气相对湿度80%左右，年平均气温在16℃以上。石斛喜温暖、湿润、半阴环境，不耐寒。在温度18～30℃范围内均可生长，生长期以23～27℃最为适宜，温度过低，停止生长，进入休眠期。温度超过30℃对石斛生长影响不大。冬季温度最低不能低于10℃，否则容易受冻害。

石斛为阴生植物，通常以光照度不大的漫射光为主，最适透光度为50%～70%，约500 μmol/（m^2·s）。晴天上午，石斛叶片的光合补偿点为3 μmol/（m^2·s）左右，饱和光强为500 μmol/（m^2·s）左右。光照过强，易产生光抑制现象，影响生长；光照不足，光合作用制造的营养物质无法满足生长需要，茎条细弱，易感染病害。

石斛附生在树皮或岩石上，其所需水分主要来自根对空气中水分吸收及与其伴生的苔藓保持的水分，空气湿度是影响石斛生长的重要因子。另外，石斛不同的生长时期对水分的需求也不同，幼苗期对水分要求比成年植株高。另一方面，由于根裸露在外，根毛较少，栽培基质中也不能有过多的水分，否则，容易造成烂根。

石斛为附生植物，常与苔藓植物伴生，与附主植物间无寄生关系，但对附主植物具有选择性。一般不附生在针叶树种上，附主植物通常为阔叶树。其遮阴植物有青冈、槲栎、樟树等阔叶植物，但不在竹林下生长。石斛作为兰科植物，也与真菌共生，石斛内生真菌一方面可从石斛中吸收营养供自己生长需要，另一方面也能促进石斛的生长发育。

四、石斛的品种类型

根据金钗石斛主要居群形态结构差异，可以分为4个变异类型，当地习称为蟹爪兰、鱼肚兰、竹叶兰和七寸兰（表13-3）。这4种类型在形态结构和生长特性上具有明显差异，运用红外光谱鉴别方法很容易将其区分开。蟹爪兰的无性繁殖能力强，生长快，产量和有效成分含量高；鱼肚兰产量高，但折干率不如蟹爪兰高；竹叶兰多糖含量最高，但产量和生物碱含量较低；七寸兰产量和多糖含量最低。生产中应注意区别利用。

表13-3 不同类型金钗石斛有效成分含量及生长特性比较

（引自刘宁等，2009）

类型	总生物碱含量（%）	多糖含量（%）	主要特点
蟹爪兰	0.28	11.82	茎上部萌发的高芽比较多；萌发生长快；折干率和产量较高
鱼肚兰	0.27	8.55	茎粗壮；萌发生长快；产量较高
竹叶兰	0.22	13.53	叶较其他3种狭长；产量较低
七寸兰	0.27	6.32	茎相对其他3种短；产量最低

五、石斛的栽培技术

（一）选地与整地

石斛栽培一般选择海拔300～800 m、空气相对湿度为75%～80%、遮阴度为50%～70%、年均气温为18℃左右、降雨量为1 286 mm、无霜期为300～340 d，光热水资源搭配适宜，生态环境无污染的区域栽种，在常年长有苔藓的石旮旯地栽种最好。也可在大棚内进行设施栽培。

以岩石为附生栽培的，应当有阔叶疏林遮阴，岩石相对集中，石质松泡粗糙、易吸潮，表面附有苔藓或少量腐殖质的岩石或石壁，以有多处凹陷和缝隙者为佳。以树木为附生者，应选树干粗大、树冠繁茂、树皮厚多纵沟纹、含水量多、常有苔藓植物生长的阔叶林，适合石斛附生的树种有黄桷树、油桐、青杠、麻栎、水冬瓜、槲栎、乌桕、银杏、柿子树、梨树等，以黄桷树最佳。若遮阴达不到要求，可先种植遮阴树或挂遮阳网。

将选择好的场地，提前清除灌丛杂草、枯枝落叶以及泥土，保持场地整洁，在清理杂草灌丛时注意不要掀起或破坏石面上的苔藓。

（二）繁殖

石斛属植物中很多种都可供药用，常见的栽培种类有金钗石斛、鼓槌石斛、流苏石斛和铁皮石斛等。金钗石斛以其生长速度快，生物产量高，药用品质较好等优点，目前种植面积较大。石斛繁殖方法可分为无性繁殖和有性繁殖两种。无性繁殖有分株繁殖、高芽繁殖、扦插繁殖和组织培养。有性繁殖即种子繁殖，由于种子细小，胚中没有胚乳提供营养，在自然情况下，极难萌发，但在无菌的人工培养基上，能大量萌发，获得大量种苗。

1. 分株繁殖　分株繁殖一般在秋末至初春，石斛生长的休眠期进行。分株时选择生长健壮无病，较密的株丛，从茎的基部切开，分切时只需剪开相互连接的根状茎即可，根部用手拉开，尽量少伤根。每个新株以带 3 个假鳞茎左右为宜。

2. 高芽繁殖　生长健壮的石斛植株在假鳞茎的中部或顶部的腋芽处会生出新芽和不定根，形成一个完整的新植株。当新芽长至 3～4 片叶，有两条以上不定根长至 4～5cm 时，可用剪刀将小植株从母株上切下，然后用 70%代森锰锌可湿性粉剂处理切口，防止病菌感染。

3. 扦插繁殖　选择生长健壮，无病害的石斛假鳞茎，用剪刀从植株基部剪下作为插条。将插条再剪成数段，每段要具有 2～3 个节，且节上有休眠芽，然后在切口处用 70%代森锰锌可湿性粉剂涂抹，防止病菌感染。最后将处理好的插条正向直立扦插在基质中或固定于岩石上即可。

4. 试管苗快速繁殖　石斛以叶尖、茎尖、茎节、花梗等作为外植体，均可诱导成植株。常用的培养基有 VW、MS、Nitch、Knudso C（KC）和 N_6 等。Lan C. 等以花枝尖做外植体在 VW 培养基上添加 1mg/L 6-BA 和 0.1mg/L NAA 或添加 1mg/L Kintin 和 0.1mg/L 2，4-D 获得了高比例的拟原球茎。周月坤等在 MS 培养基上附加 0.5mg/L 6-BA 和 0.5～2.0mg/L 2，4-D，由叶基部诱导产生愈伤组织，进而分化出拟原球茎，并获得完整植株。组织培养操作与其他植物组织培养操作流程相同，都要经过配制培养基、外植体和培养基灭菌、接种和培养等阶段。培养时要控制培养室温度在 25℃，光照 2 000lx，光照时间保持在 16h 以上。

5. 有性繁殖　石斛也可用种子繁殖，但是由于石斛种子极为细小，胚胎发育不完全，在自然状态下萌发率极低，所以不能像其他作物一样在苗床上播种育苗，但可在人工配制的培养基上，在无菌条件下萌发成苗。无菌培养与组织培养相似，操作要在超净工作台上完成。选取成熟未开裂的蒴果，用 75%酒精表面消毒 30s 后，用 0.1%氯化汞消毒 8min，再用无菌水冲洗 4～5 次，在无菌条件下将种子均匀播于 1/2MS 培养基的表面，在 25℃培养箱光照条件下培养，1 周后种子开始萌发，转接 3～4 次后，当幼苗长出 4～5 片真叶时即可出瓶移栽。据研究报道，在原球茎的增殖阶段，培养基中不需要添加天然提取物，也不必添加外源激素，而在原球茎分化和幼苗生长阶段，马铃薯提取液有良好的促进作用。

（三）移栽

采用种子无菌培养或组织培养获得的苗，要先经过炼苗过程才能进行移栽。当无菌苗或组培苗长至3～5cm，长出2～3条根时，把苗从培养瓶中取出，用清水轻轻清洗净根部培养基，然后放入含有0.1%多菌灵或甲唑的液体中浸泡10～15min，取出晾干即可。苗床1.2～1.5m宽，按8cm×8cm株行距栽苗，栽后浇定根水。炼苗棚的温度控制在25℃左右，空气湿度要在85%以上。炼苗床基质一般用腐熟的锯末、牛粪和有机肥混配而成，基质应充分消毒。

1. 种苗分级 对于无菌培养苗，炼苗一年后，当主茎长5cm以上、辅茎长4cm以上时即可起苗分级，定植于大田。选择一级和二级种苗作为栽培用种苗，三级种苗须在棚内再生长一段时间，达到二级种苗以上标准方可出圃，等外苗丢弃或销毁（表13-4）。

表13-4 金钗石斛种苗分级标准

（引自严建红等，2009）

种苗等级	主茎		辅茎		根数（条）	生长状况
	株高（cm）	茎粗（cm）	株高（cm）	茎粗（cm）		
一级	＞7	＞0.7	＞6	＞0.35	＞10	健壮，发育良好，无病斑及损伤
二级	5～7	0.4～0.7	4～6	0.2～0.35	6～10	健壮，发育良好，无病斑及损伤
三级	＜5	＜0.4	＜4	＜0.2	＜6	健壮，发育良好，无病斑及损伤
等外苗	无新芽，根稀少且发育不良，有病斑和损伤。					

2. 移栽时间 石斛可在春季3月下旬至4月、秋季9月至10月栽种。实践证明，春栽比秋栽效果更好。

3. 仿野生栽培 种植地块宜选择生态条件与石斛野生生境相似的林地，空气湿度在80%以上，半阴半阳的阴湿环境，可采用贴石栽培法和贴树栽培法，生产中以贴石栽培为主。

（1）**贴石栽培** 在阴湿的山谷、山坡或林下有苔藓和腐殖质的石缝、石槽、石壁或人工石墙中种植石斛。将栽苗点局部的苔藓抠掉，再将种苗的根须贴于石面用线卡固定好，根系要自然伸展。线卡应卡在种苗主茎基部以上1.5～2.5cm处，太低会影响种苗基部萌发新芽和新根。固定好苗后，用适量腐熟牛粪加水按1∶2比例稀释成牛粪浆，用刷子将牛粪浆刷糊于根须周围，再用活的苔藓轻轻贴于植株根部和牛粪浆上。线卡＋腐熟牛粪浆＋活苔藓盖根法是目前较好的一种方法，既能保湿透气，又能给种苗提供养分，移栽成活率高。也可将石斛种苗用粪泥浆包住根部，塞入岩壁的缝穴中或种在大石包的凹陷处，用石块将根压住，周围敷上粪浆和活苔藓即可。定植株行距为30cm×30cm。

（2）**贴树栽培** 选择树干粗大、沟槽多而深的阔叶树，在树体淋雨面，用刀在较平而粗的树枝或树干上砍一浅裂口，将已处理好的石斛，用竹钉或绳索将基部固定在裂口处，然后再用牛粪浆涂于石斛根部，用苔藓覆盖。贴树栽培的株行距为30cm×40cm。为防止风吹和雨水冲刷，一般应捆两圈，以固定须根于树干或树丫上，使其新根生出后沿树体攀缘生长。石斛既可种植在树上，也可种植在木槽上。

4. 人工设施栽培 此法通过人工搭建荫棚，铺设苗床和铺垫石斛生长基质附料，配以浇水灌溉设施。设施栽培适用于石斛规模化生产和高产栽培。宜选阴湿林下做床，内铺培养基质，平整床面，按株行距20cm×40cm栽种，保持根系自然伸展，根部覆盖活苔藓，压实，浇水淋透即可。苗床有高架苗床和地面苗床两种。高架苗床床面高于地面

50～70 cm，床脚支架可用钢材、木材、竹材或钢筋混凝土，床面可用铺设木板（槽）、竹板（槽）等支撑基质。地面苗床的床面直接贴在地面上，铺设石块做床面或用泥土做成拱形覆盖尼龙薄膜做床面支撑基质。基质种类有锯木屑、腐叶土、树皮碎片、苔藓和石子等。

（四）田间管理

1. 中耕除草 试管苗移栽后，棚内苗床上长出的杂草和菌类要及时拔除，清除时要一只手压住基质，另一只手拔除杂草，避免伤根或使根系暴露在基质外。大田栽培中，贴树栽培的很少有杂草生长，而贴石栽培的常有杂草丛生，应及时拔除，枯枝落叶也要及时清除干净，因为大量的腐叶、浮泥会影响根的透气性。应该注意的是，高温季节不宜除草，以免石斛被烈日暴晒，不利于生长。清理杂草和树叶时，不要伤根、动苗，否则会影响石斛的生长和产量。另外，还要经常检查石斛附生植物的生长情况，防止苗子脱落。

2. 灌水与排水 通过实际生产和试验观察发现，石斛忌干旱，怕积水，在试管苗移栽初期新根形成时最怕干旱，需每天早晚各喷水 1 次，量不宜过多，以保证苗床基质湿润为宜。冬季石斛进入生长迟缓期，需水量减少，此时 2～3 d 浇一次水即可。浇水应在上午和下午较为凉快时进行，雨季或有积水时应及时排水，以免烂根。可采用喷雾或在苗床四周洒水增加空气湿度，空气湿度宜保持在 80%左右，当棚内湿度高于 90%时，易引发炭疽病和软腐病，应及时通风排湿。

3. 施肥 石斛对肥料的要求不高，施肥需适量，肥料过多反而会使其根系受伤，引起死亡。应根据植株的大小、所处生长时期、天气情况等因素来确定施肥种类、施用量，做到配方施肥，薄施勤施。选择腐熟的农家肥（牛粪、猪粪、沼液）做基肥时，主要是在栽苗时（4～5 月），将腐熟的牛粪或猪粪按 1∶2 比例加水稀释成浆液，刷于植株根须周围使用。做追肥时（6～9 月），将粪水或沼液用水稀释成 40～50 倍液，在石斛旺盛生长期，每月浇施 1 次，促进新芽、新根生长，后期可加少量磷酸二氢钾。在春、夏、秋季进行，春芽和秋芽萌发后，每 10 d 在傍晚或清晨喷施 1 次叶面肥，春季可施含氮比例较高的叶面肥，以促进植株新芽生长；秋季可施含磷和钾比例较高的叶面肥，以提高植株的抗寒能力。以晴天的清晨和傍晚施肥为好。冬季和植株采收前 1 个月应停止施肥。

4. 调节郁闭度 石斛是阴生植物，以 50%～70%的遮阴度为宜。如果光照过强，植株生长缓慢，节间较短，甚至停止生长；光照太弱时，茎秆纤细，易受病虫的危害。试管苗移栽大棚时，冬季可采用单层遮阴网，而夏秋季光照较强，可使用双层遮阴网进行遮光。要经常对大田附生树进行整枝修剪，除去过密的枝条，调整透光度；遮阴度不够的地方，可补植阔叶树，或利用遮阴网遮光。

5. 整枝翻兜 每年春季植株发芽前或采收石斛时，应剪去部分老枝、枯枝及生长过密的茎枝，并除去感病的茎、根及植株，以促进新芽生长。栽种 6～8 年后视丛蔸生长情况进行翻蔸，除去枯老根，重新分株种植，以促进生长。

6. 病虫害防治 石斛主要病害有软腐病（*Erwinia carotovora* subsp. *carotovora*）和炭疽病（*Colletotrichum* sp.）等。根腐病在梅雨季节较重，导致茎、根腐烂。炭疽病危害植株叶片，严重时可使感染茎。防治方法：在发病初期可轮换选用 50%多菌灵 800 倍液、75%甲基托布津 800 倍液、65%代森锌 600～800 倍液、75%百菌清 800 倍液喷施植株，每周1次，连续2～4次。并及时清理掉病害严重的或病死植株。

石斛常见的虫害有蜗牛和蛞蝓。它们主要取食含水量多、幼嫩的茎、叶，使取食处形成不规则的缺口和孔洞。可在傍晚每平方米施用6%嘧达或5%梅塔颗粒剂50～60颗。若数量较少，也可人工捕捉。

六、石斛的采收与加工

（一）采收

石斛为一次种植多年采收的植物。随着生长年限延长，植株萌发茎的数量增多，产量也升高。每年冬季，两年生以上的茎开始变黄，部分开始落叶，标志着茎已成熟。鲜用者全年均可采收。干用者通常在栽后2～3年开始采收（表13-5）。采收一般在秋末冬初至第二年春季植株萌芽前进行，集中采收期一般在11月前后。采收时避免将植株拔起，用剪刀或镰刀从茎基部将老茎剪割下来，基部留5cm左右，促发萌蘖，留下嫩茎继续生长。加强管理，来年再采。从产量、质量和生产成本综合考虑，以第三年秋季采收为佳。

表13-5 不同生长年限金钗石斛有效成分含量及折干率

（引自蔡伟等，2009）

生长年限	多糖含量（%）	总生物碱含量（%）	折干率（%）
一年生	6.20	0.24	10.93
二年生	8.04	0.37	13.18
三年生	5.60	0.32	14.41
四年生	4.83	0.29	14.80

（二）产地加工

鲜用者在使用时采收，将采下来的石斛除去根、叶及泥沙后，用湿沙或在低温条件下保鲜储存，注意空气流通，忌沾水而造成腐烂变质。干用者则将采回的石斛除去根、叶及泥沙后杀青，去叶鞘，干燥，整形，使其色泽金黄，质地紧密，干燥即可。

传统加工方法通常将鲜茎在水中浸泡，再用棕刷刷或用稻壳搓去叶鞘，晾干水汽后烘干。先用干稻草捆绑，再用竹席盖好，使不透气。烘烤火力不宜过大，而且要均匀，烘至七八成干时，搓揉1次再烘干，取出喷少许沸水，然后顺序堆放，用草垫覆盖好，使颜色变成金黄色，再烘至完全干燥即成。

也可采用热炒法加工。将石斛鲜茎置于盛有炒热的细沙的锅内，用热沙将石斛压住，经常上下翻动，直到开始听到爆鸣声，成金黄色，叶鞘干裂而翘起时，立即取出，置于木搓衣板上反复搓揉，以除尽残留叶鞘。用水洗净泥沙，置烘房烘至完全干燥。烘烤时火力不宜过大，且要均匀，以免暴干而过于干燥。

还可将石斛鲜茎放人沸水中烫5min，捞出滴干水，摊放在晒场或竹席上，每天翻动2～3次，晒至五六成干时，边晒边搓，反复多次，除去茎上残存膜质叶鞘，晒至完全干即可。

以上几种干燥加工方法都比较费工费时，今后还应加强这方面的研究。

（三）药材质量标准

鲜石斛以无枯茎败叶，无杂质为合格；以新鲜，色青绿，肥满多汁，嚼之味浓发黏者为佳。干石斛以无泡秆，无枯朽糊黑，无杂质为合格；以色金黄，有光泽，质硬而脆，断面较平坦而疏松者为佳。按干燥品计算，含石斛碱（$C_{16}H_{25}NO_2$）不得少于0.40%。

复习思考题

1. 石斛的生长发育有何特性？
2. 石斛的栽培技术要点如何？比较石斛各种繁殖方法的优缺点。
3. 石斛的采收加工的技术要点如何？

主要参考文献

丑敏霞，朱利泉，张玉进，等.2001. 不同光照强度和温度对金钗石斛生长的影响［J］. 植物生态学报，25（3）：325-330.

李金玲.2008. 淫羊藿、石斛、头花蓼、鱼腥草栽培与利用100问［M］. 贵阳：贵州民族出版社.

刘宁，孙志蓉，廖晓康，等.2010. 不同采收期金钗石斛总生物碱及多糖质量分数的变化［J］. 吉林大学学报（理学版），48（3）：511-515.

欧焕娇，詹若挺，成金乐，等.2010. 金钗石斛化学成分和药理作用的研究进展［J］. 现代中药研究与实践，24（6）：84-86.

文纲，赵致，廖晓康，等.2009. 不同移栽基质对金钗石斛试管苗成活和生长的影响［J］. 安徽农业科学，37（14）：6411-6412.

郑志新.2006. 几种药用石斛的繁殖栽培技术研究［D］. 北京：中国林业科学研究院.

第四节 肉苁蓉

一、肉苁蓉概述

为列当科植物肉苁蓉或管花肉苁蓉的干燥带鳞叶的肉质茎，生药称为肉苁蓉（Cistanches Herba）。肉苁蓉含苯乙醇苷类、苁蓉多糖、环烯醚萜苷类及寡糖酯类、木脂素、多元醇、苯甲醇苷类等活性成分，有补肾阳、益精血、润肠通便的功能，用于肾阳不足、精血亏虚、阳痿不孕、腰膝酸软、筋骨无力、肠燥便秘。肉苁蓉药用历史悠久，素有沙漠人参美誉。肉苁蓉长期以来主要依赖采挖野生资源供应，野生资源已濒临灭绝。近年来，肉苁蓉人工栽培得到迅猛发展，肉苁蓉在内蒙古阿拉善盟、乌海市和巴彦淖尔盟等地，管花肉苁蓉在新疆天山以南的和田地区得到大面积的推广种植。本节主要介绍肉苁蓉的栽培技术。

除药用外，肉苁蓉为原料的产品还涉及酿酒、保健品、饮料等众多领域。有关统计资料显示，目前仅国内市场对肉苁蓉的年需求量大约在3 500t，而国内肉苁蓉总产量不足500t，预计今后肉苁蓉产业将大幅度增长。出口主要销往日本、韩国以及东南亚地区。

二、肉苁蓉的植物学特征

肉苁蓉（*Cistanche deserticola* Y. C. Ma）的根由初生吸器和吸根毛组成。茎肉质，圆柱形，下部稍粗扁，向上逐渐变细。高度因生长年限的不同而异，一般为40～160cm，最大的肉质茎长达2m以上，单株鲜重可达几十千克。肉苁蓉的叶，分肉质茎鳞叶、苞片和小苞片3种，呈淡黄白色，在茎上呈螺旋状排列。主茎下部的鳞片宽而短，宽卵形，排列紧密，长5～15 mm，宽10～20 mm；主茎上部的鳞片狭长，披针形，排列稀疏。鳞叶长5～40mm，宽5～20mm。花序为穗状花序，呈圆柱形，长度15～50 cm。花序密生多数花。每个花序着生53～350朵花，密集螺旋状排列在花轴上。花两性，苞片1，小苞片2，披针形，与萼片等长；花萼钟状，5浅裂，稀4深裂；花冠管状钟形，管内弯，内有2条鲜黄色的蜜腺，5浅裂，长度3～4cm，常为淡紫色、黄色和紫红色。雄蕊4枚，2枚较强，近内藏；药室等大，平行，花粉梭形，量大；子房上位，椭圆形，白色（图13-5）。果实为蒴果，黑褐色，果壳干缩纵向裂开为2瓣，长度1.61～1.80 cm，直径8～14 cm。每个成熟的蒴果含种子多为1 000～2 000粒，最少100多粒。种子极细小，椭圆形或球形，黑褐色，有光泽，外观呈等边六边形。种胚为球型原胚，珠柄突起处有种孔，直径约为200 μm。成熟种子长度0.40～1.45 mm，直径0.3～1mm。花期4～5月，果期5～7月。

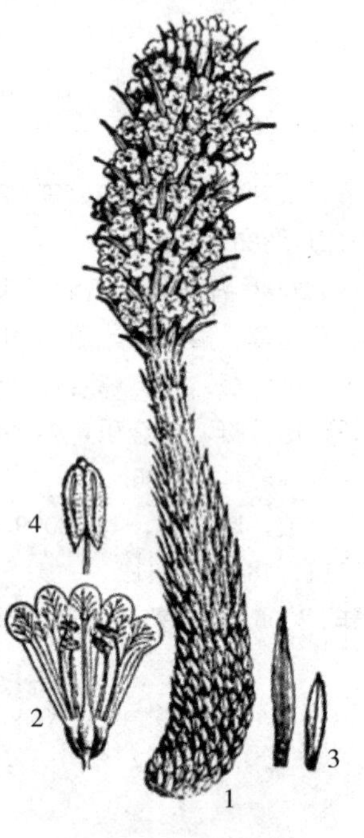

图13-5　肉苁蓉

1. 植株　2. 花冠剖面(示雄蕊与子房)　3. 苞片　4. 雄蕊

三、肉苁蓉的生物学特性

（一）肉苁蓉的专性寄生习性

肉苁蓉属专性寄生植物，一生的生长发育均离不开寄主植物梭梭［*Haloxylon ammodendron*（C.A. Mey.）Bunge］。梭梭别名琐琐、梭梭柴，是藜科（Chenopodiaceae）梭梭属（*Haloxylon*）多年生小乔木，条件不适宜时呈灌木状，属强旱生植物。可以说，有肉苁蓉的地方一定会有梭梭存在。

肉苁蓉从种子开始就需要接受梭梭根部分泌物的刺激才能萌发。萌发后的种子，其根部形成了专事寄生生长的初生吸器和吸根毛，二者侵入梭梭根，在侵入的部位形成一个明显膨大的器官（吸器），使梭梭根和肉苁蓉茎的维管束连在一起，建立起寄生关系，从而完全地从寄主植物梭梭体内摄取生长发育的全部营养物质和水分。因此，梭梭的生长情况与肉苁蓉生长情况直接相关。调查发现，肉苁蓉寄生到一年生梭梭植株后，会严重影响梭梭的生长，甚至导致梭梭死亡。因此，一般认为，梭梭的株龄在2～3年以上才适于作为肉苁蓉的寄主植物。

(二) 肉苁蓉种子的生物学特性

1. 种子细小 肉苁蓉种子细小且多，千粒重为 60～112 mg。细小轻盈的种子很容易被风传播，且容易钻进土壤，深入土壤深层，与寄主植物的根接触。

2. 休眠期长 在沙漠环境里，肉苁蓉种子需要经过两个冬季，其胚才能完成后熟过程。人工沙藏两个月以上，胚逐渐长大，经过两次春化处理，胚可完成后熟。

3. 发芽率低 肉苁蓉种子细小，胚仅为种子长度的 1/3 左右，为未分化的球形原胚，并且种子无胚率在 20%左右。

(三) 肉苁蓉的生育时期

肉苁蓉的一生可划分为接种期、营养生长期、孕蕾开花期和果熟期。

1. 接种期 接种期指从肉苁蓉接种至寄生到梭梭根上的时期，约 30 d。这个时期，通常肉苁蓉的芽长出 7～8 片幼小鳞叶、芽体直径达到 0.15～0.3 cm。

2. 营养生长期 营养生长期指肉苁蓉寄生到梭梭根上至肉苁蓉出土高度达到 3～5 cm 的时期。肉质茎生长期是肉苁蓉营养生长时期，占据肉苁蓉一生的大部分时间，一般需要 2～3 年，有时更长，可达 5～6 年以上。具体时间视肉苁蓉埋土的厚度而定，埋土越厚年限越长。

肉苁蓉营养生长阶段都是在地下进行的，生殖生长阶段在地上完成。营养生长年限越长，单株就越大。肉苁蓉茎的伸长速率一般为 10～20 cm/年。因此，一般埋深 20 cm，当年即可出土收获；埋深为 40～50 cm 时，收获需 2～3 年；埋深为 70～80 cm 时收获需 3～4 年。有流沙掩埋的地方，肉苁蓉株高可达 2～3 m 或以上。

正常条件下，肉苁蓉不分枝。但是，当顶端优势去除时，则会在肉质茎鳞叶的叶腋内长出多个分枝。因此，生产中可以此作为提高肉苁蓉无性繁殖产量的措施之一。

3. 孕蕾开花期 当肉质茎生长接近地表时，受温度、光照等外界条件的影响，肉质茎进入生殖生长阶段。每年春季 4～5 月，肉苁蓉陆续拱土钻出地面，现蕾高峰为 5 月上旬，开花高峰在 5 月中旬。从肉苁蓉的肉质茎露出地面 3～5 cm 到肉苁蓉穗状花序开花的一段时间为孕蕾开花期，持续期为 25～30 d。

4. 果熟期 5 月中旬肉苁蓉花序高度不再增加，进入结实期。从肉苁蓉花授粉结实至蒴果开裂、种子成熟的一段时间为果熟期。一个蒴果，从授粉受精到成熟，约需 30 d。花序上的蒴果成熟，从基部向上部顺序成熟，持续期为 30～40 d。

(四) 肉苁蓉的生长发育与环境条件的关系

1. 肉苁蓉喜旱、怕涝 肉苁蓉生长所需水分来自梭梭。自然环境下，由于沙漠地区的年降水量少，土壤含水量很低，一般为 2%～3%，通气性好，有利于肉苁蓉生长。而土壤含水量高，如连续降雨，易导致肉苁蓉腐烂死亡。肉苁蓉生长土层的土壤含水量，以不超过土壤田间持水量的 50%为宜。

2. 肉苁蓉耐热抗寒 肉苁蓉能够忍耐－42℃和 42℃的极端温度，但生长的适宜温度为 25～30℃。

3. 肉苁蓉耐瘠薄、耐盐碱 肉苁蓉适宜生长于沙漠、荒漠地区的沙地、固定沙丘、半固定沙丘、干涸老河床、湖盆低地等轻度盐渍化的松软地上，土壤含盐量0.2%～0.3%时，生长良好，土壤含盐量在3%～5%时仍能生长。

四、肉苁蓉的品种类型

1. 荒漠肉苁蓉 荒漠肉苁蓉产于内蒙古（阿拉善盟、巴彦淖尔市）、宁夏（中卫）、甘肃（武威、民勤、金昌、昌马、张掖、嘉峪关、酒泉和金塔）及新疆北部。生于有梭梭的荒漠沙丘，海拔为225～1 150m；主要寄主有梭梭和白梭梭。药材在产区又名肉苁蓉、大芸、梭梭大芸和柴大芸（新疆产）。

2. 管花肉苁蓉 管花肉苁蓉产于新疆南部，生于水分较充足的柽柳丛中及沙丘地，海拔为1 200m；常寄生于柽柳属植物根上。药材在产区又名南疆大芸、红柳大芸、管花大芸和南疆肉苁蓉。

3. 盐生肉苁蓉

（1）盐生肉苁蓉 盐生肉苁蓉［*Cistanche salsa*（C. A. Mey.）G. Beck］（原变种）产于内蒙古、宁夏、甘肃和新疆，生于荒漠草原带、荒漠区的湖盆低地及盐碱较重的地方，海拔为700～2 650m。常见的寄主有盐爪爪、细枝盐爪爪、凸尖盐爪爪、红砂、珍珠柴、白刺和芨芨草等。药材在产区又名肉苁蓉、大芸和盐生大芸。

（2）白花盐苁蓉 白花盐苁蓉（*Cistanche salsa* var. *albiflora* P. F. Tu et Z. C. Lou, var. Nov.）（新变种）产于宁夏（盐池），生于荒漠区盐湖附近，寄主为珍珠柴。药材又名肉苁蓉、大芸和盐生大芸。

4. 沙苁蓉 沙苁蓉（*Cistanche sinensis* Beck von Mannag）为我国特有，产于内蒙古、甘肃和宁夏，常生于荒漠草原带及荒漠区的沙质地、砾石地或丘陵坡地，海拔为1 000～2 240m。寄生于其他植物根部，主要寄主有红砂、珍珠柴、沙冬青、藏锦鸡儿、霸王、四合木和绵刺等。

五、肉苁蓉的栽培技术

（一）寄主梭梭的育苗和移栽

1. 梭梭根系的特征及对土壤的要求 梭梭根系发达，主根很长，往往能够深达3～5m而扎入地下水层，以充分吸收地下水。表13-6为内蒙古自治区阿拉善左旗吉兰泰镇不同树龄梭梭根冠的测定情况。

梭梭侧根也很发达，长达5～10m，往往分上下两层。上层侧根分布于地表层40～100cm范围内，可充分吸收春季土壤上层的地表水；下层根系一般分布于2～3m土层，便于充分吸收下层土壤内的水分。

梭梭茎枝内含盐量高达15%左右，抗盐性强，对土壤含盐量有一定要求，适宜的土壤含盐量为0.2%～0.3%，而在0.13%以下时反而生长不良。土壤含盐量为1%时仍能较好生长，甚至3%时成年树仍能生长。喜疏松、干燥的土壤环境，在低洼、潮湿、通气不良的土壤容易发生根腐病。在潮湿的大气环境中，容易发生白粉病。

表 13-6　不同立地类型与不同树龄的梭梭根冠测定

（引自盛晋华等，2004）

立地类型	树龄（年）	根长（m）	树高（m）	树高/根长	冠幅（m）	根幅（m）	主根深（m）
固定沙地	1	1.40	0.30	1/4.67	0.30×0.30	0.5×0.5	1.4
固定沙地	4	2.50	0.73	1/3.42	1.25×1.39	3.6×3.6	3.5
洪积沙地	20	8.00	2.45	1/3.27	2.25×2.40	7.2×7.2	5.0
固定沙地	40	13.50	3.70	1/3.65	4.20×3.80	10.6×10.6	5.5

2. 选地整地

（1）梭梭育苗地

①选地：梭梭育苗地一般应选择背风向阳、水源方便、地势较高、平坦的地块，土壤含盐量不超过1%、地下水位1～3m的沙土和轻壤土最为适宜。在潮湿、通气不良的土壤上容易发生根腐病。

②整地：播种前浅翻细耙，除去杂草，灌足底水即可。床式和规格根据具体情况而定，采用小床、大垄、大田育苗均可。但要求床面平坦，表土细碎。

大面积春播育苗要就地建床，苗床北面要设挡风障，以提高地温和保护幼苗。

（2）梭梭移栽地

①选地：人工栽培梭梭林，应选择地势平坦、土壤含盐量不超过2%、地下水位3m以上的沙土和轻壤土最为适宜。此外，还要考虑水源方便、交通便利、便于管理、尽量靠近居民点、有充足的劳力来源等因素。

②整地：整地的主要任务是平整土地，开沟或挖坑。用推土机平地，然后挖移栽沟。底肥可以施在移栽沟内，施后与沟内土混合好，以防肥料烧根。施肥量为每公顷有机肥15 000～30 000kg、复合化肥（如磷酸二铵）300～450kg。移栽沟深度为40～60cm，移栽沟宽度根据当地光、热、水、土和技术等实际情况确定。行距为2～3m，株距为1～2m，密度一般为1 500～4 500株/hm^2。

3. 梭梭育苗和移栽

（1）育苗

①播种期：梭梭种子寿命短，特别是带有果翅的种子，不宜储藏，以秋播为宜。在鼠害严重的地方可在早春土壤完全解冻后（3月上旬至4月上中旬）进行春播，春播宜早不宜晚。

②种子处理：为了防止根腐病和白粉病的发生，播种时要测定种子的发芽率，要进行种子活力评价。播种前用0.1%～0.3%高锰酸钾溶液浸20～30min，捞出后与3份沙土混合均匀。

③播种量：梭梭的种子小，种子千粒重为3～4g。根据苗木质量的要求，以分枝少，主根发达，长而粗壮的幼苗造林成活率高。因此要求适当密播，不宜过稀。一般每公顷下种量为30kg左右为宜，每公顷产苗量可达90万～105万株。

④播种方式：一般采用开沟条播，播幅为20～30cm，沟深为1～1.5cm，播后覆土1cm，稍加镇压。播后引小水缓灌，可酌情每隔1～2d灌溉1次，直到出齐苗。切忌大水漫灌或苗床积水。

⑤幼苗管理：播种后，苗床一般不需要覆草。在早春多风和干旱地区，要及时覆草，避免风蚀和地表干燥。苗床要保持湿润，可视土壤干旱情况酌情灌溉。出苗后条件较好的地方，整个生长季节一般不需要灌溉，只需及时松土、除草，但次数不宜过多，以免表土过于疏松而受到严重风蚀。同时，要注意防治病虫害。

⑥起苗：根据各地梭梭育苗的经验，起苗前1～2d先小水缓灌，起苗时注意不伤根系，同时保证根系达到30cm。按大小分级，每100株或50株打成一捆。起苗时间，早春在3月下旬，秋季在10月上中旬适宜。梭梭苗异地移栽，越冬假植，有利于梭梭苗对当地的适应和成活。需要假植的梭梭苗，应选择避风、土壤地势较高、湿润和通气好的沙土或轻壤土的地方，挖40～60cm的假植沟进行假植。

(2) **大田移栽造林**

①梭梭造林模式：采用行距3m、株距1m（株行距1m×3m）等行距或宽行4m、窄行1m、株距1m宽窄行种植，后者适宜地势平坦，机械化操作地区。每公顷定植3 000～4 500株。

②梭梭移栽方式：梭梭移栽分穴栽和沟栽两种方式。

A. 穴栽：定植穴（坑）要深，保证根系舒展，不窝根，根茎一定要埋入土壤中踩实。挖坑深度一般为40～50cm。为保证沙地造林成活率及保存率，可将2株梭梭苗栽入穴中，埋湿沙多半穴后，将苗轻提至合适深度，使苗根系舒展，将苗扶正，踏实。浇足定根水，水下渗后，覆干沙保墒。将梭梭苗根颈埋入土中，是梭梭苗移栽成活的一个技术关键。所以，挖坑深度要超出梭梭苗的根长15cm左右，使梭梭苗的根颈低于地面5～8cm。

B. 沟栽：在地势较为平坦的地块，用畜力或动力机械开沟栽植，技术同穴栽。

③水分管理：梭梭苗定植第一年，为确保成活率，定植后立即灌水，然后每隔15～20d灌1次水，连续3次。到5～8月每月灌1次水，11月上旬灌冬灌水。

梭梭成活率一般在90%以上。移栽当年的生长高度为40～50cm。移栽成活后第二年的梭梭，即可用于肉苁蓉接种。

（二）肉苁蓉繁殖技术

肉苁蓉的繁殖方式有种子繁殖和无性繁殖两种。未种植肉苁蓉的地方，宜采用种子繁殖法。已经接种肉苁蓉的地方，可采用无性繁殖结合种子繁殖两种方法。

1. 种子繁殖法

(1) **接种期**　一般在3月下旬至5月中下旬接种。

(2) **种子精选**　目前使用的肉苁蓉种子中，秕种、无胚种和不完全成熟种可达36%以上。播种前应对种子进行筛选分级。选择孔径大于0.5mm，粒大饱满深褐色、有光泽的种子。孔径在0.5mm以下的种子不宜使用。

(3) **接种处理**　接种前对肉苁蓉种子进行处理，具有消毒、杀菌、促进萌发和提高接种率的作用。目前主要应用植物激素、营养液、生根粉及抗旱保湿剂等进行处理。

(4) **种植方式**　种植肉苁蓉一般采用沟种和坑种两种方法。梭梭集中且平整的林地或人工栽培的梭梭林地，采用沟种，便于管理。梭梭稀疏且凹凸不平的林地，采用坑种法。

①沟种：在天然梭梭或人工梭梭植株根部，一般在距梭梭行50～80cm处，挖宽为30～

40 cm、深为 40～60 cm 的长沟。每棵浇水 5 L 左右，待水渗下后在每株梭梭根部附近点播 5～10 穴，每穴放置 10～20 粒种子，覆土。或者放置 3～5 张接种纸，覆土。覆土高度低于地面 20 cm 时，再灌一次透水，待水渗完后用原土填平。灌水量以接种层达到土壤田间持水量的 60%～70%为宜。

②坑种：一般在寄主一侧或者两侧挖 1～2 个坑，坑直径为 0.5 m，深为 0.5～0.6 m，将肉苁蓉种子点播于底部，每坑点播 10～20 粒种子，或者放置 1～2 张接种纸，覆盖沙土，稍低于地面，浇水至湿透。其他管理方法同沟种。

③肉苁蓉接种纸的制作：将常用纸张（如包装纸）裁成一定规格（30 cm×10 cm）的载体纸，用透气性好的软纸做成相同规格的盖面纸。用配制的培养基物质加植物激素与黏性泥土混合并加水，使泥液有一定黏性。用毛刷沾泥液将载体纸刷湿。然后，将肉苁蓉种子均匀撒在载体纸上（平均 3 500 粒/m^2），将盖面纸与载体纸压紧，放置于干燥处，晾干，叠放整齐。接种纸有下述 2 个优点：种子平铺在种子纸上与根接触的面积较大；梭梭根的趋肥性会使其伸向带有有机肥和微量元素的种子纸，增加了肉苁蓉接种的机会。

（5）**播种质量检查** 正常条件下，播种 20～30 d 后，肉苁蓉即可与寄主植物梭梭建立寄生关系。播种后 1～2 个月，可检查梭梭根系、肉苁蓉接种质量和观察接种层水分含量，以便有针对性地进行补接和浇水等田间管理。

2. 无性繁殖法 肉苁蓉的无性繁殖法又称为分枝诱导法，收获肉苁蓉时，在肉苁蓉与梭梭根连接处留下 5～10 cm 长的肉质茎。这个残留肉质茎的上部鳞叶内能发生不定芽，不定芽继续长成肉苁蓉。顶端优势是这一栽培方法的理论基础。当肉苁蓉茎的顶端优势被解除后，刺激剩余肉质茎的上部鳞叶内的分生组织，发育为不定芽原基，并逐渐长成分枝。

（三）田间管理

1. 灌水 肉苁蓉水分的亏缺取决于寄主植物梭梭体内的含水量。在肉苁蓉快速生长的时期，为了促进肉苁蓉的生长，可于接种后每年 4～6 月春旱季节灌水，视土壤墒情，酌情喷灌或沟灌 1～2 次，以扶壮梭梭。灌水量为 750～900 m^3/hm^2。

2. 施肥 每年施肥 1 次，结合灌水进行。可在梭梭植株未种肉苁蓉的一侧，挖深度为 40 cm 左右的坑，施混合肥。每公顷施有机肥 15 000 kg 左右，加氮磷钾复合肥 300 kg。

3. 人工辅助授粉 孕蕾开花期采用人工辅助授粉等技术，可以提高结实率。

（四）病虫害防治

肉苁蓉寄主梭梭在 7～10 月间，由于大气湿润，容易发生白粉病，严重时同化枝上形成白粉层。可用石灰硫黄合剂、多硫化钡药液喷洒，每隔 10 d 喷 1 次，连续 3～4 次。或用 Bo-10 生物制剂 300 倍液或 25%粉锈宁 4 000 倍液喷雾防治。梭梭根腐病可用 1∶1∶200 波尔多液喷洒，或用 50%多菌灵 1 000 倍液灌根。

肉苁蓉蛀蝇在肉苁蓉出土开花季节，幼虫危害嫩茎，钻隧道，蛀入肉质茎，影响植株生长及药材质量，可用 90%敌百虫 800 倍液或 40%乐果乳油 1 000 倍液地上部喷雾或浇灌根部。

六、肉苁蓉的采收与加工

（一）采收

1. 采收时间　一般情况下，头年 6 月前接种的肉苁蓉，在翌年 4～5 月份，有 30%覆土薄、生长快的肉苁蓉破土，即可进行第一次采挖。采挖时间为穴面出现裂缝时，要及时采挖。全年可分春秋两季采收，春季为 4～5 月，秋季为 10～11 月。

2. 采收方法　采挖的方法有下述两种。

（1）*直接采挖法*　沿肉苁蓉茎挖至吸盘上方 5～10 cm 处，用木制或竹制刀具割断取出后，覆土回填。注意避免挖断梭梭根系，更不能切断无性繁殖材料吸盘。

（2）*去头埋藏法*　将肉苁蓉周围的土挖出，从距地表 10 cm 处去头，去除其顶端优势，覆土填平。翌年采挖，单株产量可增加到原来的 5～10 倍，这是肉苁蓉高产的一条有效途径。

（二）加工

1. 传统加工方法　白天摊晒在沙地上，晚上收集成堆，加以遮盖，防止因昼夜温差大而冻坏肉苁蓉。这种方法晒干后，颜色好，质量高。

2. 现代加工方法　采用真空冷冻干燥技术。优点：含水率低，脱水彻底；保持鲜活时的形态和颜色；表面不会硬化；复水性好；有效成分损失少。在低温、真空条件下干燥，营养成分和生理活性成分损失率最低。缺点：生产成本较高；因冻干后呈多孔海绵状疏松结构，体积大，运输中易破碎；储存、包装需隔湿防潮，或真空、充氮，包装费用较高。

（三）肉苁蓉质量性状

肉质茎呈扁圆柱形，稍弯曲，长为 3～15 cm，直径为 2～8 cm。表面棕褐色或灰棕色，密被覆瓦状排列的肉质鳞叶，通常鳞叶先端多已断。体重，质硬，微有柔性，不易折断，断面棕褐色，有淡棕色点状维管束，排列成波状环。气微，味甜、微苦。

复习思考题

1. 中药肉苁蓉有哪两种药源植物？
2. 肉苁蓉寄生植物的形态与生理特点有哪些？
3. 肉苁蓉种子有何生物学特性？
4. 肉苁蓉有哪几个主要生育时期？
5. 简述肉苁蓉的采收时期与方法。

主要参考文献

刘同宁，程惠珍，等 . 2003. 肉苁蓉传粉特性的研究［J］. 中国中药杂志，28（6）：504-506.
雒树青，张雄杰，盛晋华 . 2008. 不同授粉方式和花序不同部位肉苁蓉种子质量的比较研究［J］. 科技导报，14：88 - 92.

盛晋华，刘宏义，潘多智，等 . 2003. 梭梭［*Haloxylon ammodendron*（C. A. Mey.）Bunge］物候期的观察［J］. 中国农业科技导报，5（3）：60 - 63.

盛晋华，刘宏义，杨晓军 . 2002. 内蒙古阿拉善荒漠地区梭梭生物学特性的研究［J］. 华北农学报（专辑）：96 - 99.

盛晋华，乔永祥，刘宏义，等 . 2004. 梭梭［*Haloxylon ammodendron*（C. A. Mey.）Bunge］根系的研究［J］. 草地学报（2）：91 - 94.

盛晋华，翟志席，郭玉海 . 2004. 荒漠肉苁蓉（*Cistanche deserticola* Y. C. Ma）种子萌发与吸器形成的形态学研究［J］. 中草药（9）：20 - 24.

盛晋华，翟志席，杨太新，等 . 2004. 肉苁蓉寄生生物学的研究［J］. 中国农业科技导报，6（1）：57 - 62.

盛晋华，张雄杰，刘宏义，等 . 2006. 寄生植物概述［J］. 生物学通报（3）：9 - 13.

盛晋华，张雄杰，刘宏义 . 2006. 层积对肉苁蓉种子后熟作用的研究［J］. 中国种业（3）：23 - 25.

孙永强，田永祯，盛晋华，等 . 2008. 干旱荒漠区肉苁蓉人工接种技术研究［J］. 干旱区资源与环境（9）：167 - 171.

王长林，郭玉海，屠鹏飞，等 . 2003. 肉苁蓉干物质积累和有效成分动态研究［M］//作物栽培学与生理学研究进展 . 北京：中国农业大学出版社 .

周晓芳，盛晋华 . 2007. 肉苁蓉生活史研究［J］. 生物学通报（8）：15 - 17.

第十四章　真菌类药材

真菌类药材是中药的重要组成部分之一，为了满足临床和生产的需要，培养优良菌种，改进栽培措施，生产出更多更好的真菌类药材已成为研究中的重点。把含有药效成分，具有药用功能的真菌称为药用真菌，如：僵蚕、麦角、马勃、冬虫夏草等；而把既可食用，又可药用的真菌称为食药兼用菌，如：黑木耳、银耳、香菇、亮菌等。药用真菌按其功效可分成滋补强壮类（如冬虫夏草、银耳和灵芝等）、利尿渗湿类（如猪苓和粟白发等）、止血活血消炎祛痛类（如麦角、肉球菌、木耳、安络小皮伞和马勃）、止咳化痰类（如金耳和竹黄）、安神类（如茯苓）、驱虫类（如雷丸）、祛风湿类（如空柄假牛肝菌和大红菇）、平肝息风类（如蝉花和变绿红菇）、降血压类（如草菇）、调节机体代谢类（如蜜环菌、香菇和鸡油菌等）。

真菌类药材根据入药部位不同，可分为两类，一是直接利用子实体、菌丝体（菌索）或菌核入药，如茯苓和麦角；二是利用它作为生产菌产生一些菌素，如猴头菌素和亮菌素等。

本章只介绍茯苓。

茯　　苓

一、茯苓概述

茯苓为多孔菌科真菌茯苓的干燥菌核，药材名为茯苓（Poria）。菌核在加工茯苓片、茯苓块时削下的外皮，阴干后则是另一味药材茯苓皮（Poriae Cutis）。茯苓有利水渗湿、健脾、宁心的功能，用于水肿尿少、痰饮眩悸、脾虚食少、便溏泄泻、心神不安、惊悸失眠。茯苓皮则有利水消肿的功能，用于水肿、小便不利。茯苓的主要化学成分为多糖类、三萜类、甾醇、卵磷脂、酶类及多种氨基酸等。全国除东北、西北西部、内蒙古和西藏外，其余省均有分布。主产于云南、安徽和湖北，福建、湖南、四川、广东、广西和贵州等省、自治区也有栽培。

二、茯苓的植物学特征

茯苓［*Poria cocos*（Schw.）Wolf］为寄生或腐寄生真菌，菌丝体幼时为白色棉绒状，老熟时呈浅褐色；菌核形态不一，有椭圆形、扇圆形及块状等；大小不一，小似拳头，直径 5～8 cm，大者直径 20～30 cm；重量不等，一般为 0.5～5 kg，重者数十千克；鲜时质地较软，表面略皱，黄褐色；干后质地坚硬，表面粗糙，呈瘤状皱缩，深褐色；内部由菌丝组成，白色或淡粉红色；子实体小而平铺于菌核表面成一薄层，幼时白色，老熟后褐色，菌管单层（图 14－1）。

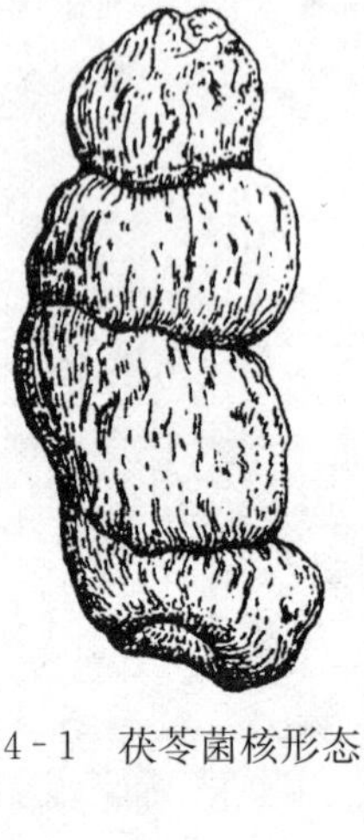

图 14－1　茯苓菌核形态图

三、茯苓的生物学特性

（一）茯苓的生长发育

茯苓的生活史在自然条件下可经过担孢子、菌丝体、菌核和子实体 4 个阶段。在栽培条件下，主要经过菌丝体和菌核两个阶段。菌丝生长阶段，主要是菌丝从松木中吸收水分和营养，繁殖出大量的菌丝体。到了生长中后期，菌丝体聚结成团，形成深褐色菌核，进入菌核生长阶段，即结苓阶段。

（二）茯苓的生长发育对环境条件的要求

茯苓喜温暖、干燥、向阳、雨量充沛的环境。适宜在坡度 10°～35°、寄主含水量为 50%～60%、土壤含水量为 25%～30%、疏松通气、土层深厚并上松下实、pH 为 5～6 的微酸性沙质壤土中生长，忌碱性土。野生茯苓在海拔 50～2 800 m 范围均可生长，但以海拔 600～900 m 的松林中分布最广，喜生于地下 20～30 cm 深的腐朽松根或埋在地下的松枝及木段上，因此在主产区多栽培于海拔 600～1 000 m 的山地，以松木及木屑中的纤维素、半纤维素及木质素为主要营养。

茯苓菌丝生长温度为 18～35℃，以 25～30℃时生长最快且健壮；低于 5℃或高于 30℃，生长受到抑制；0℃以下处于休眠状态，能短期忍受－5～－1℃的低温。子实体在 24～26℃、空气相对湿度为 70%～85%时发育最快，并能产生大量孢子散发；20℃以下孢子不能散发。

四、茯苓的栽培技术

茯苓主要采用木段栽培和树蔸栽培，其中以木段窖培为主。

（一）选地与挖窖

茯苓栽培宜选择选排水良好、向阳、土层厚 50～80 cm、含沙 60%～70%的缓坡地（坡度为 15°～20°），最好是林地、生荒地或 3 年以上的放荒地。一般于 12 月下旬至翌年 1 月底，顺山坡挖深为 20～30 cm、宽为 25～45 cm、长视木段长短而定（一般为 65～80 cm）的长方形土窖，窖距为 15～30 cm。将挖出的窖土清洁并保留在一侧，窖底按原坡度倾斜整平，窖场沿坡开好排水沟并挖几个白蚁诱集坑。

（二）备料

1. 松树段 以松木为主，一般以七至十年生、胸径为 10～45 cm 的中龄树为好，而老龄树木心大、树脂多，幼龄树木质疏松，均不是理想的营养源。通常将合适的松树伐倒后取其松木、松根枝条作为培养茯苓的原材料。一般在 10～12 月进行，最迟不得超过农历正月。否则松料脱皮不易干燥，接种时成活率低。砍伐后立即修去树枝并削皮留筋（相间削掉树皮，不削皮的部分称为筋），削皮要达木质部。削面宽为 3～6 cm，筋面不得小于 3 cm，使树木内的水分和油脂充分挥发。此工作必须在立春前完成。然后干燥半个月，将木料锯成长约

80 cm 的小段，在向阳处堆叠成井字形。约 40 d 后，敲之发出清脆响声，两端无松脂分泌时可供接种。在堆放过程中，要上下翻晒 1～2 次，使木料干燥一致。

除了一些松属植物外，茯苓也可在一些壳斗科植物及柏、柑橘、枫香、漆树、杉树、桉树、玉兰、桑、毛竹、玉米等植物的根或木段上结苓；还可用袋栽及辅栽，如：

2. 松木屑袋栽茯苓 配方为：松木屑 78%、米糠 20%、$CaSO_4$ 1%、蔗糖 1%，料水比 1∶1.2，pH 自然值。拌料后装袋，扎口后常规灭菌 10 h，冷却后两头接入栽培种，于 22～26℃培养，20～25 d 菌丝长满全袋。顺小阳坡挖 35 cm×30 cm×35～40 cm 的窖，每窖中排放 5 只菌袋，上覆 25～30 cm 的厚土，保持土壤湿度 55%左右，温度维持在 22～30℃。20～25 d 后，土壤湿度提高到 60%，温度降至 18～22℃。菌袋下窖 1 个月开始生产菌核，每千克木屑可生产鲜菌核 500 g。

3. 棉子壳辅助松木栽培 以 2 根松木加棉子壳的栽培模式产量最佳，40 d 发菌成功率为 90%，以 8 kg 松木加 24 kg 棉子壳的栽培模式的平均生物转化率最高，为 14.71%。

这些方法在可以根据本地区的资源状况选择采用。

（三）培养菌种

1. 传统的无性繁殖 商品茯苓菌种的培养，传统上采取无性繁殖，有下述 3 种方法。

（1）**诱引** 诱引也有称为肉引，即用菌核组织直接做菌种。选用新采挖的浆汁足、中等大小的壮苓（每个大小为 250～1 000 g）切片做菌种。入窖时，将菌核切带皮的半球形一块，立即把切面贴到窖中木段上，位置常在木段较粗一端的截断面上或削去皮的部位，注意贴上后不能再移动，用土封窖。

（2）**木引** 将菌核组织接于木段，待菌丝充分生长后，锯成小段做菌种。5 月上旬选质地松泡、直径为 9～10 cm 的干松树，剥皮留筋锯成 50 cm 长木段。每 10 kg 木段的窖用鲜苓 0.5 kg，选黄白色，皮下有明显菌丝，具香气的茯苓为好。把苓种片贴在木段上端靠皮处，覆土 3 cm，到 8 月可做木引。

（3）**浆引** 将菌核组织压碎成糊状作菌种。

2. 菌引法 以上 3 种方法需要消耗大量成品优质茯苓，其中肉引和浆引栽种一窖要耗费茯苓 0.2～0.5 kg，用种量大，不经济；木引操作繁琐，菌种质量难以稳定，且产量不稳定。而菌引法可节约商品茯苓，降低成本，且高产稳产，是当前大面积栽培所广泛采用的方法。下面着重介绍菌丝引法的制种过程。

（1）**母种（一级菌种）培养** 多采用马铃薯-葡萄糖（或蔗糖）-琼脂（PDA）培养基。配方是：马铃薯∶葡萄糖（或蔗糖）∶琼脂∶水＝20～25∶2～5∶2∶100，pH 为 6～7，按常规方法制成斜面培养基。选择品质优良的成熟菌核，表面消毒，挑取菌核内部白色苓肉黄豆大小，接入培养基中央，置 25～30℃恒温箱或培养室内培养 5～7 d，待菌丝布满培养基时，即得纯菌种。上述操作均在无菌条件下进行，在培养过程中，发现有杂菌感染，应立即剔除。

（2）**原种（二级菌种）培养** 母种不能直接用于生产，须进行扩大再培养。多采用木屑米糠培养基，配方是：松木屑 55%、松木块（30 mm×15 mm×5 mm）20%、米糠或麦麸 20%、蔗糖 4%、石膏粉 1%。先将木屑、米糠和石膏粉拌匀。另将蔗糖加水（1～1.5 倍）溶化，放入松木块煮沸 30 min，充分吸收糖液后捞出。再将木屑、米糠等加入糖液中拌匀，含水量为60%～65%，即手可握之成团不松散但指缝间无水下滴为度。然后拌入松木块，分装于500mL的广口瓶内，装量为4/5瓶，中央留一食指粗的小孔。高压蒸汽灭菌1h，冷却后接种。

在无菌条件下，挑取黄豆大小的母种，放入培养基中央的小孔中，置25～30℃中培养20～30d，待菌丝长满全瓶即得原种。培养好的原种，可供进一步扩大培养3级栽培种用。如暂时不用，必须移至5～10℃的冰箱内保存，保存时间不宜超过10d。

(3) **栽培种（三级菌种）的培养** 仍选择木屑米糠培养基，配方为：松木块(120mm×20mm×10mm) 63.6%～64.6%、松木屑10%、麦麸或细糠21%、葡萄糖2%或蔗糖3%、石膏粉1%、尿素0.4%、过磷酸钙1%，另备长度较培养瓶高度短的松木棍，每瓶插入1～2支，制备方法同上。在无菌条件下，夹取1～2片原种瓶中长满菌丝的松木块和少量混合物接入瓶内，恒温培养30d（前15d温度为25～28℃，后15d温度为22～24℃）。待菌丝长满全瓶、有特殊香气时，即可接入木段。一般1支斜面纯菌种可接5～8瓶原种，1瓶原种可接数十瓶栽培种，1瓶栽培种可接种2～3窖茯苓。

(4) **接种方法** 接种就是将一定量的纯菌种在无菌操作下，转移到另一已经灭菌并适宜于该菌生长繁殖所需的培养基中的过程。接种前将空白斜面培养基上部贴上标签，注明菌名、接种日期、接种人姓名。为了保证获得的是纯培养，要求一切接种必须严格进行无菌操作，一般是在无菌室超净工作台上进行（没有条件也可在实验室内酒精灯火焰旁进行）。

将已培养好的菌种管和空白管用左手大拇指和其他四指握住，并使中指位于两试管之间，无名指和大拇指分别夹住两试管的边缘，管口齐平，试管横放，管口稍下斜（熟练后可一起夹2～3个新斜面，加快操作速度）。用右手先将棉塞拧松，以利拔出。右手拿接种针，使其直立在火焰部位，将针尖烧红灭菌，然后来回通过火焰数次，使针尖以上凡在接种时可能进入试管的部分都应用火灼烧。将试管移近火旁，用右手小指、无名指和手掌拔下棉塞并夹紧，棉塞下部勿接触手，更勿放在桌上，以免污染。将试管口迅速在火焰上微烧一周，使可能沾染的少量杂菌烧死。将灼烧过的接种针伸入菌种管内，先将针尖接触一下试管壁，使其冷却，以免烫死菌体，然后轻取菌少许，慢慢从试管中抽出，勿碰管壁及管口。迅速将接种针伸进另一空白斜面，将菌体划接于其上，划线时由底部划起直到顶部，注意勿将培养基划破，或沾污管壁管口。然后灼烧试管口，并在火旁将棉塞塞上，注意勿使试管去迎棉塞，更不能使棉塞在火旁烤焦，接种完毕，要将接种针上的余菌彻底烧死后才能放下。固体平板培养基接种大体亦如此（超净工作台上可以75%的酒精代替酒精灯火焰）。

在以上操作中还要注意菌种的活力。母种应选选菌丝生长旺盛而均匀、分泌乳白色乳珠的，淘汰菌丝生长稀拉、萎缩、不均匀的；选绒毛状菌丝多、分枝浓密而粗壮的，淘汰菌丝纤细的；选菌丝平铺于斜面的，淘汰菌丝向上长的；选菌丝色泽洁白的，淘汰菌丝灰色、棕色的；选无杂菌感染的，淘汰有杂菌的。原种和栽培种除按以上标准外，还要具有浓厚茯苓聚糖香味的，若菌丝在瓶内萎缩呈一堆堆的块状，表示菌种已衰变，不能使用。

(5) **菌种测定** 茯苓菌种制好后，要测定其是否成熟适宜下种。其标准和方法是：在常温下，25d后菌丝长满瓶时取出木片，用力一掰能断或木片边缘剥得动，木片呈淡黄色，有一股浓厚的茯苓聚糖香味，说明木片里有菌丝在分解木片的纤维素。另外，还可在无菌条件下，从瓶内取出1～2片，刮去表面菌丝、米糠、木屑，放在已灭菌的培养皿或瓶内，在25℃以上温度下培养20～24h，见木片上重新萌发菌丝，说明木片内有菌丝在分解纤维素。

用以上方法测定的菌种，种下去后成活率高，如遇暂时干旱和多湿等不良条件也可抗御。若菌片上菌丝少，木片内无菌丝，掰不断，剥不动，则不能做种，因为这样的菌种尚未分解木片，勉强下种不易成活。

(6) **菌种选择** 栽培品种的选择还要从木料的多少、商品规格的要求、栽培季节及土壤和气候条件来考虑。一般栽培茯苓，每瓶菌种接种 3 窖，若每窖的干木是 15 kg 左右，则以选择早熟品种为宜，因其生育期短，木料可充分利用。若每窖木料过少，则产量低，且浪费土地和劳力。而木料过多，虽可收第二批苓，但总的生物转化率仍偏低，且生育期拖长。利用木屑、枝条等小料栽培，也要选择早熟品种，以利菌种在短时间内有效地利用有限的原料结苓，得到较高的产量。因此，小料、少料应选早熟种；反之，大料、多料可考虑选择迟熟种。一般商品规格要求不严，则品种选择亦不严，但商品要求加工成方块的，则以选择迟熟品种。

品种选择与栽培季节的关系，主要应从两点来考虑。①要保证适合菌丝生长的温湿度，尤其是秋栽茯苓适宜的温度和湿度应能保持两个月以上，以便木段能在冬季之前长满菌丝越冬，为次年结苓打好基础。②菌种生长后期，即苓的形成期应能避开干旱季节。所以在秋旱严重、土壤保湿性差而又无力抗旱的地方，栽培早熟种应考虑提前，以便能在秋旱之前收获，或考虑早熟品种夏、秋栽培，次年春、夏收获，从而避开干旱季节获得高产。选择迟熟品种的，同样应考虑到后期苓的形成期如何避开旱季。

不同的茯苓品种对土壤的基本要求是相同的，既能通风透气，又能保持湿润的沙壤土，但也有一些小的差异，对于土层瘠薄、气温较高的地方应考虑选择适应较强的品种；对于土层深厚、气温较寒冷的地区，则选择菌丝较粗，结苓较大的品种较适宜。此外还要考虑到迟熟种生育期长，应注意选择日夜温差大的坡地栽培，以利促进提早结苓，从而缩短生育期。

（四）下窖与接种

1. 下窖 宜在春季 3 月下旬至 4 月上旬，与接种同时进行。选连续晴天土壤微润时，从山下向山上进行，将干透的松树木段逐窖摆入。一般直径在 4～5 cm 的小木段每窖可放入 5 根，上 2 根下 3 根，呈品字形排列。中等粗细的木段 2 根 1 窖。单根 15 kg 以上的粗木段单放 1 窖。一般每窖下 15～20 kg。将两根木段的留筋面靠在一起，使中间呈 V 形，以便传引。

2. 接种 首先在两木段的上半部分用利刀刮削成 15 cm×10 cm 的新伤口，将三级菌种内长满菌丝的松木棍抽出 1/2～2/3 插入伤口内，菌种瓶呈 45°角一起放入窖内，使菌丝以松木棍为引桥达到传引的目的。也可用镊子将三级菌种瓶内长满菌丝的松木块取出，顺木段的 V 形缝中平铺其上，撒上木屑，然后将 1 根木段削皮处紧压其上，使呈品字形。或用鲜松毛、松树皮把松木块菌种盖好。接种后立即覆土，厚为 7～10cm，使窖顶呈龟背形，以利排水。

（五）苓场管理

1. 检查 接种后严禁人畜践踏苓场，以免菌丝脱落。7～10 d 后检查，以后每隔 10 d 检查 1 次，若菌丝延伸到木段上生长，显示已上引。若发现没有上引或污染杂菌，应选晴天将原菌种取出，换上新菌种（称为补引）。1 个月后再检查 1 次。2 个月左右检查时，菌丝应长到木段料底或开始结苓。若此时只有菌丝零星缠绕即为插花现象，将来产量不高；若窖内菌丝发黄，或有红褐色水珠渗出，称为瘟窖，将来无收。

2. 除草和排水　苓场保持干燥，无杂草丛生，雨后及时排水。苓窖怕淹不怕干，水分过多，窖地表板结，通透性差，会影响菌丝生长发育。

3. 覆盖　窖顶前期盖土宜浅，厚为 7 cm 左右。开始结苓后，盖土可稍加厚，为 10 cm 左右，过厚时窖内土温偏低，昼夜温差小，透气性差，不利于幼苓迅速膨大；太薄时幼苓易暴露或灼伤，苓形不佳，品质差。雨后或随菌核的增大，常使窖面泥土龟裂，应及时培土填塞，防止菌核晒坏或霉烂。在北方寒冷地区栽苓，冬季可覆土 10 cm 以防寒。

不同品种的茯苓栽培管理有些差异，早熟品种菌丝生长期短，喜高温，结苓早，苓贴木生长，因而栽培时窖宜浅，木段不宜深埋，以木段在畦沟面之上为宜，前期盖土厚度为 3～6 cm，结苓后盖土以 6 cm 左右为宜。迟熟品种菌丝生长时间长，结苓迟，结苓率低，且不贴木结苓，为了缩短迟熟种的菌丝生长时间，提前结苓，每窖木料应增加接种量，同时应在木段头尾两端都接种，如春季栽培也应浅埋木，浅盖土，直至开始结苓，保持较高的土温及良好的透气性，促使菌丝生长加快。在栽培中期开始结苓，土壤出现裂缝之后，仔细拨开土壤检查每窖结苓情况，一旦发现窖内结有 2 个以上的小苓时，可将连接小苓的菌索在其贴木处摘断，小心移植到尚未结苓的木段上，将菌索断口处插入木段表面的菌丝茂盛之处或菌膜之下，贴紧后再稍压紧土壤。如此嫁接，可适当提高迟熟种的结苓率及其产量。

（六）病虫害防治

1. 病害　茯苓在生长期间，常被霉菌侵染，侵染的霉菌主要有绿色木霉［*Frichoderma viride*（Pers.）Fr.］、根霉（*Rhizopus* spp.）、曲霉（*Aspergillus* spp.）、毛霉（*Mucor* spp.）、青霉（*Penicillum* spp.）等。防治方法：木段要清洁、干净；苓场要保持通风透气和排水良好；发现此病应提前采收；苓窖用石灰消毒。

2. 虫害　茯苓主要有黑翅大白蚁、茯苓虱危害。对于前者，防治方法包括：苓场要选南向或西南向，木段要干燥；接苓前在苓场附近挖几个诱集坑，每隔 1 个月检查 1 次，发现白蚁时，可用煤油或开水灌蚁穴，并加盖沙土，灭除蚁源；或在 5～6 月白蚁分群时，悬黑光灯诱杀。对于茯苓虱可采用轮作；窖内先撒些乐果乳剂，然后再培养；在场地周围插上枫杨（麻柳树）、山麻柳（化香树）等枝条等方法防治。

五、茯苓的采收与加工

（一）采收

栽培茯苓因培养材料不同、地区不同、栽培种培养基的不同采收时有所差别。用木段栽培时，在温暖地区若栽培肉引窖苓，春季下窖，第二年 4～5 月第一次收获，第二次收获在11～12 月份；在东北地区，为每年夏 6～7 月下窖，第二年 6～7 月起窖。若栽培菌引窖苓，在温暖地区，一般 4～5 月下窖，8 个月左右，即当年 10～12 月就可第一次收获，至次年3～4 月陆续采收；冷凉地区，可适当采取人工加温措施提早接种，当年也可第一次收获。

茯苓成熟的标准是，当苓场的窖土凸起状并龟裂，裂隙不再增大时表示窖内茯苓生长已停止，可以起挖。此时一般木段变成棕褐色，一捏即碎，菌核长口已弥合，嫩口呈褐色，皮呈褐色、薄而粗糙，并且菌核靠木段处呈现轻泡现象。一般以茯苓外皮呈黄褐色为佳，若黄白色有待继续成熟，而黑色则为过熟，易烂。茯苓熟一批就要收一批，一般第一批占产量的80%左右。采收时注意选择晴天进行，雨天起挖的干后易变黑。

栽培茯苓的起挖方法是用锄将窖掘开，取出表层茯苓，再移动木段料筒，取出其他茯苓。茯苓菌核多生长于料筒两端，有时可延伸到窖周围几十厘米处结苓，所以若起挖时窖内不见茯苓可在周围仔细翻挖方能找到，这样可取出茯苓而不移动木段，然后再覆上土，以利继续结苓。起挖时应小心仔细，尽可能不挖破茯苓，以免断面沾上泥沙。按大小及完好破损程度不同分别存放。

（二）加工

茯苓加工首先要干燥。将采收的茯苓刷去泥土，置于不通风的房内或特制的炕沿，在缸、木桶等容器内，底层先铺松毛或稻草一层，然后将茯苓与稻草逐层铺叠，高度可达1m，最上盖以厚麻袋使其发汗。5～8d后，见其表面生出白色绒毛（菌丝），取出摊放于阴凉处，待其表面干燥后，刷去白毛，把原来向下的位置转动一下，换一下部位向下堆好，再如上法进行二次发汗。如此反复3～4次，至表面皱缩，皮色变为褐色，再置阴凉干燥处晾至全干，刷去霉灰，即成商品个苓。一般每100kg鲜苓可加工成60kg干苓。

干燥时应注意：①雨天可用微火烘干，不能在大火上或烈日下干燥，以防破裂；②发汗时若用针将茯苓刺破数点，可避免空泡，可在刺破后灌入米汤，发汗后空泡便能合拢；③采挖时破损的茯苓，可在灌入米汤后照原缝使之合拢固定起来，发汁后仍能黏成一个整茯苓；④试验内部干湿度时可用铁锥刺入，以铁锥不带粉末为宜；⑤天寒时，需有防冻措施，茯苓受冻后再加工容易破裂。

发汗也是茯苓切制前的重要环节，有些地区根据茯苓两次收获的季节不同，温度和湿度不同，分别采取不同的措施。

秋冬季，选泥土地面或地面，保温保湿的房间，先铺一层稻草，将潮苓按不同的起挖时间和大小分别置草上，码成1m宽的长条形，中间留有走道，便于翻苓，上面盖上草或麻袋，7d以内每天翻动1次，以后2～3d翻1次，每次转动翻半边，不可上下对翻，以免茯苓因出水不匀而炸裂，2～3层码放的，要上下换位。大约两个星期后即可剥皮切制。若一时切不完，只要仍坚持2～3d翻转1次，可保存4个月不坏。

春季，选用阴湿的房间更适宜，地面不需铺草，最好铺放竹帘。潮苓仍按不同起挖时间和不同大小，单层摆放于地面或竹帘上，上面盖草或麻袋，5d内每日翻动1次，温度过高、过于干燥的可洒少量水于草或麻袋上。以后可两层码放，隔日翻动1次，翻转要求及方法同上。10d后即可供剥皮切制。如一时加工不完，要隔日翻转1次，直至加工完毕。由于接近夏季，气温高，茯苓干燥缩身快，不宜久放，所以应集中力量突击加工。

在茯苓起皱纹时，用刀剥下外表黑皮，即为茯苓皮；切取皮下赤色部分称为赤茯苓；菌核内部白色、细致、坚实的部分称为白茯苓。若中心有一木心则称为茯神；其中的木心称为茯神木。然后分别摊于席上，一次晒干，即成成品。质量以身干、体重结实、皮细皱密、不破不裂、断面白色、质细、嚼之黏牙、香气浓者为佳。

复习思考题

1. 茯苓培养菌种的方式有哪些？如何操作？
2. 茯苓人工栽培的技术要点是什么？
3. 简述茯苓主要的病虫害及防止方法。
4. 什么叫发汗？怎样操作？

主要参考文献

李苓，王克勤，白建，等.2008. 茯苓诱引栽培技术研究［J］. 中国现代中药，10（12）：16-18.
李显文，张玉荣，陈结未，等.2007. 栽培松茯苓期间的白蚁防治技术初报［J］. 湖南林业科技，34（5）：48-49.
刘振武，刘会理，等.2006. 茯苓旱田立体生态栽培技术研究［J］. 安徽农业科学，34（4）：692，761.
屈直，刘作易，朱国胜，等.2007. 茯苓菌种选育及生产技术研究进展［J］. 西南农业学报，20（3）：556-559.
诸发会.2008. 茯苓高产优质菌株的复壮技术研究［D］. 贵阳：贵州大学.

图书在版编目（CIP）数据

药用植物栽培学/田义新主编．—3 版．—北京：
中国农业出版社，2011.6（2017.12 重印）
普通高等教育“十一五”国家级规划教材
ISBN 978-7-109-16159-7

Ⅰ.①药…　Ⅱ.①田…　Ⅲ.①药用植物－栽培技术－
高等学校－教材　Ⅳ.①S567

中国版本图书馆 CIP 数据核字（2011）第 205631 号

中国农业出版社出版
（北京市朝阳区麦子店街 18 号楼）
（邮政编码 100125）
责任编辑　李国忠

三河市君旺印务有限公司印刷　　新华书店北京发行所发行
1993 年 5 月第 1 版　　2011 年 6 月第 3 版
2017 年 12 月第 3 版河北第 2 次印刷

开本：787mm×1092mm　1/16　　印张：32.25
字数：772 千字
定价：59.50 元